Wolfgang Behringer
Constance Ott-Koptschalijski

Der Traum vom Fliegen
Zwischen Mythos und Technik

S. Fischer

Mit freundlicher Unterstützung der
Lufthansa Kulturförderung

Lektorat: Walter H. Pehle / Peter Sillem
Umschlaggestaltung: Buchholz / Hinsch / Walch
Satz: Fotosatz Otto Gutfreund, Darmstadt
Druck: Wagner GmbH, Nördlingen
Bindung: G. Lachenmaier, Reutlingen
Printed in Germany 1991
ISBN 3-10-007106-9

Inhalt

Vorwort

Die Vorgeschichte dieses Buches begann vor fünf Jahren in einem Kloster im Südwesten Deutschlands. Wir hatten nicht – wie Umberto Eco – den Wunsch, einem Mönch zu nahe zu treten[1], aber unser anfängliches Motiv war dennoch ungewöhnlich. Wissenschaftler aus verschiedenen Ländern und Fachdisziplinen waren auf Einladung einer kirchlichen Akademie zu einer Tagung über die Geschichte der Hexenverfolgung an einem Ort zusammengekommen, wo vor fünfhundert Jahren die erste große Hexenjagd Deutschlands stattgefunden hatte: Papst Innozenz VIII. (reg. 1484–1492) hatte deswegen den damaligen Abt belobigt und den »filium Iohannem abbatem monasterii in Wingartem Constantiensis diocesis accerimum ... defensorem fidei et protectorem inquisitorum« dem Schutz des Erzherzogs Sigmund von Österreich (reg. 1475–1496) empfohlen[2]. Diesem zaudernden Potentaten war die früheste gedruckte Abhandlung gewidmet, die die Flugfähigkeit der Hexen kontrovers diskutierte[3].

An einem Abend der Konferenz wurde für die Tagungsteilnehmer ein Konzert in der Klosterkirche gegeben. Der Akademieleiter machte uns darauf aufmerksam, daß auf den Deckengemälden eine fliegende Hexe zu sehen sei. Während die Mönche der Abtei musizierten, war genügend Zeit, den Blick nach oben zu wenden. Die Hexe war nicht leicht zu finden, denn der ganze »Himmel« war bevölkert: Mengen von Engeln waren dort zu sehen, allegorische geflügelte Figuren aus der antiken und christlichen Mythologie, Pegasus, die Muttergottes, Jesus Christus und Gottvater sowie der Heilige Geist in Gestalt einer Taube.

Aus eher scherzhaften Bemerkungen über die Verkehrsdichte am Himmel der Barockzeit, die diejenige über modernen Verkehrsknotenpunkten wie Chicago oder Frankfurt am Main bereits vorwegzunehmen schien, entstand die Idee, sich eingehender mit der Vielfalt der Flugvorstellungen in der Vormoderne zu beschäftigen. Dabei zeigte sich, daß der international neu entstandene Forschungszweig der »Hexenforschung«[4] kein schlechter Ansatzpunkt war, denn durch seine Interdisziplinarität und eine fortlaufende Serie von Konferenzen bestand hier ein Diskussionsforum, auf dem wir immer wieder unsere Ideen vorstellen und weiterentwickeln konnten. Aus den Gesprächen erfuhren wir zahlreiche Anregungen und interessante Details, zum Teil auch bisher unpublizierte: Genannt seien nur die »magischen Interkontinentalflüge«, in denen befähigte Personen ihren eigenen Aussagen nach von Brasilien in andere Kontinente »flogen«, und zwar streng nach Kulturen getrennt: die Schwarzen in ihre afrikanischen Ursprungsländer, die Weißen zu den portugiesischen Kolonien in Asien (z. B. Goa) oder nach Portugal – eine nächtliche Form des Heimaturlaubs[5].

Der Rückflug der europäischen Hexen nach Europa und der afrikanischen nach Afrika verweist auf die verschiedenen Wurzeln der strukturell sehr ähnlichen Flugvorstellungen[6]. Christlichen Missionaren fiel früh auf, daß auch unter den »Indianern« in Südamerika Vorstellungen von magischen Flügen existierten, bei denen bestimmte Personen ihre Gestalt verändern und weite Strecken im Flug zurücklegen konnten[7]. Das gleiche galt für Nordamerika, die Arktis und Nordasien, die pazifische Inselwelt und Australien. Das Phänomen des »magischen Fluges«, soviel wurde bald deutlich, war in den sogenannten »primitiven Kulturen« auf der ganzen Welt verbreitet. Und es hatte von hier aus Eingang gefunden in fast alle Hochkulturen, sei es durch direkte Übertragung der Flugvorstellung auf religiöse Führer oder mythische Könige, oder in abstrakterer Form auf der Ebene der Metaphorik und der Philosophie[8].

Das scheinbar so simple Thema weitete sich auf diese Weise immer mehr aus. Ausflüge in die Ethnologie waren ebensowenig ohne Anleitung zu bewältigen wie die Versuche, Vernünftiges über die Flugvorstellungen in den alten Hochkulturen zu sagen. Stellvertretend auch für andere möchten wir uns speziell bei Frau Sylvia Schoske (München) bedanken, sowie bei Helmut Birkhan (Wien) und Walter H. Pehle (Frankfurt am Main), der uns ermutigt hat, die Flugthematik bis hin zur Gegenwart zu behandeln. Viele Anregungen verdanken wir Clive Hart (Essex), auf dessen grundlegende Publikationen zur Kulturgeschichte des Fliegens wir deshalb besonders hinweisen möchten.

Unsere langjährige Beschäftigung mit dem Flugthema hat uns in viele Bibliotheken geführt, von denen wir die Bibliothek der Smithsonian Institution (Washington), die Österreichische Nationalbibliothek (Wien), die Bayerische Staatsbibliothek (München) und die Bibliotheken des Zentralinstituts für Kunstgeschichte (München) und des Deutschen Museums (München) hervorheben möchten. Besonderen Dank für ihr Entgegenkommen schulden wir den Bildstellen des Staatlichen Museums für Völkerkunde (München), der Staatlichen Sammlung Ägyptischer Kunst (München), der Stiftung Preußischer Kulturbesitz (Berlin), des Deutschen Museums (München), des British Museum (London), des National Air and Space Museum (Washington) und der National Aeronautics and Space Administration (Washington). Eine große Hilfe war die genaue Überprüfung des Textes durch Frau Ruthilde Behringer. Schließlich danken wir der Deutschen Lufthansa AG, deren großzügige Sponsorship zur Ausstattung dieses Buches entscheidend beigetragen hat.

Einleitung

»Immer stoßen wir uns – ohne Rücksicht darauf, wohin wir
eigentlich fliegen wollen – von dem Boden ab, den wir kennen.«

Václav Havel[1]

Der »Traum vom Fliegen« hat die Menschheit immer beschäftigt, so lautet eine gängige Feststellung. Prähistorische Zeichnungen scheinen davon ebenso zu zeugen wie Bilder und Erzählungen von sagenhaften Flügen. Verbreitet waren Vorstellungen vom Fliegen auf allen Kontinenten und in allen menschlichen Kulturen: Jäger- und Sammlerkulturen der Arktis kannten sie ebenso wie solche des subtropischen Südamerika, komplexe Stammesgesellschaften Afrikas ebenso wie die klassischen Hochkulturen des Orients oder Mittelamerikas. Die antiken Mythen von Daidalos und Ikaros begleiteten das europäische Mittelalter ebenso wie die Vorstellung von der Luftfahrt Alexanders des Großen. Aber was hat es mit diesen historischen und prähistorischen Flugvorstellungen auf sich? Was verstand man in anderen Zeiten und Kulturen unter dem Fliegen? Und haben diese Flugvorstellungen etwas mit der technischen Entwicklung gerade in Europa zu tun? Und umgekehrt gefragt: Spielen in unseren heutigen Erwartungen an das Fliegen archaische Vorstellungen noch eine Rolle? Welche Assoziationen erregt die Vorstellung des Fliegens nach ihrer technischen Verwirklichung, woher speisen sich jene Erwartungen an das Fliegen, die weit über den bloßen Transport in einer Charter- oder Linienmaschine hinausgehen und ein weites Feld von Überlegungen eröffnen?

Wir wollen in unserer Kulturgeschichte des Fliegens keinen bloßen Abriß einer technischen Entwicklung geben. Zwar behandeln wir die technische Komponente des Fluges mit all ihren Varianten: Fallschirmflug, Gleitfliegen, Drachenfliegen, Aufstieg mit Luftschiffen, Flugzeugen, Helikoptern und Raketen. Airbus und Zeppelin sind jedoch nur Episoden in einer langen geistigen Auseinandersetzung mit der Möglichkeit des Fliegens. Sicher stellte die Verwirklichung des Mondfluges 1969 eine technische und organisatorische

Daidalos und Ikaros – im europäischen Kulturkreis die bekanntesten Protagonisten
des Flugwunsches. Holzschnitt aus »Spiegel der wahren Rhetorik«, 1493.

Meisterleistung dar, ebenso die ersten Flüge der Gebrüder Wright
ab 1903, der Aufstieg des ersten lenkbaren Zeppelin-Luftschiffs im
Jahre 1900, Otto Lilienthals Gleitflüge von 1891 oder die ersten
Ballon-Aufstiege der Brüder Montgolfier von 1783.
Aber es geht uns nicht nur um technische und scheinbar geradlinige
Entwicklungen, sondern um die Vorstellungen, die sich die Menschen vom Fliegen gemacht haben und auch heute noch machen.
Die Kenntnis der jeweiligen realen technischen Möglichkeiten ist
dazu nötig, aber sie ist nur die Voraussetzung, nicht das Ziel unse-
rer Darstellung. Wir wissen um den Einfluß phantastischer Kindheitslektüre, die früh und nachhaltig bei vielen Flugpionieren das
Interesse am Fliegen geweckt hat. Und jede Kindheitslektüre beruht auf älteren Vorbildern, die man immer weiter in die Vergangenheit zurückverfolgen kann: Jules Verne hat wie Cyrano de
Bergerac oder Leonardo da Vinci seine Vorläufer, und geht man

diesen Zusammenhängen nach, so entsteht ein breites Panorama geistiger Höhenflüge, durch die sich der »Traum vom Fliegen« literarisch gestaltete. Wir wollen zeigen, daß seit tausend Jahren eine gesamteuropäische Flugdiskussion existierte; und daß die Möglichkeit des Fliegens unabhängig davon in sehr vielen, vielleicht allen menschlichen Kulturen mitgedacht worden ist und dort jeweils einen bestimmten Stellenwert besessen hat. Uns geht es um die Menschen: Was haben sie sich dabei gedacht?

Es ist nicht immer ganz einfach, das herauszufinden, denn die Flugvorstellung rührt an sehr viele Bereiche: Sie hängt zusammen mit der Kosmologie der jeweiligen Gesellschaften, mit religiösen und physikalischen Grundvorstellungen. Und die Flugvorstellung berührt – auf einer anthropologischen Ebene – die menschliche Psychologie. Denn was bedeutet es eigentlich, wenn in sehr unterschiedlichen Kulturen menschliche Flüge imaginiert und sogar für real gehalten wurden, ohne daß es dafür technische Grundlagen im heutigen Sinne gab? Aufgrund der universalen Verbreitung vortechnischer Flugvorstellungen hat man sogar zu argumentieren versucht, es gebe eine Art Heimweh nach dem Fliegen und dieses sei ein Wesenszug der menschlichen Psyche[2].

Zunächst wollen wir auf anthropologischer Ebene untersuchen, was es mit dem »Traum vom Fliegen« auf sich hat (Kapitel 1). Wir wenden uns jenen archaischen Flugvorstellungen zu, die in Träumen oder Visionen zum Ausdruck kommen, die durch ekstatische Zustände – etwa in den schamanistischen Kulturen Nordasiens, des Polarkreises oder Alt-Amerikas – hervorgerufen werden können und in Mythen und Märchen ihren Niederschlag gefunden haben. War der »Traum vom Fliegen« immer derselbe Traum, welche Hoffnungen und Erwartungen waren damit verknüpft, und wie werden sie von der Traumdeutung interpretiert? Im zweiten Kapitel wenden wir uns den Flugvorstellungen in historischer Zeit zu, wie sie uns in der Überlieferung der großen Hochkulturen wie Ägypten, Mesopotamien, Indien, China und der griechisch-römischen Antike begegnen. Im dritten Abschnitt beschäftigen wir uns mit jenem Kulturkreis, aus dem schließlich die technische Verwirklichung des Fliegens hervorging: dem Europa des Mittelalters

Cihuateteo – die »göttlichen Frauen«, die die Sonne auf ihrem Weg begleiten und als Wolken Regen und damit den Feldern Fruchtbarkeit bringen.
Chronik des Fray Bernardino de Sahagún (1500–1590).

mit seinem Amalgam aus mythischen, dämonischen und technischen Flugvorstellungen. Im Frühmittelalter begann eine mehrhundertjährige Diskussion um die Realität magischer Flüge, sozusagen die erste europäische »Flugdiskussion«. Die Spannweite der Imagination reichte von mythischen Wolkenschiffen und nächtlichen Geisterflügen über die Visionen des Roger Bacon bis zu den detaillierten »Flugplänen« Leonardo da Vincis, die zwar noch vor dem Epochenjahr 1500 entstanden, aber bereits auf die Neuzeit vorausweisen.

Die unmittelbare Vorgeschichte des technischen Fliegens beginnt mit der europäischen Neuzeit (16.–18. Jahrhundert), einer wahrlich abenteuerlichen Epoche der Projektemacherei, in der bereits

ein Großteil moderner Flugterminologie vorweggenommen wor-
den ist, weil permanent über die Flugthematik räsoniert wurde
(Kapitel 4). Nun findet – teilweise parallel zur ersten – eine zweite
gesamteuropäische Diskussion über die »Ars Volandi«, die »Kunst
des Fliegens«, statt. Leonardo da Vinci, Johannes Kepler und
Francis Bacon, Athanasius Kircher, Robert Hooke und Christiaan
Huygens, Gottfried Wilhelm Leibniz und Jean-Jacques Rousseau:
Kaum einer der berühmten Namen der Neuzeit fehlt in unserer
Ahnengalerie der Flugprojektemacher. Gleitflieger und Fallschirm,
Flugzeug und Luftschiff, ja sogar Hubschrauber und dreistufige
Weltraumrakete: Alles wurde in dieser Zeit erzählerisch, satirisch
und letztlich auch technisch vorgedacht. Diese Entwicklung voll-
zog sich allerdings unter einigen Geburtswehen, denn bis zum
Vorabend der ersten Ballonaufstiege wurde die Möglichkeit der
Luftfahrt nicht nur vehement befürwortet, sondern auch leidenschaftlich bestritten. Am Ende stand die Verwirklichung der Luftschiff-Vorstellung in Gestalt des Ballon-Aufstiegs der Brüder
Montgolfier im Jahre 1783 – war alles vorher pure Projektemacherei!
Die technische Verwirklichung der Luftschiffahrt (Kapitel 5) und
der Aviatik (Kapitel 6) veränderte nach und nach das Leben der
Menschen. Sobald eine Erfindung verifizierbar war, etablierte sie
sich rasch im Bewußtsein der Zeitgenossen, verlor das Sensationelle und wurde in den Alltag integriert. Was schon lange vorher
befürchtet worden war, trat ein: Rasch wurde die Luftfahrt militärisch genutzt, und so ist es bis zum heutigen Tag geblieben. Luftpost veränderte die Kommunikationsstruktur, Luftfracht die Han-
delsbedingungen. Entfernungen wurden nach und nach anders
wahrgenommen. Nicht nur für Kriegsführung und Wirtschaft,
auch für die Freizeit brachte die Fliegerei neue Perspektiven – seitdem das unmotorisierte »Drachenfliegen« von der Freizeitindu-
strie entdeckt worden ist, sogar in ökologischer Hinsicht. Wie hat
die Selbstverständlichkeit des Fliegens nach Flugplan oder als pri-
vates, aber kalkulierbares Abenteuer unsere »seelische« Einstellung zu dem Thema verändert? Was ist an die Stelle der Herausforderung durch die Flugvorstellung bis zur Aufklärung getreten?
Inwieweit ist eine Entzauberung eingetreten? Und welche Assozia-

tionsfelder haben über wie lange Zeiträume hinweg Bestand gehabt? Mit solchen Fragen werden wir uns im Epilog unserer Studie
beschäftigen, die mit Laurence Goldstein von der Feststellung ausging, »that what needed description, was... the complex transactions between the dreamers, makers, and landmark events of
human flight«[3].

1
Zur anthropologischen Ebene
der Flugvorstellung

»Keine Traumart fordert so die Untersuchung und das
Nachdenken des Psychologen heraus wie der
Flugtraum.«

Paul Federn[1]

»Das außerordentliche Alter und die allgemeine
Verbreitung der Symbole, Mythen und Legenden vom
›Flug‹ stellen ein Problem dar, das den Horizont des
Religionshistorikers übersteigt und auf die Ebene der
philosophischen Anthropologie hinüberführt!«

Mircea Eliade[2]

Das Fliegen in Mythen, Riten,
Märchen und Träumen

Unabhängig von seiner technischen Verwirklichung haben sich alle
Kulturkreise mit der Vorstellung eines menschlichen Fluges auseinandergesetzt. Die jeweiligen Vorstellungen spiegeln sich in
Mythen, Riten und Erzählungen wider, manifestieren sich – wie
kaum anders zu erwarten – im Unterbewußtsein der Individuen
und treten in Form von Träumen und Visionen neu zutage. Von
seiten der Psychologie wie der Ethnologie ist dabei vielfach betont
worden, welch große Ähnlichkeiten zwischen den Trauminhalten
von »Primitiven« und Europäern oder Amerikanern des 20. Jahrhunderts bestünden. Daraus ist auf einen »anthropologischen«
Gehalt der Flugvorstellung geschlossen worden. Erich Fromm
(1900–1980) hat in bezug auf Märchen, Mythen und Träume von
einer »vergessenen Sprache« der Menschheit gesprochen, die es neu
zu erlernen gelte[3]. Aber selbst wenn Fromms Vergleich mit der
Sprache zunächst weit zu tragen scheint, ist es doch fraglich, inwieweit das Vokabular der Mythen mit dem der Märchen überein-
stimmt und wieviel die Grammatik des Unbewußten im New York
unserer Tage noch mit der eines Burjaten Mitte des vorigen Jahrhunderts oder eines Sumerers vor dreitausend Jahren zu tun hat:
Sprache ja – doch handelt es sich um eine gemeinsame Sprache?
Eine ganze Reihe von Einzelwissenschaften hat sich bislang für die
»anthropologischen« Flugvorstellungen interessiert: neben der
Psychologie und Ethnologie die vergleichende Religionswissenschaft und generell die Kulturwissenschaften. In den auf den technischen Fortschritt hin orientierten Darstellungen zur Geschichte
des Fliegens oder der Luftfahrt wurde die »anthropologische«
Dimension der Flugvorstellung thematisiert, jedoch meist nur in
aphoristischer Form als Beleg für die Universalität des »Fluggedankens«[4]. Eine solche Verkürzung erscheint uns jedoch als un-
angebracht, weil sie den Hintergründen dieser Vorstellungen zu

wenig Rechnung trägt. Unsere These ist, daß Trauminhalte in »primitiven« Gesellschaften von der Erfahrungsebene her kaum identisch sein können mit denen in den fortgeschrittenen technischen Zivilisationen. Wenn es trotzdem Ähnlichkeiten in manchen Aspekten dieser Vorstellungen gibt, dann ist dies um so interessanter.

Zunächst beschäftigen wir uns in diesem Kapitel mit den kosmologischen und mythologischen Hintergründen der Flugvorstellungen in »primitiven« Kulturen. Als nächstes wollen wir zeigen, daß es sich bei diesen Mythen nicht um bloße Erzählstoffe handelte, sondern daß das Fliegen einen systematischen Stellenwert im Denken hatte, was nicht ohne praktische Konsequenzen, etwa bei Riten oder der Symbolik der Kleidung und Kunst, bleiben konnte. Weiterhin werden wir vorführen, daß die zahlreichen Erzählmotive vom Fliegen, die sich in der internationalen Märchenliteratur finden, mindestens teilweise, wenn auch nicht ausschließlich, vor diesem mythischen Hintergrund verständlich werden. Schließlich vergleichen wir diese Ergebnisse mit Flugvorstellungen in Träumen und deren Deutung in Vergangenheit und Gegenwart. Allein hier gibt es schon, wie sich zeigen wird, erstaunliche Brüche.

Die kosmologische Bedeutung des Luftraums

Das Fliegen findet in einem Medium statt, das den Menschen früher nur sehr beschränkt zugänglich war: der »Luft«.

Der Luftraum als Medium zwischen Himmel und Erde hatte in jeder Kosmologie seinen Stellenwert. Anhänger animistischer Religionen stellten sich ihn wie alle anderen Bereiche der Erde beseelt vor. Weltweit verbreitet waren Elementenlehren, die die Luft wie das Wasser als Urstoff betrachteten. Wie das Wasser, so hatte auch die Luft ihre Bewohner: die etwas »unheimlichen« Insekten und Fledermäuse, Vögel in allen Formen und Größen vom Kolibri bis hin zu den großen Greifvögeln, die in der Lage waren, selbst Lämmer oder Kinder durch die Luft hinwegzutragen. Den tatsächlich existierenden Großvögeln wurden legendäre Artgenossen hinzu-

Nach der kosmogonischen Trennung von Erde und Himmel war der Zwischenraum
Medium von Göttern und geflügelten Geistwesen. Holzschnitt von 1482.

gedichtet, vom Sonnenadler Garuda über den Vogel Rock und den Vogel Simurgh bis hin zum Löwenadler Greif, und auch um »fliegende Fische« rankten sich einige Legenden. Viele Kulturen kannten jedoch daneben spezifische »Luftwesen«, die durch ihre gedachte Leichtigkeit diesem Element angepaßt waren. Solche Luftwesen standen den Menschen neutral gegenüber, oder sie wirkten mit ihrem göttlichen oder dämonischen Charakter auf die menschliche Gesellschaft ein. Namen, Wesen und Wirkung der Luftbewohner variieren von Kultur zu Kultur. In Europa offerierte noch die Magia naturalis des späten Mittelalters Beschwörungen zur Dienstbarmachung der Luftgeister[5], Paracelsus nannte die luftigen Elementargeister »Sylphen«, und bis weit in die Neuzeit blieb die Vorstellung von den Feen erhalten, die nicht nur selbst »hoch am Himmel« lebten, im Wind erschienen und die Wolken bewegten, sondern auch Menschen durch die Lüfte davontragen konnten[6].

Das Spannungsfeld von oben und unten, dem die Menschen ausgesetzt waren, wurde nicht selten als erklärungsbedürftiger Gegensatz empfunden. Legenden von einer »vereinten« Ur-Welt sind verbreitet, kosmogonische Mythen berichten von der Trennung von Himmel und Erde[7]. Literarisch haben sich solche Trennungsberichte bereits in den Überlieferungen der ältesten Hochkulturen niedergeschlagen, etwa in dem großen babylonischen Schöpfungsmythos »Enuma Elisch«[8]. Interessant ist die Verknüpfung der Vorstellung von einer Ur-Einheit der Welt mit den Vorstellungen von einer Vollkommenheit der Ur-Lebewesen, wozu neben Androgynität auch der Besitz von Flügeln gehörte. Wie der Himmel von der Erde, so waren auch die Männer von den Frauen noch nicht getrennt und die Menschen nicht von ihren Flügeln. Unter dem König Antiochos I. Soter (324–261 v. Chr.) schrieb der Bel-Priester Berossos in seiner »Babyloniaka«, es habe

»eine Zeit gegeben, in welcher das All Finsternis und Wasser war, und darin seien wunderbare Lebewesen von eigenartigen Gestalten entstanden. Denn da seien zweiflügelige Menschen entstanden, einige aber auch vierflügelig und zweigesichtig, auch solche, die *einen* Leib aber zwei Köpfe hatten, einen männlichen und einen weiblichen, und ebenso doppelte Schamteile, männlich und weiblich.«[9]

Bis zur Gegenwart sind Trennungsmythen in den Kosmogonien afrikanischer, ozeanischer und indianischer Völker lebendig[10]. Claude Lévi-Strauss (geb. 1908) berichtet von Indianergesellschaften Nord- und Südamerikas, die die Trennung häufig als innerfamiliären Zwist zwischen personalisierten heiratsverwandten Gestirnen verstehen. Die Entstehung der Menschheit wird schließlich mit der Vereinigung einer stellaren Figur mit den Erdbewohnern erklärt[11]. Oberwelt und Erde mit dem dazwischenliegenden Luftraum machten meist nicht den ganzen Kosmos aus. Bei vielen Völkern ist eine kosmologische Dreiteilung in eine Ober-, eine Mittel- und eine Unterwelt zu finden, die man sich stockwerkartig übereinanderliegend vorstellte. Diese Triade scheint gegenüber Vorstellungen von mehrstufigen Himmeln eine Reduktion auf das zum Verständnis des »Weltraums« Notwendige darzustellen. Zwischen dem Himmel (Oberwelt) und der Unterwelt befindet sich auf der Erde der Lebensraum der Menschen[12]. Bereits die alten Kulturen Mesopotamiens kannten diese kosmologische Dreiheit. Über das Alte Testament fand sie Eingang in die christliche Weltanschauung, wo allerdings die Unterwelt als »Hölle« und Sitz des Teufels besonders negativ besetzt ist. Das Modell der kosmologischen Dreiteilung ist jedoch mit neutraleren Konnotationen auf der ganzen Erde verbreitet[13].

So überrascht es kaum, daß der »Fahrt« bzw. dem Flug in den Himmel komplementär die Reise in die Unterwelt gegenübersteht. Die Reise in die Unterwelt, das sei hier vorweggenommen, trug häufig die Merkmale eines Fluges an sich, der sozusagen den »Luftraum« zwischen Mittel- und Unterwelt überbrückte. Die verbreitete Vorstellung eines dreigeteilten Universums bringt es sozusagen mit systembedingter Notwendigkeit mit sich, daß unter den Flugvorstellungen immer wieder die Fahrt in den Himmel, und komplementär dazu die Fahrt in die Unterwelt, eine Rolle spielt[14].

Zahlreiche Mythen haben die Wiederherstellung der Verbindung des »Unten« mit dem »Oben« zum Gegenstand, die durch die Trennung der Sphären verlorengegangen war. Von der Pfeilkette über schnell wachsende Pflanzen und Himmelsleitern bis hin zum

Regenbogen können dazu alle möglichen phantastischen Hilfsmittel dienen[15]. Auch diese improvisierten Verbindungen können durch Ungeschicklichkeit oder rituelle Fehler abbrechen, und es gelingt nur einzelnen, mit besonderen Fähigkeiten ausgestatteten Individuen, die Verbindung aufrechtzuerhalten. Das Motiv des kosmischen Bindegliedes zwischen Himmel und Erde ist erstaunlich universell. Es findet sich in den Erzähltraditionen sehr verschiedener kultureller Bereiche: in Ägypten und den Hochkulturen des Alten Orients, in der hellenistischen Antike und in den islamischen Kulturen, in der schwarzafrikanischen oder altamerikanischen Folklore ebenso wie in der ost- und zentralasiatischen Mythologie oder in Erzählungen der pazifischen Inselwelt[16].

Die Flügel der Götter

Der Himmel ist im Glauben vieler Völker der Wohnsitz des höchsten Wesens oder überirdischer Mächte[17]. Nach Auffassung religiöser Spezialisten in den verschiedensten Kulturen waren sie gemäß ihrer übersinnlichen Natur nicht an materielle Strukturen gebunden. Sie konnten sich – tendenziell zumindest – frei bewegen oder sich an jedem Ort des Universums gleichzeitig befinden, konnten alle Sprachen sprechen und alle Formen annehmen. Sie konnten das, was den Menschen verwehrt blieb. Die Fähigkeit des Fliegens zählte wohl auch dort, wo Götter oder übersinnliche Wesen nicht mit Flügeln dargestellt wurden, zu diesen göttlichen Eigenschaften. Um nur ein Beispiel von vielen zu nennen, das diese Hypothese stützen kann: Die fliegenden Gottheiten des Hinduismus kommen oft ohne Flügel aus. In den berühmten Wandmalereien fliegender weiblicher Gottheiten, der Devis im chinesischen Dunhuang, sucht man Flügel vergebens, und doch ist den äußerst dynamischen Darstellungen ohne weiteres anzumerken, daß sie sich in der Luft bewegen wie die Fische im Wasser: Sie sind in ihrem Element[18]. Sie ähneln darin den europäischen Feen, die, bekleidet nur mit ihrem langen blonden Haar oder weißen Gewändern, durch die Lüfte schweben: Sie können zwar Flügel haben, aber sie müssen nicht.

»While they are flying and floating in the air from one hill to another, they alight on the hilltops or treetops and on the earth, they dance in a circle with light, skipping steps, hardly touching the ground. Their enchanting voice sounds from afar...«[19]

Die Verwendung des Flügelmotivs für Götter und gottähnliche Wesen ist dennoch auf der ganzen Welt verbreitet. Die Flügel in der Ikonographie deuten auf die Vögel als Vorbilder, und so überrascht es kaum, daß im Ritus die Federn bestimmter Vögel zum Einsatz kommen, wie dies etwa bei den Ureinwohnern des amerikanischen Doppelkontinents auf allen Kulturstufen der Fall war. Die Flügel scheinen als *pars pro toto* zu fungieren: Sie symbolisieren die Beherrschung des Luft- und Himmelsraumes. Ein hochkulturelles Beispiel ist der die mexikanische Mythologie beherrschende Schöpfer- und Erlösergott Quetzalcoatl. Quetzal ist der Name des »himmlischen Vogels«; die Darstellung als »Vogel mit Schlangenzügen«, oft falsch mit »gefiederte Schlange« übersetzt, symbolisiert gleichzeitig seine Macht über die Erde und ihr Inneres: Quetzalcoatl kann ins Jenseits reisen, in den Himmel und in die Unterwelt. Am Ende seiner Mission geht er in das Land der Sonne und wird selbst zum Stern. Seine Biographie diente als Vorbild, und seine Taten wurden in Teotihuacan rituell nachvollzogen. Der aztekische Stammes- und Sonnengott Huitzilopochtli, den christliche Missionare fälschlich mit dem Teufel gleichsetzten, wurde von einer Frau geboren, die durch ein Federbündel schwanger geworden war. Huitzilopochtli trug nicht nur einen Kopfputz aus Federn, sondern sein linkes Bein war dünn und gefiedert. Sein Name bedeutet »Kolibri zur Linken«[20].

Unabhängig davon existierte die Flügelsymbolik auf dem eurasischen Kontinent. Ein Beispiel: Hermes, der Sohn des Zeus, ist durch seine Funktion als Götterbote, also als Mittler zwischen Göttern und Menschen, zum »Flieger« prädestiniert, sein Kennzeichen sind die Flügelschuhe. Doch aufschlußreich sind auch seine weiteren Funktionen, etwa die des Seelengeleiters vom Diesseits ins Jenseits (»Hermes Psychopompos«) oder seine Zuständigkeit für künstlerische und geistige Höhenflüge (»Hermes Logios«). Das Flügelmotiv könnte auch die göttliche Fähigkeit der Metamorphose symbolisiert haben: Jene Vogelverwandlung, zu der nicht nur der griechische Hochgott Zeus fähig war, sondern die ihren Nachhall noch in der Taubengestalt des christlichen »Heiligen Geistes« findet, gehörte zu den göttlichen Attributen. Die Falkengestalt des altägyptischen Gottes Horus kann als Chiffre für göttliche Fähigkeiten überhaupt gelten, wobei eine weitere Funktion der Flügel des Himmelsgottes prototypisch aufscheint: Schützend werden sie über die Erde gebreitet, sie sind das Firmament[21].

Mit Rücksicht auf ihre ikonographische Darstellbarkeit wurden die Götter bevorzugt in spezifischer Gestalt, etwa zoomorph oder anthropomorph, dargestellt. Besonders interessant sind die anthropomorphen Darstellungen mit Flügeln, da hier das Vogelvorbild in einer Weise umgesetzt wird, die am ehesten auf eine aviatorische Flugfähigkeit der Menschen zu verweisen scheint. Auch die Darstellung geflügelter menschengestaltiger Götter reicht bis zu den Wurzeln der alten Hochkulturen zurück. Ningirsu, die älteste Gottheit der Sonne und des Donners im assyrisch-babylonischen Kulturkreis, wird stets mit Flügeln dargestellt. Aus dem Mesopotamien des 2. Jahrtausends v. Chr. stammt die Wüstendämonin Lilitu, die in einem Terrakottarelief als frauengestaltiges Mischwesen mit einem Flügelpaar und Vogelkrallen erscheint. Das Gilgamesch-Epos kennt sie aufgrund ihrer Flügel als »Königin des Himmels«, als Dämonin überlebte sie in der jüdischen Dämonologie und gelangte so als Lilith, die erste Frau Adams, in die christliche Mythologie[22]. Im Louvre befindet sich eine neuassyrische Bronzestatuette, die den Dämon Pazuzu darstellt. Besonders auffallend sind neben dem leichtgewichtig wirkenden Körper zwei große Flügelpaare, Raubvogelkrallen statt der Füße und gekrümmte Hände. Eine Inschrift bezeichnet den Dämon als »König der bösen Geister der Luft«[23]. Bei den Ägyptern sind es der große Sonnengott Re und Neith, die Weltmutter, oder Isis, die geflügelt dargestellt werden, bei den Syrern und Phönikern die Göttin Astarte. Bei den Griechen tragen Psyche, die Verkörperung der Seele, Amor, der Liebesgott, und Nike, die Siegesgöttin, Flügel, bei den Römern waren es Victoria und Amor.

Höchste Götter werden in weit voneinander entfernten Erdteilen mit dem Adler in Verbindung gebracht, etwa in Skandinavien, in Finnland, in Griechenland, in Sibirien, in Indien, in Japan (Ainu),

Anthropomorphes Flügelwesen mit Hornbekrönung und Vogelattributen.
Rollsiegel der Akkadzeit, ca. 2200 v. Chr.

in Nordamerika, in Australien. Der Adler galt bei vielen Völkern als Vogel besonderer Dignität, als König des Luftraums. Aus dieser tiefliegenden, anthropologischen Schicht der Adler-Verehrung hielt die Symbolik Eingang in die Hochreligionen: Der indische Hochgott Wischnu konnte ebensowenig auf den Adler als Attribut verzichten wie der Zeus der Griechen, der Odin der Germanen oder das Christentum, wo der Adler nicht nur zum Symbol des Evangelisten Johannes und mehrerer Heiliger wurde, sondern ebenfalls als Erscheinungsform Gottes gilt[24]. Im christlichen Mittelalter wurde der Adler mit Jesus Christus identifiziert: Sein Nest ist die Welt, die Jungen sind die Menschen, und der Adler beschützt sie[25]. Das Flügelmotiv, soweit kann man zusammenfassen, ist bei den Göttern der ganzen Welt verbreitet, es war eine universale Chiffre, die auch dann entschlüsselt werden konnte, wenn die Flügel ohne Körper – etwa über einer Tür oder an einem Altar – dargestellt wurden: Die Flügel symbolisierten das Sakrale schlechthin, denn Fliegen war Privileg und Attribut der Götter[26].

Weltenberg und Weltenbaum
als mythische Start- und Landeplätze

Eines der ältesten kosmologischen Motive ist das einer fixen Verbindung zwischen Himmel und Erde, die an einem Punkt erhalten
geblieben ist. Interessant ist nun zu sehen, wie sich gerade im Um-
feld solcher Punkte Flugmotive angesammelt haben. Betrachten
wir zunächst die mythische Vorstellung des »kosmischen Berges«
– Erdberg, Weltenberg oder Himmelsberg genannt –, der in der
»Mitte der Welt« von der Erde in den Himmel wächst[27], eine Vorstellung, die sich weit in die Prähistorie zurückverfolgen läßt[28].
Hohe Berge erhielten vor dem Hintergrund einer geographischen
Kosmologie immer wieder sakrale Funktion zugesprochen. Selbst
im Europa des Mittelalters und der Frühen Neuzeit war dies noch
der Fall: Anselm von Canterbury (1033–1109) war der Ansicht,
daß man über die höchsten Berge der Alpen direkt in den Himmel steigen könne. Schließlich hatte er sogar einen Traum von
einer Bergbesteigung, bei der er Gott traf und mit ihm sprechen
konnte. Der Traum war so intensiv, daß Anselm am nächsten
Morgen glaubte, mit Gott gesprochen und dessen Brot gegessen zu
haben[29].
Verbindungen des Weltenberg-Motivs zum Flugmotiv bestehen in
zahlreichen Varianten: Der Weltenberg ist der Ort, zu dem die
Götter vom Himmel »hinabsteigen«, die sakralen Berge, wie etwa
der Sinai, sind gewissermaßen göttliche Landeplätze. Weltenberge
– oder ihr symbolischer Ersatz – sind jedoch auch ideale Startram-
pen. Die früheste bildliche Darstellung der Ascensio, ein syrisches
Elfenbeinrelief aus dem 4. Jahrhundert, zeigt Christus, wie er von
Gott an der Hand auf einen Berg geführt wird, dessen Spitze von
Wolken umhüllt ist[30]. Weltenberge gab es in vielen Kulturen. Für
kultische Zwecke, etwa Wallfahrten, mußten sie sich in der näheren Umgebung befinden. Daneben gab es die wirklich großen, weit
entfernten Bergriesen. In Indien galt das Himalaya-Massiv, das
»Dach der Welt«, als Sitz der Götter und des Sonnenvogels Ga-
ruda, der die Menschen in den Himmel tragen kann[31].
Die Sakralfunktion der Berge konnte auch eine Umdeutung ins

Negative erfahren. In seiner »Historia Langobardorum« berichtet
der Benediktinermönch Paulus Diaconus (720–799) von der Bestei-
gung des Monte Maggiore: König Alboin wollte das Land betrachten, das er zu erobern suchte – Italien. Wie Arno Borst wohl zu
Recht vermutete, erinnerte den Mönch diese Episode an die Versuchung Jesu Christi durch den Satan: Dieser transportierte den
Gottessohn – per Flug – auf einen hohen Berg, um ihm mit einem
Blick die Reiche der Welt und ihre Herrlichkeit vor Augen zu
führen[32]. Die »Versuchung Christi« spielte, wie wir noch sehen
werden, eine zentrale Rolle bei der theologischen Begründung
der Möglichkeit des Hexenflugs. Bestimmte Berggipfel galten in
Europa als Tanzplätze der Hexen. Das Mißtrauen der katholischen
Kirche gegen die Gipfel der Berge manifestiert sich in dem Brauch,
dort »Gipfelkreuze« zu plazieren, außerdem wurden Kapellen errichtet, die entsprechenden Heiligen geweiht waren, beispielsweise
dem hl. Georg, der den – meist geflügelten – Drachen (Teufel) be-
siegte. Der Signalcharakter für den imaginären Luftverkehr von
Drachen und Dämonen war eindeutig: Landung unerwünscht!

Der »Weltenbaum« – kosmologisches Äquivalent des Weltenberges
– reicht mit seiner Krone in den Himmel, seine Wurzeln enden in
der Unterwelt. Lévi-Strauss widmete in seinen »Mythologica« ein
Kapitel dem »Besuch im Himmel« über einen wachsenden Weltenbaum, der sowohl bei den Indianern Nord- als auch Südamerikas
bekannt war. Die Variationsbreite der damit verknüpften Symbolik
ist ganz erstaunlich und scheint sich nur schwer vereinheitlichen
zu lassen, verbindet sich doch das Himmelsbesuchsmotiv mit Ur-
sprungsmythen über die Entstehung des Feuers, des Wassers und
der Menschen bis hin zu einem generellen Konflikt zwischen Himmel und Erde. Allgemein »handelt es sich hier darum, eine Vermittlung zwischen dem Oben und dem Unten, dem Himmel und
der Erde, der Sonne und der Menschheit zu vollziehen«[34]. Leo
Sternberg siedelt den »Urmythus des Weltenbaumes« in Mesopotamien an: Dieser wurde im Zweistromland als Feigenbaum gedacht, darüber schwebt auf einer Reliefdarstellung die geflügelte
Sonnenscheibe. Der Adler des geflügelten Sonnengottes Ningirsu
wurde assoziiert mit dem Weltenbaum[35]. Von diesem Motivkom-

plex verästeln sich zahlreiche Verbindungslinien, beispielsweise nach Afrika[36] oder nach Indien, wo der Weltenbaum ebenfalls als Feigenbaum gedacht wurde, in dessen Krone, wie auf dem Weltenberg, der Sonnenadler Garuda brütete[37]. Gautama Buddha, der in der Volkssage auch die Gestalt Garudas annehmen konnte, saß unter dem »Baum der Weisheit«, bevor er Erleuchtung erlangte[38]. Aus der germanischen Mythologie kennen wir die Weltesche Yggdrasil. Ihr Stamm erhebt sich aus der Mitte der Erde, ihre Wurzeln reichen zu den Menschen, den Riesen, und in die Unterwelt hinab, ihre Zweige in den Himmel hinauf, und ihre Krone überwölbt die Erde und erfüllt den Himmel. Yggdrasil war auch der Baum Odins, des höchsten Gottes und Donnergottes. An ihr sitzen die Götter zu Gericht, und in ihren Zweigen thront der Adler, dem großes Wissen verliehen ist[39].

Daß die kosmologische Symbolik weit in den Alltag hineinreicht, hat Pierre Bourdieu in seiner strukturalistischen Analyse des Kabylen-Hauses (Nordafrika) gezeigt: Hier, aber auch in einigen anderen Kulturen, symbolisiert der Mittelpfosten die Verbindung zwischen Erde und Himmel, ihre wechselseitige Befruchtung und damit gleichzeitig die Überwindung der Trennung des männlichen und weiblichen Prinzips[40]. Die Mythologie, darauf sei nur kurz verwiesen, blieb natürlich nicht ohne praktische Folgen: Da Riten und Zeremonien der Vergewisserung der kulturellen Tradition dienen, verwundert es nicht, daß gerade die kosmologische Dimension hier ihren Platz hat. Bekannt ist die zeremonielle Rolle des Weltenbaumes als einer »axis mundi« im Schamanismus, auf die wir noch zurückkommen werden[41]. Erwähnt sei auch die nordamerikanische Sonnentanzzeremonie, bei der der Mittelpfosten der rituellen Hütte die Stelle des Weltenbaumes einnimmt. Die zeremoniellen Tänze und Martern sind Bestandteil eines Übergangsritus, bei dem die jungen Männer auf Visionssuche gehen[42]. Noch heute wird in Teilen Mexikos und Guatemalas das in die vorchristliche Vergangenheit zurückreichende »Flieger-Spiel« aufgeführt[43], bei dem zunächst vier als Vögel verkleidete Männer um einen Pfahl tanzen, ihn dann besteigen und ihre Füße an einem drehbaren Gestell an der Spitze des Pfahls festbinden. Von dort werfen sie sich mit ausgebreiteten Armen in die Tiefe, wobei die sich ab-

wickelnden Seile ein langsames Absinken der »voladores«, die die
Sonnenvögel symbolisieren, bewirken. Ihr Herabsinken soll nach
einer Version den Regen bringen[44], nach einer anderen war es
unter den kultischen Spielen dazu bestimmt, die Kakaoernte zu
feiern[45].

Die Reise in die Oberwelt –
eine sakrale Notwendigkeit

»Früher haben die Menschen das Geheimnis gekannt, in den Himmel zu gelangen, und viele sind dort gewesen; jetzt bringt es niemand mehr fertig, weil man das Geheimnis nicht mehr kennt«,
heißt es in einer Erzählung der Jap-Südsee-Insulaner[46]. Die ele-
ganteste, aber auch die schwierigste Möglichkeit, in den Himmel
zu gelangen, war der Flug[47]. Die Vorstellung der »Himmelfahrt«
besonders befähigter Personen ist auf der ganzen Welt bekannt,
wobei die Spannweite von den Zauberpriestern »primitiver« Völker bis hin zu den mythischen Königen der alten Hochkulturen
reicht. In gewisser Hinsicht kann man bereits den Mythos vom
Himmelsflug des babylonischen Königs Etana zu dieser Kategorie
rechnen, den ersten literarisch und bildlich überlieferten Flug der
Weltgeschichte[48]. Es waren die geistigen »Führer« der jeweiligen
Gesellschaften, denen das Flugerlebnis zuteil werden sollte. Der
belgisch-britische Ethnologe Arthur Maurice Hocart (1883–1939)
versuchte, die Vorstellung von der Himmelfahrt als entwicklungs-
geschichtlich abhängig von der Einrichtung eines solaren Gottkönigtums zu sehen[49]. Der Religionswissenschaftler Geo Widengren modifizierte diese These insofern, als er allgemeiner von
einem sakralen Königtum sprach, also ebenfalls das Vorhandensein
staatlich-zentralistischer Strukturen voraussetzte: Der Stellvertreter auf Erden benötigt die Legitimation durch den Hochgott.
Widengrens vergleichende Untersuchungen orientalischer Hochreligionen erbrachten tatsächlich frappierende Ergebnisse: Von
Elias über Buddha bis Mohammed – auch Propheten mußten fliegen können[50].
Der Religionshistoriker Mircea Eliade (1907–1986), der als erster

auf die universale Verbreitung des ›magischen Fluges‹ hingewiesen hat, anerkennt diesen Zusammenhang, fächert jedoch ein weiteres Spektrum auf: Der magische Flug sei nicht Ausdruck einer bestimmten gesellschaftlichen Entwicklungsstufe, sondern Belege dafür seien seit dem Neolithikum festzustellen[51] und reichten bis zu rezenten Gesellschaften. Das bedeutet, daß seine Quellen und seine Bedeutung sehr unterschiedlich sein können. Grundsätzlich – also auf einer sehr abstrakten Ebene – komme darin ein Bedürfnis nach Transzendenz und Freiheit zum Ausdruck, das konstitutiv sei für die menschliche Natur, also auf eine anthropologische Ebene verweise[52]. Die Vorstellung der Himmelfahrt gab es mit Sicherheit vor dem Auftreten staatlicher Strukturen, wie wir aus zahlreichen Mythen etwa der Eskimos der Polarregionen oder der südlich angrenzenden Indianerstämme wissen[53]. Der Schamane handelt im Auftrag seiner Gemeinschaft, etwa wenn die Verhältnisse in Unordnung sind, als Vermittler zu elementaren kosmischen Mächten, zu solchen des Meeres wie des Himmels. Die Fähigkeit zum »magischen Flug« war geradezu Legitimationsnachweis für den Schamanen als spirituellen Führer seiner Gemeinschaft[54].

Mythische Flüge im Erzählgut des Polarkreises

Die Himmelfahrt oder die Kommunikation mit den Göttern stellten jedoch nicht den ausschließlichen Zweck der mythischen Flüge dar. Für die »befähigten« Menschen gab es in der Vorstellung vieler Völker die Möglichkeit der *freien* Bewegung im Luftraum. Es existieren nicht wenige Schilderungen von solchen Flügen, und Rasmussen hat von den Inuit (»Eskimo«) des Polarkreises, wo solche Flugvorstellungen besonders intensiv vorhanden sind, sogar Zeichnungen davon anfertigen lassen[55]. Als Mythen bezeichnen wir diese Geschichten, weil sie als wahr betrachtet wurden und keineswegs als fiktiv oder unglaubwürdig. Ein von Knud Rasmussen (1879–1933) befragter Mann erklärte: »Wenn wir Geschichten erzählen, sprechen wir nicht aus uns selbst heraus; da ist es die Weisheit der Vorväter, die durch uns spricht.«[56] Ganz selbstverständlich wurde von den Schamanen erwartet, daß sie günstige Siedlungsplätze im Flug erkunden, wie dies etwa bei dem für seine mächtigen Flüge bekannten »Angakok« (= Schamanen) Angakerduak der Fall war. Nach einer Eskimo-Mythe wurde die grönländische Westküste bevölkert, nachdem ein kundiger Schamane von der Ostküste bei einem Flug über die endlose eintönige Weite des Inlandeises die Schönheit und Fruchtbarkeit des Landes auf der anderen Seite festgestellt hatte[57].

In der Mythe »Naujas Flug ins Land der großen Gezeiten« werden umständlich die rituellen Vorbereitungen des Fluges geschildert, die in Anwesenheit einer großen Menge Volkes vollzogen wurden. Auf ihrer Luftreise in das unbekannte Land verirrten sich schließlich der Schamane und seine Hilfsgeister, und sie können ihren Weg nur durch ein Orakel wiederfinden. Erst dann dürfen sie weiterfliegen:

»Nauja und seine übrigen Hilfsgeister in Menschengestalt streckten und reckten sich wie Vögel, bereit, in die Luft zu fliegen. Jetzt sah man, wie aus den Ohren des Hilfsgeistes ein Funkenregen sprühte, der wie ein Meeresleuchten aussah. Und da brach er in einen gewaltigen Jubelschrei aus und stieß auf seinen gewaltigen Schwingen in die Luft, um in die Richtung zu fliegen, in der das Land der großen Gezeiten liegen sollte. Mit großem Geschrei warfen sich die anderen in die Luft und folgten dem Kundigen nach.«[58]

In den Erzählungen von den ausgedehnten Schamanenflügen des Angakok Asetcak, die von Alaska über die Behringstraße bis Sibirien hineinreichten, handelt eine besonders einprägsame Passage von der Suche nach dem Sohn eines Freundes, den ein Schamane auf der St.-Lawrence-Insel in einer Vision festgestellt haben wollte.

»Er flog mit einem Knie angezogen und die Arme ausgestreckt. In der Luft wuchsen ihm Flügel aus den Schulterblättern, und sein Mund weitete sich bis zu den Tätowierungszeichen. Irgendwo über Sibirien begegnete er einem anderen Schamanen, der über einem Dorf kreiste. Als Asetcak ihn ansprach, kamen Flammen aus seinem Mund. Der sibirische Kollege flog erschreckt davon und verschwand in seinem Zelt. Auf der St.-Lawrence-Insel angekommen, sah er durch die Oberlichter in die Häuser und suchte nach dem Jungen. Als er ihn schließlich entdeckt hatte, flog er nach der Diomede-Insel zurück. Seine Macht war bei seiner Ankunft noch so groß, daß er nicht landen konnte. Er flog daher innerhalb des Hauses im Kreise herum, bis der Atem der Menschen, ›die keine Geister hatten‹, ihm half, herunterzukommen.«[59]

Flugwettstreit zweier grönländischer Schamanen. Der Geisterflug geschieht oft
mit gebundenen Armen und Beinen. Aus den Aufzeichnungen des Ethnologen
Knud Rasmussen.

Die »Zeugen« des Schamanenfluges, also die Teilnehmer der Séance, während der der Angakok in Ekstase geriet, glaubten häufig,
flatternde und schwirrende Geräusche wahrzunehmen, verspürten
den Luftzug und die leiser werdende Stimme des Mediums. Von
der großen Macht des Asetcak war dessen Kundschaft restlos überzeugt, nachdem der Sohn des Freundes nach seiner Rückkehr von
der Reise bestätigte, daß er in einer Vision das Gesicht des Schamanen am Oberlicht des Hauses auf der St.-Lawrence-Insel gesehen hatte.
Die Flugerlebnisse in diesen »Angakokgeschichten« haben oft
schwankhaften Charakter, was nicht zuletzt durch die mündliche
Tradition, speziell durch die Erzählstrategien der Geschichten-
erzähler bedingt ist. Die Mythen werden praktisch ständig neu
›erfunden‹ und dadurch in ihrer Wirkung optimiert und den jeweiligen Bedürfnissen angepaßt. Herrmann Barüske weist darauf hin,
daß dieselben Geschichten in Ost- und Westgrönland aus verschie-

denen Perspektiven beschrieben werden. Die Flüge des Angakerduak wurden von seiner Gemeinschaft anders erzählt als von der
Siedlung, die er erkundet haben soll. Es handelt sich um eine Siedlung mit einer zwischen 1861 und 1900 bestehenden Missionssta-
tion der deutschen Herrenhuter Brüder, 66 Kilometer von Godthab
entfernt, auf der Insel Umanaq[60]. Eine der merkwürdigsten Geschichten ist sicher die, bei der sich zwei Schamanen bei ihren
Flügen in der Luft begegneten – sozusagen die Story eines frühen
Beinahe-Zusammenstoßes:

»Als der Tag dämmerte, sagte er: ›Die Nacht ist zu Ende, ich muß nach Hause.‹
Dann flog er übers Meer zurück. Unterwegs sah er etwas, das wie ein Feuer aussah.
Da war sein Stellvertreter, der sich auf dem Rückflug befand. Als sie aneinander
vorbeiflogen, nickten sie sich lächelnd zu.«[61]

Man kann sich vorstellen, daß dieses unerwartete Zusammentreffen die Zuhörer im Iglu ebenso entzückt hat wie westliche Scha-
manismus-Experten oder Flughistoriker; mithin eine gelungene
Pointe arktischer Erzählkunst verkörpert.
Der Begriff »freie Bewegung im Luftraum« bezieht sich nicht nur
auf die Flugrichtung, die anders als bei der Himmelfahrt nicht auf
ein bestimmtes Ziel gerichtet ist, sondern auch auf den Motivhin-
tergrund, der seinen sakralen Charakter ganz abstreifen kann.
Dies ist auch bei der Erzählung »Wie ein Mann in die Oberwelt
geklettert ist« der Fall. Einziges Motiv der Reise ist – die Lange-
weile! Der Mann namens Gidala (Libelle) will nicht mehr in der
Mittelwelt leben, deshalb sucht er »den Fliegenden«, mit dessen
Hilfe er eine Weltreise unternimmt, die ihn am Ende zu einer Leiter bringt, an der man durch ein Loch in den Himmel klettern
kann[62].

Skepsis gegenüber Flugerzählungen
bei »primitiven Völkern«

Wenn auch die prinzipielle Möglichkeit der Fortbewegung durch
den Luftraum weitgehend anerkannt wurde, gab es doch in vielen
Kulturen eine Skepsis gegenüber der Wahrheit solcher Geschich-

ten im Einzelfall. In »Traurige Tropen« berichtet Lévi-Strauss von einem »merkwürdigen Vorfall«, den er 1938 bei den Sabané-Indianern im Mato Grosso erlebt hatte. Eines Tages war der Häuptling und Zauberer verschwunden, was bei seiner 34 Personen umfassenden Gruppe Anlaß zu mancherlei Befürchtungen gab. Als man ihn schließlich ganz verängstigt in der Nähe des Lagers fand, erklärte er, der Donner habe ihn in die Lüfte gehoben und an einen Ort geführt, der etwa 25 Kilometer vom Ort des Lagers entfernt war. Schließlich habe er ihn auf demselben Weg zurückgetragen. Ein Teil der Gruppe glaubte jedoch nicht daran[63].

Genauso konnte sich die Kritik auf Trauminhalte beziehen. Unabhängig von der verbreiteten »realistischen« Trauminterpretation existierte stets die Möglichkeit individueller »Quellenkritik«. Hallpike berichtet von einem Informanten, der seinen eigenen Heimwehtraum, in dem er das Dorf seiner Mutter besuchte, rational als Erinnerung entlarvte: Das Geschehene könne nicht Wirklichkeit gewesen sein, denn in der inzwischen vergangenen Zeit müßten die Bäume und das Gras gewachsen sein[64]. In diesem Zusammenhang kann auch ein schwankhaftes Indianermärchen gesehen werden, das zeigt, daß nicht jeder Narr erfolgreich sein muß. Es handelt von einem Mann, der fliegen wollte. Er begann damit, sich wie ein Vogel zu kleiden, und steckte sogar Federn, die den Schwanz darstellen sollten, in seinen Gürtel. Dann kletterte er auf einen hohen Baum und sprang von Ast zu Ast. Schließlich stürzte er unter dem Ausruf: »Wie herrlich ich fliegen kann« zu Boden – wobei er sich alle Knochen brach[65].

Interessant ist eine von Rasmussen referierte Diskussion bei den Eskimos über den Charakter der Himmelfahrten, die zeigt, daß über deren Realität durchaus keine Einmütigkeit herrschen mußte:

»Bei einem solchen Geisterflug unternimmt der Geisterbeschwörer weite Reisen durch den Himmelsraum. Viele meinen, daß seine Seele und sein Geist sich vom Körper loslösen, der dann zurückbleibt, während andere wiederum glauben, daß auch sein Körper diesen Flug mitmacht.«[66]

Die Frage, ob der Flug körperlich vonstatten ging oder ob es sich um eine ›Seelenreise‹ handelte, bei der sich die Seele vom Körper löste, scheint westliche Beobachter mehr interessiert zu haben als die Eskimos selbst. In den Erzählungen wird selten auf diesen Unterschied Bezug genommen. Immerhin war es möglich, den Unterschied anzusprechen, worauf die verschiedenen Ansichten zutage traten. Wir können hier eine ähnliche Differenz in den Ansichten beobachten, die auch in Mitteleuropa vom frühen Mittelalter bis weit hinein in die Neuzeit bestand: Können Hexen körperlich fliegen, oder fliegen nur ihre Seelen, oder träumen sie nur, daß sie fliegen, oder ist es gar der Teufel, der ihnen vormacht, fliegen zu können?

Mythische Survivals in Europa

Um der Ansicht vorzubeugen, nicht-technische Flugvorstellungen hätten nur in »primitiven« Kulturen existiert, möchten wir zwei Beispiele aus dem Herzen Europas anführen. Zunächst die von Carlo Ginzburg in venezianischen Archiven entdeckten »Benandanti«. Die Inquisitoren trauten ihren Ohren kaum, wenn Friauler Bauern folgende Geschichten zu Protokoll gaben: Bestimmte von Geburt an auserwählte Personen, Männer und Frauen, verließen in manchen Nächten ihre Körper und »flogen« zu wechselnden Orten, wo sie mit »stregoni« um den Ausgang der Ernte kämpften. Der Ausgang der Kämpfe entschied über das künftige Wohl der Gemeinschaft. »Wohlfahrende«, Benandanti, war der Name, unter dem diese Personen in der Bevölkerung nördlich von Venedig im 16. Jahrhundert bekannt waren[67].

»Vernünftige« Wissenschaftler konnten mit solchen Aussagen etwa so viel anfangen wie venezianische Inquisitoren. Ginzburg wurde, grob gesprochen, für einen Spinner erklärt, der die seltsamen Thesen der englischen Anthropologin Margaret Murray über die Existenz eines Kultes eines »gehörnten Gottes« bestätigen wollte, eines Fruchtbarkeitskultes, der in den Hexenverfolgungen von der Kirche unterdrückt worden sei. Dies war eine These, die zum Ärger seriöser Wissenschaftler jahrzehntelang in der »Ency-

clopaedia Britannica« zu finden gewesen war. Die lang anhaltende
Debatte um Ginzburgs »Benandanti« hat eine ganze Reihe solcher
Seelenflugvorstellungen in Europa zutage gefördert, die den Flug
der Hexen, jene scheinbar absonderliche Obsession der christlichen Dämonologen des Spätmittelalters und der Frühen Neuzeit,
heute in einem anderen Licht erscheinen lassen: Inmitten des
christlichen Europa waren innerhalb der Volkskultur pagane Vorstellungen von fliegenden Wesen und Menschen verbreitet[68].

Aus den Akten süddeutscher Hexenprozesse stammt der Fall des
Allgäuer Roßhirten Konrad Stöckhlin (1549–1586), der als Mittelpunkt der lokalen Zauberkultur einer großen Hexenverfolgung des
Bischofs von Augsburg zum Opfer fiel[69]. Stöckhlin betätigte sich
als Wahrsager und seine besondere Fähigkeit bestand darin, Hexen
zu erkennen. Mit diesen Eigenschaften war er eine gefragte Persönlichkeit. So erregte er 1586 die Aufmerksamkeit der Obrigkeit.
Auf die Frage der bischöflichen Juristen, woher er denn diese
Fähigkeiten habe, antwortete der Mann unvorsichtigerweise, das
komme, weil er mit der »Nachtschar« fahre. Von dieser aber hatten die schwäbischen Juristen, die sich an der »Daemonomania«
ihres berühmten französischen Kollegen Jean Bodin orientierten[70],
noch nie etwas gehört. Ihrer Ansicht nach war der »Führer«, der
die nächtlichen Flüge Stöckhlins anführte, niemand anderer als der
Teufel. Nach Ansicht des Gerichts war Stöckhlin selbst ein Hexen-
mann. In Oberstdorf, seinem Heimatort, wußte man jedoch noch
eine dritte Version: Dort erzählte man sich nämlich, der Roß-
hirt »fahre mit dem Wuettens Hör«, andernorts als »Wilde Jagd«
oder »Wütendes Heer« bekannt[71].

Auf eine solche Vielzahl von Flugvorstellungen reagierte die Obrigkeit interessiert. Auf Anfragen der Richter erklärte Stöckhlin
seinen Standpunkt:

»Es seyen der Fahrten dreyerlei, und die, darin er fahre, heiße die Nachtschar, die
ander die Rechte Fahrt. Seye die, darin die Abgestorbene an ihre Ort' geführt werden. Die dritte Fahrt seye die Hexenfart. Selbige faren in der Luft, umb deren Fahrt
er nichts wisse, seye auch nit darin noch dabei gewesen.«[72]

Mindestens drei verschiedene Formen der magischen Luftfahrt
waren also der süddeutschen Landbevölkerung bekannt, Flüge von
Engeln und christlichen Heiligen, die auch die katholische Kirche

anerkannte, nicht mitgerechnet. Und die Erkenntnisse der Volks-
glaubensforschung der letzten Jahre haben gezeigt, daß man allenthalben mit ähnlichen Erscheinungen zu rechnen hat.

Oft waren es bestimmte Menschen, denen die Fähigkeit eigen war,
zu bestimmten Gelegenheiten ihre Körper zu verlassen und mit
Wesen aus einer »anderen Welt« in Kontakt zu treten. Zuvor über-
kam sie nicht selten eine Art Ohnmacht, und sie fielen in einen
tiefen Schlaf. Häufig hatten sie dabei das Gefühl zu träumen, und
doch unterschieden sich diese »Träume« von anderen Träumen, die
individuellen Wünschen oder Ängsten Ausdruck verliehen. Denn
speziell diese Träume waren Bestandteil einer kollektiven Vorstellung, eines Mythos, an dem die friulanischen »Benandanti«, die
dalmatinischen »Kresniki«[73], die sizilianischen »Donne di fuori«[74]
in ihren jeweiligen regionalen Ausprägungen teilhatten. Diese
Träume waren gewissermaßen standardisiert, und überdies konnten sie nur von bestimmten, »auserwählten« Personen geträumt
werden. Sie waren häufig von Geburt an durch bestimmte körperliche Merkmale gekennzeichnet; bei den »Benandanti« war es die
Geburt mit der Embryonalhaut, deren vorzeichenhafte Bedeutung
als »Glückshaube« wir auch aus dem deutschen Volksglauben kennen[75]. Diese »Auserwählten« erfüllten noch im sozialen Leben des
Spätmittelalters und der Frühen Neuzeit auf dem Land eine wichtige Rolle: Durch ihre Kontakte zur »anderen Welt« besaßen sie
Kenntnisse, die dem normalen Mitmenschen fehlten: Sie konnten
»wahrsagen«, heilen und böse Zauberer erkennen, verfügten also
über Fähigkeiten, die denen religiöser Spezialisten in »primitiven«
Kulturen durchaus ähnlich waren. Symbol ihrer Sonderstellung
war ihre Fähigkeit zu fliegen[76].

Der ungarische Historiker Gábor Klaniczay hat kürzlich in einem
Aufsatz eine Vielzahl solcher Vorstellungen auf dem Balkan und in
Ungarn zusammengefaßt und sich Gedanken über deren Ursprung
gemacht. Die Kombination von Zauberkraft, Wahrsagerei, Ekstasetechniken und Flugvorstellungen hat ihn an eine religiöse Strömung denken lassen, die auch in Europa weiter zurückreicht als die
importierte Hochreligion: den Schamanismus[77].

Ekstase: Der Austritt der Seele aus dem Körper

In der »Historia Langobardorum« wird von dem Frankenkönig Gunthram (reg. 561–592) berichtet, daß einst seine Seele während des Schlafes den Körper verließ und dann Wunderbares erlebte. Seine Gefährten beobachteten, daß »aus seinem Mund ein kleines Tierchen wie eine Schlange« herauskam[78]. Sehr viel häufiger wurde die Seele, die den Körper verläßt, als Vogel beschrieben. Der Seelenvogel gehört geradezu zu den religiösen Standardvorstellungen. Dafür reicht das Anschauungsmaterial von prähistorischen Höhlenmalereien über die mythologischen Vogelabbildungen auf Lebens- oder Weltenbäumen bis hin zur Taube, die selbst in der Vorstellung des Christentums noch dem Mund des Toten entfliegt oder die eine Seite des dreieinigen Gottes, den »Heiligen Geist«, symbolisiert[79]. Die Reise der Seele, ob als Vogel oder in anderer Form, ist eine weltweit verbreitete Vorstellung[80]. Daß die Seele des Menschen Flugkraft besitzt und ausübt, ist in vielen Kulturen eine geläufige Anschauung. Dahinter steckt die Vorstellung der Trennung von Körper und Seele, die sich spätestens zum Zeitpunkt des Todes ereignet[81].

Das »Aussteigen« aus der scheinbar festen Ordnung von Raum, Zeit und Kausalität ist in bestimmten Kulturen als transzendentale Erfahrung fester Bestandteil des Weltbildes. »Ék-stasis«, ein aus dem Griechischen entlehntes Wort, bedeutet wörtlich das »Aus-sich-Heraustreten«. Ziel der Ekstase ist die Kommunikation bestimmter Spezialisten mit der »anderen Welt«, der Welt der Geister, der Ahnen oder der Götter. Diese religiöse Funktion wird nicht nur bei den meisten Indianern Nord- und Südamerikas, sondern auch bei den Bewohnern der Polarregionen sowie vielen Völkerschaften Asiens, Afrikas, Australiens und Ozeaniens von Menschen beiderlei Geschlechts wahrgenommen, die früher von den Europäern häufig als »Zauberdoktoren« oder »Medizinmänner« bezeichnet worden sind, für die sich aber in der Ethnologie das tungusische Wort »Schamane« durchgesetzt hat[82]. Die geographische Charakterisierung des schamanistischen Wirkungskreises läßt erkennen, daß diese religiöse Vorstellung in allen Erdteilen ver-

Der Mann mit Vogelkopf, erigiertem Penis und Vogelstange gilt als prähistorischer
Schamane, der in Trance mit dem Geist des Bisons in Verbindung tritt.
Paläolithische Felsmalerei aus der Höhle von Lascaux (Frankreich).

breitet war, vermutlich wegen ihrer Offenheit und Anpassungsfä-
higkeit an sehr unterschiedliche gesellschaftliche Strukturen. Sehr
einfach strukturierte Kleingesellschaften, wie sie Lévi-Strauss in
den Urwäldern des Amazonas gefunden hat, konnten damit ebenso
leben wie die relativ komplexen Gesellschaften der Prärieindianer
oder der Turkvölker Sibiriens, bei denen die animistische oder po-
lytheistische Weltsicht bereits von einer Hochgottvorstellung
überlagert worden war[83].
Ekstatische Erfahrungen werden in solchen Gesellschaften eher
begrüßt, während in den festgeschriebenen Religionen öfter versucht wird, individuelle Grenzerfahrungen zu verhindern. Erst die
orthodoxen religiösen Vorstellungen der staatenbildenden Hochkulturen, etwa die der monotheistischen Religionen rund um das
Mittelmeer oder der Gottkönigtümer Ägyptens, Mexikos oder Perus, begannen, schamanistische Vorstellungen abzudrängen. Der
beamtete Priester als Spezialist der Hochreligion ist auf den Nachweis von Grenzerfahrungen nicht mehr angewiesen, außerordentliche Visionen würden den Traditionsbestand des Kults unnötig in
Frage stellen und geraten daher – wie die christliche Mystik – in
den Ruch der Ketzerei. Wie von der intoleranten christlichen
Hochreligion wurden schamanistisch befähigte Persönlichkeiten
auch in der Sowjetunion verfolgt. In diesem Land, in dem seit
1918 ein Großteil der Völkerschaften mit schamanistischen Glaubensvorstellungen lebt, wurden die Schamanen als Scharlatane

Tänzer in Trance, die über dem Erdboden zu schweben scheinen.
Prähistorische Felsmalerei aus Tanzania.

unterdrückt. Dennoch ist der Schamanismus in Teilen Sibiriens
und Zentralasiens heute noch lebendig[84].

Von den Trägern religiösen Charismas hat die schillernde Figur des
Schamanen, der mit einem breiten Instrumentarium von Techni-
ken sich selbst periodisch in die Lage versetzt, mit jenseitigen
Mächten in Kontakt zu treten, die Ethnologen am meisten beschäftigt[85]. Der Tanz ist eine der verbreitetsten Ekstasetechniken, mit
denen der Schamane den psychischen Ausnahmezustand einleiten
kann, förderlich sind rituelle Formen der Enthaltsamkeit, Fasten,
Isolation, aber auch exzessives Essen, Trinken und Kopulieren,
Musik und Gesang, die Einnahme von Drogen[86] oder auch rituelle
Martern. Die gleichen Techniken kamen übrigens dort zum Einsatz, wo zwecks Initiation bestimmte Typenträume wie beispielsweise Flugträume bewußt hervorgerufen werden sollten, etwa bei
bestimmten indianischen Völkern[87]. Vielen schamanistischen Völkerschaften ist gemeinsam, daß den religiösen Funktionären eine
Eigenschaft besonders zugerechnet wurde: die Eigenschaft zu fliegen[88]. Die frühesten Flugdarstellungen sind in schamanistischem
Umkreis angesiedelt, etwa in paläolithischen Felszeichnungen in
der Libyschen Wüste[89].

Die virtuelle Himmelsreise sibirischer Schamanen

Die Schamanen berichteten nicht nur von ihren Erlebnissen, sondern führten sie unter enormem dramaturgischem Aufwand einem großen Publikum vor. Die Zuschauer der ekstatischen Séance waren von der Realität der symbolischen Inszenierung überzeugt. Teilweise bestand die Ansicht, daß der zurückgebliebene Körper des Schamanen nicht mehr er selbst war, sondern eine Hülle oder ein Hilfsgeist, der an seine Stelle getreten war[90]. In der ethnologischen Diskussion wurden die schamanistischen Séancen unterschiedlich interpretiert. Völkerkundler des vorigen Jahrhunderts wie Adolf Bastian (1826–1905) haben den Schamanen, der behauptet, zu fliegen oder in den Himmel zu reisen, schlicht und einfach als Betrüger hingestellt, der seiner Gemeinschaft etwas vorspiele und besondere individuelle Anlagen »zum Besten seines Magens zu verwerten« wisse[91]. Oder sie haben die schamanistischen Seelenzustande als pathologische Symptome gedeutet. Teile der sowjetischen Ethnologie hegen heute noch solche Ansichten, da die spirituellen Gemeinschaftserlebnisse dem marxistischen Rationalismus strikt zuwiderlaufen und nicht auf ihrer symbolischen Ebene dechiffriert werden[92].

Ethnologen wie der dänische Eskimoforscher Knud Rasmussen haben jedoch früh darauf hingewiesen, daß es sich bei den Schamanen keineswegs um Schwindler oder Geisteskranke handle. Selbst zum Christentum bekehrte ehemalige Schamanen beharrten weiterhin auf der Wahrheit ihrer früheren ekstatischen Erfahrungen, denen sie lediglich freiwillig entsagt hätten[93]. In den 1930er Jahren haben einige russische Wissenschaftler wie S. M. Shirokogoroff oder die Ethnologin L. E. Karunovskaia auf den kosmologischen Zusammenhang der schamanistischen Flüge und ihre Verankerung in Mythen und Riten bei den Tungusen und Altai-Völkern hingewiesen[94]. Der rumänische Religionswissenschaftler Mircea Eliade hat, wie erwähnt, diesen Zusammenhang verallgemeinert und die weite Verbreitung derartiger Vorstellungen aufgezeigt[95].

Ein ausführliches Beispiel einer schamanistischen Himmelfahrt bei den Altaiern, einer Gruppe von Turkvölkern in Südsibirien[96], gab um die Jahrhundertwende der russische Ethnologe Wilhelm Radloff (1837–1918)[97]. Das hier mit einiger Distanz – sozusagen dem »Blick von außen« – geschilderte Ritual dauerte drei Abende. Der erste Abend dient verschiedenen Vorbereitungen, darunter dem Errichten einer neuen Jurte, in deren Mitte ein Birkenstamm mit stufenartigen Einkerbungen steht, der die »axis mundi« in Gestalt des Weltenbaums symbolisiert. Zunächst ruft der Schamane seine Hilfsgeister an und vollzieht bestimmte Rituale und Opfer. Der entscheidende Teil der Zeremonie findet am folgenden Abend statt. Jetzt ist der Moment, wo der Schamane auf seiner Himmelsreise bis zum Sitz des obersten Himmelsgottes seine schamanischen Fähigkeiten zeigen kann. Der Schamane opfert den in seiner Trommel vereinigten Hilfsgeistern unter rituellen Gesängen am brennenden Feuer Pferdefleisch. Zur Zeremonie gehören das Trinken mit einer unsichtbaren Gesellschaft von Geladenen und das Abbrennen von Räucherwerk. Schließlich legt der Schamane sein Ritualkleid an und beginnt eine Menge Geister anzurufen, mit denen er in Dialog tritt. Am Ende dieser langen Anrufung wendet er sich an den Himmelsvogel. Um die Gegenwart des Vogels anzuzeigen, ahmt der Schamane seinen Schrei nach. Dabei beugt er seine Schultern, wie erliegend unter dem Gewicht eines riesigen Vogels. In der weiteren Dauer des Geisterappells wird die Trommel schwer. Mit vielen mächtigen Schutzherren gerüstet, kreist der Schamane mehrmals um die Birke im Inneren der Jurte. Schließlich schlägt er die Trommel und fällt in Zuckungen, wozu er unverständliche Worte murmelt. Dann beginnt er mit seiner Trommel alle Zuschauer zu reinigen, eine lange und verwickelte Zeremonie, bei der der Schamane zuletzt in Begeisterung gerät.

Das ist das Zeichen für die eigentliche Auffahrt. Plötzlich springt der Schamane auf den ersten Einschnitt der Birke, schlägt heftig die Trommel und schreit dabei. Seine Bewegungen zeigen an, daß er sich zum Himmel bewegt. In Ekstase umkreist er Birke und Feuer, wobei er das Grollen des Donners nachahmt. Auf diese Weise ersteigt er eine Stufe nach der anderen, unter ständigem Trommelschlagen und in immer stärkerer Erregung. Im dritten

Himmel besteigt der Schamane eine Gans und setzt auf ihr die Himmelsreise fort. Dabei beschreibt er die Fahrt und macht das Schnattern des Tragevogels nach, der sich ebenfalls über die Strapazen der Reise beklagt. Auf dieser Stufe beginnt der Schamane mit Weissagungen, er gibt Auskünfte über die Wetteraussichten, über drohende Epidemien und Unglücksfälle und über Opfer, die die Gemeinde darbringen soll. Der Schamane durchreist alle Himmel bis zum neunten, und wenn er wirklich mächtig ist, den zwölften und noch höhere. Auf jeder Stufe finden charakteristische rituelle Episoden statt. Die Höhe der Auffahrt hängt einzig von der Kraft des Schamanen ab. Hat er den Gipfel seines Vermögens erreicht, so macht er halt, senkt die Trommel und ruft demütig den obersten Gott an.

Der Schamane erfährt vom obersten Himmelsgott, ob das Opfer günstig aufgenommen worden ist, empfängt Wetter- und Erntevoraussagen, außerdem Weisungen über weitere Opfer, welche die Gottheit erwartet. Hier erreicht die Ekstase ihren Gipfelpunkt; der Schamane bricht erschöpft zusammen. Trommel und Stock werden ihm aus der Hand genommen. Der Schamane bleibt bewegungslos und stumm. Nach einiger Zeit reibt er sich die Augen und benimmt sich wie einer, der aus tiefem Schlaf erwacht. Er begrüßt die Anwesenden wie nach langer Abwesenheit. Danach folgt meistens noch ein dritter Tag mit Feiern, bei denen oft enorme Mengen von Alkohol konsumiert werden[98].

Vogelsymbolik im Schamanismus

Dem Schamanen dienen für seine Zeremonien verschiedene Hilfsmittel, die Trommel oder Geräte, die Pferde oder Vögel symbolisieren. Vogelform können auch die Hilfsgeister annehmen, die besonders in Nordasien und in der Arktis bekannt sind. Die Funktion der Hilfsgeister ist hierbei nicht ohne Bedeutung, da der Schamane oft nur mit ihrer Kraft und in ihrer Begleitung fliegen kann. Ein besonders kompliziertes Beispiel ist von den nordskandinavischen Lappen bekannt, bei denen der Schamane zunächst seinen Schamanenvogel herbeiruft und ihn bittet, die größeren Hilfsgeister zu holen, die ihm sodann, während er in die erstrebte Ekstase gerät, den Weg ins Geister- oder Seelenreich bzw. in die Unterwelt zeigen und ihm gegen die dort lauernden Gefahren beistehen müssen[99]. Vögel sind nicht die einzigen Schutzgeister der Schamanen, aber sie nehmen eine hervorragende Stellung ein. Holzgeschnitzte Vogelbilder, auf Stangen gesteckt, symbolisieren geradezu die Jenseitsfahrt der Schamanen. Von den Tungusen weiß man zu berichten, daß der Zauberer für seine Zeremonie ein besonderes Zelt errichtet, um das er acht lange, mit Figuren versehene Pfähle einschlägt. Die geschnitzten Figuren stellen außer Sonne und Mond sechs Vögel dar, an der Ostseite Donnervogel, Schwan und Kuckuck, an der Westseite Kranich, Lumme und Tauchervogel[100]. Auch an den Gräbern verstorbener Schamanen werden solche Pfähle mit hölzernen Vogelfiguren als oberer Abschluß verwendet. Sie sollen die Hilfsgeister symbolisieren, die die Schamanen zu Lebzeiten unterstützt haben. Schon auf prähistorischen Höhlenzeichnungen ist die Vogelsymbolik vertreten, speziell auch die Stangenvögel in der Höhle von Lascaux[101].

Wie der russische Ethnologe Leo Sternberg (1861–1927) betonte, spielte in der Vogelsymbolik bei vielen Völkern der Adler eine besondere Rolle, insbesondere durch die Vorstellung, daß der Ursprung des Schamanentums mit dem Adler verknüpft sei. Bei den Jakuten existierte die Vorstellung, der Adler brüte die Schamanen in einem Ei aus. Nach einer burjatischen Erzählung war der Adler ursprünglich ein Schamane, der, in den Vogel verwandelt, die Welt durchflog und sich bei jeder Heimkehr wieder in den Schamanen zurückverwandelte. Als er einst nach einem langen ermüdenden Flug großen Hunger verspürte und Aas fraß, wurde er unrein und konnte sich nicht mehr zurückverwandeln. Nach anderen Versionen dieses Motivs – überliefert von den Jenissei-Ostjaken – war der Adler der erste Schamane, oder der erste Schamane wurde von einem Adler unterwiesen. Jedenfalls wurde der Adler als Beschützer des Schamanen gesehen, der ihn während seiner Reise in den Himmel und die Unterwelt begleitet.

Bei den Jakuten hatte der Adler verschiedene Funktionen: Er war Wirt und Gebieter der Sonne, ein Blick des Adlers genügte, um die Sonne aus dem Nebel erscheinen zu lassen. Er war der Wirt des

Feuers, was sich beispielsweise so auswirkte, daß das Ritual des Feuerschlagens nur von Personen ausgeführt werden durfte, die von einem Adler abstammten. Der Adler bewirkte die Wiedergeburt der Natur: Ein Blick aus seinen »tellergroßen Augen« veranlaßte das Tauen des Frostes und die Rückkehr der Fruchtbarkeit: Die Sonne geht auf, die Gewässer steigen, die Frühlingswärme kehrt zurück, Frauen erhoffen sich Kindersegen, erbetene Kinder von »unfruchtbaren« Frauen gelten als selbst vom Adler gezeugt. Der Adler hat die Funktion eines Schöpfers. Insbesondere gilt er als Vater der Zauberei und des Schamanentums. Bei den Ostjaken war es ein doppelköpfiger Adler, der die Schamanen erschaffen haben soll. In den Ästen des Weltenbaums sitzen Adler, an seiner Spitze aber der Doppeladler, der Herr der Vögel. So verwundert es kaum, daß der Adler bei den verschiedensten Völkern für die Funktion des Totemtiers beansprucht wurde, in Sibirien ebenso wie in Süd- oder Nordamerika. Für die vergleichende Mythenforschung ist interessant, daß der Adler in engem Zusammenhang zum heiligen Baum gesehen wurde, dem Schamanenbaum, Baum des Lebens und der Erkenntnis, oder dem »Weltenbaum«[102].

Die rituelle Bedeutung des Federkleids

Die Verwendung von Vogelfedern in Ritualen und Zeremonien, aber auch zur Herstellung von Schmuck und Kleidern, spielt in vielen Kulturen eine herausragende Rolle. Federn wurden als geheime Talismane getragen, sie waren fester Bestandteil der ›Medizinbündel‹ nordamerikanischer Indianer[103]. Das reicht vom Einstecken oder Einknoten in die Haare und dem Tragen von Federn an Schnüren bis hin zur Verfertigung von Kronen, Diademen, Decken, Schilden, Fächern, Hemden und Mänteln. Der künstlerische Reichtum der Federarbeiten wird deutlich in der Chronik des Fray Bernardino de Sahagún (ca. 1500–1590), der in zwei Kapiteln die Tätigkeit mexikanischer Federarbeiter beschreibt[104]. Federn und Flügel verweisen auf über das normale menschliche Maß hinausgehende Kräfte. Dabei spielt der Analogiezauber eine Rolle, zunächst im Hinblick auf die Fähigkeiten der Vögel, noch wahrscheinlicher jedoch auf Götter wie Quetzalcoatl, deren Zauberkraft und Flugfähigkeit die Vogelfedern symbolisierten. In diesem Zusammenhang stehen die Federkronen indianischer Häuptlinge und Medizinmänner in Mittel- und Südamerika ebenso wie der Federschmuck sibirischer Schamanen oder von Zauberern in Papua-Neuguinea[105].

In der indianischen Mythe »Warum die Kachinas Adlerfedern tragen« ist ein Gebet überliefert, das über die Adlerfeder gesprochen wird:

> »Vater der Adler, gib mir langes Leben und ein starkes Herz. Du reist so weit und fliegst so hoch, daß Dein Atem klar und mächtig sein muß. Mach mein Herz so rein wie Deines. Ich atme den Hauch Deiner Federn ein, damit ich so stark werde wie Du.«

Die Höhe des Fluges diente als Chiffre für Umsicht und Wissen, auch für magisches Wissen und zauberische Kraft, denn die Adlerfedern sollten das rechtzeitige Eintreffen des Regens und damit die Fruchtbarkeit des Landes garantieren. Die Federn wurden in der Erwartung getragen, in »mystischer Partizipation« an der Stärke, Klugheit und Freundlichkeit des Adlers teilzuhaben[106].

Die magische Bedeutung des Federkleides oder von Federn überhaupt scheint auf der ganzen Welt verbreitet gewesen zu sein[107]. Der Schamanenmantel war mit Fransen, Federn und Vogelklauen ausgestattet und sollte insgesamt einen Vogel darstellen, beispielsweise bei den Tungusen und Ostjaken des Jenissei-Gebiets[108].

Insbesondere steht das Federkleid mit Flug- oder Himmelfahrtsvorstellungen in Verbindung, wobei die einzelne Feder als *pars pro toto* fungieren konnte. Bei den Paviotso-Indianern (Nevada) erlangte eine Frau schamanistische Kraft, nachdem ihr im Traum eine Klapperschlange erschienen war, die ihr befohlen hatte, Adlerfedern zu besorgen[109]. In einer Maori-Mythe aus Neuseeland erlangt ein Mann schamanistische Kräfte und die Flugfähigkeit, nachdem er einem mythischen Flugungeheuer, einem ›Taniwha‹, eine Feder geraubt hatte:

> »Als sie sich Patea näherten, griff er nach oben und rupfte einige Federn aus den Flügeln des Taniwha. Diese Federn wurden zu einem kostbaren Besitz. Eine von den Federn gab er dem Tama-ahua von Whanganui. Tama hatte ein anderes Zu-

hause in Wai-totara, aber die Reise dorthin war lang und ermüdend. Doch mit einer Taniwha-Feder wurde er selbst zu seiner Art Taniwha, und im kalten Mondlicht pflegte er über den Baumspitzen von Whanganui nach Wai-totara zu schweben, mit dem magischen Talisman in seiner Hand.«[110]

Die Vogel- und Schmetterlingsverwandlung der Zauberer

Die Vorstellung von einer Vogelverwandlung reicht zurück bis in prähistorische Zeiten, wie die häufige Darstellung anthropomorpher Tiergestalten in Zeichnungen und Kleinplastiken nahelegt[111]. Es ist eines der verbreitetsten Motive in schamanistisch geprägten Kulturen, aber auch, damit vielleicht zusammenhängend, in der Märchenliteratur[112]. Die Zauberkundigen – gleich welchen Geschlechts – unterziehen sich vorübergehend zur Erreichung eines bestimmten Zieles, das sie nur fliegend erreichen können, einer physischen Metamorphose. Manchmal kommt es zu regelrechten Verwandlungsorgien, etwa in einer von Radloff mitgeteilten sibirischen Mythe, in der sich der Zauberer nacheinander in eine Taube, einen Hirsch, einen Habicht und einen Papagei verwandelt[113]. In einer australischen Aborigines-Mythe hilft eine in eine Krähe verwandelte Trickster-Gestalt fremden Kriegern, sich in Schwanenbrüder zu verwandeln, um die mächtigen Frauen zu überlisten, die ihre Waffen besitzen[114]. Samojedische Schamanen verwandeln sich, um zu fliegen, in Gänse[115]. Ein tatarisches Märchen erzählt von einem König, der zum Vogel wird, um fremde Gebiete erkunden zu können[116]. Normalerweise vollzieht sich die Metamorphose problemlos, doch können auch Schwierigkeiten auftreten. Eine Sage der Yaqui-Indianer berichtet von einem Indianer namens Malon Yeka, der sich nichts sehnlicher wünschte, als fliegen zu können. Ein Bussard war bereit, ihm diesen Wunsch zu erfüllen, und lieh ihm sein Gefieder, wofür er des Mannes Kleider in Tausch nahm. Doch wie der Bussard nun mit den Kleidern in Schwierigkeiten geriet, so hüpfte auch der Indianer unbeholfen von Ast zu Ast, auf der vergeblichen Suche nach etwas Eßbarem. Nachdem beide sechs

Tage und sechs Nächte durchlitten hatten, machten sie ihren Tausch rückgängig[117].

In diesen Zusammenhang ordnet sich das in vielen Kulturkreisen bekannte »Schwanenjungfrau«-Motiv ein. Das Grundgerüst der Handlung besteht darin, daß halbgöttliche Wesen in Vogelgestalt zur Erde fliegen, um in einem abgelegenen Gewässer zu baden. Dazu legen sie ihre Flügelkleider ab und werden zu schönen Frauen. Ein Held ist bezaubert von ihrer Schönheit. Er gewinnt eine der Frauen, indem er ihr Flügelkleid raubt. Das Schwanenmädchen kann sich nicht zurückverwandeln und wird seine Frau, so lange, bis sie das versteckte Federkleid durch einen Zufall entdeckt. Dann kehrt sie in den Himmel zurück. An das Vogelmenschen-Motiv knüpfen sich weitere Flugmotive, weil der verlassene Held in der Regel versucht, seine Frau zurückzugewinnen. Ohne selbst göttliche Eigenschaften zu besitzen, muß er Flugfähigkeiten erwerben. In einem Indianermärchen fertigt sich der Held dazu Flügel aus Blättern; in einem bulgarischen Märchen gelangt der verlassene Hirte mit Hilfe eines Adlers als Tragevogel in das Land der slawischen Feen, der Samovilen[118]; in einem südindischen Drawidamärchen dient ein dankbarer Adler als Retter in der Not[119]. In einer von dem Ethnologen Theodor Koch-Grünberg (1872–1924) aufgezeichneten südamerikanischen Taulipang-Mythe bringen die Söhne der Königsgeier ihrem Schwager ein Federkleid, und seine Vogelfrau hilft ihm beim Aufstieg in den Luftraum[120].

Eine der ausgiebigsten Flugerzählungen kehrt übrigens das Schwanenfrauen-Motiv exakt um: In der sibirischen Erzählung »Das graublaue Fell« macht sich eine Prinzessin, die ihren Schwanenmann verloren hat, auf die Suche. Bei ihrer durch viele rituelle Wiederholungen gekennzeichneten Odyssee helfen ihr nicht nur zahlreiche Zauberkundige, sondern auch das Motiv des Tragevogels kehrt wieder. Als sie ihren Geliebten – den Sohn des Hormusta – schließlich findet, verwandelt er sich in einen schönen Schwan, läßt sie aufsitzen und fliegt mit ihr davon. Unterwegs werden auf sein Geheiß alle Tiere zu Vögeln: die Kamele, die Pferde, die Ochsen, die Schafe. So begründeten sie ihren Reichtum und lebten mit ihrem Volk fortan in Frieden und Vergnügen[121].

In der europäischen Antike hat Ovid (43 v. Chr.–18 n. Chr.) den Tierverwandlungen in seinen »Metamorphosen« Ausdruck verliehen, und es ist wohl kein Zufall, daß gerade in diesem Werk sämtliche klassischen Flugvorstellungen versammelt sind, zu denen neben dem Göttersohn Bellerophon und dem kundigen Daidalos auch dessen Neffe Perdix gehört, der sich mit Hilfe der Götter in einen Vogel verwandelt[122]. Selbst in Europa spukten noch bis zum Beginn des 18. Jahrhunderts tierverwandelte Menschen herum: Im Volksglauben verwandelten sich bestimmte Männer in Wölfe, und diesen Werwölfen standen jene Frauen gegenüber, die sich in Katzen, Vögel oder Schmetterlinge verwandeln konnten, die Feen und Hexen[123]. Die Schmetterlingsverwandlung der Hexen hat sich in den germanischen Sprachen manifestiert: »Schmetter« war das altsächsische Wort für den Rahm der Milch, und der Schmetterling ist die verwandelte Zauberin, die heimlich angeflogen kommt, um diesen Rahm zu stehlen. Synonyme deutsche Worte waren »Molkendieb« oder »Buttervogel«, dem das englische Wort »butterfly« entspricht[124].
Auch die Vorstellung der Schmetterlingsverwandlung war nicht auf Europa beschränkt. In dem Papua-Märchen »Pipi Korovu« aus

In der aztekischen Kultur durften nur Menschen »hoher Abkunft« Federschmuck tragen. Der Ritualschmuck Altmexikos wurde von einem eigenen Berufsstand, den »Federarbeitern«, hergestellt. Chronik des Fray Bernardino de Sahagún.

Neuguinea baut sich der Held aus einem speziellen Rohr, das »zu seinem Clan gehörte«, »Schmetterlingsflügel«. Wie in anderen Südseemärchen[125] handelte es sich nicht um »Flügel« im europäischen Sinn, sondern um eine »Maske«, die zu einer Transformation der Persönlichkeit führt. In dem Märchen werden die Suche nach dem geeigneten Rohr, der Bau der Maske und schließlich der Flug beschrieben:

»Er stieg auf gen Westen und flog und flog dahin über das offene Meer. Als er so nach Westen flog, sah er eine Wolkenbank, die eine dichte Decke bildete. Genauso war es. Vielleicht war es der Ort, den er suchte, dieser Ort, der ganz von Wolken bedeckt war. Er schaute in die Richtung, genau in die Mitte des wolkenbedeckten Gebietes. Er flog weiter westwärts und schaute, und da guckte auf einmal ein Baumwipfel hervor.«

Der Schmetterlingsmann landet auf dem Baum in der Mitte der Insel, sozusagen auf der lokalen Axis mundi. Zwei Mädchen sehen Pipi Korovu und diskutieren darüber, ob es sich um einen Schmetterling oder um einen Mann handelt. In der Nacht fliegt Pipi wieder auf seine Insel zurück, offenbart sich aber den Mädchen im Traum, gibt Auskunft über Herkunft, den Anlaß des Fliegens und seinen Heiratswunsch. Als der Schmetterlingsmann am nächsten Tag wieder auf dem Baum landet, sagen die Mädchen: »He, wir haben deine Botschaft bereits im Traum gehört. Bist du ein Mensch, steh auf und komm 'runter, bist du aber ein Schmetterling, bleib oben.« Nachdem der Held seine Flugmaske in den Baumwipfel gehängt hat und herabgeklettert ist, sehen die Mädchen, »was für ein schöner Mann er war mit seinem Kopfschmuck aus Federn, die hin und her schwankten, wenn er seinen Kopf bewegte«. Pipi schmückt auch die beiden Mädchen mit Federn und wird mit ihnen einig, daß sie mit ihm nach Hause kommen sollen, sobald er eine genügend große Flugmaske gebastelt hat. Schließlich fliegt er seine beiden Frauen und deren Vater zu seiner eigenen Insel, wo sie zusammen leben[126].

Die Schmetterlingsverwandlung ist sicher nur ein paralleles Seitenstück zur Vogelverwandlung, der Metamorphose eines Menschen in ein flugfähiges Tier. Sie kann durch zauberische Kraft erfolgen, oder sie ereignet sich im Traum. In der philosophischen Literatur hat der »Schmetterlingstraum« des daoistischen Philosophen Zhuangzi einige Bekanntheit erlangt, der die Grenzen zwischen der Wirklichkeit in unserem Sinn und der Welt des Traumes in Frage stellt.

»Heute habe ich geträumt, ich sei ein Schmetterling. Woher weiß ich jetzt, ob ich ein Mensch bin, der glaubt, geträumt zu haben, ein Schmetterling zu sein, oder ob ich ein Schmetterling bin, der jetzt träumt, ein Mensch zu sein?«[127]

Flugmythen und Flugmärchen

Als »Flugmärchen« im engeren Sinn bezeichnen wir solche Märchen, in denen phantastische Flüge und abenteuerliche Luftfahrten für die Handlung eine konstitutive Rolle spielen[128]. Die Grenzlinien zwischen Mythen und Märchen sind bei den Flugvorstellungen fließend. Mythische oder religiöse Bezüge finden sich in vielfältigen Varianten und Brechungen. Dies ist allein schon durch das ›Flugpersonal‹ bedingt. Mahony zufolge sind folgende Personengruppen besonders prädestiniert für magische Flugerfahrungen: »Sovereigns, saints, visionaries, magicians, priests, ascetics, mystics, lovers, philosophers«[129], man müßte noch die Trickster-Gestalten wie »Wahn« bei den Aborigines und den Typus des Narren aus der Märchenliteratur hinzufügen[130]. Das Stereotyp vom verkappten Helden aus unterer sozialer Schicht (Hirte, Soldat, Handwerker, Fischer), der von seiner Umgebung als Narr betrachtet wird und der durch den Bau eines Fluggerätes zu höchster Anerkennung aufsteigt, eröffnet Fliegern sozusagen die Perspektive des sozialen Aufstiegs. Er wird meist durch das Konnubium, nämlich durch Hochzeit mit der Prinzessin, besiegelt[131]. Es ist auffallend, daß selbst in historischen Gesellschaften Flugeigenschaften auf spirituelle Führer wie Gautama Buddha projiziert worden sind: In Gestalt eines Flügelrosses rettet der Buddha gefangene Kaufleute, als er sich gerade auf dem Rückflug vom »Dach der Welt« befindet[132]. In dem indischen Märchen »Der Weber als Wischnu« aus dem »Pantschatantra« maßt sich ein Weber an, in Gestalt des Gottes Wischnu um seine Braut zu werben. In einem hölzernen Nachbau des Göttervogels Garuda erreicht er fliegend das Himmelsschloß seiner Geliebten. Als das Wagnis schiefzugehen droht, muß der Himmelsgott Wischnu selbst einspringen, um einem Imageverlust vorzubeugen[133]. In Kulturen, in denen das Königtum sakrale Züge angenommen hatte, wurden solche Flugeigenschaften auf besondere Herrschergestalten übertragen. Genannt seien hier als Beispiele Alexander der Große, der Perserkönig Xerxes oder der jüdische König Salomon der Große[134]. In Stammesgesellschaften werden öfters den Ahnherren Flüge zugesprochen, die manchmal direkt mit der Stammesgründung zusammenhängen[135].

Flugmärchen unterscheiden sich oft von den älteren Mythen durch aufwendigere technische Phantasien. Flügelpaare aus Federn, hölzerne Zauberflügel und hölzerne Flugpferde, wie in dem deutschen Märchen »Vom Königssohn, der fliegen gelernt hatte«, kommen ebenso vor wie der künstliche Vogel. Mitunter enthalten die Beschreibungen der »Flug-Zeuge« technische Details: ›Die hölzerne Taube‹ ist durch Höhen- und Seitenruder lenkbar. In einem russischen Märchen erklärt der zweite der drei kunstreichen Handwerker, die einen hölzernen Adler bauen: »Ich würde aber dazu eine Schraube anfertigen, damit er fliegen könnte; drehte man sie nach links, flöge er nach unten, nach rechts, flöge er nach oben.« Das Flugpferd aus Ebenholz in der »Geschichte vom Zauberpferd« aus der Sammlung »Tausendundeine Nacht« wurde über arabische Quellen nach Europa vermittelt. In dem hochmittelalterlichen altfranzösischen Roman »Cleomades« wird das Flugpferd über stählerne Zapfen an Stirn und Brust gesteuert, die von dem Helden einzeln auf ihre Funktion überprüft werden[136].

Die Märchensammlungen vermitteln den Anschein, daß solche technischen Flugvisionen vor allem in Europa und Asien verbreitet waren. Die Art der Flugrequisiten hängt natürlich von der jeweiligen Kultur ab. »Flugringe« wie in dem Märchen »Geiramma, die Brahmanentochter« gehören fast auf der ganzen Welt zum magischen Repertoire. Fliegende Wagen sind nur in Gebieten verbreitet, deren Sachkultur Rad und Wagen kannte, auch wenn, wie im Fall der Zauberin Medea, der Himmelswagen von Drachen durch die Lüfte getragen wird. Dr. Fausts vierrädriger Himmelswagen in der Erzählung »Wie Faustus in das Gestirn hinauf gefahren« war ein Gespann mit zwei Drachen. Die Räder rauschen in der Luft und verursachen Geräusche wie bei einer Fahrt über Land, haben aber eigentlich keinen Zweck, sie geben nur »Feuerströme« von sich. Bronisław Malinowski (1884–1942) schildert in seinen »Argonauten des westlichen Pazifik« den »Mythos des fliegenden Kanus von Kudayuri«, »der wirkungsvollste Mythos aus diesem Teil der Erde, der mir je zur Kenntnis kam«[137]. »Fliegebeutel« sind außerhalb Ozeaniens praktisch unbekannt[138]. Fliegende Koffer, Teppiche und Kaftane findet man mehr im arabisch-orientalischen Bereich, fliegende Betten und Mantelfahrten dagegen als kulturspezifische Varianten im europäischen Raum. Allerdings sind die Übergänge bei den einfachen sachkulturellen Gegenständen fließend. Flugmäntel sind nicht nur ein Sagen- und Märchenmotiv, sondern sie haben, wie wir gesehen haben, reale Entsprechungen in schamanistischen Zeremonien. Allen märchenhaften »Flug-Zeugen« ist gemeinsam, daß ihre technische Beschaffenheit im Grunde unwichtig ist für das Gelingen des Fluges. In dem von Henry Morton Stanley (1841–1904) in Uganda gefundenen Mythos von »Kibaga, dem Flieger« wird nur en passant erwähnt, daß man das Rauschen seiner Flügel hörte, wenn er aus der Luft seine Feinde angriff[139]. In Teilen der Märchenforschung hat man das Flugmotiv nur als Chiffre sehen wollen. Lutz Röhrich hat es auf ein »Traummotiv« reduzieren wollen[140], die Jungianerin Hedwig von Beit hat Flugreisen generell als »Seelenreisen« interpretiert[141], obwohl dies bereits bei oberflächlicher Betrachtung leicht widerlegbar ist. Natürlich sind die Flugmärchen auch von esoterischer Seite vereinnahmt worden[142], naturwissenschaftliche Erklärungen gehen manchmal von Drogeneinwirkung, Wunschdenken und Zuständen krankhafter Erregbarkeit aus[143]. Im Grunde findet hier die ganze Schamanismus-Diskussion auf der Märchen-Ebene noch einmal statt. Nicht umsonst wird von Märchenforschern wie Vladimir Propp aufgrund der großen Gemeinsamkeiten der Märchen mit der Zauberwelt des Schamanismus die These vertreten, daß hier keine anthropologische Gemeinsamkeit oder ein »Wandern« von Motiven, sondern eine historische Abhängigkeit vorliege: »Stellt man die Schamanengeschichten über das Schamanisieren zusammen … und vergleicht sie mit der Wanderung oder dem Flug des Märchenhelden, so zeigt sich eine Übereinstimmung. « Die kompositionelle Einheit reicht nach Propp vom Mythos bis zum Epos des Frühmittelalters. Die weltweite Ähnlichkeit von Folklorestoffen hätte nach Propp ihre Wurzeln in einem gemeinsamen historischen Substrat, einer Gesellschaftsformation, die alle menschlichen Gesellschaften in ihrer geschichtlichen Entwicklung durchlaufen hätten[144].

Traumzeit und Traumort

Die Frage nach dem Realitätsgehalt der mythischen Flüge ist von vornherein verfehlt, wenn man von einer Realität in unserem Sinn ausgeht. Genauso wie der Begriff »Zeit« in Sprache und Weltbild der Hopi-Indianer nicht vorkommt[145], also gewissermaßen eine mythische Dimension des Lebens im Alltag mitschwingt, können auch der Raum und seine Durchmessung in nichteuropäischen Kulturen einen anderen Stellenwert haben. Die Grenzen zwischen Vergangenheit, Gegenwart und Zukunft können verschwimmen, die Kommunikation mit längst verstorbenen Ahnen oder Geistern, die Verwandlung in Tiere wird möglich. Die Aborigines in Australien nennen diese Sphäre in ihrer Mythologie »Traumzeit«[146]. Hans-Peter Duerr hat darauf hingewiesen, daß es sich bei der »Traumzeit« nicht um die Projektion in eine mythische Zeit handelt, wie beispielsweise Eliade und viele Ethnologen angenommen hatten. Sie ist keine vergangene, keine gegenwärtige und keine zukünftige Zeit, sondern »sie hat überhaupt keinen ›Ort‹ im Kontinuum der Zeit«[147].

Der »Traumzeit« der australischen Ureinwohner entspricht der »Traumort«, der nach unseren Realitätsbegriffen nirgendwo real existiert und im mythischen Denken doch stets präsent sein kann. Der »Traumort« existiert in Ansätzen auch in der europäischen Mythologie: Es ist die »andere Welt«, die die »reale« Welt nicht nur umgibt, sondern auch durchdringt[148]. Dem Traumort der Mythen entsprechen die »dislozierten Orte« im Märchen[149]. Ortlose Orte, das sei nur am Rande erwähnt, spielen nicht nur in Mythen und Märchen eine große Rolle, sondern auch in ihrem modernen Gegenstück, der Utopie[150]. Die Aufhebung der linearen Struktur von Raum und Zeit ist, wie schon 1925 von Bogoras dargestellt, die entscheidende Voraussetzung für die meisten nicht-technischen Flugvorstellungen. Sie ist charakteristisch für »primitive« Kulturen, aber auch für Träume[151].

»Einmal, in der Traumzeit, begegneten sich zwei Männer, die beide auf einer langen Wanderung waren. Sie trafen sich mitten im Busch. ›Guten Tag, mein Freund.‹ – ›Willkommen, mein Freund.‹ – ›Bist du schon lange unterwegs?‹ – ›Seit die Regenzeit fortging und die Steppe sich zu färben begann. Der Mond ist viele Male klein und wieder groß geworden.‹ – ›Wie heißt Du?‹ – ›Ich bin Bonorong. Und Du?‹ – ›Ich heiße Janarang. Wohin gehst du?‹ Bonorong sagte: ›Ich suche Lilienwurzeln. Und ich möchte fliegen lernen.‹ – Janarang sagte: ›Ich halte Ausschau nach Fischen. Und ich möchte fliegen lernen.‹

Sie saßen beieinander und sprachen darüber. Bonorong sagte: ›Wie geht es zu, daß wir fliegen lernen?‹ – Janarang: ›Es ist so, daß wir Federn brauchen.‹ – Bonorong: ›Gut, wir müssen Federn haben.‹ – Janarang: ›Ich will weiße Federn haben und über den Schwingen grüne und schwarze Streifen. Außerdem einen tiefblauen Kopf und schwarze Beine.‹ Janarang erhob sich und begann zu tanzen. Er spreizte die Arme auseinander, tanzte und rief: ›Klack-klack-klack-ker-lack.‹

Allmählich setzten Arme und Körper Federn an. Plötzlich lief er rasch, lief rascher, schlug mit den Armen auf und ab Er stieg vom Boden, flatterte und flog zu den Papierrindenbäumen empor. Er schrie: ›Klack-klack-klack-ker-lack‹, umkreiste die Baumgipfel, schwebte eine Weile und landete dicht vor Bonorong. ›Klack-klack‹, sagte er, ›ich trage Federn. Hast Du gesehen, wie gut ich fliegen kann?‹

›Großartig‹, antwortete Bonorong, ›ich werde jetzt gleichfalls Federn machen. Ich denke, blaugraue Federn sind sehr schön. Eine hellgraue Brust, am Hinterkopf rot und gelbe Beine.‹ Bonorong machte es Janarang nach. Er streckte die Arme aus und beschrieb kurze Tanzschritte. Er sang ein klirrendes ›Arr-arr-arr, priek-priek, iek-priek‹. Er drehte sich, ging vor und zurück, nahm plötzlich einen Anlauf, schlug heftig, immer heftiger mit den Armen und stieg empor. Er zog einige Runden und segelte dann zum Boden herab. ›Ich habe Federn‹, jubelte Bonorong, ›ich habe schöne Federn und kann fliegen! Ich werde über Land fliegen und Lilienwurzeln suchen. Arr-arr-arr, priek-priek.‹

Denn Bonorong war jetzt ein Brolga-Kranich. ›Gut, Freund‹, sagte Janarang. ›Klack-klack-klack. Ich will auf Fischjagd gehen.‹ Denn Janarang war jetzt ein Jabiru-Reiher. ›Bo-bo cumwun, klack-klack‹, antwortete Janarang, der Reiher, und flog ebenfalls davon. Als er im Wasser watete, um die Fische zu fangen, sang er . . . Manchmal singen die Leute das Leiralied von Janarang und die Bambuspfeife summt die Begleitung dazu.«[152]

In der »Traumzeit« ist die Überwindung großer Entfernungen in kurzer Zeit kein Problem, sie geschieht wie im Traum oder durch die Verwandlung des »Träumers« in ein fliegendes Wesen, beispielsweise einen Vogel. Der »Traumzeit« entspricht die »realisti-

Das Motiv der Vogelverwandlung befähigter Menschen findet sich
in sehr vielen »primitiven« Kulturen.
Zeichnung nach einer Felsritzung, Blackbird Hill/Nebraska.

sche« Trauminterpretation in »primitiven« Gesellschaften, wo
Flugbewegungen im Traum als durchaus reale Begebenheiten be-
trachtet werden. Die Überwindung weiter Strecken oder der Besuch im Himmel erscheinen als ebenso wahrscheinlich und selbstverständlich wie die Kontaktaufnahme mit längst verstorbenen
Persönlichkeiten[153], und in der Traumzeit erfolgt der Kontakt der
Menschen zur anderen Welt oder zu anderen Welten. In der
Ethno-Philosophie der letzten Jahre wurde deshalb auch die
»Traumzeit« als Chiffre benutzt für Formen des Denkens, die unserer westlichen rationalen Zivilisation fernstehen und deren Verschwinden teilweise als Verlust empfunden wird[154].

Anthropologie oder Geschichte der Flugträume?

»Traum« hat in der modernen Zivilisation ein schillerndes Bedeutungsfeld, das man grob in drei Hauptsektoren unterteilen kann: Der semantische Akzent liegt entweder auf einer eher neutralen Bezeichnung des Traumvorgangs, auf einer pejorativen Bewertung dessen, der unrealisierbare Vorstellungen entwickelt (»Träumer«), oder auf einer positiv konnotierten Artikulation eines Wunsches: »ein Traum« – in diese Kategorie gehört der »Traum vom Fliegen«. Mit Traumanalysen ist seit hundert Jahren versucht worden, nicht nur etwas über die individuelle Psyche auszusagen, sondern sogar über das kollektive Unbewußte. Die Spannung von anthropologischen Konstanten und gesellschaftlicher Bedingtheit von Trauminhalten war ein beliebtes Spekulations- und Streitobjekt. Von der psychologischen Deutung als Verarbeitung von Tageserlebnisresten reichte die Spannweite bis zur lapidaren Feststellung: »Das Flugsymbol ist allgemein menschlich und uralt.«[155] Von der ethnologischen Forschung wissen wir, daß Trauminhalte in hohem Maße kulturabhängig sind[156]. Notwendigerweise stehen die Trauminhalte in Zusammenhang mit den physikalischen und religiösen Vorstellungen des Träumenden. Bei den subarktischen Ojibwa-Indianern, einer Stammesgesellschaft mit Ahnenkult, Visionssuche und der Vorstellung, daß sich die Seele im Schlaf aus dem Körper lösen kann, hatte ein Initiand folgenden Traum, nachdem er von seinem Vater im Kanu zu diesem Zweck auf eine einsame Insel gebracht worden war und dort tagelang gefastet hatte: »Nächtelang träumte er von einer anthropomorphen Gestalt, und diese sagte endlich: ›Enkel, ich glaube, du bist jetzt stark genug, mit mir zu gehen.‹ Dann begann der pawágan (Traumbesucher) zu tanzen und verwandelte sich in einen goldenen Adler. Als der Junge an sich heruntersah, bemerkte er, daß er am ganzen Körper Federn hatte. Der ›Adler‹ breitete seine Flügel aus und flog nach Süden fort. Da breitete der Junge auch seine Flügel aus und folgte ihm.«[157] »Flying dreams« gehörten in den »primitiven« Kulturen zu den verbreitetsten »Typenträumen« – ein von Lincoln in Anlehnung an Sigmund Freuds »Traumdeutung« verwendeter

Begriff[158] –, und nicht selten wurde gerade diesen Träumen eine besondere Bedeutung zugesprochen: Wie die Visionen von »himmlischen Dingen«, von Sonne, Mond und Sternen, galten sie in besonderem Maße als gottgesandte Zeichen mit meist positiver Bedeutung[159].

Doch nicht nur in den »primitiven« Kulturen wurde ihnen die Qualität der Zukunftsoffenbarung zugesprochen, sondern auch in den alten Hochkulturen. Die Traumdeutung war fester Bestandteil der Mantik, der Kunst der Zukunftsvorhersage. Aus den ältesten erhaltenen literarischen Zeugnissen, beispielswiese dem Gilgamesch-Epos, sind Träume in diesem Zusammenhang überliefert. In Altägypten gab es Schulen für Traumdeuter, vermutlich die ersten in der Geschichte der Menschheit. Traumbücher mit bedeutendem kulturellen Stellenwert sind auch aus Mexiko, China, Indien, Persien, Assyrien, Griechenland und anderen Ländern bekannt[160]. Aus den alten Hochkulturen ist die Deutung der Flugträume überliefert: In Babylon betrachtete man das Entschweben oder Wegfliegen von Personen als Vorzeichen, das für den Kranken Genesung, für den Gefangenen Entkommen und allgemein Glück bedeutete. Ähnliches galt im alten China[161]. Allerdings wurden in einigen der alten Hochkulturen Einschränkungen gemacht. Herausragende Denker, wie der chinesische Philosoph Zhuangzi (ca. 365–290 v. Chr.) in seinem gleichnishaften »Schmetterlingstraum«, nahmen die Träume zum Anlaß, nach der eigentlichen Natur des Menschen bzw. seinen Erkenntnismöglichkeiten zu fragen[162]. Ein Rationalist wie der römische Konsul Cicero (106–43 v. Chr.), der nicht an eine wahrsagende Kraft des Traumes glaubte, sah im Traum vom Fliegen den Beweis für die Existenz der Seele, die sich während des Schlafes von ihrer Gebundenheit an den Körper befreit und zu ihrer eigentlichen Natur zurückkehrt, die nicht der Materie und den Gesetzen der Schwerkraft unterworfen sei[163]. Spätantike Traumbücher, wie das klassische Traumdeutungsbuch »Über Träume« des Synesius von Cyrene (ca. 370–413), offerieren dem Leser komplexe Traumtheorien, in denen teilweise Wünsche oder körperliche Bedürfnisse der Träumenden für Trauminhalte verantwortlich gemacht werden – aber dennoch auch der Offenbarungscharakter bestimmter Träume nachhaltig betont wurde[164].

Interpretation der Flugträume
in den alten Traumbüchern

In seinem berühmten Traumbuch gibt Artemidor von Daldis (spätes 2. Jahrhundert) eine komplexe, nach Situationen geordnete Interpretation von Flugträumen, denen er ein umfangreiches Kapitel widmet: Bereits die Empfindung des Schwebens bedeutet Glück. Doch Steigerungen sind denkbar:

»Mit Flügeln zu fliegen ist für alle ohne Ausnahme günstig. Sklaven werden nach diesem Traumerlebnis die Freiheit erlangen, weil alle fliegenden Vögel herrenlos sind und keinen Gebieter über sich haben. Arme werden viel Geld erwerben; denn wie das Geld die Menschen emporträgt, so auch die Flügel die Vögel. Reichen und einflußreichen Männern verschafft es Staatsämter; wie die Vögel über das am Boden kriechende Getier erhaben sind, so die Regierenden über die Bürger...«

Allerdings macht es einen großen Unterschied, ob ein Kranker vom Fliegen träumt oder ein Gesunder, ein seßhafter Handwerker oder ein Reisender, ein Sklave oder ein Händler. Träumt ein Verbrecher oder ein Sterbender vom Fliegen, so kann dies seinen baldigen Tod bedeuten. Eine wichtige Rolle spielt, ob der Fliegende wieder landen will. Besonders günstig ist es, wenn der Träumende seinen Flug willentlich lenken kann. Wichtig ist auch das Panorama des Fliegers: Sieht er Kornfelder, Gehöfte, Dörfer und blühende Städte, sieht er schöne Flüsse, das stille Meer und bei günstigem Wind segelnde Schiffe, oder sieht er wilde Schluchten, schroffe Abhänge und reißende Ströme? Besonders ungünstig ist es, fliegen zu wollen und nicht zu können...[165]

Ein weitverbreitetes byzantinisches Traumbuch, das etwa im 8./9. Jahrhundert unter dem Namen »Achmet ben Sirin« verfaßt wurde und griechische und arabische Quellen zusammenzufassen versuchte, enthält zwei Kapitel (Kapitel 160 und 161) über Flugträume. Im ersten Kapitel, der Deutung nach indischen Lehren, heißt es:

»Träumt einer, er fliege in die Weite von Ort zu Ort, wird er auf Reisen gehen, aufsteigen und so viel Geld verdienen, wie er im Flug an Höhe erreichte...«

»Modo de volar« – Radierung von Francisco de Goya y Lucientos (1746–1828) aus
dem Zyklus »Disparates« (ca. 1820).

Und im zweiten Flug-Kapitel, der Deutung nach persischen und
ägyptischen Lehren, schreibt »Achmet ben Sirin«:

»Zu träumen, man fliege wie ein Vogel ohne Flügel in den Lüften hin und her, ver-
heißt hohes Ansehen und Rang und Würde; hat der Kaiser dieses Gesicht, so wird
er alle Ziele, die er sich im Krieg oder sonst gesteckt hat, erreichen. Träumt ihm, er
fliege gen Himmel, wo die Sterne stehen, wird er die anderen Herrscher an Hoheit
und Namen übertreffen...«

Im ersten Flug-Kapitel ist allerdings die positive Seite des Fliegens
an eine unverhohlene Warnung geknüpft: Einfache Leute, die
»steil in die Höhe fliegen«, worunter auch die unbefugte Himmelfahrt inbegriffen war, hätten »Schaden und ein schnelles Ende« zu
erwarten. Ähnlich positiv wie das Fliegen wurde in diesem Traumbuch auch das Reisen mit den Wolken (Kapitel 162 und 163) und
mit dem Wind (Kapitel 164 und 165) gesehen, und auch die Kapitel
über Sonne, Mond und Sterne (Kapitel 166 bis 169) behandeln
noch Flugvorstellungen. Schließlich heißt es in dem Kapitel über
den Adler (Kapitel 184):

»Träumt der Kaiser, ein Adler hebe ihn auf seinem Rücken empor und fliege himmelwärts, wird er in seiner Majestät erhöht werden und lange leben. Ein Mann aus dem gemeinen Volke wird in jedem Fall Kaiser werden.«

In dieser spätgriechischen Traumdeutungslehre, die versucht, eine Summe aus den Erkenntnissen der alten Hochkulturen von Indien bis Ägypten zu ziehen, ist eine deutliche Parallele zu vielen »primitiven« Gesellschaften erkennbar: Dort bedeuteten Flugträume, die zumeist als Botschaft aus einer »anderen Welt« galten, zukünftigen Erfolg für den Träumenden, oft wird dieser »Erfolg« noch näher spezifiziert. In Zentralafrika bedeuteten Flugträume beispielsweise ein langes Leben und gute Gesundheit[167]. Flugträume gehören zusammen mit Fall- und Kletterträumen zu den verbreitetsten Träumen und sind quasi Teil eines anthropologischen Grundbestands an Trauminhalten. Ihre Bewertung war – im Gegensatz zum komplementären Falltraum – fast durchweg positiv[168].

Flugträume in der westlichen Zivilisation

Im europäischen Frühmittelalter hatten Träume und Visionen ebenfalls vorzeichenhaften Charakter. Das Christentum lehnte zwar Träume als Quelle der Wahrheit ab, die mit der Offenbarung zu konkurrieren drohte. Doch wurden Träume und Visionen als Offenbarungen des christlichen Gottes uminterpretiert – auf diesem Umweg behielten sie ihren Wahrheitsanspruch[169]. Von dogmatischer Seite bestätigte Thomas von Aquin (ca. 1224–1274) diese Möglichkeit, wobei er gemäß dem christlichen Dualismus allerdings zwischen göttlichen Offenbarungen und teuflischen Vorspiegelungen unterschied[170]. Doch im europäischen Volksglauben lebte der Glaube an den Wahrtraum weiter[171]. Erst in der höfischen Dichtung des Hochmittelalters machte sich eine skeptischere Haltung bemerkbar, wenn etwa Konrad von Würzburg (ca. 1225–1287) in seinem »Trojanerkrieg« sagte: »An Träume soll ein altes Weib glauben, aber kein Ritter.«[172] Hier schwingt im Hintergrund bereits die europäische Flugdiskussion des Mittelalters um die magischen Flüge, die späteren Hexenflüge, mit. Nüchternheit war angezeigt und wurde auch an den Tag gelegt: Konrad von

Megenberg (1309–1374) meint in seinem »Buch der Natur«, daß »zu große Trockenheit und Dünnheit des Blutes und anderer Säfte Träume vom Fliegenkönnen erregen«[173]. Im Italien des 16. Jahrhunderts erwachte ein neues Interesse an Träumen, das die Naivität mittelalterlicher Traumdeutung überwand. Bereits Leonardo da Vinci spielte gewissermaßen mit dem Vorzeichencharakter des Traumes, wenn er als einzige Kindheitserinnerung den »Geiertraum« erwähnt, der ihm für immer sein Interesse am Fliegen eingepflanzt habe[174]. In der Renaissance fand Ciceros »Somnium Scipionis« weite Verbreitung, der einen Seelenflug in den Himmel enthält. Interessant für die Leserschaft dieser Epochen war sicher Ciceros Ansicht, nicht Asketen, die das tätige Leben verschmähten, sondern Staatsmänner und Wohltäter der Menschheit seien bevorzugte Anwärter für den Himmel. »Der Traum des Scipio« gehörte zu den Lieblingsbüchern der Humanisten, er fehlte seit der Renaissance in keiner besseren Bibliothek und hinterließ bei seinen Lesern einen tiefen Eindruck[175].

Von epochaler Bedeutung war Girolamo Cardanos (1501–1576) vierbändiges »Traumbuch« von 1563, das neben zahlreichen Exempeln genau datierter eigener Träume[176] auch komplexe Deutungen von Flugträumen enthält. Die grundlegende Deutungsebene, der alle anderen zugeordnet werden können, lautet apodiktisch: »Fliegen bedeutet Hoffnung«, eine Wendung, mit der man die Vielzahl von Flugmetaphern bei Ernst Bloch assoziieren kann. Von hier aus verästelt sich allerdings die Interpretation bei Cardano gemäß den näheren Umständen der Träume: Das Fliegen zu den Dächern oder Berggipfeln bedeutet die Hoffnung auf unerwartete Erfolge, weite und lange Flüge prophezeien weite Reisen, der Flug in den Himmel oder über die Wolken ohne Wiederkehr bedeutet ruhmvollen Tod. Fliegen in Verbindung mit Fallen ist ein schlechtes Vorzeichen. Unerfreuliches kann das Fliegen mit ausgestreckten Füßen bedeuten, und »ungereimbt« sei der Flug ohne Flügel – wohl ein Hinweis darauf, daß sich Cardano das Fliegen üblicherweise beflügelt dachte[177]. Vögel spielen in Cardanos Traumdeutung eine wichtige Rolle. »In ein Vogel verkert werden und gegen himmel fliegen bedeut, daß ainer zu verwaltung der gemeinen nutz gebraucht

werde.«[178] Generell haben Vögel im Traum zukunftsweisende Bedeutung. Speziell fliegende Vögel deuten auf »embsige hendel«
hin, die Größe des Vogels auf die Größe des Geschäfts[179].
Im England des 17. Jahrhunderts träumte man häufig von Tod und
Begräbnis, von der Kirche, von Königen, von Kriegen und von
körperlichem Ungemach. Gemeinsam mit der indianischen Stammesgesellschaft war dem frühneuzeitlichen Europa das Moment
der Jenseitskontakte mit mythischem oder religiösem Hintergrund
oder entsprechender Deutung. Als Ralph Josselin von einer
schwarzen Wolke in Gestalt eines Hirsches träumte, auf der ein
Mann ritt, deutete er dies im Rahmen der Apokalypse[180]. In einer
Serie von zehntausend amerikanischen Träumen aus den 1940er
Jahren spielten solche Motive dagegen kaum mehr eine Rolle, die
Kirche und die Könige nicht, Wasser und Nutztiere schon gar
nicht, nicht einmal der Krieg. Bei aller kulturellen Differenz ist es
immerhin auffällig, daß Träume vom Fliegen stets zu finden sind.
Peter Burke rechnet wie Freud oder Lincoln die Flugträume zu den
»ständig auftauchenden Träumen«, verweist aber darauf, daß das
Fliegen in den Träumen des 20. Jahrhunderts meist seines übernatürlichen Charakters entkleidet ist. Trotzdem kommt er zu dem
Schluß: »Der Aviatiker ist das moderne Gegenstück zum Jenseits-
boten.«[181]

»Moderne« Flugtraumdeutung

Der moderne Rationalismus stand wie die griechischen Philosophen Platon und Aristoteles den oft bizarren Trauminhalten di-
stanziert gegenüber[182]. Vielleicht war Thomas Hobbes der erste,
der die bereits in der Antike geäußerte Vorstellung von der somati-
schen Ursache der Trauminhalte zur alleinigen Erklärung erhob.
Voltaire und die Philosophen der Aufklärung erklärten Vorstellungen vom göttlichen Charakter der Träume für abergläubischen Unsinn[183]. Trauminhalte wurden seitdem in Bezug gesetzt zu Dro-
genrausch und Geisteskrankheiten, seit der Romantik aber auch zu
Mythen- und Märchenstoffen, und tatsächlich gibt es hier Bezugs-
punkte. Sowohl Sigmund Freud als auch Carl Gustav Jung haben

auf die Analogie von Traum und Mythos aufmerksam gemacht, wobei Freud mehr dazu neigte, den Mythos wie einen Traum, Jung aber den Traum wie einen Mythos zu deuten. Jung ging von der Allgemeingültigkeit einiger Traumsymbole aus, anthropologischen Konstanten sozusagen oder, wie er es nannte, »Archetypen«. Dazu zählten auch die Flüge sowie die Himmels- und die Höllenfahrt. Besonders Jung sah »Analogien zwischen den Traumbildern des modernen Menschen und den Erzeugnissen des primitiven Geistes, seinen ›kollektiven Bildern‹ und seinen mythologischen Motiven«[184]. Die Traumforschung stellte sich im Anschluß an Sigmund Freud auf den Standpunkt, daß der Traum kompensatorisch im Dienst der Erhaltung des psychophysischen Gleichgewichts stehe. Sigmund Freud hatte sogar noch pointierter die These formuliert, Träumen sei Wunscherfüllung[185].

Die gesellschaftliche Bedingtheit der Träume wurde von den Psychoanalytikern noch kaum gesehen, während die historische Bedingtheit der Psychoanalyse in bezug auf die Flugträume gut verortbar ist. Die grundlegenden Aufsätze der Psychologie des Flugtraumes wurden in jenen Jahren um die Jahrhundertwende publiziert, in denen technische Flugversuche rasante Fortschritte machten und weithin Aufsehen erregten. Sigmund Freud lenkte 1900 in seinem grundlegenden Werk »Die Traumdeutung« die Aufmerksamkeit auf Flugempfindungen unter Integration zeitgenössischer Symbole (»Luftschiff, Zeppelin«)[186]. Havelock Ellis' »World of Dreams« beschäftigte sich in einem ganzen Kapitel mit Flugträumen und erfand für den in den Falltraum übergehenden Flugtraum den Begriff »Ikarischer Traum«[187]. Flugträume sind – im Gegensatz zu den mit ihnen zusammenhängenden Fallträumen – fast immer lustbetont und werden daher gerne erinnert[188]. In den entsprechenden Jahrgängen des »Jahrbuchs für Psychoanalyse« werden Flugträume ohne weiteres zu den verbreitetsten Traumtypen gezählt. »Freiheit und Ungebundenheit« würden mit dem Fluggefühl im Traum assoziiert, darüber waren sich die meisten Autoren einig[189].

Die Entzauberung des Flugtraums

Flugträume wurden experimentell untersucht, und man scheute nicht davor zurück, sie im Hypnosezustand zu erzeugen. Man interessierte sich für die physiologische Seite des Flugtraumes und brachte sie in Zusammenhang mit Atmungsstörungen, Muskelkontraktionen und Sensibilitätsstörungen der Haut[190]. Mit der gezielten Untersuchung der Flugträume einher ging die positivistische Beschreibung des Verhaltens der Träumenden. Freud lehnte diese Vorgehensweise zwar als unerheblich ab, indem er Trauminhalte (= Erinnerungen) von Traumquellen unterschied. Doch die Entwicklung der naturwissenschaftlichen Traumforschung war nicht zu bremsen. Man stellte fest, daß die subjektive Empfindungsebene des Träumers im Gegensatz stand zur objektiven Realität. Während die Schläfer glaubten, zu fliegen oder zu schweben, und ein Gefühl der Schwerelosigkeit, Leichtigkeit und Ungebundenheit empfanden, lagen ihre Körper auf den Betten, manche bewegten leicht die Arme, andere atmeten schwer, andere aber waren in ihrer Motilität stark eingeschränkt oder verfielen gar in einen Zustand der kataleptischen Starre. Der Gegensatz zwischen passivem Körper und aktivem Traum-Ich wurde von manchen Autoren als Grund für die subjektive Wahrnehmung des Träumers gesehen, daß das »Ich« oder die »Seele« den Körper verläßt. Solche »Exkursionen des Ich«, bei denen der zurückgelassene Körper als leblose Hülle betrachtet wird, werden auch inmitten der hochtechnisierten Länder geträumt. Die »Seele« verläßt den Körper, sieht aus der Luft den Körper, und manchmal bereitet der Wiedereintritt Schwierigkeiten[191].

Eine unerwartete Entwicklung nahm die Deutung der Flugträume in den letzten Jahrzehnten. Ganz unabhängig von und in direktem Widerspruch zu den älteren Traumdeutungsbüchern, auch in deutlicher Abweichung von den älteren psychoanalytischen Interpretationen, wird hier dem Flugtraum eine deutlich negative Konnotation zugesprochen, die nichts mehr mit dem früheren »Traum vom Fliegen« oder seiner vorzeichenhaften positiven Deutung zu tun hat. Fast lustvoll zeichnete der Psychologe W. von Siebenthal

1953 ein Bild, das komplett von älteren Deutungen abweicht: Er interpretiert den Flugtraum im Sinne Alfred Adlers als Kompensation von vitalen oder psychischen Insuffizienzgefühlen: Mangelndes »Emporkommen« im Leben, von der Impotenz bis zum enttäuschten Geltungsstreben, könne »im Flug« ausgeglichen werden[192]. Flugträume seien »Zeichen des Ehrgeizes, Ausdruck des Überflügeln-, Hochhinaus- und Herabsehenwollens«. Die Summe dieser Interpretation lautet: »Die Charakterisierung des Flugtraumes als Zeichen des gehemmten, verhinderten Emporkommens, des ständig Gescheiterten und mehr und mehr Kontaktarmen, Isolierten dürfte die allgemein gültigste sein.«[193] Im »Wörterbuch zur Klinischen Psychologie« ging man 1981 so weit, Flugträume allein mit »der physiologischen Innervation des Gleichgewichtssinns« und dem Wunsch, »einen kleinen Körperwuchs zu kompensieren«, in Verbindung zu bringen[194]. Dieser neue Trend der Flugtrauminterpretation wird von seinen Vertretern gar nicht als solcher erkannt und in keiner Weise mit den älteren Interpretationen, von Artemidor über Cardano bis Freud oder Schmeïng, oder gar ethnologischen Befunden vermittelt.

Wie erklärt sich jedoch der Umschwung in der Interpretation der Flugträume? Das Verschwinden der positiven Konnotation könnte mit einer Desillusionierung als Folge seiner technischen Verwirklichung zu tun haben. Konnten Zeppeline und Doppeldecker noch Begeisterung und Sehnsüchte wecken, so war dies bei Abfangjägern und Langstreckenbombern nicht mehr der Fall. Während des Zweiten Weltkriegs scheint sich der alte »Traum vom Fliegen« wenigstens teilweise verflüchtigt zu haben. Fast schon witzig ist die Sprache, mit der in jüngster Zeit träumerische Flugerfahrungen beschrieben werden, denn diese Beschreibungen sind ein Amalgam von technischen Flugvorstellungen und Popularpsychologie, die in den älteren Beschreibungen völlig fehlt. So heißt es in einer Traumbeschreibung von 1976 über das Verhalten nach dem Austritt der Seele aus dem Körper:

»Dann teste ich das Flugvermögen in horizontaler Lage und gebe in Gedanken den Impuls zum Hochfliegen. Nach ca. einem Meter bremse ich ab und kontrolliere nochmals meine Ich-Stabilität und danach meine genaue Position im Zimmer. Ich bin mit dem Ergebnis zufrieden und schwebe wieder hinunter – ohne in den schlafenden Körper einzutauchen. Dieses Flugmanöver wiederhole ich während einiger Minuten.«[195]

Militärische Tiefflieger zerstören jeden Traum: »Man hat Wirklichkeit gewonnen und Traum verloren«, meinte schon Robert Musil[196]. Und Elias Canetti resümierte vor wenigen Jahren:

»Wie rasch hat das Fliegen, dieser uralte, kostbare Traum jeden Reiz, jeden Sinn, seine Seele verloren. So erfüllen sich die Träume einer nach dem anderen zu Tode. Kannst Du einen neuen Traum haben?«[197]

Eine tiefenpsychologische Studie: »Der Flieger«

In diesem Zusammenhang ist der Fall eines Patienten des Frankfurter Psychoanalytikers Hermann Argelander (geb. 1920) interessant, dessen Träume sich seit der Kindheit darum drehten, fliegen zu können. Sehr früh wandte er sich von seinen Eltern ab und entdeckte die Fliegerei als seinen persönlichen Freiraum. Später, nachdem er beruflich erfolgreich geworden war, erwarb er die Fluglizenz, und seine Flugleidenschaft hielt das ganze Leben lang an. In die Psychoanalyse begab er sich freiwillig, weil er unter Kontaktstörungen litt, speziell unter seiner eigenen Fähigkeit, andere Personen »fallenzulassen«. Da seine Flugsehnsucht eng mit der Persönlichkeitsstruktur verbunden zu sein schien, gab ihm Argelander den Decknamen: »Der Flieger«. Nach der Auffassung Argelanders, die er auf der Grundlage einer mehrjährigen Psychoanalyse gewann, handelte es sich bei der Hinwendung des Analysanden zum Flugthema um eine Reaktion auf eine primärnarzißtische Kränkung: der Veränderung seiner kindlichen Umwelt durch die Geburt seines jüngeren Bruders, die ihm die Aufmerksamkeit der Mutter entzog. Gleichzeitig engte ihn der dominant-autoritäre Vater in seinen Entfaltungsmöglichkeiten so weit ein, daß er sich früh in eine Phantasiewelt flüchtete, in der er nicht abhängig und fremdbestimmt war, sondern in der er es war, der seine Umwelt kontrollierte. Das Trauma des Fallengelassenwerdens, des Abstürzens, bildete einen immer wiederkehrenden Angstkomplex des Analysanden, der von affektiven Beziehungen (Mutter) über den

beruflichen Erfolg als Geschäftsmann (Bankrott des Großvaters)
bis hin zu Vorstellungen vom physischen Absturz im Gebirge (Tod
des Bruders) reichte. Dabei war der Mann als selbständiger Geschäftsmann außerordentlich erfolgreich. Scheinbar im Widerspruch zu diesen Absturzängsten stand auch das Hobby des Fliegens, für das sich der Mann entschieden hatte und das er einmal so
beschrieb:

»Ich bin in letzter Zeit viel mit meiner Maschine unterwegs gewesen. Einmal bin
ich sogar in ein Gewitter hineingeraten und war vollkommen allein, nur auf meine
Instrumente angewiesen. Ein Glücksgefühl kam dabei auf, das mich vollkommen
mit der Natur eins werden ließ. Nur der Gedanke enttäuschte mich, wieder landen
zu müssen. Ich war lediglich von den Instrumenten abhängig, die ich selbst unter
Kontrolle hielt... Das Fliegen erfüllt mich weiterhin mit großer Befriedigung, besonders wenn ich mit nachtwandlerischer Sicherheit etwas Gefährliches meistern
kann. Das Fliegen ist ein Gegengewicht gegen mein Geschäft...«[198]

Gut zu dieser Selbstinterpretation paßt die Mutmaßung Argelanders, der Analysand weise gegenüber seinem Geschäft eine ähnliche affektive Besetzung wie gegenüber seiner Mutter auf, wobei
in beiden Fällen die »nutritive Einheit« das Tertium comparationis
gebildet habe. Der Flugwunsch wird von Argelander als »primärnarzißtische Wendung« begriffen, in der die Angst vor dem Fallen-
gelassenwerden überwunden wird[199]. Unabhängig von der individuellen psychologischen Konstellation des »Fliegers« sind einige
Bemerkungen interessant, die er im Verlauf seiner langjährigen
Analyse über die psychophysische Lagerung des Flugwunsches
äußerte. In einer Sitzung beschrieb er das Gefühl der Unabhängigkeit, wenn er in seiner Familie als letzter badete und so lange im
Wasser bleiben konnte, wie er wollte. Während dieser Erzählung
räkelte sich der Patient auf der Couch, und der Psychoanalytiker
machte ihn darauf aufmerksam, daß er sich wie in der Badewanne
verhalte. Darauf sagte der Analysand:

»Ich fühle im Moment eine Entspannung, die ich vom Liegen in der Badewanne
kenne. Beim Baden tritt sie ganz regelmäßig ein. Das warme, entspannende Wasser
ist für mich ein unterstützendes Mittel, um Probleme zu lösen, ähnlich wie das
Fliegen. In beiden Fällen herrschen vollkommen andere statische Verhältnisse, in
denen ich mich wohl fühle.«

Als der Psychoanalytiker ihn darauf aufmerksam machte, die veränderten statischen Verhältnisse bewirkten vielleicht ein verändertes Körpergefühl, gekennzeichnet durch passives Getragenwerden und Entspannung, assoziierte der Analysand, daß mit der Überwindung der Schwerkraft das Gefühl der körperlichen Abhängigkeit schwinde: »Völlige Unabhängigkeit heißt für mich, schweben zu können.« Eine weitere Assoziation des Schwebezustands bestand in einer pränatalen »Erinnerung«: »Manchmal habe ich tatsächlich das Gefühl, als ob ich mich noch an den Zustand im Leib meiner Mutter erinnern könnte.« Argelander schloß aus dieser Assoziation, daß die Sicherheit, die der Analysand in Luft oder Wasser empfand, ihn an seine Situation im Mutterleib, bzw. vor dem traumatischen Erlebnis des »Fallengelassenwerdens«, erinnere[200]. Darüber hinaus kann man jedoch vielleicht eine Komponente verstehen, aus der sich das lustvolle Empfinden des Flugerlebnisses, das sehr viele Menschen empfinden, speist. Andere Psychoanalytiker versuchten, diese Beobachtung zu verallgemeinern, indem sie eine Regression zu Zuständen annahmen, in denen die entsprechenden Körperorgane gereizt werden[201].

»Fliegen« als erotische Chiffre

Die »Freiheit und Ungebundenheit«, die die Psychoanalytiker der Jahrhundertwende als Urgrund der Flugsensation entdeckt haben wollten, war natürlich leicht auf jenes Gebiet zu übertragen, dem die frühe Psychoanalyse ihre vornehmliche Aufmerksamkeit widmete. Freud entdeckte die sexuellen Wurzeln des Flugtraumes, und er interpretierte sowohl Träume als auch Märchenstoffe in diesem Sinne. Zusammen mit dem Wiener Altphilologen Ernst Oppenheim deutete er in einem lange unveröffentlichten Manuskript die ukrainische Erzählung »Des Bauern Himmelfahrt« ganz in diesem Sinne.

»Die Situation, aus welcher dieser letzte Traum erwächst, können wir . . . in folgender Art rekonstruieren: Den Schläfer überfällt ein starkes erotisches Bedürfnis, welches im Eingang des Traumes in ziemlich deutlichen Symbolen angezeigt ist. Er hat gehört, daß der Weizen – wohl gleich Samen – hoch im Preise steht. Er nimmt einen Anlauf, um mit Pferd und Wagen – Genitalsymbole – ins offene Himmelstor einzufahren . . .«[202]

Folgerichtig wandten sich andere Psychoanalytiker ebenfalls dieser Thematik zu. Einer der ersten Autoren, der einen Aufsatz der Flugtraumthematik widmete, faßte wortkräftig zusammen:

»Das Wohl- und Hochgefühl, das die gewöhnliche Art des Flugtraumes begleitet, entspricht also dem gesteigerten Kraft- und Unabhängigkeitsgefühl der sexuellen und lebensbereiten Einstellung.«[203]

Ganz in diese freudianische Interpretationen würde der berühmte Flugtraum Gottfried Kellers aus dem »Grünen Heinrich« passen, wo es heißt:

»Ganz geschwollen vom Bewußtsein des Reichtums schwebte ich endlich aus der Brückenhalle hinaus und schwang mich auf dem goldenen Bienenpferde hochmütig in die Luft, wo ich hoch über den Münsterkronen kreiste . . . und das kindliche Traumvergnügen des Fliegens und Reitens zugleich in vollen Zügen genoß . . . Das Pferd sagte: ›Nun wähle, das sind die heiratsfähigen Mägdlein des Landes! Das beste ist eine artige Frau!‹ Ich angelte auch richtig stolz und lüstern auf sie hinunter . . . Dann, wie vom Pfeil Tells getroffen ein neuer Ikarus, stürzte ich samt dem Goldfuchs prasselnd aufs Kirchendach und rutschte dort jämmerlich auf die Straße hinab.«

In seinem Kapitel über »Flug- und Fallträume« führt Siebenthal auch ein Beispiel des Traumforschers Wilhelm Stekel an, das Parallelen zu Kellers Traummodell zeigt:

»Ich fliege über die Köpfe anderer Menschen hinweg. Ich bin riesig stolz auf diese Eigenschaft. Eine Schar schöner Frauen, halb nackt, teilweise sitzend oder liegend, sieht mir bewundernd zu und applaudiert lebhaft. Eine sagt: ›Der kann's aber!‹«[204]

Es war jedoch offenbar nicht nur das Ende des verklemmten 19. Jahrhunderts, dem die Assoziation von Fliegen und Sexualität ihre Geburt verdankte. Erwin Panofsky hat in seinen »Studien zur Ikonologie« auf den Zusammenhang von Flug und Liebe in der Kunst der Renaissance hingewiesen, etwa am Beispiel der Ganymed-Darstellungen Michelangelo Buonarottis[205]. Clive Hart hat in seinen »Images of Flight« gezeigt, daß nicht nur Eros oder Amor geflügelt dargestellt wird, sondern sich von den geflügelten Phalloi der griechischen Antike der Weg des erotischen Gefieders bis in die

Neuzeit nachzeichnen läßt[206]. Die erotische Komponente ist fixer Bestandteil der internationalen Märchenliteratur: Der geflügelte Prinz, der seine Braut aus der Gefangenschaft seiner Eltern befreit, gehört zu den Standardvorstellungen europäischer, russischer und indischer Märchen[207]. Natürlich ließ sich die moderne europäische Literatur ein solches Motiv – die Heimholung der Braut auf dem Luftweg – nicht entgehen. Bekanntestes Beispiel für dieses Motiv ist wohl Restif de la Bretonnes (1734–1806) 1781, also noch vor dem ersten Ballonaufstieg, gedruckter Roman »La Découverte Australe«, wo der Held Victorin seine geliebte Christine mit einem selbstgebauten Flügelpaar durch die Luft in das von ihm entdeckte utopische »Südland« (Australien) entführte[208]. Von der Assoziation von Ballonaufstieg und Sexualität wird im entsprechenden Kapitel noch zu berichten sein. Die »Angst vorm Fliegen«, die im Zuge der Emanzipation überwunden werden kann, thematisierte Erica Jong (* 1942) in ihrem gleichnamigen Roman. Die Heldin heißt zu allem Überfluß auch noch Isadora Wing und muß an einem Psychoanalytikerkongreß in Wien teilnehmen. In diesem Roman, der nach Ansicht Henry Millers »voller Weisheit über das ewige Mann-Frau-Problem steckt«, lernt Isadora ihre sexuellen Leidenschaften auszuleben, verliert also in diesem Sinne ihre »Angst vorm Fliegen«, muß aber am Schluß erkennen, daß dies allein noch niemanden zu einem freien Menschen macht[209].

In der chinesischen Kultur bedeutet »Gemeinsames Fliegen« Eheglück. Wie in der Umgangssprache der Europäer steht »fliegen« für »miteinander schlafen«, eine Bedeutung, die, wie wir noch sehen werden, auch im modernen Japan existiert. Vom Orgasmus heißt es in China: »Die Seele fliegt über den Himmel hinaus«, wobei geschlechtsspezifische Unterschiede in poetischer Form angedeutet werden, wenn es in einem Spruch heißt: »Der männliche Phönix tanzt, und der weibliche fliegt.«[210] In einer Umfrage der Zeitschrift »Cosmopolitan« unter ihren Leserinnen, welche Gefühle sie beim Orgasmus hätten, hoben nicht wenige in ihren Schilderungen ein Gefühl der Leichtigkeit, der Aufhebung der Schwerkraft, des Fliegens und Schwebens hervor[211]. Die Wiederkehr des erotischen Motives in so vielen Kulturkreisen scheint die

Deutung nahezulegen, es hier mit einer Art anthropologischen Konstante zu tun zu haben, die den libidinösen Anteil an der Freude am Fliegen jenseits aller technischen Verwirklichungen, diese aber inbegriffen, begreiflich macht.

Anthropologische Flugvorstellungen als »Ethno-Fiction«?

Anthropologische Vorstellungen vom Fliegen werden auf sehr verschiedenen Ebenen sichtbar. Sie offenbaren sich in Mythen und Märchen ebenso wie in den Trauminhalten der verschiedensten Völker und Gesellschaftsformationen. Natürlich muß man bei derartigen Zusammenfassungen vorsichtig sein, denn gerade bei den Trauminhalten zeigt sich, in welch hohem Grade sie von den jeweiligen Verhältnissen abhängig sind, unter denen die Menschen leben. Dasselbe wird man auch für die Mythen- und Märchenstoffe annehmen können, wobei man nicht außer acht lassen darf, daß Ethnologen wie Frobenius, Koch-Grünberg oder Malinowski ihre Erzählungen in jenen Jahrzehnten sammelten, als in den Zentren der westlichen Kultur, in Europa und den USA, die Flugtechnik ihren entscheidenden Durchbruch erlebte. Europäische Leser hatten damals und haben heute noch immer einen Bedarf an »Ethno-Fiction« (Fritz Kramer), und zu den Erwartungen gehörte irgendwann einmal das Bedürfnis, »fliegende Heilige« vorzufinden[212]. Daß sich jedoch die aufgezeichneten Fluggeschichten allein aus einer solchen Erwartungshaltung erklären ließen, wird man kaum behaupten können, denn auch die älteren Mythensammlungen von Sibirienforschern wie Matthias Alexander Castrén (1813–1853) enthielten bereits vergleichbare Fluggeschichten. Der Wettstreit der Zauberer, der in den 1857 publizierten »Ethnologischen Vorlesungen über die altaischen Völker« erwähnt wird, dreht sich einzig um die Flugkünste und Vogelverwandlungen zweier konkurrierender samojedischer Schamanen[213].

Selbst wenn man in Rechnung stellt, daß in die Luftschiffermärchen, wie sie in Afanasjews berühmter Märchensammlung oder in

deutschen Sagensammlungen der Mitte des 19. Jahrhunderts wie-
dergegeben werden, bereits die Erfahrung der zeitgenössischen
Luftschiffe – der Heißluft- und Wasserstoffgasballone – eingegangen sein könnte[214], so trifft dies für hochmittelalterliche Sammlungen wie das indische »Pantschatantra« oder die arabischen Geschichten aus »Tausendundeine Nacht« keinesfalls zu[215]. Gerade
der mythologische Hintergrund der Flugvorstellung, der in allen
menschlichen Kulturkreisen vorhanden gewesen zu sein scheint,
sichert ihr einen festen Platz sowohl in den Erzählungen als auch
in den Trauminhalten. Ethnologische Traumforscher haben die
Flugträume daher zu den omnipräsenten »Typenträumen« gezählt[216].

Es soll nicht vergessen werden zu erwähnen, daß alle mythischen
und rituellen Aspekte des Federkleides, der Gedanke der Vogelverwandlung oder der Vorstellung des Seelenvogels, einen realen
Hintergrund besaßen. Mit der Beobachtung des Vogelflugs wurde
der Flugvorstellung schon in der Prähistorie Gestalt verliehen, bereits vorgeschichtliche Felsmalereien zeigen geflügelte menschliche Wesen, und es kann lediglich darüber spekuliert werden, ob
damit Götter, Genien oder Zauberpriester dargestellt werden sollten. Zwar ist aus vielen Mythen und Märchen bekannt, daß Flugvorstellungen auch ohne Gefieder oder Flügel gedacht werden
konnten, die Wiederkehr des Flügelmotivs in allen Kulturen der
Welt verweist jedoch auf eine anthropologische Konstante der
menschlichen Flugvorstellung, die von der unmittelbaren Naturbeobachtung abhängig ist[217]. Tatsächlich liefert die Beobachtung
des Vogelflugs in physikalischer Hinsicht den Beweis für die Möglichkeit des Fliegens für Lebewesen, die nicht dem göttlichen Bereich zuzuordnen sind und daher auf die Realisierbarkeit des Menschenfluges vorausweisen[218]. So wurden Vögel nicht nur mit allen
möglichen mythischen und magischen Assoziationen belegt, sondern ihr Verhalten und ihre Flugtechnik wurden unter technischen
Gesichtspunkten intensiv beobachtet. Diese Tendenz ist auch in
der Geschichte unseres eigenen Kulturkreises zu beobachten: Seit
der Antike beschäftigte man sich mit ihnen, und über das Mittelalter hinweg finden sich Flugbeobachtungen bei Vögeln, die um

1500 in die ausgedehnten Vogel- und Flügelstudien des Erfinder-
genies Leonardo da Vinci einmünden. Leonardo berichtet darin
jenen von Sigmund Freud (1856–1939) interpretierten Initiations-
traum, die sogenannte »Geierphantasie Leonardos«, der ihn rück-
bindet an »anthropologische« Flugvorstellungen:

> »Ich entsinne mich, daß ich in frühester Kindheit träumte, ein Geier komme auf
> mich zugeflogen, öffne mir den Mund und streiche mehrmals mit den Federn dar-
> über hin. Ich nahm dies als Zeichen, daß ich mein Leben lang über Flügel sprechen
> werde.«[219]

Eine gemeinsame »Sprache« des menschlichen Unbewußten?

Der Psychologie liegt, ausgehend von Sigmund Freuds Schriften
zur Traumdeutung, meist die Vorstellung eines kulturunabhängi-
gen menschlichen Unbewußten zugrunde, das mithin eine anthropologische Konstante darstellen würde. Freud, der die Flugträume
zu den »typischen Träumen« rechnete, betont, daß »die meist lust-
betonten Träume vom Fliegen und Schweben . . . die verschiedensten Deutungen« erfordert. Doch läßt die weitere Behandlung der
Thematik erkennen, daß dabei keineswegs an kulturspezifische,
sondern nur an individualpsychologische Variationen gedacht war.
Während bei einer Patientin das Fliegen den Zweck der Schmutz-
vermeidung erfüllte, scheinen Männer – bei Freud – sehr ge-
normte Vorstellungen zu besitzen: »Die nahe Verbindung des Fliegens mit der Vorstellung des Vogels macht es verständlich, daß der
Fliegertraum bei Männern meist eine grobsinnliche Bedeutung hat.
Wir werden uns auch nicht verwundern zu hören, daß dieser oder
jener Träumer jedesmal sehr stolz auf sein Fliegenkönnen ist.«[220]
Der anthropologische Charakter der Flugträume wurde in der Ar-
chetypenlehre Carl Gustav Jungs (1875–1961) noch stärker betont.
Das verbindende Element zwischen Mythos und Traum erklärt
Jung mit einer genetisch bedingten Anlage der menschlichen
Psyche, die unabhängig vom kulturellen Zusammenhang imstande
ist, Archetypen zu generieren[221].
Von seiten der vergleichenden Religionswissenschaft hat vor allem

Eliade in seinem Aufsatz »Der magische Flug« auf anthropologische Zusammenhänge hingewiesen. Sein Ansatz des Kulturvergleichs erwies sich auf diesem Gebiet als besonders fruchtbar, denn ohne große Systematik konnte er auf der Basis zahlreicher Beispiele die weite Verbreitung der Flugvorstellungen mit sakralem Hintergrund nachweisen, die von den »primitiven« bis hinein in sämtliche Hochkulturen und bis in die gegenwärtig noch lebendigen Weltreligionen reicht. Aus Eliades Sicht besteht eine strukturelle Gemeinsamkeit im transzendentalen Gehalt der Flugvorstellung. Oft galt sie als Ausweis individueller Befähigung, die sich in verschiedenster Form, etwa Levitation, »magischem Flug« oder Himmelsreise, ausdrücken konnte. Eliade unterschied zwischen Berichten von Flugabenteuern in Mythen und Legenden einerseits, Glaubensvorstellungen und Riten andererseits, die direkte Konsequenzen für das Leben der jeweiligen Gesellschaften haben konnten. Er knüpfte an seine Ausführungen die These, daß sich die Flugvorstellung aus vielerlei Quellen speist, aber doch ein menschliches Grundbedürfnis nach Transzendenz und Freiheit widerspiegelt[222]. Fast dreißig Jahre später hat der Religionswissenschaftler William K. Mahony im Anschluß daran eine Systematisierung versucht. Mahony zufolge enthüllt sich in der Flugvorstellung »eine existenzielle Dimension menschlicher Vorstellungskraft«. In einem sehr groben Raster unterteilte Mahony die Unzahl vortechnischer Flugvorstellungen im Sinne einer »universal typology of flight« in drei Kategorien: »Autonomous this-worldly flights (levitations)«, »dependent this-worldly flights« und »otherworldly flights (ascensions)«, eine heuristisch wenig hilfreiche Unterteilung[223].

Der vergleichende Ansatz bleibt auch bei Lévi-Strauss vollkommen mythenimmanent. Er bietet in seinen Analysen ein derart komplexes Beziehungsfeld einzelner Mythologeme, etwa dem der Himmelsreise, daß sich interdisziplinäre Vergleiche völlig auszuschließen scheinen[224]. Gegen eine allzu rasche Anthropologisierung wandte sich der amerikanische Linguist Benjamin Lee Whorf (1897–1941). Er zeigte, daß viele scheinbar universale Denkstrukturen verschwinden, wenn man sich an die konkrete Sprachanalyse macht: So existieren etwa in der Sprache der Hopi-Indianer

keine Ausdrücke für Zeit und Raum, die den europäischen Annahmen entsprächen, welche im 17. Jahrhundert klassisch in der New-
tonschen Physik formuliert worden sind und unsere Vorstellungen
bis heute prägen[225]. Sehr direkt hat Hans Peter Duerr vor einigen
Jahren die Mißverständnisse analysiert, die regelmäßig auftauchen, wenn vor diesem »europäischen« Wahrnehmungsmuster
Flugerlebnisse in »primitiven Kulturen« betrachtet werden[226].
Der russische Ethnologe Vladimir Bogoras (1865–1936) stellte trotz
abweichender kultureller Konnotationen Bezüge her zwischen
Träumen in der europäischen Kultur und Glaubensvorstellungen in
»primitiven« Gesellschaften. Allerdings betrachtet Bogoras nicht
symbolische Inhalte oder Wirklichkeitsgehalte, sondern Wahrneh-
mungsstrukturen: Magische Flüge, die dem »zivilisierten« Mittel-
europäer im Wachzustand als unmöglich erscheinen, vermag er
dennoch in Traum oder Hypnose in einer Weise zu erleben, wie sie
in Mythen oder Visionen »primitiver« Völker erzählt werden, wenn
auch die Interpretationen erheblich voneinander abweichen[227].
Auch wenn man der These von der Existenz universeller, ererbter
psychischer Dispositionen eher kritisch gegenübersteht, muß man
doch zugeben, daß die Identifikation der Flugvorstellung als eines
Archetypus im Sinne Jungs manche Probleme der Erklärung lösen
würde. Ihr Vorhandensein in allen menschlichen Kulturen, ihre
Wiederkehr in Träumen, Phantasien, Visionen, Mythen und Märchen wäre anders nur schwer erklärlich, auch wenn die Deutung
dieser Vorstellung Variationen erfahren kann. Doch auch auf der
inhaltlichen Ebene scheint es Übereinstimmungen zu geben. Die
Assoziationsfelder der individuellen Freiheit und der erotischen
Entgrenzung zählen dazu, diejenigen höherer geistiger Fähigkeiten, politischer Macht, aber auch von Jenseits- oder Himmelsreisen und die Auseinandersetzung mit dem Tod. Dies ist immerhin
ein sehr breites Spektrum – und man kann gespannt sein, inwie-
fern dieses Spektrum auf der Reise des Fluggedankens durch die
Geschichte erhalten oder verwandelt wurde.

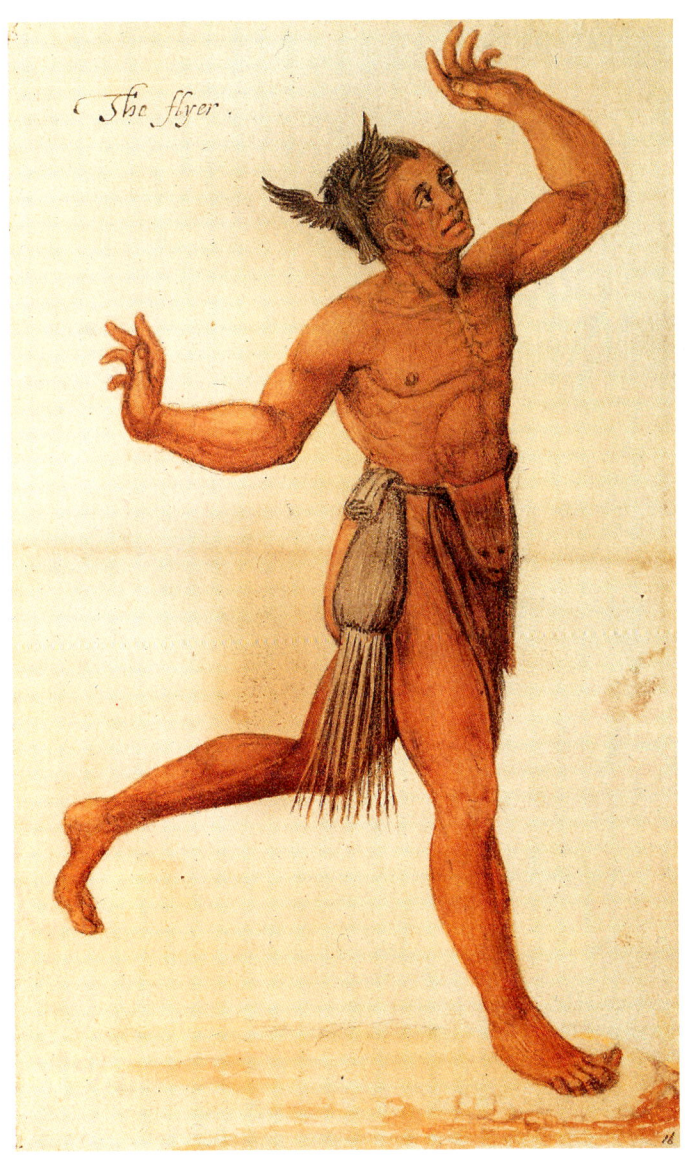

The flyer.

Indianische Flugsymbolik: »The Flyer«.
Farbige Tuschzeichnung von John White, England, ca. 1585–1590.
(Abb.-Nr. 1)

Vogelverwandlung: Der Himmelsgott Horus in Gestalt eines Falken.
Metallarbeit aus Silber und Gold, 27. Dynastie, ca. 500 v. Chr.
(Abb.-Nr. 2)

2
Mythos und Satire:
Die alten Hochkulturen

»Wie seid ihr in dies den Menschen unbekannte Land
gelangt? Seid ihr auf dem Himmelspfade gekommen
oder seid ihr zu Wasser über das große Meer
des Götterlandes gefahren?«

Tempelinschrift in Deir el-Bahari,
ca. 1450 v. Chr.[1]

»... und was das angenehmste wäre! ich könnte die
Nachricht, wer in den Olympischen Spielen gesiegt
habe, noch an demselben Tage nach Babylon bringen
und, wenn ich in Syrien gefrühstückt hätte, in Italien zu
Abend essen.«

Lukianos von Samosata[2]

Die Literarisierung der Flugvorstellung

Flugvorstellungen in den alten Hochkulturen haben manche Gemeinsamkeiten mit jenen »primitiver« Gesellschaften. Oft vervollständigen sie jene sogar in ganz überraschender Prägnanz, da jetzt die Imaginationen ausformuliert und in komplexe Kontexte eingebettet werden. Gemeinsam ist ihnen die Verknüpfung mit dem Sakralen. Dies bezieht sich etwa auf die kosmologische Bedeutung des Luftraums, den Himmel als Wohnort und die Flügel als Attribut der Götter, das Bestreben der Menschen, mit den Göttern in Kontakt oder in den Himmel zu gelangen, auf Todesvorstellungen sowie die Idee, daß die Seele des Menschen den Körper verläßt und danach frei beweglich ist. Gemeinsam sind den Flugvorstellungen auch sehr archaische Motive wie das der Vogelverwandlung oder das Getragenwerden auf dem Rücken eines Vogels. Es gibt jedoch auch ganz eindeutige Unterschiede, die mit den anderen Gestaltungsmöglichkeiten »komplexer Kulturen« zusammenhängen. Das trifft bereits auf die weiter entwickelte materielle Kultur zu. Fliegen heißt in den eurasischen, nicht aber in den altamerikanischen Hochkulturen: Gefahrenwerden. Himmelswagen demonstrieren die Allmacht der Götter mit Symbolen aus der jeweiligen menschlichen Vorstellungswelt, und in den Hochkulturen sind dies eben die Gegenstände der entwickelten Sachkultur. So kennt die griechische Mythologie den Götterwagen, der die Sonnenscheibe trägt und von geflügelten Pferden gezogen wird, gelenkt von Helios, dem Sonnengott.
An der Ausgestaltung und Überlieferung von Schrifttum und Kunst, die im weiteren Sinne die Flugthematik zum Gegenstand hatten, war eine Vielzahl von Kulturen beteiligt. In manchen Hochkulturen finden sich besonders ausgeprägte Vorstellungen, wie die Erde zu verlassen sei, um in die Sphären der Götter aufzusteigen. Kulturkontakt und -konkurrenz förderten die interkul-

Darstellung eines anthropomorphen göttlichen Wesens mit Vogelkopf und einer ausladenden Befiederung. Neuassyrisches Palastrelief, 9. Jahrhundert v. Chr.

turelle Kommunikation. Motive des Fliegens, der Himmelsreise und verschiedener Flügelwesen indizieren Wechselbeziehungen zwischen hochkulturellen Zentren wie Mesopotamien, Ägypten, Indien, China, Persien und dem Mittelmeerraum. Viele Vorstellungen vom Fliegen, die in Märchen und Legenden, in Sagen und Erzählungen bis in unsere Zeit überlebt haben, wurden in der Kunst und Kultur dieser Hochkulturen literarisch ausgeformt. Der wesentliche Unterschied zwischen der Flugvorstellung in »primitiven« Kulturen und den Hochkulturen liegt vielleicht nicht einmal in der symbolischen Bedeutung des Fliegens, sondern vielmehr in ihrer Überlieferung. Hochkulturen sind durch ihre Schriftlichkeit von der oralen Tradition unabhängig. Einhergehend mit der Verschriftlichung der Kultur erfolgt jedoch eine Literarisierung, die die mythologischen Stoffe bestimmten Formprinzipien unterwirft, welche auf die Inhalte zurückwirken. Dies trifft auch auf den Kernbestand der Tradition, nämlich auf sakrale Stoffe, zu. Die Literarisierung, die man schon bei den ältesten Hochkulturen beobachten kann, wird im Extremfall bis zu einer Stufe vorangetrieben, wo eine Entsakralisierung der alten Flugvorstellungen erfolgt, säkulare Bedürfnisse untermengt werden oder der Flugwunsch sogar satirisch überformt wird.

Natürlich kann es in diesem Rahmen nicht darum gehen, für jene 26 »Hochkulturen«, die Toynbee ausgemacht hat[3], die Flugthematik erschöpfend zu behandeln. Es lohnt sich jedoch angesichts des bisherigen Angebots in der flughistorischen Literatur, wenigstens auf einige Überlieferungsstränge ›komplexer Kulturen‹ einzugehen. Der Schwerpunkt soll dabei auf den eurasischen Kulturen liegen: Zunächst werden die alten Hochkulturen Ägyptens und Mesopotamiens gestreift, die vielleicht die frühesten literarischen Ausgestaltungen der Flugthematik überhaupt bieten; die folgende Einbeziehung Chinas und Indiens erscheint wichtig, um die europazentrierte Betrachtungsweise wenigstens etwas aufzulockern; mit dem jüdischen und dem griechischen Mythenfundus schließlich werden zwei Kulturen einbezogen, die das christliche Mittelalter am nachhaltigsten beeinflußt haben. Daß die altamerikanischen Hochkulturen nicht stärker einbezogen werden, liegt daran, daß es den Autoren dafür an Kompetenz fehlt. An sich wäre jedoch gerade ihre Untersuchung besonders interessant, da in den Glaubensvorstellungen Mexikos oder Perus manche Parallelen zu denen der orientalischen Hochkulturen zu bestehen scheinen (Vogelverwandlung, Himmelsreise, Entrückung, Federsymbolik, Flug von Trickstergestalten), ohne daß ein ähnlich offensichtlicher Beeinflussungszusammenhang wie in den Kulturen Eurasiens besteht.

»Ich flog empor als ein göttlicher Falke« – Flugvorstellungen im Alten Ägypten

Im Alten Ägypten sind Flugvorstellungen hauptsächlich als Bilder von Seelenreisen bekannt; der Flug ist Sinnbild des Todes und der Reise in außerweltliche Bereiche. »Wer fliegt, der fliegt!«, heißt es in den Pyramidentexten. »Er fliegt fort von euch, ihr Menschen. Er ist nicht mehr auf Erden, er ist am Himmel . . . Er ist zum Himmel gestürmt als Reiher, er hat den Himmel geküßt als Falke, er ist zum Himmel gesprungen als Heuschrecke.«[4]
Die Pyramidentexte, die ältesten religiösen Texte Ägyptens, schmücken die Sargkammern und Gänge der Pyramiden aus der 5. und 6. Dynastie und wurden in der Zeit von 2350 bis 2175 v. Chr. abgefaßt. Inhaltlich handelt es sich um Sammlungen von Sprüchen, die dem verstorbenen Herrscher helfen sollten, erfolgreich ins Jenseits zu gelangen: »Er ist zum Himmel gestiegen und hat den Re gefunden.«[5]
Himmelfahrten waren im ägyptischen Kulturraum lange ein Privileg des Königs. Während die Menschen auf der Erde blieben, stieg der König auf, sein Platz war der Himmel:

>»Es verbergen sich die Menschen (in ihren Gräbern?), es fliegen empor die Götter.«[6]

Die Pyramidentexte geben Auskunft darüber, wie man sich eine solche Himmelsreise vorstellte. Der Aufstieg wird als Vogelflug beschrieben[7]. Für die Metamorphose des Königs kamen allerdings nur bestimmte Vogelarten in Frage; allen voran fungiert der Falke, als Beherrscher des Luftraums und Inkarnation des Himmelsgottes

Horus, als Seelenvogel. (Eine Sonderform der Falkengestaltigkeit des Horus ist die geflügelte Sonnenscheibe als Himmels- und Schutzsymbol, die später auch zu rein dekorativen Zwecken verwendet wurde.) Der Falke als Verkörperung eines Gottes wurde, in Metall gegossen, im Allerheiligsten aufbewahrt, aber auch als lebendiger Vogel gehalten, obwohl es im ägyptischen Kulturraum Falknerei nie gab; die hohe sakrale Bedeutung des Vogels ließ eine so profane Verwendung wohl nicht zu. Aber auch Reiher, Kranich und Ibis konnten die aufsteigende Gestalt des Königs symbolisieren. So genoß der Ibis, das Symbol des Mondgottes Thot, als heiliger Vogel große Verehrung, und in Hermopolis Magna wurden lange Grabgänge aufgedeckt, in denen unzählige mumifizierte Ibisse, in Tonkrügen beigesetzt, gefunden wurden. Der Geier dagegen tritt bevorzugt als Symboltier der Königin in Erscheinung, eine Zuordnung, die bildlich bezeugt ist in Form der Geierhaube, die seit dem Alten Reich von ägyptischen Königinnen getragen wurde. Auch die Göttinnen Mut und Nut wurden mit dieser Kopftracht abgebildet: Der Kopf des ausgestopften Geierbalgs ragt über der Stirn der Trägerin hervor, während die Flügel an den Seiten herabgezogen sind. Der Balg war vermutlich mit Stoff und Goldplättchen dekoriert. Eine andere Darstellungsform des Symboltieres bildet den fliegenden Geier über dem menschengestaltigen Königspaar gemeinsam mit dem Falken ab. Nicht mehr aus dem Naturreich stammend ist die Vorstellung des Ba-Vogels, einem mischgestaltigen Vogelwesen mit Menschenkopf, das die aufsteigende Seele symbolisierte. Der Ba-Vogel übernahm auch die Funktion eines Seelengeleiters (Psychopompos). In Spruch 78 des »Ägyptischen Totenbuches« heißt es:

»Ich habe meine Gestalt zu seiner Gestalt gemacht, damit er nach Busiris ausziehe, ausgestattet mit meinem *Ba*, damit er dir mein Anliegen vortrage.«[8]

Federn als Pars pro toto deuten auch in Ägypten symbolisch auf das göttliche Prinzip. Die Beflügelung der ägyptischen Götter weist auf ihre Stellung als Himmelsgötter, die geflügelte Sonnenscheibe symbolisiert den Sonnengott. Federn wurden ausgiebig für kultische Zwecke verwendet, etwa in den Aufbauten der Kompositkronen, wo sie neben einer Vielzahl symbolischer Elemente den

Aspekt der Himmelsgottheit vertreten. Dem gleichen Zweck dienten Falkenabbildungen auf dem königlichen Ornat oder das aus Federn hergestellte Falkenleibchen, das bei Zeremonien getragen wurde. Die Feder als Schriftzeichen stellt »Maat«, die gottgegebene Weltordnung, dar.

Der Pharao konnte auf verschiedene Weise physisch in den Himmel gelangen. Eine Möglichkeit war, daß er »auf dieser Leiter« hinaufsteigt, »die ihm sein Vater Re gemacht hat«[9]. Die Himmelsleiter ist bereits in den ältesten religiösen Texten Ägyptens bekannt[10]. Sie ist plaziert, wo Himmel und Erde sich berühren, und wird dem verstorbenen Herrscher von dem im Morgen geborenen Sonnengott errichtet: Wer auf der Leiter emporstieg, wurde in die Reihe der Götter aufgenommen. Die Pyramidentexte beschreiben die Himmelsleiter mit hölzernen Seitenpfählen, deren Sprossen und Staffeln mit ledernen Stricken zusammengebunden waren, auf einem Stützkissen ruhend[11]. Als geknotete Strickleiter[12] oder als eine Art Strahlenleiter konnte sie auch vom Himmel herniedergelassen werden, eine Form, die in der späteren christlichen Adaption dieser Vorstellung keine Entsprechung fand[13].

Interessant ist, daß der sakrale Herrscher auch in seiner leibhaftigen Gestalt auffahren konnte. Dazu bediente er sich diverser Naturkräfte, zum Beispiel der Hilfe des Windes; er konnte aber auch, auf Wolken gebettet, in die Höhe fliegen. Als Voraussetzung für die Auffahrt ins Jenseits galt generell, daß der physische Körper unversehrt bleiben mußte[14], was dadurch gewährleistet war, daß der Leib des verstorbenen Pharaos einbalsamiert wurde. Das sogenannte »Mundöffnungsritual« sollte die Unversehrtheit bestätigen. Im Rahmen einer rituellen Handlung, die von einem Priester vorgenommen wurde, mußte der Mund des Verstorbenen geöffnet werden, um die Verfügung über den Körper zu gewährleisten[15]. Am Ende seiner Reise erwarteten den König bei der Ankunft weit geöffnete Himmelstore[16]. Himmelsreisen bewerkstelligen konnte auch »Schu«, der Gott des Luftraumes, der einstmals in Urzeiten Himmel und Erde getrennt hatte[17]. Auf Abbildungen erscheint er als langgezogene, männliche Gestalt, auf die Erde gestützt und den Himmel über sich; zuweilen wird er aber auch mit weit ausgebreiteten Flügeln dargestellt[18].

Die Himmelfahrt des verstorbenen Pharaos ist auch in der Geschichte des Sinuhe bezeugt und in einem Text, der im Zusammenhang mit dem Regierungsantritt Amenophis' II. (1438–1412 v. Chr.) auf die Himmelfahrt seines Vaters König Thutmosis III. (1490–1439/36 v. Chr.) hinweist:

»König Thut-mose ging hinauf zum Himmel; er vereinigte sich mit der Sonnenscheibe. Der Leib des Gottes verband sich mit dem, der ihn geschaffen hat.«[19]

Bedeutsam ist hier die Verbindung mit der Sonnenscheibe. Der Pharao galt nach ägyptischer Anschauung als Sohn des Sonnengottes Re, von dem er in Gestalt des regierenden Königs mit der Königin gezeugt worden war. Als Sohn des Gottes kehrte der König nach seinem Tod zu seinem Ursprungsort zurück: Die Himmelfahrt des Pharao erscheint deshalb in diesem Zusammenhang als folgerichtiger Vorgang. Die Berufung des eigentlich für den Priesterstand vorgesehenen Thutmosis III. zum König durch Gott Amon ist ein Beispiel für eine zeitlich begrenzte Entrückung zu Lebzeiten. Über diesen Vorgang gibt eine Inschrift auf dem Amontempel von Karnak (um 1450 v. Chr.) Auskunft, die die Zeremonie der Einsetzung in die Königswürde von der Erde in den Himmel verlegt. In Ich-Form wird von der Himmelfahrt als Vogelflug berichtet:

»[...] Er [tat] mir [auf] die Pforten des Himmels, er öffnete mir die Tore seines [des Himmels] Horizontes. Ich flog empor zum Himmel als ein göttlicher Falke, um sein Mysterium, das im Himmel ist, zu sehen.«[20]

Dort tritt er vor den Sonnengott hin und wird mit den Kronen und dem Uräus geschmückt. Als Pharao mit göttlichen Eigenschaften ausgestattet, findet er sich übergangslos in seinem irdischen Amt, und die Inschrift erzählt von seinen Leistungen und Erfolgen. Über die Auffahrt Thutmosis' werden in der Fachliteratur divergierende Meinungen geäußert. So läßt die Gestalt des Falken zum Beispiel darauf schließen, daß der König als Inkarnation des falkengestaltigen Horus galt[21], andererseits wird der Flug, bedingt durch die Ich-Form, als Vision des Königs gesehen[22]. Der Begriff »Himmel« wird in der Fachliteratur in Beziehung gesetzt zur Wohnung Gottes im Tempel, also dem Allerheiligsten des religiösen Rituals, das nur der König betreten durfte[23]. Die kosmische Funktion des Tempels findet Ausdruck in seiner architektonischen Gestaltung, das Tempeldach wird häufig als Sternenhimmel ausgestaltet, und die Wände zieren göttliche Gestalten. Sicher kann man jedenfalls die Einsetzung und Krönung zum Pharao als eine zeitlich begrenzte Entrückung darstellen, da der König selbst diese Aussage vor seinem Hofstaat macht. Die zeitlich begrenzte Entrückung ist ein Zeichen für die besondere Gunst der Götter und unterstreicht die Bedeutung und Wichtigkeit einer bestimmten Situation[24].

In der 1. Zwischenzeit als einer Periode sozialer, politischer, vor allem aber auch religiöser Veränderungen wandelten sich die altägyptischen Jenseitsvorstellungen tiefgreifend. Die Umschichtungsprozesse in der Gesellschaft bewirkten auch Veränderungen im Bereich der Himmelfahrt: Jetzt wurden Vogelverwandlung und Aufstieg in überweltliche Regionen auch für nichtkönigliche Menschen möglich[25]. Inwieweit diese neuen Vorstellungen auf exklusive Gruppen beschränkt waren oder ob sie für alle Menschen gleichermaßen gegolten haben, bleibt offen. Nicht die Pyramidentexte sind es, die Aufschlüsse über die »Himmelfahrt des kleinen Mannes« geben, sondern Sprüche auf Särgen oder Papyri. Die »Sargtexte« und das »Totenbuch« sind literarische Zeugnisse, die dem »privaten« Bereich der Himmelfahrtsvorstellungen gelten, wonach sich auch der gewöhnliche Mensch nach seinem Tod in einen Vogel verwandeln kann, um aufzusteigen[26]. Aus dem »Totenbuch« stammt beispielsweise ein Spruch für die Verwandlung in die Gestalt eines goldenen Falken:

»Ich bin erschienen als großer goldener Falke, der aus seinem Ei hervorgegangen ist. Aufgeflogen bin ich und habe mich niedergelassen als ein Falke von vier Ellen, dessen Flügel aus grünem Feldspat sind . . .«[27]

König Etana – der »erste Flieger«

Vorstellungen von Flügen in den Himmelsraum sind nicht nur bei den Ägyptern mit Quellenmaterial gut belegt, sondern auch in den Hochkulturen des »Fruchtbaren Halbmonds« (Mesopotamien) bei den Sumerern und deren kulturellen Erben, den Babyloniern und Assyrern. In der Geschichte der Flugvorstellungen galt lange Zeit »König Etana« als »erster Flieger«[28]. In der sumerischen Königsliste wird er als legendärer 13. Herrscher der 1. Dynastie von Kisch erwähnt, der nach der großen Flut 1560 Jahre regiert habe und dann »zum Himmel hinaufgestiegen« sei[29]. Tatsächlich spricht der Reichtum der Überlieferung für seine Bedeutung: Etana wird nicht nur im Gilgamesch-Epos erwähnt, sondern zahlreiche Rollsiegel[30] zeigen seine legendäre Himmelfahrt auf dem Rücken des babylonischen Adlers, und ein eigenes Epos, das in Keilschrift auf Tontafeln aus der berühmten Bibliothek König Assurbanipals (reg. 668–627 v. Chr.) erhalten ist[31], überliefert seine Geschichte (seit 2250 v. Chr.). Es existieren davon jedoch zahlreiche Varianten in den altorientalischen Literaturen, akkadische Quellen ebenso wie altbabylonische und assyrische[32].

Die Erzählung besteht aus vier Teilen, deren Gesamtzusammenhang wegen des schlechten Zustandes der Tontafeln teilweise unverständlich bleibt. Sie beginnt in der Urzeit, als es noch keine Stadt gab und die Götter selbst die Stadt Kisch gründeten – Etana wurde ihr erster König. Aus dem zweiten Teil ist zu erfahren, daß Etana sich an den Sonnengott Schamasch wendet mit der Bitte, ihm das »Kraut des Gebärens« zu verschaffen, damit sein Kind zur Welt kommen könne. Gott Schamasch jedoch schickt ihn in die Berge zu einem Adler, den er krank vom Kampf mit der Schlange vorfindet. Etana rettet den Vogel, nachdem ihm dieser jede Hilfe verspricht, er füttert ihn und schließt Freundschaft. Der dritte Abschnitt ist in diesem Zusammenhang der bedeutendste Teil des Mythos, denn er erzählt das Flugerlebnis. Als die Kraft des Adlers wiederhergestellt ist, erweist er dafür seine Dankbarkeit und fliegt Etana in den Himmel der Ischtar:

»Der Adler tat seinen Mund auf und sprach zu ihm, zu Etana: ›Mein Freund, wir sind Genossen, ich und du! Wohlan, ich will dich emportragen zum Himmel. Auf meine Brust lege deine Brust, auf die Schwungfedern meiner Flügel lege deine Hände, auf meine Seiten lege deine Seiten.‹«[33]

Nicht auf dem Rücken des Adlers, sondern Brust an Brust an ihn geklammert, fliegt der König höher und höher. Dabei beobachtet er, wie sich Erde und Meer während des Fluges verändern: »Das

Land ist geworden wie ein Beet, und das weite Meer ist wie ein Brotkorb.« Doch je weiter sich beide entfernen, um so größer werden Etanas Bedenken, um so mehr wächst seine Angst. Der Zuspruch des Vogels kann ihm seine Furcht nicht nehmen, und er verlangt umzukehren. Der Adler beugt sich dem Willen des Königs, sie stoßen zur Erde hinab. Das Ende der Geschichte läßt sich nur hypothetisch rekonstruieren. Im Gilgamesch-Epos findet man Etana in der Unterwelt wieder, deren Bewohner wie Vögel mit Flügelgewändern bekleidet sind und in ewiger Dunkelheit leben[34]. Andererseits nimmt man ein positives Ende an, da die sumerische Königsliste Etanas Sohn und Erben nennt. Auch auf den Siegelzylindern findet sich kein Hinweis auf ein tragisches Ende der Himmelsreise.

Etanas Aufstieg liegt die Vorstellung eines geschichteten Himmels zugrunde: Über dem Himmel des Anu, an dessen Pforten Etana und der Adler ehrfurchtsvoll verweilen, liegt der Himmel der Ischtar, den sie nicht mehr erreichen. Der Himmel ist ein Ort, zu dem nur ein auserwählter Mensch wie Etana emporsteigen kann; der Ascensus des Königs in den Himmelsraum ist ein zeitlich begrenztes Ereignis, das als reales Geschehen dargestellt wird. Der entschiedene Wille der Götter, ausgedrückt durch Schamasch, der Etana an den Adler verweist, bildet die Grundlage der Himmelsreise – aus eigenem menschlichen Vermögen ist sie nicht möglich. Eine exakte Deutung der Etana-Mythe ist wegen ihrer lückenhaften Überlieferung schwierig. Isidor Levin siedelte den mythischen König in einem schamanistischen Umkreis an: Etana als Schamane, der zum ersten König wurde[35]. Einiges spricht für diese These, beispielsweise die antithetische Reise in die Götter- und Unterwelt oder die Bedeutung des Adlers als Emblemtier in der assyrisch-babylonischen Kultur[36]. Helmut Freydank hingegen sieht in der Himmelfahrt die Vergeblichkeit menschlicher Bemühungen um die den Göttern vorbehaltenen Güter[37]. Das Etana-Epos enthält zahlreiche Erzählmotive, die sich in späteren Mythen, Märchen und Erzählungen wiederfinden. Berichte von Himmelsflügen auf einem Vogel, speziell das Motiv des »dankbaren Adlers«, wurden beispielsweise von der »finnischen Schule« der Märchenforschung in einem direkten Zusammenhang mit dem alten sumeri-

Die Himmelsreise des mythischen Königs Etana auf dem Rücken eines Adlers ist
ein häufig verwendetes Motiv in der babylonischen Glyptik.
Abdruck eines Rollsiegels aus der Zeit um 2300 v. Chr.

schen Mythos gesehen[38]. Das Motiv ist tatsächlich in zahlreichen
Variationen verbreitet: Einmal ist es ein Adler, dann wieder ein
Falke, der Menschen emporträgt, mal ist es ein Mann, bald ein
Mädchen, bald Mann *und* Mädchen, die auf dem Vogel reiten[39].
Aarne/Thompson haben die Etana-Geschichte zur Klassifikation
derartiger Motive verwendet[40].

Die Entrückung des Weisen Adapa

Als der englische Ägyptologe Flinders Petrie im Winter 1891/92 in
Amarna grub, gelang es ihm, Teile eines Staatsarchivs freizulegen,
das einen Einblick in die Korrespondenz des königlichen Hofes
vermittelt. Die Keilschrifttafeln stammen zu einem kleinen Teil
aus der letzten Regierungsphase Amenophis' III. (1403–1365
v. Chr.), hauptsächlich aber aus der Ära seines Sohnes Amenophis
IV. (Echnaton, 1365–1347 v. Chr.). Zusammen mit Briefen wurde
auch ein mythologischer Text gefunden, der von der Sterblichkeit
der Menschen und von der Frage nach dem ewigen Leben handelt:
die Legende »Adapa und der Südwind«[41]. Darin wird die Begeg-

nung eines mythischen Menschen mit dem Südwind, einer per-
sonifizierten babylonischen Windgottheit, erzählt. Adapa ist im
Heiligtum von Eridu, einer Stadt im Süden Mesopotamiens, der
Urmensch schlechthin, der von seinem Schöpfer Ea, dem Herrn
des himmlischen Ozeans, zwar Weisheit, nicht aber Unsterblichkeit
verliehen bekam. Beim Fischfang für den Tempel überfällt ihn bei
ruhiger See der Südwind, bringt sein Boot zum Kentern und
zwingt ihn, »zum Hause« der Fische hinunterzutauchen[42]. Adapas
zornige Drohung, er wolle ihm die Flügel zerbrechen, genügt, daß
der Flügel zerbricht. Als nun der Südwind sieben Tage nicht mehr
über die Erde weht, läßt Anu, die höchste Gottheit des Pantheons,
den Schuldigen in die himmlischen Gefilde aufsteigen, damit er
seine Tat rechtfertige. Ein Bote Anus' richtet den Befehl aus, und
gemeinsam steigen Adapa und der Bote in den Himmel auf – ein
Vorgang, der nur in einem einzigen Satz abgehandelt wird. Während des Gesprächs richtet sich der Zorn der Götter zunächst auf
die Tatsache, daß ein unreiner Mensch »des Himmels und der Erde
Inneres«[43] sehen darf, am Ende dann bietet ihm Anu auf Fürspra-
che der beiden Torhüter Lebensspeise und Lebenswasser an. Adapa
lehnt, dem falschen Rat Eas folgend, ab. Der Neid der Götter und
der falsche Rat Eas haben damit die Unsterblichkeit der Menschen
verhindert.

In der Überlieferung gehört Adapa zu jenen mythischen Gestalten,
die sich durch außergewöhnliche, an Hybris grenzende Taten aus-
zeichnen. Die Auseinandersetzung mit den elementaren Gewalten
gehört ebenso hier hinein wie das Privileg der Himmelsreise. In
der Adapa-Legende spielt das Motiv des Fluges keine Rolle, es wird
nicht einmal näher erklärt, auf welche Weise Adapa in den Wohnsitz der Götter gelangt: »... den Weg zum Himmel ließ er ihn
nehmen und er stieg zum Himmel hinauf«[44]. Kein dynamisches
Flugerlebnis wird geschildert, sondern eine rein statische Erhebung. Für den Menschen verbindet sich mit der Vorstellung von
Entrückung ein »Aufgenommenwerden«, also die metaphorische
Umschreibung seines Todes. Aufstiegsphänomene sind, ob sie nun
aktiv durch einen anstrengenden Adlerflug wie bei Etana oder pas-
siv durch göttliche Entrückung wie bei Adapa realisiert werden,
ohne Bezug und Bindung an Religion nicht denkbar.

König Šulgi und der Übergang zum Gottkönigtum

Während Etanas Himmelsreise in eine mythische Vorzeit entrückt
ist, berichtet eine andere sumerische Quelle über eine »zeitgenössische« Himmelfahrt. Ein Wirtschaftstext begründet den Ausfall
von 142 Arbeitstagen damit, daß der König von Ur, Šulgi
(2093–2046 v. Chr.), zum Himmel hinaufgestiegen sei[45]. Claus
Wilcke hat in einem Aufsatz darüber die Ansicht vertreten, daß
sich während der Regierungszeit Šulgis Veränderungen in der
Auffassung vom Königtum abzuzeichnen begannen: Šulgi und
seine Nachfolger wurden nicht erst bei ihrem Tod, sondern noch
während ihrer Lebenszeit zu Göttern erhoben[46]. Den Zusammenhang zwischen der Einrichtung des Gottkönigtums und der Ideologie des »magischen Fluges« betonte bereits Hocart im Rahmen seiner Theorien vom sakralen Herrschertum[47]. Die Himmelfahrt als
Symbol der Erhöhung des Herrschers hat ihre Vorgeschichte also
im Alten Orient[48]. Elias Bickermann konnte zeigen, daß auch die
Apotheose des römischen Imperators nach diesem Vorbild eine
Himmelfahrt miteinschloß[49], und um dieses Ereignis für die Augen des Volkes sichtbar zu machen, ließ man – als Sinnbild der ent-
weichenden Seele – einen Adler vom Scheiterhaufen auffliegen[50].
Auch Šulgis Aufstieg in den Himmel fand unmittelbar bei seinem
Tode statt[51].

Unsicher bleibt jedoch, wie man sich im Alten Orient eine sogenannte Entrückung eigentlich vorstellte. Sicher ist, daß im Zusammenhang mit Reisen in außerweltliche Räume die Bewegungsrich-
tung antithetisch ausgedrückt wird, nämlich in einem Hinaufsteigen
zum Himmel und in einem Hinabsteigen in die Unterwelt. Metaphern für Auf- und Abstieg können auch menschliche Grundstim-
mungen wie Freude und Traurigkeit ausdrücken; in einem Bußlied
gibt ein unbekannter assyrischer Dichter diese Vorstellung folgendermaßen wieder:

»Geht's ihnen gut, so reden sie vom Aufsteigen zum Himmel, sind sie im Kummer,
so sprechen sie vom Hinabfahren zur Hölle.«[52]

König Nimrod oder Der Flug als Häresie

Ein Himmelsflug wird dem aus dem Alten Testament bekannten König Nimrod, ursprünglich eine Figur aus der babylonischen Heldensage, zugesprochen. Keilschriftfragmente kennen ihn als Nationalhelden mit seinem mesopotamischen Namen Izdubar, der in mythischer Ferne die Babylonier von der elamitischen Herrschaft befreite und den Königstuhl von Erech erhielt[53]. Izdubars Apotheose beweist, daß er bereits bei der Abfassung des Epos im Volksbewußtsein in den Rang eines Gottes erhoben wurde. Im Alten Testament erscheint Nimrod als mächtiger Jäger vor dem Herrn und in der arabischen Legendentradition als einer der vier weltbeherrschenden Könige[54]. Diese Laufbahn prädestinierte ihn zum Himmelfahrtskandidaten. Um sich an Abrahams Gott zu rächen, ließ er vier mit Wein und Fleisch aufgezogene junge Adler an den Ecken seines Thronsessels festbinden, die durch die Montage von vier Stangen mit Köderfleisch samt Sessel und König zu einem immer höheren Flug aufstiegen. Die Berge erschienen Nimrod durch die Entfernung wie Ameisenhaufen und die ganze Welt wie ein Schiff im Wasser. Doch dieser Flug ist frevelhaft, die Legende läßt Nimrod abstürzen: Vorzeitig gealtert, verfällt er dem Größenwahn. In einer späteren Version von Aṭ-Ṭabarī (839–923), einem berühmten Historiker aus Bagdad, erzählt, ist die folgende Episode überliefert:

»Als Abraham . . . Nimrods Götzen zerstörte, wollte er ihn auf dem Scheiterhaufen verbrennen; Gott aber erhielt seinen Knecht wunderbar in den Flammen. Da dachte Nimrod, sich an Gott zu rächen. Er ließ einen viereckigen Kasten bauen, mit aufrechten Spießen an den Ecken, an die je ein Stück Fleisch gesteckt wurde. Dann spannte er vier Geier an den Kasten und stieg bewaffnet ein; immer nach dem Fleisch schnappend, trugen ihn die Vögel so drei Tage und drei Nächte empor. Die Erde entschwindet seinen Blicken. Nimrod ist dem Himmel nahe. Er schießt nun drei Pfeile gegen ihn ab, die blutig zurückkehren. Da glaubt er Gott vernichtet zu haben und wendet sich zur Erde zurück, die er unverletzt erreicht.«[55]

Macht der Askese: Der heilige Milarepa bei seinem Flug, beobachtet von pflügenden
Bauern. Thanka aus dem Kloster Sangnag Chöling (Südtibet), 18. Jahrhundert.
(Abb.-Nr. 3)

Christi Himmelfahrt auf dem Cherubwagen.
»Syrisches Evangeliar«, aus dem Jahr 586.
(Abb.-Nr. 4)

Das Luftschloß des weisen Achikar
in der jüdischen Legende

Die Vorstellung, mit Hilfe eines Vogels in den Luftraum zu gelangen, findet sich auch im Achikar-Roman[56]. Über seine mesopotamische Heimat hinaus war dieser unterhaltsame Roman weit verbreitet und im Laufe der Zeit mit zahlreichen, märchenhaft anmutenden Episoden erweitert worden[57]. Eine dieser Episoden stellt eine originelle Lösung vor: Sie erzählt von Achikar, dem Kanzler der assyrischen Könige Sinacherib (reg. 704–681 v. Chr.) und Asarhaddon (gest. 669 v. Chr.), der durch eine Intrige seines Neffen Nadin in den Verdacht des Hochverrats gerät. Vom listigen Scharfrichter an einem unterirdischen Ort versteckt, entgeht er jedoch dem sicheren Tod. Ein Schreiben des ägyptischen Königs stellt Sinacherib vor die Alternative, dem erpresserischen Pharao ein Schloß in der Luft zu erbauen oder die Einkünfte von drei Jahren als Geschenk zu übersenden. Niemand weiß Rat, nur Achikar, der, um das Kunststück zuwege bringen zu können, von seinem König eine Galgenfrist erhält.

Der weise Kanzler geht nun daran, eine Flugverbindung zu installieren, um das notwendige Baumaterial in die Luft zu transportieren. Die Sache erscheint ihm problemlos. Er benötigt dazu nur zwei kräftige, dressierte Adler, eine Menge in Streifen geschnittenes Leinen und zwei Holzkästchen, um das Baumaterial zu befördern. Außerdem zwei kluge, aber auch leichtgewichtige Piloten, die, auf den Rücken der Vögel sitzend, das Flugunternehmen durchführen sollen. Die Kästchen werden an den Adlerkrallen montiert und – es funktioniert. Von Tag zu Tag fliegen die Vögel nun höher und höher, bis sie spielend eine Flughöhe von »zweitausend Ellen« erreichen. Von oben geben die Knaben Anweisungen, damit ihnen Steine, Lehm, Kalk und anderes mehr zugetragen werden, um das Bauwerk errichten zu können. Nach vierzig Tagen kann Achikar dem erstaunten König das Schloß präsentieren. Er wird natürlich rehabilitiert und nach Ägypten gesandt, um das Kunststück zu wiederholen. Die verwunderten Ägypter müssen sich als überwunden bekennen. Dieses Märchen aus dem altorientalischen Roman hat einige Autoren dazu angeregt, noch weitere phantastische Details hinzuzufügen. Der Byzantiner Maximos Planudes (um 1260–1310) aus Konstantinopel läßt im zweiten Teil seiner Aesop-Vita gleich vier junge Adler fangen und abrichten. Diese sollen Knaben in die Höhe befördern und, wie jene dirigieren, auf- und abwärts fliegen können. In Ägypten steigen dann die vier Adler, als die Aufgabe gestellt wird, die Burg in der Luft zu bauen, mit den Knaben in die Höhe, die von dort aus nach Baumaterial verlangen. Als der Pharao entgegnet, er habe keine geflügelten Menschen, erwidert Aesop, sein König habe welche[58]. Der Text thematisiert das Rivalitätsverhältnis zweier Herrscher, die in ihrem Kulturkreis eine gottähnliche Position einnehmen. Dieses Thema ist im Orient vielfach behandelt[59]. Achikar steht im Dienst des assyrischen Königs und vertritt dessen Position. Mehrere Episoden in dem Roman verdeutlichen die Wettkampfsituation zwischen Achikar und dem Pharao[60]. Das Motiv des Adlerfluges ist hier von besonderer Bedeutung. Es wird bewußt eingesetzt, um die »Wundertat« herauszustreichen. Rein spielerisch abgewandelt und ohne sakralen Bezug handelt es sich hier um eine frühe Form, wie sie, symbolträchtig angereichert, beispielsweise in der Greifenfahrtepisode Alexanders des Großen wiederkehrt. Einen Zusammenhang zwischen dem Alexanderflug, aber auch der arabischen Legende von der Himmelfahrt Nimrods und der jüdischen Achikar-Legende legt Gabriel Millet nahe[61]. Die unmöglich scheinende Leistung, ein Schloß in der Luft zu bauen, bildet den Höhepunkt und besiegelt gleichzeitig die Niederlage Ägyptens; die geflügelten Menschen der »Vita Aesopi« sind wieder nur ein Zusatz, der die Bedeutung des assyrischen Königs unterstreichen soll. Der ursprünglich nichtjüdische Erzählstoff wurde um 200 v. Chr. von einem jüdischen Autor umgeformt und in dieser Form ausgestaltet[62]: Ägypten ist hier der Feind der Juden, Assur ihre Hoffnung. Diese Situation läßt sich auch historisch orten, denn es gibt nur einen Zeitpunkt in der jüdischen Geschichte, in dem die Juden von Ägypten bedrängt wurden und dabei auf Hilfe aus dem Norden hofften: die Regierungszeit von Antiochos III. dem Großen (242–187 v. Chr.)[63]. Die Erzählung vom Bau eines Gebäudes in der Luft findet sich

auch im Talmud wieder, wonach Rabbi Josua ben Chananja, einem
Zeitgenossen Kaiser Hadrians (76–138), nach einem Disput mit
griechischen Gelehrten die Aufgabe gestellt wurde, ein Haus in der
Luft zu bauen. Er sprach den »Schem« aus, einen Gottesnamen,
durch dessen Aussprache man in der Luft hängen kann, stieg in die
Höhe und löste, zwischen Erde und Himmel hängend, die verlangte Aufgabe. Wer die Worte »Schem, Hamm, Phorasch« auf
Salomons Ring aussprach, konnte – laut Talmud – durch die Luft
fahren, was ein Knecht Abrahams, der mit seinen Kamelen in der
Luft stand, David, Judas, der Jesus in der Luft verfolgte, und andere taten. Der Flug des Simon Magus beweist, daß Flugvorstellungen auch in anderer Gestalt den Juden nicht fremd waren.
Durch sie ist das Christentum unmittelbar beeinflußt.

Die Flüge der jüdischen Propheten

Entrückungen und Himmelfahrten werden den alttestamentlichen
Propheten Henoch, Elias und Isaias zugesprochen[64]; in einer altjüdischen Sage wird der Prophet Bileam aus Mesopotamien mit dem
Bau eines Flugapparates in Verbindung gebracht[65]. Nach einem
der ältesten erzählenden Werke des jüdischen Schrifttums, dem
»Sepher Hajaschar«, zog einst der äthiopische König Kikonos mit
einem großen Heer in den Krieg und ließ Bileam und seine Söhne
als Statthalter zum Schutz seiner Residenz zurück. In der Zwischenzeit aber nutzte der ehrgeizige Bileam die Abwesenheit des
Herrschers. Er wiegelte die Bevölkerung auf, ihn zum neuen König zu erheben, und bestieg den Thron. Als Kikonos nach Beendi-
gung des Feldzuges zurückkehrte, mußte er seine eigene rebellie-
rende Stadt monatelang belagern. Zufällig kam Moses des Weges,
der sich auf der Flucht aus Ägypten befand. Er unterstützte den
König und seine Armee mit guten Ratschlägen, bis Bileam schließlich kapitulierte: Er baute sich einen Apparat, mit dem man weite
Strecken fliegen konnte, und verließ auf diese Weise die Stadt.
Seine Flugmaschine brachte ihn zusammen mit seinen beiden Söhnen nach Ägypten, wo er, vom Pharao geehrt, zum Obermagier
aufstieg. Bileam wird in dieser Sage negativ dargestellt, und es

werden ihm magische Fähigkeiten zugesprochen, hier die Fähigkeit zu fliegen. Diese negative Einschätzung übernimmt die biblische Überlieferung. Im Alten Testament wird ihm die Verführung
der Israeliten zum Abfall von Jahwe zur Last gelegt, dementsprechend ist er im Neuen Testament das Urbild skrupelloser und geld-
gieriger Irrlehrer[66].

Von gefiederten Völkern und fliegenden Wagen

»Sie saßen auf einem Wagen aus Federn, der vom Wind getrieben
wurde. So kamen sie herangeflogen ...«, heißt es in einer chinesischen Chronik des 14. Jahrhunderts[67]. Der chinesische Kulturraum
hat für das Werden und die bildhafte Ausschmückung von Flugvorstellungen eine zentrale Bedeutung: Der Luftraum ist ausgefüllt
mit geflügelten Göttern (beispielsweise dem mit Fledermausflügeln ausgestatteten Wettergott Lei Kung), mit Genien und fliegenden Gefährten, die die Kunst auf Grabsteinen und Wandmalereien
abbildete – im Gegensatz zur assyrisch-babylonischen Kultur auch
während des Fluges[68]. Der Buddhismus trug noch zu einer Intensi-
vierung der chinesischen Flugtradition bei, bereichert nun durch
die Gandharvas und Apsaras der indischen Mythologie[69]. Auch in
der chinesischen Literatur wird das Fliegen vielfach thematisiert:
in Chroniken, in sagenhaft ausgeschmückten historischen Werken,
in zahlreichen Märchen und Legenden, aber auch in der philoso-
phisch-religiösen Literatur des Daoismus. Die Ausstrahlung von
Flugvorstellungen aus dem »Reich der Mitte« reichte noch weit
über den asiatischen Raum hinaus, über Indien bis nach Persien
und in den Mittelmeerraum[70], wobei jedoch nicht übersehen werden sollte, daß hier schon sehr dezidierte eigene Vorstellungskom-
plexe bestanden, die, wie im Falle Indiens, ihrerseits auf China zu-
rückwirkten.
Schon sehr früh erzählen die Chinesen von fremden fliegenden
Völkern, deren Kenntnis auch bei Plinius flüchtig anklingt. Beispielsweise das »gefiederte Volk«, die »Yü min«, die in den un-
zugänglichen Feldregionen, Berggipfeln und Strandklippen eines
dislozierten Eilands im südöstlichen Ozean hausen[71] und Vogel-

schnäbel, rote Augen und weiße, mit Haaren und Federn bedeckte Köpfe haben sollen. Sie gleichen menschlichen Wesen, werden aber aus Eiern geboren und können kurze Strecken fliegend zurücklegen. Vorstellungen von Vogelmenschen sind in der chinesischen Mythologie verankert; geflügelte Gottheiten und Seelengeleiter finden sich auf Grabsteinen der Han-Periode, Statuen und Reliefs stellen geflügelte Monster dar[72].

In dem Werk »Bowu zhi« wird von einem sagenhaften, fremden Volk namens »Chi-Kung« erzählt, das fliegende Wagen, sogenannte »fei chhê«, besessen haben soll, mit denen es bei gutem Wind große Entfernungen zurücklegen konnte. Einstmals soll der Westwind einen solchen Wagen sogar bis nach Honan, der Residenz des Kaisers Tang (ca. 1760 v. Chr.), gebracht haben. Dieser veranlaßte, daß er zerstört werde, damit ihn sein Volk nicht sehe. Rasch ließ er einen üblichen Wagen anfertigen und sandte die unliebsamen Besucher in ihr Land zurück, das weit entfernt lag[73]. In einem Gedicht des chinesischen Dichters Guo Po (270–324) wird die Kreativität dieses Volkes gewürdigt:

»Bewundernswert sind die geschickten Arbeiten des Chi-Kung Volkes. In Verbindung mit dem Winde strengten sie ihr Hirn an und erfanden einen fliegenden Wagen ..., der steigend und sinkend, je nach seinem Wege, es als Gäste zum Kaiser Tang brachte.«[74]

In Tao Hongjing Tschings Werk »Zhengao«, ebenso in Ren Fangs Buch »Schu itschi« und in einer Schrift »Tschin lau tzu« des Kaisers Yüan Di (reg. 552–555) wird von dem ungewöhnlich schnellen Transportmittel berichtet. Noch im 11. Jahrhundert wird das Motiv des »fliegenden Wagens« von dem Dichter Su Dongpo (1036–1101) aufgenommen, der sich einen solchen Fluchtwagen herbeisehnte, um nach Osten zu fliegen und den sagenhaften Zauberer Chi Songzi zu suchen. Eine genauere Untersuchung der Auszüge aus dem Werk »Schanghai jing«, die im »Journal Asiatique« 1839 veröffentlicht wurden, hat A. Schück vorgenommen. In diesem Buch wird von einem Königreich Kikeng-kué berichtet, dessen Bewohner in der Beschreibung denen des Chi-Kung-Volkes gleichen. Auch sie haben nur einen Arm, ein rotes Auge und einen Vogelschnabel. Außerdem können sie kurze Strecken fliegen und gelten als sehr kreativ wegen ihrer »fliegenden Wagen«. Einmal soll diese Erfindung sogar das ganze Volk gerettet haben: Zur Zeit des Kaisers Chetang (1783–1753 v. Chr.) verwüsteten Westwinde das Land derart, daß den entsetzten Bewohnern nur noch die Flucht blieb; also bestiegen sie ihre Fluchtwagen und ließen sich nach Osten treiben. Erst nach zehn Jahren kehrten sie wieder in ihre Heimat zurück[75]. In dem 1341 veröffentlichten Werk »Guyü tu« findet sich im 47. Kapitel die gleiche Geschichte für ein anderes Zeitalter wieder, wie sie vom Chi-Kung-Volk erzählt wurde, wobei gleichzeitig auch der (in chinesischen Schriften schon im Jahr 121 nachweisbare) Kompaß-Südweiser erwähnt ist:

»Vor alter Zeit, unter Kaiser Cheng von der Zhou-Dynastie (1115–1077 v. Chr.), schickte das Land der Einarmigen Gesandte mit Tributgeschenken. Sie saßen auf einem Wagen aus Federn, der vom Wind getrieben wurde. So kamen sie herangeflogen zum Hof der Zhou. Der Herzog von Zhou fürchtete, daß das seltsame Kunstwerk die Bevölkerung aufregen könne, und ließ daher den Wagen zerstören. Da die Gesandten infolgedessen nicht mehr in ihre Heimat zurückkehren konnten, ließ der Herzog von Zhou einen nach Süd zeigenden Wagen herstellen . . .«[76]

Der Begriff des »fliegenden Wagens« oder der »fliegenden Räder«, wie diese altchinesischen Fluggeräte genannt wurden, symbolisiert mehr die Schnelligkeit als eine tatsächliche Möglichkeit zu fliegen. Von Luftflug oder Fliegenkönnen im Sinne von Fortbewegung im Luftraum berichten diese geheimnisvollen Geschichten nichts; »steigend und sinkend, je nach seinem Wege« gilt wohl nur für eine Fortbewegung auf der Erde. In seiner »Prehistory of Aviation« hat Berthold Laufer einen weiteren Vorschlag gemacht, wie der »fliegende Wagen« des alten Chinas funktioniert haben könnte: durch die Kraft des Windes, die optimal genutzt werden mußte. Deshalb ist eine Kombination aus Segel und Drachen als aerostatisches Grundprinzip denkbar, die mit einem Sitz aus leichtem Holz versehen war. In der Literatur tauchen zudem immer wieder seltsame Holzschnitte auf, die den Anspruch erheben, Originalillustrationen zur Geschichte der »fliegenden Wagen« des Chi-Kung-Volkes zu sein. Die älteste bekannte Darstellung findet sich jedoch erst um das Jahr 1392 in einem seltenen enzyklopädischen Werk, dem »I Yü Thu Chih«, das 1489 erstmals gedruckt wurde. Sie zeigt zwei Menschen in einem offenen quadratischen

Wagen, der, von einem gezahnten Rad betrieben, durch die Wolken
fliegt. Einer anderen Illustration zufolge war der Flugwagen mit
zwei »Zahnrädern« ausgestattet. Allerdings scheint den Herstel-
lern der Holzschnitte das sagenhafte Chi-Kung-Volk nicht bekannt
gewesen zu sein, denn sie stellen ihre Wageninsassen ohne die
typischen Eigenheiten dar.

Schweben auf den Flügeln des Dao

In den Bergen von China, so heißt es in einer Legende, kann man
zuweilen auf einen bärtigen Weisen treffen, »der auf einem schar-
lachrot gefiederten Kranich, einem Drachen mit grün- und gold-
schimmernden Schuppen oder einem blauschwänzigen Einhorn
dahergeflogen kommt«[77]. Trotz seines hohen Alters verfügt der
Alte über ein jugendliches Gesicht und strahlt eine beneidenswerte
Lebenskraft aus: ein daoistischer Unsterblicher oder der Wahre
und Vollkommene Mensch, wie Laozi ihn nannte. Der Daoismus, ein von der westlichen Welt gebrauchter Begriff, »war eine
einzigartige Mischung aus Philosophie und Religion, die außerdem Magie und primitive oder Proto-Wissenschaft einschloß«[78].
Ihr Ziel ist der rechte Weg (dao) des Himmels (tian dao), ihr Inhalt
das Studium des Universums sowie Funktion und Stellung alles
Lebendigen darin. Das Weltgesetz ist nicht mit dem Verstand, sondern nur in mystischer Versenkung erfaßbar, während die Auserwählte nach Belieben durch die Welt und über ihre Grenzen hinausfliegen konnte an einen dislozierten Ort, in ein besseres Land
oder in den Himmel. Zahlreiche Legenden erzählen von den Unsterblichen und vermitteln Bilder ihres Konzepts, das zwar im
Laufe der Zeit Veränderungen unterworfen war, generell jedoch
verschiedene Konstanten aufweist: die daoistischen Unsterblichen
leben häufig an entlegenen heiligen Orten wie hohen Bergen oder
Felsgrotten, sie meiden Getreidespeisen und verkehren im allgemeinen unter gesellschaftlichen Bedingungen, die ihrer religiösen
Einstellung entsprechen. Sie verändern vorzugsweise ihr äußeres
Erscheinungsbild, bewegen sich flink und jugendlich und können
durch die Luft fliegen, manchmal mit hoch aufgerichtetem Körper

ohne Flügelschlag, bisweilen sogar mit Flügeln[79]. Die Vorstellung
des Fliegens ist in der Kette mystischer Träume von entscheiden-
der Bedeutung: Durch entsprechende Übung dachte man eine geistige Verfassung zu erlangen, in der es keinen Tod gibt: Der Körper verwandelt sich in eine gewichtlose, jadeähnliche Substanz,
wird unempfindlich gegen Hitze und Kälte und nährt sich von
einem Häppchen Wind und einem Schlückchen Tau. So kann er
auf immer bestehen[80]. Solche Wesen sind als Unsterbliche bekannt
und mit ihrer veränderten Körperhaftigkeit für Reisen durch den
Luftraum vorbereitet. Der philosophische Daoismus sieht sie im
Einklang mit Natur und Universum, der physische Tod bedeutet
nicht mehr als das Abstreifen eines getragenen Gewandes. Sie haben das ewige Leben erreicht, und die folgende Apotheose wird
symbolisch als Flug dargestellt: Die Unsterblichen springen auf
den Rücken eines Drachen, steigen hoch und durchfliegen rasch
das Luftmeer, um zum Ursprung zu gelangen. Manche traten sogar öfter eine Flugreise an. Der daoistische Unsterbliche Li Tiekuai
(Eisenkrücke) konnte angeblich seinen Körper nach Belieben verlassen und zu Gesprächen mit seinem Meister Laozi in den
Himmel fliegen. Einmal kehrte er nach einem solchen Ausflug auf
die Erde zurück, konnte aber seinen Körper nicht wiederfinden
und schlüpfte in den Leib eines eben gestorbenen Bettlers. So zog
er auf seiner Krücke durch die Lande.
Zunehmend ergaben sich Vermischungen einiger Richtungen des
Daoismus mit der Volksreligion, möglicherweise durch den im
2. Jahrhundert aufkommenden religiösen Daoismus und das Kon-
kurrenzverhältnis zum Buddhismus. Es wurde immer schwerer,
jene Unsterblichen, die sich aus eigener Kraft über den Zustand
der Sterblichkeit erhoben hatten, von den mythologischen Unsterblichen zu unterscheiden, die, ähnlich den europäischen Feen,
mit einem außergewöhnlich schönen Aussehen ausgestattet, als
eigene Spezies gedacht wurden. Langsam verschwanden die Unterschiede zwischen »Unsterblichen aus eigener Kraft« und »Unsterblichen von Geburt«, weshalb die chinesische Volkstradition,
aber auch Dichter und Maler, ihre daoistischen Heiligen »auf den
märchenhaften Peng-Lai-Inseln im Ostmeer oder in rosa- und
korallenfarbenen Wolkenschlössern, im glitzernden Eispalast auf

Der Daoismus als Erbe des Schamanismus. Zahlreiche Legenden erzählen von den »hsien«, die mühelos durch den Luftraum fliegen konnten – der Traum von der Unsterblichkeit.

dem Mond und in prachtvollen Bauwerken, über die der Jadekaiser in den Himmlischen Höfen herrscht«, darstellten[81]. Solche Vorstellungen von flugfähigen Heiligen und phantastischen Luftschlössern spiegeln sich in zahlreichen chinesischen Mythen und Märchen, Legenden und Anekdoten wider. Gerade die zauberischen Fähigkeiten und Wundertaten der Heiligen werden besonders gerne ausgeschmückt, wie es ja auch bei europäischen Heiligenlegenden der Fall ist. In China glaubte man, den Zustand der Unsterblichkeit erwerben zu können. Verschiedene daoistische Schulen lehrten die Fähigkeit, neben dem physischen Körper einen imaginären auszubilden, um damit zu den Sternen auffliegen zu können und wieder in den leiblichen Körper zurückzukehren. Fliegen bedeutet, mit Hilfe eines Geist-Körpers fortzuschweben[82].

»Und er schwebte auf einem Drachenrücken in die Höfe des Himmels«

Wie ist es aber nun möglich, einen Geist-Körper zu erwerben, der die Voraussetzungen für eine Flugreise darstellt? Die Meditation spielt dabei eine bedeutende Rolle, aber auch die Beherrschung meditativer Atemtechniken. In einer Parodie auf Liezi, einen daoistischen Weisen, spottet Zhuangzi darüber, daß dieser bloß auf dem Wind reiten könne; das erspare ihm wohl die Mühen des Gehens, aber er sei immer noch von einem Transportmittel abhängig. Der wahre Weise dagegen, der »... auf den Wandlungen der sechs Atemarten reitet«, könne durch die Unendlichkeit streifen, ohne auf irgendein Transportmittel angewiesen zu sein[83]. Als Voraussetzung für das Fliegen wird betont, daß das physische Gewicht des Körpers so gering wie möglich, im Idealfall null sein soll; ein langer Nahrungsentzug kann aber nicht nur in physischer, sondern auch in psychischer Hinsicht dazu beitragen, das Gefühl des Abgehobenseins zu vermitteln. Diese Vorstellungen einer Askese mit strengem Fasten und anderen Entbehrungen im Zusammenhang mit einem abgeschiedenen Lebensbereich können zu Veränderungen der geistigen Funktionen führen und ekstatische Visionen bewirken[84], unter denen Halluzinationen des In-die-Luft-Steigens oder

In-ihr-Schwebens im Wunder- und Legendenglauben der meisten Religionen häufig nachweisbar sind[85]. Li Pi (722–789 v. Chr.) soll ein solcher chinesischer Hungerkünstler gewesen sein, der außer Früchten und Beeren jede feste Nahrung verweigerte, bis er schließlich, zum Skelett abgemagert, unsterblich wurde[86]. Eine weitere Möglichkeit liegt in der Verwendung von Drogen[87]. Huangdi, der legendäre Gelbe Kaiser des Goldenen Zeitalters (2852–2255 v. Chr.), soll das Geheimnis der Unsterblichkeit entdeckt und weitergegeben haben. Wenn man den etwa 2000 Jahre alten Berichten Glauben schenken darf, dann versuchte der Kaiser, mit Hilfe von Experimenten einen Geist-Körper zu schaffen, deren Einzelheiten in mehreren Lehrtexten aufgezeichnet wurden. Später soll er alchimistische Experimente durchgeführt haben mit dem Erfolg, ein »Goldenes Elixier« entwickelt zu haben[88]. Er probierte die Droge sogleich aus, und als sie zu wirken begann, verwandelte er sich, »bestieg einen Drachen und flog davon, zum Reich der Unsterblichen«[89]. Die Einnahme von Drogen hat im Daoismus Tradition. Die ersten, die das dao kultivierten, waren die »fangshi« (die Drogenkundigen), die als Ärzte berühmt waren und die Fähigkeiten besaßen, jugendliche Lebenskraft zu erhalten und lange zu leben. Dem berühmten Himmelsmeister Zheng Daoling (ca. 2. Jahrhundert) wird nachgesagt, ein neunfach destilliertes Elixier gebraut zu haben und unsterblich geworden zu sein. Als er das 123. Lebensjahr erreicht hatte, bestieg er einen Drachen und flog davon[90]. Das »Goldene Elixier« gab es nicht nur in China, es findet sich als Wasser der Heilung und des Lebens im internationalen Märchen[91]. Neben einem spirituellen Streben nach dem ewigen Leben gab es aber auch Degenerationserscheinungen zur materiellen Sucht nach persönlicher Unsterblichkeit. Scharlatane machten ihr Geschäft, indem sie Wunderelixiere, zumeist Quecksilberderivate, anboten, um für Geld jedem Menschen diesen Zustand zu ermöglichen. Mit dem Wunsch nach dem »Fliegen auf dem Kranich« oder »Reiten auf dem Wind« vergifteten sich viele und fuhren so zu früh in den Himmel auf.

Die Faszination der Unsterblichkeit ließ manchen Herrscher im alten China keine Mühen scheuen, um in den Besitz des »Lebenselixiers« zu kommen. Shihuangdi (259–210 v. Chr.) aus der Qin-

Dynastie, durch die mystischen Gedichte Mao Mengs (3. Jahrhundert v. Chr.) angeregt, soll eigens dafür Expeditionen ausgerüstet haben, um bedeutende Autoritäten »in den Staub des Hofes« zu holen. Unter dem Einfluß daoistischer Schriften stattete Kaiser Wu (156–87 v. Chr.) magiekundige Himmelsmeister mit hohen Ämtern aus und ließ sie mit Unsterblichkeitsdrogen experimentieren. Von so manchem »Sohn des Himmels« wird berichtet, daß er in den Himmel geflogen sei; hatte jedoch der allmächtige Herrscher den Eindruck, getäuscht worden zu sein, wurde der Spezialist exekutiert[92]. »Liexian zhuan«, ein von Lin Xiang (77–6 v. Chr.) kompiliertes Werk, berichtet über das Leben von mehr als 70 Unsterblichen, über ihre Methoden und Drogen[93].

Akira Akahori unterscheidet Drogen nach Zweck und Wirkungsabsicht, wobei hier vor allem »superior drugs, which cause one to realize one's inborn vital power and fulfill one's social mission«, und »medium Drugs, which enrich one's nature«, von Interesse sind[94]. Sie sollten den Alterungsprozeß verhindern und das Leben verlängern; ihre Einnahme bewirkte eine Reduktion des Hungergefühls und eine körperhafte Leichtigkeit, die sich in dem für Unsterbliche charakteristischen Gefühl der Schwerelosigkeit äußerte. Da sie über derartige Kenntnisse verfügten, wurde die Flugfähigkeit als Vorrecht der Unsterblichen gedacht. Neben verschiedenen pflanzlichen Bestandteilen bildeten vor allem Quecksilber und Schwefelarsenik die Grundlage der meisten Drogen, für das Lebenselixier »dan« ist Zinnober das Ausgangsmaterial. Einen besonderen Abschnitt widmete Ge Hong (ca. 283–343) in seinem biographischen Werk »Baopuzi« der Verwendung von Pilzen. Er führt verschiedene Arten von Pilzen auf, jeden für seinen speziellen Zweck, darunter auch solche, die einen Flug am hellichten Tag ermöglichen[95].

Symbolische Flugtiere

Als symbolische Flugtiere fungieren in der Hauptsache der Drache und der Kranich, der als »Patriarch der Gefiederten Zunft« in China als Götterbote und Seelenvogel verehrt wird[96]. In der Überlieferung gilt der Kranich nach dem Phönix als der am meisten verehrte Vogel. Das Himmlische und das Irdische, die zwei Prinzipien im Daoismus, die das Universum konstituieren, werden von Kranich und Schildkröte symbolisiert. Weil beide Prinzipien ewig sind, gelten Kranich und Schildkröte als Symbole der Langlebigkeit. Auch die volkstümliche Überlieferung betont das hohe Alter des Kranichs. Wenn er 600 Jahre erreicht hat, verzichtet er auf feste Nahrung und trinkt nur noch Wasser. »Sich in einen Kranich verwandeln« nennt man das Streben daoistischer Priester. Der Kranich ist das bevorzugte Reittier der Unsterblichen, der Heiligen und verschiedener Götter[97].

Der Drache hingegen versinnbildlicht das dao selbst[98]. Die prachtvollen Drachengewänder, die von den Söhnen des Himmels bei Opferfeierlichkeiten getragen wurden, kleideten sie in die Kräfte des Universums ein. Der Drache gilt auch als Symbol für berühmte Führer und ihre Vertreter; Konfuzius soll bei der Begegnung mit Lao-tzu von ihm gesagt haben: »Aber es gibt auch den Drachen. Ich kann nicht sagen, wie er auf dem Wind durch die Wolken reitet und sich zum Himmel erhebt. Heute habe ich Lao-tzu gesehen, und ich kann Lao-tzu nur mit dem Drachen vergleichen.«[99]

Daneben gibt es in der chinesischen Märchenliteratur noch andere phantastische Flugmöglichkeiten wie fliegende Kühe, fliegende Matten, schreckliche Fluggespenster und eine Erdscholle, die tausend Menschen durch die Luft befördern kann. Besonders reizvoll ist die Geschichte vom Affen Sun Wukong, dem Hanuman des chinesischen Märchens, der bei einem Heiligen die Kunst der Unsterblichkeit erlernte.

»Eines Tages ging der Meister im Kreise seiner Jünger vor der Höhle spazieren. Er rief den Sun Wukong heran und fragte: ›Wie steht's mit deiner Kunst, kannst du auch fliegen?‹ ›Jawohl!‹, antwortete der. ›So laß mich's einmal sehen!‹. Der Affe sprang in die Höhe und kam fünf, sechs Fuß von der Erde weg. Unter seinen Füßen ballten sich Wolken, auf denen er mehrere hundert Schritt weit gehen konnte. Dann mußte er sich wieder zur Erde niederlassen. Lachend sagte der Meister: ›Das heißt in den Wolken herumkriechen, nicht auf den Wolken schweben, wie's Götter und Heilige, die in einem Tag die ganze Welt durchstreifen, können müssen. Ich will dich den Zauberspruch des Wolkenpurzelbaums lehren. Wenn du so einen Purzelbaum schlägst, kannst du achtzehntausend Meilen weit kommen.‹ Hocherfreut bedankte sich Sun Wukong, und er war von da ab imstande, ohne jede Schranke des Raumes sich hin und her zu bewegen.«[100] In der chinesischen Tradition ist auch die Vorstellung des fliegenden Herrschers bekannt. Ein sehr frühes Beispiel ist die Legende von dem chinesischen Kaiser Shun (2258–2208 v. Chr.), dem die Kunst des Fliegens nicht von vornherein gegeben war – er mußte sie erlernen. Schon in früher Jugend litt Shun unter dem Haß seiner Stiefmutter, und bald wandte sich auch sein Vater, er war von kaiserlichem Geblüt, gegen ihn. Trotz mehrerer Mordversuche verlor Shun die kindliche Liebe zu den Eltern nicht. Das Schicksal aber meinte es gut mit ihm. Kaiser Yao, der Vater des chinesischen Goldenen Zeitalters, entsandte seine beiden Töchter Nü Ying und O Huang, die ihn lehrten, wie ein Vogel zu fliegen. In den Kommentaren zu den Bambus-Büchern ist Shun bereits als Flieger bekannt:»Die Eltern haßten Shun. Sie hießen ihn in einem Gartenhaus arbeiten und legten Feuer an die Fundamente. Aber Shun schlüpfte in die Kleider eines Vogels und entfloh auf Flügeln.«[101] Auch weiterhin konnte Shun seine außergewöhnlichen Fähigkeiten unter Beweis stellen: Er entkam in Gestalt eines fliegenden Drachen dem Tod in einem Brunnen und sprang schließlich, zwei große runde Reisstrohhüte schirmförmig aufgespannt, von einem hohen Getreideturm, wie es Sima Qian überliefert hat[102].

Das Spiel mit dem Wind: Flächendrachen in China und Südostasien

Aus Faszination und Nutzbarkeit des Spiels mit dem Wind entstanden die ersten Flugdrachen, mit denen Feinde geschlagen, Felder vermessen und Kurtisanen bezaubert wurden; sie stehen aber auch in einem sakralen Zusammenhang als Bindeglieder zwischen Diesseits und Jenseits. Asien gilt als Heimat der Drachenkunst und hat sich bis heute eine spezielle Tradition erhalten[103]. Die ältesten, wenn auch sagenhaften Zeugnisse für die Verwendung von Flächendrachen stammen aus dem chinesischen Kulturraum[104]. Ein Bürgerkriegsgeneral namens Han Xin (gest. 196 v. Chr.) soll ein solches Instrument gebaut und als Hilfsmittel bei Entfernungsmessungen und als militärische Signale verwendet haben[105]. Nach einer anderen Quelle, dem »Tuyiji« von Li Yu, wurden Drachen bereits seit dem 5. Jahrhundert v. Chr. in China verwendet[106]. Historisch nachgewiesen ist die Verwendung des Flächendrachens ursprünglich für militärische Zwecke; im sakralen Bereich findet man Drachen erst später, beispielsweise in Korea als Sündenbock, der Unglück und Sünden des Eigners fortträgt, und auch der Spielzeugdrache ist eine spätere Entwicklung[107]. Ein gewöhnlicher chinesischer Flächendrachen wurde aus einem leichten, elastischen Rahmenwerk aus Bambus gebaut, das mit Seide oder – später – mit starkem Papier überzogen wurde. Bevorzugte Bildelemente waren mythologische Figuren, dämonische Monstren, Drachen, Heroen und wunderschöne Frauen, sowie Tierdarstellungen aller Art[108]. Von jeher waren Drachen in Gestalt stilisierter Vögel und Papierlaternen in Form von Schmetterlingen besonders beliebt. Aus dünnem Papier wurden die Flügel der Vogeldrachen gefertigt und durch den Wind wie echte Flügel bewegt. Sie wurden so lebensecht gestaltet, daß man sie für wirkliche Vögel halten konnte; im chinesischen Sprachgebrauch werden die Drachen als lebend (huo) bezeichnet[109]. Im 10. Jahrhundert befestigte Li Yeh, Experte für Drachenbau und Lieferant des Hofes, zusätzlich eine Bambusflöte an einem Drachen. Dann dirigierte er ihn kunstvoll durch den Wind und erfreute mit dieser ungewöhnlichen Sphärenmusik die Ohren seines Kaisers. Einzelne oder mehrere Flöten zieren auch heute noch manche Drachen, um mit ihrem sehnsuchtsvollen und klagenden Klang die Aufmerksamkeit auf sich zu lenken[110]. Die Kunst des Drachenbauens breitete sich auch außerhalb der chinesischen Zivilisation aus, in Korea, Japan, Südostasien, im pazifischen Raum bis in die polynesische Inselwelt[111]. Die japanischen Drachen fanden praktische Nutzung als Transportmittel für den Tempelbau, später auch für religiös-zeremonielle und militärische Zwecke[112]. In Japan hat sich die Leidenschaft für Drachen bis heute erhalten, und nirgendwo ist das Drachenfliegen ein so spektakulärer Mannschaftssport wie in Japan. Nach Indien kam der Flächendrache über chinesische oder malaiische Vermittlung und gehört als buntbemalter Spieldrache ins Freizeitrepertoire der Frühlingszeit[113]. Aus Südostasien ist die Kunst des Drachenfischens bekannt. Der sogenannte Fischdrache wurde von Inselbewohnern Indonesiens, Melanesiens und Mikronesiens aus getrockneten Blättern und hölzernen Versteifungsrippen hergestellt, um den sehr scheuen Hornhecht zu fangen. Die Fischer ließen ihn vom Ufer oder vom Boot aus an einer langen Leine in die Luft steigen und befestigten zuvor an seinem Schwanz, der bis zum Meer hinunterreichte, eine Schnur mit dem Angelhaken, der sich auf der Oberfläche des Meeres hin und her bewegte. Mit dieser klugen Überlistungsmethode konnten sich die Fischer beträchtlich von der eigentlichen Fangstelle entfernen[114].

Spielgeräte für Kinder waren die chinesischen Flächendrachen lange Zeit nicht. Die enorme Größe und das Gewicht mancher Flugexponate schloß auch eine Bedienung durch Kinder aus. Aus China und Japan sind Erzählungen überliefert, nach denen Menschen von solchen Drachen sogar durch die Luft getragen wurden[115]. Mit Hilfe von Holzdrachen, deren Erfindung dem berühmten Mechaniker Mo Ti (gest. 380 v. Chr.) und seinem Zeitgenossen Kungshu Phan zugeschrieben wurde, sollen sich Menschen während der Belagerung der Stadt Sung in die Luft erhoben haben[116]. Eine andere Legende erzählt, daß man, als im Jahre 549 eine Armee vor den Toren des heutigen Nanjing stand, beschloß, die Stellungen in der Innenstadt durch einen Spion auskundschaften zu lassen. Ein riesiger Drachen wurde konstruiert, mit dem der Späher einen Aufklärungsflug über die Stadt unternahm. Die Geschichte schweigt allerdings darüber, ob der Pilot seinen Rapport jemals leisten konnte, nachdem er, von Pfeilen durchlöchert, zurückgezogen wurde[117].

Das Wunder des Fliegens im indischen und tibetanischen Kulturraum

Von großem Einfluß auf die Vorstellungen des Fliegens war auch Indien. In seiner religiösen Überlieferung sind das Aufsteigen und Schweben im Luftraum vielfach bekannte Erscheinungen. Schon A. M. Hocart bemerkte, daß der magische Flug »das in der buddhistischen Literatur am weitesten verbreitete Wunder« war[118]. Von Indien aus wurden Vorderasien und der griechisch-römische Kulturkreis beeinflußt. Die Gottheiten der Hindumythologie pflegen sich im allgemeinen auf verschiedenen Transportmitteln oder Reittieren durch die Luft zu bewegen, etwa Wischnu (der in Adlergestalt Schlangen bekämpft) auf dem Rücken des Garuda, einem mythischen Mischwesen, das als Fürst der Vögel bezeichnet und mit der Sonne assoziiert wurde. Meist wird der Garuda mit einem Menschenleib dargestellt, zwei- oder vierarmig, mit großen Schwingen und adlerartiger Physiognomie; sein Name leitet sich vom altindischen »garut« (Flügel) ab. Der Garuda-Vogel spielt in kosmogonischen Mythen eine Rolle, indem er die im Urmeer lebende Riesenschlange Losun mit seinen Krallen packt und ihr den Kopf zerschmettert, nachdem er sie dreimal um den Weltberg geschleppt hat. Auch in die buddhistische Überlieferung fand der Garuda Eingang, einerseits als Reittier in den Darstellungen des Dhyāni-Buddha, andererseits als Synonym für Buddha selbst[119].

In hinduistischen wie buddhistischen Texten treten magische Flüge und Levitationen als bekannte Erscheinungen auf und werden zu jenen magischen Kräften gezählt, die zu den Nebenprodukten der Jogapraxis gehören. Entsprechende Darstellungen finden sich in den Werken klassischer Autoritäten. Das folgende Zitat aus dem Werk Buddhaghosas zeigt, unter welchen Bedingungen ein Mensch die Magie erwirbt, um fliegen zu können:

»Wer (wie ein Vogel zu fliegen) wünscht, trete zuerst in die Erdkasina-Vertiefung ein und erhebe sich wieder aus derselben. Wünscht er sitzend sich fortzubewegen, so bestimme er einen Platz (im Luftraume), groß genug, um sich mit gekreuzten Beinen darauf zu setzen. Dann vollziehe er den Vorbereitungsakt und fasse, wie oben angegeben, den Entschluß. Wünscht er liegend sich fortzubewegen, so lege er einen Raum fest von der Größe eines Bettes. Wünscht er sich zu Fuß fortzubewegen, so lege er einen Raum fest von der Breite eines Weges. Hat er auf diese Weise einen angemessenen Raum festgelegt, so fasse er in der angegebenen Weise den Entschluß: ›Möge sich dieser Luftraum in Erde verwandeln‹, und gleichzeitig mit dem Entschlusse verwandelt sich der Raum in Erde.«[120]

Flugphänomene wurden in der buddhistischen Tradition bewußt eingesetzt, um die Masse der Gläubigen zu manipulieren. Vom Fliegen durch die Luft versprach man sich wegen seines hohen Unterhaltungswertes auch eine stimulierende Wirkung im religiösen

Dem Zwischenreich der Dakas entgegenschwebend, gleitet die Yogini Manibhadra über den Wolken dahin.

Sinne. Gautama Buddha und buddhistische Heilige von hohem asketischem Rang wurden mit der erhabenen Fähigkeit des Fliegens und Schwebens ausgestattet, aber auch von weltlicheren Menschen kann man ähnliches lesen[121]. Viele Mönche verblüffen in den Legenden häufig durch Flugkunststücke, um Menschen für die moralischen Lehren des Buddha zu gewinnen[122]. Die Fähigkeit zu fliegen beruht darin auf der Begabung, innere Kräfte durch Konzentration und Trance zu mobilisieren. Können diese aktiviert werden, ist der Flug durch die Kraft der Meditation erfolgreich, geraten sie aber außer Kontrolle, kann die Flugfähigkeit sogar verschiedentlich verlorengehen. Buddhaghosa spricht verschiedene Schwierigkeiten an, die das Gelingen eines Fluges in Frage stellen können:

»Der Mönch, der die Lüfte zu durchschweben wünscht, sollte auch das Himmlische Auge besitzen . . . um auf seinem Wege die Berge, Bäume und dergleichen sehen zu können, die durch physikalische Einflüsse entstanden sind oder von Drachen, Dämonen, Greifen und anderen Wesen aus Neid geschaffen werden.«[123]

Wenn der magische Flug mißlingt

In der volkstümlichen buddhistischen Literatur kursieren Erzählungen, die den Verlust der Flugfähigkeit thematisieren. John S. Strong ist diesem Motiv in einigen Geschichten nachgegangen und konnte daraus interessante Zusammenhänge gewinnen. Ausgehend von Eliades These, die das Fliegen als »Durchbrechung der Welt der täglichen Erfahrung«[124] auffaßt, sieht Strong im Verlust magischer Flugfähigkeiten eine Rückkehr in die Welt des Profanen. Böse Taten aus einem früheren Lebensabschnitt können ausschlaggebend sein, daß Mönche plötzlich nicht mehr fliegen können. Oder, wie im »Samkappa-jātaka« ein unerwartetes sexuelles Verlangen, das dem Bodhisattwa für einige Tage die Flugfähigkeit raubt, so daß er nach seinen Almosengängen nicht wie gewöhnlich durchs Fenster entfliegen kann, sondern wie eine Krähe mit gebrochenen Flügeln durchs Treppenhaus von dannen schleichen muß[125]. Geschlechtliches Verlangen und Levitation lassen sich für buddhistische Mönche nicht vereinen, es sei denn, wenn Flugerlebnisse in den Zusammenhang mit Zauberei und Ketzertum gestellt werden. So findet sich im »Dhajavihetha-jātaka« die Geschichte eines ketzerischen Zauberers, der am Tag im Friedhof auf einem Bein stehend die Sonne verehrt und nachts in die Schlafkammer der Königin fliegt[126]. Die Flüge von Magiern sind nicht das Ergebnis meditativer Trance, sondern gewöhnlicher Zauberei. Sie unterliegen anderen Regeln. Am Einsatz des Flugmotivs in buddhistischen Heiligenlegenden offenbart sich eine doppelte didaktische Zielsetzung. Zum einen steht die Fähigkeit zu fliegen als »göttliches Privileg«, als Beispiel, die Erhabenheit buddhistischer Mönche auszudrücken und gebührend zu betonen. Zum anderen steht der Entzug dieser magischen Kraft als augenfälliges Zeichen für individuelle Unzulänglichkeiten oder böses Karma.
Die Geschichten vom Mißglücken magischer Flüge sagen auch etwas über die religiösen und sozialen Beziehungen der Mönche, über ihr Verhältnis zueinander, zu Ketzern und zu Buddha aus. Es lassen sich nach Strong sogar ganze Hierarchien von Personen nach ihren Fähigkeiten zum magischen Flug aufstellen. Naturge-

mäß beherrscht der Buddha das Terrain, er fliegt höher, schneller und müheloser und vor allem, ihm können Luftreisen niemals mißlingen. Anders verhält es sich bei seinen Schülern, den Mönchen und Asketen, die mit geringeren Flugfähigkeiten ausgestattet sind, bis hin zu nichtbuddhistischen Gruppen, deren Flugfähigkeiten polemisch ausgeschlachtet werden. Die absolute Überlegenheit des Buddha in der Beherrschung des magischen Fluges wird in verschiedenen Überlieferungen deutlich, wonach es unmöglich ist, nicht nur höher oder schneller als dieser zu fliegen[127], sondern auch das Tabu besteht, niemals über das Haupt Buddhas und bestimmte sakrale Dinge wie den Bodhi-Baum hinwegzufliegen. Strong sieht die Gründe dafür einerseits im Kontext indischer Etikette, wonach ein solcher Flug als Überlegenheitsanspruch dem Erhabenen gegenüber aufgefaßt würde. Andererseits steht dieses Tabu mit kosmologischen Gegebenheiten in Zusammenhang, wonach sich der Buddha auf dem höchsten Punkt des Universums befindet, so daß er aus rein metaphysischen Überlegungen heraus nicht zu überfliegen ist[128].

Askese und Flug des Weisen Milarepa

Der Asket Milarepa (1040–1123), ein tibetanischer Jünger Buddhas, ist der wohl berühmteste in der Heiligenlandschaft Tibets. Seine im 15. Jahrhundert verfaßte Biographie mit den darin enthaltenen spirituellen Liedern ist heute noch eine der großen Inspirationsquellen des tibetanischen Buddhismus.

Milarepa wurde im westlichen Tibet nahe der nepalesischen Grenze geboren. Von geizigen Verwandten verstoßen, erlernte er die Kräfte der Natur und tötete durch ein Unwetter zahlreiche Menschen. Von Schuldgefühlen geplagt, geriet er an den weisen Marpa und wurde für die Dauer von sechs Jahren dessen Schüler. Während dieser Zeit unterzog Marpa (1012–1096) ihn einer überaus harten, scheinbar grausamen Schulung, die ihn bis an den Rand seiner Kräfte und des Selbstmords aus Verzweiflung brachte. Nach jahrelanger freiwilliger Askese und dem Rückzug aus der Welt in eine Berghöhle läuterte er sich so weit von den Lastern der materiellen Existenz, daß er zu den höchsten Stufen der Erkenntnis vordrang und eine Flugfähigkeit erlangte, die sonst dem Buddha selbst vorbehalten war: die Flugfähigkeit durch die Kraft der Meditation. Eines Tages, als Milarepa die Notwendigkeit verspürte, seine Höhle zu verlassen, schwebte er einfach durch die Luft und flog zur Höhle Michudripma. Nach der Erledigung seines Anliegens erhob er sich wieder in die Luft und kehrte zurück zum Ort seiner Askese, dem Weißen Felsenpferdezahn.

Die Episode hat ihren festen Platz in den Illustrationen des Milarepa-Epos' im christlichen Kulturkreis nur vergleichbar mit der Himmelfahrt des Propheten Elias im Alten Testament oder der Himmelfahrt Jesu Christi im Neuen Testament. Die Ikonographie des fliegenden Weisen Milarepa enthält ein Detail, das sich auch in anderen Flug- und Himmelfahrtsgeschichten wiederfindet: die Verwunderung der Zuschauer auf dem Erdboden. Im Falle Milarepa sind es wie bei Ovids Flug des Daidalos ein pflügender Bauer und dessen Sohn, die den asketischen »Flieger« verwundert mit den Augen verfolgen:

»Als der Sohn zum Himmel aufschaute und Milarepa vorbeifliegen sah, sagte er: ›Schau doch, Vater, ein Wunder! Dort fliegt ein Mann durch die Lüfte.‹ Der Vater hielt den Pflug an, schaute ebenfalls auf und meinte dann: ›Was ist daran bloß wunderbar oder wichtig? Das ist doch nur der Sohn dieser alten Hexe Nyangtsa Kargyen, Mila, ein Schuft und Taugenichts. Man sagt, daß er vor Unterernährung schon ganz klapprig und hinfällig ist. Beachte ihn einfach nicht und pflüge weiter, aber paß auf, daß er nicht über dich fliegt oder sein Schatten dich berührt.‹ Aus Angst, Milas Schatten könnte auf ihn fallen, duckte er sich und wich ihm springend aus. Der Sohn entgegnete: ›Es gibt nichts Erstaunlicheres als einen Menschen, der fliegen kann. Er mag noch so hinfällig und unterernährt sein. Das ändert daran nichts. So schau doch.‹ Immer noch verfolgte der Sohn Mila mit seinen Blicken.«[129]

Der Sprung des Affenkönigs Hanuman: Fluggeschichten im »Ramayana«

Motive des Fliegens und Schwebens finden sich reichlich in dem großen, zentralen Epos »Ramayana« (2. Jahrhundert), an dessen Beispiel hier exemplarisch der Reichtum indischer Flugvorstellungen gezeigt werden soll. Zusammen mit dem Hinduismus wurde das Ramayana nach Sri Lanka, in die Himalayaländer, nach Thailand und Indonesien verbreitet. Gegenstand des Epos sind Taten und Leiden des mythischen Helden Rama, vor allem die Entführung und Wiedergewinnung seiner »mondäugigen« Gattin Sita. Ihr Entführer, der Dämonenkönig Ravana, ist mit übermenschlichen Wunderkräften ausgestattet und führt als Zeichen dafür unter anderem an, »in der Luft stehen« zu können[130]. Ravana bewegt sich vorzugsweise in dem fliegenden Wagen »Pushpaka« fort, der als glänzende Perle über den höchsten Gebäuden seiner Dämonenstadt Lanka, einem ozeanischen Eiland, zu schweben pflegt. Mit diesem märchenhaften Luftfahrzeug, das auch zur Entführung der Prinzessin dient, kann er sich überall bewegen, auf der Erde landen und durch den Himmel fliegen. Valmiki, der legendäre Dichter des Ramayana, vermittelt einen Eindruck von der kostbaren Ausstattung des Götterwagens:

»Er enthielt Vögel, gefertigt aus Smaragden und Silber und Korallen, und wundervoll aus verschiedenen Metallen gebaute Schlangen, lebensgroße Pferde und Vögel mit bezaubernden Schnäbeln und prachtvollen Schwingen, die auf und ab schlugen; ihr Gefieder bestand aus Gold und Korallenblüten.«[131]

Dieses erlesene Meisterwerk stand Ravana kraft seiner Askese und Kontemplation zur Verfügung. Der Wagen Pushpaka erschien, »wo immer sein Herr ihn sich mit der Kraft seiner Gedanken hinwünschte«[132].

Die Erzählung vom Flug des Affenkönigs Hanuman in die transozeanische Dämonenstadt Lanka aus dem 5. Buch (Sundara Kanda) gehört zu den schönsten literarischen Flugschilderungen. Hanuman ist entschlossen, das Meer zu überqueren und Sita aus der Gewalt Ravanas zu befreien. Sitas Gefängnis, die geheimnisvolle Dämonenstadt Lanka, liegt auf einer Insel jenseits des Südmeeres, vierhundert Meilen entfernt. Die indische Mythologie ordnet Hanuman als Sohn einer Windgottheit dem luftigen Element zu, weshalb er vorzugsweise für diese Aufgabe in Frage kommt. Sein Flug, ein ungeheurer, tagelang während der Sprung über das Meer, vollzieht sich mit atemberaubender Geschwindigkeit: »Wie ein Augenzwinkern, so schnell, wie ein Blitz durch die Wolken, so werde ich durch die Luft fliegen.«[133] Natur und kosmische Mächte beobachten und unterstützen das wichtige Ereignis. Der Gipfel des mythischen Weltenberges Mahendra ist mit seinem massiven Fels und seinen steilen Hängen ein geeigneter Startplatz. Unter dem Druck des Absprunges gleicht der Berg »einer rauchenden Kupferschmiede«[134]. So sie noch können, verlassen alle Lebewesen den gefährlichen Ort. Es fliehen die Asketen, die Tiere, aber auch gute und böse Geister mit ihren Frauen den unheimlichen Ort und steigen hoch in die Lüfte zum Himmel empor. Mit gesträubtem Fell und Donnergebrüll läßt der Affenkönig seine Arme anschwellen, duckt sich und spannt den Oberkörper an, sammelt Kraft und Mut und überprüft die Entfernung. Tief Luft holend, preßt er die Füße auf die Erde, legt die Ohren fluggerecht an und springt schließlich hoch in die Luft.

Den eigentlichen Flug hat Valmiki mit den Bildern eines Meeressturmes beschrieben, die mit märchenhaften Elementen bereichert sind. In seiner charakteristischen Flughaltung, mit weit vorgestreckten Armen, die Luft unter die Achseln gepreßt, die Wolken zerteilend und himmelhohe Wellen vor sich herschiebend, durcheilt Hanuman den Luftraum:

»Wo immer dieser mächtige Elefant unter den Affen vorüberkam, verwandelte sich das Meer sogleich in einen Springbrunnen, und Hanuman in seinem Vogelflug wie der König der Gefiederten, schob die dicken Wolken beiseite wie der Windgott persönlich. Große Wolken, blau, rot, blaß oder dunkel zerstreuten sich unter Hanumans Flug, von außergewöhnlicher Schönheit, und wie er so in sie eintauchte, und bald sichtbar, bald unsichtbar war, glich er dem Mond. Als sie diesen Springer sich so eilends bewegen sahen, ließen die Götter, die Gandharvas und die Danavas Blumen auf ihn herabregnen; und wie er weitersegelte, hörte die Sonne auf, ihn mit ihren Strahlen zu quälen, und der Wind eilte ihm zur Hilfe.«[135]

Hanumans Flugunternehmen steht also im Einklang mit den kosmischen Mächten, es stört nicht die mythische Ordnung. Interessant ist aber noch ein anderes Motiv, das in diesem Zusammenhang auftaucht: das Bild des geflügelten Berges. Um Hanuman auf seinem Gipfel Gastfreundschaft zu gewähren, taucht der goldfarbene Berg Mainaka aus den Fluten des Meeres auf. Da er einst vom Windgott selbst errettet wurde, erweist er sich nun als dankbarer Helfer. Der Berg kommentiert diese Tatsache folgendermaßen:

»In alten Zeiten . . . hatten die Berge noch Flügel und begannen, so schnell wie Garuda, in alle Himmelsrichtungen zu fliegen, so daß die Himmlischen, die Asketen

und andere Lebewesen vor Furcht zitterten, sie könnten auf sie herabfallen. In
höchster Wut zerstörte darauf der Gott der Tausend Augen, der Herr von Hundert
Opfern, die Flügel von hunderten und tausenden Bergen mit seinem Donnerschlag.
Als der Gott der Himmlischen sich mir voller Zorn näherte und seine Keule
schwang, trug mich dieser hochsinnige Windgott plötzlich davon . . . so wurde ich
in die salzigen Wellen geworfen, behielt meine Flügel und wurde von deinen Vorfahren verschont.«[136]

Hanuman jedoch nützt dieses Angebot nicht, sondern segelt weiter
durch die Luft, Lanka entgegen, geschützt von Sagara, dem Ozean.
Valmiki läßt den Flieger sein Ziel erreichen und behütet auch seinen Rückflug:

»Wie ein Pfeil, von der Sehne geschnellt, durchschießt er den Weltraum. Da, endlich, von weitem erblickt er den Heimatberg. Einer Wolke gleich erscheint er über
dem Berge Mahendra. Sein Schrei hallt wider an den zehn Punkten des Alls. Wie
der Donner, der aus der Wolke sich abrollt, rauscht er zur Erde.«[137]

Das 4. Buch des Ramayana (Kishkindha Kanda) enthält eine Fluggeschichte, die an die griechische Sage von Daidalos und Ikaros
erinnert. Das Fliegerpaar der indischen Überlieferung bilden zwei
Brüder, Sampati, der König der Geier, und der für Stärke und
Kühnheit bekannte Jatayu. Begierig zu beweisen, wer von beiden
der stärkere sei, inszenieren sie übermütig einen Wettflug auf den
Gipfel des Berges Kailasa und schließlich zur Sonne:

»Sie flogen und sahen alle Städte der Erde, eine nach der anderen; die waren nicht
größer als Wagenräder. Hinter der Sonne her durchquerten die Brüder eilends den
Raum. Die Wälder unter ihnen glichen Rasenmatten. Die Berge sahen aus wie Kie-
selsteine. Die Flüsse glichen Riemen, die die Erde banden. Der Himajat, der
Vindhja und der Meru, die Riesengebirge, waren so groß wie Elefanten.«[138]

Hier wird auch dem Blick von oben Aufmerksamkeit geschenkt,
der, ähnlich wie in der mittelalterlichen Alexanderfahrt, mit den
Mitteln des Vergleichs dargestellt wird. Die leichtsinnigen Brüder
nähern sich beständig der Sonne, bis sie die Grenzen ihrer psychischen und physischen Leistungsfähigkeit erreichen. Von Angst
und Hitze gequält und übermüdet, verliert Jatayu schließlich das
Bewußtsein. Sampati versucht, seinem Bruder zu helfen, indem
er seine Flügel schützend über den schwachen Jatayu ausbreitet.
Doch damit gerät er selbst in Gefahr, denn

»von meinen Flügeln bedeckt, ward mein Bruder nicht versengt, ich aber in meinem Eifer ward brennend aus der Bahn geschleudert. Ich bangte um Jatayu, der auf

den Janasthana herabstürzte; ich fiel auf den Vindhja, ohnmächtig und mit verbranntem Gefieder.«[139]
Der übermütige Flug zur Sonne endet mit dem Absturz und der Trennung der Brüder. Doch haben sie ihn beide überlebt, ohne zunächst vom Schicksal des anderen zu erfahren.

Der daidalisch-ikarische Mythenzyklus

»Ist nun die Sage hierüber auch unglaublich, so haben wir es doch für gut befunden, sie nicht zu übergehen«[140], bemerkt der griechische Historiker Diodoros aus Sizilien (1. Jahrhundert v. Chr.) in seiner »Historischen Bibliothek«, indem er sich auf eine attische Überlieferung bezieht, in der die Bedeutung des Fluges und des Fliegenkönnens von zentraler Bedeutung ist – der Mythos von Daidalos und Ikaros.

Ursprünglich wurde das mythische Paar Daidalos und Ikaros nicht als zusammengehörig empfunden. Auf älteren Darstellungen fehlt Ikaros, und auch in der Literatur wird der Name erstmals in den »Persern«, einer Tragödie des Aischylos (525–456 v. Chr.), erwähnt, während sich Daidalos schon in der »Ilias« des Homer (8. Jahrhundert v. Chr.)[141] findet und im 7. Jahrhundert v. Chr. bereits ein geläufiges Stereotyp ist[142]. Mehrere attische Dramen verarbeiteten das Schicksal des Daidalos, so beispielsweise die »Kamiken« des Sophokles (497/96–406 v. Chr.) oder die »Kreter« des Euripides (um 485–406 v. Chr.), wo für letzteres auch die Figur des Ikaros bezeugt ist[143]. Sophokles soll auch ein Drama mit dem Titel »Daidalos« geschrieben haben, das vermutlich auf Kreta spielte[144]. Da aber keines der drei letztgenannten Dramen erhalten blieb, ist nicht bekannt, ob sie die Flugepisode enthielten. In der heutigen Form taucht die Sage vom Flug erst verhältnismäßig spät auf; vor der Kaiserzeit ist sie in der Literatur nicht überliefert, während sie nach dem 1. Jahrhundert v. Chr. häufig von Dichtern, aber auch von bildenden Künstlern bearbeitet und dargestellt wird. Das Ikaros-Motiv tritt in der antiken Malerei und Plastik nicht allzu häufig auf. Eine der ältesten Darstellungen des unglücklichen Fluges ist ein Wandbild an einer Villa in Pompeji, das im Jahr 79 von

Vulkanmasse verschüttet wurde und deshalb bis heute erhalten blieb. Die berühmteste antike Darstellung dürfte ein Relief der Villa Albani (Rom) aus dem 3. Jahrhundert sein, das Daidalos und Ikaros beim Verfertigen der Flügel zeigt. Der Flug mit künstlichen Vogelschwingen wurde in der Antike häufig auch auf Münzen, Vasen und Gemmen abgebildet[145]. Die literarische Hauptquelle der antiken Sage ist das Werk des römischen Dichters Ovid (43–18 v. Chr.), der den Flug von Daidalos und Ikaros in sein Lehrgedicht »Ars amatoria« (Liebeskunst) und in die »Metamorphosen« (Verwandlungen) aufgenommen hat. Diese Werke blieben für den daidalisch-ikarischen Mythenzyklus die einflußreichste Quelle; durch sie sind die meisten literarischen und ikonographischen Gestaltungen geprägt[146].

Daidalos repräsentiert in der antiken Welt den Künstler und Erfinder par excellence. Als Enkel des Erechtheus läßt sich Daidalos den Heroen der griechischen Bronzezeit zuordnen. Als geschichtliche Figur erscheint er im 13. Jahrhundert v. Chr. als Erbauer ausgeklügelter architektonischer Anlagen wie des Tanzbodens der Ariadne, des Labyrinths und der kretischen Relief-Kunst aus der Zeit des Königs Minos[147]. Mythos oder Geschichte standen Pate bei der Entdeckung des Palasts von Knossos, als Sir Arthur Evans einen Steinfußboden, hochentwickelte hydrologische und sanitäre Anlagen und die charakteristischen geflügelten Figuren als Zeichen eines Vermächtnisses des kunstreichen und erfinderischen Meisters Daidalos deutete[148]. Auch großartige Bauanlagen auf Sizilien und Sardinien und verschiedene technische Erfindungen werden ihm zugeschrieben. Seit dem 6. Jahrhundert gilt er als Schöpfer und Meister einer archaischen Statuenplastik, die für ihre Zeit als besonders lebensecht empfunden wurde[149], und bis heute wird die griechische Plastik des 7. Jahrhunderts als »daidalisch« bezeichnet[150]; Daidalos personifiziert die gesamte anonyme Tradition griechischer Plastiker des 6. und 7. Jahrhunderts[151].

Flügel zu konstruieren und aus eigener Kraft wie ein Vogel zu fliegen, ist dem Menschen im allgemeinen verwehrt. Die Flugepisode und ihr unglückliches Ende kann daher als gültiges Symbol für übermenschliches Streben stehen. Obwohl der Vater seinen Sohn ausdrücklich belehrt, die Bahn zwischen Sonne und Wasser nicht

Von Ovid inspiriert: Kupferstich des Hans Bol (†1593)
Der Sturz des Ikaros wird von der Erde aus beobachtet.

zu verlassen, widersetzt sich Ikaros dieser Mahnung, auf dem Mittelweg zu bleiben. Eine unbestimmte »Himmelssehnsucht« treibt ihn, seine Grenzen zu durchbrechen und in Räume einzudringen, die für den Menschen nicht bestimmt sind, während Daidalos auf der vorgesehenen Bahn bleibt und wohlbehalten landet. Für Ikaros ist es eine Reise durch die vier Elemente, indem er von Kretas Inselboden abhebt, den Luftraum durchfliegt, die Sonne berührt und ins Meer stürzt: Erde, Luft, Feuer und Wasser werden symbolisch in der Bilderwelt des Mythos eingefangen.

Der Künstler Daidalos kann sich aus seiner erdgebundenen Lage erheben, er kann fliegen und die Welt von oben betrachten, weil er zum einen die Gesetze der Natur kennt, sie zum andern aber abändern kann, da er in der Lage ist, als schöpferischer Mensch die reine Naturnachahmung zu überwinden und »sein Denken auf unbekannte Künste« zu richten. Ovid bringt das in der Schilderung vom Bau der Flügel zum Ausdruck:

».. . er [Daidalos] neuert / Kühn die Natur. Denn er legt, mit der kleinsten beginnend, in Reihen / Federn und läßt auf die kürzeren stets die längeren folgen, / Just wie Gräser am Abhang; es baut sich die ländliche Flöte / Ebenso mählich empor aus Halmen verschiedener Länge. / Dann verbindet er sie mit Faden und Wachs in der Mitte / Und zuunterst und biegt sie in leichtester Krümmung: die Schwingen / Wirklicher Vögel gestaltet er nach.«[152]

Damit befindet sich Daidalos außerhalb der Welt der Menschen und verwandelt sich in ein Wesen, das den Göttern ähnlich ist. Nach Ludwig Wittgenstein (1889–1951) liegt dem Kunstwerk eine Denkweise zugrunde, die sich über die Welt erhebt und sie, indem sie sie im Flug überschaut, so läßt, wie sie ist[153].

Ältere griechische Flugmythen: Bellerophon und Pegasos

Die Fähigkeit des Fluges war auch im griechischen Kulturkreis ein Vorrecht der Götter, an der Heldenfiguren unter bestimmten Voraussetzungen teilhaben konnten. Symbolisch wird dieses Vorrecht durch verschiedene Attribute ausgedrückt. Perseus beispielsweise wird häufig mit einem Flügelhut oder einem Flügelhelm dargestellt, trägt mit Flügeln versehene Waffen und ist mit Flügelschuhen bekleidet[154], die er in der literarischen Überlieferung von Gott Hermes erhielt, der ebenfalls mit ihrer Hilfe durch die Luft eilte. Nikolas Yalouris meint, die Flügelschuhe seien erstmals für Perseus verwendet worden[155].

Der Mythos von Bellerophon reicht in die vorgeschichtliche Zeit des 2. Jahrhunderts v. Chr. zurück und entwickelte sich vermutlich aus der Begegnung der griechischen mit der kleinasiatischen Kultur. Eine korinthische Version dieser Sage berichtet, wie Bellerophon durch die Hilfe der Göttin Athena ein Flügelpferd zähmt, von seiner Flucht nach Tiryns an den Hof des Königs Proitos von Korinth und der Liebe der königlichen Gemahlin, die er jedoch zurückweist. Er wird verleumdet und nach Lykien zu König Iobates entsandt, der ihn zwar am Leben läßt, aber zu Abenteuern ausschickt, aus denen man nach menschlichem Ermessen nicht mehr zurückkehren kann. Auf dem Rücken des Flügelpferdes Pegasos besteht Bellerophon jedoch die ihm auferlegten Prüfungen: Er kämpft erfolgreich gegen die Chimaira, ein feuerspeiendes Ungeheuer, schlägt die feindlichen Solymer und besiegt schließlich die Amazonen. Eine andere Version des Mythos, die erzählt, wie Bellerophon mit Hilfe eines goldenen Zaumzeuges der Göttin Athena das Wunderpferd zähmte, war in der antiken griechischen Welt geläufig. Pindar (ca. 522–442 v. Chr.) erzählt davon in seiner »13. Olympischen Ode«[156]. Durch die Verbindung mit dem Flügelpferd Pegasos wird Bellerophon aus der menschlichen Sphäre heraus zum »gottähnlichen« Heros erhoben. Nur mit seiner Hilfe kann er im symbolischen Kampf »des Menschen um die Bezwingung der unbändigen Natur draußen und in seinem Inneren« bestehen[157]. Schon der griechische Dichter Hesiod (um 700 v. Chr.) schreibt in seinem 1022 Verse umfassenden Lehrgedicht »Theogonie« beiden – Bellerophon und Pegasos – die Heldentaten zu; er berichtet in seinen »Frauenkatalogen«, wie das Flügelpferd in Bellerophons Besitz gelangte: »Als er umherzustreifen begann, gab sein Vater ihm Pegasos, der ihn schnell auf seinen Flügeln tragen sollte.«[158]

Das Pferd war in Griechenland bereits in den Jahrhunderten vor Beginn der Bronzezeit (ca. 2700 v. Chr.) bekannt. Das Flügelroß Pegasos nimmt unter seinen Gefährten allerdings eine besondere Stellung ein. In der Epoche zwischen dem 10. und 8. Jahrhundert v. Chr. wurde es in die Mythologie einbezogen und als gottgeborenes Tier verehrt, das zum Olymp aufgefahren und als Träger von Blitz und Donner, im Dienst des Göttervaters Zeus stehend, gedacht wurde[159]. Seine Heimat wird in Südwestkleinasien angenommen, von wo es als spezielles Roß des Zeuslandes Karien nach Hellas kam[160]. Die Zuordnung zum Göttlichen leitet sich im Mythos nicht allein aus seiner übernatürlichen Abstammung und Geburt durch die Verbindung des Gottes Poseidon mit der Gorgo Medusa her, sondern zeigt sich vor allem daran, daß es Flügel hat und damit die Fähigkeit besitzt, zum Himmel emporzufliegen. Seine Flügel weisen metaphorisch auch auf seine übernatürliche Geschwindigkeit hin, weshalb Boten in späterer Zeit »pegasarioi« genannt wurden[161].

Aber auch ohne Bindung an den Pegasosmythos ist das Motiv des geflügelten Pferdes im ägäischen Raum seit dem 8. Jahrhundert v. Chr. bekannt. Ursprünglich in der östlichen Kultursphäre beheimatet, gehört das Flügelpferd neben den vogelgestaltigen Harpyien zu den ältesten tierischen Flügelwesen des griechischen Territoriums[162]. Ohne speziellen Namen und kultischen Bezug gelangte es aus dem Orient nach Griechenland; auf hethitischen und assyrischen Kunstwerken wird es verhältnismäßig oft dargestellt, bewegt sich dort aber trotz seiner Flügel bloß auf der Erde[163]. Vom Fliegen ist ohnehin bei den meisten asiatischen Flügelwesen nicht die Rede, auch nicht bei jenen imaginären Geschöpfen, die aus dem asiatischen Raum nach Europa übernommen wurden, wie die geflügelte Sphinx, der Greif, die auf Gräbern hausende geflügelte Sirene und viele mehr[164].

In der griechischen Kunst und Literatur wird das Flügelpferd auch ohne kultische Bindung dargestellt, beispielsweise im Dienste der Götter vor den Wagen gespannt. Schon Apollo und Helios wurden auf Wagen mit vorgespannten Flügelrossen abgebildet, und auch Eos, die Göttin der Morgenröte, verfügt über geflügelte Pferde. Pelops, der sagenhafte Gründer der mykenischen Dynastie, benutzte sie für seine Wagenrennen, beispielsweise gegen Oinomaos, der ebenfalls mit Flügelrossen aufwarten konnte[165]. Antike Künstler verwendeten das Flügelpferd auch zu phantastischen Schöpfungen, indem sie es mit anderen Tieren kombinierten: so beispielsweise die Hippogryphen (Pferd und Geier) oder die geflügelten Zentauren.

Bestrafte Überheblichkeit im Bellerophonmythos

Die geistige Entwicklung der griechischen Kultur führte zu einer starken Umformung der älteren Überlieferung von Pegasos und Bellerophon. Die Akzentverschiebung zugunsten der Darstellung zentraler Episoden aus dem Leben der Heldengestalten läßt in Euripides' Tragödien »Bellerophon« und besonders »Stheneboia« die verhängnisvolle Liebe Stheneboias zu dem jungen Bellerophon in den Vordergrund rücken[166]. Aus der alten Heldensage wird ein Drama der menschlichen Psyche, das, letztlich den dramatischen

Gesetzen folgend, beide zum Scheitern verurteilt. Des Helden Begierde nach Rache läßt ihn auf dem Pegasos nach Tiryns zurückfliegen und das Spiel der Liebe mit der Königin erneuern. Die Täuschung gelingt, und Stheneboia wagt mit ihm einen Flug übers Meer in ein neues Leben. Doch hoch in der Luft wird sie von Bellerophon in den Tod gestürzt. Arme Fischer finden den Leichnam und bringen ihn zu Proitos. Damit hat Bellerophon sich schuldig gemacht, das göttliche Geschenk verwirkt, weil er den erhabenen Flug zu einer frevelhaften Tat mißbraucht hat. Nach Lykien zurückgekehrt, ergreifen ihn Hochmut und Wahnsinn.

Das Scheitern Bellerophons ist bereits in Homers »Ilias« vorgeformt[167]. Euripides kombiniert bewußt die Motive des Fliegens und des Stürzens zur Bestrafung menschlicher Überheblichkeit. Noch deutlicher betont Pindar in der »7. Isthmischen Ode« Bellerophons Hybris, indem er ihn, durch große Taten und Ruhm geblendet, mit dem Pegasos auf den Olymp vordringen läßt. Damit wandelt sich das Flügelpferd zu einem Werkzeug göttlicher Strafe, es wirft seinen Reiter in großer Höhe ab, kehrt zu Zeus zurück und trägt später dessen Donnerkeile. Bellerophon aber stürzt auf die Erde und beendet seine Tage im Elend:

»Der geflügelte Pegasos warf ja seinen Herrn Bellerophontes ab, als dieser zum Himmelspalaste gelangen wollte und in die Gesellschaft des Zeus. Auf widerrechtliches Glück wartet das bittere Ende.«[168]

Einen anderen Aspekt für den mißglückten Himmelsflug betont Fritz Schachermeyr. Er sieht in dem Helden Bellerophon einen mythischen Exponenten des »fahrenden Rittertums«, wie es sich in spätmykenischer Zeit (1400–1200 v. Chr.) in Lykien und Karien nachweisen läßt[169]. Während also Pegasos als Zeusroß unsterblich, Bellerophon hingegen ein sterblicher und bereits verstorbener Ahnherr war, mußte der Held sein Flügelroß wiederum verlieren, auch um die Distanz zwischen dem Menschlichen und dem Göttlichen zu wahren[170].

Auf den Schwingen von Kunst und Verstand

Die Vorstellung von der Kunst als Flug ist alt. Der römische Dichter Horaz (65–8 v. Chr.) verwendete in seiner Ode »An den Mäcenas« das Bild der Vogelverwandlung, um seine Selbstverwirklichung im Kunstwerk auszudrücken:

> »Mit wunderbarem, mächtigem Fittich werd' ich, der Dichter, umwandelt den reinen Äther, durchfliegen, werde nicht länger auf der Erde verweilen. . . . Allmählich setzt sich rauhe Haut an die Schenkel, ich verwandele mich von oben herab in einen Schwan, und weiche Federn sprossen an Fingern und Schultern hervor. Bald werd' ich, bekannter als Dädals Sohn Icarus, den Strand des seufzenden Bosporus und die Gätulischen Syrten, die Hyperboreischen Gefilde sehen, ein melodischer Schwan . . .«[171]

Nach antikem Kunstverständnis steht der Ursprung der künstlerischen Schöpfung in unmittelbarer Beziehung zum Religiösen: Nach Platons (427–347 v. Chr.) Inspirationstheorie spricht Gott selbst durch den Dichter[172]. Das gilt jedoch nur beschränkt für den bildenden Künstler, sichtbar am Beispiel des Daidalos, der wegen seiner handwerklichen Meisterschaft, jedoch nicht wegen seiner schöpferischen Fähigkeiten bedeutend ist, also unabhängig von intellektuellen oder handwerklichen Anstrengungen gedacht wurde[173].

Während also das daidalische, nachahmende Schaffen jahrhundertelang wegen seiner Nähe zur handwerklichen Auftragsarbeit, aber auch wegen seines mangelnden Wahrheitswerts von den Weihen der Kunst ausgeschlossen blieb, konnte umgekehrt Ikarus kraft seiner Verbundenheit mit dem Luftraum, dem natürlichen Element der Inspiration, zum mythischen Prototyp des Ekstatikers und Dichters werden, obwohl (oder gerade weil) er kein eigenes Werk hervorgebracht hat[174]. Die Beschaffenheit der daidalischen Flugapparatur aber zeigt nicht nur die Tendenz zur Tradition, in diesem Fall durch die reine Naturnachahmung von Vogelflügeln: »die Schwingen / Wirklicher Vögel gestaltet er nach«, sondern auch eine Neigung zu innovativem Gestalten durch die Einbeziehung der Flöte: »Es baut sich die ländliche Flöte / Ebenso mählich empor aus Halmen verschiedener Länge«, also des Poetischen[175]. Der schöpferische Mensch, wie Ovid ihn postuliert, geht über

reine Naturnachahmung hinaus, bleibt aber mit dem Traditions-
zusammenhang aktiv verbunden. Die Mythen können keine Probleme lösen, sie formulieren sie nur in ihrer eigenen Logik.
In der hellenistischen Periode (323–31 v. Chr.) und der römischen
Zeit erweitern sich die Möglichkeiten der symbolischen Ausgestaltung der Flugepisoden, ja, überhaupt die Verbindung zwischen
Pegasos und den Musen, die Pegasos erst zum Dichterroß werden
ließ. Mit dem blitztragenden, geflügelten Zeusroß hatte das ursprünglich nichts zu tun. Vielmehr gewannen einzelne Aspekte,
wie die Beziehung des Pegasos zu den Musen auf dem Berge Heli-
kon und Apollo, der die geistige Erhebung und Inspiration darstellte, an Bedeutung. Der geflügelte Pegasos symbolisiert seit hellenistischer Zeit den dichterischen Flug ins Reich der Phantasie
und Inspiration. Die intellektuellen Vertreter des gegen Ende der
klassischen Zeit aufkommenden Skeptizismus entkleideten die
Helden ihrer mythischen Aura und unterwarfen sie ihren rationalen Denkvorstellungen. Die Möglichkeit des Fluges und des Fliegenkönnens wurde bestritten und nur im metaphorischen Sinne
zugelassen, als Flug auf den »Schwingen des Verstandes«. In diesem Sinne sieht Lukian in Bellerophon einen Astronomen und
meint dazu:

»Daß er ein geflügeltes Pferd gehabt habe, lasse ich mir nicht weismachen. Meiner
Meinung nach wird dadurch nichts anderes angedeutet, als daß er diese erhabene
Wissenschaft getrieben und gleichsam mit den Sternen Umgang gepflogen habe; er
stieg allerdings zum Himmel auf, aber nicht auf einem geflügelten Pferd, sondern
auf den Flügeln der Betrachtung.«[176]

Für den Gelehrten Paläphaitos aus dem 4. Jahrhundert v. Chr. hat
es das geflügelte Wunderpferd Pegasos niemals gegeben, und es
»konnte auch nicht geflogen sein, selbst nicht mit den Flügeln
sämtlicher Vögel. Seiner Meinung nach war Pegasus nur ein
schnelles, schönes Schiff, das Bellerophon nach Lykien trug.«[177]
Andere wiederum ließen sich von bestrafter Überheblichkeit und
rationalistischer Ernüchterung nicht abhalten, auf den Flügeln des
Pegasos in göttliche Sphären erhoben zu werden, wie es in der Vorstellung von der Apotheose römischer Kaiser, so bei Honorius
(384–423), zum Ausdruck kommt. Der Dichter Claudianus (um
375–nach 404) preist den Kaiser in seiner »Panegeric«:

»Pegasus selbst hätte dir die dienstbaren Flügel dargeboten und dich willig getragen, und unter der bedeutenderen Bürde hätte er sich über die Zügel des Bellerophontes erzürnt.«[178]

Die Heroisierung der Sterblichen kommt der Auffassung von deren Unsterblichkeit sehr nahe. Die Mahnung vor menschlicher Überheblichkeit verstummte jedoch keineswegs. Der Dichter Palladas (ca. 364–431) verwendet das Motiv des überheblichen Himmelsfluges metaphorisch als Mittel der Kritik:

»Der weiseste unter den sieben weisen Männern hat gesagt, ›(tue) nichts im Übermaß‹; aber du, Yessios, der du dich nicht daran hieltest, hast dafür bezahlt; obwohl du ein Gelehrter warst, warst du ein Unwürdiger, weil du, überheblich, zum Himmel aufsteigen wolltest. Pegasos richtete Bellerophon zugrunde, als er versuchte, die von den Sternen aufgestellten Gesetze zu erkunden.«[179]

Entmystifizierung des Himmels – der Flug zur Distanzgewinnung

Die Auseinandersetzung mit dem Modell eines utopischen Idealstaats ist in der Antike in erster Linie mit dem Namen des griechischen Philosophen Platon (427–347 v. Chr.) verbunden, der sich in drei Dialogen mit diesem Thema befaßt hat. Damit war er jedoch keineswegs der erste, denn vor ihm hatte sich bereits der Komödiendichter Aristophanes (um 445–385 v. Chr.) auf dieses Gebiet gewagt. In seiner Komödie »Die Vögel«, beim großen Dionysosfest 414 v. Chr. in Athen aufgeführt, geht es darum, einen weltabgeschiedenen Vogelstaat zu gründen, in dem sich statt Menschen die Vögel in der Politik versuchen[180]. Als utopisches Moment ist die Gründung einer neuen Stadt wirksam. Wolkenkuckucksheim ist eine Vogelstadt, ermöglicht durch die märchenhafte Metamorphose der Menschen in Vögel und nirgendwo auf der Erde gelegen, sondern weit außerhalb im Äther. Diese Metamorphose geschieht durch ein geheimnisvolles »Würzelchen«, das, wenn man es kaut, Flügel wachsen läßt. Utopische Vorstellungen entwickeln sich zumeist aus Anlaß konkreter politischer Realitäten, dennoch scheint in »Die Vögel« nur beschränkt etwas vom Leben der Gegenwart des Aristophanes eingedrungen zu sein, so beispielsweise die gras-

sierende Prozeßsucht, die zwei Athener Bürger, Pisthetairos und
Euelpides, dazu bewegt, ihre Heimatstadt zu verlassen, um sich
unter der Führung einer Krähe und einer Dohle einen behagliche-
ren Wohnsitz zu suchen[181]. Außerdem ist Wolkenkuckucksheim
im entlegenen Ätherreich »mehr oder weniger exklusiv der Ge-
genpol zu Athen« und zur griechischen Polis schlechthin[182].
Aristophanes gelingt es, mit Hilfe einer reichhaltigen Metaphorik
aus der Vogelsprache die Atmosphäre eines Vogelreiches zu vermitteln. Das Thema des Menschenfluges jedoch wird in diesem
Stück nicht angesprochen. Auch dort bleibt es nur bei einem Wort-
spiel, wo die beiden Auswanderer aus Athen zwar beschließen,
»fliegenden Fußes aus der Heimat fortzufliegen«, letztlich erreichen sie die Welt der Vögel aber zu Fuß. Die Vorstellung des
Fliegens ist ein symbolisches Fliegen, es bedeutet Befreiung und
phantastische Weltflucht, aus der sich der Mensch aus seiner be-
drückenden Gegenwart aufschwingt in imaginäre Räume, in denen
er zwar einen utopischen Staat ansiedelt, ihn aber letztlich in einer
seltsamen Mischung von phantastischer Laune und rationaler Fol-
gerichtigkeit unter machtpolitischen Gesichtspunkten durchkon-
struiert.

Mit dem Namen Lukianos aus Samosata (ca. 120–185) verbindet
sich nicht nur die Meisterschaft auf dem Gebiet der Satire und Parodie, sondern auch die erste Darstellung eines fiktiven Fluges zum
Mond, zu den Gestirnen und zu den Göttern, verarbeitet in seinen
beiden Weltraumsatiren »Ikaromenippus oder Die Luftreise« und
den interplanetarischen Kriegsabenteuern »Wahre Geschichten«.
(Der Untertitel »Die Luftreise« geht auf Francis Hickes zurück, der
den Text 1643 erstmals übersetzte[183].) Im »Ikaromenippus« treten
als Dialogpartner der Philosoph Meister Menippos und ein ungenannter Freund im Gespräch über eine seltsame Reise auf, die Menippos von der Erde zum Mond und durch die Sternenwelt bis zu
Zeus geführt hat. Als Motiv für diese ungewöhnliche Fahrt nennt
er seine Verzweiflung, keinerlei Aufschlüsse über seine Fragen, die
das Weltall betreffen, gewinnen zu können, ja sogar die lächerlich-
sten Widersprüche bei den Philosophen entdecken zu müssen.
Deshalb habe er sich entschlossen, in eigener Person zum Himmel

aufzusteigen. Da schon der Fabeldichter Aesop (um 550 v. Chr.) von Adlern und Käfern, ja sogar Kamelen erzählt habe, die den Himmel erstiegen hätten, ging Menippos optimistisch ans Werk. Er fing zwei Vögel,

> »lösete gar zierlich dem Adler den rechten und dem Geier den linken Flügel ab, band sie ... sodann mit tüchtigen Riemen um die Schultern und befestigte an die Spitzen der Schwingfedern eine Art von Henkeln, womit [er] die Flügel zu regieren gedachte«[184],

und kombinierte auf diese Weise das berühmte Kunststück des Daidalos mit lukianischem Humor. Das Schicksal des Ikaros allerdings wollte er nicht erleiden, auch lag ihm nichts an einem Menippischen Meer, weshalb er die Verwendung von Wachs bei seinem Flügelwerk tunlichst vermied. Über seine ersten Versuche, die ihn bald zu einem Meister der Flugkunst werden ließen, berichtet Menippos in selbstbewußtem Ton:

> »Ich machte hierauf die Probe, indem ich einen Satz in die Höhe tat, mit meinen geflügelten Armen zu rudern anfing und mich nach Art der Gänse allmählich über den Boden erhob, indem ich durch Emporstreben aller Muskeln dem Flug nachzuhelfen suchte. Wie ich merkte, daß mir das Ding vonstatten ging, wagte ich schon ein mehreres und stürzte mich von der äußersten Spitze der Burg gerade ins Theater herab. Da es auch diesmal ohne Gefahr abgegangen war, fing ich nun an, höhere und überirdische Gedanken zu fassen; ... und da mein Mut mit meiner Fertigkeit zunahm und ich nunmehr für einen ausgemachten Meister in der Kunst zu fliegen gelten konnte, wollte ich mich nicht länger mit Versuchen abgeben, die sich nur für gelbschnäblichte Anfänger schickten, sondern bestieg den Olympus, und nachdem ich mich so leicht als möglich verproviantiert hatte, richtete ich meinen Lauf gerade dem Himmel zu.«[185]

Auf diese Weise gelangt Menippos zum Mond, wo er eine Zwischenlandung einlegt und neugierig die Erde betrachtet. Der einzige Mondbewohner, den Menippos antrifft, ist der halbverbrannte, vom Rauch des Ätna emporgetragene Empedokles (eig. Empedokles aus Agrigent, 490–430 v. Chr.). Er folgt dessen Rat, nur den Adlerflügel zu bewegen, und wird dadurch so scharfsichtig, daß er selbst die verborgensten Handlungen der Menschen zu erkennen vermag. Aus der Mondperspektive erscheint ihm die Erde, »auf der die Menschen durcheinanderwimmeln, sich zanken, streiten, einbrechen, wuchern, betteln, prozessieren, ehebrechen, einander bestechen, um belanglose Grenzen Kriege führen«[186], klein wie ein Ameisenhaufen. Menschliches Streben nach Macht und Reichtum wirkt beim Blick von oben kleinkariert und lächerlich. Den Höhepunkt der himmlischen Rundreise bildet ein Besuch beim Göttervater Zeus, der dem Menschenkind seine Gastfreundschaft bietet und sich über die Zustände auf der Erde berichten läßt. Einer der launigen Höhepunkte des Stückes ist die Schilderung, wie Zeus den Menschen Audienz gewährt. Durch Empfangskanäle, von denen er einfach die Deckel abnimmt, hört er sich Klagen, Bitten und Schwüre der Menschen an, vernimmt ihre Eide, gibt sich mit den Vorzeichen ab und ordnet das Wetter an. Am nächsten Tag wird die Frage über das Unwesen der Philosophen im Symposion diskutiert, aber die Zeit des Festes naht, in der Feindseligkeiten untersagt sind. Deshalb vertagt Zeus das Donnerwetter gegen die Philosophen aufs nächste Frühjahr. Menippos' Flügel werden konfisziert, dann packt ihn der Götterbote am rechten Ohr und expediert ihn wieder auf die Erde zurück[187].

Aus der Perspektive religiöser Phantasie und philosophischer Spekulation hat Lukian das klassische Himmelfahrtsmotiv auf der Ebene der Parodie und Satire verwendet. Unmittelbare Anregungen schöpfte er aus den in der attischen Komödie vorgeformten Luftreisen: Im »Frieden« des Aristophanes fliegt Trygaios, dem Menippos ebenbürtig, auf dem Mistkäfer in den Himmel, und in den »Vögeln« hilft ein märchenhaftes Zauberkraut, das Flügel wachsen läßt[188]. Der Spott wird deutlich durch die Verschiedenartigkeit des der Daidalossage entnommenen Flügelpaares, von dem nur ein Flügel ihn vom Olymp in die höchsten Regionen emporträgt, während der zweite seinen Flug lächerlich macht, indem er den Flügel des Aasvogels danebenstellt. Es wird auch darauf verwiesen, daß Lukian das Motiv der Himmelsreise zur Verspottung der iranischen und griechischen Mithrasmysterien eingesetzt habe, die er als Syrer vermutlich kannte. Solche Phänomene, ob sie sich als ekstatische Erlebnisse oder als astrale Jenseitsfahrten nach dem Tod darstellten, spielten in diesen Kulten, deren Grundlage die mystische Auffahrt Mithras' mit dem Sonnengott war, eine zentrale Rolle. Durch den Bezug zur Mystik wird deutlich, daß die Abnahme der Flügel durch Zeus Folgen hat: Wem die geistig-religiösen Schwingen genommen sind, der kann nicht mehr

zur Göttlichkeit vordringen, dem sind der Flug in die Höhe und das Schauen des Himmels versagt[189].
Inhaltlich in den Weltraum und Götterhimmel entrückt, gilt die Aussage den Verhältnissen auf der Erde: Es sind vor allem kosmologische und physikalische Fragen, die den Dialog beherrschen und Anlaß für die Himmelfahrt geben. Die Kritik »von oben« richtet sich gegen Physiker und Astronomen, die sich mit Fragen über den Weltraum, über Himmelskörper und deren Verhältnis zur Erde beschäftigen:

»...; wenn du hörtest, wie diese Leute, die am Ende doch auf der Erde gehen wie wir andern und, anstatt schärfer zu sehen als wir, zum Teil vor Alter und Faulheit stumpf und übersichtig sind, demungeachtet die Grenzen des Himmels zu durchschauen vorgeben, die Sonne ausmessen, unter den Dingen überm Mond einherwandeln und, nicht anders, als ob sie aus den Sternen herabgefallen wären, von ihrer Größe und Beschaffenheit dissertieren, die Höhe der Luft, die Tiefe des Meeres und den Umfang der Erde ganz genau angeben, kurz vermittelst Gott weiß welcher Zirkel, Dreiecke, Vierecke und Sphären den Himmel selbst wie ein Stück Feld in den Grund legen und sich unterstehen zu sagen, wie viel Ellen der Mond von der Sonne entfernt sei, da sie doch öfters nicht wissen, wie viel Stadien sie von Megara nach Athen zu gehen hätten. Und wie unverständig und unerträglich hoffärtig ist es vollends, wenn sie von so ungewissen und unzugangbaren Dingen handeln, nichts als Vermutungen oder Wahrscheinlichkeit vorzutragen, sondern alles so weit zu treiben, daß sie andern Leuten keine Möglichkeit, sie zu überbieten, übriglassen und uns nur nicht gar eidlich zuschwören, die Sonne sei eine glühende Masse, der Mond habe Einwohner, die Sterne tränken Wasser, indem die Sonne die Dünste wie an einem Brunnenseil emporziehe und sodann jedem der Ordnung nach seine Portion zumesse.«[190]

Ist es nicht menschliche Überheblichkeit, wenn beispielsweise Aristoteles und seine Schule vermessenerweise die Höhe der Luft, die Tiefe des Meeres[191] und den Umfang der Erde berechnen[192]? In einem engen thematischen Zusammenhang dazu steht eine andere Satire Lukians, »Die Höllenfahrt des Menippos oder das Totenorakel«, die konträr zur Himmelfahrt die Reise in die Unterwelt parodistisch ausschlachtet. In den Worten des blinden thebanischen Sehers Teiresias klingt hier noch deutlicher als im »Ikaromenippus« das Motiv der Hybris an:

»Am besten ist das Leben des einfachen Mannes, und viel vernünftiger; drum hör mit dem Unsinn auf, den Himmel zu erkunden und Ziele und Urgründe zu erforschen, spuck auf die Syllogismen dieser Weisen, halte das alles für Geschwätz und jage nur dem einen nach, daß du den Augenblick gut einrichtest und unbemerkt durchs Leben kommst, über alles lächelnd, ohne etwas ernst zu nehmen.«[193]

Das Motiv, menschliches Treiben von einem distanzierten Standpunkt aus zu beobachten, und die damit verbundene Erkenntnis, daß menschliches Begehren töricht ist, besonders wenn es durch religiöse und philosophische Tradition geheiligt ist, entstammt kynischem Gedankengut. Mit Beginn der 60er Jahre übernahm Lukian die nicht mehr erhaltenen Satiren des kynischen Philosophen Menippos von Gadara (Palästina) (um 330–260 v. Chr.) und benutzte sie als Vorbild für seine eigenen Werke[194]. Möglicherweise hat eine heute unbekannte menippische »Luftfahrtsatire« auch das Vorbild für den »Ikaromenippus«, der als Paradestück kynischer Satirik gilt, geliefert. Aber nicht nur Lukian schöpfte aus dieser Quelle. Die »Saturae Menippae« des römischen Schriftstellers Marcus Terentius Varro (116–27 v. Chr.), die allerdings nur bruchstückhaft überliefert sind, enthielten ebenfalls Schilderungen von Himmelsreisen, die vermutlich auf Menippos zurückgehen[195]. Warum sollte nicht der für kynisches Gedankengut offene Lukian das mystische Element der Himmelfahrt für seine Zwecke aufgenommen und auf der Ebene der Parodie abgewandelt haben? Die Perspektive vom Mond aus und der Vergleich der menschlichen Welt mit einem Ameisenhaufen betonen diese Vorstellung zusätzlich.

Der Blick von oben:
Mond- und Planetenreisen

Schon im »Ikaromenippus« hat Lukian das Betreten des Mondes durch einen Menschen thematisiert und in einen Zusammenhang gestellt, der eine deutliche Tendenz zu einer mehr säkularisierten Einstellung gegenüber kosmischen Regionen spürbar werden läßt. Antike Wissenschaftler und Künstler hatten sich schon vor Lukian mit Fragen über Beschaffenheit und Bedingungen auf diesem und anderen Himmelskörpern beschäftigt[196]; einige Jahre später nahm Lukian das Thema einer fiktiven Reise in den Weltraum wieder auf und baute es weiter aus. Dieses zweite Werk, die phantastische

Reise- und Abenteuerparodie »Wahre Geschichte« (1. Buch)
nimmt die seit den Alexanderzügen immer beliebter werdenden
pseudohistorischen und pseudogeographischen Berichte aufs Korn,
die auf angeblichen Erlebnissen in fernsten Ländern und bei fabu-
lösen Völkern beruhen[197]. Hinter dieser burlesken Lügenreise
formuliert Lukian die ironisch gemeinte Wahrheit in der Aufforderung an den Leser, seinen Abenteuern keinen Glauben zu schenken, da sie weder gesehen noch erlebt, ja, überhaupt »gar nicht
möglich« seien[198]. Dieses Werk, Prototyp aller Lügenmärchen, ist
die erste satirische »Voyage imaginaire« und hatte großen Einfluß
auf die Reisefabulistik der Neuzeit[199].

Die Suche nach Neuem und der Wunsch, das Ende des »abendländischen Ozeans« und fremde Menschenarten jenseits desselben zu
finden, läßt Lukians Ich-Erzähler mit fünfzig Kameraden von Ca-
dix aus westwärts zu einer langen und gefahrvollen Seereise auf-
brechen. Obwohl die Abenteurer in Richtung Westen reisen, handelt es sich um eine Indienfahrt – so sprechen beispielsweise die
Traubennymphen indisch –, was bei Lukian nur eine Parodie war;
Kolumbus trat dann tatsächlich seine Indienreise nach Westen an.
Plötzlich geraten Schiff und Mannschaft auf hoher See in einen
zyklonartigen Sturm. Mit atemberaubender Geschwindigkeit werden sie spiralenartig »wohl dreitausend Stadien« in den Luftraum
hochgerissen, so daß sie in der Höhe schweben und bei vollem
Wind über den Wolken dahinsegeln. Sieben Tage und Nächte dau-
ert die Luftfahrt, bis sie eine Art von Erde erblicken, »gleich einer
großen, glänzenden, kugelförmigen Insel, ein sehr helles Licht um
sich her verbreitend«. Sie finden den unbekannten Planeten zu ihrer großen Überraschung bewohnt und kultiviert. Phantastische
Mischwesen, wie die fliegende Planetenpolizei – die Hippogryphen
– mit ihren »Flugzeugen«, den dreiköpfigen Pferdegeiern und deren gewaltigem Flügelwerk, »länger und dicker als der Mast eines
Kornschiffes« – bemächtigen sich der »Außerirdischen« und bringen sie sogleich in die zentrale Gewalt ihres Herrschers. Lukians
Planetenkönig entpuppt sich bald als »alter Bekannter« aus der
griechischen Mythologie; es ist Endymion, der einst aus erotischen Motiven von der Mondgöttin Selene auf den Mond entrückt
wurde[200].

Die griechische Luftschiffbesatzung kommt gerade zurecht, um
unversehens in einen gigantischen, interplanetarischen Kolonial-
krieg einbezogen zu werden: in den Kampf zwischen Sonne und
Mond um die Vorherrschaft auf dem öden und unbewohnten Morgenstern. Ein Feuerwerk skurriler Einfälle bricht los. Der Luftwaffe bizarrer und grotesker Gestalten, die gegen Phaeton, den
Sonnenkönig, gerüstet wird, gehören neben zahlreichen Geflügelten auch die Windläufer an. Sie besitzen zwar keine Flügel, statt
dessen aber »weite Röcke, die bis auf die Knöchel reichen; diese
schürzen sie so auf, daß sie den Wind gleich einem Segel auffassen,
und so fahren sie wie Schiffe in der Luft daher«[201]. Von der Wol-
kenmauer bis zur totalen Mondfinsternis werden alle Register gezogen, bis die Hitzköpfe gekühlt und der Friedensvertrag aufgesetzt werden kann. Siegreich kehren die griechischen Luftschiffer
zu Endymion zurück, und Lukian nützt die Gelegenheit zu einem
phantastisch-ethnologischen Exkurs über die brandneuesten Erkenntnisse, die Mondbewohner betreffend. Hier wird noch deutlicher, was im »Ikaromenippus« anklingt; der Mond und seine
Bewohner werden als Zerrspiegel der Erde und deren Bewohner
dargestellt. Lukians blühende Phantasie bewegt sich auf verschiedenen Ebenen, indem er Bilder einer »Verkehrten Welt« produziert, Beispiele für exotische Völkerschaften aus Reisebeschreibungen parodiert und auch Eigenes erfindet, um seine Seleniten
gebührend zu illustrieren. Lukians Raumfahrt endet, nachdem das
Luftschiff neben dem frisch kultivierten Morgenstern noch andere
interplanetarische Räume durchflogen hat, wieder auf dem Weltmeer, wo es bald von einem riesigen Wal verschluckt wird. Das
Element Luft wird vom Element Wasser abgelöst. Wie in verschiedenen Kulturen wird auch bei Lukian der Erdkreis durchmessen.
Die Luftfahrt wird von einer Fahrt in einen anderen »kosmischen«
Raum abgelöst.

Der Ort der Luftfahrt in der Kosmologie

In Lukians Reise zu Sonne und Mond werden antike kosmologische Anschauungen vom Bau des Weltalls und der Stellung der
Erde darin sichtbar. Das Schiff als Wasser- und Luftfahrzeug bewegt sich im Grenzbereich der Elemente. Zumeist vermittelt die
Planetenfahrt den Eindruck einer Seereise; so fährt Lukians Besatzung oftmals in Häfen ein, Städte werden erwähnt wie die Lam-
penstadt Lychnopolis, weiterhin spielen die Windverhältnisse eine
Rolle oder die Vorstellung, auf dem himmlischen Ozean zu schiffen, auf dem Erde und Planeten als Inseln erscheinen. Vorherrschend war in der griechischen Antike die Vorstellung von einem
Schichtenaufbau des Universums: in der Mitte die Erdkugel, auf
ihr das Wasser, darum eine Lufthülle und darüber, im Weltraum,
der Äther oder das Feuer. Dieser Raum wurde abgeschlossen gedacht von einer riesigen Kugelschale, auf der die Fixsterne ihren
Platz hatten. Besonders durch die aristotelische und die stoische
Elementenlehre, nach der jedes Element zu seinem »natürlichen
Ort« strebt, die Erde insbesondere zur Mitte der Welt, wurde diese
Vorstellung verfestigt[202]. Die Herrschaft dieses Weltmodells hat es
verhindert, daß zwei ihr widersprechende Hypothesen durchdran-
gen: die »Planetentheorie« des Astronomen Aristarch von Samos
(etwa 310–230 v. Chr.), des »antiken Kopernikus«, der die feurige
Sonne in die Mitte setzte, und die »Mond-Erde-Lehre« des Philosophen Anaxagoras von Klazomenai (um 499–428 v. Chr.), die
einen Erdkörper im Weltraum annahm, wo man sich nur Feurig-
Ätherisches denken konnte.

Gerade diese Vorstellung von der Erdnatur des Mondes spiegelt
sich in Lukians Raumfahrtsatiren, seinen gesellschaftskritischen
Ansprüchen entsprechend angepaßt, wider. Als physikalische
Komponente verbirgt sich dahinter die Frage nach der Materie des
Mondes, in der die theoretischen Konzepte antiker Denker weit
auseinandergingen. Ebenso wie Sonne und Sterne wurde der
Mond nach ältesten Auffassungen als feurig-leuchtender Körper
gesehen. Nach Anaximander aus Milet (610–547 v. Chr.) war der
Mond eine Scheibe, neunzehnmal so groß wie die Erde. Er gleiche

einem Wagenrad, dessen Felgenkranz hohl und, gleich der Sonne, von Feuer erfüllt sei. An einer Stelle könne durch eine Mündung das Feuer zum Vorschein kommen wie durch einen Blasebalg[203]. Zur Erklärung physikalischer Vorgänge benutzte Anaximander erstmals mechanische Modelle; auch einen Himmelsglobus soll er gebaut haben[204]. Die Erkenntnis, daß Mondlicht nichts weiter ist als reflektiertes Sonnenlicht, und die damit zusammenhängende Erklärung von Sonnen- und Mondfinsternis[205] finden sich um die Mitte des 5. Jahrhunderts v. Chr. bei Anaxagoras und dem griechischen Philosophen Empedokles aus Agrigent (483 bis ca. 425 v. Chr.)[206] und wurde zum Gemeingut der gebildeten Welt. Auch die Ursache für den Phasenwechsel des Mondes war den Griechen bekannt. Anaxagoras, der die astronomischen Gegebenheiten und ihre möglichen Ursachen nach physikalischen Kriterien einschätzte[207], zog auch den Schluß, daß der Mond eine dunkle, erdartige Substanz haben müsse, und glaubte, wie auch Demokrit von Abdera (um 460–380 v. Chr.), daß er an seiner Oberfläche Berge und Täler habe[208]. Auf diese Weise begann langsam die Vorstellung vom Mond als einer rauhen, felsigen Erde populär zu werden. In den Apokalypsen der Pythagoräer, vor allem bei Philolaos (Ende 5. Jhdt. v. Chr.), Lehrer des Archytas von Tarent[209], werden ähnliche Spekulationen einer zweiten Erde geäußert, wobei phantastische Details hinzukommen: daß Berge und Täler des Mondes bevölkert seien wie die Erde oder daß es Tiere und Pflanzen gäbe, nur schöner und größer als die irdischen. Außerdem seien die Mondtage fünfzehnmal länger als die irdischen[210]. Die grotesken Mischwesen, die Lukian auf dem Mond hausen läßt, sind also in der zeitgenössischen wissenschaftlichen Astronomie verankert[211]. Gerade bei den Vertretern der pythagoräischen Schule, aber auch bei den Orphikern, die ebenfalls die Lehre einer Gegenerde mit Bergen und Städten vertreten, drückt sich die Spannung zwischen Logos und Mythos in bezug auf die Himmelsvorgänge aus, die sowohl in der Sternanbetung Ausdruck fand als auch im Bestreben nach Offenbarung[212]. Bei den späteren Pythagoräern findet sich auch die Bedeutung des Mondes als Aufenthaltsort der Seligen. Plutarch (45–125) hat die Ansicht einer erdähnlichen Mondvorstellung aufgegriffen, die Frage nach einer möglichen Be-

»Lunar-animals« – Richard Lock kreierte diese fliegenden Wesen auf dem Mond,
die er mit einem Teleskop des Observatoriums am Kap der Guten Hoffnung
beobachten läßt. Feuilleton der New Yorker »Sun«, 1835.

völkerung gestellt und mit der Sprache des Mythos beantwortet:
Am Ende seines Büchleins »De facie in orbe lunae« läßt er einen
philosophischen Kunstmythos einfließen, der, in einem seltsamen
Kontrast zu den physikalischen Teilen, die Funktion des Mondes als
Stätte für die Seelen Abgeschiedener festlegt.

»Der Mensch besteht aus drei Teilen, Leib, Seele und Nus (= denkende Seele), sie
rühren her von Erde, Mond und Sonne. Beim Tod auf der Erde löst Demeter (die
Erdgöttin) den Leib von der Seele, schnell und gewaltsam; beim Tod auf dem Mond
löst Persephone (die Mondgöttin) die Seele vom Nus, sanft und langsam. Nach dem
ersten Tod irrt die Seele zwischen Erde und Mond umher. Dort werden die Schlechten bestraft, die Guten weilen auf der ›Hadeswiese‹ in Freude und banger Erwartung: denn es steht der schwierige Aufstieg zum Mond bevor. Auf dem Mond dann
tragen sie einen ›Kranz der Standhaftigkeit‹, später werden sie licht- und feuerartig
und ernähren sich von leichten Dünsten.«[213]

Während der leibliche Teil auf der Erde zurückbleibt, steigen Seele
und Geist zum Mond auf, wo sie in einem glückvollen Zustand

leben. Ein zweiter Tod trennt sie; die Seele geht in der Substanz des Mondes auf, und der Geist steigt zur Sonne empor. Diese Verkettung der Seele mit den Himmelskörpern fußt auf altem Traditionsgut von der Vergöttlichung beseelt gedachter Sterne über die Vorstellung eines Ortes für ein befristetes Elysium bis hin zum unbeseelten Himmelskörper. Dennoch ist es Plutarchs Verdienst, diese verschmähte alte Erdtheorie aus der Sphäre des Mythisch-Romanhaften heraus auf wissenschaftliche Ebene zu heben. Plutarch sieht in der Erdtheorie eine Alternative zu traditionellen Anschauungen. Diese Theorie

»lehrt, daß der Ort eines Elements, zu dem er strebt, nicht von Natur festliegt, sondern, daß jeder Körper einen Zusammenhalt in sich hat, weil jeder ›Teil‹ zum ›Ganzen‹ strebt. Die Erde hält zusammen nicht wegen eines allgemeinen Strebens des Elements ›Erde‹ zur Weltmitte, sondern weil sie eine originäre Einheit und Ganzheit bildet, zu der alles Zugehörige (zum Beispiel ein geworfener Stein) zurückstrebt. Der Mond besteht auch aus Erde, bildet aber eine originäre Einheit für sich und strebt deshalb nicht nach Vereinigung mit der Erde, was er nach aristotelisch-stoischer Physik tun müßte. Diese Theorie – man kann sie die ›Kohäsionstheorie‹ nennen – spricht den einzelnen kosmischen Gebilden individuelle, autonome Existenz zu. Sie beseitigt im Grunde die Sonderstellung der Erde in der Mitte der Welt – ...«:[214].

Die pythagoräischen und orphischen Erklärungen des Mondes als einer zweiten bewohnten Erde blieben für die großen philosophischen Systeme, die im Hellenismus auch das naturwissenschaftliche Weltbild prägten, zwar ohne Bedeutung, haben aber Mystiker und Dichter nachhaltig beeinflußt. Motive vom Fliegen und von Luftfahrten sind naturgemäß in solchen Werken antiker Autoren zu finden, die von wunderbaren Ländern, merkwürdigen Gesellschaften, ja sogar anderen Welten zu berichten wissen. Besonders die Romanschreiber haben die alten Motive und Topoi von den Mondbewohnern in ihren phantastischen Reiseromanen versponnen[215].

Erwähnt werden soll in diesem Zusammenhang ein fiktionaler Liebes- und Reiseroman »Wunder jenseits von Thule« des Pythagoräers Antonios Diogenes (2. Jahrhundert), der leider nicht mehr erhalten ist. Alles, was von diesem interessanten Werk bekannt ist, stammt, neben einigen Papyri, von dem byzantinischen Patriarchen Photios (um 820–891/97), der in seiner »Bibliothek« eine

knappe Zusammenfassung des Romans überliefert hat; dieser
Überlieferung zufolge endete der Roman mit einer phantastischen
Mondfahrtschilderung, die von dem »glänzenden Journalisten
Lukian« parodistisch ausgeschlachtet wurde[216]. Die moderne Forschung vertritt heute die Ansicht, daß Lukian die »Wunder jenseits
von Thule« als Hauptquelle verwendet hat. Ausgehend von der
Parodie der Mondreise, benutzte er den Roman als »Steinbruch
für Motive einer phantastischen Reiseerzählung«[217]. Der Roman-
schriftsteller läßt, das Motiv der Curiositas gebrauchend, seinen
Helden Deinias und zwei Begleiter aus Neugier und Wißbegierde
durch die bekannte Welt bis zur Insel Thule hoch im Norden reisen. Von dort ist es nicht weit bis zum Nordpol, der offenbar ganz
in der Nähe des Mondes liegt. Dieses legendäre Nordland ist auch
Schauplatz der griechischen Sage von dem luftwandelnden Hyper-
boräer Abaris, der wie ein Pfeil durch die Luft fliegen konnte[218].
Die Vorlage des Antonios kann möglicherweise eine Nordlandfahrt
zu den Hyperboräern gewesen sein, die auf den Mond führte.
Schon früher hatte der griechische Schriftsteller Hekataios von
Abdera (um 350–290 v. Chr.) die Insel Helexoia ganz in die Nähe
des Mondes plaziert und von dem sagenhaften Volk der Hyperbo-
räer im Norden berichtet[219]. Vielleicht wußte er auch etwas Ge-
naueres über den Mond und über eine mögliche Verbindung dorthin. Die kosmologische Anordnung des Mondes als erdnächstem
Planeten entsprach der üblichen Anschauung in der Antike[220] und
findet sich auch wieder im platonischen Mythos von der Luft-
erde[221]. Auf alle Fälle gehört die Mondfahrt zu den phantastischen
Höhepunkten des Thuleromans, was bereits sein Titel aus-
drückt[222]. Wie Antonios Diogenes allerdings gleich drei Menschen
auf den Mond zu befördern gedachte, verrät das Exzerpt des Photios leider nicht, sondern bemerkt nur dürftig:

»Und das allerunglaublichste, daß sie gen Norden zur Reise auf den Mond aufbra-
chen, wie auf eine Erde von höchster Reinheit, daß sie in die Nähe des Mondes
kamen, und als sie daselbst angekommen waren, sahen sie Dinge, die gut zu dem
paßten, der vorher ein derartiges Übermaß an Sagenhaftem vorgelogen hatte.«[223]

Warum sollte sich Lukian nicht an sein Vorbild gehalten haben?
Um Deinias und seine Gefährten auf den Mond zu befördern,

»eignet sich nach antiken Vorstellungen kaum etwas anderes als ein Wirbelsturm, der ein ganzes Schiff in die Wolken heben konnte«[224].

Aber noch etwas anderes ist hier interessant. Der Kampf zwischen Mythos und Logos, der die Einstellung zu Himmelsvorgängen in der Antike prägte, äußert sich in zwei unterschiedlichen Motiven: in der Mond- und der Kosmosreise. Als Motivkombination finden sich beide Motive literarisch erstmals in den »Wundern jenseits von Thule« vollzogen[225]. Lukian hat diese Kombination von seinem Vorbild übernommen und an zentrale Position gerückt: die Kosmosreise des ersten Buches und die parodierte Himmelsreise bilden neben dem Walabenteuer die Kernstücke der »Wahren Geschichte«.

»Archytae columba« – eine Techniklegende

In der Geschichte des Fliegens wird immer wieder auf die antike Legende von der fliegenden hölzernen Taube des Archytas von Tarent (428–347 v. Chr.) aufmerksam gemacht. Das mechanische Fluggerät wurde von Aulus Gellius (um 125–170) in seinem anthologischen Sammelwerk »Attische Nächte« erwähnt. Darin beschäftigt sich Gellius in unterhaltsamer Weise mit verschiedenen Problemen aus Philosophie, Medizin, Rechts- und Naturwissenschaften. Sein Material dazu schrieb er aus Notizen, Exzerpten und Zitaten diverser genannter und ungenannter Quellen zusammen, darunter auch Werke, die inzwischen verloren sind. Im Zusammenhang mit allerlei unglaubwürdigen Wundergeschichten des jüngeren Plinius, über die er sich lustig macht, schreibt er:

»Was nun aber endlich ein Kunstwerk anbetrifft, welches nach seiner Angabe der Pythagoräer Archytas ersonnen und zur Anwendung gebracht hat, so muß uns dasselbe, wenn nicht weniger wunderbar, so doch ganz gewiß ebensowenig ungereimt erscheinen. Denn nicht nur viele angesehene Griechen, sondern auch der Philosoph Favorinus, der eifrigste Forscher in alten, geschichtlichen Denkmälern, sie alle berichten unter Betheuerung der Wahrheit (von einem Kunstwerk) von der Nachbildung einer Taube, durch Archytas nach einem gewissen System (construiert) und durch mechanische Kunst aus Holz hergestellt, die sich in die Luft geschwungen. Dieses Kunstwerk wurde (wie sich's von selbst versteht) durch (ge-

wisse) Schwungkräfte in die Höhe getrieben und durch eine verborgene und einge-
schlossene Strömung von Luft in Bewegung gesetzt. (...) Es scheint mir in der
That zweckmäßig, hier gleich Favorinus' eigene Worte über das (merkwürdige) unglaubliche Kunstwerk herzusetzen: ›Archytas (ein Philosoph) aus Tarent war überdies auch ein (ganz bedeutender) Mechaniker und verfertigte (als solcher) eine hölzerne, fliegende Taube, die jedoch, wenn sie sich (einmal) niedergelassen, sich nicht
wieder erhob ....‹.«[226]

Von der historischen Existenz dieses mechanischen Kunstwerkes
ist im 7. Brief des griechischen Philosophen Platon die Rede, wo
dieser über seine Freundschaft zu Archytas Auskunft gibt[227]. Auch
Aristoteles (384–322 v. Chr.) beschäftigte sich mit dem bedeutenden Griechen und verfaßte mehrere Werke über ihn, die aber verloren sind[228]. Archytas selbst hinterließ einige mathematische und
philosophische Schriften, von denen allerdings nur wenige Fragmente erhalten sind. Als Mathematiker, Harmoniker und Mechaniker werden ihm bedeutende Leistungen zugeschrieben, wiewohl
seine Fähigkeiten auf dem Gebiet der Harmonik am bekanntesten
sind. Weiters gilt er als Begründer der wissenschaftlichen Mechanik; hier wird ihm die Konstruktion der automatisch fliegenden
Taube zugeschrieben, was ihm den Vorwurf einbrachte, mit dieser
Erfindung »die Mathematik aus der reinen Sphäre des Unkörper-
lichen in die sinnliche Welt« hinabzuziehen[229]. Erwähnenswert ist,
daß etwa zur gleichen Zeit ein ähnliches Fluggerät in chinesischen
Quellen genannt wird. Im »Wên Shih Chuan« wird von einem
hölzernen Vogel mit Flügeln berichtet, der – durch einen im Körper eingebauten Mechanismus – eine Strecke weit fliegen konnte.
Diese Erfindung wird Chang Hêng (78–139), einem bedeutenden
Astronomen und »Techniker«, zugeschrieben[230].
Die Frage nach der historischen Wirklichkeit der Taube und ihre
Bewertung als erster Flugautomat in der Geschichte des Fliegens
ist nicht einfach zu beantworten. Aulus Gellius scheint die Frage
der Konstruktion und Anwendung des menschlichen Kunstwerkes
ebenso unklar gewesen zu sein wie den Generationen vor und nach
ihm. Aus den wenigen kurzen und unbefriedigenden Beiträgen,
die darüber erhalten sind, läßt sich kein rechtes Bild gewinnen, wie
die Taube gebaut und zum Fliegen gebracht werden sollte. Als
Nachweis für die historische Wirklichkeit der mechanischen Taube

ist der Bericht in den »Attischen Nächten« wertlos, da sich Gellius nur auf den Philosophen Favorinus (80/90–150), dessen Schüler und Zeitgenosse er war, als Gewährsmann beruft. Trotzdem war die Wirkung der Legende ungewöhnlich stark. Ihre Bedeutung liegt in erster Linie in ihrer Rezeptionsgeschichte, in der sie durch das Mittelalter hindurch zur populärsten Automatenlegende der Frühen Neuzeit von nahezu »sprichwörtlicher« Bedeutung avancierte. Bis ins 17. Jahrhundert hinein blieb die fliegende Taube des Archytas ein diskutierenswertes Thema[231].

3
»Von dem Faren in den Lüften«:
Das europäische Mittelalter

»Es war einmal ein König in einem Marktflecken der
Iren zusammen mit vielerlei Menschenscharen und
begleitet von schmucken, ihrem Stand entsprechenden
Soldaten.
Da auf einmal sehen sie durch die Luft ein Schiff
herunterkommen, von welchem einer eine Harpune
nach einem Fisch geworfen hatte, die in der Erde stecken
blieb und die jener im Schwimmen herauszog...«

Mirabilia Hiberniae, um 1000[1]

»Possunt fieri instrumenta volandi, ut homo sedens in
medio instrumenti revolvens aliquod ingenium, per
quod alae artificialiter compositae aerem verberent, ad
modum avis volantis«

Roger Bacon, um 1260[2]

Was bedeutet Fliegen im Mittelalter?

Zum Verständnis der Flugvorstellungen im »Mittelalter«, jener tausend Jahre zwischen den Hochkulturen der Antike und dem Europa der Neuzeit, ist neben der »anthropologischen« Gedankenebene und dem Überlieferungswissen der Antike die Kenntnis der Buchreligion des Christentums notwendig. Aus den Überlieferungen der Hochkulturen übernahm das junge Christentum Phänomene wie die Himmelfahrt, die Beflügelung der Engel und Entrükkungserlebnisse christlicher Heiliger und Visionäre. Doch auch die konkurrierenden Religionen in Europa, dem Vorderen Orient und in Nordafrika standen in diesen Punkten dem jungen Christentum nicht nach. Speziell in Europa hielten Teile der Bevölkerung das ganze Mittelalter hindurch an nichtchristlichen Vorstellungen fest, wie beispielsweise der »Wilden Jagd«, den Luftreisen von Zwergen, Alben, Feen, Druiden, Königen und ganz allgemein mit Magie begabten Menschen. Aus dem Bereich des Volksglaubens tauchen am frühmittelalterlichen Sphärenhimmel geheimnisvolle Wolkenschiffe auf, die von seltsamen Luftmenschen navigiert werden. Zwar wurden solche Vorstellungen immer mehr in den Bereich der sogenannten Volkskultur abgedrängt und häufig bekämpft, für viele Menschen des Mittelalters waren sie jedoch Realität. Heidnische und abergläubische Vorstellungsinhalte beschäftigten die Phantasien trotz des »christlichen Flugverbots« der Spätantike, mit dem dieses Kapitel beginnt.

Die wundersamen Fluggeschichten christlicher Heiliger, sogar scholastischer Theologen, aber auch die Himmelfahrt Jesu Christi selbst sind unter dem Gesichtspunkt des Kampfes um ein Monopol des Luftraums zu sehen. Die Auseinandersetzung des Christentums mit volkstümlichen Flugvorstellungen spiegelt sich besonders in der dämonologischen Literatur wider und findet im Spätmittelalter ihren makaberen Höhepunkt durch die Einbeziehung

Theologe und Astronom beim Disput. Holzschnitt aus Petrus de Alliaco,
Concordantia astronomiae cum theologia, Augsburg 1490.

des Fluges in den Hexenprozeß. Daneben entwickelten sich jedoch andere Formen der Auseinandersetzung mit dem Fluggedanken, wie man an der Diskussion über die Flugfähigkeit weltlicher Herrscher zeigen kann. Diese Auseinandersetzung ist in erster Linie mit der Figur des makedonischen Königs Alexander des Großen verbunden, dessen Historie ins Mittelalter überliefert, dort weiterentwickelt und lebhaft diskutiert wurde. Die Geschichte des mittelalterlichen Alexanderromans zeigt die Kontroverse anhand der positiven und negativen Bewertung seines Himmelsfluges. Die positive Bewertung impliziert das Vorhandensein einer von religiösen Motiven unabhängigen Sichtweise des Menschenflugs, vielleicht eine gewisse Neugier an dem Thema, zumindest aber ein weltliches Interesse. Die Tendenz zur Säkularisierung in der Bewertung von Flugvorstellungen wird auch in der Verwendung von Flugmotiven in der Narrenliteratur deutlich, der die Dämonisierung des Fliegens durch die Scholastik gegenübersteht.

Ansatzweise bewegen sich mittelalterliche Flugvorstellungen auf einer technischen Ebene, die sich in Überlieferungen »realer Versuche« niederschlägt. Im 13. Jahrhundert sahen fiktive Luftschiffe im Grenzbereich zwischen den Elementen – profane Verbindungsglieder zwischen Himmel und Erde. Gleichzeitig spiegelt die Luftschiffvorstellung kosmologische Gegebenheiten vom Schichtenaufbau des mittelalterlichen Sphärenhimmels wider. Damit regte sich das Interesse der mittelalterlichen Wissenschaft, beispielsweise in der Frage, wie sich ein solches Schiff in der Luft halten könne. Technisches Fortschrittsdenken im modernen Sinn aber kannte das Mittelalter nicht. Der Franziskaner Roger Bacon (1214–1292) gilt mit seiner Vision eines »instrumentum volandi« als Vater des Gedankens der Möglichkeit des Menschenfluges. Bei der Theorie allein blieb es jedoch nicht. Die Turmspringer des Mittelalters versuchten, sich mit künstlichen Flügeln und Federkleidern aus erhöhter Position mit Flatterbewegungen in der Luft zu halten. Andere Überlieferungen erzählen von mutigen Fliegern, die mit weiten Gewändern von hohen Türmen sprangen und durch die Luft zu gleiten versuchten. Keinem dieser frühen Flugversuche war ein Erfolg beschieden. Interessant ist, daß diese Flüge unabhängig neben der christlichen Flugdiskussion bestanden. Eine langfristige Tendenz zur Säkularisierung zeigt sich in der Einbeziehung des Flugthemas sowohl in die physikalische Diskussion wie auch in die zwischen 1400 und 1540 rapid anwachsenden Abhandlungen zur zivilen und militärischen Technologie. Das Mittelalter hat so den Boden für Leonardo da Vinci bereitet.

Der Flug als Häresie: »Simon Magus« als christliches Paradigma

In den »Constitutiones Apostolorum«, einer rechtlich-liturgischen Kirchenordnung, die um 380 in Syrien von einem Arianer zusammengestellt wurde, berichtet der Apostel Petrus von einem Flugversuch des Zauberers Simon vor versammelter Öffentlichkeit, der offensichtlich großes Erstaunen und ein nicht unbeträchtliches Maß an Bewunderung hervorrief:

>»Einst wandte er (Simon Magus) sich mittags nach dem Theater, beauftragte das Volk, auch mich mit Gewalt dorthin zu bringen und versprach, er werde in der Luft fliegen. Als nun alles Volk das Schauspiel erwartete, betete ich für mich im stillen. Und tatsächlich wurde er durch Dämonen in die Luft emporgehoben und flog hoch über dem Boden dahin, wobei er verkündete, er kehre jetzt in den Himmel zurück und werde ihnen von dorther allerhand gute Gaben verschaffen. Und das Volk jauchzte ihm zu wie einem Gott.«[3]

Die Konfrontation des samaritanischen Zauberers mit dem Apostel Petrus um die Berechtigung zur Himmelfahrt gibt einen guten Einblick in die Auseinandersetzung des jungen Christentums mit konkurrierenden Glaubensvorstellungen. Simon wurde mit dem Vorwurf belegt, die Christus zugeschriebenen Wunder als Zauberkunststücke gesehen und unberechtigt nachgeahmt zu haben. Außerdem soll er wie ein Gott verehrt worden sein. Der in Rom wirkende frühchristliche Apologet Justin (gest. 165) berichtet beispielsweise, daß der Samariter Simon aus Gittai nach Rom gegangen sei. Dort habe er den Senat wie das Volk gleichermaßen durch seine magischen Fähigkeiten, die er mit dämonischer Hilfe zustande brachte, so sehr in Staunen versetzt, daß sie ihn für einen Gott hielten[4].

Aus der Apostelgeschichte ist bekannt, wie der gläubig gewordene Simon nach seinem Übertritt zum Christentum Petrus Geld anbot, um von ihm das Geheimnis der Vermittlung des Heiligen Geistes durch Handauflegen zu erfahren. Das Laster des geistlichen Ämterkaufes wurde nach ihm mit dem Wort »Simonie« bezeichnet. In der christlichen Legendendichtung wird Simon als Schwindler und Gaukler dargestellt, dem man den Besitz magischer Fähigkeiten nachsagte und dem verschiedene ominöse »Wunder« zugeschrieben wurden. So soll er sich gerühmt haben, unter anderem die Kunst des Goldmachens zu verstehen, Geister beschwören, durch die Luft fliegen und wie Jesus Christus in den Himmel auffahren zu können.

Im Christentum wurde das göttliche Attribut »Fliegen« gleichsam monopolisiert: Nur der Gottessohn Jesus Christus steigt in den Himmel auf, während der Magier Simon als Mensch ohne göttliche Berechtigung zur Himmelfahrt nicht befähigt ist und daher scheitern muß. In der Apostelgeschichte heißt es dazu:

»Und siehe, er (Simon Magus) wurde in die Höhe gehoben, und alle sahen ihn sich über ganz Rom und über seine Tempel und seine Hügel erheben. Die Gläubigen (aber) blickten auf Petrus. Und Petrus sah das Unglaubliche des Schauspiels und schrie zu dem Herrn Jesus Christus: ›Wenn du diesen tun läßt, was er unternommen hat, so werden jetzt alle, die an dich gläubig geworden sind, angefochten werden, und es werden die Zeichen und Wunder, die du ihnen durch mich gegeben hast, unglaubwürdig sein. Erzeige, Herr, schnell deine Gnade und (bewirke), daß er von oben herabfällt, aber nicht sterbe, sondern unschädlich gemacht werde und den Schenkel an drei Stellen breche!‹ Und er fiel von oben herab und brach den Schenkel an drei Stellen. Da warfen sie Steine auf ihn und gingen jeder nach Hause...«[5]

Der Flug konnte auch durch die Hilfe von Dämonen zustande kommen. Die Mitwirkung übernatürlicher Kräfte verstärkte noch die dem Simon zugeschriebene Hybris, mit seinem Flug die Himmelfahrt Christi nachahmen und verhöhnen zu wollen. Dieser lästerliche Übermut, sich als höchste Kraft, als Gott auszugeben, wird in der christlichen Patristik – von der Apostelgeschichte über die Pseudoclementinen bis hin zu Justin, Irenaeus und Hippolyt – natürlich negativ gesehen. Der frevelhafte Flug mit Hilfe des Bösen endet mit dem Absturz des Magiers, eine Warnung an alle Christen, sich vor solcher Vermessenheit zu hüten. Der Mailänder

Bischof Ambrosius (339–397) schreibt in seinem »Hexameron«, Petrus habe durch sein Gebet »den Simon, der auf dem Fittiche der Magie zur Himmelshöhe aufstrebte, herabgeschleudert und niedergestreckt, indem er der Gewalt seiner Zaubersprüche die Flügel lähmte«[6]. Das Mißlingen magischer Flüge, sei es mitten in der Luft oder beim Abheben vom Erdboden, findet sich auch außerhalb christlicher Gedankensphäre als weitverbreiteter Topos volkstümlich-religiöser Überlieferung. Ioan Culianu spricht von einem althergebrachten Legendenmuster: Ein Zauberer oder Heiliger ersteigt einen hochgelegenen Ort, läßt sich in die Luft fallen und schlägt, statt zu fliegen, auf dem Boden auf. Der Magier Simon gilt als klassisches Beispiel dieser Struktur[7].

Bewunderung, aber auch Ablehnung, kennzeichnet die Überlieferung vom Flug des Simon Magus. Während er von gnostischen Simonianern als Inkarnation Gottes angesehen wurde, standen ihm die Kirchenväter in Feindschaft gegenüber und suchten ihn als Scharlatan zu entlarven. Die historische Gestalt des Gnostikers Simon verschwindet hinter dem Stigma des Pseudomessias und Antichristen und verdichtet sich zum Ketzer-Archetypus und »Vater aller Häretiker«, ein anschauliches Beispiel für einen »negativen Mythisierungsprozeß«[8].

Im Mittelalter zirkulierten verschiedene Versionen der altchristlichen Legende vom Flug und Sturz. Im allgemeinen wurde dieser Flugversuch nicht außerhalb seines theologisch-christlichen Rahmens gesehen. Er galt als Dämonenflug und wurde daher nicht mit mechanischen Hilfsmitteln erklärt. »Symon der gauckelaere« flog nach mittelalterlichem Verständnis auch nicht aus eigenem Vermögen, sondern »die tievele« führten ihn »uf zu den luften«, wie in der »Kaiserchronik« (um 1140) berichtet wird[9]. Das Flugexempel kann somit als Beweis für das Wirken dämonischer Kräfte und deren Fähigkeit gelten, Menschen durch die Luft zu tragen. Der Intention dieses Werkes entsprechend, den Sieg des Gottesreiches darzustellen, gilt die Konfrontation Simons, der als Schützling des Kaisers Claudius (10 v. Chr.–54) auftritt, mit Petrus als der erste Zusammenstoß von Gottesreich und Weltreich. Das 13. Jahrhundert überliefert die Auseinandersetzung zwischen Simon und den Aposteln Petrus und Paulus in der bekannten Sammlung

»Legenda aurea« des Dominikaners Jakobus de Voragine (1230–1298)[10]. Die Künstler des Mittelalters bildeten Flug und Sturz des Simon Magus als Freskenmotiv ab, wie in der Kirche des Klosters St. Johannes Baptist in Müstair (Graubünden), in der Pfarrkirche Reith bei Brixlegg (Tirol) oder als Wandgemälde in der Kirche S. Maria degli Angeli (Rom), häufiger aber auf gotischen Glasfenstern, vorwiegend in französischen Kirchen wie Autun, Chartres, Bourges, Tours, Reims und Poitiers[11].

Die Fahrt in den Himmel – Vorstellungen christlicher Heiligkeit

Zwei große griechische Mythenschöpfungen haben das Christentum entscheidend beeinflußt: der Mythos von dem menschgewordenen Gott, der mit den Menschen leidet und stirbt, und der Mythos von der Befreiung der gefangenen Seele durch den göttlichen Erlöser[12]. Die Aufnahme Jesu unter die sterbenden und auferstehenden Götter war für das Entstehen des Christentums entscheidend. Mythen von Himmel- und Höllenfahrt sind zuerst in antiochenischen Jüngerkreisen mit Jesus verbunden worden[13]. Im Neuen Testament lehnt sich die Himmelfahrt an die hellenistische Form der Apotheose an: Jesus fährt auf ähnliche Weise wie römische Kaiser und Kaiserinnen auf. Hinzu kommt der Einfluß späthellenistisch-iranischer Sonnenfrömmigkeit, die, durch Mithras vermittelt, über den Sonnenkult römischer Kaiser ins Christentum übernommen wurde. Der antike Sonnengott Helios wird mit Christus gleichgesetzt wie bei dem gnostischen Häretiker Hermogenes (um 180–205), der behauptet, Christus habe bei der Himmelfahrt seinen Leib in der Sonne zurückgelassen[14]. Der frühchristliche Apologet Justin (gest. 165) steht der antiken Religion und Mythologie zwar kritisch gegenüber, zeigt sich ihr aber verpflichtet, indem er auf die mythische Himmelfahrt griechischer Götter und Helden hinweist und den christlichen Auferstehungs- und Himmelfahrtsglauben als nichts Ungewöhnliches und Unverständliches darstellt[15].
Die Christen vertreten für Christus dasselbe wie die Griechen für

Hermes, Perseus oder Bellerophontes, doch ist die antike Darstellung aus christlicher Sicht unwahr. Die Himmelfahrt Jesu wird im Neuen Testament nur leicht angedeutet, in der Folge aber mit dem ganzen Prunk hellenistischer Himmelsreisen angereichert. Motive wie die Durchwanderung der Elemente und das Vorüberschreiten an Gestirnen und Dämonen der Luft sind nur einige Beispiele. In diesem Zusammenhang sind die alttestamentlichen und jüdisch-hellenistischen Entrückungsgeschichten wie die des Elias[16], Henoch[17] oder Elohim[18] von Bedeutung.

Eine althochdeutsche Evangelienharmonie von Otfried von Weißenburg (ca. 800–870), der »Liber evangeliorum« oder kurz »Krist« genannt, stellte Leben und Leiden Jesu von seiner Geburt bis zur Himmelfahrt dar. Otfrieds ausführliche Himmelfahrtsschilderung ist deshalb bemerkenswert, weil er kosmologische Aspekte hervortreten läßt, die sich in der Verwendung antiker Aszensionsdarstellungen äußern:

»Er (aber) fuhr auf über Sonne und Mond und über den ganzen Erdkreis, nie zuvor hat man ein solches Ereignis sehen können; und schon (erhob er sich) über alle zwölf Sternbilder auf dem geneigten Himmelskreis, über das Siebengestirn, über den Wagen, ebenso über den Drachen, der sich zwischen sie hindurchwindet, auch über den langsam ziehenden Saturn, über den Polarstern, der seine Stelle stetig hält und den du auch in klaren Nächten nur schwer ausmachen kannst. Es ist für einen Menschen zuviel, alle wunderbaren Erscheinungen des Himmelsschmucks so (ausführlich) zu benennen.

Doch gibt es keinen Stern, den er nicht weit überstieg; man darf schon sagen, daß er zuletzt alle unter sich zurückgelassen hatte. Die Jünger, voll Erstaunen darüber, blickten ihm noch lange nach, die Hände über den Augen, damit sie ihn besser sehen könnten. Zuletzt, da er sehr weit entfernt war, konnten sie ihn kaum noch erkennen: es war, als er die obere Wolkengrenze erreicht hatte.«[19]

Marias Aufnahme in den Himmel

Dennoch blieb das »Fliegen« im Christentum nicht allein auf Jesus Christus beschränkt, was am Streitfall von der Aufnahme der Gottesmutter Maria in den Himmel gezeigt werden kann. Der populäre Wunsch, von Dingen zu hören, von denen die biblischen Schriften schweigen, mag zur Legendenbildung in den Apokryphen geführt haben, die nun, mit interessanten Einzelheiten und oft auch mirakelhaften Zügen angereichert, die Wunder- und Sensationslust breiter Bevölkerungsschichten befriedigte. Vorlagen für die Verfasser der Apokryphen fanden sich in den schon erwähnten Himmelfahrten der alttestamentlichen Propheten Henoch, Elias und Isaias. Besonders für die früheste Himmelfahrtslegende Marias gilt die Erhebung des Evangelisten Johannes als Vorbild, die zu einem wundersamen Wolkentransport ausgebaut wird:

»... plötzlich erdröhnt der Himmel, eine weiße Wolke sinkt mit Getöse hernieder und erfaßt Johannes vor den Augen der Umstehenden.«[20]

Eine Himmelfahrt Marias ist in den kanonischen Büchern vor dem 5. Jahrhundert nicht belegt, obwohl die Himmelfahrt der griechischen Göttin Kybele und die zunehmende Angleichung an Christus das erwarten ließen[21]. Erst auf dem Konzil des Jahres 431 in Ephesus wurde im Zuge der Gottesmutterschaft Marias auch ihre leibliche Aufnahme in den Himmel als verpflichtende Glaubenswahrheit festgesetzt[22]. In den phantasievollen Ausschmuckungen des apokryphen Schrifttums finden sich die ersten Zeugnisse, die den Tod und die Himmelfahrt Mariens entsprechend ausmalen, in Legenden überliefert[23]. In den Handschriften ist jedoch zunächst nur von »assumptio«, also bloß passiver Aufnahme in den Himmel, oder von »transitus« und »dormitio« die Rede[24]. Die Entstehungszeit des ältesten Transitus-Apokryphs wird im 4. Jahrhundert in Syrien vermutet und damit begründet, daß Maria erst seit dieser Zeit – und ganz besonders in der syrischen Kirche – ähnlich wie andere Heilige verehrt wurde[25].
Die römisch-christliche Kirche zeigte im Gegensatz zu den orientalischen Kirchen von Anfang an größte Zurückhaltung gegenüber den Transitus-Apokryphen[26]. Der gelehrte Benediktinermönch und Vorläufer der karolingischen Renaissance Beda Venerabilis (672/73–735) warnte in einem Kommentar zur Apostelgeschichte die Gläubigen vor dem Lesen des apokryphen Buches »De transitu sanctae Mariae« und widersprach der Auffassung, »die Apostel würden im zweiten Jahr nach der Himmelfahrt des Herrn aus allen Erdteilen in wunderbarer Weise auf Wolken herbeigeführt, um

Zeugen des Todes und der Aufnahme Marias zu sein«[27]. In der Predigtliteratur dagegen wird langsam ein Einstehen für die Himmelfahrt bemerkbar, wobei, wie bei Ambrosius Autpertus (gest. 780), offenbleibt, ob Maria leiblich oder nur ihre Seele zum Himmel aufgefahren ist[28]. Noch die Karolingerzeit hatte wenig Interesse an Marias Himmelfahrt, was sich jedoch im 11. Jahrhundert mit der überall wachsenden Marienverehrung änderte. Dabei zeigt sich, daß die Himmelfahrtslegende besonders in der mittelalterlichen Volksdichtung neue Bedeutung erlangte. Schon ab dem 10. Jahrhundert wurde die Himmelfahrtslegende kaum mehr in Zweifel gezogen und von einer Mehrzahl der Theologen gelehrt[29]. Bedeutsam für die zweite Hälfte des 12. Jahrhunderts wurde ein unter dem Namen des Augustinus (354–430) bekannter Traktat »Ad Interrogata«, der sich aus spekulativen Gründen gegen die Bezweiflung der Himmelfahrt Marias ausspricht[30].

Im 13. Jahrhundert nahmen sich die Bettelmönche der Sammlung und Neugestaltung alter Legenden an und setzten sie zielgerichtet in der Predigt und religiösen Erziehung ein. Das berühmteste Legendar, die um 1267 verfaßte »Legenda aurea« des Dominikaners Jakobus de Voragine (1230–1298), behandelt im 119. Kapitel die Transituslegende. Darin heißt es: »Alsbald fuhr Marien Seele in den Leib und stund herrlich auf aus dem Grab und fuhr auf gen Himmel, geleitet von der Menge der Engel.«[31] Überhaupt läßt die große Zahl mittelhochdeutscher Dichtungen über Marias Himmelfahrt die Beliebtheit dieses Themas im 13. und 14. Jahrhundert ahnen. Aus dem Ende des 13. Jahrhunderts ist von einem anonymen Dichter eine rheinfränkische »Marien Himmelfahrt« überliefert[32], die in didaktischer Absicht den verderblichen weltlichen Minnesang kritisiert, indem sie die Bedeutung wahrer geistlicher Marienminne herausstreicht[33]. Die Fahrt in den Himmel beginnt mit der Aufforderung des Herrn an seine Mutter, sich auf das Totenbett zu legen; nachdem ihre Seele mit großem Glanz aus ihrem Mund entflogen ist, übergibt sie der Herr dem Erzengel Michael. Diese Szene, das Entweichen der Seele durch den Mund, findet sich häufig in mittelalterlichen Kunstwerken dargestellt. Vorwiegend in der höfischen Tradition angesiedelt ist die »Hinvart Mariae« von Konrad von Heimesfurt (1. Hälfte des 13. Jahrhunderts), einer einfachen, sich dem Alltäglichen nähernden Darstellung. Weder Roß noch Wagen helfen Maria, in den Himmel zu gelangen; statt dessen neigt sich der Himmel und »si fuoren in den lüften hin«[34]. Ein im 14. Jahrhundert entstandenes »Mariale«, das fälschlicherweise Albertus Magnus (1200–1280) zugeschrieben wurde, faßt den Diskussionsstand der theologischen Autorität dieser Zeit zusammen:

»Auf Grund dieser und vieler anderer Schlußfolgerungen und Autoritäten ergibt sich, daß die allerseligste Gottesmutter mit Leib und Seele über die Chöre der Engel erhoben wurde. Und dies halten wir für unbedingt wahr.«[35]

Die Kunst stellt die Himmelfahrt als Bewegung des Emporschwebens dar, und zwar in Analogie zur Himmelfahrt Christi. Eine byzantinische Elfenbeintafel des 10. Jahrhunderts zeigt, wie Christus, von Engeln begleitet, die Seele seiner Mutter in Form einer kleinen, linnenumhüllten Gestalt auf dem Arm trägt. Die frühesten Darstellungen in der abendländischen Kunst stammen aus dem 8. Jahrhundert: ein Stoff aus der Kathedrale von Sens, der Maria von Engeln umgeben und über den Aposteln schwebend zeigt, sowie eine Elfenbeintafel aus St. Gallen (um 900). Bis zum Ende des 13. Jahrhunderts gehört Marias Himmelfahrt zu den selten und uneinheitlich dargestellten Themen. Die Aufnahme der gesamten Gestalt Marias in den Himmel stellt die bildende Kunst ab dem 12. Jahrhundert dar. Weitere Verbreitung fand diese Darstellungsform aber erst im 14. Jahrhundert, wobei Maria über den Köpfen der Apostel in ganzer Gestalt in den Himmel gehoben wird[36].
Die volle kirchliche Anerkennung wurde erst im Jahre 1950 vollzogen, als Papst Pius XII. (1876–1958) gemeinsam mit allen Bischöfen in der Bulla dogmatica »Munificentissimus Deus« die Aufnahme Marias in den Himmel als Satz göttlichen Glaubens definierte:

»Die unbefleckte, immerwährende jungfräuliche Gottesmutter Maria ist, nachdem sie ihren irdischen Lebenslauf vollendet hatte, mit Leib und Seele in die himmlische Herrlichkeit aufgenommen worden.«[37]

Ein Erfolg der Konkurrenz:
Der Flug christlicher Heiliger

Im Mittelalter gab es immer noch die archaische Vorstellung, daß
bestimmten bedeutenden Menschen Flugfähigkeiten zugesprochen
wurden. Um die Veränderung der Einstellung des Christentums
zum Fliegen verstehen zu können, muß man sehen, daß sich die
christliche Hochtheologie bis ins Spätmittelalter hinein der Konkurrenz »heidnischer« Vorstellungen ausgesetzt sah: Schamanistischen Praktiken im äußersten Norden, slawischen und magya-
rischen Vorstellungen im Osten, keltischer Überlieferung im
Westen und schließlich germanischen Vorstellungen in Europas
Mitte und in Skandinavien. Alle diese nichtchristlichen Bereiche
waren mit entsprechenden Flugvorstellungen angereichert, die mit
christlichen Wundererzählungen notwendigerweise in Konkurrenz
standen. Besonders in der irisch-keltischen Tradition finden sich
dafür Beispiele, denn in irischen Heiligenlegenden wird ganz
selbstverständlich geflogen. Das irische Mönchtum könnte zu
solchen Extravaganzen durch seine heidnischen Konkurrenten an-
gespornt worden sein, denn berühmte keltische Druiden konnten
fliegen:

»Dann brachte man Mog Ruith die Haut des hornlosen, rotgelben Stieres und sein
gesprenkeltes und geflügeltes Vogelkleid (enchennach) und überdies seine Ausrüstung als Druide. Und er erhob sich zusammen mit dem Feuer in die Luft und in
den Himmel.«[38]

Bedeutsam ist hier das Vogelkleid, wie es auch von den Schamanen
bekannt ist. Nikolai Tolstoy hat auf einen direkten Zusammenhang
zwischen druidischem Brauchtum und sibirischem Schamanismus
hingewiesen, Parallelen, die sich bis zu Kleidungsgewohnheiten
verfolgen lassen. Das »Glossary of Corma« (9. Jahrhundert) beschreibt das Kleid irischer Barden, aus

». . . den Bälgen weißer und vielfarbiger Vögel; bis in die Höhe seines Gürtels aus
den Hälsen von Stockenten, und von seinem Gürtel bis zum Hals aus ihren Schöp-
fen.«[39]

Auch auf die Flugfähigkeit des »Druiden« Merlin, dessen Vita in
vier verschiedenen Fassungen überliefert ist, wird immer wieder

Christlichen Heiligen wurden Flugfähigkeiten zugesprochen.
Der bekannteste unter ihnen, Joseph Desa von Copertino,
im Zustand der Levitation. Kupferstich aus dem Jahre 1753.

hingewiesen. In »Suibhnes Wahnsinn«, einer irischen Variante der
Merlin-Mythe, fliegt der Seher wie ein Vogel hoch über den Wolken und Bäumen dahin, nachdem ihm wirkliche Federn gewachsen
sind[40].
Die christliche Wunder- und Legendenliteratur des Mittelalters
hat das Flugvermögen auf viele Heilige übertragen. Flugwunder erfüllten den Zweck, ihre Vorbildwirkung zu erhöhen und in der
Konkurrenz zu volkstümlichen Flugvorstellungen zu bestehen.
Alte Mythen, aber auch gelehrte Schriften der griechisch-römischen Tradition dienten dem jungen Christentum ebenso als Quel-

len wie die antike Heldensage. Der Kampf Bellerophons gegen die Chimaira eignete sich als Kampfsymbol des militanten Christen gegen das Böse, gegen Triebe und Leidenschaften der irdischen Natur des Menschen. Die russische Hagiographie beispielsweise stellte die Erzengel Michael und Gabriel auf geflügelten Pferden dar, und so überlebte der griechische Heros Bellerophon mit Pegasos als Drachentöter in der Gestalt des christlichen Reiters, vor allem in der des hl. Georg. Die mittelalterliche Visionsliteratur gibt zahlreiche Beispiele für Phänomene wie Entrückung und Levitation[41]; mit aufgehobener Schwerkraft ist es ein leichtes, weite Strecken im Luftraum zurückzulegen oder beim Gebet in der Luft zu schweben. Thomas von Cantimpré (1201–1263/80) berichtet von einem Dominikaner, der beim Gebet in der Höhe eines Ellbogens über der Erde geschwebt sein soll[42].

Fliegende Schmiede im Norden: Wieland und Ilmarinen

In der ältesten germanischen Götter- und Heldensage wird die Flugfähigkeit mythischen Riesen und Göttern zugesprochen, die künstlich gefertigte Flügel und Federkleider tragen, um die Weiten des Himmels zu durchheilen. Ebenso trifft man in der germanischen Überlieferung auch die Vorstellung an, das Fliegen auf eine besonders privilegierte Personengruppe zu übertragen, nämlich auf die Schmiede. Wieland, der kunstfertige Schmied, steht in Verwandtschaft zu Daidalos, dem sagenhaften Erfinder und Künstler. In vieler Hinsicht gleicht sich ihr Schicksal, ihre Fähigkeit zu fliegen und ihre Flucht durch den Luftraum. Doch das Thema der Wielandsage ist ein anderes: die Rache. Der Gedanke der Hybris und ihrer Bestrafung spielt hier wie in der griechischen Sage keine Rolle[43].

Die alte Erzählung findet sich in der skandinavischen »Völundarkvida« (9. Jahrhundert) überliefert. Der Raub eines mit Flugeigenschaften ausgestatteten Zauberringes bringt den kunstfertigen Schmied in Abhängigkeit von König Nidud. Gefangenschaft und Rache kennzeichnen das weitere Geschehen. Wieland (Völundar) fertigt ein Federkleid an, wie er es von den Valkyren kennt, aber erst in Verbindung mit dem Ring kann er wie ein Vogel fliegen. Nach vollzogener Rache erhebt er sich vor den Augen des entsetzten Königs triumphierend in die Luft und fliegt davon[44]. In einer jüngeren Fassung, der »Thidrekssaga« (13. Jahrhundert), einer Sammlung von Heldensagen um Dietrich von Bern, ist die Flugepisode breiter ausgebaut. Wieland (Welent) begegnet dort mit durchschnittenen Fußsehnen an seine Werkstatt gebunden, wo er auf die Hilfe seines Bruders Egil, eines berühmten Bogenschützen, angewiesen ist. Er weist ihn an, Vogelfedern aller Art zu sammeln, und fertigt daraus ein Flughemd. Um es zu erproben, läßt er es Egil »einfliegen«, gibt ihm jedoch listig den falschen Rat, mit dem Wind zu landen. Der Flug gelingt zwar problemlos, doch bei der Landung stürzt Egil mit dem Kopf zu Boden – Wieland wußte, daß man beim Fliegen nach dem Vorbild der Vögel gegen den Wind aufsteigen und landen muß[45].

Wielands Flugfähigkeit läßt sich in der »Völundarkvida« sehr allgemein als märchenhafte Vogelverwandlung erklären, während die jüngere Fassung mehr eine mechanische Tätigkeit voraussetzt. Die Texte äußern sich jedoch beide sehr zurückhaltend über das plötzliche Flugvermögen des Schmiedes, was verschiedene Deutungen zuläßt, die sich nach Robert Nedoma auf drei Ansätze reduzieren lassen[46]. Zum einen ist es der Besitz des Zauberringes, der Wieland befähigt, sich mit seinem Flügelpaar in die Luft zu erheben[47]. Dafür spricht die zentrale Rolle des Ringes in der Geschichte, obwohl er nicht direkt – wie in der Salomonsage[48] – als Flugring bezeichnet wird. Eine andere, technisch orientierte Theorie verweist darauf, daß der kunstfertige Schmied einen Flugapparat gebaut haben könnte, der die Flucht durch den Luftraum ermöglichte[49]. Dieses von der antiken Tradition beeinflußte Argument führte zu der Ansicht, daß in der »Völundarkvida« die germanische Version der Daidalossage vorliege. Doch diese Theorie fand ihre Grenzen, da der Text des 9. Jahrhunderts einen solch meisterlich gefertigten Flugapparat nicht erwähnt. Naheliegender hingegen ist die Überlegung, daß Wielands Flugfähigkeit nicht mit magisch-technischen Hilfsmitteln zu erklären ist, sondern aus seinem eigenen übernatürlichen Wesen heraus, als Albe, was ihn in die Nähe zu Göttern und Riesen stellt[50]. Sie läßt sich aus seiner Verbindung mit dem Schwanenmädchen Alvitr erklären, seiner Partnerin im Fluggewand, die aufgrund ihres Wesens fliegen kann und der am Ende der »Thidrekssaga« der Mann gegenübersteht, der sich aus eigener Kunstfertigkeit die Möglichkeit des Fliegens schafft. Damit steht Wieland in Verbindung zu Daidalos, der ebenfalls als kunstfertiges Individuum eine herausgehobene Position einnimmt. Schließlich werden noch im Zusammenhang magischer Flüge und der dazugehörigen Vogelsymbolik Wielands Flugfähigkeiten schamanistisch gedeutet[51]. Die Nähe von Schmieden und Schamanen ist in historischer wie mythologischer Hinsicht in schamanistischen Kulturen bekannt[52].

Auch in der finnischen Mythologie wird der »erste Schmiedekünstler« Ilmarinen in Verbindung mit magischen Flugvorstellungen gebracht. Der 19. Gesang des finnischen Nationalepos »Kalevala«, einer Sammlung alter Lieder und Sprüche aus der mythischen Frühzeit Finnlands, führt in märchenhafte und außerweltliche Bereiche. Ilmarinen schmiedet aus Liebe zu einem Mädchen des legendären Nordlandes einen eisernen Adler, den er durch die Luft dirigieren kann:

> »Amboßmeister Ilmarinen, urzeit-alter Schmiedekünstler,
> Schmiedet' einen Feueradler, einen großen weißen Greifen,
> Fänge schuf er ihm aus Eisen, schmiedete aus Stahl die Krallen,
> Aus dem Bootsrand baut' er Flügel, setzt' sich selber auf die Schwingen,
> Setzt' sich rittlings auf den Rücken, auf des Adlers Flügelknochen.
> Dann ermahnte er den Adler, unterwies den großen Greifen: ›Adler, o mein lieber
> Vogel, fliege, wohin ich dich weise,...‹«[53]

Ilmarinens Feueradler steht etymologisch in Zusammenhang mit dem lappländischen Namen für den Hilfsvogel des Schamanen[54] und gehört in die Reihe sagenhafter Vogelerscheinungen, die mit magischen Kräften ausgestattet sind. Das Ziel des Fluges ist zunächst die Totenwelt; Ilmarinen muß eine der Freierproben ablegen: die Gewinnung des Großen Hechtes. Die Bändigung des märchenhaften Ungeheuers im Luftkampf ist die schwerste der Freierproben, gleichzeitig aber der glänzende Höhepunkt des ganzen Gesanges. Ilmarinen sitzt auf dem Vogelrücken, aktiv wird der Kampf aber vom Adler geführt. Hin und her wogt das Kampfge-

schen zwischen Wasser und Luft, und erst beim dritten Versuch
kann der Vogel die Auseinandersetzung durch den Einsatz seiner
Eisenklauen für sich entscheiden. Er hebt den Hecht aus dem Wasser und tötet ihn, indem er den Bauch des Fisches aufschlitzt. In
einer der zahlreichen Varianten dieser Freierprobe finden sich im
Bauch des Hechts in Eiform Sonne und Mond verborgen, die nun
vom Adler befreit und wieder aufgerichtet werden: Dahinter verbirgt sich kosmogonisches Geschehen. Der Adler und Ilmarinen
fliegen nun in den Himmel des Nordlandes mit dem erbeuteten
Fischkopf »als Geschenk zur Schwiegermutter« Louhi, der Beherr-
scherin des Nordlandes, die ebenfalls Flugfähigkeiten besitzt:

»Louhi, Herrscherin des Nordlandes, Nordlandalte, arm an Zähnen,
Schuf sich selber Federflügel, hob sich leicht empor zum Fluge,
Flog umher in Hauses Nähe, flog dann weiter in die Ferne, . . .«[55]

In verschiedenen Varianten dieses Liedes begegnet Ilmarinen neben der erwähnten Funktion als Freier auch als Luftgott und Him-
melsschmied, wobei er hier nicht die Hilfe eines mythischen
Lüfte-Vogels benötigt, sondern sich selbst in einen solchen verwandeln kann. In dieser Form schimmert die Auseinandersetzung
zwischen Himmelsgott und Meerungeheuer, zwischen Ordnung
und Chaos durch, parallel dazu zwischen dem babylonischen Mar-
duk und Tiamat sowie Jahve und Leviathan[56].

Valkyren und andere Vogelmenschen

Die Fähigkeit zu fliegen wird Alvitr, Ölrun und Svanhvitar, den
theriomorphen Partnerinnen Wielands und seiner Brüder, zugesprochen, indem sie sich in Vögel verwandeln können. Symbolisch
wird diese Metamorphose mit dem Bild des Federkleides ausgedrückt. Sie erweisen sich des göttlichen Flugprivilegs teilhaftig
und reihen sich in den Bereich überirdischer Wesen ein, gemeinsam mit den Feen, den reinen Landwesen, und den Nixen, den
Wasserwesen. Ihre Anzahl entspricht der magischen Dreizahl. Ein
mittelhochdeutsches Zeugnis für das Schwanenfrauenmotiv begegnet in dem anonymen Gedicht »Friedrich von Schwaben«, in

dem der Held seine in eine Taube verzauberte Geliebte Angelburg dadurch erlöst, daß er ihr Federhemd raubt[57]. Während aber die Meerfrauen die Liebe zu einem Irdischen nicht scheuen, stehen die Schwanenjungfrauen der menschlichen Liebesneigung fast ablehnend gegenüber. Wer ihr Federkleid raubt, sie also zwingt, ihre menschliche Gestalt beizubehalten, hat Macht über sie und kann ihre Zuneigung gewinnen. Auch in der nordischen Mythologie gehören die Schwanenjungfrauen in den Bereich der Überirdischen. Sie sind im Gefolge Odins angesiedelt und eilen durch die Lüfte, um auf göttlichen Befehl Schlachten zu lenken und Todeslose zu verteilen. Ähnlich wie die christlichen Engel sind sie geflügelte Funktionsträger, die sich zwischen den Welten bewegen zum einen als Schicksalsfrauen, zum andern als geflügelte Mischwesen.

In der »Völundarkvida« kommen die Schwanenmädchen aus einem unbekannten, im Süden gelegenen Land über den »Dunkelwald« (Myrkvid) geflogen und rasten am Ufer des Wolfsees, wo es den Männern ein leichtes wäre, die wertvollen Flughemden zu entwenden. Dem Schema des Märchens entsprechend, bleiben die Mädchen jedoch im Wolfstal in ihrer menschlichen Gestalt als Partnerinnen irdischer Männer. Ihr weltlicher Aufenthalt hat sein Ende, als sie, getrieben von der Sehnsucht, in die Schlachten Odins einzugreifen, heimlich davonfliegen. Sie kehren dorthin zurück, woher sie gekommen sind – ins Land des Südens, das hinter dem Myrkvid liegt. In der Völundarkvida werden die Vogelmädchen mit typisch skandinavischen Elementen ausgestattet. Aus der Eigenheit altnordischer Dichtung sind sie als Valkyren, der kriegerischen Variante dieses Motivs, bekannt. Nur in den Liedern und Sagas des skandinavischen Raumes fliegen die Mädchen aus, um auf Befehl Odins zugunsten einer Partei in Schlachten einzugreifen. Die Archäologie verweist in diesem Zusammenhang auf eine Metallarbeit aus dem 8. Jahrhundert, die Schwanenfibel von Boltersen, die einen Schwan darstellt, der unter seinem Gefieder ein Schwert trägt – möglicherweise ein bildlicher Hinweis auf die Metamorphose der kriegerischen Valkyren zu Flugwesen[58]. In der Frage der Schwanengestaltigkeit können zwei Gesichtspunkte wirksam sein, die verschmolzen auftreten: die außerordentliche Aggressivität des Vogels, besonders in der Brutzeit auch dem Menschen gegenüber, und die Vorstellung von seinen mantischen, also seherischen Fähigkeiten. Vielleicht wäre auch der aus der germanischen Volksdichtung bekannte alte Volksglaube hinzuzufügen, daß durch einen Schwan Unsterblichkeit gewonnen werden könnte[59]. Valkyren können auch ein Flughemd aus Krähenfedern tragen, wie es die germanische »Völsungasaga« überliefert. In der krähengestaltigen, kriegerischen Erscheinung der Valkyren sowie deren Dreizahl wird eine funktionelle Analogie zur inselkeltischen Tradition gesehen: Demnach entspricht die Dreizahl der Vogelmädchen in der »Völundarkvida« den drei irischen Kriegsgöttinnen Morrigu, Macha und der krähengestaltigen Bodb[60].

Der bevölkerte Luftraum: Wetterdämonen und Luftschiffe

Hinter der Vorstellung, daß Luftdämonen für Wetterphänomene und Naturkatastrophen verantwortlich sind, steht eine alte Tradition: Der Ausbruch des Vesuvs im Jahre 79 wird von dem griechischen Historiker Cassius Dio Cocceianus (ca. 163/64–nach 229) in seiner »Römischen Geschichte« beispielsweise den Attacken fliegender Riesen zugeschrieben[61]. Derartige Traditionen wurden ins Mittelalter überliefert und lebten in Volksglaubensvorstellungen fort: So wurden starke Unwetter oder Stürme als das Werk von Dämonen gesehen. Thomas von Cantimpré berichtet beispielsweise über einen Sturm in der Nähe von Limoges, der einen Großteil der Ernte verwüstete. Während er tobte, konnte man in der Luft hören, wie die Dämonen einander warnten, die Weinstöcke eines gewissen Pierre Richard zu verschonen. Richard galt in dieser Region als ein Mann des Teufels und als Verbündeter der Geister in der Luft[62]. Die Vorstellungen fliegender Sturmdämonen oder »tempestarii« scheinen so nachhaltig in der Volksimagination verankert gewesen zu sein, daß – beispielsweise durch Karl den Großen (747–814) – sogar Gesetze dagegen erlassen wurden[63]. Luftgeister konnten sich in mittelalterlichen Volksglaubensvorstellungen nicht nur fliegend zwischen Himmel und Erde bewegen, sondern segelten mit wundersamen Schiffen durch Wind und

Wolken. Fliegende Schiffe wurden mit Dämonen und schlechtem Wetter assoziiert, eine Ansicht, die zusammen mit dem ansteigenden Hexenglauben in der Renaissance häufiger wurde[64]. In allen Diskussionen wurde jedoch immer wieder auf ein Traktat aus der Karolingerzeit zurückgegriffen, das durch die jahrhundertelang anhaltende Diskussion um die Möglichkeit zauberischer Wettermacherei einige Berühmtheit erlangt hat. Diese Schrift mit dem Titel »Über den läppischen Aberglauben des gemeinen Volkes Hagel und Donner betreffend«[65], im Jahre 816 verfaßt vom Erzbischof von Lyon, Agobard, beschäftigte sich mit Aberglaubensvorstellungen des einfachen Volkes aus der Gegend von Lyon. Wahrscheinlich handelt es sich um die Niederschrift einer Predigt oder Rede, worauf Anreden schließen lassen, in denen sich Agobard an seine Zuhörer wendet. Agobards Schrift ist von kulturhistorischem Interesse, weil sie deutlich die Auseinandersetzungen zwischen den Ansichten der Kirche und denen des Volkes dokumentiert.

Agobard gibt wichtige Informationen über die vermeintliche Wirkungskraft der tempestarii, indem er erzählt, daß man ja gesehen und gehört habe,

»... wie die meisten von solchem Wahnsinn gepackt, von solcher Dummheit besessen sind, daß sie glauben und sagen, es gebe ein Land namens Magonia. Aus dem kämen Schiffe in den Wolken gefahren.«

Zu den Aufgaben der Luftschiffer gehört es nun, daß die

»... Früchte, die vom Hagel abgeschlagen werden und im Gewitter verkommen, nach diesem Land gebracht...«[66]

werden. Die tempestarii würden für ihre Mithilfe entlohnt, indem sie dafür das Getreide und die restlichen Früchte erhielten. In Agobards Bericht geht also die Absicht der Luftschiffer weniger darauf hinaus, die Felder und Ernten zu verwüsten, sondern sich ihrer zu bemächtigen und die Früchte vom Felde zu entführen. Zur Deutung des Namens »Magonia« ließe sich das mediterrane »magus«[67] (Magier, Zauberer), das letztlich persischer Herkunft ist, heranziehen: es bedeutet soviel wie »Land der Zauberer«. In diesem Sinne interpretiert auch A. borst, J. Grimm folgend[68], den Namen des Zauberlandes, der von den Magiern stamme, den Zauberern des Alten Orients. Der Volkspreidger Bernhard von Siena (1380–1440) erwähnt ein Wolkenschiff namens »Mago«[69], das den Seefahrern schade, wogegen diese sich mit Schwertern und Beschwörung zur Wehr setzten. Wie dem auch sei – Magonia ist ein Land in nebelhafter Ferne, möglicherweise mit Anklängen an ein Totenland, wohin die Überfahrt auf einem Schiff erfolgt. Agobard glaubt im Gegensatz zur Bevölkerung nicht an Wetterzauber und Luftfahrten, sondern hält alles für Verblendung und Dummheit[70]. Obwohl er betont, daß sich solche Vorstellungen in allen Schichten der Bevölkerung finden, scheint es sich bei diesem Aberglauben primär um ein Ergebnis bäuerlichen Denkens zu handeln. Der Glaube an die Existenz von Luftmenschen konnte anscheinend sogar handgreifliche Folgen nach sich ziehen: Agobard berichtet als Augenzeuge von einem spektakulären Vorfall, nämlich einem Strafprozeß gegen angebliche Luftschiffer, »drei Männer und eine Frau«, die aus ihren Schiffen gefallen sein sollen. Nachdem man sie einige Tage lang gefangengehalten hatte, wurden sie schließlich einer versammelten Menschenmenge in Gegenwart des Bischofs vorgeführt, um sie steinigen zu lassen. Agobard selbst schaltet sich in die Auseinandersetzungen ein, und es kostet ihn Mühe, der aufgeregten Menge beizubringen, daß die vorgetragenen Anschuldigungen unsinnig seien. Zwar verhindert er so die Hinrichtung, den Glauben an die Existenz der Luftschiffer kann er den Menschen jedoch nicht nehmen.

Irische Schiffergeschichten

Während die Geschichte des Agobard von Lyon ganz aus der Perspektive der Erdbewohner dargestellt und bewertet wird, findet sich in irischen Schiffersagen, den »immrama«, eine umgekehrte Sicht der Dinge. Eine der bekanntesten mittelalterlichen Seelegenden, die »Navigatio Brendani« (9. Jahrhundert), die an die Vita des irischen Abtes und Klostergründers Brendan (gest. ca. 580) anknüpft, enthält in der Volksbuchfassung zwei Episoden, die den Iren und seine Gefährten an die Schwelle zwischen Erde und Anderswelt geraten läßt[71]. Als Brendan sich auf seiner berühmten Reise über den westlichen Ozean befindet, wo nach alter Tradition die keltische Anderswelt liegt, erfaßt ein Sturm das Schiff und treibt es an eine seichte Stelle im Meer. Plötzlich vernehmen die einsamen Mönche entfernte menschliche Geräusche:

»Da hörten sie nicht weit . . . großes Lärmen, lautes Reden, Geschrei und ein wundersames Tönen – hofieren, weinen, klagen, pfeifen und lachen. Sie vernahmen Trompeten und Posaunen, hörten Pferde, Kühe und Ferkel schreien und viele andere Laute.«[72]

Aber außer Himmel und Wasser ist nichts zu sehen. Ratlos lassen sie den Anker fallen, bemerken aber bald, daß er unverrückbar festsitzt. Ein Zwerg erzählt ihnen, daß hier die Welt zu Ende sei und das Getöse, das sie hören, von einer anderen Welt unter der Erde komme. Schließlich kappen sie die Ankerseile, wie die übernächste Episode berichtet, und setzen die Segel zur Weiterfahrt.

Im »Book of Leinster«, das noch vor 1160 kompiliert wurde, wird in der Historie »Immram curaig Maelduin«, die vermutlich aus dem 8. oder 9. Jahrhundert stammt, von Schrecknissen und Wundern des irischen Helden Maelduin auf dem Meer erzählt. Eine Episode weiß zu berichten, daß Maelduin und seine Gefährten bei ihrer Odyssee durch Meer und Inseln in ein »anderes Meer« gelangen, »das dem Nebel (Wolke) ähnlich war, und es schien ihnen, als ob es weder sie noch ihren Kahn tragen könnte«. Verunsichert durch die ungewöhnliche Situation, beobachten sie das Meer genauer und bemerken bald, daß sich unter ihnen Land ausbreitet und schöne Menschen dort leben. Der friedliche Anblick wird jedoch bald durch ein schreckliches Ereignis getrübt: Ein bestienartiges Ungeheuer hat sich nämlich auf einem Baum verschanzt und wird bald darauf von einem bewaffneten Hirten und seiner Herde entdeckt. Hals über Kopf fliehen Herde und Hirte, während es dem schrecklichen Ungeheuer noch gelingt, den stattlichsten Ochsen zu rauben. Das Entsetzen Maelduins und seiner Gefährten ist groß, nicht zuletzt deshalb, weil sie glauben, »sie würden nicht über es (das Meer) kommen ohne durchzufallen nach unten wegen seiner Dünnigkeit wie Nebel«[73].

In den Anmerkungen zum »Kalendarium des Oengus«, einer irischen Handschrift aus dem 9. Jahrhundert, findet sich eine weitere

Fliegende Schiffe gehörten zum Repertoire des europäischen Volksglaubens. Kolorierter Holzschnitt einer Himmelsvision über Hamburg. Augsburg 1562.

Variante. Darin wird von Birgit, einer irischen Heiligen, berichtet, die sieben Menschen im göttlichen Auftrag entsendet. Mit dabei ist auch ein blinder Knabe, der die Fähigkeit besitzt, sich an alles zu erinnern, was er jemals vernommen hat. Nachdem die sieben endlich das Iktische Meer erreicht haben, überrascht sie ein heftiger Sturm; sie müssen den Anker zu Wasser lassen, und er verfängt sich am Dach einer Kapelle. Einer muß nun hinuntersteigen, und das Los fällt auf den blinden Knaben, der den Anker löst, aber bis zum Ende des Jahres bei der Kapelle bleibt, während die anderen weiterfahren. Als seine Gefährten aus Rom zurückkehren, überrascht sie wieder ein Sturm, wieder werfen sie den Anker an der gleichen Stelle, und der blinde Knabe steigt daran empor. Er hat seinen religiösen Auftrag erfüllt. Gemeinsam mit seinen Gefährten kehrt er zu Birgit zurück[74].
Bei allen drei Geschichten wird angenommen, daß die irischen Reisenden an bestimmten Stellen auf eine menschliche Welt stoßen und sie anhand der Geräusche wahrnehmen können. Die an-

dere Welt befindet sich unterhalb des Meeres, auf dem sich die Schiffer bewegen. Welche Qualität aber hat das Meer? Ist es wirklich ein Meer von Wasser, und wo befinden sich diese Schiffsleute tatsächlich, wenn die Konsistenz des Elements als nebel- oder wolkenartig charakterisiert wird und die Reisenden in der Geschichte von Maelduin sogar Angst haben müssen, durch ein Loch abzustürzen? Auf jeden Fall handelt es sich bei der unteren Welt nicht um eine Unterwelt im christlichen Sinn, also um eine Hölle, sondern von dort sind Kirchengesang und Glockenläuten zu hören, und der blinde Knabe der hl. Birgit vernimmt dort religiöse Regeln. Auffallend ist das Motiv des Ankers, der sich an einem markanten Punkt, nämlich einer Kirche, verhakt. Solche und ähnliche »geographische« Berichte werden oft als Reisen der Seele nach dem Tod interpretiert. Welche Faszination von den alten »immrama« ausgegangen sein muß, zeigt sich daran, daß Menschen, von dem Wunsch beseelt, die Anderswelt noch zu ihren Lebzeiten zu erreichen, zu wirklichen Pilgerfahrten drängten. Häufiger wurden die Reisen als eine Art »rite de passage« in bewußt ritueller Form dargestellt, wobei auch der Aufstieg zum Himmel nachvollzogen wurde[75].

Luftschiffvorstellungen in England und Norwegen

Nach Ansicht des Germanisten Carl Meyer enthalten die »Otia imperialia« des Engländers Gervasius von Tilbury (ca. 1152–1220), ein zur Unterhaltung Kaiser Ottos IV. (1176–1218) verfaßtes Buch, eine Geschichte über die gleichen Luftschiffer, von denen auch Agobard von Lyon berichtet hat. Als nämlich

»... an einem trüben, neblichten Tage in England die Leute gerade aus der Kirche kamen, da habe sich ein Anker an einem Tau aus der Luft herabgesenkt. Darauf schien es – denn deutlich konnte man die Gegenstände wegen des Nebels nicht sehen –, als ob man sich oben Mühe gebe, den Anker wieder hinaufzuwinden, wobei sich auch die Stimmen der Luftschiffer hören ließen, und schließlich ließ sich sogar ein Mann an dem Tau herab. Schon hatte der Luftmensch den Anker aus der Erde losgemacht, und die Umstehenden wollten ihn gerade packen, da gab er den Geist auf, wahrscheinlich weil die Luft auf der Erde für ihn zu schwer war. Nach einer Stunde, als die übrigen Luftmenschen merkten, daß ihrem Genossen etwas widerfahren sei, schnitten sie das Seil entzwei, überließen den Anker seinem Schicksal und fuhren weiter. Aus dem Anker wurde später das Eisenwerk der Kirchthüre, vor welcher der ganze Spectakel sich ereignet hatte, verfertigt.«[76]

Betrachtet man diese Textstelle genauer, kommt man jedoch zu ganz anderen Ergebnissen. Das Ereignis wird unter der Überschrift »De mari« abgehandelt, einem dreiteilig gebauten Kapitel über die Wunder des Weltmeeres. Einleitend wird behauptet, daß die Erde von einer Wasserhülle umgeben ist: »Manche sagen, die Erde würde auf allen Seiten gleichmäßig vom Meer umgeben und eingeschlossen...«[77] Nach Ansicht Gervasius', die er mit alchimistischen Schriften wie der »Turba Philosophorum«[78] teilt, schließt das auch den Raum unter der Erde und über dem Luftraum ein. Diese These wird im Mittelteil mit zwei Beispielen bewiesen und abschließend noch einmal zusammengefaßt: »Wer also wird angesichts des bekannten Beweises dieser Tatsache daran zweifeln, daß sich über unserem Wohnraum in der Luft oder über der Luft ein Meer befindet?«[79] Im zweiten Exempel läßt ein Fischer, der zu weit aufs offene Meer hinausgetrieben worden ist, ein Messer fallen, das direkt vor den Augen seiner Frau auf dem Tisch landet. Er und sein Schiff müssen sich also unmittelbar über seinem Haus befunden haben[80].

Im ersten Beispiel, der Ankerepisode, spricht Gervasius immer nur von »nautae«, was Meyer mit »Luftmenschen« oder »Luftschiffer« übersetzt. Allerdings unterscheiden sich diese »nautae« von dem Schiffer des anderen Exempels dadurch, daß es sich nicht um Menschen handelt, denn das Mitglied der Besatzung, das an der Ankerkette hinabklettert, stirbt an der »Dichte« der Luft, die die Menschen atmen. Die Besatzung von Gervasius' Luftschiff zeigt, daß derartige Erscheinungen den Menschen nicht immer feindlich gesonnen sein müssen, ja, die »nautae« sind – im Gegenteil – gerade durch die Menschenwelt gefährdet. Sie erscheinen fremdartig, wünschen keinen Schaden anzurichten, und ihr Kontakt mit der Menschenwelt kommt mehr oder weniger zufällig und unfreiwillig zustande. Es ist ein Zusammentreffen zweier Welten, die unabhängig und unvereinbar sind. Wie gefährlich der Aufenthalt auf der Erde für die »nautae« der Luft sein konnte, überliefert auch Geoffroi de Vigeois, dessen Luftschiffer in London in den Jahren

1122–1124 ertrank, weil er ins nächsttiefere Element hinabgestiegen war:

»In Anglia wurde oben in der Luft ein Schiff gesehen, das ganz wie ein Schiff auf dem Meer dahinfuhr. Nachdem es mitten in der Stadt Anker geworfen hatte, wird es von den Londoner Bürgern aufgehalten. Einer der Seeleute schickt sich an, den Anker zu lösen, aber von der Überzahl zurückgehalten gab er, (gleichsam) ertränkt durch das Wasser, seinen Geist auf. Die klagenden Seeleute durchkreuzen (nun), nachdem sie das Ankertau gekappt hatten, aufs neue die Luft.«[81]

Viele Versionen der Luftschiffergeschichten wurden mit Irland assoziiert. Um 1250 entstand der altnorwegische Text »Speculum Regale« (Königsspiegel)[82], in dem sich eine Luftschiffergeschichte findet, die der des Gervasius sehr ähnlich ist. Sie ist in verschiedene »Mirabilia« eingebettet, die ein Vater seinem neugierigen Sohn über Irland erzählt. Diese Historie weiß von einem geheimnisvollen Luftschiff zu berichten, das einst über Clonmacnois aufgetaucht sein soll. Während die Bewohner der Stadt in der Kirche des hl. Kiranus die Messe feiern, verhakt sich der Anker an der Kirchentür. In dem Bemühen, ihn freizubekommen, muß einer der Luftschiffer über Bord gehen. Hier wird noch mehr als bei Gervasius deutlich, daß sich der Schiffer im Luftraum verhält wie der Mensch im Wasser: der »nauta« taucht ins Luftmeer hinab und bewegt dabei seine Hände und Füße wie beim Schwimmen. Der Bischof der Stadt verhindert schließlich, daß der Luftmensch auf der Erde festgehalten wird, weil er sterben müßte, wie ein Mensch im Wasser ertrinkt. Nach einer anderen Version wurde ein Luftschiffer auf Befehl des Königs Congalach, Sohn des Maelmithig (gest. 956), gerettet. Die kirchliche oder königliche Intervention erklärt die Funktion des Luftschiffes als Bindeglied zwischen Himmel und Erde, eine Funktion, die nur eine Person von Autorität versehen kann[83].

»Von dem Faren in den Lüften«

Die Frage einer realen Möglichkeit des magischen Fluges – in allen Kulturen der Welt verbreitet – wurde von der Theologie des Mittelalters hin und her gewälzt. Theologen des frühen Mittelalters tendierten wie Agobard von Lyon dazu, alle populären Flugge-schichten für einen Schwindel bzw. für teuflische Vorspiegelungen zu halten. Agobard stand mit dieser Haltung keineswegs allein, sondern auch karolingische Kapitularien und Bußbücher bestritten die vermeintliche Fähigkeit bestimmter Personen, nächtens durch die Lüfte zu fliegen. Die berühmteste einschlägige Textstelle dazu ist der autoritative sogenannte »Canon Episcopi«, der in zahlrei-chen Varianten vom 10.–17. Jahrhundert wieder und wieder in die europäische Flugdiskussion eingeführt wurde:

»Dies darf nicht übergangen werden, daß es verbrecherische Weiber gibt, die, durch Vorspiegelungen und Einflüsterungen der Dämonen verführt, glauben und beken-nen, daß sie zur Nachtzeit mit der heidnischen Göttin Diana oder der Herodias und einer unzählbaren Menge von Frauen auf gewissen Tieren reiten, über vieler Her-ren Länder heimlich und in der Totenstille der Nacht hinwegeilen ... Leider hat eine zahllose Menge, getäuscht durch die falsche Meinung, daß diese Dinge wahr seien, vom rechten Glauben sich abgewendet und der Irrlehre der Heiden sich ange-schlossen, indem sie annimmt, daß es außer dem einen Gott noch etwas Göttliches und Übermenschliches gebe ...«[84]

Deutlich wird in dieser frühen Textstelle das Bestreben, jede Mög-lichkeit der nächtlichen Flüge zu bestreiten und selbst den Glauben daran unter Strafe zu stellen, da er das »christliche Flugmonopol« in Frage stellte. Die Stellung des Christentums zum Fliegen war mit dem Exempel des Simon Magus für das Mittelalter festge-schrieben worden. Ein anonymes Gedicht einer um das Jahr 1230 entstandenen Handschrift, die heute in der Wiener Nationalbiblio-thek liegt[85] und einem Dichter des 13. Jahrhunderts, dem soge-nannten »Stricker«, zugeschrieben wird[86], berichtet von Flügen auf Kälbern, Eidechsen und Hausbesen »über berge und über tal«, an die alle Welt glaube. Er selbst jedoch äußert Zweifel, ob es mög-lich sei, mit Hilfe eines »ovenstaps« durch die Lüfte nach Halle zu reiten. »Daz geloube ich niht«, meint der Autor, »daz sint allez ge-logniu maere.«[87]
Die Haltung der Theologen änderte sich jedoch im Laufe des 13. und 14. Jahrhunderts im Zuge der Verfolgung der großen Ketzer-sekten der Katharer und Waldenser. Da die Angeklagten nur auf-grund ihrer Geständnisse verurteilt werden konnten und in diesen Geständnissen auch immer wieder Flugerlebnisse enthalten waren,

Fliegende Frauen des mittelalterlichen Volksglaubens präfigurieren den Hexenflug. Miniaturmalerei in Martin le Franc, »Le Champion des Dames«, 1451.

verwischte sich allmählich die früher so strikt gezogene Ablehnung jeglicher Realität dieser Flüge. Im Spätmittelalter verdichteten sich die zahlreichen Überlieferungsstränge des Mittelalters zu einem neuen Bild, nämlich dem der Hexen, denen die Flugfähigkeit attribuiert wurde. Der Dämonisierung wurde der ganze Bereich volkstümlicher Flugvorstellungen subsumiert, mit dem sich

hochrangige Theologen auch in ihrer Funktion als Inquisitions-
richter immer wieder auseinandersetzen mußten. Im 15. Jahrhundert einigten sich führende Theologen auf einen Kompromiß:
Zwar konnten die Hexen nicht aus eigener Kraft fliegen, aber nach
Anrufung des Teufels konnten sie von diesem – mit der Erlaubnis
Gottes – real durch die Lüfte geführt oder, um es kraß auszudrük-
ken: getragen werden[88]. Die Hexenverfolgungen, die in Europa
seit 1480 größere Ausmaße angenommen hatten, beförderten den
Glauben an die Möglichkeit des Hexenfluges. Ursache dafür waren
die öffentlichen Hinrichtungstage, die Großveranstaltungen waren, auf denen die Wirklichkeit dieses Phänomens immer wieder
behauptet wurde. Schon in den Verhören gestanden viele »Hexen«
mit und ohne Zwang, wie sie zu ihren Versammlungen, den He-
xentänzen, »gefahren« seien. »Durch die Luft fahren« war der
Terminus für den Hexenflug. Die Hexen flogen zum Wetterzauber
auf Berggipfel oder zum Weindiebstahl in die Keller. Meist mußten sie sich vor dem Abflug zu Hause entkleiden und sich oder ihr
»Flugzeug« mit einer »Flugsalbe« einschmieren, worauf sie ihren
Zauberspruch sprachen, der, wenn sie durch die Schornsteine aus
den Häusern fuhren, üblicherweise lautete: »Oben aus und nir-
gend an.« Verhörschemata kamen immer wieder auf den Punkt des
»Ausfahrens« zu sprechen und verlangten von den der Zauberei
verdächtigten Personen detaillierte Angaben über Häufigkeit,
Zeitpunkt, Ziel, Flugmittel, Flugdauer und Beobachtungen während des Fluges[89].
Der Schwenk in der »communis opinio« beeinflußte selbstredend
auch die weltliche Literatur. »Von dem faren in den lüften« handeln zwei ganze Kapitel in dem spätmittelalterlichen »Buch aller
verbotenen Kunst, Unglaubens und Zauberei«[90]. Der Verfasser,
Dr. Johann Hartlieb (ca. 1400–1468), der als Mediziner bzw. als
Übersetzer magischer Schriften tätig war, erzählt von der ange-
maßten Fähigkeit mancher Fürsten, auf Zauberrossen in »kurzen
zeiten gar vil meil« durch die Lüfte zu reiten. Doch nicht nur Fürsten verdächtigte Hartlieb dieser schwarzen Künste, sondern auch
Männer und Frauen allgemein. Mit Hilfe spezieller Zaubersalben,
bereitet aus siebenerlei Kräutern und anderen Zutaten, sollten sie
in der Lage sein, jegliches Zeug in ein Fluggerät zu verwandeln:

Bänke und Säulen, Rechen und Ofengabeln, Gegenstände des alltäglichen Lebens also, dienten dieser wahrhaft demokratischen Flugbewegung des Mittelalters als Transportmittel[91]. Hartlieb stand mit seiner Vorstellung von einem solcherart bevölkerten Himmel keineswegs allein. Von Agobard über den Canon Episcopi und den Stricker setzten sich zahlreiche Autoren, wenn auch mit sehr unterschiedlicher Zielsetzung, mit Flugvorstellungen aus dem Volksglauben kritisch auseinander. Alle stimmen sie darin überein, daß solche Vorstellungen weit verbreitet waren. Tatsächlich handelt es sich um ein breites Tableau märchenhafter Flugvorstellungen, das – grob gesprochen – von den Wolkenschiffern des Agobard von Lyon über die in karolingischen Kapitularien erwähnten Societäten der nächtlich fliegenden Frauen[92] bis hin zum Sagenkreis von der Wilden Jagd[93] reicht. Für das Mittelalter ist von Wichtigkeit zu wissen, daß mit der Christianisierung Europas konkurrierende Flugvorstellungen keineswegs verschwunden waren, sondern als »Hintergrundrauschen« immer erhalten blieben.

Paradigmatische Grenzerfahrung: Die Luftfahrt Alexanders des Großen

Die Greifenfahrtepisode aus dem Alexanderroman hat für Literatur und Kunst des mittelalterlichen Abendlandes eine herausragende Bedeutung erlangt. Daß der Alexanderstoff zu den Lieblingsstoffen des Mittelalters gehörte, bezeugt unter anderen ein Schulmeister aus Bamberg, Hugo von Trimberg (1230–nach 1313), in seinem um 1300 verfaßten Lehrgedicht »Renner«[94]. Ein besonderes Interesse an dieser Episode zeigt sich in den Bearbeitungen des 13.–15. Jahrhunderts. Darin läßt sich für die Greifenfahrt eine Sonderstellung beobachten, die durch zahlreiche bildliche Darstellungen in der mittelalterlichen Kunst unterstrichen wird. Hartmut Kugler meint in seinem Aufsatz über »Alexanders Greifenflug«, daß die Luftfahrtepisode ihre exponierte Stellung erst durch das Mittelalter erhielt[95]. Verschiedene Anspielungen auch außerhalb der Alexandertradition beweisen die Präsenz des Bildes von der

Greifenfahrt im mittelalterlichen Schrifttum. Ulrich von Lichtenstein (1198–ca. 1276) verwendet das Bild des Alexanderfluges in
seinem höfischen Roman »Frauendienst«, der die Geschichte seines Minnedienstes effektvoll erzählt. In einem Brief an die Geliebte schreibt er, daß sie ihn so erhöht habe mit ihrer Liebe, daß er
sich wie im Himmel fühle, während Alexanders Greifenfahrt nicht
annähernd so freudvoll war[96]. Die Veredelung und Vervollkommnung des Ritters durch die Minne wird hier mit der Metapher des
Fluges ausgedrückt. Albrecht von Scharfenberg, der Dichter des
»Jüngeren Titurel« (um 1272), läßt seinen Helden Tschionatulan-
der im Kampf gegen zwei heidnische, aus Indien stammende Fürsten, Philipp und Alexander, siegen. Sie kommen mit Greifenge-
spannen nach dem Vorbild Alexanders des Großen über den Luftweg und erzählen ihrem Überwinder, in ihrem Land seien die
Greifengespanne die übliche Art zu reisen, weil nur mit ihrer Hilfe
die weiten Entfernungen bewältigt werden könnten: Jeweils zwei
Greifen trügen einen »wite(n) kasten«, worin sich vier Ritter samt
Ausrüstung befördern ließen. Damit transformiert Albrecht das
Motiv der Greifenfahrt, indem er Alexanders grenzüberschreiten-
des »Extremabenteuer« zu einer normalen Art der Fortbewegung
werden läßt – eine erstaunliche Uminterpretation[97].
Die Legendenbildung um die historische Gestalt Alexanders des
Großen (356–323 v. Chr.) setzte bald nach seinem Tod ein, und die
Erinnerung an seine Eroberungszüge wurde mit Wundergeschichten ausgeschmückt. Alexander selbst wurde zum »Halbgott« erhoben, der, wenn er nur wollte, auch »in den Himmel fliegen«
konnte. Das spätantike Werk des Pseudo-Kallisthenes (Ende des
3. Jahrhunderts v. Chr.), im Stil phantastisch-fabulierender Novel-
listik verfaßt, enthält eine frühe Sammlung sagenhafter Anekdoten über Alexanders Leben[98]. Auch außerhalb Europas bis nach
Äthiopien und in die Mongolei fand der Alexanderroman weite
Verbreitung[99]. In die europäische Literatur des Mittelalters gelangte der Alexanderstoff vor allem durch lateinische Übersetzungen. Die Flugepisode taucht hier erstmals in einem lateinischen
Alexanderlied in einer Handschrift des 9. Jahrhunderts auf[100].
Wirklichen Einfluß auf die mittelalterlichen Bearbeitungen hatte
dann eine lateinische Übersetzung des kampanischen Archipres-

byters Leo von Neapel, der auf einer Reise nach Byzanz (um 951–969) eine griechische Version entdeckte und mit seiner Übersetzung die Hauptquelle für die Alexanderbücher des mittelalterlichen Europa lieferte. Er kannte die Greifenfahrtepisode und fügte sie in die Handlung seines Alexanderromans ein[101]. Leos Originaltext blieb nicht erhalten, dafür aber drei Rezensionen, die in der Forschung unter dem Titel »Historia de preliis (Alexander Magni)« zusammengefaßt sind und im Mittelalter sehr verbreitet waren. Von Dichtern, Kommentatoren und Chronisten symbolträchtig angereichert, fand die Greifenfahrt so ihren Weg in die mittelalterlichen Handschriften, in die Historienbibeln und Weltchroniken und damit zu einem interessierten Publikum.

Die Höhepunkte der Abenteuer, die Alexander zugesprochen wurden, waren die Tauchfahrt auf den Grund des Meeres und der Aufstieg in den Himmel mit Hilfe von Greifen, beides Aspekte aus dem Bereich imaginierter Grenzerfahrung. Sein »Flugzeug« besteht einfach aus einem Sitz, zumeist, wie es sich für einen König ziemt, aus seinem Thronsessel oder einer Quadriga, an die mehrere Vögel, zumeist Greifen, in älteren Abbildungen aber auch Adler oder geflügelte Fabeltiere, geschirrt sind. Über den Tieren sind Stangen mit Köderfleisch befestigt, das sie zu ihrer aviatischen Leistung reizt. Indem sie dem Futter entgegenstreben, heben sie Alexander mit dem Thron in die Lüfte. Weil sie aber ihr Ziel nie erreichen können, da das Fleisch immer in gleicher Entfernung bleibt, entsteht eine kontinuierliche Bewegung nach oben. Die Episode der Greifenfahrt wurzelt in der östlich-orientalischen, ursprünglich sumerisch-babylonischen Tradition. Eine Grabplatte in der russischen St.-Dimitrios-Kathedrale in Vladimir (Ende des 12. Jahrhunderts) und eine Version im äthiopischen Alexanderbuch erinnern an den Etanaflug, indem sie Alexander auf dem Rücken eines Greifen in den Himmel reitend darstellen[102]. Geographisch ist die Episode auch nach mittelalterlicher Vorstellung in einem Wunderland angesiedelt, das der württembergische Adlige Hermann von Sachsenheim (gest. 1458) definitiv nach Indien verlegt[103]. Die Bewertung der Greifenfahrt zeigt eine vorsichtige Innovationsbereitschaft mittelalterlicher Autoren auf dem technischen Sektor, in erster Linie auf der Ebene der Startvorbereitungen und der Ausstattung des Fluggerätes, während der Flug im allgemeinen mit schematischer Kürze abgehandelt wird[104]. Der Himmel selbst als Aufenthaltsort der »gotheit« bleibt im Mittelalter eine leere Zone, dem Flieger bleibt nur der Blick von oben auf die Erde im Weltmeer, während der Blick nach oben zu den Göttern verschlossen ist[105]. Summarisch erscheint die Gestalt der Erde beispielsweise als Tenne, um die sich das Meer wie eine Schlange legt, wie »ein cleiner huot«, der auf dem Wasser schwimmt, oder wie ein Ball oder eine Ente auf einem See. Der »Blick von oben« wird im Jerusalemischen Talmud auch in einem anderen Zusammenhang Alexander zugeordnet, wenn Rabbi Jona erzählt, daß der Makedonier auf eine Anhöhe gestiegen sei, von wo er die ganze Welt wie einen Ball und das Meer wie eine Schüssel sah[106].

Die Greifenfahrt als Inbegriff der Hoffart

»Das Bild des fliegenden Alexander mußte im mittelalterlichen Denken eine Provokation sein, gewissermaßen eine Anstiftung zum mentalen Unfrieden«, meint Kugler[107]. Die christliche Interpretation sah, gestützt auf Alexanders Erwähnung in der Heiligen Schrift, in dem Makedonier den Antichristen[108], und sogar mit der Figur des Satans wurde Alexander gleichgesetzt, dessen Himmelsstürmerei ebenfalls mit dem Absturz bestraft worden war[109]. Die Greifenfahrt wird als Versuch gewertet, an die Grenzen des Menschentums vorzustoßen und sie überschreiten zu wollen, was mittelalterliche Kommentatoren als Sünde der Ambitio und Superbia ausgelegt[110], also negativ bewertet haben. Dem Flug haftete der Makel der Hybris an, und er war daher zum Scheitern verurteilt – eine sanft geführte Parallelaktion zum Katastrophenflug Phaetons auf dem Sonnenwagen[111]. Eine ähnliche Sichtweise des Fliegens klang bereits im sumerischen Etana-Epos und in der jüdischen Nimrod-Sage an, ebenso in den griechischen Mythen von Pegasos und Bellerophon sowie bei Daidalos und Ikaros.

Auch ein berühmtes persisches Seitenstück existiert zu Alexanders Greifenfahrt: Der bekannte Dichter Abo'l-Qāsem Manṣur ebn-e

Ḥasan Ferdousi (um 940–1020) verfaßte zwischen 982–1014 das »Šāh-nāme« (Königsbuch). Der Stoff dieses 50 000 Verse umfassenden Werkes speist sich aus alten historischen und mythologischen Erzählungen sowie aus mündlichen Traditionen; schon die ältere Überlieferung übernahm auch fremdländische Abenteuergeschichten, darunter den Alexanderroman[112]. Ferdousis Königsbuch schildert in einer Mischung aus Legende und Wirklichkeit die Geschichte Irans von den mythischen Uranfängen bis zum Verfall des Sassanidenreiches (um 651). In dieser iranischen Heldensage wird nun von einem König Kai-Ka'us erzählt, der als Herr der Erde und der Völker und Bezwinger der Diws, der bösen Geister, gilt. Doch Dämonen sind klug und nutzen menschliche Eitelkeit. Sie fördern den Wunsch des Königs, in den Himmel aufzufahren und wider die göttliche Herrschaft anzutreten. Die hinterhältige Strategie hat Erfolg, und Kai-Ka'us fährt, auf seinem Thron sitzend und »mit Pfeil und Bogen« bewaffnet, mit vier hungrigen Adlern und zwei Lanzen mit Köderfleisch zu den Sternen auf. Doch bald ermüden die Tiere, der König stürzt ab und überlebt in einem Wald. Kai-Ka'us' Adlerflug ist ebenso ein Beispiel sündhafter Überheblichkeit aus dem persischen Kulturraum wie die Himmelfahrt des Nimrod aus der arabischen Tradition.[113]

Alexander galt im eurpäischen Mittelalter als dem Laster der Hoffart – der »Hochfahrt« – verfallen, für die das Bild des Fliegens verwendet wurde. »Hoffar. Unde da von heizet ez ouch hohe vart: daz du gerne in den lüften füerest, ob dü möhtest«, wie es Berthold von Regensburg (ca. 1220–1272) in seinen Predigtexempeln ausgedrückt hat[114]. Die geistlichen Dichter standen dem heidnischen König mit großer Distanz gegenüber. Sie sahen in ihm den Vertreter der »superbia«, wobei sie sich in ihrem Urteil auf die Heilige Schrift beriefen. Die Episode von der Greifenfahrt erhält durch sie eine negative Bedeutung, da an ihr die Vermessenheit des Heiden Alexander gezeigt werden kann, der ähnlich wie schon Simon der Magier durch eine Himmelfahrt in Konkurrenz zu Jesus Christus steht. In den Augen der mittelalterlichen Geistlichkeit schwingt sich der Heide Alexander mit seinem Flug zum Gipfel der Selbstüberhebung auf. Zu Verfechtern dieser Ansicht gehört im 12. Jahrhundert der Benediktiner Gottfried von Admont (Abt von

Auch weltliche Führer reklamierten göttliche Flugfähigkeiten. Himmelfahrt des persischen Königs Kai Ka'us. Kupferstich um 1690.

1138–1165)[115], der aus christlich-asketischer Weltsicht das Streben nach irdischen Werten verurteilt. G. Cary sieht in seiner Untersuchung zum »Medieval Alexander« in den mittelalterlichen Kommentaren fast ausschließlich negative Bewertungen, besonders für die deutschsprachige Literatur. Der Flugversuch gilt als abschreckendes Beispiel für Überheblichkeit und vergängliche Größe[116].

Die umfangreichste mittelhochdeutsche Darstellung der Greifenfahrt findet sich in der »Weltchronik« des Wiener Historiographen und Dichters Jans Enikel (um 1230/40–um 1302)[117]. Das Motiv für Alexanders Himmelsflug ist hier die Neugier zu erkunden, »waz in dem himel waere«. Er läßt junge Greifen aus einem Nest holen und hochzüchten. Sein Fluggerät besteht aus einem »sezzel«, an den Stangen mit Lockspeise »mit starken îsen« befestigt sind, mit deren Hilfe er, ob er sie nun nach oben oder nach unten hält, die Flugrichtung bestimmen kann. Frei beweglich angeordnet, muß er sie nicht ständig halten. Alexander läßt sich sodann, mit den Zeichen königlicher Würde ausgestattet, mit Riemen aus Hirschleder an seinem Fluggerät festbinden und »ze himelrich« entgegenführen. Dank dieser Stangensteuerung, die eine beträchtliche technische Steigerung bedeutet, gelingt es Alexander, am Ende seines Fluges weich zu landen. Er schlägt schließlich die Stangen vom Sessel ab, läßt die Greifen frei und löst sich von den Riemen.

Was jedoch die eigentliche Flugschilderung betrifft, so findet der Dichter nur knappe Verse, während er das Scheitern des Fluges und Alexanders Bestrafung wieder ausweitet. Der Aufstieg des irdischen Königs mit seinem Greifen-Flugzeug währt nicht lange, denn eine zornige Stimme des Himmels ertönt warnend durch den Luftraum:

»Alexander, wâ wil dû hin?
dû hâst nindert rehten sin.
wil dû wider die gotheit
streben, daz wirt dir leit,
du wirst lîden arbeit
und immer werndez herzenleit.
dâ von sô sag ich dir
daz solt dû gelouben mir,
in den himel kümt nieman,

wan der ez verdienen kan.
dâ von dîn varn ist mir unmaer,
vil tumber Alexander.«[118]

Enikel sieht in dem »streben wider die gotheit« die eigentliche Triebfeder der Luftreise und interpretiert sie daher als frevelhaftes Tun. In der Folge läßt er seinen Alexander für sein hybrides Unternehmen alle Register menschlicher Erniedrigung durchleiden. Schließlich zum Narren herabgesunken, muß er ein ganzes Jahr umherirren, bis er endlich von einem der Seinen als ihr König erkannt und, mit neuer Kleidung und Ausrüstung versehen, wieder in seine königliche Position aufgenommen wird. Hier klingt auch die mittelalterliche Salomonsage und damit das Vanitas-Motiv an, die Auffassung von der Eitelkeit irdischen Strebens.

Das positive Alexanderbild

Während das Motiv der Greifenfahrt dem Westen häufig als menschliche Selbstüberschätzung gilt, interpretiert die byzantinische Welt das Bild des himmelfahrenden Alexander im wesentlichen positiv. Es dient als verherrlichende Darstellung des byzantinischen Kaisers und zeigt damit einen Zusammenhang mit antiken Herrscherapotheosen im Helioswagen, die Sonnenpferde nun durch Greifen ersetzt[119]. H. J. Gleixner bemerkt dazu, daß im byzantinischen Denken die »kaiserliche Erscheinung« in negativen Zusammenhängen nicht vorstellbar ist. Alexander wurde Christus angeglichen und als »gottgesandter Held und Heilsbringer« aufgefaßt[120]. Bei seiner Himmelfahrt wird er mit den Attributen des byzantinischen Kaisers dargestellt und vermittelt ein Bild des Triumphes und Sieges. Die Ursachen für diese positive Sicht bedürfen noch der Klärung, vielleicht hängen sie mit der speziellen Stellung von Kaiser und Papst im Westen sowie den Auseinandersetzungen im Investiturstreit und daraus resultierenden Kompetenzabgrenzungen zusammen.
In der weltlichen Rezeption durch einen literarisch interessierten Laienstand wird Alexander durchwegs positiv gesehen, die höfischen Dichter bewunderten ihn als Vorbild in allen herrscherlichen

und ritterlichen Tugenden. Im 12. und 13. Jahrhundert gilt Alexander als »Roi Chevalier«, als »idealer König«, und wird mit allen positiven Tugenden ausgestattet: Großmütigkeit, Mut, Freigebigkeit und Selbstbeherrschung. Da an ihm der gesamte mittelalterliche Tugendkatalog dargestellt werden kann, sind die Alexanderdichtungen gleichzeitig Fürstenlehren. Auch die seltsamen Abenteuer Alexanders bis an die Grenzen der Welt zu den Säulen des Herakles und über diese hinaus, zum Paradies, auf den Meeresgrund und in den Himmel entsprachen dem mittelalterlichen Bild vom »wunderlichen«[121] Alexander und erfreuten sich großer Beliebtheit. Diese jüngeren Versionen des Romans schmücken die Episode der Greifenfahrt stärker aus und zeigen mehr Liebe zu technischen Detailfragen. Das betrifft vor allem die Phase der Flugvorbereitung und die technische Ausstattung des Apparates[122].

Ausführlich behandelt Ulrich von Etzenbach (geb. ca. 1250) den Alexanderflug in seinem märchenhaften Minneroman »Alexander«, der einen »modernen«, dem Geschmack seiner Zeit angepaßten Alexander darstellt; nicht den antiken Heros, sondern den mittelalterlichen Fürsten und Frauenritter im Sinne höfischer Minneauffassung. Vor seinem Flug befragt Alexander etliche »meister«, »Waz ouch die lüfte wunder tragen«, doch sie geben keine hinreichende Auskunft, bis er einen findet, der zwei Greifen von klein auf großgezogen und so dressiert hat, daß man mit einem Stück Fleisch ihren Flug lenken kann, wohin man will. Interessant sind die detaillierteren Überlegungen, wie man den Flug auch praktisch erfolgreich gestalten könne. Die Zähmung junger Vögel ist eine solche Neuerung. Ulrichs Innovationsbereitschaft bewegt sich auf der Ebene der Flugvorbereitung, während er die eigentliche Luftfahrt unverändert knapp behandelt.[123] Seine Akzentverschiebungen werden allerdings in einem anderen Bereich wirksam, nämlich in der Frage der Moral. Alexanders negative Eigenschaft, seine »superbia«, tritt in den Hintergrund. Die Greifenfahrt hat wunderbaren Charakter[124].

Neben Ulrichs Bearbeitung wurde der »Alexander« (ca. 1352) des »armen Seyfrit«, eines Dichters aus dem bairisch-österreichischen Sprachraum, sehr geschätzt. Beide trafen offensichtlich den Geschmack des Publikums, wie die breite Überlieferung von Handschriften dieser Werke beweist. Auch Seifrit weiß sein Publikum zu unterhalten und Alexanders Versuch »wie es in den luften gestalt wer« mit allerlei Neuem auszustatten. Auf seinem Zug »gen oryent« am Roten Meer erklimmt Alexander ein gewaltiges Gebirge, dessen Höhe in ihm den Wunsch nach einer Fahrt in den Himmel hervorruft, wonach sich von da an all sein Sinnen und Trachten richtet. Alexander läßt eine maßgeschneiderte Flugkabine aus Holz anfertigen, die auch hoch genug ist, um aufrecht darin sitzen zu können, und die zum Schutz mit »starckhen eysen als ain wagen« beschlagen und mit ebensolch »starckhen getter« umgeben ist. Aus seiner Vorlage hat Seifrit die Übung entnommen, den hungrigen Greifen einen wassergefüllten Schwamm während des Fluges vor den Schnabel zu geben. Alexander wird zusätzlich mit einem »lectuarium« ausgerüstet, das vor den Mund zu halten ist und »luft chraft und macht« gewährt. Dieses Arzneimittel ist von seinen Ärzten eigens für den Flug hergestellt worden und kommt tatsächlich zur Anwendung, als Alexander nach seinem kurzen Flug sieben Tagesreisen von seinem Heer entfernt ohne Brot und Wein landet, bis er endlich auf Leute trifft, die ihn zu seinem Heer zurückbringen. Tatsächlich finden sich in der medizinischen und pharmazeutischen Fachliteratur des Mittelalters verschiedene Rezepte von »Elektuarien«, einer weitverbreiteten, drogenhaltigen Arzneimittelform[125]. Auch hier wird die Innovationsbereitschaft in der Hauptsache auf der vorbereitenden Ebene vollzogen, mit Ausnahme des »lectuarium« und der Wasserschwämme, die den Aufstieg erleichtern sollen. Das Interesse richtet sich auf das technisch Machbare, und das Bild des überheblichen Himmelsfluges tritt zugunsten technischer Details zurück. Auch jene Passage, in der der König durch »Gottes chraft« zur Rückkehr auf die Erde veranlaßt wird, handelt Seifrit knapp und kommentarlos ab. Sein Heer empfängt ihn nicht nur mit unmäßiger Freude, sondern auch in der Einstellung, »als ob er ain got wer«.[126]

In der Geschichte des Alexanderfluges ist auch die Prosabearbeitung des Johann Hartlieb (nach 1400–1468), »Das Buch von dem großen Alexander«, zu nennen. Als Fürstenspiegel konzipiert, zeigt es Alexander nun als Musterbeispiel eines deutschen Monarchen. Hartlieb erweitert seine Greifenfahrt durch den Einsatz des Motives der Himmelsleiter, mit deren Hilfe Alexander versucht, von einem hohen Berg am Meer in den Himmel zu gelangen, doch ohne Erfolg, und so läßt er »ain starcke sydel anfertigen, die wol mit eysen beschlagen was«. Dirigierbar wird das Fluggerät mit den bekannten Steuerstangen, die Alexander »zu den greyffen« oder von ihnen neigt:

> »Ich lies die greyffen ir ass kosten, darnach reckt ich die stangen für sich enpor. Die greiffen vermainten die speis erlangen, und schwungen ir gefider; mit dem erhuben sy mich und das gesidel von der erde. Ich reket die stang mit dem as enpor; die greyffen flugen nach und furten mich so hoch in die lüft, das ich weder erd noch wasser gesehen mocht.«[127]

Interessanterweise steigt das Fluggefährt trotz Stangensteuerung nahezu geradlinig hoch und geht ebenso nieder, ohne daß irgendein Autor versucht hätte, die Flugroute zu verändern.

Technische Veränderungen des Motivs der Greifenfahrt lassen sich für das Mittelalter nur in so beschränktem Rahmen erkennen, daß man von ernstzunehmenden Überlegungen zu fliegen, kaum sprechen kann, auch wenn sie in ein Traktat des italienischen Festungsbaumeisters Giovanni da Fontana (ca. 1395–1455) Eingang gefunden hat:

> »Alexander aber, als er auch den Luftraum beherrschen wollte, meinte – wie berichtet wird –, daß es besser sei, auf starken Greifen zu sitzen und auf einem Spieß den Fliegenden geröstetes Fleisch in die Höhe zu halten. Die Greifen, die den Geruch der Speise über ihrem Haupt fühlten, gaben sich alle Mühe emporzusteigen, um fressen zu können. Als Alexander in größte Höhe vorgedrungen war und absteigen wollte, wendete er das Fleisch abwärts unterhalb der Schnäbel der Greifen. Diese wurden (dadurch) gezwungen, da sie in gleicher Weise nach der Speise gierten, nach unten zu fliegen, um jene zu erlangen, und sie führten Alexander unverletzt und ungefährdet zur Erde. Ob dies nun wahr oder erfunden ist, so hat der dahintersteckende Sinn seine Basis im Erfindergeist, aber es möge (dennoch) ein Zeichen sein für die allzugroße Tollkühnheit des Mannes (Alexander).«[128]

Das Fluggerät Alexanders bleibt ein »Phantastikum« trotz seiner Verbesserungen, die Greifenfahrt ein »Gedankenexperiment«. Verändert hat sich das Motiv im mittelalterlichen Schrifttum allerdings auf einer moralischen Ebene. Der Versuch zu fliegen wird nicht mehr als himmelstürmende Hybris verurteilt, sondern der Akzent hat sich auf das Interesse an der Mechanik der Flugmaschine verlagert.

Die Greifenfahrt in der Kunst

Wenn in der mittelalterlichen Kunst Episoden aus dem Alexanderroman dargestellt werden, dann insbesondere die Greifenfahrt[129]. Das Interesse an der naturwissenschaftlichen Kuriosität verband sich entweder mit einer moralischen Verurteilung von Alexanders Hoffart oder mit einer Präfiguration der Himmelfahrt Christi. Die technische Ausstattung von Alexanders Flugapparat wirkt in den Darstellungen sehr einfach – beispielsweise muß der König die Stangen mit der Lockspeise oft eigenhändig halten, sein Fluggerät ist manchmal nur ein einfacher Sessel, manchmal ein offener Korb oder Wagen. Die Greifenfahrt wurde so häufig dargestellt, daß man nur auf einzelne Beispiele verweisen kann. Ein außergewöhnlich früh datiertes Mosaik aus Sizilien (3. Jahrhundert), worauf ein geflügelter Greif einen Käfig trägt, in dem das bärtige Gesicht eines Mannes zu sehen ist, ist als mögliche Greifenfahrt Alexanders im Gespräch[130]. In der byzantinischen Kunst ist die Greifenfahrt seit dem 10. Jahrhundert ein beliebtes Motiv, wie eine Reliefplatte im Athoskloster Dochiariou, eine byzantinische Elfenbeintafel in Darmstadt oder eine Stickerei auf der Kiliansfahne in Würzburg zeigen[131]. Byzantinische Vorlagen haben das Motiv in der abendländischen Kunst beeinflußt. An der Nordseite der Kirche von San Marco in Venedig ist eine unter byzantinischem und orientalischem Einfluß entstandene Reliefplatte erhalten, die Alexander in einem fächerartig ornamentierten Triumphwagen sitzend darstellt. Die Räder des Wagens stehen in einer eigentümlichen En-face-Stellung zwischen den Beinen der mischgestaltigen Flugtiere, die halb Vogel, halb Löwe sind. Beide Stangen mit Köderfleisch, die rechts und links neben Alexander angeordnet sind, und die beiden analog geführten Schweife der Fabeltiere betonen die streng symmetrische Anordnung. Als Bild menschlicher Vermessenheit erscheint die Darstellung der Grei-

fenfahrt auf dem Mosaikfußboden der Kathedrale von Otranto aus
dem Jahr 1165. Inmitten phantastischer Tierwesen findet sich
»Alexander Rex« auf zwei symmetrisch angeordneten Greifen sitzend, die nach den Köderstangen streben, eingebunden in eine
Baumdarstellung, in deren linker Hälfte sich biblische Exempla
menschlicher Hybris aneinanderreihen: der Sündenfall, die Mord-
tat Kains, die Trunkenheit Noahs und der Turm zu Babel, den die
Menschen erbauten, um zu Gott emporzusteigen. Chiara Settis-
Frugoni bringt den Baum des Otranter Mosaiks in Zusammenhang
mit der »Arbor Mala«, dem Lasterbaum, der aus der »superbia«
entspringt[132]. Kirchliche Darstellungen dieser Episode sind als
Warnung zu verstehen, als symbolische Präfiguration des Antichristen[133] und der Hybris[134].

In der Malerei wird die Greifenfahrt häufig in den Bilderhandschriften der Alexanderepen und in Weltchroniken dargestellt, beispielsweise bei Rudolf von Ems (geb. 1200)[135] oder in Jans Enikels
»Weltchronik«, deren älteste Bilderhandschriften sich in München
und Regensburg befinden[136]. Entsprechend der Erzählung Enikels
sitzt Alexander auf seinem Thronsessel, an dem die Stangen mit
der Lockspeise befestigt sind; die Erde trägt Gesichtszüge und
schwimmt wie eine kleine Insel im weiten Meer, und die Stimme,
die den König in seine Schranken weist, hat der Maler am linken
oberen Bildrand in der Gestalt Gottes dargestellt, der aus einer
Wolke herabschaut. Eine der schönsten Miniaturen des Greifen-
fluges enthält die »Histoire du bon roi Alexandre« aus dem Jahr
1320, deren Original sich heute in Berlin befindet. Ein italienisches Gedicht des 14. Jahrhunderts, »La Intelligenzia«, beschreibt
ein Zimmer mit Wandbildern, von denen eines Alexanders Greifenfahrt wiedergibt[137]. Auf der berühmten Holztonnendecke der
Augsburger Weberzunft, 1457 gemalt von Peter Kaltenofer und
heute im Bayerischen Nationalmuseum in München, ist eine Darstellung des Alexanderfluges zu sehen, die die Unterschrift trägt:
»Alexander füer in die höchen, tät zwue span breit die ganz Erd
sechen.« Das Motiv des Alexanderfluges begegnet auch auf einem
der berühmten Bildteppiche von Tournai (1450/60 angefertigt), die
sich im römischen Palazzo Doria befinden, und zeigt vier Greifen,
aber nur zwei Lanzen mit Köderfleisch, während der König, vor

den Vogelkrallen durch ein komfortables Metallgehäuse geschützt, verborgen bleibt. Verwunderte Soldaten beobachten den Aufstieg von unten, während von oben die Gottheit mit Bestürzung dem überheblichen Ansinnen entgegenblickt[138].

Daidalos und Ikaros im Mittelalter

Im Gegensatz zum Alexandermythos wurde der Flug von Daidalos und Ikaros aus Ovids »Metamorphosen« im Mittelalter kaum dichterisch bearbeitet[139]. In der provenzalischen Literatur finden sich die frühesten Anspielungen auf die Flugepisode; Troubadours aus dem 12. Jahrhundert besingen die Geschichte vom Flug und Absturz in ihren Liedern, so beispielsweise Girauz de Calanson[140] oder Bertran Paris de Roergue:

»Ni com issi Dedalus de volan
Dins de la tor on sofri man turmen,
Ni com passet Perdicx son mandamen,
Car se ders tant ques cujet enantir,
Per qu'en la mar l'avenc mort a sofrir.«[141]

Dieses und ähnliche Lieder waren vielleicht als Unterrichtsmaterialien für Spielleute gedacht, in denen ausführlich dargelegt wurde, welche Kenntnisse man von ihnen erwartete. Neben musischen und gauklerischen Fähigkeiten wurde auch geistige Bildung verlangt, zu der die Kenntnis der Flugsage des Ovid gehörte. Interessant ist hier, daß das Lied offensichtlich den Flieger Ikaros mit Perdix, der als Rebhuhn verwandelten Gestalt des Talos, verwechselt, der einst von seinem Onkel Daidalos aus Künstlerneid ermordet wurde.

Der Ruf der daidalischen Kunstfertigkeit hingegen blieb im Mittelalter lebendiger als die Flugepisode. Ein alter weiser Meister Dedalus erscheint im »Wilhelm von Österreich«, einem deutschen Roman aus der Mitte des 14. Jahrhunderts. Auch die Beziehung zur Kunstfertigkeit wird in mittelalterlichen Quellen verschiedentlich angesprochen, nicht zuletzt durch die Adjektivbildung »daedalus« (kunstvoll). Johannes Diaconus (gest. nach 1008) berichtet im 11. Jahrhundert im »Chronicon Venetum«, der ältesten Geschichte

Venedigs, daß der Doge Pietro II. Orseolo (991–1008) eine Kapelle »dedalico instrumento« erbauen ließ[142], und im 12. Jahrhundert rühmt in den »Dialogi Laurentii Dunelmensis« der Verfasser die Vorzüge des Klosters Waltham in Essex (England), indem er auf die daidalische Kunstfertigkeit Bezug nimmt. Noch auf Hans Holbeins d. J. (1497–1543) Titelblatt zu den Werken des Erasmus von Rotterdam (ca. 1469–1536) wird der Ausdruck verwendet. Die daidalisch-ikarische Flugepisode findet sich seit dem 14. Jahrhundert in den Gedichten des Heinrich von Mügeln (ca. 1320–1372). Er stellt den kunstfertigen »Hern Dedalus« als Meister dar, der »in menschen art . . . fliegen« erfand[143] und Flügel benutzte, um die höchsten Berge zu »befliegen«. Der Dichter wertete dieses Flugexempel im ovidischen Sinn durchaus als Mahnung, extreme Positionen zu meiden. Die Meisterschaft gebührt dem Griechen wegen seiner Entscheidung zum ausgewogenen Mittelmaß, ein exemplarisches Rezept für seinen Erfolg. »Ikarius dagegen, der swang zu ho des fluges schuß«, wird als strafendes Beispiel für hoffärtiges Tun im Sinne mittelalterlicher Vorstellung gesehen und mit dem Absturz bestraft: »des todes hant die hochfart strafte sider und warf in uß der lüfte firste nider.« Heinrich von Mügeln hat hier die antike Konzeption des Mittelweges für seine mittelalterliche Bearbeitung übernommen, wo sie nicht fremd ist. Die höfische Forderung der »maze« hat in der weltlichen Ritterdichtung eine zentrale Bedeutung. Auch in einem weiteren Lied spricht sich Heinrich von Mügeln für die Wahrung des Mittelweges aus und verwendet dafür das Bild der Flügel[144].

Zu entscheidend neuer Bedeutung wurde das daidalisch-ikarische Flugexempel aber erst in der Aufbruchstimmung der Renaissance erhoben. Als Parabel vom närrischen und ungehorsamen Sohn allegorisiert, verwendet es beispielsweise Sebastian Brant (1458–1521) in seinem »Narrenschiff«:

»Hätt Phaeton nicht den Wagen bestiegen,
Wollt Ikarus so hoch nicht fliegen,
Wären gefolgt den Vätern beide –
Sie blieben verschont von Tod und Leide.«[145]

Ikaros und Phaeton, die ungehorsamen Söhne, werden hier mit dem Maßstab der Moral gemessen. In ihrer Sehnsucht nach dem

Nach einer Zeichnung Giottos entstand am Campanile des Domes von Florenz das vermutlich erste Relief des mythischen Fliegers Daidalos im Vogelkleid, von Andrea Pisano.

Himmelsfeuer verkörpern sie das, was Gaston Bachelard den »Prometheus-Komplex« nennt, nämlich alle jene Kräfte, die uns anspornen, »ebensoviel zu wissen, wie unsere Väter, ebensoviel wie unsere Meister, mehr als unsere Meister«[146].

Auch bildliche Darstellungen des Fluges von Daidalos und Ikaros finden sich im Mittelalter selten. An der Südseite des Campanile des Florentiner Doms ist Daidalos mit ausgebreiteten Flügeln und Federkleid dargestellt, und dies im Rahmen eines allegorischen Zyklus' über die Erfindung des Handwerks und der freien Künste. Das berühmte Marmorrelief wurde von Andrea Pisano (1295–1349) gefertigt, vermutlich nach einer Zeichnung des italienischen Malers und Baumeisters Giotto di Bondone (ca. 1266–1337)[147]. Eine schöne Darstellung enthält eine altfranzösische Handschrift, »Ovide moralisé«[148], aus dem 14. Jahrhundert, in der der Flug wie bei Heinrich von Mügeln allegorisch gedeutet wird.

Der Vogelflug als Vorbild: Vom Experiment zur Realität?

In mittelalterlichen Quellen finden sich verschiedentlich Versuche überliefert, die Schwerkraft zu überwinden: Wagemutige sprangen von Türmen oder hohen Gebäuden, ausgerüstet mit Federkleidern, selbstgebauten Flügeln oder in weite Mäntel gehüllt, mit denen sie durch die Luft fliegen, gleiten oder schwimmen wollten. Diese Flügelschwinger und Turmspringer waren nicht die ersten, die auf solche Art zu fliegen versuchten.

Dem Reich der Legende zugeschrieben wird der Flugversuch des sagenhaften Königs Bladud von Britannien, dem Vater König Lears, der sich in »Troja Nova« (London) um 850 v. Chr. ereignet haben soll[149]. Erst im Jahre 1147 setzt die Überlieferung des fliegenden Königs der Briten durch Geoffrey of Monmouth (ca. 1100–1154) ein[150]. Der Flug endet mit einem Sturz vom Apollotempel, bei dem der König tödlich verunglückt. Einer anderen Version der altbritischen Sage nach erscheint Bladud als hochgebildeter Mann, der nach seinem Studium in Athen im englischen Stanford eine Schule errichtet hat. Dort soll er neben den freien Künsten

»auch die magischen Künste gelernt und sie auch andere gelehrt haben, so daß man behauptete, daß er sich selbst in verschiedene Gestalten verwandeln konnte, Unwetter in der Luft herbeiwünschen und anderes dieser Art«.

In seinem faustischen Streben nach Wissen und Erkenntnis, wohl das Motiv für seinen unglücklichen Flug, soll er

»sich endlich sogar Flügel verfertigt haben, da er gleich einem Vogel fliegen wollte. Unter den Vögeln aber war er ein Unglücklicher, denn als er von einem hochgelegenen Ort aus seinen Flug beginnen wollte, entflog ihm das Leben.«[151]

Im Jahre 875 wird aus Andalusien ein Flugversuch Abu'l-Kāsim'Abbas Ibn Firnās (2. Hälfte des 9. Jahrhunderts) überliefert. Dieser führt in den arabischen Kulturraum des 9. Jahrhunderts, der damals zu seiner Blütezeit auflief; die Akademie von Córdoba gehörte zu den geistigen Zentren der jungen arabischen Forschung. Über Abu'l-Kāsims Flugversuch wußte erstmals der marokkanische Historiker al-Makkarī (gest. 1632) aus einer Distanz von etwa 750 Jahren zu berichten. Nach seinem Zeugnis war der Flieger aus Córdoba ein vielseitig gebildeter Mediziner, der sich auch als Poet versuchte, womit er jedoch nicht erfolgreich war; al-Makkarī zitiert in diesem Zusammenhang ein zeitgenössisches Gedicht, das Abu'l-Kāsims poetische Fähigkeiten zwar kritisiert, aber hervorhebt, daß er schneller als der Vogel Phoenix fliegen konnte. Dazu wählte er ein Flügelpaar, auf das Federn montiert waren. Ebenso soll er seinen Körper mit Geierfedern überzogen und auf diese Weise eine beträchtliche Strecke zurückgelegt haben. Die mißglückte Landung wird darauf zurückgeführt, daß der mutige Flieger vergessen hatte, einen Schwanz herzustellen, denn ein Vogel fällt immer auf den Steiß[152].

Ein aus Holz gefertigtes Flügelpaar oder sogar zwei Türflügel soll um 1003 oder 1008 der Iraner al-Djawharī, Student der arabischen Philologie, verwendet haben. Von einem Flug kann man in seinem Fall, wenn man den Quellen Glauben schenken darf, nicht sprechen, allenfalls von einem Sturzflug. Mit zwei Brettern, die kaum als Tragflächen wirksam werden konnten, versuchte er, vom Dach einer Moschee in Nīsābūr zu fliegen, und stürzte ab[153].

Der Engländer William von Malmesbury (geb. ca. 1080) berichtet
von einem Flugversuch des Benediktiners Eilmer von Malmesbury[154]. Eilmer (ca. 980–1066), ein Astrologe und Physiker, flog
angeblich mit Hilfe eines Flügelpaares von außergewöhnlicher
Größe, das an Händen und Füßen befestigt war, von der Spitze
eines Turmes mehr als 200 Meter weit. Der amerikanische Historiker Lynn White meint, daß die relativ lange Flugstrecke auf eine
starre Gleitflugkonstruktion schließen läßt, so daß Eilmer wie ein
Gleitflieger herabschweben konnte[155]. Sein Versuch endete allerdings mit einem Absturz und gebrochenen Beinen:

»Er war für diese Zeit ein wohlgebildeter Mann von reifen Jahren, der in seiner
ersten Jugend ein unerhörtes Wagnis versucht hatte: Er hatte nämlich, ich weiß
nicht durch welche Kunst, sich an Händen und Füßen Flügel gebunden, um nach
der Art des Daidalos zu fliegen, indem er die Fabel für wahr genommen hatte und,
nachdem er von der Spitze eines Turmes die Luft zusammengetrieben hatte, flog er
den Raum einer Stadie und mehr. Aber unter der Gewalt des Windes und der Luft-
wirbel und im Bewußtsein seiner tollkühnen Handlung, stürzte er zitternd zu
Boden und blieb dadurch ständig kränklich und mit gebrochenen Beinen. Er selbst
suchte den Grund des Sturzes darin, daß er einen Schwanz am hinteren Teil vergessen hatte.«[156]

Das Zeugnis Williams ist nicht unbedeutend, da dieser schon im
Knabenalter in der Abtei von Malmesbury lebte und Mönche
antreffen konnte, die den lahmen Eilmer kannten und von seinem
Flugversuch wußten. Frei von christlicher Verurteilung berichtet
er in einer Atmosphäre von Billigung und Bewunderung ein
Faktum, das betont werden muß. White sieht in dieser Überlieferung Williams nicht mehr legendäres Geschehen, sondern historische Wirklichkeit. Er geht sogar noch weiter, indem er Eilmers
wagemutiges Flugkunststück als ersten erfolgreichen Flugversuch
einstuft, der von einem Europäer unternommen wurde[157]. Unterstrichen wird seine Ansicht durch die Ausführungen Meyer
Schapiros, der auffallende Veränderungen in der englischen ikonographischen Tradition der Himmelfahrt untersuchte und als »a
sign of advanced conditions in England ... and of the progressive
character of English culture« zum Ende des 10. Jahrhunderts
deutet[158].
In einer italienischen Chronik des Jahres 1233 wird der Flugversuch eines Florentiner Eulenspiegels namens Buoncompagno aus

Bologna überliefert[159]. Mit Hilfe einfacher Flügel, die durch Auf-
und Abschwingen der Arme zu bewegen sind, wollte er seine Flugträume in die Tat umsetzen. Doch es blieb bei dem Vorhaben, da
der Flugversuch, so weiß der Chronist Salimbene von Parma
(1221–ca. 1290) zu berichten, im letzten Moment fallengelassen
wurde:

»... dieser Meister Boncompagnus wollte, als er sah, daß der Bruder Johannes sich
darauf einließ, Wunder zu wirken, sich auch darauf einlassen und kündigte den
Bolognesern an, daß er fliegen wolle, während sie ihm zusehen sollten. Was weiter?
Es wurde durch ganz Bologna verbreitet. Der festgesetzte Tag kam und die ganze
Stadt versammelte sich – Mann und Frau, Knabe und Greis – an einer Stelle beim
Fuß eines Berges, die Sancta Maria in Monte genannt wird. Er hatte sich zwei Flügel gemacht und stand am Gipfel des Berges und sah sie an. Nachdem sie einander
nun wechselseitig angesehen hatten, gab er folgenden Satz von sich: ›Geht mit dem
göttlichen Segen, und es möge euch genügen, daß ihr das Antlitz des Boncompagnus gesehen habt.‹ Und sie zogen sich zurück in dem Bewußtsein, verlacht worden
zu sein.«[160]

In seinen »Geschichtlichen Erzählungen« berichtet der Chronist
Niketas Choniates (ca. 1155–ca. 1215) von einem spektakulären
Versuch, das Hippodrom von Konstantinopel zu überfliegen[161].
Der unbekannte Flieger von Konstantinopel soll ein türkischer
Höfling gewesen sein, der im Gefolge des Seldschukensultans
Kilidsch Arslan II. (reg. 1156–1192) anläßlich eines Empfanges
beim byzantinischen Kaiser im Jahre 1162 nach Konstantinopel
gekommen war. Seine Absicht war, für das Fliegen das Prinzip des
Segelns auf dem Wasser in den Luftraum zu übertragen. Dazu
wählte er ein sehr weitgeschnittenes Kleidungsstück, das mit gebo-
genen Weidenstäben so ausgespannt wurde, daß sich der Wind in
den Wölbungen fangen konnte. Die Zuschauer scheinen diesem
Flugspektakel mit gemischten Gefühlen begegnet zu sein; dem
Volk wird von dem Chronisten wenig Geduld für die langwierigen
Vorbereitungen nachgesagt; es wollte ihn fliegen sehen. Anders
der Sultan und der byzantinische Kaiser Manuel I. Komnenos
(1120–1180), die das verhindern wollten. Der Chronist bezeichnet
das Vorhaben als spektakulären Selbstmordversuch vom Turm des
Hippodroms. Inzwischen prüfte der Flieger unbeirrt die Windverhältnisse und ahmte zum Schein mit seinen Armen die Flugbewegung nach, um die Spannung zu erhöhen. Schließlich schwang er

sich vogelgleich vom Turm, schien kurz zu fliegen und stürzte ab. Seinen Plan, eine Strecke von einer Achtelmeile zu fliegen, konnte er nicht verwirklichen. Der enge Zusammenhang zwischen dem Fliegen in der Luft und dem Segeln im Wasser, der in dieser Überlieferung zum Ausdruck kommt, läßt sich bereits aus der Tradition antiker Luftschiffvorstellungen nachweisen und hängt mit kosmologischen Anschauungen zusammen. Bilder der Luft und des Wassers können einander gleichen, wie Beispiele aus der griechischen Malerei, Poesie und Dramenkunst zeigen[162].

Die Ahnung technischer Flüge: Roger Bacon

Die prophetischen Flugahnungen eines englischen Franziskaners haben die Nachwelt beschäftigt. Von Technikhistorikern wird darauf als Ansatz verwiesen, das Flugproblem schon im Mittelalter mit technischen Hilfsmitteln zu lösen[163]. Die knappen Bemerkungen des Mönches Roger Bacon (1214–1292) werden als dunkle Ahnungen verstanden, daß dieser kreative Geist die Konstruktion von Flugzeugen voraussahnte. Um das Jahr 1260 schrieb er in seinem Werk »De mirabili potestate artis et naturae«:

»Man könnte Instrumente machen, um zu fliegen, so daß ein Mensch, der in der Mitte dieses Instruments sitzt, und es mit Verstand regiert, durch dieses die Flügel künstlich bewegt und die Luft zerteilt, nach Art eines fliegenden Vogels.«[164]

Seine prophetische Andeutung eines »instrumentum volandi« gehört zu einer Reihe technischer Visionen: Ein Instrument für die Schiffahrt beispielsweise, mit dem ein einziger Mann am Steuer das Schiff auf Flüssen und dem Meer so schnell dahineilen läßt wie eine vollzählige Mannschaft Ruderknechte; oder ein Wagen, der ohne Zugtier auskommt und sich mit unglaublicher Schubkraft dahinbewegt; ferner ein weiteres Instrument, das klein ist, aber eine unglaublich schwere Last aufheben und niederdrücken kann, mit dem ein Mensch sich und seine Kameraden aus dem gefährlichsten Gefängnis retten könnte, und ein anderes, womit ein einziger Mann tausend andere Menschen und Dinge gegen ihren Willen zu sich heranziehen kann.

Bacons Visionen sind im Rahmen seiner Bemühungen um die Reformierung des Wissens seiner Zeit zu sehen; Wissensreform sollte Teil einer umfassenden Lebensreform sein. Die neue Wissenschaft sollte auf Naturerfahrung, auf Mathematik und Philologie gründen. Einen Ansatzpunkt sah er in der mathematischen, physikalischen, astronomischen und medizinischen Gelehrsamkeit des Aristoteles und der Araber, beklagte aber die fehlenden Kenntnisse des Griechischen und Arabischen, so daß diese Quellen nicht entsprechend genutzt werden könnten. Weiterhin kritisierte er die einflußreichen scholastischen Lehrer, ihr Wissen sei zu abstrakt, außerdem fehle ihnen die Mathematik und ihre konsequente Anwendung auf die Natur. Ein entscheidendes Kriterium ist die Forderung, daß Wissen vor allem nützlich sein sollte – nützlich für die Verbesserung des Lebens der einzelnen und der Christenheit insgesamt. Roger Bacon, auch »doctor mirabilis« genannt, interessierte sich deshalb auch für Neuerungen auf technischem Gebiet, wenn sie praktischen Nutzen versprachen, doch verließ er die theoretisch-abstrakte Ebene nicht. In seiner intellektuellen Bewegungsfreiheit mußte er empfindliche Einschränkungen auf sich nehmen, zum einen durch die Konstitution von Narbonne (1260), zum anderen durch den Tod des aufgeschlossenen Papstes Clemens IV. (1268) und schließlich durch seine Gefängnisstrafe, die ihn für die letzten Jahre seines Lebens zum Schweigen verurteilte. Der vom Häresieverdacht bedrohte Franziskanerorden war nicht auf Neuerung, sondern auf Reglementierung bedacht. Bacon listet zwar im einzelnen auf, was er für möglich hält, vermeidet jedoch, seine Vorstellungen zu präzisieren oder Anleitungen zur Verwirklichung zu geben. Seine bewußt undeutliche Ausdrucksweise mußte kühnen Auslegungen und Spekulationen einen beträchtlichen Spielraum öffnen. Tatsächlich hat Roger Bacon ebensowenig wie seine Zeitgenossen auf dem Gebiet der Mathematik und Naturwissenschaft einen Beitrag geliefert, der von wesentlicher Bedeutung gewesen wäre[165]. Von eigenen Erfindungen spricht Bacon daher auch in keinem Fall, informiert dagegen, wenn auch nur teilweise, über seine Quellen – ausgerechnet im Bereich des Fliegens nicht; die Quelle für sein Fluginstrument bleibt dunkel:

»Solche Dinge sind in alten und heutigen Zeiten gemacht worden, das ist sicher. Allein das Instrument zum Fliegen habe ich nicht gesehen und ich kenne auch niemanden, der einen gesehen hätte. Aber einen weisen Mann kenne ich, der dieses Kunststück wohl ausgedacht hat.«[166]

Dennoch darf man Roger Bacons geheimnisvolle Andeutungen nicht mit den Augen des 20. Jahrhunderts sehen. Er bleibt ein Kind seiner Zeit und bewegt sich im Rahmen der zeitgenössischen literarischen und scholastischen Tradition[167]. Gerade die Instrumente zum Tauchen und Fliegen sind bekannte Vorstellungen aus der Alexandertradition und alles andere als eine neue Erkenntnis:

»Es können auch Instrumente erfunden werden, auf dem Meer zu gehen und in den Flüssen bis auf den Grund, ohne Gefahr seines Leibes. Denn Alexander der Große hat sich solcher bedient, um die Geheimnisse in der Tiefe des Meeres zu erforschen, wie der Astronom Ethicus erzählt.«[168]

Roger Bacon hat seine Kenntnisse zwar weitergegeben, das Wissen der Zeit aber nicht vermehrt. Seine Bedeutung für die Geschichte des Fliegens hat E. J. Dijksterhuis folgendermaßen formuliert:

»Man hat ihm lange eine größere Bedeutung zuschreiben wollen, weil er sich gerne in Phantasien ergeht, was die ihm vorschwebende mathematisch-empirische Naturwissenschaft einmal erreichen werde, und weil darunter vieles ist (Teleskop, Flugzeuge und Luftschiff), was diese tatsächlich zustandegebracht hat. Es bedeutet aber für die Entwicklung der Naturwissenschaft äußerst wenig, daß man solche Wunschträume hat und mitteilt ... wenn man nicht ein wenigstens im Prinzip taugliches Mittel angibt, sie zu verwirklichen. Wer aus diesem Grund für *Bacon* einen Platz in der Wissenschaftsgeschichte fordert, muß auch *Daidalos* und *Jules Verne* einen einräumen.«[169]

»Wissenschaftliche« Luftschiff-Überlegungen

Die ersten wissenschaftlichen Überlegungen zu einer Theorie des Luftschiffes tauchen in spätmittelalterlichen Quellen auf. Ausgehend von der aristotelischen Elementenlehre, der zufolge das Element Luft eine obere Oberfläche hat und an die Region des Feuers grenzt, mußte es theoretisch möglich sein, ein leichtergewichtiges Schiff dazwischen zu plazieren. Das analog an der Grenze zwischen Wasser und Luft angewandte Prinzip müßte er-

möglichen, auch dort ein Schiff zu tragen. Albert von Sachsen (ca.
1316–1390), ein spätscholastischer Naturphilosoph, der sich in
seinen Schriften größtenteils mit Quaestiones und Kommentaren
zu Aristoteles beschäftigte, brachte diese Überlegungen um 1360
explizit in folgende Form:

>>Das Feuer ist um vieles zarter, dünner und leichter als die Luft. Das geht aus fol-
gendem hervor: So wie es sich zur Luft zu verhalten scheint, so verhält die Luft
sich zum Wasser, denn die Luft ist um vieles dünner, um vieles zarter und leichter
als das Wasser sein könnte. Das gilt auch, im Hinblick auf die Luft, für das Feuer.
Daraus folgt also, was aus der Lehre von den Gewichten gezeigt werden kann, daß
die Oberfläche der Luft, wo sie auf das Feuer trifft, schiffbar ist, ebenso wie es das
Wasser ist an der Grenze zur Luft. Daraus folgt, wenn es über der Luft ein Schiff
gäbe, das nicht mit Luft gefüllt wäre, sondern mit Feuer, so würde es in der Luft
nicht sinken. Folglich würde auch ein Schiff, das mit Luft gefüllt ist und nicht mit
Wasser, im Wasser schwimmen und nicht untergehen. Sobald es aber mit Wasser
gefüllt ist, geht es unter.«[170]

Von dem Grundsatz ausgehend, daß Feuer leichter sei als Luft, fol-
gert Albert, daß ein leichter Körper, der statt atmosphärischer Luft
nichts als Feuermaterie enthält, sich in der Luft halten könne. Das
Prinzip des griechischen Mathematikers Archimedes (ca. 285–212
v. Chr.) vom statischen Auftrieb[171], wonach ein Körper in einer
Flüssigkeit oder in einem Gas so viel an Gewicht verliert, wie die
von ihm verdrängte Flüssigkeit oder Gasmenge wiegt, führte
Albert zu der Erkenntnis, daß die Luft befahrbar sei. Dieser Auftrieb, Grundlage für die spätere Luftschiff- und Ballonfahrt, ist seit
eh und je am Beispiel aufsteigender heißer Luft zu beobachten
gewesen, die infolge Ausdehnung leichter ist als kalte. Der aus
offenem Feuer aufsteigende Rauch wurde schon früher als Zeugnis
für die Leichtigkeit des Elementes Feuer interpretiert, die im
Rauch wirksam wird. Damit hat Albert der Vorstellung vom Luftschiff nicht nur auf physikalischer Ebene den Boden bereitet, sondern auf theoretischer Ebene seine Realisierung miteingeschlossen
– und das in einer Zeit, die die höheren Regionen der Atmosphäre
mit Dämonen und Teufeln besiedelt dachte und in der Philosophie,
Physik und Mathematik nichts weiter als Erklärung des Aristoteles
sah. Nach Ansicht von Svante Stubelius verwendete Albert den
Begriff »navis« (Schiff) erstmals in einem wissenschaftlich aeronautischen Sinn, jedoch muß man sagen, daß diese Begriffsbezie-

hung bereits in den Volksglaubensvorstellungen über Luft- und Wolkenschiffe vorgeprägt war[172].

Alberts Gedankenexperiment blieb nicht unbeachtet. Im Jahre 1377 nahm der französische Philosoph und Theologe Nicole d'Oresme (um 1321–1382), der Albert aus seiner Zeit an der Pariser Universität kannte, die Luftschifftheorie in sein Buch »Le Livre du Ciel et du Monde« auf. Dieses Buch gehört zu einer Reihe von Übersetzungen aristotelischer Werke, in diesem Fall von »De caelo et mundo«. Die Bedeutung dieses in französischer Sprache geschriebenen Werkes liegt in d'Oresmes ausführlichen Kommentaren, die einen Einblick in den Stand der Naturphilosophie des 14. Jahrhunderts geben. Die Wahl einer »modernen Sprache«, des Französischen, zeigt, daß das Buch nicht ausschließlich für ein Spezialpublikum gedacht war, sondern für gebildete Laien, die mit den grundlegenden Konzepten des aristotelischen Systems bekannt gemacht werden sollten[173].

D'Oresme wendet, ohne Archimedes zu nennen, ebenfalls dessen Prinzip an, daß ein Körper im Wasser sein eigenes Gewicht verdrängt. Weil Süßwasser im Verhältnis zu Salzwasser ein leichteres Gewicht trägt, hält er es für denkbar, daß dasselbe Gesetz an Körpern in anderen Elementen, beispielsweise in Feuer und Luft, anwendbar ist[174]. Bei der Erforschung physikalischer Fragen analog zu moralischen Bedenken über die Akzeptierbarkeit des Menschenfluges fragt sich d'Oresme, ob die Luftschiffidee eine Übertretung der universalen Harmonie ist. Kann das Schiff hier plaziert werden, kann es hier bleiben, nur bei der Übung gewaltiger Kräfte? Wenn es an der Oberfläche der Luft bleiben kann, wäre dann das Ergebnis seiner unnatürlichen Position nicht die Tatsache, daß es durch die Nähe der Feuerregion einfach abbrennt? D'Oresme kommt versuchsweise zu dem Schluß, daß, obwohl es zu seiner Zeit praktisch unmöglich sei, ein Schiff über die Luftregion zu befördern, es dennoch keinen theoretischen Einwand gegen einen Erfolg eines solchen Kunststückes in zukünftigen Zeiten gebe. Vermutlich sei das Feuer unschädlich, und ein auf der ruhigen Luftoberfläche plaziertes Schiff würde dort für immer bleiben können.

D'Oresmes Luftschiff ist weder eine Drohung noch eine Wohltat.

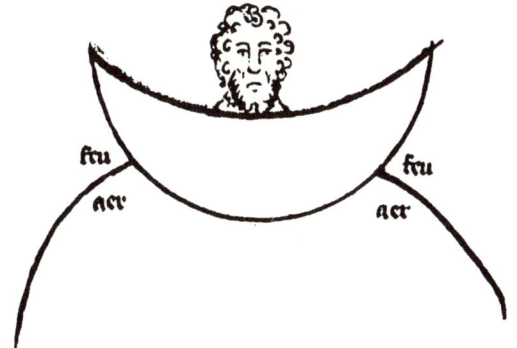

Gedachtes Luftschiff an der Grenze zwischen den Elementen Luft und Feuer.
Illustration aus Nicole d'Oresme, Le livre du ciel et du monde, Paris 1377
(MS français 1082, fol. 103 r-v).

Er ist ein wenig beeinflußt von der alten Angst vor dem Fliegen
und begeistert von der Möglichkeit des Fliegens. Obwohl er von
menschlicher Fracht spricht, kann er sich ein Fahrzeug für einen
bemannten Flug nicht vorstellen. Sein Aeronaut ist nicht menschlich empfunden, er starrt aus seinem halbmondförmigen Fahrzeug
und erscheint als eine andere Art von Lebewesen, für immer
stationiert über den Menschen in einsamer Bahn, schwebend
zwischen Himmel und Erde[175]. Sowohl Nicole d'Oresme als auch
Albert von Sachsen schrieben über Flugschiffe in einem allgemeinen kosmologischen Kontext, doch ihre Überlegungen erzeugten
ein anhaltendes Echo.

Die technologische Nutzung des Elements »Luft«

Die Erkenntnis, daß man die unsichtbare, untastbare Luft für technische Zwecke einsetzen könnte, führte zu einer Anzahl empiri-
scher Versuche, die aus unserer Sicht sehr einfach, ja, geradezu
naiv erscheinen. Dennoch waren manche von ihnen von großer
unmittelbarer Bedeutung, während andere befruchtende Impulse
setzten, die erst spätere Zeiten erfolgreich nutzen konnten. Das

Interesse an dem leichtesten der Elemente gruppierte sich um eine
bedeutende Auseinandersetzung der mittelalterlichen Physik, um
die Ablehnung der aristotelischen Theorie von der Bewegung. Aristoteles glaubte, daß sich ein in Bewegung befindliches Objekt so
lange in dieser Bewegung halten könne, wie es von etwas bewegt
werde. Die scholastisch-mittelalterliche Lehre hingegen sah ein
bewegtes Objekt weiterhin bewegt, bis es durch den Widerstand
des Mediums gestoppt wird. Dieses innere bewegende Vermögen
nennt die Scholastik »impetus« oder »vis impressa«. Vertreten
wurde die »Impetustheorie« erstmals vollständig von dem Italiener Franciscus de Marchia (gest. 1320), zur vollen Entfaltung gelangte sie aber erst in der Schule der Pariser Terministen mit ihrer
Zentralfigur Johannes Buridan (gest. ca. 1360) und den wichtigsten Anhängern Albert von Sachsen und Marsilius von Inghen
(gest. 1396)[176]. Ein rotierender Mühlstein oder eine Drehscheibe
dienten als Beweis für ihre Position. Der Mühlstein bewegt sich
noch eine Zeitlang weiter, auch wenn sich die bewegende Hand
nicht mehr bewegt. Er bewegt sich also nicht durch Druck der
Luft, sondern durch eine Stoßkraft, den »impetus«, bis der Widerstand der Achse die Bewegung stoppt. Auch die Bewegung der
Himmelskörper konnte, wenn man einen göttlichen »impetus« annahm, erklärt werden[177].

In die Geschichte der Nutzung der bewegenden Kraft der Luft gehört das Windrad, das seit dem Ende des 13. Jahrhunderts in der
mittelalterlichen Überlieferung dargestellt wird[178]. Die Erfindung
und Verbreitung der Windmühlen, später auch der Wassermühlen,
gehören zu den großartigsten technologischen Neuerungen des
europäischen Mittelalters. Sie ermöglichten in großem Stil die
Nutzung der Windenergie nicht nur beim Mahlen von Mehl, sondern generell in den städtischen Gewerben, etwa bei Walk- und
Sägemühlen. Der Einsatz der Mühlen war von solcher Bedeutung,
daß bereits von einer »industriellen Revolution des Mittelalters«
gesprochen wurde, ein englischer Begriff für Fabrik lautet heute
noch »Mill«. Das Windrad mit horizontaler Achse war wohl schon
länger in Gebrauch, bevor die ersten Illustrationen entstanden. Ein
Windrad mit senkrechter Achse und Flügeln, die in waagrechter
Ebene umlaufen, ist in den Manuskripten des 1382 in Siena gebo-

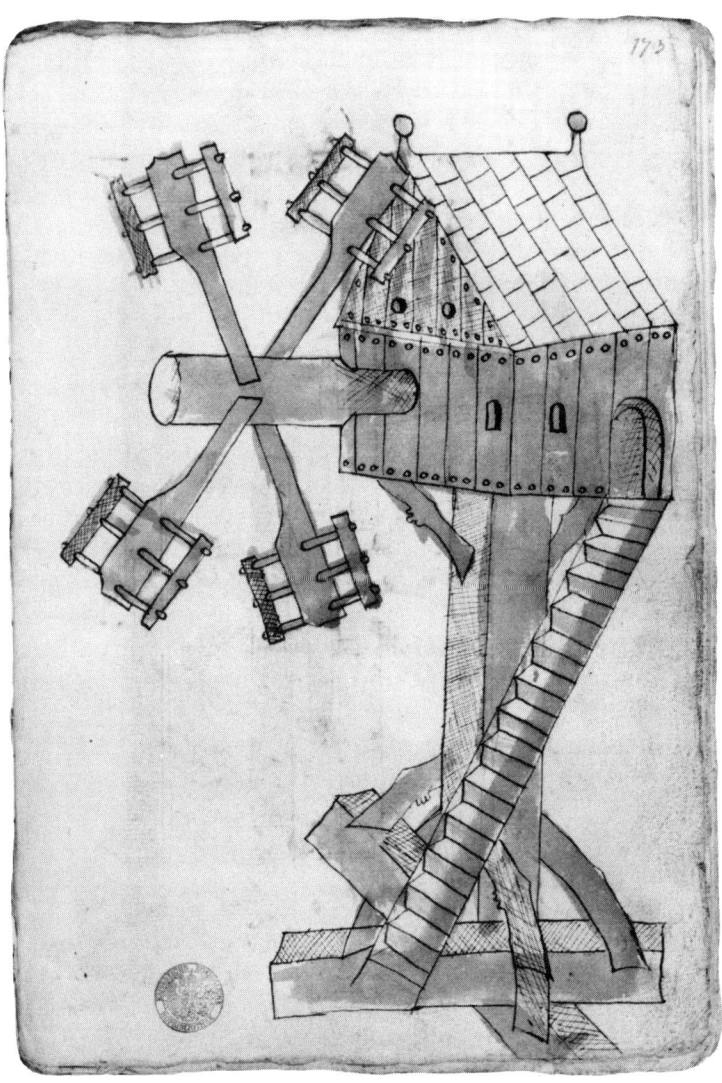

Darstellung einer Windmühle mit horizontaler Achse. Miniatur aus dem Jahre 1428 (ÖNB, cod. 5278, fol. 173 r).

renen »Ingenieurs« Mariano di Jacopo abgebildet. In seinen Werken über ziviles und militärisches Ingenieurwesen findet es sich in einem technischen Notizbuch aus der Zeit von 1427 bis ca. 1441. Der Eichstätter Konrad Kyeser (1366–nach 1405) beschreibt einen Fahrstuhl mit Windradbetrieb[179], und ein kriegstechnisches Werk, verfaßt um 1460 von dem Italiener Roberto Valturio, zeigt die Konstruktion eines mit Windrädern betriebenen Wagens. Auch eine militärische Verwendung sieht die mittelalterliche Kriegstechnik in der Nutzung von Windenergie, beispielsweise mit Hilfe von Windmühlen Bienenkörbe in feindliche Festungen zu schleudern[180].

Das Prinzip der senkrecht aufsteigenden Luftschraube begann als merkwürdiges kleines Spielzeug, das zwischen den Handflächen oder durch eine um seinen Stiel gewickelte Schnur in eine Drehbewegung versetzt wurde und vielleicht sogar mit kreisenden Flügeln in die Luft steigen konnte. Ein flämischer Psalter aus dem Jahr 1325 enthält eine Abbildung eines solchen Modells. Hier geht es nicht um die Nutzung der Windkraft; vielmehr steigt das Windrad aufgrund einer hinzugefügten Kraft durch Eigenauftrieb senkrecht hoch. Die Entwürfe Leonardo da Vincis für eine schraubenförmige rotierende Tragfläche zeigen, daß die Idee der Luftschraube mehr sein konnte als nur ein einfaches Kinderspielzeug. Verschiedentlich wird daher in diesem kleinen Fluggerät ein direkter Vorläufer des erst viel später verwirklichten Helikopterprinzips gesehen[181].

Das Spiel mit dem Wind – der Drache

Auf der Trajansäule in Rom aus dem Jahre 114 befinden sich Abbildungen von Feldzeichen mit schlangenförmigem Körper und geöffnetem Maul, die auf Stangen gesteckt wurden. Wurde ein solches Feldzeichen vorausgetragen, so blies der Wind ins offene Tiermaul und blähte den sackförmigen Leib auf. Bereits die Skythen und Dacer kannten solche »Drachen«, die Römer übernahmen sie aus dem Osten für eigene Kriegszwecke. Auf diese Weise gelangten die Drachenfeldzeichen in die christlichen Heere des Mittelalters. Dargestellt sind sie auf frühmittelalterlichen Zeugnissen, so auf dem berühmten Teppich von Bayeux und dem »Psalterium Aureum« (9. Jahrhundert) der Bibliothek St. Gallen, auf dem der Draco einen Feuerbrand im Maul trägt[182]. Die Feldzeichen wurden allerdings auf Stangen getragen, schwebten also nicht an einer Schnur in der Luft. Eingesetzt wurden sie gegen christliche Heere durch die Mongolen in der Schlacht bei Liegnitz (1241). Um 1326 verfaßte der Geistliche Walter de Milemete zwei kriegstechnische Bilderhandschriften für Eduard II. von England (1284–1327). Eine davon sieht die Verwendung von Drachen für militärische Zwecke vor[183]. Eine Zeichnung stellt den Transport einer Brandkugel dar, die von einem schlauchförmigen Körperdrachen mit angedeuteten Flügeln über die Mauern einer belagerten Stadt geflogen wurde[184]. Solche europäische Körperdrachen wurden gewöhnlich aus Holz und Stoffgewebe gefertigt[185].

Konrad Kyeser aus Eichstätt berichtet in seinem Werk »Bellifortis« aus dem Jahre 1405 ebenfalls von einem »draco volans« aus Stoff und Holz:

»Dieser fliegende Drache mag am Kopfe aus Leder hergestellt werden,
Die Mitte von Leinwand, der Schwanz jedoch von Seide, die Farben verschieden.
Am Ende des Kopfes befinde sich ein dreiteiliger Drehkörper,
Aus Holz zusammengebaut, in der Mitte mit einem Gebläse.
Der Kopf werde gegen den Wind gerichtet, und wenn er so steht,
Mögen zwei den Kopf heben, ein Dritter möge das Gebläse tragen.
Er folge ihm zu Pferde, durch die Bewegung der Leine werde der Flug bestimmt,
Aufwärts, abwärts, rechtswärts und linkswärts.
Der Kopf sei mit roter Farbe bemalt und nachgebildet,
In der Mitte von mondsilberner Farbe, am Ende verschiedene.«[186]

Die entsprechende Illustration stellt einen Reiter dar, der mit Hilfe einer Leine und eines merkwürdigen Kurbelgerätes einen Flugdrachen durch die Luft führt. Der Kopf des Tieres ist gegen den Wind gerichtet. Kyeser verwendet hier nur ein merkwürdiges Gebläse, hat aber an anderer Stelle für Flugdrachen auch den Einbau von Brandkörpern vorgesehen, die Feuer aus dem Maul oder dem Schwanz des Tieres lodern lassen. Das Rezept dazu:

»Nimm einen Teil Steinöl, zwei Teile gediegenen Schwefels, einen Teil Ziegelstein oder Benediktenöl, tauche da hinein Wolle, das heißt Baumwolle, im Volksmunde, Bawmbol genannt, und stecke sie in ein solches eisernes Röhrchen, und lege es in

das Maul des Fliegenden Drachens, und in den langen Hals werde eine brennende
Schwefelkerze gelegt, die das Pfännchen bzw. das Röhrchen anzünden wird, und
aus seinem Maule wird ein unauslöschliches Feuer hervorgehen...«[187]

Solche Darstellungen »fliegender Drachen« mit oder ohne Befeue-
rung begegnen nicht nur bei Kyeser, sondern sind häufig in kriegstechnischen Handschriften des Spätmittelalters beschrieben und
dargestellt[188]. Das »Rüstbuch« der Stadt Frankfurt am Main
(ca. 1490) enthält eine Illustration, die vermutlich einen geflügelten Körperdrachen darstellt. Er wird von einem Landsknecht mit
Fesselseil und Winde bedient. Zwei Flügel dienen als Stabilisie-
rungsflächen, und aus dem Maul dringt Feuer. Leider fehlt ein be-
gleitender Text, der über den genauen Zweck und die Verwendung
dieses Modells Auskunft geben könnte[189].

Eine sehr ausführliche Anleitung (ca. 1430) »Wie du einen Drachen artificialiter machen und regieren sollst« hat die Österreichische Nationalbibliothek aufbewahrt[190]. Der unbekannte Autor
empfiehlt dazu ein farbiges, vorwiegend rotes mit vergoldetem
Ornament geschmücktes Seidentuch von dünner Qualität als
Außenhaut. Der Körper des Drachen soll aus leichtem Pergament
gefertigt werden, bestehend aus einem Kopf und einem schlangen-
gleichen Körperschwanz. Weiterhin soll längs des Rückens Seiden-
stoff eingenäht werden, der den Drachen in der Luft wie ein Segel
stabilisiert. Der Kopf wird mit kleinen Ringen und kreuzförmig
gespannten Schienen aus Tannenholz zur Fixierung und Befesti-
gung der Halteschnur versehen. Die Anleitung berücksichtigt
auch die Möglichkeit unterschiedlicher Windverhältnisse. In einem
weiteren Teil werden genaue Anweisungen für das Steigen des
Drachen gegeben, sein Verhalten bei verschiedenen Windstärken
und Vorsichtsmaßnahmen beim Landen erörtert. Den Schluß bilden verschiedene Kunststücke. Eines davon empfiehlt, vier oder
sechs Drachen von verschiedener Größe gemeinsam aufsteigen zu
lassen. Genau darunter sollte ein Mann umhergehen und, da man
die dirigierenden Schnüre nicht sehen kann, den Eindruck vermitteln, er selbst würde die Drachen in der Luft regieren.
Während Hans Plischke dahinter noch einen Körperdrachen vermutete, sieht Clive Hart, wie schon Feldhaus, in diesem spätmit-

Christliches Flugverbot: »Der Sturz des Simon Magus«.
Tafelmalerei von Jan Polack, um 1490.
(Abb.-Nr. 5)

Mittelalterliche Darstellung des Daidalos-Ikaros-Fluges; Miniatur aus der französischen Handschrift »L. Annaeus Seneca, Tragödien«, um 1460.
(Abb.-Nr. 6)

telalterlichen Drachenmodell die erste Beschreibung eines europäischen Flächendrachens[191]. Interessant ist diese Wiener Handschrift deshalb, weil sie durch eine Genauigkeit und Detailfreudigkeit besticht, die bei mittelalterlichen Texten dieser Art sehr selten ist. Der Schreiber der Instruktion hinterläßt den Eindruck, daß er mit Drachenbau und Drachenflug sehr vertraut war, vielleicht sogar für ein Publikum schrieb, das seine Ausführungen nachmachen sollte. Woher er aber sein Wissen bezog, ist nicht bekannt. Auf einer Ikone der St. Nikolaskirche in Nišni-Novgorod, auf der Kampfhandlungen zwischen Nowgorodern und Tartaren dargestellt sind, findet sich ein Flugobjekt, das dem Drachen von Wien ähnelt. Möglicherweise dokumentiert diese Ikone die Kenntnis und Verwendung derartiger Flächendrachen im Rußland des 14. Jahrhunderts[192].

Spätmittelalterliche Raketentechnik

Daß die Rückstoßkraft explodierenden Schießpulvers als »Flugmotor« verwendbar ist, zeigt eine Darstellung in einem Münchner Skizzenbuch, dem »Bellicorum instrumentorum Liber« des venezianischen Festungsbaumeisters Giovanni da Fontana (ca. 1395–1455)[193]. Das mittelalterliche »Raketenflugzeug« hat die Form eines Vogels mit ausgestreckten Flügeln, wobei der Ausstoß aus dem Schwanz erfolgt. Neben der »fliegenden Rakete« finden sich noch eine »schwimmende« und eine »rollende« Rakete abgebildet. Fontana war allerdings nicht der erste, der das Prinzip kannte, es war in der mittelalterlichen Literatur bereits bekannt. Die Raketentechnik, eine chinesische Erfindung des 11. Jahrhunderts, wurde in Europa im Laufe des 13. Jahrhunderts eingeführt. Roger Bacon gab eine erste Beschreibung der Wirkung und schöpfte dazu aus dem »Liber Ignium« (13. Jahrhundert) des Marcus Graecus, das Formeln und Vorschriften zur Erzeugung von Zündpulver und schwer löschbaren Feuern gibt[194]. Ebenso beschreibt der »doctor universalis« Albertus Magnus (1200–1280) um 1265 Raketen in seinem Werk »Opus de Mirabilibus Mundi«[195].

Verwendung fanden die Raketen in Europa in der Kriegstechnik des Spätmittelalters. Wenige Jahrzehnte nach der Erfindung des Schießpulvers machte man sich Gedanken über ihre technische Anwendbarkeit, die sich seit dem 14. Jahrhundert in der entsprechenden Literatur niedergeschlagen haben. Die »rocchetta«-Bücher stellten im 15. Jahrhundert eine eigene Gattung der kriegstechnischen Literatur dar. Konrad Kyesers ›Bellifortis‹ enthält ein Pulverrezept für eine Rakete, bestehend aus zerkleinertem Schwefel, Linden- oder Weidenholz und Salpeter, der er eine ausführliche Bauanleitung und eine Beschreibung ihres Flugverhaltens inklusive der Konstruktion einer Abschußrampe und ihrer Verwendung im Kriegsfalle anfügte[196].

Auch Giovanni da Fontana deklariert seine Raketenkonstruktion in Form eines fliegenden Vogels als Waffe für den Luftraum. In deutscher Sprache wird die Rakete im Jahre 1437 von Hans Hartlieb beschrieben[197].

Reale Flugversuche im Italien der Renaissance

Dante Alighieri (1265–1321) verarbeitete in seiner visionären Wanderung durch die drei Jenseitsreiche, der »Divina Comedia«, eine mittelalterliche Flugvorstellung. In den Gesängen der Hölle erwähnt der Dichter einen Mann aus dem Städtchen Arezzo mit dem sprechenden Namen »Griffolino«, der zu seinen Lebzeiten Alchimist gewesen war und als Ketzer durch das Feuer endete. Das Todesurteil soll der Sohn des Bischofs von Siena, Albert, veranlaßt haben. Griffolino hatte dem vornehmen Mann vorgegaukelt, ihn das Fliegen zu lehren, blieb seine Kunst aber schuldig:

»»Ich war einst von Arezzo‹, sprach der eine;
›Albert von Siena warf mich in den Brand;
Doch diese Schuld ist's nicht, weshalb ich weine;
's ist wahr, daß ich im Scherz darauf bestand,
Im Flug mich in der Luft ergehn zu können!
Er, der voll Neugier, ohne viel Verstand,
Wollt eine Probe meiner Künste kennen;
Nur weil er ward durch mich kein Daedalus,
Ließ er mich, der als Sohn ihn hielt, verbrennen.‹«[198]

Der Anlaß für seine Verbrennung hat mit seinen vorgeschwindel-
ten Flugfähigkeiten jedoch nichts zu tun, es war die Alchemie, die
ihn schließlich in die Hölle stürzte.

Ein ernstzunehmender Beitrag zur Diskussion, ob der Flug des
Menschen mit Hilfe künstlicher Flügel zu realisieren sei, kommt
von Giovanni da Fontana. In einer seiner Abhandlungen zur militärischen Technologie, dem Jugendwerk »Tractatus (oder Metro-
logum) de pisce, cane et volucre«, äußert er eindeutige Vorstellungen:

> »Ich freilich zweifle nicht daran, daß ein Mensch sich künstlich hergestellte Flügel
> anbinden kann, mit welchen er sich in die Luft erheben, sich fortbewegen, zu Tür-
> men auffliegen und Gewässer überqueren könnte. Darüber wollte ich schon lange
> schreiben und diese Vorstellung erklären. Aber da mich andere Mühen abhielten,
> führte ich das nicht aus.«[199]

Giovanni da Fontanas knappe Bemerkungen blieben für die in der
Frühen Neuzeit verstärkt einsetzende Flugdiskussion ohne sicht-
bare Auswirkungen. In diesem Zusammenhang wäre zu fragen, inwieweit Leonardo da Vinci da Fontanas Vorschlag kannte und sich
für seine eigenen Arbeiten am Flugproblem anregen ließ? Schließlich sah auch Leonardo eine Verwirklichung des Fliegens in der Zukunft darin, dem Menschen künstliche Flügel zu schaffen.

Im Jahre 1496 baute in Perugia der Mathematiker Giovanni Battista Danti (ca. 1477–1517) eine Flugmaschine[200], die von den Überlegungen Fontanas oder bereits durch Leonardo da Vinci beeinflußt
sein könnte. Verschiedene Chronisten berichten, der »Dädalus von
Perugia« habe Flugversuche am Trasimeno-See unternommen.
Lokalpatrioten haben diese Flugversuche der Nachwelt überliefert,
und die Schilderungen klingen relativ glaubwürdig:

> »Diejenigen, die nicht nur den Flug, sondern auch das Gerüst der Flügel und deren
> wunderbares Kunstwerk gesehen haben, sagten aus, wie die Überlieferung meldet,
> daß er sich im Fluge mehrfach über die Wasser des Trasimeno-Sees warf, um die
> Art und Weise zu erkennen, wie er sich nach und nach auf die Erde herablassen
> müsse, aber dies konnte er trotz seines Genies nie ergründen.«[201]

Danti wurde früh zu den bedeutendsten Männern der Stadt gezählt:

> »So steht zu lesen auf Seite 204 am Anfang der zweiten Zenturie berühmter Bürger
> von Perugia: Bewunderung verdient Giambattista Danti aus Perugia mit dem Bei-

namen Dädalus, ein Mann von höchster Genialität, der nach gründlichster Vertiefung in die mathematischen Wissenschaften neben vielen anderen eigenen Erfindungen . . . ein Flügelsteuer seinem Körper in gehöriger Anfertigung anpaßte und mit dem zum guten Flug zusammengefügten jene Gefahr des öfteren auf dem Trasimenischen See bestand. Als es schließlich seinem Wunsch vortrefflich entsprach, gefiel es ihm, in Perugia öffentlich einen Versuch anzustellen.«

Seine Flugkünste wollte er anläßlich der Hochzeitsfeierlichkeiten des venezianischen Feldherrn Bartolomeo Alviano in der Stadt demonstrieren. Über diesen Flugversuch berichten mehrere Quellen. Eine der ausführlichsten schildert die Begebenheit so:

»Als . . . eine große Menschenmenge zusammenströmte und das Volk in großen Scharen zum Lanzenspiel auf dem großen Platz sich versammelte, siehe, da flog Danti plötzlich von einem Turme unserer Stadt mit gewaltigem Zischgeräusch, eingehüllt in mannigfache Federn und mit einem großen Flügelsteuer über den Platz durch die Luft dahin, wodurch bei allen eine so große Erstarrung und Schrecken für die Augenzeugen hervorgerufen wurde, daß sie ein großes, schreckliches Ungeheuer zu sehen wähnten.«

Während dieses Fluges soll ihm jedoch die Halterung des linken Flügels gebrochen sein. Der Flieger stürzte auf das Dach einer Kirche und brach sich beide Beine:

»Aber während er nach Verlassen des Erdbodens mit hinaufstrebendem Körper in die freie Luft zu steigen trachtete, zürnte das Geschick wegen eines so großen Wagnisses: das Eisen, womit der linke Flügel gesteuert wurde, brach, und da Danti mit Hilfe des anderen Flügels die Masse seines Körpers nicht schwebend erhalten konnte, flog er auf ein Dach an der Kirche Santa Maria, stürzte ab und beschädigte sich das Kreuz.«

Danti genas jedoch von seinen Verletzungen und ging später nach Venedig, wo man auf der Straße mit Fingern nach ihm zeigte, weil er es war, der gezeigt hatte, »daß auch die Menschen fliegen können«[202].

Flugversuche in Deutschland und England

In Deutschland war es die Exportgewerbestadt Nürnberg mit ihren feinmechanischen Geräten – die Taschenuhr wurde hier erfunden –, um die sich die nationalen Flugphantasien rankten. Eine

Fliege und ein kunstvolles Vogelmodell ohne Raketenantrieb, beschrieben als eiserner Adler, soll der Mathematiker und Astronom Johannes Müller von Königsberg (1436–1476), besser bekannt unter dem latinisierten Pseudonym Regiomontanus, in seiner Nürnberger Zeit (ab 1471) verfertigt haben. Die beiden Flug-Automaten sollten den Empfang Kaiser Karls V. in Nürnberg attraktiver gestalten. Fraglos eine schöne Flugstory, wenn nicht Karl V. (1500–1558, Kaiserkrönung 1519) erst 25 Jahre nach Regiomontanus' Tod zur Welt gekommen wäre. Diese Legende gehört demnach in eine spätere Zeit; sie geht auf Petrus Ramus zurück, der über sie in seinem »Scholarum mathematicarum libri unus et triginta«, der ersten umfassenden Behandlung des Automatenwesens, im Jahre 1569 folgendes schreibt:

»Es gehört zu den Vergnügungen der Nürnberger Kunsthandwerker, die sich auf die Mathematik des Regiomontan verstehen, eine aus Eisen hergestellte Fliege, die gleichsam der Hand des Künstlers entronnen war, herumfliegen zu lassen, so lange, bis sie endlich wie erschöpft auf die Hand des Künstlers zurückkehrte. Ferner einen Adler dem ankommenden Kaiser aus der Stadt schon von weitem hoch in der Luft entgegenzuschicken, so daß er den Ankommenden bis zu den Toren der Stadt begleitete. Wir können also beruhigt davon ablassen, die Taube des Archytas zu bewundern, wenn Nürnberg einen Adler, der sich mit geometrischen Flügeln in die Luft erhoben hat, aufweisen kann.«[203]

Die technikhistorische Literatur des 18. Jahrhunderts erklärte sich die Flugfähigkeit der Fliege und des eisernen Vogels durch magnetische Anziehungskraft[204], heute wird hinter dem mechanischen Kunststück ein einfaches Segelflugmodell vermutet, das wahrscheinlich häufiger gebaut wurde, ohne überliefert zu werden[205]. Noch bis zum Ende des 17. Jahrhunderts findet sich neben der antiken Legende von der fliegenden Taube des Archytas auch die Sage von Regiomontanus' Adler und Fliege in der Literatur erwähnt, bis sie schließlich als unhaltbare Legenden ausgeschieden wurden[206].

In Nürnberg soll um 1490 ein Mann namens »Lobsinger« einen Flugversuch unternommen haben. Dieses Experiment war in der Flugliteratur der Frühen Neuzeit bekannt, doch ist der Fall in Nürnberger Quellen heute nicht oder nicht mehr nachweisbar. Uneinig ist sich die Literatur bereits, ob der Mann nicht Kantor von Beruf war und »Senecio« hieß. Vielleicht handelt es sich jedoch auch um zwei verschiedene Geschichten, die später durcheinandergeraten sind. Burggravius schilderte 1612, Senecio habe versucht, mit künstlichen Flügeln durch die Luft zu schweben, sei aber abgestürzt und habe sich Arme und Beine gebrochen[207]. Von Burggravius übernahm kurz darauf Friedrich Herrmann Flayder die Geschichte. Gleich im Anschluß an den Flug des Daidalos beginnt er im dritten Teil seiner Abhandlung »De arte volandi«:

»es seye zu Nürnberg ein alter Vorsinger gewesen, welcher sich mit Hülf zweyer Flügel in die Lufft schwingen und als ein Vogel hinauf- und herabfliegen können. Wiewohl er endlich durch einen unglücklichen Fall aus Unvorsichtigkeit . . . Arme und Füße zerbrochen.«[208]

Über denselben »Fall«, vielleicht jedoch auch über einen zweiten, schrieb 1680 der Nürnberger Prediger Erasmus Francisci:

»Es hat sich allhier der alte Lobsinger mit seinen zwei hölzernen Flügeln, die er mit Rädern zugerichtet und an seinen Schultern festgemacht, in der Luft wie ein Vogel herumgeschwungen.«[209]

Schließlich hieß es 1710 in Gottfried Zeidlers »Philosophischer Untersuchung der Fliegekunst«, Lobsinger »sei vermittels zweier künstlicher Flügel in der Luft geschwebt und ist gleich wie ein Vogel von oben herabgeflogen«[210].
Auch in England gab es um 1500 Flugversuche. Bezeichnenderweise stammt der erste Flieger allerdings aus Italien: Der schottische Dichter William Dunbar schrieb zwei Spottgedichte auf John Damian, den Abt von Tunglund. Damian war Hofarzt und Alchimist und ließ sich Flügel aus Adlerfedern bauen, um vor der Hofgesellschaft König Jakobs IV. (1473–1513) einen Flugversuch vorzuführen. Im Jahr 1507 versuchte er, mit seinen Flügeln von einer Mauer des Stirling-Schlosses zu starten. Angeblich verkündete er vor dem Versuch, er wolle vor einer Gesandtschaft, die der König von Edinburgh nach Frankreich schicken wollte, dort ankommen. Mit einem Beinbruch endete dieser Versuch relativ glimpflich. Angeblich rechtfertigte der »Ikarus« seine Bruchlandung mit der Erklärung, das Flügelpaar habe nicht funktioniert, weil sich unter den Federn Hühnerfedern befunden hätten, die die unwiderstehliche Neigung gehabt hätten, auf den Misthaufen zurückzukehren. So habe »die Anziehungskraft des Staubes« seinen Fall verursacht.

Diese Erklärungsweise entsprach der aristotelischen Physik, deren Elementenlehre besagte, daß Gegenstände gemäß ihrem Wesen bestimmten Orten zuneigten. Allerdings war diese Lehre hier so krude angewendet, daß dies auch Spott sein konnte[211].

Die »Flugnarren« am Ende des Mittelalters

In den aufgeregten Jahrzehnten jenes Epochenwechsels, mit dem traditionell das Mittelalter endet und die Neuzeit beginnt, zeichnet sich in der Literatur ein zunehmendes Interesse an der Flugthematik ab. Mehrere angekündigte Flugversuche werden in der »Narrenliteratur« behandelt, einer Literaturgattung, die menschliche Unzulänglichkeiten als Narrheiten geißelte. Die vermutlich erste ausführliche Schilderung findet sich in »Des Pfaffen Geschicht und Histori vom Kalenberg«, einer um 1460/70 entstandenen Schwanksammlung Philipp Frankfurters (1420–1490), die erstmals 1472 und später noch öfter in »Narrenbüchern« gedruckt wurde. Die in Österreich entstandene beliebte und verbreitete Erzählfolge gelangte über Norddeutschland um 1510 in die Niederlande und um 1520 nach England. Die Sammlung zerfällt in zwei kleinere Zyklen in höfischem bzw. bäuerlichem Umkreis[212]. Einer der Bauernschwänke, in denen jeweils der Pfaffe die Bauern von Kalenbergdorf übertölpelt, handelt davon, daß der Pfarrer Wiegand einen Flugversuch ankündigt. Er verbreitet, er werde vom Kalenberger Turm über die Donau fliegen. Die Bauern versammeln sich daraufhin auf dem Dorfplatz, um dem Spektakel beizuwohnen:

»Und als er nun da fliegen wollt' / Hatt' er Pfauenfedern sich geholt
Und hing die überall an sich / Daß einem Papagei er glich.
So trat er vor die Bauern sein / So glänzend wie ein Engelein,
Das kommt vom Himmel zu der Erden / Und thät ganz närrisch sich gebärden
Und schwang gar oftmals sein Gefieder / Als ob er flöge sogleich hernieder,
Und sprach dann stets: ›Nein, wartet noch / Bis meine Zeit gekommen doch!‹...«[213]

Aber der listige Pfaffe hat den Versuch nur vorgetäuscht, weil er an die Menge seinen schimmeligen Wein verkaufen wollte. Inter-

Till Eulenspiegel narrt die Bevölkerung Magdeburgs mit der Ankündigung eines Flugversuchs. Holzschnitt aus dem Volksbuch von Dil Ulenspiegel, 1515.

essant daran ist, daß die Bauern den angekündigten Flugversuch für realistisch genug hielten, um zusammenzulaufen. Der Schwank sollte diese – offenbar verbreitete – Erwartung als Tölpelei entlarven.

Sebastian Brants (1458–1521) »Narrenschiff« von 1494 war das erfolgreichste deutschsprachige Buch vor Goethes »Werther«[214]. In dem Kapitel »Von Erforschung aller Länder« bringt Brant ein Thema zur Sprache, das die Zeitgenossen mit dem Fliegen assoziierten:

»Wer ausmißt Himmel, Erd und Meer und darin sucht Lust, Freud und Lehr, der seh, daß er dem Narren wehr.«

Brant kann dem aus religiöser Perspektive nichts abgewinnen. Wenige Monate nach der Entdeckung Amerikas wendet er sich nicht direkt gegen die Flugnarren, wenngleich das Ausmessen des Himmels auf die Himmelfahrt Alexanders des Großen anzuspielen scheint[215].

Noch ein anderes Herzstück deutscher Schwankliteratur, der »Till Eulenspiegel«, behandelt den angekündigten und nicht ausgeführten Flugversuch. Anleihen beim »Pfaffen vom Kalenberg« sind vermutet worden, doch ist die Geschichte anders gelagert. Die 14. Historie handelt davon, wie Till Eulenspiegel ankündigt, vom Rathaus von Magdeburg zu fliegen, nachdem ihn ein angesehener Bürger der Stadt um diese Probe seiner Kunst gebeten hatte.

»Da sagt er, er wolt es thun und wolt uff daz Rathuß und von den Lauben fliegen. Da ward ein Geschrei in der Stadt, daz sich jung und alt samlete uff dem Marckt und wolten es sehen. Also stund Ulenspiegel uff der Lauben von dem Rathuß und bewegt sich mit den Armen und gebar eben, als ob er fliegen wolt. Die Lüt stunden, theten Augen und Müler uff und meinten, er wolt fliegen.«

Es ist nicht nur die bekannte Leichtgläubigkeit, in diesem Fall die der Bürger, die die Geschichte hier karikiert, sondern speziell die verbreitete Erwartungshaltung von der unmittelbar bevorstehenden Möglichkeit des Fliegens. Wer die ersehnte, aber bisher nicht realisierte Kunst als machbar ankündigt, erzeugte einen Ansturm der Sensationslustigen.

Bei Eulenspiegel ist der angekündigte Flugversuch aber kein Verkaufstrick, sondern Mittel der Desillusionierung. Interessanterweise findet sich keine theologische Motivation zur Kritik der »Flugnarren«, sondern argumentiert wird mit dem gesunden Menschenverstand:

»Da lacht Ulenspiegel und sprach: ›Ich meinte, es wär kein Thor oder Nar mer in der Welt dann ich. So sih ich wol, daz hie schier die gantz Stat vol Thoren ist. Und wann ihr mir alle sagten, daz ihr fliegen wolten, ich glaubt es nit. Ich bin doch weder Ganß noch Fogel, so hon ich kein Fettich, und on Fettich oder Federn kan nieman fliegen. Nun sehen ihr offenbar, daz es erlogen ist.‹ Und lieff da von der Lauben und ließ daz Volck, eins Teils Fluchende, das ander Teil Lachende, und sprachen: ›Das ist ein Schalckßnarr noch, dann so hat er war gesagt.‹«[216]

Der Narr entpuppt sich in der Geschichte als der einzig »Vernünftige« in der ganzen Stadt, während die wackeren Bürger mit ihrem

Glauben an die Machbarkeit des Unmöglichen die tatsächlichen Narren sind. Das Motiv der »Verkehrten Welt« klingt hier ebenso an wie in der schwyzerdütschen Autobiographie des Thomas Platter (1499–1582), der während seiner Kindheit im Wallis als Ziegenhirt arbeiten mußte und dabei im Alter von etwa acht Jahren zusammen mit einem anderen Buben folgendes bemerkenswertes Erlebnis hatte:

»Einest waren unsere zwei hirtlin im wald, redeten mancherlei kindlich ding: under andrem wunschten wier, das wier kenden fliegen, so welten wier über berg uß dem land in Tütschland fliegen; so nennet man in Walles die Eidgnoschaft. do kam ein grusamer grosser vogell zrur uns geschossen, das wier meinten, er welte ein oder bed hinweg tragen, so fiengen wier bed an schryen, mit den hirten stäklinen werren und uns gsägnen, byß der vogell hinweg floch. sprachen wier zusammen: ›wier hand unrecht than, das wier gewinscht hand, das wier kenden fliegen; gott hette uns nit gschaffen zfliegen, sunder zgan.‹«[217]

Fliegen zu wollen ist ein so verbreiteter Wunsch, daß er noch im hintersten Walsertal gehegt werden kann. Aber der Traum vom Fliegen ist im Mittelalter gegen die göttliche Ordnung. Das »christliche Flugverbot« ist schon den kleinen Kindern geläufig, der angreifende Alpengeier hat etwas Dämonisches an sich und kann nur durch »Segnen«, apotropäische Stoßgebete, vertrieben werden. Bert Brechts Gedicht über den »Schneider von Ulm« hat diesen Standpunkt in großer Verdichtung zum Ausdruck gebracht: »Das sind lauter Lügen, der Mensch ist kein Vogel, es wird nie ein Mensch fliegen, sagte der Bischof vom Schneider.«[218] Aber dieses Argument ist zweischneidig, denn hat der Mensch auch keine Flügel, so kann er sich doch welche konstruieren. Und dieser Widerspruch muß wohl auch dem Herausgeber des »Till Eulenspiegel« bewußt gewesen sein, denn in der illustrierten Ausgabe von 1515 zeigt ein Holzschnitt, wie ein Mann, mit Flügeln angetan, aus dem obersten Stockwerk des Rathauses schaut, während die erwartungsvolle Volksmenge den Rathausplatz füllt und nach oben blickt. Plötzlich hat Till Eulenspiegel Flügel bekommen...[219]

4
Zwischen Illusion, Utopie und Mechanik: Die Frühe Neuzeit

»Den ersten Flug wird der ›Vogel‹ beginnen auf dem
Rücken seines mächtigen [Monte] Cecero, und er wird
mit Staunen erfüllen das Universum, alle Schriften
erfüllen mit seinem Ruhm und ewigen Glanz verleihen
dem Nest seiner Geburt. «

Leonardo da Vinci, 1505[1]

»Die Kunst zu fliegen ist im Wachstum, wird nach und
nach sich vervollkommnen und mit der Zeit werden wir
bis in den Mond gelangen. «

Bernard Le Bovier de Fontenelle, 1686[2]

Die Frühe Neuzeit als entscheidende Phase
der Fluggeschichte

Mit dem Beginn des Zeitalters der Entdeckungen weitete sich der Horizont Europas beträchtlich: Informationen über die anderen Erdteile häuften sich, und es entstand das Bedürfnis, das neue Wissen zusammenzufassen. In der Kartographie des ausgehenden 15. Jahrhunderts manifestierte sich eine Weltsicht, die weit entfernt war von den vereinzelten religiös inspirierten Karten des Hochmittelalters, etwa der Ebsdorfer Weltkarte. Die Renaissance der Geographie begann mit einem Neudruck der »Kosmographie« des Ptolemäus, die jedoch bald den modernen Ansprüchen nicht mehr genügte. Der älteste erhaltene Erdglobus wurde 1492 – noch ohne Amerika und Australien – in Nürnberg von Martin Behaim (1459–1507) hergestellt, einem weitgereisten Kaufmann, der an der portugiesischen Erforschung der Westküste Afrikas teilgenommen hatte[3]. Etwa im Jahr 1500 waren die ersten gedruckten Land- und Reisekarten erhältlich, und seitdem erfolgte der steile Aufstieg einer neuen Kunst in Europa, der Kartographie. Land- und Seekarten, Stadtpläne und Weltkugeln, die jetzt in rascher Folge und mit immer größerer geographischer Präzision produziert wurden, hatten eines gemeinsam: die »Luftbild«- oder »Vogelperspektive«. Etwa um 1500 hielt die »Vogelperspektive« auch in die Literatur[4] und die Malerei Einzug, besonders grandios in der »Alexanderschlacht« Albrecht Altdorfers (1480–1538). Zu spüren ist eine auffällige Lust, die Erde von oben zu sehen[5].

Die Frühe Neuzeit, die dreihundert Jahre zwischen 1500 und 1800, war gewissermaßen entscheidend für die Geschichte des Fliegens. Häufiger als je zuvor in der Geschichte der Menschheit und auf sehr unterschiedlichen Ebenen wurde in diesen 30 Jahrzehnten in Europa das Flugproblem durchdacht: Traditionelle Sichtweisen über die Flüge von Fabelwesen und Hexen bestanden fort, märchenhafte Erzählungen von Luftwundern und prodigiösen Him-

melsschiffen machten weiterhin die Runde. Magische Flüge standen so lange hoch im Kurs, als man an die Wirksamkeit der Magie
glaubte. Der starke Teufelsglaube des 16. Jahrhunderts gab solchen
Vorstellungen sogar noch einmal neuen Auftrieb, und in diesem
Zusammenhang sind auch die dämonischen Luftschiffe zu sehen,
die Hieronymus Bosch (ca. 1450–1516) 1506 in seinem Ölgemälde
»Die Versuchung des hl. Antonius« dargestellt hat[6]. Doch das
Nachdenken über die Möglichkeit des Fliegens verharrte nicht
mehr auf der mythischen oder magischen Ebene, sondern berücksichtigte zunehmend technische Fragestellungen, die systematisch
und nach Maßgabe der sich entwickelnden Naturwissenschaften
angegangen wurden. Genau an der Wende zur Neuzeit wandte
sich der Erfindergeist der »höchsten« Kunst, der Kunst des Fliegens zu. Leonardo da Vinci systematisierte die Beobachtungen
zum Vogelflug und breitete ein ganzes Tableau von theoretischen
Flugmöglichkeiten aus, das vom Gleitflug über die Hubschraube
bis zum Fallschirm reichte. Seine umfangreichen Überlegungen
bilden den symbolischen Auftakt der »Neuzeit« in der Geschichte
des Fliegens. Durch die Antikenrezeption der Renaissance bekam
das Fliegen neue symbolische Gehalte, die sich im Motivrepertoire
der barocken Kunst sogar noch erweiterten: Flugvorstellungen eroberten Sprache und Denken der gebildeten Oberschicht in einer
Zeit, in der sich der Blick auf die Welt generell veränderte.
Die »kopernikanische Wende« in der Kosmologie beeinflußte seit
dem 16. Jahrhundert die »phantastischen« Flugvorstellungen: Die
Erde stand nicht mehr im Mittelpunkt der Welt, neben dem Mond
wurden andere bewohnbare Sterne im All wieder denkbar und damit auch die Phantasie des Raumfluges, die sich in den Utopien
seit Johannes Keplers »Somnium« immer mehr verbreitete.
Wandlungen in der Naturlehre, der Physik, veränderten die Perspektive auf das Problem des Fliegens. Während die dämonologi-
sche Debatte an Bedeutung verlor, wurde das Fliegen immer mehr
als rein mechanische Angelegenheit betrachtet. Doch plötzlich
schien sich die ganze Problemstellung zu verschieben: Fortschritte
in der Biologie führten Mitte des 17. Jahrhunderts zu einer steigenden Skepsis gegenüber Flugversuchen nach Art der Vögel. Die
experimentell abgestützte Erkenntnis, daß die Luft ein Körper mit

Gewicht war, gab unabhängig vom archimedischen Prinzip im 17. Jahrhundert den überkommenen Luftschiffvisionen so starken Auftrieb, daß sich der Ballonflug bereits am Horizont abzeichnete. Am Ende der Frühen Neuzeit setzte die reinste »Flugeuphorie« ein, ausgelöst durch die naturwissenschaftlich-technischen Fortschritte des 18. Jahrhunderts und den Zukunftsoptimismus des Zeitalters der Aufklärung. Die Experimente mündeten schließlich in jene Verwirklichung der Luftfahrt, von der die beiden nächsten Kapitel handeln. Von Leonardo zu den Montgolfiers führt eine direkte Linie – doch auch die Hexen waren während der ganzen Frühen Neuzeit präsent: Ein Jahr vor dem Aufstieg des ersten Heißluftballons wurde unweit davon die letzte Hexe Europas verbrannt[7].

Leonardo da Vinci und die Systematisierung des Flugproblems

Mit Leonardo (1452–1519) steht ein Heros am Beginn der Neuzeit der Geschichte des Fliegens, wie man ihn kaum besser erfinden könnte. Über einen Zeitraum von einem Vierteljahrhundert hinweg, von 1486 bis 1514, produzierte er immer wieder ausführliche Überlegungen zum Flugproblem, insgesamt etwa 35 000 Worte und 500 Skizzen[8]. Ohne Übertreibung kann man sagen, daß ihn der Flugwunsch in intensiver Form sein ganzes Leben lang begleitet hat: In einer autobiographischen Bemerkung verleiht Leonardo seinem Flugwunsch nahezu mythische Qualität, wenn er ihn mit einem frühkindlichen Inaugurationstraum beginnen läßt, der selbst Sigmund Freud zu interpretatorischen Bemühungen veranlaßt hat[9]: Ein großer Vogel sei zu seiner Wiege herabgeschwebt und habe ihm mit den Federn vielmals über die Lippen gestrichen. Seither habe er gewußt, daß er sich sein ganzes Leben lang mit dem Fliegen beschäftigen werde[10]. Die emotional determinierte Besessenheit, mit der Leonardo zeit seines Lebens die Flugtechnik behandelte, hat bereits seine frühesten Biographen beschäftigt. Vasari überliefert Leonardos Angewohnheit, Vögel auf dem Markt von Florenz einzig aus dem Grund zu kaufen, um den Käfig zu öffnen und sie in die Freiheit entfliegen zu sehen. Gibbs-Smith glaubt, in dieser und anderen Verhaltensweisen »the deep-seated urge towards power, escape and freedom« erkennen zu können[11].

Vielleicht das kompakteste Werk Leonardos zum Thema Fliegen bildet eine geschlossene Handschrift aus dem Jahre 1505, der die Erben den Titel »Sul Volo degli Ucelli« (Über den Vogelflug) gegeben haben. Dies ist ein irreführender Titel, denn tatsächlich werden hier die natürlichen Merkmale des Vogelfluges nur im Hinblick auf ein künstliches Fluggerät ausgewertet, das Leonardo zur Verwirrung oberflächlicher Leser ebenfalls als »Ucello« bezeichnet. Völlig unmißverständlich ergibt sich jedoch aus dem Zusammenhang, daß »il tuo ucello« einen Flugapparat meinte; denn zum Bau sollten als Sehnen »stärkste Zugschnüre aus Rohseide«, für die Gelenke »starke Lederriemen« verwendet werden, keinesfalls aber unelastische Metallteile. Vorbild des künstlichen Vogels war kein mythisches Federkleid, sondern eine solide Tragflächenkonstruktion. Daß Leonardo sein Fluggerät als Gleitflieger zu konstruieren beabsichtigte, geht aus seinen Bemerkungen über das Aufsteigen »ohne Flügelschlag« und seinen Anweisungen zum Gleitflug hervor[12]. Spätere Anweisungen für die Durchführung von Gleitflugversuchen gehen bis in Details, die dem heutigen »Paragliding« nahekommen. Das Gerät sollte aus Tragflächen (Flügel) bestehen, die mit einer Querstange gesteuert werden mußten, »die Stange des Steuers wird den Drehpunkt am Halse haben«. Auch die Umstände der ersten Flugversuche klingen realistisch: Sie sollten wegen der Absturzgefahr über einem See stattfinden, und zur Sicherheit sollten die Flieger mit Schwimmschläuchen ausgerüstet sein, damit sie nicht im See ertränken, ein Detail, das sehr stark an die Gleitflugversuche von Giovanni Battista Danti, dem »Dädalus von Perugia«, erinnert, die er am Lago di Trasimeno in den 1490er Jahren durchgeführt haben soll[13].

Die ersten erhaltenen Flugmaschinenstudien Leonardos stammen aus seiner Mailänder Zeit, insbesondere aus den Jahren 1486–1490. Bereits seit 1483 hatte sich Leonardo mit Fallschirmen beschäftigt, seit 1485 entwickelte er diverse Modelle des »Ornithopters«, also einer Flugmaschine, die den Vogelflug als »Schlagflügelgerät« nachahmt, betrieben durch menschliche Muskelkraft sowohl der

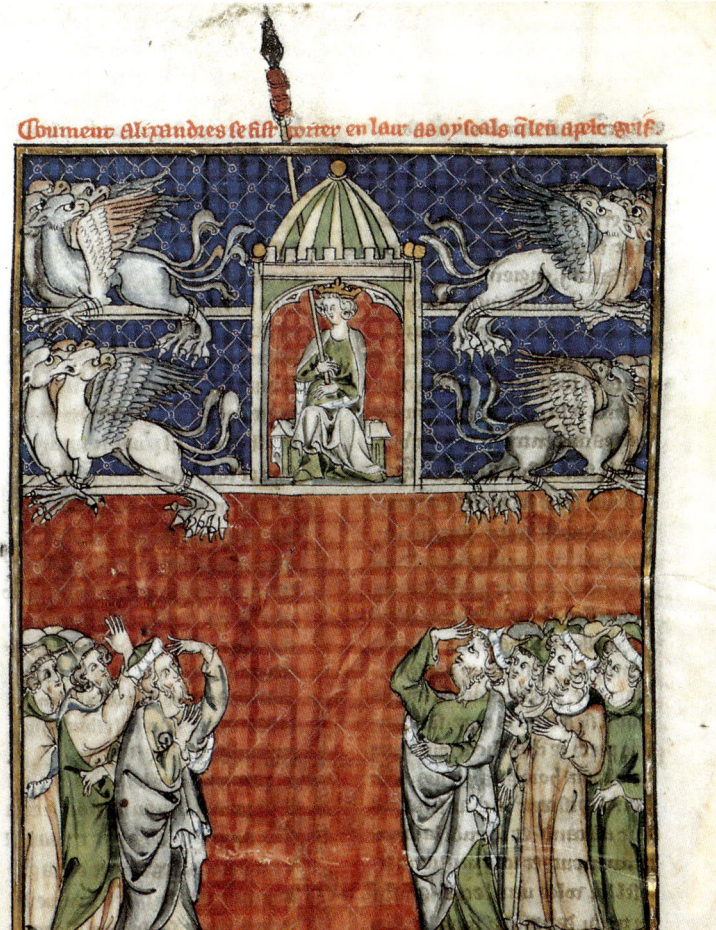

»Wie sich Alexander in die Höhe tragen ließ von Vögeln, die man Greifen nennt«.
Flämische Buchmalerei aus der »Histoire du bon roi Alexandre«, um 1300.
(Abb.-Nr. 7)

»Draco volans«. Illustration zu der kriegstechnischen Handschrift »Bellifortis«
des Baumeisters Konrad Kyeser, um 1405.
(Abb.-Nr. 8)

Arm- als auch der stärkeren Beinmuskulatur. Seit 1486 zeichnete er Modelle, die die Kraftumsetzung dieses Fluggerätes »Schwerer-als-Luft« auf »Luftschrauben« mit vertikaler Achse übertrug – dies waren die ersten Helikoptermodelle der Geschichte. Nach Ansicht heutiger Luftfahrthistoriker bestand der Hauptirrtum Leonardos darin, daß er die Muskelkraft des Menschen als Antrieb für seine Flugapparate für ausreichend hielt. Leonardo kannte diesen Einwand, denn in seinem Notizbuch »Sul Volo« versucht er ihn mit dem Hinweis zu entkräften, die im Verhältnis zum Körpergewicht höhere Muskelkraft des Vogels sei zur Jagd und zur Flucht notwendig, »aber wenig Kraft braucht er, um sich selbst auf den Flügeln und im Gleichgewicht zu halten und sie über die Strömung der Winde zu heben«[14].

Da damals einzig die Muskelkraft als mögliche Antriebsquelle zur Verfügung stand, ist es verständlich, daß Leonardo seine Bemühungen auf sie konzentrierte. Die Vielzahl seiner Skizzen entspringt keinem ästhetischen Ziel, sondern der verzweifelten Suche nach einer geeigneten Kraftumsetzung. Seine meisten konstruktiven Bemühungen widmete Leonardo den Flügelschlag-Fluggeraten (Ornithoptern). Damit befand er sich zwar im Einklang mit der Tradition, denn die Ornithopter waren »instrumenta volandi« im Sinne Roger Bacons, doch ist es physikalisch unmöglich, mit menschlicher Muskelkraft genügend große Flügel schnell genug zu bewegen. Wie man allerdings inzwischen weiß, ist es durchaus möglich, mit Muskelkraftflugzeugen weite Strecken zurückzulegen – allerdings nicht mit Schlagflügeln, sondern mit Hilfe einer Luftschraube mit horizontaler Achse (Propeller)[15]. In diesem Zusammenhang verdient Leonardos Modell einer leichten Luftschraube mit vertikaler Achse besonderes Interesse, ein Prinzip, das als Kinderspielzeug seit dem Spätmittelalter bekannt war und das Leonardo für den Menschenflug adaptieren wollte. Am unteren Ende der vertikalen Achse war der Sitz der Kraftquelle, die Schraube selbst bestand aus einem Gerüst mit einer Bespannung aus gestärktem Leinen. Diese Helikopterskizze schließlich soll Igor Sikorsky vierhundert Jahre später zur Entwicklung seiner berühmten Hubschrauber angeregt haben[16].

Leonardo verfolgte das Luftschraubenprinzip nicht weiter und

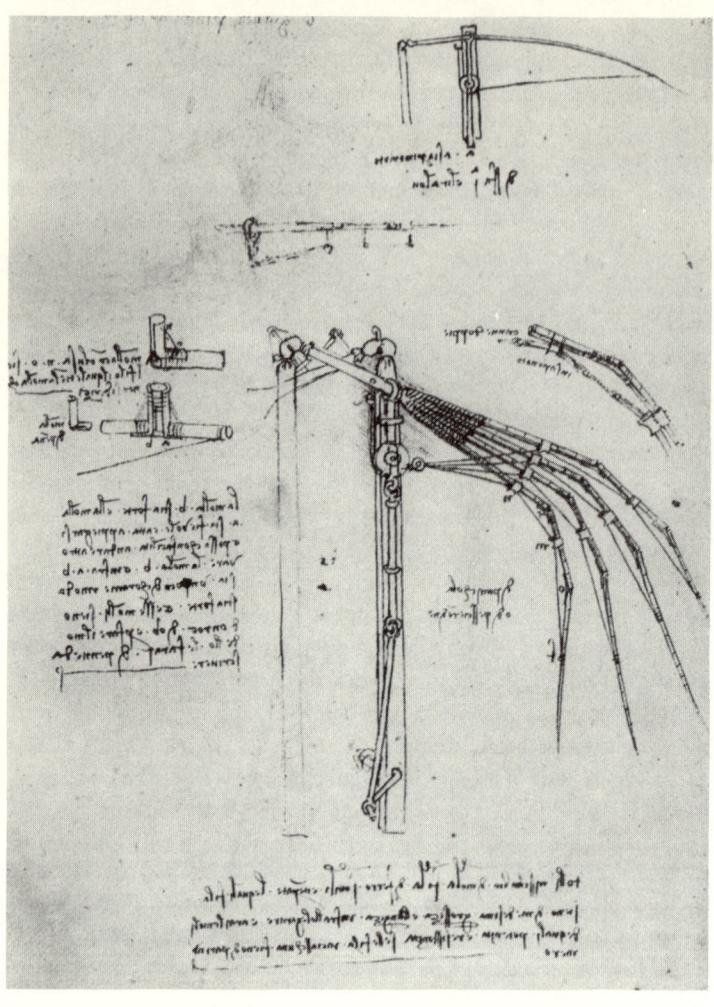

Leonardo da Vinci konstruierte Gleitschirme, Fallschirme und Hubschrauben.
Hier Konstruktionszeichnungen für künstliche Flügel, dazu Erläuterungen in
Spiegelschrift. Codex Atlanticus, ca. 1495/97.

fand nicht das Prinzip des Propellers, das erst am Ende des 18. Jahrhunderts von George Cayley entdeckt wurde. Leonardos Bemühungen galten auch weiterhin dem Flug nach Art der Vögel. Dabei wußte er intensive Naturbeobachtung mit dem Bewußtsein zu verbinden, daß der Vogelflug rein mechanische Grundlagen hatte, die nachahmbar sein mußten. Im »Codex Atlanticus« schreibt Leonardo: »Der Vogel ist ein Instrument, das nach einem mathematischen Gesetz arbeitet.«[17] Bemerkenswert sind einige konstruktive Details im Umkreis der Ornithoptermodelle. Bereits 1485 zeichnete Leonardo ein »Inklinometer«, mit dem die Abweichung des Flugapparats von der Horizontalen sichtbar gemacht werden konnte. Leonardo probierte sämtliche denkbaren Pilotenpositionen durch: stehend, sitzend wie auf dem Fahrrad, liegend wie beim Drachenfliegen, hängend wie Otto Lilienthal. Etwa um 1490 ist im Gewirr seiner komplizierten Kraftübertragungssysteme deutlich das Modell eines Steuerruders zu erkennen, das – da Arme und Beine zur Krafterzeugung benötigt wurden – mit dem Kopf bewegt werden sollte. Etwa 1495 spielte Leonardo mit dem Gedanken eines Bogensehnenmotors, der allerdings nur sehr kurzfristig – und nicht für den Menschenflug – als Kraftquelle dienen konnte. In seiner Handschrift »Sul Volo« kam Leonardo abermals der Lilienthalschen Flugtechnik nahe, wenn er beschrieb, daß der »Vogel« durch Gewichtsverlagerung des Oberkörpers des Piloten, also durch Schwerpunktverlagerung, gesteuert werden mußte[18].

Ein großer Teil der Forschung bestreitet heute, daß Leonardo da Vinci selbst Flugversuche durchgeführt hat, und sie tendiert dazu, eine Fortwirkung seiner Ideen auf die Nachwelt zu negieren. Da alle Manuskripte erst am Ende des 19. Jahrhunderts ediert worden sind, vertritt etwa Gibbs-Smith die Ansicht, Leonardo habe sich quasi in einem »historischen Vakuum« bewegt, mit beeindruckenden, aber völlig folgenlosen Ideen[19]. Dem steht die Tatsache gegenüber, daß Leonardo 1505 in privaten Aufzeichnungen zweimal in sehr pathetischem Tonfall von seinem bevorstehenden Flugversuch auf dem Monte Cecero bei Florenz spricht[20] und Girolamo Cardano ein Menschenalter später explizit von – gescheiterten – Flugversuchen Leonardos berichtet. Cardanos Vater war mit Leo-

nardo persönlich befreundet gewesen, was diesem Zeugnis einiges
Gewicht verleiht. Gleichzeitig ist damit auch die Frage der Nach-
wirkung Leonardos geklärt: Cardano gehörte zu den meistgelese-
nen Autoren des 16. Jahrhunderts. Seine Andeutungen zum Menschenflug gelten oft als die frühesten, doch ist hinter Cardano der
Genius Leonardos zu erkennen[21]. Als öffentliche Persönlichkeit
hinterließ Leonardo überdies eine große Schar von Schülern, die
seinen Ruhm transportierte, und seine instruktiven Manuskripte
wurden zunächst von einem Schüler gehütet, bevor sie 1637 in die
Mailänder Bibliotheca Ambrosiana gelangten, wo sie bis zu ihrer
Verschleppung nach Paris durch Napoleon 1797 auch blieben. Es
ist kaum anzunehmen, daß in einem so erfindungshungrigen Zeitalter Leonardos Skizzen und Pläne unbeachtet blieben. Den besten
Beweis bildet vielleicht die Skizze eines Fallschirmflugs in Leonardos »Codex Atlanticus«, die haargenau jener Darstellung gleicht,
die Fausto Veranzio mehr als hundert Jahre später unter dem Titel
»Homo volans« von einem geglückten realen Fallschirmflug in
Venedig veröffentlichte[22].

»Der Vogelflug als Grundlage der Fliegekunst«

Mit Leonardo da Vincis »Codice sul Volo degli Uccelli« und seinen daran anknüpfenden Theorien über Herstellung von Flügel-
schlag- und Gleitflugzeugen erfolgte an der Wende zur Neuzeit
die Grundlegung der neuzeitlichen Flugdiskussion[23]. Entsprechend
dieser Voraussetzung bildeten illustrierte Vogelbücher einen beliebten Ort für Spekulationen über die Möglichkeit des Menschenfluges. Ein Beispiel dafür ist Pierre Belons »L'histoire de la nature
des oyseaux«, in der 1555 auf einer suggestiv gestalteten Doppel-
seite links das Skelett eines Menschen, rechts in gleicher Größe das
Skelett eines Vogels im Kupferstich abgebildet wurde: die große
Ähnlichkeit sticht unmittelbar ins Auge und spekuliert mit dem
Interesse des Lesers am Menschenflug[24].
Vor diesem Hintergrund und dem Fehlen von Alternativen erscheint unmittelbar einleuchtend, daß wie im ausgehenden Mittelalter Flugversuche mit Flügelkonstruktionen auch im 16. Jahrhun-

dert vorherrschten. Nachrichten darüber kursierten und wurden diskutiert, Schausteller machten sich die Lust an der Sensation zunutze: In den großen Städten fanden circensische Vorführungen von »fliegenden Menschen« statt, die sich unter Lebensgefahr, an Seilen befestigt, von Türmen stürzten[25]. Dies waren keine freien Flüge, sie spielten nur mit dem Nervenkitzel, verwirklichten aber nicht den Traum vom Fliegen. Immerhin mögen diese Schaustellungen dazu beigetragen haben, daß sich Nachrichten über Flugversuche seit dem 16. Jahrhundert zu häufen beginnen und gegenüber früheren Berichten durch präzisere Angaben über Namen, Daten und Umstände verläßlicher erscheinen: In Troyes (Frankreich) flog 1536 der aus Italien stammende Uhrmacher Denis Bolori mit einem Flügelapparat vom Turm des Domes herab und zog sich beim Aufprall auf das Straßenpflaster schwere Verletzungen zu. In Viseu (Portugal) sprang 1540 João Torto mit einem Doppel-Flügelpaar vom Turm der Kathdrale. Trotz seines Adlerhelms verletzte sich der Flieger beim Aufprall auf ein Dach so stark, daß er wenige Tage später starb. In Paris sprang 1550 ein Italiener mit einem Flügelpaar mit Stoffbespannung von einem Turm. Einem Zeugen zufolge krachte er »wie ein Schwein« aufs Pflaster und brach sich das Genick[26]. In Moskau soll zur Zeit des Zaren Iwan IV. (1547–1584) der Flugversuch eines Martin Karlowitsch stattgefunden haben[27], ein Umstand, der sich in dem Märchen »Der Flieger Iwans des Schrecklichen« niedergeschlagen haben könnte, wo der Leibeigene Nikischka des Grafen Lupatowski als Erfinder einer Flugmaschine erscheint[28]. Gegen Ende des 16. Jahrhunderts sollen in Lucca (Italien) erfolgreiche Gleitflugversuche eines Paolo Giudotti (1559–1629) stattgefunden haben, der sich aus Walfischbein und Federn ein Flügelpaar gebastelt hatte. Nach einigen Abstürzen beendete Guidotti jedoch seine Experimente[29].

Raketenflugpläne in Siebenbürgen

Der lutherische Festungskommandant – damit Kollege Leonardos – der Stadt Fünfkirchen im deutschbesiedelten Teil Siebenbürgens (heute Sibiu in Rumänien), Conrad Haas (ca. 1500–ca. 1570), hinterließ in seinem »Kunstbuch« ca. 200 Skizzen aus den Jahren 1529 bis 1569, von denen etwa ein Drittel aus der spätmittelalterlichen Fortifikationsliteratur übernommen wurde, der Rest jedoch auf eigenen Überlegungen basiert. Die spektakuläre »Erfindung«: In seinen eigenen Entwürfen wendet Haas die aus der Verteidigungstechnik des Spätmittelalters bekannten Raketen auf den »bemannten« Flug an. Er adaptierte damit – wenigstens in der Imagination – die einzige bereits damals bekannte ausreichende Kraftquelle für ihre Verwendung in der Luftfahrt. In einigen auf 1529 datierbaren Zeichnungen zeigte er Versuchsflüge mit Katzen, und es ist nicht ausgeschlossen, daß er Tierversuche angestellt hat. Wie die Brüder Montgolfier 1783 oder die sowjetischen Raumfahrttechniker der 1950er Jahre betrachtete auch er Tierversuche als ersten Schritt zur Verwirklichung der Luftfahrt. Haas zeichnete jedoch auch menschliche Flüge. Auf Blatt 215 der Handschrift macht er den in der gesamten älteren Literatur einzigartigen Vorschlag, ein ganzes »Haus« in den Himmel zu schießen. Wie den amerikanischen NASA-Technikern war Haas klar, daß dies mit einer einstufigen Rakete unmöglich war: Eine dreistufige Rakete sollte es sein, wobei jeweils die abgebrannten Stufen abgeworfen werden mußten! Das Prinzip der Mehrstufenrakete sollte durch das Ineinanderschachteln mehrerer Einzelraketen erreicht werden. Die Raketen weisen deltaförmige Stabilisierungsflossen auf, die Treibsätze der Raketen nennt Haas »Gezeug«. Nur am Rande sei vermerkt, daß der findige Festungsbaumeister privat Pazifist war, der sich gegen die »greuliche Tyrannei« des Schießens aussprach und seine Ausführungen über kriegstechnische Raketen mit folgender Sentenz zu schließen beliebte:

»Aber mein Rat: mehr Fried und kein Krieg. Die Büchsen, do sein gelassen unter dem Dach, so wird die Kugel nit verschossen, das Pulver nit verbrannt oder nass, so behielt der Fürst sein Geld, der Büchsenmeister sein Leben; das ist der Rat, so Conrad Haas tut geben.«

Das »Kunstbuch« des Baumeisters Haas wurde in der Folgezeit ebenso vergessen wie die Skizzen Leonardo da Vincis. Erst 1961 wurde es im Archiv von Sibiu wiederentdeckt[30].

»Magia naturalis«:
Flugphantasien und Flugprophetien

Die Festungsbaumeister waren Spezialisten, die bereits zu Beginn
der Neuzeit rein mechanische Phantasien entwickelten und insofern wie pragmatische Vorläufer des Cartesianismus wirken. Der
Großteil der Überlegungen verlief jedoch im 16. Jahrhundert noch
in anderen Bahnen: Unter dem Titel der »Magia naturalis« wurde
experimentiert und der Kreis der modernen Naturwissenschaften
ausgeschritten, von der psychologischen Selbsterfahrung bis zur
experimentellen Physik. Die Flugvisionen Roger Bacons als Protagonist des Naturmagiers[31] wurden 1542 in einem lateinischen
Druck neu zugänglich gemacht und später durch zwei englische
Übersetzungen (1597: »instruments to flie . . . after the manner of
a flying bird«; 1659: »Engines for flying . . . after the fashion of a
birds flight«) popularisiert[32]. Sie waren unter den Gelehrten allgemein bekannt und inspirierten mit ziemlicher Sicherheit die entsprechenden Passagen bei Francis Bacon und John Wilkins. In
Deutschland übersetzte Erasmus Francisci in einem Kapitel über
»zauberische Luftfahrten« unter Hinweis auf die durch Roger Bacon »vorhergesagte« Erfindung des Schwarzpulvers die Passage
über das »instrumentum volandi« (»Werckmittel . . . zum Fliegen«)[33]. Doch nicht Bacon, sondern zwei andere »Naturmagier«
galten bis ins 18. Jahrhundert hinein als diejenigen, die sich als erste mit der »Fliege-Kunst« beschäftigt hatten: Girolamo Cardano
und Gianbattista della Porta[34].
Girolamo Cardano (1501–1576) war, wie bereits erwähnt, höchst-
wahrscheinlich inspiriert von den Flugversuchen des Leonardo da
Vinci[35]. Wie Leonardo war auch Cardano fasziniert von der Flugvorstellung. Er hatte visionäre Erlebnisse, die bis hin zur ekstatischen Himmelsreise reichten und Biedermann zu der übertreiben-
den Bemerkung veranlaßt haben, seine Erlebnisstruktur erinnere
stark an diejenige sibirischer Schamanen[36]. Tatsächlich geht Cardano in seinem grundlegenden Werk über die Traumdeutung ausführlich und sehr positiv auf Flugträume ein[37]. In seinem Werk
»De subtilitate« referiert Cardano 1557 die bekannte Geschichte
von der künstlichen Taube des Archytas und macht darüber hinaus

vage Andeutungen über die Möglichkeit des Fliegens, wobei er jedoch kritisch einschränkt, daß der natürliche Ort der Menschen
wegen der Feuchte und Schwere ihrer Körper der Erdboden sei[38].
Trotzdem handelte er sich eine geharnischte Kritik des gelehrten Julius Caesar Scaliger (1484–1558) ein, der Cardano in seinen
»Exercitationes adversus Cardani de subtilitate« zurechtwies:

»Wie sehr sind nicht deine albernen Träume über die Kunst zu fliegen unserer Ver-
achtung wert? Warum schreibst du nicht auch gar über die immerwährende Bewegung? Es ist die größte Torheit, Anweisung in Sachen zu geben, die offenbar unmöglich sind.«[39]

Gianbattista della Porta (1538–1615) ging 1558 in seiner »Magia
naturalis« etwas ausführlicher auf die Möglichkeit des Fliegens
ein. Neben der Taube des Archytas führte Porta den schon im vorigen Kapitel erwähnten künstlichen Adler des Nürnberger Astronomen Johannes Müller (1436–1476), genannt »Regiomontanus«,
in die internationale Literatur ein. Erstmals wies Porta in einem
europäischen Druckwerk auf den Bau des »fliegenden Drachens«
hin, wobei er die Anleitung zum Bau und zur Anwendung nicht
vergaß. Als zusätzliche Möglichkeiten schlug Porta vor, Katzen
oder Hunde an die Drachen zu binden, um damit nachts in der Luft
unheimliche Geräusche zu erzeugen. Dann fährt er fort:

»Hieraus kann nun ein geschwindiger verständiger Kopff ein anfang schöpffen
nachzugedencken, auff was weyse auch ein Mensch fliegen möge: Nemblichen,
wann er an die Arm und Brust große Flügel binde und sich von jügendt auff übe
oder gewent, dieselben an einem hoch gelegnen Ort zu schwingen.«[40]

Seit Porta, dessen Werke weithin rezipiert wurden, finden sich in
der Literatur regelmäßig Anleitungen zum Bau von Flächendrachen, seit 1618 häufen sich Abbildungen, die den Drachen als
Kinderspielzeug zeigen[41]. Der flugfähige Flächendrache war, wie
Gibbs-Smith betont, »der wahre Vorfahre des Flugzeugs«[42]. Es
gibt sogar Nachrichten darüber, daß Männer von großen Flächendrachen in die Luft gehoben wurden, wie ein Schiffsknecht in
Frankfurt am Main im Jahre 1630[43].
Porta führt in seiner »Magia Naturalis« als weitere Beispiele für
das technische Fliegen die »Taube des Archytas« und das »Eierschalenexperiment« an, das in der Literatur üblicherweise dem
Jesuiten Laureto Lauro zugeschrieben wird: Mit Tau gefüllte Eier-

schalen, die sich durch Sonneneinstrahlung erwärmen, erheben sich in die Lüfte . . .[44] Eilfertige Luftfahrthistoriker wollten dieses Eierschalenexperiment zum Vorläufer der Aerostaten erklären; immerhin findet sich dieses Experiment seit Porta regelmäßig in der europäischen »Flugliteratur« und mag zum Nachdenken über das Prinzip »Leichter-als-Luft« angeregt haben.

Mit der Überprüfung der technischen Möglichkeiten des Fliegens einher ging die planmäßige Desillusionierung der zauberhaften Flüge. Porta wandte seine Maxime, das Wissen der Vorfahren durch Experimente zu überprüfen, unter anderem bei der Hexensalbe an: Die Versuchsperson, eine als Zauberin bekannte Frau, hatte nach dem Einreiben Flugerlebnisse: Sie erzählte, sie sei »über Meere und Berge gefahren«. Doch Porta, der den Versuch überwacht und die Frau die ganze Zeit über träumend gefunden hatte, führte diese Sinneseindrücke auf bestimmte Wirkstoffe der Hexensalbe zurück[45]. Portas Versuche mit der Hexensalbe, die den naturwissenschaftlichen Beweis gegen die Wirklichkeit des Hexenfluges lieferten, erlangten in der Literatur große Berühmtheit, obwohl vor ihm bereits andere auf das Phänomen des ekstatischen Traums aufmerksam gemacht hatten[46]. Johann Weyer[47] (1515–1588) und Francis Bacon orientierten sich an Porta, Pierre Gassendi (1592–1655) ließ sich sogar zu einem Selbstversuch mit einer opiumhaltigen Salbe verleiten, der zu lebhaften Visionen, darunter auch der einer Luftfahrt, führte[48]. Diese experimentelle Grundeinstellung konnte nicht verhindern, daß die »Magier« der Renaissance von übelwollenden Theologen selbst in den Geruch zauberischer Luftfahrten gebracht und in eine Reihe mit Simon Magus gestellt wurden. Über den berühmten Paracelsus (1493–1541) schreibt der protestantische Theologe Bartholomäus Anhorn (1616–1670) in seinem Kapitel »Von der Zauberer Ausfahrten«, er habe einem Schweizer Musiker ein Zauberpferd zur Verfügung gestellt, mit dem dieser nach Baden-Baden geflogen sei[49].

Der sagenumwobene Michel de Notre-Dame (1503–1566), besser als »Nostradamus« bekannt, hat die Kunst des Fliegens 1555 unter seine Prophezeiungen eingereiht, indem er orakelte:

»Beim 326. Durchgang des Planeten Mars, wenn das Nordreich und das Südreich zweimal blutig aufeinandergestoßen sind, werden Wagen brausend durch die Luft fahren. Die Menschen werden auf diese Wagen warten, wie sie heute im Hafen auf Schiffe warten.«[50]

Obwohl die Nennung von »Wagen« überrascht, scheint diese Prophezeiung doch an die Luftschiffe des Mittelalters anzuknüpfen, die zu Beginn des 16. Jahrhunderts durch den Buchdruck weite Verbreitung fanden. So wurde 1516 in Paris Albert von Sachsens Buch über die aristotelische Physik gedruckt, das dessen Luftschiff-Vorstellung enthält. Allen Rezipienten Alberts mußte sie bekannt sein, beispielsweise Leonardo da Vinci oder Galileo Galilei[51]. Gelegentlich kommt die Kenntnis zum Vorschein, etwa wenn Julius Caesar Scaliger von »navicula« spricht, die durch die Lüfte fahren könnten[52]. Man kann damit auch festhalten, daß die Unterscheidung zwischen Luft-»Fahrt« und Flug nach Art der Vögel (Aviatik) bereits ein Erbe des Mittelalters darstellt[53].

Der Flug der Hexen im 16. Jahrhundert

In all diese Diskussionen ragt wie ein Relikt des Mittelalters die Frage des Hexenflugs hinein, dem mittlerweile im Bewußtsein der Oberschicht alle anderen Varianten des »magischen Flugs« subsumiert worden waren. Ob »Benandanti«, »gute Frauen«, »Wilde Jagd« oder »Nachtschar«: Jede Form des ekstatischen oder visionären Flugs galt den christlichen Dämonologen als »Hexenflug«[54]. Doch dieser Hexenflug war nicht unumstritten. Viele Humanisten der Reformationszeit fanden den Hexenflug einfach lächerlich, und im Zuge der Glaubensspaltung gab es ernsthafte Versuche, den Glauben an Hexenflüge als papistischen Unsinn zu disqualifizieren. Die Reichsstadt Nürnberg war ein Zentrum dieser Geisteshaltung in Deutschland. Der Patrizier Willibald Pirckheimer (1470–1530), bekannt auch als Herausgeber der Schriften Plutarchs und Lukians, stellte den katholischen Gegner Martin Luthers, Dr. Johann Eck (1486–1543), mit seiner Schrift »Eccius dedolatus« (»Der enteckte Eck«) satirisch bloß. Der durch den »Hexenhammer« beglaubigte Hexenflug wird dem Katholiken Eck angehängt: Mit Hilfe einer

alten Hexe aus der Nachbarschaft, die zum Fliegen einfach ihren
Ziegenbock besteigt, läßt er in Windeseile einen Brief von
Ingolstadt nach Leipzig befördern. Die Hexe Canidia – der Name
der Zauberin ist bei Horaz entlehnt – besteigt ihr Flugtier mit den
Worten:

»Gut ich fliege los, ich erhebe mich in die Lüfte. Schon erblicke ich Leipzig. Ich
muß jetzt landen, damit mich nicht die Ketzermeister sehen und wegen Ketzerei
verhören . . .«

Später stellt sich heraus, daß als Zauberspruch der rückwärts ge-
sprochene Name des »Dunkelmanns« und päpstlichen Inquisitors
für die deutschen Kirchenprovinzen, Jakob von Hochstraaten
(1460–1527), dient[55]. Zahlreiche Hexendarstellungen von Pirck-
heimers Freund Albrecht Dürer (1471–1528) erwecken nicht den
Anschein großer Furcht vor einer teuflischen Verschwörung, und
der Nürnberger Meistersinger Hans Sachs (1494–1576) bezeichnet
in einem langen Gedicht den Hexenflug als »traum und fanata-
sey«. Zuvor hatte er ihn durch eine Hexe folgendermaßen beschreiben lassen: »Auch kann ich fahren auf dem Bock, fahr über
Stauden, Stein und Stock, wohin ich will durch Berg und Täler. . .«
Er faßte damit zusammen, was viele Menschen im 16. Jahrhundert
glaubten und in den Hexenprozessen immer wieder aufs neue bestätigt bekamen[56].
Der Streit über die Möglichkeit des Hexenfluges hatte jedoch
überhaupt nichts Lächerliches, denn hier ging es nicht nur um
prinzipielle Fragen der »Weltanschauung« im weitesten Sinne, der
Theologie, der Kosmologie, der Physik oder anderer Wissenschaften – etwa bei der Frage, inwieweit Engel und Dämonen auf den
Lauf der Natur und das Alltagsleben der Menschen Einfluß nehmen –, sondern um das Leben vieler unschuldiger Menschen, die
von anderen des Hexenverbrechens angeklagt wurden. Die systematische Bedeutung des Fluges in der Hexenlehre bestand darin,
daß nur der Flug den Besuch der oft weit entfernten Hexentänze
plausibel machte. Die Dynamik der Hexenverfolgungen entstand
jedoch dadurch, daß die Gerichte die Beschuldigten auf der Folter
fragten, wen sie auf den Tänzen – beim »Hexensabbat« – gesehen
hätten. Es bestand also die Kausalkette: Ohne Flug kein Sabbatbesuch, ohne Sabbat keine Frage nach den »Komplizen«, ohne diese

»Besagungen« keine neuen Anklagen. Deshalb rückte die Frage der Flugfähigkeit der Hexen ins Zentrum der Debatte[57].

Generell kann man sagen, daß die Gegner der Hexenverfolgungen die Möglichkeit des Hexenflugs bestritten. Hauptvertreter dieser Geisteshaltung waren zu Beginn des 16. Jahrhunderts in Italien der Franziskaner Samuel de Cassini und die Juristen Francesco Ponzinibio und Andrea Alciati (1492–1550), in Deutschland der Konstanzer Jurist Ulrich Molitor (gest. 1492), der Jülich-Klevesche Hofarzt Johann Weyer und Hermann Witekind alias Augustin Lercheimer (1522–1603), ein Schüler Melanchthons. Dieser Professor für Mathematik an der calvinistischen Universität Heidelberg schrieb 1585:

»Daß sie auff Besen, Ofengabeln, braunen Pferdlein zum Tanz gefahren seien ist ein falscher Wahn, sowohl bei ihnen selbst, wenn sie es gestehen, als auch bei den anderen, die es glauben. Denn wie ist es denn glaubhaft und möglich, daß sie so fahren und tanzen? Kein Besen, keine Ofengabel fliegt durch die Luft, sie seien geschmiert wie sie wollen. Wo man sie hinstellt, da bleiben sie und regen sich nicht.«[58]

Das entscheidende Argument gegen den Hexenflug, es handele sich nur um Träume und Einbildungen, wurde dem mittelalterlichen »canon episcopi« entnommen und nach und nach mit naturwissenschaftlichen Argumenten angereichert. Um das Jahr 1580, als die Hexendiskussion in Europa ihrem Höhepunkt zustrebte, weil die Zahl der Verbrennungen drastisch gestiegen war, warteten in England Reginald Scot (gest. 1599) und in Frankreich Michel de Montaigne (1533–1592) mit solchen Argumenten auf.

»Ich habe die Ohren voll von tausend dergleichen Geschichten: drei haben ihn an diesem Tage im Morgenland gesehen, drei andere tags darauf im Abendland, um diese Stunde, an diesem Ort, so gekleidet. Wahrhaftig, ich würde es mir selber nicht glauben. Wie viel natürlicher und wahrscheinlicher finde ich es, daß zwei Menschen lügen, als daß ein Mensch in zwölf Stunden mit der Eile des Windes von Morgen nach Abend gelange; wie viel natürlicher, daß unser Verstand durch das Irrlichtern unseres verdrehten Geistes aus seiner Stelle verrückt werde, als daß einer von uns, von einem fremden Geist besessen, leibhaftig auf einem Besen durch seinen Schornstein hinausgefahren sei?«[59]

Doch auch die Befürworter der Wirklichkeit des Hexenfluges hatten internationalen Rückhalt. Nicht nur hartleibige katholische

Scholastiker, wie etwa die Jesuiten Petrus Canisius (1521–1597) oder Gregor de Valencia (1551–1603), warfen ihr Gewicht in die Waagschale. Auch der Nachfolger Calvins, Lambert Daneau (1530–1595), war mit von der Partie. In Frankreich war es der berühmte Staatsrechtler und Nationalökonom Jean Bodin (1530–1596), der ein monströses Buch zur Widerlegung Johann Weyers verfaßte. In Belgien stieg der berühmte Theologe und Universalgelehrte Martin Delrio (1551–1608) in den Ring und belebte die Diskussion mit Augenzeugenberichten von glaubhaften Leuten, die Hexen durch die Luft hätten fliegen sehen oder vor denen gar nackte Frauen aus den Wolken gefallen seien, weil sie beim Fliegen Fehler gemacht hätten[60]. In Deutschland exponierte sich der Marburger Philosophieprofessor Wilhelm Adolf Scribonius mit einer naturphilosophischen Untermauerung der Möglichkeit des Hexenfluges, die ihre Wurzeln in der aristotelischen Physik nicht verleugnen kann:

>»Des bösen Engels Natur aber ist als ein Geist luftig und leicht, die alle Örter unter dem Himmel schnell durchwandelt. Deswegen meine ich, daß er, in der Zauberinnen Leib wohnend, dieselben Leiber mit seinem geistigen fliegenden und leichten Wesen auch viel leichter mache, wiewohl andere Leute das nicht merken können. Oder aber, daß er sie mit seiner Luft, welche in sie wesentlich eingeschüttet und in ihnen haftet, also aufrücke, daß sie durch die Leichte gehalten werden . . .«[61]

Wenn schon die gelehrten Köpfe dieser Zeit von der Möglichkeit des Hexenfluges nicht abrücken wollten, der Hexenflug sogar noch einen beträchtlichen theologischen und juristischen Stellenwert einnahm, so ist kaum verwunderlich, daß auch die Bevölkerung daran festhielt, um so mehr, als zumindest in ländlichen Gebieten immer noch archaische Ekstatiker existierten, die von ihren Flugerfahrungen berichten konnten. Wie in »primitiven« Gesellschaften gehörte auch in Teilen Europas um 1600 diese Form des Fliegens immer noch zu den Grunderfahrungen[62]. Die wissenschaftliche Dämonologie erreichte um die Wende des 17. Jahrhunderts mit Nicolás Rémys (gest. 1612) »Daemonolatria«, Martin Delrios »Disquisitiones Magicae« und den Werken Henri Boguets und Pierre de Lancres (gest. 1631) überhaupt erst ihren Höhepunkt, und immer wieder wurde die gesamte europäische Flugdiskussion des Mittelalters hin und her gewälzt.

Ein Prototyp der Neuzeit: Faust

Die Figur des Magiers Georg bzw. Johann Faust (ca. 1480–1540), die in den Jahrzehnten um 1600 die größte Popularität erreichte und bis in die Goethezeit behielt, hatte schon zu seinen Lebzeiten legendäre Züge angenommen. Standesherren wie Philipp von Hutten oder der Bamberger Bischof Georg von Limburg vertrauten seinen Fähigkeiten, bestellten Horoskope, ließen sich die Zukunft deuten und hielten ihn für einen großen Philosophen. Theologisch geschulte Vertreter der etablierten Kirchen lehnten Faust leidenschaftlich ab. So schrieb 1507 der Würzburger Abt Johannes Trithemius (1462–1516), dieser Schwarzkünstler lehre öffentlich die Kirche verabscheuungswürdige Dinge. Besonders erregte die Geistlichen, daß Faust öffentlich verkündete, »daß die Wunder unseres Erlösers Jesu Christi nicht anstaunenswert seien. Er könne alles tun, was Christus getan habe, so oft und wann er wolle.«[63] Bereits in dieser ersten Erwähnung Fausts deutet sich das Motiv der Hybris an durch Fausts Vergleich mit Jesus Christus und sein offenes Bekenntnis zur Magie. Faust selbst nannte sich »Zweiter in der Magie« und stilisierte sich zum Nachfolger Simons[64].

Zu Recht ist darauf hingewiesen worden, daß die Selbststilisierung Fausts zum »zweiten Simon Magus« zwangsläufig die Auseinandersetzung mit dessen größter Wundertat nach sich zog, dem Flugversuch. Hier liegt das Tertium comparationis des antiken und des neuzeitlichen Heroen: Wer sich mit Christus mißt, muß auch in den Himmel fliegen können[65]. Agrippa von Nettesheim (1486–1535) berichtet 1528 von einem »Zauberer aus Deutschland«, dem die Leute glaubten, »daß er Gewalt genug besitzt, um die königlichen Prinzen durch die Luft zurückbringen« zu können[66]. Der berühmte Philipp Melanchthon (1497–1560) war es schließlich, der Fausts Flugversuch zuerst beschrieb.

»Er wolt einsmals zu Venedig ein schauspiel anrichten/ und sagte/ er wolte hinauff in Himmel fliegen. Alsbald füret jn der Teuffel hinweg/ und hat jn dermassen zermarttert/ und zerstoßen/ daß er/ da er wider auff die Erden kam/ vor todt dar lag/ Doch ist er das mal nicht gestorben.«[67]

Der antike Simon Magus war angeblich bei seinem Flugversuch ums Leben gekommen, das Leben des Zeitgenossen Faust war aber zu bekannt, als daß der »Praeceptor Germaniae« behaupten konnte, Faust sei bei seinem venezianischen Flug gestorben. Faust wuchs innerhalb weniger Jahrzehnte über die Schablone des Simon Magus hinaus, ablesbar an den weiteren Fluggeschichten, die Faust angedichtet wurden. Hermann Wilcken schrieb 1585, Faust sei mit Gefährten an Fasching von Sachsen nach Bayern geflogen und habe dann im Weinkeller des Bischofs von Salzburg den besten Wein weggetrunken. Vom Kellermeister zur Rede gestellt, flogen sie wieder davon und entführten den Kellermeister mit in die Luft, »nahmen ihn mit, bis an einen Wald, da setzt ihn Faust auf eine hohe Tanne und ließ ihn sitzen, flog mit den seinen fort«[68].

Ihren Höhepunkt erreichte die Faust-Faszination in den 1580er Jahren. Nun kam es zum Druck der »Historia von D. Johann Fausten«, von der bereits nach kurzer Zeit erweiterte Fassungen und Übersetzungen in andere Sprachen erschienen. In wilder Mixtur wurden zeitgenössische Wirklichkeit, orientalische Märchenmotive und europäischer Legendenfundus vermengt, wobei nur gelegentlich Stoffe der älteren Faust-Erzählungen aufgegriffen wurden. Das Volksbuch enthält nicht nur Fausts »Mantelfahrt« von Sachsen nach München zur berühmten Fürstenhochzeit von 1568[69]. Faust wird auch zum »Wilden Jäger«, er fährt mit den Hunden in die Luft und jagt dort[70]. Neu war Fausts Teufelsbeschwörung, bei der zahlreiche Himmelserscheinungen, fallende Sterne, fliegende Wagen, Greifen und Drachen zu sehen sind und gleichsam das ganze Repertoire der Prodigienliteratur referiert wird. Und »der fliegende Geist« erscheint zu regelmäßiger Disputation[71].

Den entscheidenden Punkt erreicht das Faust-Buch mit dem Ausschreiten des Erdkreises durch den Heroen. In der Christenheit erschien dieses uralte »schamanistische« Motiv bei Jesus Christus in Gestalt der Höllen- und Himmelfahrt. Was Faust selbst von sich behauptet hatte, fand zwei Generationen später seinen literarischen Niederschlag: Faust fährt in die Unterwelt, besichtigt die Hölle[72], und gleich als nächste Tat vollbringt er seine Himmel-

Schwarzkünstler im magischen Kreis mit Hilfsgeistern. Der mächtigste
Magier reitet auf einem Drachen durch die Lüfte. Kupferstich, 17. Jh.,
nach: Hatton Turnor, Astra Castra, London 1865.

fahrt. Diese Himmelfahrt ist eine interessante Motivmischung: Faust möchte wie Alexander der Große wissen, »wie doch das Firmament am Himmel qualificiert und beschaffen wäre«, es ist profaner Wissensdrang, der ihn zu seiner Tat drängt. Der Teufel stellt ihm einen Luftwagen zur Verfügung, gezogen von zwei Drachen, wie bei der antiken Zauberin Medea.

»Die fliegenden Drachen führten mich empor; der Wagen hatte vier Räder, die rauschten, als wenn ich auf dem Land führe, doch gaben die Räder im Umlaufen immer Feuerströme. Je höher ich kam, je finsterer war die Welt, und deuchte mir nicht anders, als wenn ich aus dem hellen Sonnentage in ein finstres Loch führe. Sahe also herab in die Welt . . .
Da sah ich viel Königreich, Fürstentum, und Wasser, also daß ich die ganze Welt, Asiam, Aphricam und Europam gnugsam sehen konnte. Und in solcher Höhe sagte ich zu meinem Diener: ›So weise und zeige mir nun an, wie dies und das Land und Reich genennet werde.‹ Das thät er und sprach: ›Siehe, dies auf der linken Hand ist das Ungerland, item dies ist Preußen. Dort drüben ist Sicilia, Poln, Dennemarck, Italia, Teutschland. Aber morgen wirst du sehen Asiam, Aphricam, item Persiam und Tartarey, Indiam, Arabiam. Am dritten Tag, da sahe ich in die kleine und große Türckey, Persiam, Indiam und Aphricam . . .
Als ich nun acht Tage in der Höhe war, sahe ich hinauf von ferne, daß der Himmel so schnell fuhr und wälzte, als wenn er in tausend Stücken zerspringen oder die Welt zerbrechen wollte. So war auch der Himmel so hell, daß ich nicht weiters hinauf sehen konnte, und so hitzig, daß ich, wann mein Diener keine Luft gemacht hätte, daß ich hätte verbrennen müssen . . . Und gedeuchte mich, die Sonne wäre . . . größer denn die ganze Welt, und ich konnte kein End daran sehen . . .
Ich sahe also mehr als ich begehrte. Der Sterne einer war größer denn die halbe Welt; ein Planet so groß als die Welt; und wo die Luft war, da waren die Geister unter dem Himmel. Im Herabfahren sahe ich auf die Welt, die war wie der Dotter im Ei, und gedauchte mich, die Welt wäre nicht einer Spannen lang, und das Wasser war zweimal breiter anzusehen. So kam ich also am achten Tag des Nachts wieder zu Haus . . .«[73]

Faust erweist sich als der wahre Flugmeister, größer als Etana, Alexander der Große und Simon Magus zusammen: Er erkundet den ganzen Weltraum und kehrt wohlbehalten zurück. Mit diesen Möglichkeiten konnte das Fliegen zur lieben Gewohnheit werden. Im 16. Jahr seiner Teufelsverschreibung befiehlt Faust dem Teufel, sich in ein geflügeltes Pferd zu verwandeln. Mit diesem überfliegt Faust die ganze Welt, deren Länder, Reiche und topographische Beschaffenheit im einzelnen aufgelistet werden. Am Ende sieht er sogar noch das Paradies – dort bekommt er jedoch keine Landeerlaubnis[74].

Zur Ikonographie des Fliegens

Die Frühe Neuzeit beschäftigte sich auf allen Ebenen ständig mit Flugvorstellungen, auch wenn man sich dessen vermutlich nur teilweise bewußt war. Betrachtet man die Kunst dieser Zeit, so sieht man: Auf Landschaftsdarstellungen und Veduten, auf Porträts und Altarbildern wurde geflogen, in der einen oder anderen Weise. Die Renaissance der antiken Kunst brachte die antiken Götter wieder zum Vorschein: Zeus und Merkur, Phaeton und Prometheus, Pegasus und Bellerophon flogen wieder durch die Bilderwelt, und ihre Darstellung war keine bloße Wiederaufnahme der Antike, sondern stand in einem neuen »fliegerischen« Kontext: Die in Renaissance und Barock beliebte Gattung der Allegorie bemächtigte sich zweier zentraler Flugvorstellungen der Antike: Pegasus wurde zum Inbegriff der Dichtung, der »Ingenieur« Daedalos zur emblematischen Verkörperung des »gesunden« Mittelwegs[75].

Der Frontalsicht, in der bereits seit dem Spätmittelalter die Alexanderflüge, die Himmelfahrten oder die mythischen Flüge der Antike dargestellt wurden, folgte zu Beginn der Neuzeit – wie bereits erwähnt – der Schwenk in die Vogelperspektive. Vielleicht in Zusammenhang mit der Entwicklung der Kartographie scheint mit dieser Abstraktionsleistung ein besonderer Lustgewinn verknüpft gewesen zu sein – simulierte doch der »Blick von oben« gewissermaßen die Perspektive des »Fliegers«, die einem im tatsächlichen Leben – außer im Traum oder anderen besonderen Bewußtseinszuständen – versagt blieb oder von der Kirche wie im Fall der volkstümlichen Ekstatiker mit drakonischen Sanktionen belegt war[76]. Für die Popularität der Flugthematik gibt es viele Indizien. Auf dem berühmten bemalten Tonnengewölbe der Augsburger Weberzunft finden sich zwei Flugdarstellungen: die Himmelfahrt des Propheten Elias mit dem Feuerwagen und die Luftfahrt Alexanders des Großen, beide während des »Starts«[77]. Diese Perspektive des »Starts« ist die des »Blicks von unten«, und auch diese dynamische Betrachtungsweise erfreute sich steigender Beliebtheit. Der ikonographische Wandel war durch die zentrale Himmelfahrtsvorstel-

»Hohes« Wissen war den Menschen verboten. Im Fallen begreift Ikaros, bereits
des Gefieders entkleidet, daß er »zu hoch hinaus« gewollt hat. Kupferstich des
Hendrick Goltzius, 1588.

lung (Jesus Christus) geprägt. Hier war man bereits seit dem
11. Jahrhundert von dem strengeren östlichen Typus abgegangen
und hatte mit der Kunst der Gotik begonnen, das Emporschweben
zu betonen. Von dem Auffahrenden sind oft nur noch Füße und
Gewandsaum zu sehen, während der Körper bereits in den Wolken
verschwindet. Im Bildzentrum bleiben die Jünger zurück, in deren
Mitte wie in einem Bild Dürers häufig noch die Fußabdrücke des
»gestarteten« Himmelfahrers zu sehen sind. In der Kunst der Renaissance und des Barock rückte der auffahrende Christus wieder
stärker ins Bild, wurde jedoch gerne aus der Perspektive der Zu-

rückbleibenden dargestellt[78]. Die Perspektive »von unten« wurde in der Frühen Neuzeit auf die mythischen Flieger der griechischen Antike übertragen. Zu voller Meisterschaft wurden sie in den manieristischen Kupferstichen des Niederländers Hendrick Goltzius (1558–1617) ausgeprägt.

Bemerkenswert ist der steigende Realismus der Flugdarstellungen, der einerseits mit den allgemeinen Entwicklungstendenzen der europäischen Kunst zusammenhing, andererseits jedoch von einem gestiegenen Interesse an der mechanischen Problematik des Fliegens zeugt. Deutlich sichtbar wird dies beispielsweise bei den Engeldarstellungen. Geflügelte Engel treten vereinzelt erst seit dem 5. Jahrhundert auf, doch behalten die Schwingen während des Mittelalters eher symbolische Funktion. Seit dem 15. Jahrhundert werden, etwa von Tilman Riemenschneider, gefiederte Engel dargestellt. Der Symbolismus der mittelalterlichen Ikonographie weicht im 16. Jahrhundert mehr und mehr einer Darstellungsweise, die den anatomischen Kenntnissen des Zeitalters Rechnung trägt[79]. Die stark verweltlichten Engel werden zunehmend so dargestellt, als ob sie mechanisch – und nicht spirituell – fliegen sollten. Die mächtigen Schwingen stehen in Relation zum Körperbau und sind – wie in der griechischen Antike – auch in der plastischen Kunst analog den Flügeln der Vögel organisch mit den Körpern verbunden[80]. In der Malerei wurden die Flugdarstellungen perspektivisch immer gewagter und schließlich durch Tintoretto (1518–1594) zur Perfektion gesteigert und zum universalen Gestaltungsprinzip erhoben. Ob biblische oder antike Stoffe – alles fliegt, ob mit oder ohne Gefieder. Selbst Gottvater fliegt mit den Vögeln, die er gerade erschafft[81].

Bereits die späte Gotik kannte Kirchendecken, die voll mit fliegenden Figuren ausgemalt waren, etwa anläßlich einer Darstellung der Himmelfahrt Christi. Während Renaissance und Barock wurde in den katholischen Kirchen das ganze Flugrepertoire der christlichen Ikonographie durchgespielt, vom Flug/Sturz des Simon Magus bis hin zum Jüngsten Gericht, wo die Gerichteten in die Hölle zu den geflügelten Teufeln fahren und die Gerechten in den Himmel aufgenommen werden, wo bereits der Engel Schar, Maria und die Heilige Dreifaltigkeit warten. Im Rokoko erlangten dieselben

Szenen eine Luftigkeit, die bereits an die ersten Ballonaufstiege denken läßt. Selbst an Kirchendecken tauchen jetzt Figuren der »heidnischen« Mythologie auf. Die griechische Göttin Diana läßt sich jetzt ebenso integrieren wie der römisch-deutsche Kaiser Leopold I. (reg. 1657–1705), der wie sein Gegenspieler Ludwig XIV. (1638–1715) gerne Sonnenkönig spielte. Das antike Götterpferd Pegasus fand seinen Platz ebenso wie die Hexen oder der fliegende Mönch Kaspar Mohr von Schussenried, dessen Flugversuch noch eine Rolle spielen wird. Die Kirchen der barocken Prälatenklöster Süddeutschlands vermitteln den untrüglichen Eindruck: »Alles fliegt« – ad maiorem Dei gloriam[82].

Fliegen als Metapher im Diskurs zwischen Religion und Philosophie

Bei der Entscheidung zwischen dem rechten und dem falschen Weg wurde den Intellektuellen des 16. Jahrhunderts die Alternative zwischen zwei mythologischen Fliegern vor Augen gehalten: Daidalos, der rechtschaffene Handwerker, der sich mit seinem selbstkonstruierten Flügelpaar in die Lüfte erhoben hatte, um dem Tyrannen Minos zu entfliegen, und sein Sohn Ikaros, der die Flügel von seinem Vater empfing und der Sonne – selbst eine Allegorie Gottes oder des Himmels – zu sehr entgegenstrebte. Der berühmte italienische Humanist Andrea Alciati, der das erste und mit fast hundert Auflagen in mehreren Sprachen einflußreichste Emblembuch der Frühen Neuzeit verfaßte, führte die beiden antiken Flugheroen in die europäische Moderne ein[83]. Illustrierte Emblembücher gehörten in der Frühen Neuzeit allein schon wegen ihrer zahlreichen Abbildungen zu den beliebtesten Literaturgattungen, sie waren in der gebildeten Schicht weit verbreitet, und es kann kein Zweifel daran bestehen, daß sie bei der Verbreitung des Fluggedankens eine Rolle gespielt haben. Am sinnbildhaften Beispiel des Fliegens wurde diskutiert, ob menschlicher Wissensdurst vermessen sei, eine Anmaßung gegenüber dem allwissenden Gott, eine Interpretation, wie sie aus der Prähistorie von Etana und aus verschiedenen Beispielen der Antike bekannt ist. In der Frühen

Neuzeit gibt es jedoch alle Anzeichen für eine Umwertung ge-
danklicher Höhenflüge: Die Emblembücher der Frühen Neuzeit
bieten uns den rebellischen Kulturbringer Prometheus, Phaeton
oder Ikaros als Exempla[84] – und ihre Bewertung war, wie es diesem
Zeitalter entsprach, ambivalent: Die Götter haben für den, der
göttliches Wissen erlangen wollte, die gerechte Strafe verhängt –
So kommt zu Prometheus, der an einen Berg im Kaukasus ange-
schmiedet ist, Jahr für Jahr der göttliche Adler, um dessen Leber zu
fressen, was diesem unendliche Qualen bereitet[85].
Aber trotzdem war die Bewunderung der Intellektuellen der Frühen Neuzeit für diesen Helden unverkennbar. Der berühmte Pietro Pomponazzi (1462–1525) schrieb:

»Prometheus ist der wahre Philosoph, der, weil er die Geheimnisse Gottes erforschen wollte, von ständigen Sorgen und Zweifeln gequält wurde«.[86]

Hier bestand also eine positive Identifikationsbereitschaft, und
diese sollte ganz unerwartete Wege gehen: Es dauerte nicht lange,
da wurden Prometheus und sogar Ikaros wegen ihrer Neugier und
Risikobereitschaft als positive Vorbilder angepriesen. Ikaros wurde
mit keinem Geringeren als Kolumbus, dem Entdecker Amerikas, in
Verbindung gebracht[87]: Hatte es noch zu Beginn des 16. Jahrhunderts im Gefolge der mittelalterlichen Theologie geheißen, daß es
keinen Wert habe, zu viel zu wissen (»noli altum sapere«)[88], so
wandelte sich diese Einstellung schließlich so weit um, daß im
17. Jahrhundert die theoretische Neugierde ganz neu interpretiert
wurde[89]. In einem Emblem von 1666 wurde Prometheus nicht
mehr als besiegter Gott dargestellt, der an einen Berg geschmiedet
war, sondern seine Hand berührte die Sonne, und der zugehörige
Sinnspruch lautete: »Nil mortalibus arduus« – »Für den Menschen ist nichts zu schwierig«.[90] Und noch sehr viel konkreter
wurde wenig später ein niederländisches Emblembuch, in dem
1686 der Flug des Ikaros – oder Daidalos? – sehr direkt mit einer
anderen säkularen Entdeckung der Neuzeit verknüpft wurde: »Nil
linquere inausum« – »Unterlasse kein Wagnis« heißt es da in
kaum zu überbietendem Selbstbewußtsein[91]. Wie Carlo Ginzburg
darlegte, fand diese Auseinandersetzung mit der Erlaubtheit
»hohen« Wissens ihren Abschluß im frühen 18. Jahrhundert. Zu

einem emblematischen Bild, in dem ein Mann mit einer Leiter einen hohen Berg ersteigt, geleitet von einem fliegenden Gott, heißt es im beigegebenen Sinnspruch: »Dum audes, ardua vinces« – »Wer wagt, wird alle Schwierigkeiten überwinden«, das schon sehr anklingt an unser Sprichwort: »Wer wagt, gewinnt.« Auf dem Gipfel des Berges erwartet den Wagemutigen ein Füllhorn als Lohn. Verfasser des 1719 erschienenen Buches war der Biologe Anton von Leeuwenhoek (1632–1723), der als erster Naturwissenschaftler das Mikroskop zu naturwissenschaftlichen Zwecken einsetzte[92].

Ikarische Tatsachen: Die »Turmspringer«

Auch in den ersten beiden Dritteln des 17. Jahrhunderts wurden die Flugversuche mit Flügelkonstruktionen fortgesetzt. Inzwischen bewegten sich diese Flugversuche jedoch auf einer ganz anderen theoretischen Ebene. Mit Galileo Galilei (1564–1642) hatte sich der führende Naturwissenschaftler der Zeit dem Problem des Flugs unter den Gesichtspunkten der Erdanziehung und der Mechanik zugewandt. Galilei, der bereits 1591 eine Schrift »De motu« veröffentlicht hatte und 1609 soweit war, seine Beobachtungen zu Fall und Wurf in gesetzmäßige Form zu kleiden, unterschied zwischen sehr leichten Gebilden wie den Wolken, die keine Tendenz zum Fallen zeigten, und schweren Gegenständen, die sich nur durch Krafteinwirkung in der Luft halten konnten. Eine solche Krafteinwirkung konnte wie bei einer Kanonenkugel von außen kommen oder, wie bei den Vögeln, »von einem inneren Prinzip«. Galilei erkannte, daß ein toter Vogel wie ein Stein zu Boden fallen würde, daß also der Eigenantrieb des Vogels verantwortlich war für seine Flugleistung. Dargelegt wird dies am zweiten Tag des in den 1620er Jahren verfaßten »Dialogo«[93], wobei einer der Diskutierenden Giovanni Francesco Sagredo (1571–1620) ist, ein venezianischer Adeliger und Mitarbeiter Galileis. Burattini erwähnt 1647 in seiner »Ars Volandi«, daß Sagredo erfolgreiche Gleitflugversuche mit Flügeln unternommen habe[94], was zwar nicht unbedingt der Wahrheit entsprechen muß, aber doch eine interessante Verbindungslinie zieht.

Tommaso Campanella erwähnt einen fliegenden Kalabresen, der sich um 1610 bei der Landung die Beine brach[95]. Ähnlich wagemutig war auch der bekannte Praemonstratensermönch Kaspar Mohr (1575–1625) von Schussenried, dessen Flügelkonstruktion in einem Deckengemälde der Klosterkirche festgehalten ist. Mohr war 1614 in Rom zum Doktor der Theologie promoviert worden und begann nach seiner Rückkehr ins Kloster mit seinen Flugexperimenten. Die Klosterleitung untersagte ihm einen Sprung aus dem dritten Stock des Dormitoriums und nahm dem Erfinder sein Fluggerät weg[96]. Während der großen Pest von 1629 versuchte in Digne ein Mann zu fliegen, wie Pierre Gassendi berichtet. Vermutlich durch das fortgeschrittene Stadium seiner Krankheit verwirrt, stieg er auf ein hohes Gebäude, breitete in dem Glauben, daß er fliegen könne, die Arme aus und warf sich in die Luft. Beim Aufprall auf dem Boden wurde er schwer verletzt. Robert Hooke berichtet in den »Philosophical Collections« von einem Mann, der um 1640 in Gascoyn (England) einen Flugversuch unternommen haben soll[97]. Um 1650 soll auch in Skutari (Türkei) ein Flugversuch angestellt worden sein. Der Flieger, Hezarfen Ahmed Celebi, sprang vom Galata-Turm, nachdem er mit seinem Adlerflügelpaar lange geübt hatte. Angeblich flog er mehrere Kilometer[98]. In London erfolgte durch einen jungen Franzosen ein Flugversuch mit »Fledermausflügeln«, einer Art lederbespanntem Flugdrachen mit beweglichen Armkonstruktionen, mit denen er vom Turm der St. Paul's Cathedral in London sprang. Der »Ikaros« brach sich den Hals. Der Londoner Flugversuch regte jedoch trotz seines Scheiterns zur Nachahmung an. So unternahm wenig später ein gewisser Adriaen Baartjens einige Flüge in Rotterdam und Den Haag (Niederlande). Zwei davon gelangen angeblich, bevor er sich bei einem dritten einen Arm brach[99].

1659 ließ sich der Marquis Somerset of Worcester das Patent auf eine Flugmaschine erteilen. Vorausgegangen waren diesem Antrag angeblich geglückte Flugversuche mit einem Knaben in einer Scheune[100]. Um 1660 soll der Nürnberger Zirkelschmied Johann Hautsch (1595–1670) eine Flugmaschine gebaut haben, doch ist darüber wenig bekannt[101]. 1660 unternahm in der Reichsstadt Augsburg der Schuster Salomon Idler (ca. 1610–1670) einen Flug-

versuch. Idler fabrizierte »ein Flügelwerk von Eisen«, nach heutigen Begriffen eine stabile Tragflächenkonstruktion. Damit wollte
er sich vom Perlachturm, dem überragenden Gebäude am Rathausplatz, »in die Luft erheben und dann auf die Straße herabfliegen«. Zu seinem Glück wurde ihm diese Idee von seinem Beicht-
vater ausgeredet, und der Schuster ließ sich von der Notwendigkeit eines weniger gefährlichen Probefluges überzeugen.

»Er wählte dazu den sogenannten ›Rahmgarten‹ und flog hier von dem Dache eines
niederen Nebengebäudes auf eine mit Betten belegte Brücke herab, unter der sich
einige Hennen befanden. Aber – welch ein Unglück! Der Fliegende stürzte, die
Brücke brach durch die Schwere des Körpers von des heiligen Krispius Schützling
ein, und die in der ganzen Sache unschuldigen Hennen wurden zum großen Jammer ihres Eigentümers mausetot geschlagen.«

Idler zerstörte daraufhin desillusioniert die Überreste seines Flugzeugs. Zu seinem »bescheidenen Handwerk« wollte der nach
Höherem strebende Schuhmacher aber auch in der Folge nicht
zurückkehren. Er wurde Schauspieldirektor[102]. Flugversuche mit
einfachen Flügelpaaren hielten auch nach der Mitte des 17. Jahrhunderts an. Dennoch hatte sich mittlerweile in der europäischen
Flugdiskussion Entscheidendes getan: Spätestens seit 1640 hatte
die »Ars volandi« eine neue Stufe erreicht, und die Ikarusse wirkten im europäischen Maßstab etwas veraltet.

Antikenrezeption und Reisebeschreibung

Die Assoziation von Daidalos und Kolumbus ist beziehungsreich,
denn es gibt nicht wenige Historiker, die mit der kühnen Tat der
»Entdeckung« Amerikas im Jahre 1492 »die Neuzeit« überhaupt
anbrechen lassen wollten[103]. Und auch die Wiederentdeckung des
Prometheus hatte säkularen Charakter, wie sich beispielsweise an
der literarischen Produktion zeigen läßt: Das Mittelalter hatte mit
diesem Rebellen gegen Gott wenig anfangen können, der Stoff war
praktisch negiert worden, obwohl er von antiken Schriftstellern
wie Hesiod, Aischilos oder Lukian bekannt war. Wichtige Protagonisten der Renaissance und des neuzeitlichen Denkens aber haben die Tat des Prometheus aufgegriffen und neu bewertet: Schon

1373 betrachtete ihn Boccaccio als Weisen, der den Menschen das Licht der Wahrheit brachte, ebenso sah ihn Marsilio Ficino als großen Künstler und Lehrer. Francis Bacon identifizierte das Feuer des Prometheus als Symbol für den technischen Fortschritt, und Giordano Bruno demonstrierte am Fall des Prometheus das Recht der Wahrheitssuche gegen alle Dogmen[104]. Im 17. Jahrhundert wurde der Stoff dann sogar Gegenstand dramatischer Gestaltung bei Calderón, im 18. Jahrhundert bei Voltaire, Dramenfragmente existieren auch von Herder und Goethe, dessen Gedicht »Prometheus« jedem noch aus der Schulzeit in Erinnerung ist[105].

Besonders nachhaltig hat seit dem 16. Jahrhundert die Lukian-Rezeption gewirkt, die mit den ersten lateinischen Drucken in den 1490er Jahren einsetzte. Die ersten Übertragungen ins Lateinische besorgten Humanisten wie Erasmus von Rotterdam, Poggio Bracciolini, Thomas Morus, Willibald Pirckheimer, Philipp Melanchthon und andere. Die »Wahren Geschichten« wurden Vorbild aller phantastischen Reisebeschreibungen, einer Literaturgattung, die im »Zeitalter der Entdeckungen« Konjunktur hatte. Gabriel Rollenhagen (1583–1621) verwendete 1603 Lukians interplanetarisches Abenteuer in seinen »Indianischen Reisen«. Die Vorstellung von den Luftschiffen gehörte seitdem zum festen Repertoire von Märchen und Lügengeschichten. In die »Wissenschaft« war sie durch den Helmstedter Gelehrten Magnus Pegelius eingeführt worden, der 1604 in seinem »Thesaurus rerum selectarum« geschrieben hatte:

»Außer dem gefesselten fliegenden Drachen sind unter meinen Erfindungen auch besondere Arten eines auf allen Seiten freien Luftschiffes und dessen beliebiger Steuerung nach der Seite, nach oben und nach unten. Diese Methoden müßten allerdings noch durch praktische Versuche erprobt werden. Es ist ja eine seltsame, gefahrvolle und auf den ersten Blick, wenn man die Mittel noch nicht kennt, unmögliche Sache. Aber, was man so nicht versteht, zu kritisieren und verhöhnen, das kann jeder, auch der größte Dummkopf.«

Pegelius unterließ es allerdings, seine »Erfindung« näher darzulegen, und weitere Nachrichten von ihr sind nicht überliefert[106]. Viele Fluginteressierte aus späterer Zeit setzten sich intensiv mit Lukian auseinander. Neben der lateinischen Übersetzung von Plutarchs »De facie«, die Kepler bei seinem Traum vom Mondflug mitveröffentlichte, stand für ihn auch die Überlegung, ob nicht auch die »Wahre Geschichte« Lukians beigefügt werden sollte[107]. Im Gefolge Lukians entfaltete sich eine reiche Tradition von Mondreisen, von der noch zu sprechen sein wird.

Die Utopien der Frühen Neuzeit

Alle »Utopien« tragen ihren Namen nach der im Jahre 1516 veröffentlichten Schrift »De optimo rei publicae statu sive de nova insula utopia« des englischen Staatskanzlers Thomas Morus (1478–1535), der seinerseits auf das literarische Vorbild Platons und Augustinus' zurückgreifen konnte. Die alte Welt Europas ist in der »Utopia« charakterisiert als »Verschwörung der Reichen, die im Namen und unter dem Rechtstitel des Staates für ihren eigenen Vorteil sorgen«. Auf der »nova insula Utopia« des Herrn More, deren Darstellung inspiriert war vom Reisebericht des Amerigo Vespucci über das Leben der »Indianer« in der »Neuen Welt«, gab es keinerlei Fluginstrumente, doch die Nähe seiner utopischen Wunschinsel zu anderen Traumorten (»U-topia« = Nirgend-wo) und Traumzeiten war zu groß, als daß sich nicht in unmittelbarer Folge Flugvorstellungen eingeschlichen hätten[108].

Die »utopische« Literatur ist nicht zuletzt deshalb interessant, weil sich einige der bedeutendsten Autoren der Frühen Neuzeit darin verewigt haben. Nach dem Erscheinen des »Sidereus nuncius« hat Tommaso Campanella (1568–1639) in einem Brief an Galilei auf den Reiz einer Expedition in den unbetretenen Weltraum aufmerksam gemacht. Hatte sich Galileo schon bald den Ehrentitel eines »neuen Kolumbus« zugezogen, so zog Campanella die gedankliche Konsequenz, den Beobachtungen Phantasien folgen zu lassen[109]. Campanella überarbeitete 1611 seinen einige Jahre zuvor verfaßten Staatsroman, der schließlich 1622 in Frankfurt am Main gedruckt wurde: »Der Sonnenstaat« (»Civitas solis idea republicae philosophicae«). Die sozialistische Utopie des Autors, der wegen Volksaufwiegelung in einem neapolitanischen Kerker einsaß, spielt keineswegs auf einem anderen Stern, der Sonne, sondern auf einer irdischen Insel in der Nähe Ceylons, wo man im Mittelalter das

Paradies vermutet hatte. Campanella thematisiert aber sehr wohl das Thema des Lebens auf anderen Sternen[110], und die Bewohner seines utopischen Idealstaates weisen eine bewunderungswürdige Fähigkeit auf: Sie können fliegen[111]!

Unmittelbar nach Campanella wagte sich ein weiterer Heroe der europäischen Geistesgeschichte auf das Terrain der Utopie: Sir Francis Bacon of Verulam (1561–1626), Lordkanzler von England, schrieb 1624 sein »Nova Atlantis«, das 1627 posthum veröffentlicht wurde. Von Morus und Campanella hebt sich Bacons Gesellschaftsutopie vor allem darin ab, daß er die Umgestaltung der Welt durch Technik propagiert. Bacon war neben Galilei *der* Protagonist der Wissenschaftsrevolution des 17. Jahrhunderts. In seinem 1620 veröffentlichten »Neuen Organ der Wissenschaften« (Novum organon scientiarum) legte er jene strenge »naturwissenschaftliche« Methode fest, die letztlich zur Lösung auch des Flugproblems führte: Bacon setzte sich damit scharf vom »Organon« des antiken Philosophen Aristoteles ab. Nicht Spekulation, sondern allein Beobachtung und Experiment seien die sicheren Quellen des Wissens. Theologie, Traumdeutung und andere Formen des Aberglaubens wurden hier programmatisch aus dem Reich der Wissenschaften verbannt. Sie gehörten fortan ins Reich der »Märchen« – und die Frage des Fliegens stellte sich neu, nämlich auf der Ebene der »Ars inveniendi« unter Berücksichtigung der Gesetze der Natur. Im zweiten Buch des »Organon« empfahl Bacon unter anderem die Untersuchung der Natur von »Instanzen, denen die Natur des Warmen gemeinschaftlich ist«, darunter auch jener erhitzten Dünste und Dämpfe, die eineinhalb Jahrhunderte später zur Verwirklichung des Luftschiffgedankens führten. Im wissenschaftlichen Sinne war Bacon utopischen Höhenflügen übrigens durchaus abgeneigt, was in einer Umkehrung der Flugmetapher zum Ausdruck kam:

»Man soll also den menschlichen Geist nicht mit Schwingen beflügeln, sondern mit bleiernem Gewichte ihn zurückhalten von allem Sprunge. Geschieht dies (bisher geschah es nicht), so darf die Wissenschaft hoffen.«[112]

In seiner »Nova Atlantis« hat sich Francis Bacon vielleicht von seinem mittelalterlichen Namensvetter Roger Bacon anregen lassen: Ein eigener naturforschender Stand erfindet in einem »Haus Salomonis« wunderbare Dinge, doch nicht mehr mittels Magie, sondern durch systematische naturwissenschaftliche Experimente. In dieser technisch-reflektierten Utopie finden sich neben Telefon, Mikrophon und Mikroskop, Dampfmaschinen und Wasserturbinen auch Unterseeboote und Flugzeuge:

»Wir ahmen dort auch den Vogelflug nach und haben gewisse Stufen und Startplätze, um gleich geflügelten Tieren durch die Luft fliegen zu können.«[113]

Und in einem weiteren Werk, dem 1627 posthum erschienenen »Sylva sylvarum«, reihte sich Bacon direkt ein in die lange Reihe der europäischen Flugphantasien: Unter der Nummer 886 erscheint hier ein »Experiment solitary touching flying in the air«. In der Nachfolge des mittelalterlichen Alexanderfluges bedenkt Bacon hier den Lufttransport mittels großer Vögel. Hier liegen die direkten Wurzeln der entsprechenden Luftfahrtdarstellungen bei Godwin, Wilkins, Grimmelshausen und anderen Autoren des späteren 17. Jahrhunderts[114]. Die großen Utopisten – Morus, Campanella und Bacon – standen zusammen mit Kepler gewissermaßen Pate für eine weitere utopische Literaturgattung: die Mondflüge Godwins und Wilkins' und die Mond- und Weltraumreisen des Cyrano de Bergerac und all seiner Epigonen[115].

Von den Utopisten an der Wende zum 17. Jahrhundert zieht sich eine nicht mehr abreißende Linie von Flugutopien, die weit in das Zeitalter der Aufklärung hineinreicht und erst durch die Verwirklichung der ersten Ballonaufstiege auf ein realistisches Maß zurechtgestutzt wurde. Die oft mit Flügen verbundene Literaturgattung der »Imaginary voyage«, erst recht der »Cosmic Voyage« erreichte in der zweiten Hälfte des 17. Jahrhunderts ihren Höhepunkt. Mit ihrer Suche nach besseren Gesellschaftsordnungen überhöhte diese Sonderform der utopischen Literatur sozusagen einen Prozeß, der sich tatsächlich gleichzeitig in der europäischen Kultur ereignete: Die Abspaltung ganzer gesellschaftlicher Gruppen, die sich wie die »Pilgrim Fathers« auf den Weg in die »neue Welt« machten, um ihre Vorstellung von Zusammenleben zu verwirklichen.

»Der Luftraum war zwar lange genug unzugänglich, doch dafür ist er durchsichtig, er versteckt sein dahinter nicht. Er versteckt es gerade in der Nacht nicht, unzählige winzige blitzende Küsten gehen dann auf. Und ein uralter Wunsch zielt dahin, diese Küsten zu befahren, an ihnen zu landen.«[116]

Die sozialkritische »utopische« Literatur der Frühen Neuzeit wurde zu einem klassischen Reservoir der Flugliteratur, deren Erbe in gewisser Hinsicht seit dem 19. Jahrhundert die Science-fiction-Literatur antreten sollte. Im 19. Jahrhundert trat gemäß Karl Kautsky der utopische Sozialismus das Erbe des Thomas Morus an, und als bezeichnend mag man folgenden frühen Titel dieser Literaturgattung ansehen: »Voyage en Icarie«. Nicht umsonst berief sich der Science-fiction-Autor H. G. Wells mit seinem Roman »A Modern Utopia« im Jahre 1905 auf das ferne Vorbild von Mores Staatsroman[117].

Die kopernikanische Wende

Noch Dr. Faust war mit seinem Drachenwagen wie der Alexander der Große der Legende an die Grenzen der Welt in den Himmel gefahren. Beide Himmelsvorstellungen waren dem geozentrischen Weltbild des Ptolemäus verhaftet, das in der europäischen Kosmologie seit der Antike vorherrschend gewesen war: Die Erde stand im Mittelpunkt des Kosmos und war von einer Reihe konzentrischer Kristallsphären umgeben, an denen die Fixsterne befestigt waren. Der Stufenkosmos des Aristoteles zählte acht konzentrische Himmelssphären, sieben für die Planeten und eine für die Fixsterne. Bereits in der Philosophie des Spätmittelalters waren jedoch Zweifel an der Einzigartigkeit der Erde geäußert worden. Der große Theologe Nikolaus Cusanus (1401–1464) hatte dies für unvereinbar gehalten mit der Vorstellung von der Allmacht Gottes, der ja ohne weiteres nicht nur eine, sondern unendlich viele Welten hätte schaffen können. Nikolaus Kopernikus (1473–1543) vollzog schließlich jenen entscheidenden Schritt, der seinen Namen für uns mit einer wissenschaftlichen Umwälzung verbindet: In seinem Werk »De revolutione orbium celestium« rückt er die Erde aus dem Mittelpunkt des Universums und degradiert sie zu einer unter mehreren Welten, die um die Sonne als Zentralgestirn kreisen. Diese »kopernikanische Wende« blieb nicht ohne Folgen für den Fluggedanken[118].

Im Laufe des 16. Jahrhunderts fand Kopernikus immer mehr Anhänger unter den Gebildeten für sein heliozentrisches Weltbild.
Und der Zerfall des mittelalterlichen Weltbildes ging weiter, die
Idee von einer Vielzahl der Welten machte vor den Grenzen unseres Sonnensystems nicht halt. Überschwenglich propagierte Giordano Bruno (1548–1600) die Existenz einer unendlichen Vielzahl
von Welten, und zwar nicht irgendwelcher, sondern bewohnter
Welten. Das hatte unübersehbare Konsequenzen für die christliche
Dogmatik: Die ganze Lehre vom Sündenfall, der Erbsünde und der
Erlösung wurde in Frage gestellt. Giordano Bruno, der »Nolaner«,
verkündete seine Wahrheiten im provozierenden Tonfall des Revo-
lutionärs, der sich nicht vor einer Persiflierung christlicher Him-
melfahrtstopik scheute:

»Wer steigt für mich, Madonna, auf zum Himmel, und bringt zurück mir den ver-
lorenen Verstand? Da kam der Nolaner und hat die Lufthülle hinter sich gelassen,
ist in den Himmel eingedrungen, hat die Sterne durchmessen, die Grenzen der
Welt überschritten und die erdichteten Mauern der ersten, achten, neunten, zehn-
ten und weiteren Sphären zerstört . . .«[119]

Giordano Bruno übertraf noch Alexander den Großen und den
Magier Faust: Er fährt nicht nur an die Himmelssphären, sondern
er zerschlägt die Fixsternschale und überschreitet – gedanklich –
die Grenzen der Welt! Dieses folgenreiche Zerstörungswerk ließ
sich die katholische Kirche nicht gefallen: Bruno wurde 1600 als
Ketzer verbrannt. Die neuzeitliche Umwälzung des Weltbildes
veränderte die Flugvorstellungen grundlegend: Die schamanistische Vorstellung von einem Ausschreiten des Erdkreises wurde bei
der Ausweitung des Kosmos ins Unendliche a priori unsinnig. An
seine Stelle traten Vorstellungen von einer Weltraumfahrt, deren
Phantasien sich »naheliegenderweise« zunächst auf den nächsten
Himmelskörper richteten: auf den Mond.
Die Erfindung des Teleskops im Jahre 1609 bestätigte die Ideen des
Kopernikus. Die großen Astronomen wie Johannes Kepler
(1571–1630) und Galileo Galilei konnten mit diesem Hilfsmittel
experimentell den Wahrheitsgehalt der verschiedenen Auffassungen überprüfen, und ihre Schlußfolgerung ging zugunsten des
neuen Weltbildes aus, auch wenn man auf die Lehrmeinung der
Kirche noch Rücksicht nehmen mußte. Kepler selbst gebrauchte

die Metapher, Galilei habe »ein neues Himmelstor aufgestoßen«, durch das man nun mit eigenen Augen sehe, was bisher verborgen gewesen sei[120]. Galilei veröffentlichte 1610 die »Sternenbotschaft« (Sidereus nuncius), in der er über seine astronomischen Beobachtungen »auf dem Antlitz des Mondes« und an unzähligen Fixsternen, der Milchstraße und den Nebelsternen berichtet[121]. Etwa gleichzeitig verfaßte Johannes Kepler eine Mondgeographie, doch im Unterschied zu Galilei beließ es Kepler nicht bei der trockenen naturwissenschaftlichen Beobachtung, sondern kleidete seine Beschreibung in eine Rahmenhandlung, die eine Reise zum Mond zum Gegenstand hat.

In Keplers »Traum« (somnium) schildert der Ich-Erzähler, wie seine Mutter, eine Hexe, ihm früh von Flügen in entfernte Gegenden erzählt habe. Schließlich wird dem Erzähler durch einen Mondbewohner – »Lunarier« – eine Mondreise geschildert, wobei der Moment des Abhebens wegen der Anfangsgeschwindigkeit am schlimmsten gewesen sei[122]. In einem Brief situierte Kepler 1622 seinen »somnium« selbst in der Nähe Plutarchs, Lukians »Wahren Geschichten«, Campanellas »Civitas solis«, Erasmus' »Lob der Narrheit« und Morus' »Utopia«[123]. Natürlich stellte allein schon der Titel eine Anspielung auf einen anderen berühmten Vorläufer dar: Ciceros »Somnium«, einen der berühmten Texte der antiken Philosophie, der ebenfalls eine Flugepisode enthält – einen Seelenflug. Keplers Mondflugutopie, für ihn selbst nur eine naturwissenschaftliche Arbeit mit satirischer Rahmenhandlung und historischen Anspielungen, hatte eine makabre Nebenwirkung: Sie spielte eine Rolle als Beweisstück in dem Hexenprozeß, der in den Jahren 1615 bis 1621 gegen Keplers Mutter im württembergischen Leonberg angestrengt wurde[124].

Der Flug der Hexen im 17. Jahrhundert

Wie man am Beispiel Keplers sehen kann, bildeten jene reaktionären Kräfte, die nicht von der Hexenverfolgung lassen wollten, ein ernsthaftes Hindernis, mit dem man bei jeglicher Auseinandersetzung mit dem Flugproblem rechnen mußte. Innerhalb der Hexen-

Die Dämonisierung des politischen Gegners: Friedrich V. von der Pfalz fliegt wie
die Hexen; in der Bildmitte findet auf einem Berg der Teufelspakt statt;
im Hintergrund erhebt sich der Hradschin. Katholisches Flugblatt, 1621.

forschung ist man sich mittlerweile darüber einig, daß die europäischen Hexenverfolgungen in den 50 Jahren zwischen 1585 und 1635 ihren Höhepunkt erreichten, also zu Beginn des 17. Jahrhunderts[125]. Während derselben Periode erreichte auch die Wissenschaft der »Dämonologie«, die sich mit dem Einfluß dämonischer Kräfte auf den Lauf der Welt beschäftigte, ihren Höhepunkt. Wie bereits erwähnt, waren es nicht mehr »verrückte Mönche« wie die Verfasser des Hexenhammers, die sich mit der Materie beschäftigten, sondern berühmte Theologen der diversen Konfessionen (mit Ausnahme der Täufer). Aber dabei blieb es nicht. König Jakob VI. von Schottland (James I. von England; 1566–1625) verfaßte höchstselbst ein Buch über die Hexen, und führende Juristen aus aller Herren Ländern taten es ihm gleich: Genannt seien nur Jean Bodin in Frankreich, Francisco Torreblanca in Spanien oder Benedikt Carpzov (1595–1666) in Deutschland. Während sich Theologen noch durch das Gebot der christlichen Barmherzigkeit in ihrem verbalen Radikalismus gezügelt sahen, gab es bei den »furchtbaren Juristen« oft kein Halten mehr: Unverblümt propagierten sie die hemmungslose »Ausrottung« aller Zauberkundigen – und das waren viele.

Die starke Bewegung gegen Hexenverfolgungen war zunächst in Italien, um 1610 dann auch in Spanien und in den Niederlanden erfolgreich, um 1620 ließen die Hinrichtungen in England und Frankreich stark nach, und endlich gingen die Justizmorde nach 1635 auch in der Schweiz und in Deutschland, das mittlerweile das Kernland der Verfolgung war, stark zurück[126]. Dieser innenpolitische Durchbruch der Verfolgungsgegner beeinflußte naturgemäß auch die Frage des Hexenfluges, dessen Realität nun von immer größeren Kreisen angezweifelt wurde. Signifikant ist der Bericht des spanischen Inquisitors Alonso de Salazar Frías, der 1610 im Tonfall der Entrüstung in einem offiziellen Bericht schrieb:

»Es ist klar, daß man den Hexen nicht glauben darf und daß die Richter (aufgrund ihrer Aussagen) niemanden bestrafen dürfen, solange ihre Aussagen nicht durch externe und objektive Beweise, die jeden überzeugen können, bewiesen sind. Auf jeden Fall: wer könnte folgendes akzeptieren: Daß eine Person häufig durch die Luft fliegen und hundert Meilen in der Stunde reisen kann ...«[127]

Der volkstümliche Glaube an den Hexenflug sank zur Folklore ab, als sich nicht nur viele Gelehrte und protestantische Theologen, sondern sogar Spitzenfunktionäre der Inquisition in Südeuropa ganz davon abwandten. Die protestantische Hälfte des Kontinents fand nun Rückhalt in der mechanistischen Naturlehre des René Descartes (1596–1650), nach dessen physikalischen Vorstellungen jegliche Bewegung in der Körperwelt (»res extensa«) nur durch direkte Krafteinwirkung zustande kommen konnte: durch Zug oder Druck. In seinem »Discours de la méthode« legte Descartes 1637 dar, daß die Natur bestimmten Gesetzen folge und daß die »Regeln der Mechanik . . . mit den Gesetzen der Natur identisch sind«[128]. Lebewesen funktionierten wie Maschinen, jeder Vogel gleiche einer von Gott geschaffenen Taube des Archytas. Ein solch kruder Mechanizismus ließ jeden »magischen Flug« als abstrus erscheinen, als diametral entgegengesetzt zu den ehernen Gesetzen der Natur.

Der Popularphilosoph Fontenelle (1657–1757) verdeutlichte die Folgen des Cartesianismus für die Flugvorstellung in folgender Versuchsanordnung: Die Menschen sitzen in einem Theater und beobachten auf der Bühne den sie »außerordentlich dünkenden Flug« des Phaeton, der scheinbar »auf den Fittichen des Windes« emporschwebt. Wie erklären nun die Zuschauer, die für verschiedene philosophische Richtungen (Scholastik, Magia naturalis, aristotelische Physik) stehen, diesen Flug?

»Phaeton, würde der eine sagen, wird durch eine gewisse verborgene Kraft aufgehoben. Ein andrer: Phaeton ist aus gewissen Zahlen zusammengesetzt, wodurch er in die Höhe gehoben steigt. Ein dritter: Phaeton hat eine gewisse Neigung gegen den obern Theil der Bühne, ihm ist nicht besser zu Muthe, als wenn er sich da oben befindet. Ein anderer: Phaeton ist zwar nicht zum Fliegen gemacht, allein, er will lieber fliegen, als die Decke der Bühne ledig lassen, und hundert andre Grillen mehr, von denen es mich nicht wundert, daß sie nicht den Alten alle Hochachtung entzogen haben.

Endlich kam Descartes damit einigen Neuern, und sagte: Phaeton steigt in die Höhe, weil er durch Seile mit Gewichten heraufgezogen, und davon schwerere sich eben jezt heruntersenken.«[129]

Die »Magia Naturalis« mit ihrer unsicheren Grenzziehung zum übersinnlichen Bereich war überwunden. Nach der »Wissenschaftsrevolution« standen alle bedeutenden Naturwissenschaftler

Europas, etwa Galilei, Descartes und Bacon, auf dem Standpunkt, daß die Natur gesetzmäßig und mechanisch funktioniere. Ein gleichmäßiger Flug ohne kontinuierliche mechanische Krafteinwirkung ist nach der neuen Physik des 17. Jahrhunderts undenkbar geworden. Der cartesianische Rationalismus wird seit dem 17. Jahrhundert oft als Sieger über die herkömmliche Dämonologie betrachtet[130].

Die Hexenflugdiskussion war in den 1630er Jahren argumentativ entschieden, aber noch nicht ausgestanden. Wenn sogar der strenge Rationalist Thomas Hobbes (1588–1679) in seinem »Leviathan« 1651 noch einmal die Frage diskutierte, ob der Teufel Christus leibhaftig auf die Spitze des Berges gebracht habe, dann ist dies kein marginales Detail: Den Hexenverfolgern war diese Bibelstelle der zentrale Beweis für die Möglichkeit des Hexenfluges gewesen, und die Scholastiker saßen immer noch in den Universitäten[131]. Nach der Mitte des 17. Jahrhunderts beschäftigte sich beispielsweise der englische Philosoph Joseph Glanvill (1636–1680) mit dem Hexenflug, der aus prinzipiellen Gründen an der Existenz der Hexen festhalten wollte, um den Ungläubigen (»Sadduzäern«) keinen Bodengewinn zu erlauben[132]. Glanvill provozierte einige erboste Gegenschriften, die nahtlos überleiteten zu jener großen Debatte, die in England das Ende der legalen Hexenverfolgung einläutete. Die Hexenfrage verlor ihre Bedeutung für die Oberschichten rasch in so hohem Maße, daß 1712 ein englischer Richter in einem Hexenprozeß den Vorwurf des Hexenfluges mit provozierender Ironie zurückwies: Es gebe kein Gesetz, welches das Fliegen verbiete – fürwahr ein zukunftsweisender Gedanke[133].

Im späteren 17. Jahrhundert überwog bei den gebildeten Schichten die Skepsis den Glauben an eine Möglichkeit des Hexenfluges. Dies geht nicht nur aus zeitgenössischen Briefwechseln und Tagebuchaufzeichnungen hervor, sondern läßt sich rein statistisch am allmählichen Ende der Hexenhinrichtungen ablesen. Als erstes Land strich 1736 England die Hexerei aus dem Strafgesetzbuch. Der Hexenflug wurde nun mehr und mehr zu einem Sujet der Literatur – hier allerdings, wo es im Sinne des »Decorum« um eine

Das Ergebnis von tausend Jahren christlicher Dämonologie: Titelholzschnitt zu
Johannes Prätorius' »Blockes-Berges Verrichtung«, Leipzig 1669.

Aufblätterung der Lebensvielfalt in einem »Theatrum Mundi«
ging, behielt er nicht nur seinen Stellenwert, sondern wurde sogar
stärker betont als je zuvor. Erinnert sei nur an die beiden Kapitel in
Christoph Grimmelshausens (ca. 1622–1676) »Simplicissimus«, in
denen Hexenflug und Sabbatbesuch breit geschildert werden, und
an jenes Buch, das diese beiden Themen allein zum Gegenstand
hat: Johannes Prätorius' (gest. 1680) 1669 erschienene »Blockes-
Berges Verrichtung«. Im protestantischen Nordeuropa wurde der
Glaube an den Hexenflug um 1700 durch zwei weitere Debatten in
den Niederlanden und in Preußen schwer erschüttert. Christian
Thomasius (1655–1728) befaßte sich in seinen Schriften auch ausgiebig mit den »magischen Flügen«, wobei er sogar auf die Luftschiffer des Agobard von Lyon zurückgriff. Doch alle magischen
Flüge erschienen im Anschluß an Descartes nur noch lächerlich[134].

Ein fliegender Heiliger
wird zum Heiligen der Flieger

Wie schon erwähnt, stand die katholische Kirche mit dem Fluggedanken auf Kriegsfuß. Von Simon Magus über Faust und die Hexen: Flüge waren teuflisch bis unerwünscht. Wie es im Mittelalter
einen Konzilsbeschluß gab, der die Möglichkeit magischer Flüge
bestritt, gab es auch einen, der die Flüge von Heiligen in das Reich
der Phantasie verwies: In der berühmten Kirchenrechtssammlung
des Regino von Prüm aus dem frühen 10. Jahrhundert wird der
Leser daran erinnert, daß nicht einmal dem hl. Paulus diese Gnade
Gottes zuteil geworden war[135]. Trotzdem waren in kirchlichen
Handschriften Heilige immer wieder fliegend dargestellt worden,
und in den offiziösen Heiligenviten der »Acta Sanctorum« werden
bei mehreren heiliggesprochenen Personen, etwa der hl. Teresa
von Avila, Levitationen erwähnt, die quasi als Vorstufen einer
Aufnahme in den Himmel gedeutet werden konnten. Wie beim
Flug der Hexen war schließlich auch – als Wunder – der Flug der
Heiligen offiziell akzeptiert worden, und so hatten sich gläubige
Katholiken in der Frühen Neuzeit auch damit auseinanderzuset-
zen[136].

Aus der Reihe dieser schwebenden Asketen ragt eine Figur in mehrfacher Hinsicht hervor: der Franziskaner Joseph von Copertino. Joseph Desa (1603–1663) war von seiner Familie für die geistliche Laufbahn vorgesehen, doch er war geistig und körperlich so zurückgeblieben, daß er erst im zweiten Anlauf sein Noviziat schaffte – mit Hindernissen wurde er 1628 schließlich auf Betreiben seiner Familie zum Priester ordiniert. Joseph Desa war zwar oft unfähig, sich selbst mit dem Nötigsten zu versorgen, doch seine kindliche Frömmigkeit und herzliche Offenheit machten ihn bei der Bevölkerung beliebt; mehr aber noch seine wundertätige Wirkung. Sein Zwang, in ekstatische Entrückung zu verfallen und Wunder zu wirken, trug allerdings der Ordensobrigkeit große Schwierigkeiten ein, denn er brachte den Mönch in Konflikt mit der neapolitanischen Inquisition. Am Ende wurde er zwar freigesprochen, doch die Inquisition zwang den Orden im Jahre 1639, ihr aufsehenerregendes Mitglied in einem abgelegenen Kloster zu verstecken, weil sich ständig große Menschenmengen versammelten, um ihn wirken zu sehen. Doch am Ende half alles nichts. Das Volk verlangte nach seinem Wundertäter, die Berühmtheit des einfältigen Frommen steigerte sich immer mehr und hielt nach seinem Tode an. Im Jahre 1753 wurde Joseph von Copertino zunächst selig-, 1767 dann sogar heiliggesprochen. Sein Festtag ist sein Todestag, der 18. September[137].

Die bedeutendsten Wunder dieses Heiligen waren seine häufigen Levitationen. Sie beschränkten sich nicht auf über hundert Erhebungen vom Erdboden, sondern gingen in regelrechte horizontale Flüge über. So wird in mehreren Quellen berichtet, Joseph sei am Weihnachtsabend vom Flötenspiel der Hirten so entzückt worden, daß er ekstatisch zu tanzen begonnen, dann einen tiefen Seufzer ausgestoßen habe und danach wie ein Vogel durch die Luft geflogen sei, von der Mitte des Kirchenschiffs zur Spitze des Hochaltars. Der freie Flug führte angeblich über eine Distanz von ca. zwölf Metern. Auf dem Altar umklammerte Joseph das Tabernakel des Heiligen Sakraments und verharrte so eine Viertelstunde. Die Hirten waren über dieses Wunder über alle Maßen erstaunt. Wie die »Acta Sanctorum« hervorheben, wurde Joseph von Copertino nicht nach Art der üblichen Levitationen emporgehoben, sondern

flog »wie ein Vogel«, mit spielerischer Leichtigkeit, und ohne daß
während des Fluges sein Ziel bereits sichtbar gewesen wäre. Das
Vogelartige bezog sich jedoch nur auf die Freiheit der Bewegung,
nicht etwa auf ein Flügelschlagen. Ausdrücklich wird nämlich betont, daß die Kleidung des Heiligen sich nie verschob, daß er sich
also wie Christus in der Mandorla abgekapselt von der Umgebung
durch den Luftraum bewegte. Die sonst eher zurückhaltenden
»Acta Sanctorum« überliefern mehrere Flüge, die meist Ausdruck
überschäumenden Entzückens waren. Bei einem Spaziergang mit
einem Mitbruder äußerte sich dieser über die Schönheit von Gottes Schöpfung, worauf der heilige Flieger seinen üblichen ekstatischen Schrei ausstieß und in den nächsten Olivenbaum flog. Als er
aus der Ekstase erwachte, war es ihm unmöglich, wieder herunter-
zuklettern, und er mußte mittels einer Leiter gerettet werden. Da
die ekstatischen Flugerlebnisse häufig mit seinen Gedanken an die
heilige Jungfrau Maria gekoppelt waren, hat man bei einer psychologischen Interpretation auch an sexuelle Spannungen gedacht.
Sein Biograph Bernino meinte, um das Bildnis der Maria zu umar-
men, wären ihm notfalls sogar Flügel gewachsen, um in den Himmel zu fliegen. Einen seiner höchsten Flüge erlebte der Heilige,
nachdem er wie in Trance ständig die Worte »pulchra Maria« wiederholt hatte. Hinterher entschuldigte er sich und glaubte, er habe
ein bißchen geschlafen. Bernino kommentierte die häufigen Erhebungen des hl. Joseph von Copertino in den Luftraum, man
könnte sagen, er habe schon zu Lebzeiten im Himmel gelebt. So
wurde dieser Heilige zum Schutzpatron aller Flieger – im Zweiten
Weltkrieg durften die katholischen Piloten der US-Bomberge-
schwader in Europa seine Hilfe anrufen[138].

Theoretische Auseinandersetzungen
mit der »Kunst des Fliegens«

Die Universität Tübingen wurde zur Heimstätte des ersten theore-
tischen Traktats »Über die Kunst des Fliegens«. Professor Friedrich
Hermann Flayder war der Autor der 1628 veröffentlichten Arbeit
»De arte volandi«[139], die aufgrund ihrer Priorität eine über hun-

De
ARTE VO-
LANDI.

Cujus ope, quivis homo, sine periculo, faciliùs, quàm ullum volucre, quocunq, lubet, semet-ipsum promovere potest.

AUTHORE
FRIDERICO
HERMANNO FLAYDERO,
Poëtâ: Professore & Biblio-
thecario Tubingæ.

Cum ejusdem operum affectorum & maximam partem perfecto-rum Indice.

❧ ❧ ❧ ❧ ❧ ❧ ❧ ❧

Primò Typis THEODORICI WERLINI, Anno 1628.

Titelblatt des Büchleins »De Arte Volandi«, Tübingen 1628.

dertjährige internationale Wirkungsgeschichte entfaltete. 1737 wurde sie unter dem Titel »Curieuse Gedanken von der Kunst zu Fliegen« ins Deutsche übersetzt und zusammen mit einem ausführlichen Vorwort neu gedruckt. Eigentlich handelt es sich bei Flayders Druckwerk um eine rhetorische Fingerübung, denn dem Autor ging es keineswegs um das – technisch ungelöste – Problem des Fliegens, sondern um die »Flügel des Geistes«, mit deren Hilfe man »ganz frey . . . in einem einzigen Augenblick, wohin es ihm gefället, gehen« könne. Die eigentliche »Kunst des Fliegens« bestünde in Phantasie und Gedankenfreiheit. »Mit der Kraft des Gemüts und der Vernunft« könne man überallhin fliegen, ohne den zerbrechlichen Leib irgendwelchen Gefahren auszusetzen. Man bediene sich

»der geschwindesten Flug-Rüstung des Verstandes, womit wir alle Vögel übertreffen, daß wir uns jezo Flügel auf das Meer können machen und uns mit denselben nicht nur in die Lufft, sondern auch unter die Erde hinab, und von der Erden wieder über alle Himmel mit den Flügeln des Geistes erheben«[140].

Immerhin widmete sich Flayder in einem kleinen Abschnitt auch einigen realen Flugversuchen, wobei er neben Daidalos und Ikaros die Flüge des Eilmer von Malmesbury und des legendären Nürnberger »Vorsinger« anführte. Freilich seien diese Flugpioniere alle abgestürzt, doch bei Übung von Jugend auf sei die Fliegekunst »nicht allerdings unmöglich«[141]. Es war nicht die Allegorie, sondern gerade dieser Teil – und natürlich der suggestive Titel des Traktats –, der spätere Autoren immer wieder darauf zurückgreifen ließ, wie die Reaktion zeitgenössischer Leser zeigt: Anfang der 1630er Jahre berichtete der Altdorfer Professor Daniel Schwenter, daß er »dieses Büchlein zu Frankfurt gekauft und mit großer Begier gelesen«, vor allem die Abschnitte über reale Flugversuche: »Habe ich des Schlusses mit großer Ungeduld erwartet und endlich gefunden, daß der Mensch mit den Gedanken besagter maassen alle Vögel überfliegen könne etc. Darüber habe ich das Buch mit dem Salbader hinweggeworfen und das Fliegen liegen lassen.«[142] Wie enttäuschend Flayders Traktat für die Zeitgenossen war, spiegelt auch ein anderer bissiger Kommentar: »Der gute Kerl hat mit dem Titel seinem Buche ohne Zweiffel Flügel zu machen gewünschet, damit des den Lesern desto häufiger in die Hände und ihm oder seinem Verleger das Geld der geäfften Leute in den Seckel fliegen möchte.«[143]

Flayders Traktat besitzt Indikatorfunktion für die starke Nachfrage nach solcher Literatur. Sie entsprach offensichtlich einem Bedürfnis dieser Zeit, und in der Folge begann sich ein eigener Zweig der Literatur herauszubilden, sozusagen das Genre der »Flugliteratur«. Dabei zeichnete sich rasch die Dichotomie der Prinzipien »schwerer als Luft« und »leichter als Luft« ab. Der portugiesische Jesuit Franciscus Mendoza (1573–1626) bekräftigte die Möglichkeit der Luftschiffahrt, die er im Anschluß an Albert von Sachsen physikalisch für möglich hielt. Das Prinzip der »Aeronautik«, bei dem ein Flugkörper durch den Einsatz von Auftriebskörpern insgesamt »leichter als Luft« war, sich dadurch quasi von selbst in die Luft erhob und auf dem Luftmeer fahren konnte wie ein Schiff (lat.: »navis«) auf dem Wasser, wurde klar unterschieden vom Prinzip der »Aviatik«, dem bereits von Roger Bacon propagierten Flug nach Art der Vögel (lat.: »avis«), die selbst »schwerer als Luft« sind und sich nur durch die Kombination von Krafteinsatz und Tragflächen in die Luft erheben können[144].

1634 widmete Marin Mersenne (1588–1648) der »art de voller« das erste Kapitel seines vielgelesenen Buches »Questions inouyes, ou récréation des scavans«. Im Gegensatz zu Flayder machte sich Mersenne Gedanken über die technische Durchführbarkeit des Fluges nach Art der Vögel, wobei er auch auf die geläufigen Schraubenflugspielzeuge eingeht, die »fliegende Vögel« genannt wurden[145]. Aufschlußreich für das aufkommende Fluginteresse in Westeuropa sind besonders die Korrespondenzen Mersennes, in denen er beispielsweise 1634 über den Flugversuch des Bolori und später über die angeblichen Flüge Dessons diskutierte. 1640 tauschte Mersenne seine Meinung mit René Descartes aus, der ihm skeptisch erwiderte:

»Metaphysisch gesprochen könnte man tatsächlich eine Maschine konstruieren, die sich selbst wie ein Vogel in der Luft halten kann. Denn Vögel sind zumindest meiner Ansicht nach selbst solche Maschinen. Aber es ist physikalisch . . . unmöglich, weil man so feine und gleichzeitig so starke Sprungfedern bräuchte, wie sie nicht hergestellt werden können.«[146]

Über das Fliegen wurden jetzt nicht mehr nur an versteckter Stelle Anmerkungen gemacht, sondern es bekam seinen festen Platz in den Erfindungsbüchern. Der Altdorfer Professor Daniel Schwenter ging neben dem Bau von Flächen- und Kastendrachen – die vor ihm Porta und Wecker schon behandelt hatten – unter den »Lufftwercken (Pneumatica)« auch auf die »Kunst des Fliegens« ein, wenngleich untermischt mit einer gehörigen Portion Skepsis[147]. Im Jahr 1640 hielt der berühmte Chemiker Johann Baptista von Helmont (1579–1644) vor dem Prinzen Emanuel von Portugal einen Vortrag über »Die Kunst des Fliegens«, in dem er ein in Brüssel gedrucktes – nicht erhaltenes – Traktat »Ars volandi« so vehement verteidigte, daß alle glaubten, sogleich sich mit Flügeln in die Lüfte erheben zu können. Augenzeuge dieser Vorführung war der Jesuit Caramuel Lobkowitz, der 1670 selbst eine Abhandlung über die »Kunst des Fliegens« verfaßte[148].

In Brüssel soll Mitte der 1640er Jahre ein Nicolas Desson, Sieur d'Aigmont (geb. 1604), eine Flugmaschine gebaut haben:

> »Er setzte voraus, daß die Luft die Maschine tragen würde und daß er sie durch die Kraft des Windes und mittels des Steuerruders fliegen lassen könne, wohin er wolle...«

Überzeugt von seiner Erfindung, bekam er es bei seinem ersten Flugversuch angeblich mit der Angst zu tun. Er befürchtete, die Maschine könne ihn in zu große Höhen tragen, weshalb er das Gerät mit zwei fünfzig Pfund schweren Säcken beschwerte, damit er nur in die mittleren Luftregionen flöge. Monsieur d'Aigmont startete vom Dach seines Hauses. Nach dem entscheidenden Schritt in die Luft fiel der Bruchpilot in die Tiefe, durchschlug das Dach eines angrenzenden Hauses und brach sich beide Beine. Clive Hart konnte vor kurzem zeigen, daß es der Abenteurer Desson seit 1640, als er erstmals in den Korrespondenzen Mersennes auftauchte, verstand, einige Jahre lang die Flugerwartung seiner Zeitgenossen zu nutzen. Seine Ankündigung, in einem Tag von Paris nach Konstantinopel und wieder zurück zu fliegen, trug ihm zunächst großes Interesse, nach seinem Scheitern jedoch Spott ein. Die anhaltende Diskussion über den »Fall« des Herrn Desson trug dazu bei, daß auch bei Mersenne bis 1647 die Hoffnungen auf eine baldige Verwirklichung der Fliegekunst erheblich zurückgingen[149]. Doch zu diesem Zeitpunkt begann bereits der nächste Flugheld, die Gelehrtenwelt Westeuropas zu erregen.

»Ars Volandi«: Burattinis Flugdrachenmaschine

In den Jahren 1647/1648 berichtete Pierre de Noyers, der Sekretär des Königs Wladislaw IV. (1595–1648) von Polen, in seinen Korrespondenzen über das Vorhaben des italienischen Erfinders Tito Livio Burattini (1617–ca. 1675/80), eine Flugmaschine zu bauen. Burattini, der am Hof in hoher Gunst stand und in eine mächtige einheimische Familie einheiraten konnte, hat in einer Niederschrift mit dem Titel »Ars Volandi« seine Pläne inklusive Planskizzen festgehalten[150]. In seiner Erörterung streift Burattini die Möglichkeit eines »Leichter-als-Luft«-Fluges gemäß des archimedischen Prinzips, um dann darauf hinzuweisen, daß selbst die leichteste Feder eines Vogels ein höheres spezifisches Gewicht aufweise als die Luft. Burattini verweist auf frühere eigene Flugversuche etwa im Jahre 1637, die alle gescheitert seien. Durch die Anwendung neuer mechanischer Prinzipien hoffte Burattini jedoch, die Probleme lösen zu können. Bei diesen »neuen Prinzipien« handelte es sich – wie Clive Hart nachwies – um die Ideen Galileis über den Luftwiderstand, die Burattini auf seiner Italienreise ca. 1646 kennengelernt haben muß. Zum Aufsteigen sei der Flügelschlag der Vögel entscheidend, doch selbst ohne Flügelschlag könne ein Vogel aus der Höhe gefahrlos mit ausgebreiteten Schwingen zu Boden gleiten[151].
Burattini hatte eine Flugmaschine mit feststehenden Tragflächen in Kombination mit einem Flügelschlagmechanismus entworfen, der über ein Hebelwerk aus dem Rumpf mit Muskelkraft angetrieben werden sollte. Rumpf und Kopf der Maschine hatten Drachenform und sollten vermutlich aus leichtem Material hergestellt werden. Das drehbare Schwanzstück des »fliegenden Drachens« sollte eine künstliche Steuerung ermöglichen. Selbst an eine mögliche Notwasserung war gedacht, in diesem Fall sollte das Gerät

schwimmen können. Vorgesehen war auch ein Notfallschirm, der den Piloten im Unglücksfall retten sollte. Burattini hoffte, mit entsprechender finanzieller Unterstützung einen Apparat bauen zu können, der von innen durch einen Menschen betrieben werden konnte. 500 Kronen seien zur Verwirklichung des Fluginstruments notwendig. Noyers schloß seinen Bericht an Mersenne: »Burattini redet nicht wie ein Scharlatan von seiner Sache.« Dem Briefwechsel ist zu entnehmen, daß mindestens drei Modelle der Flugmaschine hergestellt wurden, doch ob es jemals zur Ausführung in Lebensgröße kam, ist unklar. Beeindruckend scheint immerhin ein etwa 1,20 Meter großes Modell gewesen zu sein, das – von außen über einen Rädermechanismus betätigt – imstande war, eine Katze in der Luft zu halten[152].

Burattinis Traktat über die »Kunst des Fliegens« ist nicht nur wegen seiner eigenen Pläne interessant, sondern auch wegen der Einblicke, die es in die zeitgenössische Mentalität gewährt. So schreibt er etwa:

»Wenn einfache Leute sagen wollen, daß etwas ganz unmöglich sei, so sagen sie, daß es ›so unmöglich wie das Fliegen‹ sei.«[153]

Burattini war hier jedoch anderer Ansicht: Er habe seit frühester Jugend nicht geglaubt, daß menschliche Erfindungskraft an einer Fortbewegungsart scheitern würde, die den Tieren möglich sei. Die Grenze der Scharlatanerie überschritt natürlich auch das abenteuerliche Projekt Burattinis. Wie Becher 1682 in seiner »Närrischen Weisheit« schreibt, wurde ihm von einem italienischen Gewährsmann berichtet, Burattini habe am polnischen Hof versprochen, innerhalb von zwölf Stunden mit seiner Flugmaschine von Warschau nach Konstantinopel zu fliegen[154]. Hart hält die Süffisanz Bechers für unberechtigt. Als erster nach Leonardo da Vinci habe sich Burattini ernsthaft und systematisch mit dem Problem des Fliegens auseinandergesetzt. Er konstruierte »the first scale model of a flying machine intended to carry men«[155].

Wie der Niederschlag bei Becher vermuten läßt, haben Burattinis Projekt und sein Traktat eine europaweite Beachtung innerhalb der »Gelehrtenrepublik« ausgelöst. Das Traktat von 1647 wurde planmäßig an Multiplikatoren verschickt. Die Resonanz können wir in ganz Westeuropa ausmachen: sicherlich in Italien, der Heimat der

Burattini protegierenden polnischen Königin, in Deutschland (Becher), den Niederlanden (Helmont, Huygens), in Frankreich (Mersenne, Thévenot, Roberval, Bergerac) und England (Haak). Haak schrieb im Juli 1648 an Mersenne, es sei doch schade, daß Burattini seinen »flying chariot« noch nicht fertiggestellt habe, denn dann könnte man sich leichter treffen. Tatsächlich scheint Burattinis »Flugdrachen« in der Gelehrtenwelt fast sprichwörtlichen Charakter angenommen zu haben, denn ein ganz ähnlicher Passus findet sich in einem Brief aus Polen nach Paris im Jahr 1649[156]. Ein wichtiger Beleg für den Niederschlag solcher zeitgenössischer Flugprojekte in der Literatur findet sich in Cyrano de Bergeracs »Sonnenstaaten«: Die literarische Flugmaschine ging angeblich im Königreich Borneo zur Erde nieder, wo sie von einem Einheimischen gefunden und an einen portugiesischen Kaufmann verkauft wurde, bis sie schließlich über diverse Hände an »jenen polnischen Ingenieur gelangte, der sich ihrer bediente, um zu fliegen« – ein direkter Hinweis auf den Zeitgenossen Burattini[157]! Burattinis Flugprojekt zeitigte übrigens anhaltende Wirkung: Noch im Juli 1661 nahm Christiaan Huygens auf dieses Projekt in einem Brief an Thévenot Bezug, worin er schrieb, er glaube kaum, daß dieser Drache jemals habe funktionieren können[158].

Godwin und Wilkins:
Literarische Mondflüge in England

Johannes Keplers geträumte Mondreise stand am Anfang einer neuen Flut von Mondflug-Erzählungen, die nichts mehr mit Plutarchs »De facie in orbe lunae« zu tun hatten und nur teilweise an die antiken Lügengeschichten Lukians anknüpften. Um 1628 verfaßte der anglikanische Bischof Francis Godwin (1562–1633) einen quasi naturwissenschaftlichen Reise- und Abenteuerroman: »The Man in the Moone, or a Discourse of a Voyage Thither, by Domingo Gonsales. The Speedy Messenger«, der 1638 erstmals gedruckt und dann rasch in mehrere europäische Sprachen übersetzt und häufig nachgedruckt wurde, deutsch 1659 als »Der fliegende Wandersmann nach dem Mond: oder eine gar kurtzweilige und

Domingo Gonsales während seiner Reise zum Mond. Illustration zu
Francis Godwins »The Man in the Moone«, London 1638.

seltzame Beschreibung der neuen Welt des Monds, wie solche von
D. Gonsales beschrieben ist. Gedruckt bey den Sternen.« Es erlebte zwischen 1638 und 1768 mindestens 25 Ausgaben in vier
Sprachen und gilt als »Klassiker der aviatischen Literatur«[159]. Bis
ins 18. Jahrhundert hinein war Godwins Mondroman *das* Para-
digma für die Weltraumreise; noch Zedlers »Universal-Lexicon«
berichtet unter dem Stichwort »Mondreise« nichts als eine kritische Nacherzählung dieses Buches[160].

Das Hauptverdienst Godwins wurde in der detaillierten Beschreibung einer Weltraumfahrt gesehen. Situiert ist der von wissen-
schaftlich-technischem Fortschrittsoptimismus erfüllte Roman im
ausgehenden 16. Jahrhundert: Ein spanischer Edelmann wird auf
der Insel St. Helena ausgesetzt, wo er während seiner »Robinso-
nade« große Vögel, »gansas«, »eine Art wilder Schwäne«, entdeckt. Diese richtet er experimentell im Lauf der Jahre zu Zugtie-
ren eines von ihm selbst konstruierten Fluggeräts ab. Der Ehrgeiz
packt ihn, »der erste fliegende Mensch zu sein«, sichtlich in Anlehnung an den erwähnten Vorschlag Francis Bacons[161]. Sein erster
Flug führt ihn, getragen von 25 Vögeln, etwa eine Viertelmeile
weit über einen Fluß hinweg. Entscheidend für das Gelingen des
Fluges ist das gleichzeitige Auffliegen der starken Vögel. Schließlich läßt er sich mit diesem Flugzeug auf eine andere Insel tragen.
Den dortigen Wilden entkommt er durch raschen Abflug in letzter
Minute, doch sein Vogelflugzeug gerät nun außer Kontrolle und
fliegt immer höher, bis es schließlich nach zwölftägiger Luftreise
auf dem Mond landet. Hier schildert Godwin, wie vor ihm schon
Kepler, Lebensverhältnisse und Bräuche der Mondbewohner.
Selbstverständlich verfügen die Lunarier über die Fähigkeit des
Fliegens: Aufgrund der geringeren Schwerkraft auf dem Mond genügt es ihnen, große Fächer als Flügel einzusetzen[162]. Bei seiner
Rückkehr zur Erde landet Gonsales in China und wird dort von der
einfachen Landbevölkerung wegen seiner Fliegekunst für einen
Zauberer gehalten, weshalb ein Hexenprozeß gegen ihn angestrengt werden soll, ein Motiv, das sich bald bei Cyrano de Bergerac wiederfindet[163]. Auch dieser Mondroman war keine bloße Utopie, sondern Godwin setzte sich mit den Streitfragen seiner Zeit
auseinander: dem kopernikanischen Weltbild, der Bewohnbarkeit

anderer Welten, den Hexenprozessen und anderem mehr[164]. Nicht zufällig wohl verlegt Godwin den Zeitpunkt seiner Reise in die Jahre 1599–1601: Im Jahr 1600 war Giordano Bruno in Rom als Ketzer verbrannt worden. Die Schilderung des Mondfluges nimmt bei Godwin breiten Raum ein und dient zur Überprüfung des kopernikanischen Weltbildes[165].

Fast gleichzeitig erschien in England ein zweites Buch, das die Mondreisen thematisierte, ebenfalls von einem anglikanischen Bischof verfaßt: »The Discovery of a World in the Moone« von John Wilkins (1614–1672), der als Mitbegründer der Royal Society und nachdrücklichster Vertreter des Kopernikanismus im damaligen England eine profilierte Persönlichkeit war. Direkt angeregt worden war Wilkins' »Discovery« durch Keplers »Somnium«, aber auch durch Campanellas 1622 in Frankfurt gedruckte »Apologia pro Galileo« und Galileis Beobachtungen mit dem Teleskop[166]. Ausgehend von den früheren Mondbeschreibungen, beurteilt Wilkins die Frage, ob der Mond bewohnt sei, optimistisch und ergeht sich in Spekulationen über die Natur der Mondbewohner. Er stellt es späteren Generationen anheim, mit diesen »Seleniten« in Kontakt zu treten. Ein neuer Kolumbus sei vonnöten, der diese Welt entdecke. Wilkins' Spekulationen führten in England zu einer öffentlichen Debatte, und auch in Frankreich fielen seine Gedanken auf fruchtbaren Boden. Eine erste französische Übersetzung (»Le monde dans la lune«) erschien 1655 in Rouen, die erste deutsche (»Vertheidigter Copernicus«) erst 1713 in Leipzig[167].

Flugpläne in der »Royal Society«: Wilkins, Hooke und Glanvill

Es war sichtlich nicht nur der Erfolg der ersten Auflage der »Discovery of a World in the Moone«, sondern die europäische Flugdiskussion, die Bischof Wilkins dazu bewegte, in die dritte Auflage seines Mondbuches 1640 ein weiteres Kapitel einzufügen. Die Rezeption von Flayders »De arte volandi«, die Korrespondenzen Mersennes, die Aufmerksamkeit Descartes' und van Helmonts Vortrag in den Niederlanden vor portugiesischem Publikum über das in Brüssel gedruckte Traktat »Ars volandi« zeigen, daß 1640 eine europaweite Diskussion über die »Kunst des Fliegens« eingesetzt hatte[168]. Nun erörterte Wilkins die Transportfrage, also die Frage des physikalischen Fluges zum Mond, die er optimistisch beurteilt, wenn sie auch momentan noch unmöglich sei[169]. Dabei führt Wilkins erstmals die Begriffe »Flying Engine«, »Flying Chariot« und »Flying Conveyance« in die englische Sprache ein, die seither immer wieder aufgetaucht sind und bis 1909 eine größere Rolle spielten. Die Möglichkeit des Fliegens bejaht Wilkins wie nach ihm auch Kaspar Schott im Anschluß an Albert von Sachsen und Franciscus Mendoza[170].

Wenige Jahre später setzte sich Wilkins erneut systematisch mit der Möglichkeit des Fliegens auseinander. 1648 veröffentlichte er seine zweiteilige Schrift »Mathematicall Magick, or the Wonders that may be performed by mechanicall Geometry«. Der zweite Teil trug den bezeichnenden Titel: »Daedalus, or Treatise on Mechanicall Motions«. Darin zählt Wilkins vier verschiedene Arten des Fliegens auf:

»Concerning the Art of flying . . . There are four severall ways whereby this flying in the air hath been or may be attempted. Two of them by the strength of other things, and two of them by our own strength.

1. By spirits or Angels
2. By the help of fowls
3. By wings fastened immediately to the body
4. By a flying chariot.«[171]

Wilkins belegt dann seine verschiedenen Flugarten mit den bekannten Beispielen: Für den Transport durch Engel nennt er die Himmelfahrt des Propheten Elias, für den Transport durch Dämonen Keplers »Somnium« und den indianischen Schamanismus – ein Effekt der beliebten Reisebeschreibungen. Für den Flug als Traumvision Ciceros »Somnium« – und dessen Adaptation bei Geoffrey Chaucer. Größten Wert legte Wilkins jedoch auf die experimentellen Flugversuche »upon natural and experimental grounds«. Beachtlichen Platz räumt er dabei dem Flug mit Hilfe von Vögeln ein, wobei er erstaunlicherweise nicht den Alexanderflug als Beispiel heranzieht, sondern Francis Godwins »Domingo Gonzales«[172]. Auffallend ist seine Rezeption Flayders (den er fälschlich als »Fridericus Herrmannus« zitiert), schreibt er doch über das Fliegen mit Flügeln, daß dieser Weg »oft und nicht ohne Erfolg eingeschlagen worden« sei. Über den fliegenden Wagen äußert sich Wilkins dagegen nur theoretisch – er sei dem einfachen Fliegen so vorzuziehen wie das Fahren in einem Schiff dem Schwimmen. Die Vision des »Luftschiffs« – und das ist nicht unwichtig – wird von Wilkins überhaupt nicht erwähnt.

Der englische Physiker Robert Hooke (1635–1703), Sekretär der »Royal Society«, plagte sich seit 1655 mit Überlegungen zum Bau von Flugmaschinen; 1665 nahm er erstmals in seiner »Micrographia«, 1679 in den »Philosophical Collections« dazu Stellung[173]. Hooke kommunizierte wegen seiner Flugzeugpläne mit Wilkins, dem er mehrere Zeichnungen und auch ein Flugmodell vorstellte.

»Ich dachte nach und unternahm viele Versuche, betreffend die Kunst des Fliegens ... zur selben Zeit baute ich ein Modell, das sich durch die Hilfe von Sprungfedern und Flügeln in die Luft erhob und sich dort schwebend hielt.«

Der bedeutende Naturwissenschaftler erging sich aber gleichzeitig auch in Skepsis über die Möglichkeiten seiner Erfindung:

»Aber da ich bei meinen eigenen Experimenten und später durch Berechnungen herausfand, daß die Muskeln des menschlichen Körpers nicht ausreichen, um irgendetwas Beträchtliches dieser Art zu vollbringen, strengte ich meinen Kopf an, um einen Weg zu entdecken, wie man künstliche Muskeln machen könne ...«[174]

Das war immerhin ein beachtlicher Erfolg, der – wenn es denn stimmt – endlich die »Taube« des Archytas und den »Adler« des Regiomontanus verwirklichte. Nicht uninteressant sind die Ausführungen des Philosophen Joseph Glanvill (1636–1680), der 1665 in seiner »Scepsis Scientifica« im Anschluß an Bacon, Godwin und Wilkins zusammenfassen zu können glaubte:

»Ich zweifle nicht, daß die Nachwelt viele Dinge, welche jetzt nur leere Gerüchte sind, verwirklicht finden wird. Nach einigen Menschenaltern vielleicht wird eine Reise nach den unbekannten südlichen Ländern, ja möglicherweise zum Mond nicht seltsamer sein als eine nach Amerika. Ferner mag es so alltäglich sein, daß man sich ein Paar Flügel kauft, um in die entferntesten Gegenden zu fliegen, wie jetzt ein Paar Stiefel für eine Tagesreise zu Pferd.«[175]

Glanvill, das sei nur am Rande und zur Verwirrung der Feindbilder erwähnt, war nicht nur ein glühender Verehrer der »Neuen Philosophie« Francis Bacons und Mitglied der experimentell orientierten »Royal Society«, sondern schrieb auch ein Buch zur Verteidigung des Hexenglaubens, in dem er befand, aus philosophischen

Gründen müsse davon ausgegangen werden, daß Dämonen imstande seien, Hexen durch die Luft zu transportieren. Glanvill führte dafür das Beispiel des zwölfjährigen Knaben Richard Jones an, der nach der Behexung durch Jane Brooks in die Luft geschritten war und eine dreißig Ellen hohe Gartenmauer überstiegen hatte. Jane Brooks wurde im März 1658 als Hexe hingerichtet. Der mechanische Flug und der Hexenflug – beides erschien Glanvill möglich[176]. Hier wurzelt wohl auch das Bedürfnis Thomas Hobbes' (1588–1679), in seinem »Leviathan« noch einmal ausführlich die Möglichkeit der Zauberei und insbesondere jene Stelle zu diskutieren, die den klassischen Beweis des Hexenfluges darstellte, nämlich den »Transport« Christi durch den Satan zur Versuchung auf die Spitze des Berges[177].

Mehrheit der Welten und Weltraumreise bei Cyrano de Bergerac

Cyrano de Bergerac (1619–1655), eine der schillerndsten Persönlichkeiten des 17. Jahrhunderts, verfaßte um die Jahrhundertmitte zwei Romane, die für die weitere Entwicklung des Fluggedankens extrem fruchtbar waren: Sie bündeln zahlreiche ältere Imaginationen, werten sie in »wissenschaftlicher« Hinsicht aus und stellen sie in den Zusammenhang einer gesellschaftskritischen Satire[178]. Um 1650 verfaßte dieser Prototyp des französischen Libertins den Roman »Histoire comique contenant les estats et empires de la lune«, der 1657 erstmals gedruckt wurde. Beeinflußt worden war Cyrano durch die Pariser Vorlesungen des Atomisten Pierre Gassendi (1592–1655), literarisch aber durch Godwin: Cyranos Held »Dyrcona« – ein Anagramm für »Cyrano« – begegnet auf dem Mond dem Spanier Domingo Gonzales! Vom fliegerischen Standpunkt aus kann man die Romane des Cyrano de Bergerac als kompendiös bezeichnen: Zunächst fliegt der Held mit Hilfe in Flaschen abgefüllten Taues, der wie der Morgentau von der Sonne angezogen wird – hier wieder das berühmte »Eierschalenexperiment«. Dyrcona fliegt zwar damit, aber nicht zum Mond, sondern bloß nach Kanada. Immerhin genügt das, um das Theorem der Erddrehung zu

bestätigen[179]. In der damaligen französischen Kolonie Kanada bastelt er jedoch an einer neuen Flugmaschine, und schließlich gelingt es ihm, mit Hilfe eines Raketentriebwerks zum Mond zu fliegen. Diese zweite Flugmaschine verdient Interesse, denn hier findet sich nicht nur das Prinzip der stufigen Anordnung der Raketen wieder, sondern auch das Zurückfallen des ausgebrannten Antriebsaggregats zur Erde, während der Aeronaut weiter zum Mond befördert wird[180]. Im Paradies trifft er auf wenige andere Personen, die man schon aus der Bibel kennt. Bei der Beschreibung der biblischen Himmelfahrten spart Cyrano nicht mit Ironie: Enoch sei mit rauchgefüllten Gefäßen, die Gott zustrebten, dorthin gelangt, Elias mit seinem magnetkugelgetriebenen eisernen Himmelswagen[181]. Die religiösen Fanatiker der Zeit halten den Helden nach seiner Rückkehr auf die Erde – wie könnte es auch anders sein – für einen Zauberer, weil man ohne teuflische Hilfe nicht fliegen könne[182].
Schließlich steigt Dyrcona in Cyranos zweitem Roman, dem 1662 erschienenen »L'histoire comique des estats et empires du soleil«, mit einer neuen, von Sonnenenergie angetriebenen Flugmaschine zur Sonne auf, wobei dem Passieren der Planeten große Aufmerksamkeit geschenkt wird[183]. Im Gegensatz zu Campanellas »Sonnenstaat« befindet sich Cyranos »Sonnenreich« wirklich auf der Sonne. Hier trifft der Reisende eine Reihe allegorischer Idealstaaten, die mehr dem traditionellen Charakter der positiven Utopie Rechnung tragen. Cyranos Doppelroman »Die Reise zu den Mondstaaten und Sonnenreichen« gilt als »Gipfelpunkt der utopischen Literatur des Barock«. Nach dem Vorbild von Galileis »Dialogo« setzt er sich mit den philosophischen Hauptfragen der Zeit auseinander, dem Gegensatz zwischen aristotelisch-scholastischem Denken, Cartesianismus und moderner Naturphilosophie, speziell dem Empirismus Gassendis. Cyrano de Bergerac nimmt für seine Zeit radikale Positionen ein: Gott wird nicht mehr als Schöpfer bemüht, und Flüge sind allein eine Frage der Mechanik, die nach Maßgabe der »Königin« Vernunft eingesetzt werden muß[184]. Der Roman endet im Sonnenreich: Cyrano fliegt mit Campanella in einem Korb, getragen von einem Riesenvogel, den eine Pilotin dirigiert. Sie besuchen fliegend Descartes, und das hoffnungsvolle ketzerische Dreigestirn beginnt ein angeregtes Gespräch[185].

Cyrano de Bergerac war übrigens durchaus nicht der einzige, der den Philosophen Cartesius fliegend in den Himmel erhob. Der Erfinder der »mechanischen« Philosophie schien zu solchen Scherzen geradezu einzuladen. So ließ ihn etwa der Jesuit Gabriel Daniel 1690 in seiner »Voiage du monde de Descartes« zu Mond und Sternen reisen, um ihn selbst durch Augenschein die Ansicht widerlegen zu lassen, daß dort menschliche Wesen lebten. Bereits 1694 wurde »A Voyage to the World of Cartesius« ins Englische übersetzt. Cyrano erfreute sich jahrzehntelang anhaltender Beliebtheit und regte weitere Mondreisebücher, wie z. B. David Russens »Iter Lunare: or A Voyage to the Moon« von 1703, an[186].

Die Jesuitische Flugdiskussion

Innerhalb des Jesuitenordens gab es im 17. Jahrhundert unverkennbar ein »barockes« Faible für die Beschäftigung mit der Frage der Schiffbarkeit der Luft. Wie die Naturwissenschaftler im protestantischen Europa bleiben auch ihre führenden Köpfe von den anhaltenden Diskussionen um fliegende Hexen und Heilige völlig unbeeindruckt. Der Jesuit Laureto Lauro (1610–1658) eignete sich Portas Eierschalenexperiment an. Andere Ordensbrüder hatten für solche Vorstellungen allerdings nur noch Hohn übrig[187]. Franciscus Mendoza (1573–1626) meinte in einem Kapitel »utrum aer parte aliqua sit navigabilis«, die Sache scheine zwar unmöglich, doch im Anschluß an Albert von Sachsen müsse gesehen werden, daß ein Schiff, »wenn man es auf die Oberfläche des Luftmeeres versetzt und mit elementarem Feuer anfüllt, auf der Luft sich halten« könne[188]. Besondere Bedeutung erlangte der Kreis des berühmten in Rom lebenden deutschen Jesuiten Athanasius Kircher (1601–1680), der selbst über die üblichen Beispiele – Taube des Archytas und andere – hinaus von bemannten Drachenflügen von Ordensbrüdern in Indien berichtet hatte[189]. Im Kreis des Athanasius Kircher stellte auch Francesco Lana di Terzi seit 1652 naturwissenschaftliche Experimente an, zu denen unter anderem Luftdruckmessungen mit dem erst 1643 von Torricelli erfundenen Barometer zählten[190]. Zum Kircher-Kreis zählte auch der Würz-

burger Ordensbruder Kaspar Schott (1608–1666), der sich Mendo-
zas Ansicht anschloß, daß die Luft dort, wo sie an die Region des
Äthers grenze, schiffbar sei. In einem Kapitel über »Die Möglichkeit der Luftschiffahrt« (»utrum navigari possit in aere«) in seiner
»Magia universalis« schrieb er 1658, wie ein mit Luft gefülltes me-
tallenes Gefäß auf dem Wasser schwimme, so könne ein mit Äther
angefüllter Körper auf der Luftregion schwimmen[191].

1670 erschien ein Buch des spanischen Jesuiten Juan Caramuel
Lobkowitz (1606–1682), in welchem wieder einmal die »Ars volandi« diskutiert wurde, wobei die Anmerkung nicht unwichtig ist,
daß Caramuel Lobkowitz bereits 1640 van Helmonts »Ars-Vo-
landi-Vortrag« in Brüssel gehört hatte. Die internationale Diskussion hatte sich jedoch soweit verlagert, daß Lobkowitz Fliegen
(»Ars Volandi«) und Luftfahrt (»Nautica aetherea« oder »Ars navigandi supra aerem«) in getrennten Kapiteln und mit unter-
schiedlichem Vokabular abhandelte[192]. An diesem Punkt hatte die
Erörterung der Luftschiff-Frage unter den Jesuiten nahezu topi-
schen Charakter erlangt. Ein anderer Spanier, Antonio de Fuente
la Peña, behandelte 1675 die Frage, »Si el hombre puede artificiosa-
mente volar«. Er unterschied zwischen »natürlichem« Flug nach
Art der Vögel, den er physikalisch für unmöglich hielt, und
»künstlichem« Flug nach Art der Luftschiffe[193].

Die Theorie der Luftschiff-Fahrt
des Jesuiten Lana von 1670

Francesco Lana di Terzi (1631–1687) aus Brescia veröffentlichte
1670 in der Volkssprache Italienisch eine publikumswirksame
Übersicht über neue Erfindungen, welche die üblichen Passagen
über den künstlichen Adler des Regiomontanus und den Drachen
Portas enthielt[194], zum größten Erstaunen des Publikums jedoch
auch ein langes Kapitel über den Bau eines Luftschiffs, das an Detailfreudigkeit alle früheren Andeutungen weit in den Schatten
stellte[195]. Unter Hinweis auf die Mißerfolge aller bisherigen
»Aviatiker« von Ikaros bis Gianbattista Danti von Perugia eröffnete er seine Ausführungen mit dem lapidaren Hinweis: »Nie-

mand aber hat es für möglich gehalten, ein Schiff herzustellen, das durch die Luft dahineilte, wie wenn es vom Wasser getragen würde.« Das stimmte zwar überhaupt nicht, doch markieren die Gedanken Lanas trotzdem eine wichtige Etappe in der Entwicklung der Luftfahrt, da er bisherige Vorstellungen vor dem Hintergrund der zeitgenössischen Physik reformulierte[196]. Wissenschaftstheoretisch setzte er sich mit einer an Francis Bacon gemahnenden Schärfe von der Scholastik ab, für den Nährboden der Philosophie hielt Lana die experimentelle Forschung. Interessant ist in diesem Zusammenhang der Hinweis auf den für unmöglich gehaltenen Asienzug Alexanders des Großen: »Nil aliud quam bene ausus est vana contemnere« – auch bei dem Jesuiten finden wir die Umwertung des sträflichen Hochmuts, der nun als schöpferischer Wagemut erscheint[197]. In seinem Kaiser Leopold I. (1658–1705) gewidmeten »Vorläufer oder Probe von dem Werke ›Kunstlehre‹« entwickelte Lana eine physikalische Theorie des Luftschiffs. Ein Körper »leichter als Luft« (»piu leggiera in specie dell'aria«) mußte auf der Luft schwimmen und sogar Lasten oder Personen befördern können. Lana vertrat erstmals die Ansicht, die »Luftschwimmkörper« seines Luftschiffes müßten luftleer sein, also jenes Vakuum enthalten, dessen Existenz die großen Philosophen von Aristoteles bis Descartes abgelehnt hatten und das erst in den letzten Jahrzehnten experimentell nachgewiesen worden war. Physikalisch ist es korrekt, daß ein luftentleerter Hohlkörper in der Luft Auftriebskräfte entwickeln muß.

Lana stellte komplizierte physikalische Berechnungen über die Größe der Hohlkugeln an, deren Auftriebskraft groß genug sein mußte, um das Luftschiff tragen zu können[198]. Das Problem war jedoch der Luftdruck. Ein luftleerer Körper würde von der ihn umgebenden Luft zusammengedrückt werden, es sei denn, er wäre durch entsprechende Vorrichtungen geschützt – die »Magdeburger Halbkugeln« Otto von Guerickes (1606–1686) hatten bereits gezeigt, daß dazu monströse Vorrichtungen notwendig waren. Darüber setzte sich Lana jedoch generös hinweg, indem er behauptete, die Kugelform bewahre die Flugkörper vor der Kompression und lediglich finanzielle Schwierigkeiten hätten die Verwirklichung seines Flugprojekts verhindert. Lana schreibt an derselben Stelle, während des Schreibens habe er sich eines Lächelns nicht enthalten können, denn was er schreibe, komme ihm so unglaublich vor, als ob es aus der Feder Lukians stamme. Er halte jedoch an seinen Beweisen fest und habe sie auch mit vielen verständigen und gelehrten Männern besprochen, die ebenfalls keinen Fehler darin hätten finden können[199]. Lana blieb den kommenden Generationen als Bahnbrecher des Luftfahrtgedankens in Erinnerung. Im Jahr 1768 setzte ihm der Theologe Bernardo Zamagna aus Ragusa (Dubrovnik) mit einem monströsen Lobgedicht ein literarisches Denkmal. 1909 fand die erste internationale Flugwoche Italiens in Brescia, dem Geburtsort Lanas, statt, über die Franz Kafka den Bericht »Die Aeroplane in Brescia« schrieb[200]. Man wird kaum behaupten können, daß Lanas italienisch verfaßtes Werk von vornherein zum Bestseller prädestiniert gewesen wäre. Doch es traf den Nerv der Zeit: Das Kapitel über die Luftschiffe sicherte ihm internationales und anhaltendes Interesse. Das 6. Kapitel des »Prodromo« wurde später einzeln herausgegeben und in verschiedene europäische Sprachen übersetzt[201].

Die europäische Diskussion über Lanas Vorstellung der Luftfahrt

Die Wirkung Lanas ließ sich bald allenthalben feststellen: Luftschiffvorstellungen wurden in ganz Europa modern. Die gleichberechtigte Darstellung von »Fliegen« und »Aeronautik« wurde durch Lana erst einmal beendet. Die Diskussion um die »Ars Volandi« trat in den Hintergrund gegenüber der Diskussion um die »Ars navigandi per aerem«. Bereits 1671 nahm der durch seine Korrespondenzen immer gut informierte Universalgelehrte Gottfried Wilhelm Leibniz (1646–1716) in einem Abschnitt seiner »Hypothesis physica nova« zu Lanas Plan Stellung. Seiner Ansicht nach war mit diesem Wirkungsprinzip eine Verwirklichung der Luftfahrt möglich, wenn menschliche Erfindungsgabe eine Substanz leichter als Luft herstellen könne. Leibniz stellte in dieser Schrift eigene Berechnungen über Ausdehnung und Füllung der Auftriebskörper an[202]. An der Universität Altdorf propagierte 1672

der Professor Johann Christoph Sturm (1635–1705) die Luftschiffkunst Lanas und unterstrich dessen Bedeutung mit einem wäch-
sernen Modell, das er allerdings nicht in der Luft, sondern auf dem
Wasser schwimmen ließ. Sturm lieferte mit seinem 1676 publizierten Buch über neue Erfindungen die erste lateinische Übersetzung von Lanas Ideen, »damit er allen Nationen bekannt wird«[203].
Im lutherischen Rinteln behandelte 1676 bei Professor Philipp
Lohmeier (gest. 1680) eine Dissertation Franz David Frescheurs
mit dem Titel »Exercitatio physica de artificio navigandi per aerem« die Luftschiffkunst im Anschluß an Lana, ohne diesen jedoch
zu erwähnen. Im wesentlichen handelt es sich um eine erweiterte
Fassung von Lanas 6. Kapitel aus dem »Prodromo«, der in der kurz
zuvor publizierten Sturmschen Übersetzung rezipiert wurde[204].
Der Jesuit Lana war jedoch inzwischen so berühmt, daß von dem
Kieler Professor Daniel Georg Morhof (1639–1691), auch Mitglied
der Royal Society, der Plagiatsvorwurf erhoben wurde. Morhof
betrachtete Roger Bacon als Urheber des Luftschiffplans. Luftschiffpläne behandelte Morhof systematisch in den Kapiteln über
die Nutzung der Elemente und über das Vakuum. Zuerst referierte
er die falschen Ansichten von Aristoteles bis Descartes, dann deren
frühe Gegner, in einem dritten Abschnitt die experimentellen
Nachweise des Vakuums durch Otto von Guericke und Evangelista
Torricelli. Der vierte Abschnitt schließlich dient allein der Diskussion der Luftschiffpläne Francesco Lanas, der »Ars . . . per aerem
volandi et navigandi«[205].
Lohmeiers Abhandlung über das »artificium navigandi per aerem«
erlebte 1679 eine zweite Auflage und wurde noch mehrmals zusammen mit Lanas Luftfahrtkapitel gedruckt[206]. Ebenfalls 1679 korrespondierte Lohmeier mit Leibniz wegen der Frage der »Aeronautik«[207], und der berühmte Physiker Robert Hooke übersetzte 1679
Lanas Vorschläge in der ersten Nummer seiner »Philosophical Collections« ins Englische[208]. Es gab auch einen illustrierten italienischen Sonderdruck mit dem Titel »La Nave volante«[209].
Bei diesem Erfolg verwundert kaum, daß Lana wenige Jahre später
seine so wirkungsvollen Ansichten über die Möglichkeiten der
Luftfahrt ungebrochen, wenn auch in gestraffter Form, in Band 2
seines in Latein gedruckten Hauptwerks »Magisterium naturae et

artis« wiederholte[210]. Die Rezeption des Jesuiten im protestantischen Nordeuropa war exzeptionell. Sowohl die »Acta erudi-
torum« als auch das »Journal des scavans« äußerten sich dazu in
Rezensionen enthusiasmiert[211]. Der Kieler Theologe Georg Pasch-
(ius) (1661–1707), der 1695 und 1700 Sturms Lana-Übersetzung
vollständig abdruckte, betonte, wieviel die »Propagierung der
Kunst der Luftschiffahrt« (»propagatio artificii aeronautici«) Männern wie Fabri, Lana und Sturm zu verdanken habe[212]. Wichtig bei
der Verbreitung der Lanaschen Luftschiff-Vorstellung waren nicht
zuletzt die zahlreichen Kupferstiche, die seine Idee popularisierten: Sowohl der »Prodromo« von 1670 als auch das »Magisterium
naturae et artis« von 1686 enthielten Abbildungen, doch entstanden unabhängig davon weitere Bilder aufgrund des Textes, wie ein
1678 in Barcelona gedrucktes Blatt und spätere italienische und
französische Drucke beweisen[213]. Der Hamburger Schriftsteller
Eberhard W. Happel (1647–1690) bildete ein Luftschiff über einer
Stadt mit der Überschrift: »Das in der Lufft seglende Schiff« ab[214].
Solche Abbildungen popularisierten Lanas Luftschiff-Idee und
verankerten sie fest im Bewußtsein ihres Zeitalters.
Mit zunehmender Resonanz Lanas meldeten sich jedoch auch kritische Stimmen zu Wort. Die gelehrte Welt in Europa begann, Lanas Luftschiffprojekt kontrovers zu diskutieren. Der italienische
Naturwissenschaftler Giovanni Alfonso Borelli (1608–1679) berührt in dem Kapitel »De volatu« seines »De motu animalium«
auch die Vakuum-Luftschiff-Theorie Lanas, wobei er die Konstruktion der Kugeln für physikalisch unmöglich erklärte[215]. Ausgerechnet der berühmte Projektemacher Johann Joachim Becher
(1635–1685) zweifelte an der Möglichkeit von Flugmaschinen jeglicher Art: Er referiert zwar mehrere frühere Flugversuche von der
»Taube« des Archytas von Tarent bis zum angeblichen Nürnberger
Flieger Hautsch, doch bezweifelt er die Stichhaltigkeit der physikalisch begründeten Luftfahrt-Theorie des Jesuiten Lana:

»Was der Jesuit P. Lana in seinem Tractat von einem fliegenden Schiff und in der
Luft zu schwimmen oder zu fahren meldet, welches geschiehet durch Kugeln, welche leichter sind als die Luft selbsten, da möchte ich von dem P. Lana dergleichen
Kugeln eine sehen, welche nur leer von sich selbsten in die Luft gienge, wenn sie
gleich nichts mit sich nehme.«[216]

Lanas Luftschiffplan beflügelte die europäische Flugdiskussion. Kupferstich in:
»Relationes Curiosae«, Hamburg 1688.

Auch der Erfurter Professor Martius bestritt die Möglichkeit einer
»ars aeronautica«[217]. Und Leibniz, der wie selbstverständlich den
Begriff »Aeronautik« verwendet, kritisierte in seiner Abhandlung »De elevatione vaporum et de corporibus, quae ob cavitatem
inclusam in aere natare possint«, Lanas Vakuumkugeln hätten
viel zu dünne Wände, als daß sie dem äußeren Luftdruck stand-
halten könnten. Seine Ausführungen schließt Leibniz mit derselben Überlegung wie Lana: »Könnten die Menschen auch noch
durch die Luft fahren, wäre ihre Schlechtigkeit gar nicht mehr zu
bremsen.«[218]

Flugversuche mit Flügelpaaren 1670–1709

Lanas Luftschiffpläne rückten zwar die geflügelten Turmspringer
etwas aus dem Rampenlicht, doch wurden weiterhin unverdrossen
Flugversuche mit Flügelpaaren angestellt. Am 15. Januar 1673 soll
sich der Chirurg Charles Bernouin aus Grenoble, der nach einer
holländischen Quelle in Deutschland einen guten Ruf als »Flieger«
besaß, in der Reichsstadt Regensburg mit einem »gutgespannten
Segel« von einem hohen Turm geworfen haben. Die künstlichen
Flügel wurden angeblich durch einen Raketenantrieb unterstützt.
Während Bernouin den Regensburger Versuch unbeschadet überstanden haben soll – die lokale Chronistik weiß nichts davon –,
brach er sich – dem »Journal des Scavans« (12. Dezember 1678)
zufolge – bei einem ähnlichen Versuch in der Reichsstadt Frankfurt
1673 das Genick[219].
Folgenreich war der Flugversuch des französischen Schlossers Bes-
nier, der am Ausgang des 17. Jahrhunderts die europäische Öffentlichkeit beschäftigte. Obwohl dies nach allen Zeichnungen von
Besniers Fluggerät als vollkommen ausgeschlossen erscheint, veröffentlichte die Gelehrtenzeitung »Journal des Scavans« in derselben Nummer vom 12. November 1678 einen Brief »sur une
machine d'une nouvelle invention pour voler en l'air«, in dem das
Gelingen eines Flugversuchs mit dieser Maschine angezeigt wird[220],
und bildete das Gerät, eine Vierflügelkonstruktion, samt ausführlicher Beschreibung ab. In der Literatur fand Besniers Flugversuch

daher ausgiebigen Niederschlag. In Robert Hookes »Philosophical Collections« erschien bereits 1679 eine Übersetzung, wo Hooke Besniers Flug in einer Abbildung als Gegenstück zu Lanas Luftschiff präsentierte[221]. Der Nürnberger Vielschreiber Erasmus Francisci nahm 1680 darauf Bezug und bejahte die Frage, ob »einer in der Lufft sollte fliegen können« mit Hinweis auf die großen Vögel. Allerdings sei der Mensch, der tatsächlich fliegen könne, noch nicht geboren[222]. Auch der Popularphilosoph Fontenelle scheint sich 1686 auf den Flugversuch Besniers zu beziehen, wenn er schreibt:

»... man fängt schon an zu fliegen. Verschiedne leute haben das Kunststük ausfündig gemacht, sich Flügel zu verfertigen, die sie in den Lüften emporhalten, die bewegsam sind, und womit sie über Flüsse sezen können. Freilich ist dies noch kein Adlerflug, und es hat diesen neuen Vögeln schon zuweilen einen Arm oder ein Bein gekostet.«[223]

Noch 1751 nahm der begleitende Kupferstich zu dem heroisch-komischen Gedicht »The Scribleriad« von Richard Owen Bezug auf den Flugversuch Besniers, der zur Illustration eines fliegerischen Zweikampfs zwischen »einem Engländer« und »einem Deutschen« diente[224].

1679 wird aus Venedig der »Flug« eines Gauklers von der Kirchturmspitze berichtet, der zur Verschönerung eines Festbanketts stattgefunden haben soll. Der Wahrheitsgehalt dieser Meldung ist aber wahrscheinlich ebenso gering wie der einer weiteren Nachricht, daß 1687 ein Künstler zu Pferde an die Glocken des St.-Markus-Turms geflogen sei und dort auf das Wohl der Republik Venedig getrunken habe. Um 1680 ist aus Rußland vom Flugversuch eines russischen Bauern zu hören und aus Frankreich vom Flugversuch des erfindungslustigen Schauspielers Perrier, einem Mitglied der Comédie Française, dem Paris auch die Einführung der Feuerwehr verdankt. Schließlich soll auch der Kieler Theologe Georg Pasch mit einer Flugmaschine »à la Ikaros« eine unsanfte Landung auf der Erde erlitten haben. 1692 erprobte ein »sonderbarer Künstler« in Hamburg ein »Luft- oder Windschiff«, das »lange Flügel« hatte, und ließ nach seinem Scheitern die Apparatur am Ufer der Elbe zurück[225]. Solche Ereignisse mußten zwangsläufig desillusionierend wirken. Johann Joachim Becher hatte es 1682 positiv formuliert, wenn er resümierte: »Viele unglaubliche Dinge haben die Menschen bereits erfunden ... Nun ist nichts übrig mehr als die Kunst zu fliegen ...«[226] Härter formulierte dasselbe Resultat Johann Ludwig Hannemann 1709 in seinem Traktat über die Unmöglichkeit des Menschenfluges:

»Bis jetzt haben wir keine Beispiele oder experimentellen Zeugnisse dafür, daß irgendjemand jemals erfolgreich geflogen ist: Im Gegenteil, wir haben Beispiele von Männern, die sich bei diesem Versuch die Beine gebrochen haben.«[227]

Die Flugversuche des Lourenço de Gusmão in Lissabon 1709

Einen weiteren Schritt in der internationalen Flugdiskussion bedeuteten die Flugversuche und angeblichen Flüge des brasilianischen Abenteurers Bartholomeu Lourenço de Gusmão (1686–1724). Gusmão legte im März 1709 dem portugiesischen König Johann V. (1689–1750, reg. 1706–1750) eine Bittschrift um das Patent für ein von ihm erfundenes Luftschiff vor, in der er die großen Vorteile herausstrich, die aus der Nutzanwendung für die Krone Portugals erwachsen würden. Beigelegt war eine Zeichnung mit Erläuterungen. Der König erteilte gegen eine Gebühr von 400 Reis am 19. April 1709 das Patent, beginnend mit folgendem Wortlaut:

»Ich der König tue kund zu wissen, daß der Geistliche Bartholomeu Lourenço mir in seiner Bittschrift vorstellte, daß er ein Instrument erfunden habe, um durch die Luft zu fahren, geradeso, wie über das Land und Meer, ja mit noch viel größerer Geschwindigkeit, indem man vielmals 200 und mehr Meilen Wegs am Tage zurücklegen könne.«[228]

Die Überlieferungssituation zu Gusmãos Flugversuch ist verworren, denn Abschriften der Dokumente aus der Zeit nach 1783 könnten korrumpiert sein. Unbestreitbar liegen zahlreiche zeitgenössische Beweise für Gusmãos Existenz vor: Tagebucheinträge, Briefwechsel, Spottgedichte und Ehrenrettungen, außerdem sind einige Daten zu seiner Lebensgeschichte bekannt: Gusmão erlangte an der Universität Coimbra den Doktorgrad und war dort als »volador« (der Flieger) bekannt. Einige Autoren sind der Ansicht, Gusmão habe Versuche mit einem Heißluftballon nach Art

Frühe Darstellung von Gusmãos Luftschiff. Kupferstich in: »Abbildung eines sonderbahren Luft-Schiffs, Oder: Kunst zu fliegen«, o. O. 1709.

der späteren Montgolfieren unternommen, und auch seine Luftschiffkonstruktion, die »Passarola« (Großer Vogel), sei wenigstens zu Gleitflügen tauglich gewesen. Sie bezeichnen Gusmão als »den ersten Luftfahrer«[229]. Andere Kulturhistoriker halten das ganze Unternehmen Gusmãos, wie schon viele Zeitgenossen, für einen ausgemachten Schwindel. Der ganze Spuk wird als »somewhat mysterious event« bezeichnet, das Luftschiff als »apparently ridiculous contraption«[230].

Deutschsprachige Zeitungen vom 1. Juni (Wien) und 5. Juni (Halle) 1709 bereiteten sozusagen das Terrain für die Flugeuphorie, denn sie kündigten – unter Zitierung aus dem Patent König Johanns V. – eine Probe der Luftschiffkunst für den 24. Juni an[231].

Wie versprochen, berichtete aus Wien dann eine neue Zeitung mit Datum vom 24. Juni 1709:

»Gestern früh um etwa neun Uhr . . . war alles in hiesiger Stadt in großem Alarm und Bestürzung. Alle Gassen liefen voller Leute, und diejenigen, so nicht auf den Gassen waren, lagen in den Fenstern . . . Endlich kam allen zu Gesicht in der Luft eine unbeschreiblich große Menge großer und kleiner Vögel, welche, wie es anfänglich schien, um einen gar großen Vogel umherflogen und mit demselben stritten. Es zog sich aber dieser Schwarm nachgerade weiter herunter und der Erden näher zu, da man sehen konnte, daß dasjenige, so man für einen großen Vogel angesehen, eine Maschine war, in Gestalt eines Schiffes, mit einem darüber sich ausbreitenden Segel, welche in der Luft daherschwebte, und einem Menschen, wie ein Mönch gekleidet, in sich hielte, der mit verschiedenen Schüssen seine Ankunft kundmachte.«

Darauf folgte eine abenteuerliche Schilderung der Landung. Der Luftschiffer blieb mit dem Segel seines Schiffs am Turm des Stephansdoms hängen. Mit Gewalt muß er sich schließlich von dem Kirchturm befreien, um dann unweit der Hofburg zu landen. Im Wirtshaus »Zum Schwarzen Bären«, wo er Logis nahm, erzählte er dem portugiesischen Gesandten,

»wie er den 22. Juni, also vorigen Tages, morgens um 6 Uhr, von Lissabon mit seiner neu inventierten Luftmaschine abgefahren, unterwegens große Anfechtung und Aventuren gehabt, mit denen Adlern, Störchen . . . Als er den Mond vorbeipassiert, sagte er, hätte er wahrgenommen, daß, als man ihn auf demselben ansichtig worden, ein großer Tumult entstanden«.

Auf dem Mond war es also nicht anders als in Wien, oder wollte der Autor vielleicht höflich bedeuten, daß man in Wien hinter dem Mond lebte? Denn in ihrer Satire auf die deutsch-österreichische Wirklichkeit schließt die Zeitung:

»Sogleich erfahret, daß gedachter Luftschiffer als ein Hexenmeister in Verhaft genommen ist und wohl best seinem Pegaso ehster Tage verbrannt werden dürfte, vielleicht, damit diese Kunst, welche, wenn sie gemein werden sollte, große Unruhe in der Welt verursachen könnte, unbekannt bleiben möge.«[232]

Der unbekannte Verfasser dieser Nachricht hatte wahrlich dick aufgetragen, und er war überdies ein Kenner der Flugliteratur: Vom antiken Pegasus über Gervasius von Tilburys Luftschiffer, die an der Kirche hängen bleiben, von der Betrachtung des Fliegers als Hexer bei Cyrano de Bergerac und seinen Mondepisoden bis hin zur Frage der Lenkbarkeit des Luftschiffes durch Segel bei Lana hatte er vieles verarbeitet. Worauf gründete aber diese fliegende Zeitungsente? Wenige Tage zuvor war im »Wienerischen Diarium« die Abbildung einer abenteuerlichen Flugmaschine gedruckt worden,

»vermittelst welcher man in 24 Stunden durch die Luft 200 Meilen machen könne«.

Die Nachricht war durch einen Kurier aus Lissabon überbracht worden, der außerdem die Ankündigung eines Flugversuchs am 24. Juni zu Lissabon mitbrachte.

Unbestreitbar ist die ungeheure Aufmerksamkeit, die die angebliche Luftfahrt Gusmãos in ganz Europa erfuhr: Sie war ein internationales Medienereignis, durch zahlreiche »Fliegende Blätter« in den einzelnen Ländern verbreitet. Während Lanas Luftschiffprojekt mehr in Gelehrtenkreisen diskutiert wurde, fand Gusmãos angebliche Pioniertat die Aufmerksamkeit einer breiten Öffentlichkeit, wovon zahlreiche voneinander abweichende Abbildungen der »Passarola« zeugen. Üblicherweise handelte es sich um ein Luftschiff mit Vogelkopf und Schwanzfedern – Abbildungen in Österreich, Deutschland, Italien, England und Frankreich folgten diesem ikonographischen Typus[233]. In den Landessprachen tauchen 1709 erstmals die Begriffe »Fliegendes Schiff« und »Luftschiff« (Deutschland), »Flying Ship« (England), »nave aera« und »nave volante« (Italien) auf[234]. Das ganze Jahr 1709 hindurch wurde das Gusmão-Ereignis breitgetreten: Die Londoner »Evening Post« brachte noch am 20. Dezember 1709 »The Figure of the Flying Ship«[235]. Wie schon der Luftschiffplan Lanas, so zeigte auch die »Passarola« Gusmãos Wirkung. Um 1710 soll in Halle (Deutschland) der Schlosser Gabriel Illing einen »künstlichen Adler« gebaut haben, wie Johann Gottfried Zeidler (gest. 1711) in seinem »fliegenden Wandersmann« darlegt[236]. In Italien machte sich 1710 Pier Jacopo Martello in seiner Abhandlung »Del Volo«, geschmückt mit einer abstürzenden »Passarola«, über Gusmãos angebliche Flugversuche lustig[237].

Auch im »Theatrum Europaeum«, einer monumentalen gedruckten Nachrichtensammlung von europäischen Schauplätzen, fand 1709 die Flugvorstellung ihren Niederschlag. Geht man dem Indexhinweis »Fliegen sollen die Menschen gelehret werden«

nach, landet man unter der Rubrik »Sonderbare Geschichte«. Etwas ärgerlich über die zahlreichen Luftfahrtgeschichten dieses Jahres heißt es dort:

»Sonderbahr war es ja gewesen, wenn man es nur zu wircklichem Stande bringen mögen, was ein Gelehrter zu Montpellier an Erklärung von der Kunst zu Fliegen zu schreiben unternommen; aber gefährlich war es, daß Flügen und Lügen denen Buchstaben und dem Laut nach so nahe miteinander verwandt und also zuvorans zubesorgen war, es möchte wohl die gerühmte Kunst zu Flügen auff falsch eingebildete Lügen hinaus lauffen, desgleichen man auch dieses Jahr von einem in Portugal erfundenen Lufft-Schiffe ausstreuete.«[238]

Theoretisieren war allemal noch etwas anderes, als die Kunst des Fliegens zu verwirklichen – und trotzdem handelt es sich bei Gusmãos angeblichem Flugversuch nicht um bloße Eulenspiegelei. Etwa aus dem Jahr 1725 ist aus der Feder des Lourenço de Gusmão ein »Kurzgefaßtes Manifest für diejenigen, welche nicht wissen, daß die Luftschiffahrt möglich ist«, erhalten[239]. Gusmão wird bis heute in Portugal und Brasilien als Ahnherr der Luftfahrt verehrt. Und die europäischen Zeitgenossen blieben von der Gusmão-Euphorie inspiriert. Weitere Flugversuche schlossen sich an: 1730 in Turin (Abbé don Falco), 1751 in London (Andrea Grimaldi) gemäß einem Bericht der »Whitehall Evening Post«, 1772 in Etampes (Frankreich) durch den Kanoniker Pierre Desforges[240]. Und in Avignon begannen sich die Brüder Montgolfier mit Flugmaschinen zu beschäftigen.

Nach Fontenelle und Huygens:
Über den Mond hinaus . . .

In der Vorstellung vieler Völker, in der europäischen Literatur seit der Antike, seit Lukian und Plutarch, hatte der Mond gedanklich als eine Art bewohnte Gegenwelt zur Erde existiert. Die Teleskop-Beobachtungen Galileis hatten dieser Vorstellung zunächst weiteren Aufschwung gegeben, und zahlreiche Abhandlungen über die »Seleniten« oder »Lunarier« trugen seitdem einen ernsten Unterton. Mit den Spekulationen Giordano Brunos über die Existenz einer Vielzahl bewohnter Welten war jedoch der Blickwinkel bereits um 1600 weit über den Mond hinausgehoben worden. Ihren Höhepunkt fand die Diskussion um die Mehrzahl der Welten in dem berühmten Werk des langlebigen Popularphilosophen Bernard le Bovier de Fontenelle (1657–1757) und seinen 1686 erstmals veröffentlichten »Entretiens sur la pluralité des mondes«, einem Bestseller der Aufklärungszeit mit 33 französischen Auflagen zu Lebzeiten des Verfassers. Selbstverständlich wurde auch in diesem Buch der Beweis durch eine »reale« literarische Weltraumreise angetreten. Die »Entretiens« wurden eines der einflußreichsten Bücher der Popularphilosophie, ins Deutsche übersetzt wurden sie 1726 als »Gespräche von mehr als einer Welt« durch Johann Christoph Gottsched (1700–1766), und noch 1780 hielt der Berliner Physiker Johann Elert Bode eine kommentierte Neuübersetzung für notwendig. Beim unmittelbaren Fliegen war Fontenelle jedoch genügsam: »Die Kunst zu fliegen ist im Wachstum, wird nach und nach sich vervollkommnen und mit der Zeit werden wir bis in den Mond gelangen.«[241]

Der niederländische Physiker Christiaan Huygens (1629–1695), der sich selbst für das Problem der Flugmaschinen interessierte[242], hatte in seinem »Kosmotheoros« 1698 hervorgehoben, daß der Mond ohne Wasser und Atmosphäre für menschliche Wesen unbewohnbar sei; nach ihm wurde diese Schlußfolgerung von der Naturwissenschaft allgemein gezogen. Ungeachtet der naturwissenschaftlichen Fundierung wartete auch Huygens im zweiten Teil des »Kosmotheoros« mit einer Weltraumfahrt auf, die allerdings nicht mehr zum Mond, sondern zu den Planeten führte[243]. Huygens' Buch war im 18. Jahrhundert populär, und an den europäischen Eliteschulen wurde es, wie von Lessing in Schulpforta, gelesen[244]. Seitdem rückten, mit hundertjähriger Verspätung den Gedankenschritt Giordano Brunos nachvollziehend, andere Sterne als bewohnte Welten in den Vordergrund. Die »vielen Welten« und »tausend Sonnen« wurden geradezu zu einem Leitmotiv der schwärmerischen englischen und deutschen Naturlyrik des 18. Jahrhunderts, von Brockes über Klopstock und Herder bis zu Schiller und den Romantikern. Klassiker dieser Richtung war Edward Young (1683–1765) mit seinen »Night Thoughts« zu Anfang der 1740er Jahre[245]. Vielleicht war es die Einsicht in die Unmög-

lichkeit realer interplanetarischer Flüge durch die Weiterentwicklung der Naturwissenschaften im 17. Jahrhundert und die daraus
resultierende steigende Unglaubwürdigkeit von »Science-fiction«
nach Art des Cyrano de Bergerac: Jedenfalls hatten Traumflüge
und Seelenreisen wieder Konjunktur. Dubiose, aber einflußreiche
Figuren wie der berühmte Emanuel Swedenborg (1688–1772), der
mit der Geisterwelt Kontakt zu haben glaubte, schrieben über die
Bewohner der anderen Planeten, die Merkurier, Martianer, Satur-
nier und Venusier, zu denen seit der Entdeckung des Planeten
Uranus durch den Astronomen Friedrich Wilhelm Herschel
(1738–1822) auch noch die Uranier traten[246].

Die neue Gattung des »Weltraumromans« trat an die Stelle des
Mondromans. Überraschenderweise blieb der Mond weiterhin aktuell, doch seit er nicht mehr ernst zu nehmen war, zeigte er sich
fortan mehr von seiner komödiantischen Seite: Von Daniel Defoes
(1660–1731) »The Consolidator« von 1705 über »Pilophilii Reise
in den Mond« von 1707 bis hin zu dem unter Pseudonym erschienenen Erfolgsbuch »A Voyage to Cacklogallinia« aus dem Jahr
1727, wo der »Autor« Captain Samuel Brunt mit Hilfe vernünftiger Riesenhühner die Seleniten besucht. Natürlich enthalten solche Romane zahlreiche Anspielungen auf die früheren von Godwin, Wilkins und Cyrano de Bergerac[247]. In den 1740er Jahren war
der Mond dann ein Objekt der Satire, 1741 mit der »New Voyage
to the World in the Moon«, deutsch 1745 als »Reise eines Euro-
päers in den Mond« und 1751 französisch als »Relations du voyage
fait dans la lune« wiederholt – auch hier die übliche Internationali-
tät des Flugthemas. Nach 1783 erlangte der Mond als nächstgele-
gener Himmelskörper noch einmal Beliebtheit, gleich im selben
Jahr durch William Thomsons »The Man in the Moon, or Travels
into the Lunar Regions«. 1785 erschien in Wien anonym »Robin-
sons Luftreise nach dem Mond«, ein Jahr später in Augsburg
Maximilian Blaimhofers »Die Luftschiffer oder der Strafplanet
der Erde«, wieder ein Jahr später Gottfried August Bürgers
(1747–1794) »Münchhausen«, noch ein Jahr darauf anonym »Za-
mor oder der Mann aus dem Monde«, im Revolutionsjahr 1789
schließlich die anonymen »Reisen in den Mond, von einem Bewohner des Blocksberges«, die gedanklich auch noch einmal den

Bogen zum Hexenflug spannen, und 1790 Friederike Helene Ungers (1741–1813) »Mondkaiser«.

Längst schon hatten auch die Planetenbücher satirischen Charakter angenommen. Auf »Pilophilii Reise in den Mond« war 1708 »Aletophilii Reise in die Sonne« gefolgt. Voltaire (1694–1778) ließ 1752 in seinem »Micromégas«, dessen Entstehung in die 1730er Jahre zurückreicht, den Helden auf Sonnenstrahlen und Kometen reisen, der Chevalier de Béthune flog 1754 gedanklich zum Merkur, wo fliegende Menschen von kleiner Statur ein märchenhaftes Leben führen. Johann Gottlieb Krüger (1715–1759) imaginierte 1754 in seinen »Träumen« gleich Reisen auf sämtliche Planeten unseres Sonnensystems[248]. Konkrete Vorschläge für Flugmaschinen enthielten solche Romane nur noch selten. Lediglich Ralph Morris dachte sich 1751 in seinen »A Narrative of the Life and Astonishing Adventures of John Daniel« eine Mondreise mit einer Segelflugmaschine, der Pfarrer Miles Wilson nahm sich 1757 einen Luftwagen à la Elias zum Vorbild, und Johann Jakob Hertel begann eine Planetenreise 1758 gar durch eine Explosion[249].

Der Diskussionsstand Mitte des 18. Jahrhunderts

Flugversuche mit Flügeln und Tragflächenkonstruktionen gab es während des ganzen 18. Jahrhunderts: 1710 konstruierte beispielsweise der Schlossermeister Johann Gabriel Illing aus Halle an der Saale ein Schwingenflugzeug[250]. In Saint Germain verletzte sich 1712 der Schauspieler Charles Allard (ca. 1650–1711) bei einem Flugversuch[251]. Bis in Details hinein geplant war ein Gleitfluggerät des berühmten Emanuel Swedenborg, der bereits 1714 die Erfindung einer Flugmaschine angekündigt hatte und sie 1716 im »Daedalus hyperboreus« unter dem Titel »Utkast til en Machine at flyga i wädret« im Druck veröffentlichte. Die Originalentwürfe dieses Plans sind in der Stifts- und Landesbibliothek von Linköping (Schweden) erhalten[252]. »Was den Flug oder das künstliche Fliegen anbelangt, so dürfte es damit dieselben Schwierigkeiten haben wie mit der Herstellung des Perpetuum mobile, mit dem künstlichen Goldmachen usw., obwohl es auf den ersten Blick ebenso möglich als begehrenswert erscheint . . .«, schrieb zu Beginn des 18. Jahrhunderts der »Archimedes des Nordens«, Christoph Polhem (1661–1751) an Emanuel Swedenborg, der ihm die Pläne seiner »Dädalosmaschine« mitgeteilt hatte[253]. Polhem schränkte allerdings seine Kritik ein: Letztlich hielt er es für eine Frage des Baumaterials, ein leichtes Fluggerät herzustellen, um vogelartige Flüge mit menschlicher Muskelkraft zu verwirklichen[254].

Als im Jahre 1735 in Zedlers »Universal-Lexicon« unter dem Stichwort »Flüge-Kunst« die Möglichkeit des Fliegens erörtert wurde, hörten sich die Bedenken folgendermaßen an:

»a) ob der Mensch den Athem in flügen werde gebrauchen können?
b) was vor ein Centrum gravitatis erhalten werde, daß der Mensch im flügen nicht umstürzte?
c) ob einige Thiere oder Körper so schwer als der Mensch von der Luft getragen werden könnten?
d) ob die Nerven des Menschen so starck, daß sie dergleichen starcke Bewegung ausstehen könnten?«

Der gewichtigste Einwand gegen die Verwirklichung der Flugvorstellung bestand jedoch darin, daß alle bisherigen Versuche – soweit sie nicht überhaupt legendärer Natur waren – mißglückt waren. Das Lexikon meint: »Wenn es auch solche Verwegene gegeben, so hat es immer ab einem glücklichen Ausgange gefehlt.« Das Universal-Lexicon unterschied übrigens zwischen jenen beiden inzwischen bekannten Flugprinzipien, die auch später die Geschichte des Fliegens bestimmen sollten: Unter »Flüge-Kunst« verstand man die »Kunst, sich nach Art derer Vögel von einem Ort zu dem andern zu bewegen«[255]. Unter der »Luft-Schiff-Kunst« wurde dagegen vorwegnehmend jenes Prinzip beschrieben, das man später mit »leichter als Luft« definieren sollte[256].

Jean-Jacques Rousseau (1712–1778) ließ sich von einem Flugversuch des 18. Jahrhunderts, dem Flug mit »Engelsflügeln« über die Seine, den der etwa sechzigjährige Marquis de Bacqueville (1680–1760) 1742 erfolglos – er brach sich den Oberschenkel – unternahm[257], zu einer Abhandlung über die Frage des Menschenfluges anregen. In seinem nur handschriftlich überlieferten und viel später gedruckten Manuskript »Le Nouveau Dédale« von 1742 erörtert Rousseau halb ernsthaft, halb scherzhaft die Möglichkeit des Fliegens, um am Ende die ganze Idee als ein bloßes Hirngespinst zu erklären, ohne allerdings den Flugnarren allzu nahezutreten:

»Wenn alle Hirngespinste zerstört werden, so würden wir mit ihnen eine unendliche Menge wirklicher Vergnügungen verlieren. Das läßt es mich ein wenig bedauern, daß ich mit der vorausgesetzten Möglichkeit des Fliegens Schluß machen muß; aber schließlich ist auch die Liebe zur Wahrheit mein Hirngespinst.«[258]

Rousseau, wer hätte es anders erwartet, hob damit das Problem auf eine philosophische Ebene. In fliegerischer Hinsicht integrierte er in seiner Erörterung die verschiedenen Möglichkeiten des Fliegens und benutzte gleichzeitig erstmals jenes Wort, das auf lateinisch längst existierte, das aber in Frankreich bald immer größere Bedeutung gewinnen sollte: »La navigation aérienne«[259].

1751 berichtete die »Whitehall Evening Post« über eine komplexe Vogelflugmaschine, die der Italiener Andrea Grimaldi in London konstruiert hatte, die aber vermutlich nie zum Einsatz kam[260]. Auch die englischen Flugpläne schlugen sich literarisch nieder. 1759 veröffentlichte Samuel Johnson (1709–1784) in seinem Roman »The Prince of Abissinia« ein Kapitel mit dem Titel »A Dissertation on the Art of Flying«, in welchem dem Prinzen Rasselas von einem Meister der mechanischen Künste die theoretischen Grundlagen der Fliegekunst dargelegt werden. Der Meister konstruiert daraufhin Flügel nach Art der Fledermäuse, scheitert aber bereits bei ihrer ersten praktischen Erprobung[261]. Ein Müller, namens Schweickart, sprang 1754 in Wildberg (Baden-Württemberg) mit selbstgebauten Tragflächen von einem Berg und verletzte sich beim Hinunterkollern. Er erhielt den Beinamen »Der Flieger«[262]. In Südamerika plante 1762 Santiago de Cardenas ein Gleitflugzeug, mit dem eine Ozeanüberquerung nach dem Vorbild des Kondors möglich sein sollte[263].

Die Waagschale neigte sich jedoch in den Spuren Lanas und Gusmãos eindeutig der Idee der Luftschiffe, also dem Prinzip »leichter als Luft«, zu. Ein Klassiker wurde Eberhard Christian Kindermanns »Geschwinde Reise auf dem Lufft-Schiff nach der Obern Welt« von 1744, dem bereits 1739 die »Reise in Gedanken durch die neu eröffneten allgemeinen Himmels-Kugeln« vorausgegangen war[264]. Kindermann versucht noch einmal, in Anlehnung an Cyrano de Bergerac und bestärkt durch die Theorien Lanas oder

298 4. Zwischen Illusion, Utopie und Mechanik: Die Frühe Neuzeit

Lohmeiers, eine realistische Weltraumreise zu suggerieren, die ihn immerhin bereits in andere Sternbilder – zum Sirius – reisen läßt. Eine beigegebene Abbildung scheint direkt eine Textstelle Lohmeiers zu illustrieren: Das Luftschiff wird,

»wenn es von der Erde losgelassen worden, in gerader Linie mit seinen Schiffern in die Luft steigen – weit über die höchsten Berge oder Thürme sich erheben – doch also, daß die Distanz zu der Erde ganz von den Schiffern abhänge – das mittelst angebrachter Ruder, Segel und Steuerruder nach bestimmten Gegenden geleitet werden könne, das nach Belieben Anker in die Erde werfen könne, wenn und wo es den Luftfuhrleuten gefällt...«[265]

In Avignon hatte der Philosoph Joseph Galien (1699–1752) ein wegweisendes Büchlein über »die Kunst, in den Lüften zu schiffen« geschrieben, das 1753 und in zweiter Auflage 1755 publiziert wurde. Seiner Ansicht nach mußte ein großer Hohlkörper mit der leichteren »Luft aus den oberen Regionen« gefüllt werden, eine Vorstellung, die im Einklang stand mit der alten aristotelischen Physik und an Schott und Lana erinnerte, die aber neuerdings durch die Pascalschen Barometer-Experimente »bewiesen« schien. Die Tragkraft seiner Luftschiffe hielt Galien für so groß, daß er Millionen Menschen von einem Ort zum andern tragen wollte – ganze Völker sollten während der kalten Wintermonate nach Süden verfrachtet werden können. Kein Wunder, daß sich Galien mit diesem »Millionenluftschiff« eine Menge Spott zuzog[266]. Der etwa fünfzigjährige Abbé Desforges, Domherr zu Etampes, überraschte 1772 die Öffentlichkeit mit einer geflügelten Gondel mit Federrudern, mit der er tatsächlich einen Flugversuch von einem Hügel unternahm. Bei seinem Absturz zog er sich eine Quetschung am Ellenbogen zu. Ein italienisches Lustspiel verspottete wenig später sein »fliegendes Kabriolet«[267]. Dies gab vielleicht den Ausschlag für die spanische Version »El Carro Volante«, die 1774 in Madrid erschien[268].

1775 wurde von Louis-Guillaume de La Folie der originelle Vorschlag gemacht, elektrische Luftfahrzeuge zu bauen – die beigegebene Illustration zeigt ein eindrucksvolles mechanisches Räderwerk, getragen von zwei Lana-artigen Hebekugeln, das über einer jubelnden Menge schwebt. Folie wollte damit die unbegrenzten Möglichkeiten der Elektrizität zeigen[269]. Ein gewisser A. J. Renaux konstruierte 1780 erfolglos eine Flugmaschine mit Klappenflügeln[270]. Der schwäbische Erfinder Carl Friedrich Meerwein (1737–1810) unternahm 1781 einen Flugversuch bei Gießen mit einem Schwingenfluggerät, einem dem Vogelflug nachempfundenen »Muskelkraftflugzeug«. Die Versuche kosteten ihn einige blaue Flecken, als er einen Hügel hinunterkollerte[271]. Der später zu großer Berühmtheit als erster Berufsluftschiffer aufgestiegene Jean Pierre Blanchard (1750–1809) stellte 1781 der Pariser Öffentlichkeit eine windmühlenartige Flugmaschine vor. In Zeitungen ließ er großspurig Flugversprechen ausloben, die er jedoch nicht einhalten konnte. Hohn und Spott der aufgeklärten Pariser Gesellschaft waren ihm sicher – doch wenige Monate später sollten ihm alle bewundernd zu Füßen liegen[272].

Die »Frühe Neuzeit« des Fliegens: 1485–1783

Üblicherweise wird die Periode der Frühen Neuzeit auf den Zeitraum zwischen den Epochenjahren 1500 und 1800 terminiert. Als beliebteste Eckdaten der Periodisierung haben sich die Entdeckung Amerikas im Jahr 1492 und die Französische Revolution von 1789 herauskristallisiert, obwohl andere Daten konkurrieren und Einzelereignisse nie allein einen säkularen Umbruch ausmachen können. Hinter dem Datum 1500 verbergen sich Renaissance, Reformation und das »Zeitalter der Entdeckungen« als tieferliegende Strukturbrüche, hinter dem Datum 1800 neben der politischen auch die beginnende sozialökonomische, die »Industrielle Revolution«, die die Gesellschaft von Grund auf verändern sollte. Daß man solche Periodisierungsdiskussionen »cum grano salis« zu verstehen hat, ist ohnehin bekannt. Erinnert sei nur an die Diskussion um eine Epochenschwelle in der Mitte der »Frühen Neuzeit«, oder Versuche, ein einheitliches Alteuropa vom 13. bis zum 18. Jahrhundert zu etablieren. Aber 1492 und 1789 haben sich als jene ereignisträchtigen Stichjahre bewährt, die hinter den symbolischen Epochenjahren 1500 und 1800 stehen[273].
Vergleicht man nun die Daten, die uns die Kulturgeschichte des Fliegens zu dieser Periodisierungsfrage liefert, so ergeben sich erstaunliche Parallelen. Nimmt man allein die Eckdaten, so setzen

Der elektrische Flieger. Titelkupfer von Beissel zu Guillaume de la Folies Roman
»Der Philosoph ohne Anspruch«, Frankfurt/Main 1781 (EA: Paris 1775).

wir mit den konstruktiven »Flugplänen« Leonardo da Vincis ein, der seit ca. 1485 begann, das Flugproblem systematisch zu durchdenken. Zwar gibt es bereits im 13. Jahrhundert die Visionen Roger Bacons, doch zeigt nicht nur die Präzision von Leonardos Plänen, sondern vor allem die naturwissenschaftliche Systematik seiner Überlegungen, daß hier gegenüber allen gedanklichen Höhenflügen des Mittelalters, der Antike und den anderen Hochkulturen eine neue Qualität der intellektuellen Durchdringung vorliegt. In der Mitte der Epoche finden wir einige Jahrzehnte einer sehr intensiven »Ars-Volandi-Diskussion«, die das Problem der Kunst des Fliegens verlagerte: In der Mitte des 17. Jahrhunderts wurde erkannt, daß der Weg der »Aviatik«, des von Leonardo bis Descartes diskutierten Flugs nach Art der Vögel, wegen des Fehlens einer geeigneten Antriebsquelle zunächst nicht beschritten werden konnte. Die Hoffnungen verlagerten sich auf das konkurrierende Prinzip der »Aeronautik«, obwohl auch bei der Konstruktion eines Luftschiffs das Problem der Auftriebsquelle ungelöst war. Tatsächlich endete jedoch die Epoche der Frühen Neuzeit mit der Verwirklichung der Luftschiffvorstellung, und zwar wieder einige Jahre vor den sonst üblichen Eckdaten, nämlich im Jahre 1783.

Die »Frühe Neuzeit« in der Geschichte des Fliegens könnte man damit von 1485 bis 1783 ansetzen. Und solche Periodisierungsfragen sind keine müßige Spielerei: Denn so unähnlich die Flugdiskussionen in den Hochkulturen und im europäischen Mittelalter vor 1485 denjenigen der Frühen Neuzeit sind, so unverkennbar ändert sich der Tonfall nach 1783. Die »Frühe Neuzeit« des Fliegens hebt sich als eigenständiger Zeitabschnitt ab und ist gekennzeichnet durch ihre Zwitterstellung: Man kann nicht fliegen – aber man ist überzeugt, daß die technische Verwirklichung dieses alten Menschheitstraumes nur noch eine Frage der Zeit ist: Mittelfristig würde man fliegen können. Bibel und Vorsehung konnten diese Hoffnung nicht vermitteln. Es waren Neugier, Tatendrang und eine neue Kompetenz des systematischen Denkens, aber auch die größeren materiellen Ressourcen, die diesen Bewußtseinswandel hervorbrachten: Selbstsicherheit und Zukunftsoptimismus waren trotz aller Rückschläge erstaunlich groß. Europa wollte nicht nur die Welt, sondern auch den Himmel erobern.

5
Vom Aerostaten zum Zeppelin:
Die Luftschiffe

»Endlich war es also gefunden, dieses erstaunliche
Geheimnis . . . , über das alle Jahrhunderte geseufzt
hatten; der Mensch wird also fliegen . . . Durch die
Erfindung des Ballons kann sich dieses schwache und
unglückliche Wesen rühmen, ein verlorenes Vaterland
wiederzuerlangen, das der Luft und des Himmels . . .«

Antoine Rivarol, 20. Sept. 1783[1]

»Vielleicht steht die Epoche dieser Erfindung mit einer
großen Physischen Revolution, wozu die Natur immer
nähere Anstalten zu machen scheint, in . . . Beziehung.«

Christoph Martin Wieland, 1784[2]

Luftschiff – eine Begriffsgeschichte

Sechs Jahre vor der großen Französischen Revolution bewirkten auf gleichem Boden findige Köpfe eine Revolution in der Geschichte des Fliegens. Die Begrifflichkeit stand schon bereit und mußte nur übernommen werden. Die Fortbewegung mit Booten durch die Luft gehörte zum Mythenrepertoire vieler seefahrender Völker[3], und den Visionen von Himmelsschiffen im europäischen Kulturkreis[4] wurde mit der Legende des »Fliegenden Holländers« eine spezifisch frühneuzeitliche Ausprägung zuteil: Der Kapitän steht motivlich in der Nähe zu Faust, historisch in derjenigen des bereits im 16. Jahrhundert mit dämonischen Zügen ausgestatteten portugiesischen Seefahrers Vasco da Gama (1469–1524), dessen Umsegelung der Südspitze Afrikas in verschiedenen Sagenversionen auftaucht[5]. Das aus der scholastischen Literatur (Albert von Sachsen, Nicole d'Oresme) bekannte Schiff auf der Luftregion erhielt im 16. Jahrhundert nicht nur durch die wiederentdeckten Satiren Lukians eine phantastische Vertiefung, sondern gewann seit der Einbeziehung der neuen Erkenntnisse über den physikalischen Charakter der Luft im 17. Jahrhundert auch pragmatische Substanz. Seit der Verlagerung der Ars-volandi-Diskussion begann sich im späteren 17. Jahrhundert speziell der Terminus »Luftschiff« in den europäischen Sprachkreisen durchzusetzen. Francesco Lana selbst sprach 1670 nur von einem »nave, que scorra per l'aira«, doch sein Übersetzer, der Nürnberger Professor Sturm, gebrauchte bereits 1672 den Begriff »aeronauticus«, und die europäische Gelehrtenwelt übernahm diesen Begriff. Fortan wurde unterschieden zwischen »Ars volandi« und »Ars aeronautica«. Die volkssprachlichen Wortbildungen wie »Airship« oder »Luftschiff« tauchen seit 1709 häufig im Zusammenhang mit den zahlreichen Berichten über die angebliche Luftfahrt des Portugiesen Lourenço de Gusmão auf[6]. Der populäre Neologismus wurde verankert durch dauernden Gebrauch, etwa in Romanen wie »Die geschwinde Reise auf dem Lufft-Schiff nach der obern Welt«[7]. In Deutschland blieb das »Luftschiff« seither dominierend gegenüber alternativen Wortbildungen, wie sich an den Lexikonartikeln »Luft-Schiff-Kunst« in Zedlers »Universal-Lexicon«[8] und »Luftschiffkunst, Luftschiffahrt, Aeronautik« bei Krünitz zeigen läßt[9].

Zur Begriffsverfestigung trug wesentlich die vereinsmäßige Organisierung der Fluginteressierten bei, so z. B. die Gründung der »Société des aéronauts« in Paris Anfang der 1860er Jahre und 1866 der »Aeronautical Society of Great Britain«, die bereits nach zwei Jahren in London eine große internationale Ausstellung veranstaltete. Dem entsprach im Deutschen Reich seit 1882 der »Verein zur Förderung der Luftschiffahrt« mit seiner »Zeitschrift für Luftschiffahrt«, der weitere Zeitschriften, wie das »Aeronautical Annual« (USA, seit 1894) oder die »Illustrierten Aeronautischen Mitteilungen« (seit 1898), folgten. Auch international kehrte man unter dem Eindruck der dirigierbaren »Zeppeline« 1900 begrifflich wieder zum »Luftschiff« (airship) zurück. Von allen Komposita mit »Luft« für ein lenkbares »Leichter-als-Luft«-Gefährt erschien der Begriff »Luftschiff« am einleuchtendsten[10]. Kräftige Irritationen um die Begrifflichkeit hatte es allerdings zur Zeit der ersten Ballonaufstiege gegeben. Das Wort »Ballon« wurde seit dem »Globe« des Professors Charles gebräuchlich. Ebenfalls von Frankreich ausgehend, verbreitete sich nach dem Akademiebericht vom Dezember 1783 der Begriff »Aerostat«[11], in Deutschland »aerostatische Maschine« (Krünitz) genannt. Daneben entstand 1783/84 eine ausufernde zusammengesetzte Begrifflichkeit, die im Englischen meist mit den Vorsilben »Air« oder »Aero« (z. B. »Aerodrome«, »Aeronef«) oder dem Adjektiv »Aerial« den luftigen Charakter der Transportmittel andeutete: Sie reichten vom balloon über die machine bis zu boat, vessel, vehicle, yacht, conveyance und anderen traditionellen Fortbewegungsmitteln. Mit der Erfindung der Eisenbahn kam in Anlehnung an die rasche Entwicklung dieser fortgeschrittenen Verkehrstechnologie 1836 der »locomotive balloon« dazu, und der Gedanke der Dampfnutzung machte sich breit: »Aerial steamer« und ähnliches beschäftigten die Menschen in den 1840er Jahren. Allerdings entsprachen die Erwartungen an die technischen Neuerungen des Maschinenzeitalters in keiner Weise den Möglichkeiten der Ballonfahrt: Immer noch glitten die nun schon riesigen Flugkörper lautlos und märchengleich durch den Himmel.

Die naturwissenschaftlichen Voraussetzungen der »Luftschiffahrt«

Die Voraussetzung für die Verwirklichung des ersten Ballonaufstiegs war die konsequente technische Umsetzung des Prinzips »leichter als Luft«, das bereits durch die aristotelische Physik vorgeprägt war, derzufolge das »Element« Feuer leichter als Luft war und seinen natürlichen Platz oberhalb des Luftraums einnahm. Die Tatsache, daß erwärmte Luft nach oben strömt und leichte Stoffe aufwärts tragen kann, war seit langem bekannt und konnte an jedem Lager- oder Kaminfeuer beobachtet werden. Im frühen 17. Jahrhundert hieß es in einem naturwissenschaftlichen Kompendium des Nürnbergers Daniel Schwenter: » . . . steiget unser Küchenfeuer durch die Luft, so ist daraus mehr nicht zu schließen, als daß es leichter als der Luft, und seinen Platz suchet . . .«[12].

Die aristotelische Elementenlehre behinderte lange die Einsicht in die physikalischen Grundlagen des Vorgangs. Dies erforderte erst einmal die chemische Analyse der Luft als eines Aggregats von Gasen, die Bestimmung ihres Gewichts, dann eine Identifizierung der leichteren Gase, schließlich die Berechnung von deren Auftrieb im Verhältnis zur Luft, also ihrer Tragkraft. Anfänge dazu gab es bei den Alchimisten Paracelsus und van Helmont, die sich mit der »brennenden Luft«, also brennbaren Gasen – van Helmont prägte den Begriff »Gas« – beschäftigten. Doch die eigentlichen Voraussetzungen wurden im Verlauf der Wissenschaftsrevolution des 17. und 18. Jahrhunderts geschaffen: Der italienische Physiker Evangelista Torricelli (1608–1647) postulierte 1643 die Existenz eines Luftdrucks, der Magdeburger Otto von Guericke wies ihn 1654 durch seine berühmten Experimente mit den »Magdeburger Halbkugeln« am Reichstag von Regensburg nach und demonstrierte gleichzeitig die Existenz des noch von Descartes geleugneten Vakuums. Der englische Physiker Robert Boyle (1627–1691) schließlich zeigte 1662, daß die Luft ein Gewicht hat und sich bei Erwärmung ausdehnt[13].

Doch erst in der zweiten Hälfe des 18. Jahrhunderts begann eine systematische Chemie der Gase, die sogenannte »pneumatische Chemie«. 1766 legte der englische Chemiker Henry Cavendish (1731–1810) mit der Entdeckung des Wasserstoffgases, der Beschreibung seiner systematischen Gewinnung und der Berechnung seiner Dichte und geringen Schwere im Verhältnis zur Luft die Grundlage für Experimente mit wasserstoffgefüllten Ballons. Der englische Chemiker Joseph Black (1728–1799) zog schon 1767 die Konsequenz aus Cavendishs Berechnungen und dachte an die Möglichkeit, Darmhäute mit Wasserstoff aufzublasen und in der Luft herumfliegen zu lassen. 1774 entdeckte der englische Chemiker Joseph Priestley (1733–1804) den »Sauerstoff«, was Lavoisier veranlaßte, das angebliche Element Luft als Gemisch von Gasen zu definieren. Wichtig für die Luftfahrt wurde eine 1776 ins Französische übersetzte Schrift Priestleys mit dem Titel »Experiments and Observations on Different Kinds of Air«, die wenige Jahre später die Montgolfierschen Experimente beeinflußte. 1781 schließlich erzeugte der in London lebende italienische Naturforscher Tiberius Cavallo (1749–1809) mit Wasserstoff gefüllte Seifenblasen und unternahm weitere Versuche mit Tierblasen und Papierzylindern, letzteres ohne Erfolg, da sie das Gas nicht zu halten vermochten. Ähnliche Versuche unternahm gleichzeitig in Deutschland nach eigenen Angaben Georg Christoph Lichtenberg (1742–1799)[14].

Die Skepsis am Vorabend der ersten Ballonaufstiege

Die Skepsis vieler Aufklärer gegenüber der Möglichkeit des Menschenfluges hatte nicht nur einen pragmatischen, sondern auch den für Europa typischen emotionalen Hintergrund, der in den Hexenverfolgungen der Frühen Neuzeit lag, die einen letzten Ausläufer in der Hexenhinrichtung des Schweizer Kantons Glarus im Jahre 1782 hatte, also im Vorjahr des ersten Ballonaufstiegs. Der

Historiker August Ludwig Schlözer (1735–1809) münzte auf dieses Ereignis am 4. Januar 1783 den Begriff »Justizmord«, der seitdem unsere Sprache bereichert[15]. Orthodoxe Theologen beharrten aus dogmatischen Gründen auf der Wirklichkeit des dämonischen Transports durch die Luft. Die Aufklärungsdebatten der Jahre 1748–1768 beschäftigten sich daher stets mit dieser Frage. Zu denken ist an Girolamo Tartarottis (1706–1761) »Del congresso notturno delle lamie«, der die Frage der Möglichkeit des Fluges zum Hexensabbat erörtert[16], oder an die im Verlauf des sogenannten »Bayerischen Hexenkriegs« durch einen Juristen positiv »Beantwortete Frage: Ob man die Ausfahrt der Hexen zulassen könne?« aus dem Jahre 1769[17]. Die Spannweite der Flugfrage läßt sich daran ablesen, daß einer seiner Gegner die Antwort in Form einer Mondflugutopie gab[18].

Zur Zeit der Hochaufklärung liefen Flugpioniere Gefahr, als abseitige Spinner behandelt zu werden. Beispielhaft dafür ist der schwäbische Erfinder Melchior Bauer (geb. 1733), der 1763 die Pläne seines »Cherubwagens« dem Preußenkönig Friedrich dem Großen (1712–1786) anbot. Am Ende des Siebenjährigen Krieges mochte eine solche Flugmaschine das Interesse wecken. In Potsdam wurde Bauer an den Geheimen Kriegsrat Kiper verwiesen, der sich das Vorhaben anhörte. Seine mit religiösen Vorstellungen durchwobene Flugvorstellung kam in Preußen aber schlecht an. Die Antwort Kipers spricht für sich:

»Euch hat das hitzige Feuer den Kopf verdorben! Item: Wenn ihr das tun könntet, der König ließe Euch Eueren Lebtag in einer ganz goldenen Kutsche fahren... Denn das könnt Ihr Narr Euch vorstellen, daß es mehr wert wäre als ein Königreich, denn dadurch könnte der König die ganze Welt unter sich bringen. Item: es sind wohl Klügere als Ihr über den Sachen gewesen, die studiert und mehr gelernt haben als Ihr, Ihr närrischer Mensch! Und habens doch nicht zustande gebracht! Item: Lieber Mensch, ist euch nicht angst um Eure Sinne? Ich bedaure Euch von ganzem Herzen, daß Ihr ein solch verrücktes Schicksal in Eueren Kopf gefaßt habt. Denn Ihr seid doch von Ansehen ein ganz hübsch vernünftiger Mensch! Wenn Ihr mir die Schrift nicht gegeben hättet, hätte ich nicht geglaubt, daß Ihr ein solcher Narr wäret...«[19]

Im Jahre 1766 setzte sich Georg Heinrich Büchner in seinen »Merkwürdigen Beiträgen zu dem Weltlauf der Gelehrten« ausführlich und in geradezu zynischer Form mit den bisherigen Flugversuchen auseinander: Auf den Abschnitt »Ars volandi frustra tentata. Oder die Torheit der Menschen, wie Vögel durch die Luft zu fliegen« folgte ein langer Beitrag über den niederländischen Ikarus Adriaen Baartjens und danach die Abrechnung mit den Jüngern des Jesuiten Lana: »Nauta aereus male compositus. Oder gezeigte Unmöglichkeit mit einem Schiffe durch die Luft zu segeln.«[20]

Die Skepsis gegenüber der technischen Möglichkeit des Fliegens und der Luftfahrt hielt an bis zum Vorabend der ersten Ballonaufstiege. Sogar etablierte Naturwissenschaftler führten einen verbissenen Abwehrkampf gegen jene »Phantasten«, die immer wieder von ernsthaften Forschern in die Nähe von Alchimisten und Betrügern gebracht wurden. So führten die Luftschiffpläne des späteren Ballonflugpioniers Jean Pierre Blanchard zu verbalen Angriffen des Astronomen Joseph Jérome de Lalande (1737–1807) auf die Redaktion des »Journal de Paris«, die derartigen Nachrichten in ihrem Magazin immer wieder Raum gewährte. Bei seiner Ablehnung der zeitgenössischen Flugpläne berief sich Lalande auf einen Vortrag des berühmten Physikers und Ingenieurs Charles Augustin de Coulomb (1736–1806):

»Sie sprechen seit langem so viel von Flugmaschinen und Wünschelruten, daß man am Ende auf den Gedanken kommen könnte, Sie glaubten an alle diese Torheiten, oder die Gelehrten, die an ihrem Blatte mitarbeiten, hätten nichts gegen solche lächerlichen Behauptungen einzuwenden . . .

Es ist in jeder Hinsicht als unmöglich erwiesen, daß der Mensch sich in die Luft zu erheben oder sich darin zu erhalten vermag. Herr Coulomb, Mitglied der Akademie der Wissenschaften, hat vor mehr als einem Jahre in einer unserer Sitzungen ein Manuskript verlesen, in welchem er, auf Erfahrung gestützt, durch eine Berechnung der menschlichen Kräfte nachweist, daß man dazu Flügel von 12 000 bis 15 000 Fuß Größe benötigen würde, die mit einer Geschwindigkeit von 3 Fuß in der Sekunde bewegt werden müßten. Nur ein unwissender Narr kann auf die Verwirklichung so phantastischer Ideen hoffen . . .«[21]

Ebenfalls im »Journal de Paris« erschienen im Frühjahr 1782 drei Artikel, die an die Luftschiff-Vorstellungen der Jesuiten Schott und Lana erinnerten. Einer Mitteilung des Herrn Pilâtre de Rozier vom 16. Februar 1782 folgten weitere Artikel im März und April, die ein Abbé Mercier de Saint-Leger lancierte. Die Vorgeschichte der Luftschiffahrt trat – bereits von den Zeitgenossen ahnbar – in ihr kritisches Stadium ein[22].

Die Versuche der Brüder
Joseph und Etienne Montgolfier

Das Motiv, warum sich gerade die Brüder Montgolfier so akribisch mit dem Fliegen beschäftigten, ist von vielen Schichten von Anekdoten überlagert. Da heißt es etwa, Etienne habe sich im November 1781 über die erfolgreiche Verteidigung des britischen Felsens Gibraltar gegen spanisch-französische Truppen geärgert oder der Gedanke sei ihm angesichts eines sich über dem Herdfeuer aufblähenden Damenrockes gekommen. Tatsache ist, daß Joseph Montgolfier (1740–1810) nach dem Bankrott seiner eigenen Papierfabrik zunächst in Montpellier, dann in Avignon Rechtswissenschaften studierte[23]. Dort stieß er 1781 auf die populäre Schrift »L'art de naviguer dans les airs« des immer noch lebenden Lokalhelden Joseph Galien (1699–1782), der vorgeschlagen hatte, aus Leinwand erbaute Würfel mit leichter »Höhenluft« zu füllen und als Flugkörper für Luftschiffe zu verwenden, eine Variante von Lanas Luftschifftheorie[24]. Bekannt ist außerdem, daß die Brüder in den Jahren 1781/82 aufmerksam die Diskussion über Flugprojekte im »Journal de Paris« verfolgten. 1782 beschäftigte sich Joseph Montgolfier in Avignon mit dem Phänomen des aufsteigenden Rauches; im November ließ er in seinem Zimmer einen kleinen Hohlwürfel, dessen Wände aus leichtem Stoff gefertigt waren und den er an einem Feuer mit heißer Luft von einer Feuerstelle gefüllt hatte, an die Decke steigen. Er berichtete seine Experimente seinem Bruder Etienne Montgolfier (1747–1799) und beauftragte ihn, in ausreichender Menge Taft und Schnüre zu besorgen. In ihrer Heimatstadt Vidalon wiederholten die Brüder Anfang Dezember 1782 das Experiment mit einem würfelförmigen Hohlkörper von einem Meter Durchmesser in der von Etienne geleiteten väterlichen Papierfabrik. Etienne Montgolfier hatte sich mittlerweile durch das Studium von Priestleys Buch »Über die verschiedenen Arten von Luft« kundig gemacht, doch die Versuche, Wasserstoffgas herzustellen, scheiterten an technischen und finanziellen Problemen[25].
So wandten sich die Montgolfiers wieder dem bereits erprobten Heißluftprinzip zu und entschlossen sich zu einem Versuch mit

einem Würfel von drei Metern Durchmesser. Anwesend waren bei diesem ersten Freiluftversuch am 14. Dezember 1782 Familienmitglieder und einige Arbeiter der Fabrik. Überrraschenderweise entwickelte der heißluftgefüllte Flugkörper solche Auftriebskräfte, daß er seine Halteleinen zerriß, dreihundert Meter hoch aufstieg und erst nach zehn Minuten wieder zur Erde zurückkehrte. Weil sich die Experimente der Montgolfiers herumzusprechen begannen, entschlossen sie sich am 16. Dezember 1782, ihre Erfindung in einem Brief Nicolas Demarest (1725–1815), einem vertrauenswürdigen Mitglied der Pariser »Akademie der Wissenschaften«, offiziell mitzuteilen. In diesem Brief kündigten sie einen öffentlichen Flugversuch an, legten den wissenschaftlichen und militärischen Nutzen der Erfindung dar und baten um finanzielle Unterstützung durch die Akademie.

Unterdessen arbeiteten Joseph und Etienne Montgolfier weiter an der Vervollkommnung ihres Flugkörpers, wobei sie herausfanden, daß die Kugelform günstigere Eigenschaften besaß als die Würfelform. Deshalb ließen sie einen 12 Meter hohen Sack aus Leinwand herstellen, wobei die einzelnen Stoffbahnen durch Knöpfe und Knopflöcher miteinander verbunden waren; von innen war der Sack sorgfältig mit Papier abgedichtet, von außen wurde er durch ein Netz von Schnüren in Form gehalten. Zwei Menschen genügten, um die »Maschine« aufzurichten und mit Heißluft zu füllen, acht weitere waren notwendig, um sie bis zum Zeitpunkt des Aufstieges am Boden zu halten. Der kugelförmige Flugkörper wurde auf einem viereckigen hölzernen Gestell befestigt. Bei einem Testflug im Schloßpark von Colombier le Cardinal entwickelte dieser Ballon solche Auftriebskräfte, daß mehrere Männer, die den Ballon halten sollten, in die Luft gehoben wurden und erschrocken losließen. Der Flugkörper entschwebte in den Abendhimmel. Zusammen mit einer angehängten Laterne erschreckte das rauchende Ungeheuer die Bauern der Umgebung, die glaubten, den Teufel zu sehen. Da auch der Aufstieg dieser Kugel und weitere Versuche erfolgreich verliefen, traten die Montgolfiers in Verhandlungen mit den Autoritäten der benachbarten Stadt Annonay im heutigen Département Ardèche in den Rhône-Alpen, dem damaligen Hauptort der Landschaft Vivarais[26].

Der Aufstieg der ersten Montgolfière
(4. Juni 1783)

Die Gelegenheit zum sensationellen Auftritt vor der Öffentlichkeit ergab sich mit dem Zusammentreten der Stände von Vivarais in Annonay, deren Vertreter sich bereit erklärten, am 4. Juni 1783 die neue Erfindung zu begutachten und sich das große Ereignis der ersten unbemannten Luftfahrt – falls es denn gelingen würde – anzusehen. Die Reaktion der Ständevertreter auf die sensationelle Ankündigung war zunächst geteilt. Zwar empfand man Sympathie für das Vorhaben und wollte sich das Spektakel nicht entgehen lassen, doch glaubte man trotz des guten Ansehens der Papierfabrikanten aus Vidalon nicht ganz an einen Erfolg des Unternehmens. Ein zeitgenössischer Beobachter beschrieb das Experiment so:

»Endlich legten die Herren von Montgolfier Hand an das Werk: sie schritten zur Entwicklung der Dünste, welche diese Erscheinung hervorbringen sollte. Die Maschine, welche bisher nur eine Hülle von Leinwand mit Papier gefüttert, oder eine Art übergroßen Sackes von 35 Schuhe vorstellte, der zusammengedrückt, voller Falten und luftleer war, bläht sich auf, wird augenscheinlich größer, nimmt eine Dichte an, bekommt eine schöne Gestalt, dehnt sich von allen Seiten aus und trachtet, in die Höhe zu steigen; allein starke Männer halten sie zurück. Da aber das Zeichen gegeben wird, erhebt und schwingt sie sich mit Geschwindigkeit in die Luft, wo die schnelle Bewegung sie in weniger als zehn Minuten 100 Klafter in die Höhe trieb...
Wenn man nur ein wenig über die unzählbaren Schwierigkeiten nachdenken will, welche sich bey einem so kühnen Versuche einfanden, über den bitteren Tadel, dem sich die Erfinder aussetzten, im Falle der Versuch nicht gut ausgefallen wäre, über die Ausgaben, welche dabey mußten gemacht werden: so muß man die größte Hochachtung und Bewunderung für die Urheber der Luftmaschine hegen.«[27]

Die erste Montgolfière landete nach etwa zehnminütigem Flug in einem Weinberg. Ihre Landung war angeblich so weich, daß nicht einmal die Reben geknickt wurden, heißt es in einer zeitgenössischen Darstellung, doch wurde bereits hier an Legenden gestrickt: In Wirklichkeit verbrannte der Ballon nach einer durchaus unsanften Landung. Aber dies war nicht das Entscheidende: Zahlreiche Privatbriefe und eine von den Landständen von Vivarais erbetene amtliche Urkunde bezeugten den ersten öffentlichen Ballonaufstieg der Brüder Montgolfier und sicherten die Anerkennung der Pioniertat. Mit der ersten Postkutsche erging eine beglaubigte Abschrift der Urkunde an den Generalkontrolleur der »Königlichen Akademie der Wissenschaften« in Paris[28].

Pariser Konkurrenz: Der Aufstieg der Charlière (27. August 1783)

Das »Wunder von Annonay«, der Aufstieg der »aerostatischen Maschine«, rief in der hauptstädtischen Gelehrtenwelt einige Verwirrung hervor. Sollten wirklich zwei Papiermühlenbesitzer aus der Provinz diese große Idee verwirklicht haben durch eine epochale Erfindung, deren Möglichkeit den Größen der Akademie, einem d'Alembert, Laplace oder Lavoisier entgangen war? Und was war das Rezept ihres Erfolgs? Die Angaben über die Ballonfüllung waren unpräzise, was leicht erklärlich war, denn die Montgolfiers schrieben den Auftrieb nicht der erzeugten Heißluft zu, deren spezifisches Gewicht geringer war als die sie umgebende Luft, sondern dem mit Stroh und Wolle erzeugten »Rauch«, den sie »Montgolfierschen Dampf« nannten. Die Physiker und Chemiker der Akademie konnten sich damit kaum zufriedengeben. Die ausgestellte Urkunde aber war unverkennbar echt und wegen des gesellschaftlichen Ranges der Zeugen über jeden Zweifel erhaben. Der Anfang der Luftfahrt war also in Frankreich gemacht worden, und dies war ein bedeutendes Ereignis. So meldete man die Nachricht dem König Ludwig XVI. (1754–1793, reg. 1774–1792), der ungewöhnlich schnell und entschieden reagierte: Obwohl als Zauderer bekannt, ließ er unverzüglich der Akademie mitteilen, daß eine Kommission zur Durchführung von Versuchen eingerichtet werden sollte. Vorsitzender dieser Kommission wurde der berühmte Begründer der modernen Chemie, Antoine Laurent Lavoisier (1743–1794). Die Luftfahrt genoß königliche Protektion[29].
Die Arbeit der Kommission erhielt Ende Juli 1783 starken Antrieb durch zwei Augenzeugenberichte aus Annonay, die in den Pariser Zeitschriften »Mercure de France« und »Journal de Paris« veröffentlicht wurden und die Nachricht von dem geglückten Ballon-

aufstieg verbreiteten. Nun schlugen die Wogen der Erregung bei der Pariser Bevölkerung hoch. Jubel und Zweifel hielten sich die Waage, von der Straße erklangen Rufe nach einer Erklärung, die Pariser wollten das Wunder mit eigenen Augen sehen, und die Akademie-Kommission geriet unter Zugzwang. So wurde der Beschluß gefaßt, die Montgolfiers zu einer Demonstration nach Paris einzuladen. Doch die Pariser reagierten mißmutig auf diesen Vorschlag, da er das Spektakel aufschob. In dieser Situation setzte sich der Geologe Barthélémy Faujas de Saint-Fonds (1741–1819) in Szene, indem er eine Nationalsubskription zur Finanzierung eines Ballons anregte. Innerhalb weniger Tage stiftete die Pariser Menge 10 000 Livres. Faujas de Saint-Fonds beauftragte den jungen Physikprofessor Jacques Alexandre César Charles (1746–1823) mit der Leitung des Projekts und die Gebrüder Jean und Noel Robert, zwei Hersteller von Präzisionsinstrumenten, mit der Anfertigung der »aerostatischen Kugel«, die den Erfolg der Montgolfiers in Paris wiederholen sollte. Charles machte sich unmittelbar an die Verwirklichung. Die Nachrichten über ein »Gas«, das die Montgolfiers zum Auftrieb ihrer Luftkugel verwendet hätten, erwiesen sich als produktives Mißverständnis: Die Gelehrten einigten sich darauf, daß es sich dabei nur um das von Cavendish beschriebene Wasserstoffgas gehandelt haben könne, dessen spezifisches Gewicht vierzehnmal leichter als das der Luft sei und das in reinem Zustand gemäß dem archimedischen Prinzip einen entsprechenden Auftrieb erzeugen müsse.

Folglich »erfand« Charles in Paris das, woran Cavallo in London und die Montgolfiers in Vidalon wenige Monate zuvor noch gescheitert waren: den Wasserstoffgas-Ballon. Das Gas wurde in einem Hohlkörper aus kautschukbeschichtetem Taft eingefangen, einer »schönen und gleichmäßigen« Kugel, die am 23. August, also nach etwa einem Monat, fertiggestellt war. Nun begann das eigentliche Problem, nämlich die Füllung des Ballons, die nach den damaligen Methoden nur unter größten Schwierigkeiten bewerkstelligt werden konnte: Das Wasserstoffgas wurde mühsam aus Eisenspänen und verdünnter Schwefelsäure gewonnen. Als Labor dafür diente »ein Schrank mit Schubkästen, welche mit Blei ausgefüttert waren, über denen oben ein Rohr hinausging«, das mit dem

Einlaßventil des Ballons verbunden war. In der Nacht zum 27. August wurde die kostbare Maschine – »Globe« genannt – von der Werkstatt der Brüder Robert an der Place des Victoires auf das Marsfeld befördert. Bei Morgengrauen mußte der Ballon nachgefüllt werden, denn er hatte bereits während des Transports Gas verloren. Um drei Uhr nachmittags war das Marsfeld voller Schaulustiger, um fünf Uhr schließlich gab ein Kanonenschuß das Signal zum Start. Nun war der Moment gekommen, der die Veranstalter, wie Wieland sich ausdrückte, »entweder mit unsterblichem Ruhme krönen oder in unauslöschlichem Spotte ersäufen sollte«[30].

Der wasserstoffgefüllte Ballon – die »Charlière« – stieg zur Überraschung der über hunderttausend Anwesenden mit solcher Geschwindigkeit zum Himmel, daß er – wie die Gelehrten berechneten – innerhalb von zwei Minuten eine Höhe von tausend Metern erreichte. Dann verschwand er in einer dunklen Wolke. Sein Verschwinden wurde mit einem weiteren Kanonenschuß goutiert. Später wurde er in viel größerer Höhe wieder sichtbar, bevor er abermals in den Wolken verschwand. Ein stark einsetzender Regen beeinträchtigte offenbar weder den Aufstieg der »Luftkugel«, noch verminderte er die Erregung des Publikums.

»Der Gedanke, daß ein fester Körper von der Erde aufgestiegen sei und in dem Himmelsraume schwebe, hatte etwas so Erhabenes und zur Bewunderung Hinreißendes und schien sich so weit von den gewöhnlichen Gesetzen der Natur zu entfernen, daß fast alle Zuschauer von dem lebhaften Eindrucke außer sich gesetzt wurden.«[31]

Unter den Zuschauern befand sich – fast unbeachtet – auch Etienne Montgolfier, der wußte, daß jetzt die Konkurrenz um die Gunst des Publikums begonnen hatte[32]. Angesichts der Reaktionen auf den ersten Pariser Ballonaufstieg von 1783 hatte der Dichter Antoine Comte de Rivarol (1753–1801) formuliert:

»Die Stadt, die alles Neue vergötzt, hat bei hellichtem Tage gesehen, wie sich eine Kugel im Umfange von sechsunddreißig Fuß durch ihre eigene Kraft in die Luft erhob; sie hat es, sage ich, mit Millionen Augen gesehen … Und sie sind glücklich, in der Epoche einer so großen Umwälzung zu leben!«[33]

Benjamin Franklin (1706–1790), der bedeutende Naturforscher und fast achtzigjährige Botschafter der jungen USA in Frankreich, der durch seine Drachenversuche bei Gewitter zur Erfindung des Blitzableiters gekommen war, schrieb Anfang September 1783 an Sir Joseph Banks (1743–1820), den Präsidenten der Royal Society in London: »... einige vermuten, daß das Fliegen nun erfunden ist, und daß, seit Menschen durch die Luft getragen werden können, nichts gebraucht wird, als einige leichte, handliche Instrumente, um die Bewegung zu steuern...«[34]

Der Schrecken der Bauern – die Proklamation der Regierung

Die Charlière blieb etwa 42 Minuten in der Luft, flog 20 Kilometer weit und ging fünf Wegstunden von Paris entfernt bei dem Dorf Gonesse nieder. Die Bauern erschraken beim Anblick des unbekannten Flugobjektes, das sie zunächst für ein fallendes Gestirn hielten, das gemäß der Apokalypse das Ende der Welt und den Anbruch des Jüngsten Gerichts ankündigte; dann aber, als der Ballon wegen eines Loches in sich zusammensackte, identifizierten sie ihn als dämonisches Lebewesen. Alle Ironie der Aufklärer hätte die folgenden Szenen nicht besser erfinden können: Mit Heugabeln, Sensen und Dreschflegeln gingen die abergläubischen Bauern zum Angriff über und schlugen große Löcher in die Ballonwand. Das entweichende unreine Wasserstoffgas bestärkte sie in ihrer Überzeugung, es mit einem höllischen Ungeheuer zu tun zu haben. Ein Soldat »tötete« die Charlière schließlich mit einem Gnadenschuß. Obwohl der herbeigeeilte Pfarrer versuchte, diesem Treiben Einhalt zu gebieten, schleiften die siegreichen Bauern die Überreste des »Globe« nach gewonnener Schlacht mit Pferden durch ihr Dorf und über die Gemeindegrenze. So grotesk es klingen mag: Die Bauern in der Umgebung von Paris handelten genau so, wie es mehr als hundert Jahre zuvor von Johannes Kepler, Francis Godwin und Cyrano de Bergerac vorhergesehen worden war. Und die Zeitgenossen waren sich dessen durchaus bewußt. Anläßlich der ersten Ballonaufstiege wurde eine Satire veröffentlicht, deren Titel für sich spricht: »Simon Magus mit der Blase, oder: eine feine lustige Historia, wie die Menschenkinder auf Erden getrieben

Die Bauern hielten unbekannte Flugkörper noch für Teufelswerk.
Zeitgenössischer Kupferstich von der Zerstörung der ersten unbemannten
»Charlière« in dem Dorf Gonesse am 27. August 1783.

haben große Zauberei mit einer Blase, darauf sie haben wollen von dannen ziehen.«[35]
Die Regierung König Ludwigs XVI., dessen Leben später auf dem Schafott der Französischen Revolution enden sollte, hielt es nach den aggressiven Akten der Bevölkerung gegen die neuen Aerostaten für geraten, das Volk über den Charakter der Experimente zu unterrichten. In der öffentlichen Proklamation, die im ganzen Königreich Frankreich an den Mauern angeschlagen werden mußte, heißt es:

»Man hat eine Erfindung gemacht, über die nähere Belehrung zu erteilen die Regierung für notwendig erachtet, um einem Erschrecken vorzubeugen, welches solche Erscheinungen im Volke verursachen können. Durch Berechnung der Verschiedenheit der spezifischen Schwere der sogenannten brennbaren und unserer gewöhnlichen atmosphärischen Luft hat man gefunden, daß ein mit solcher brennbarer Luft gefüllter Ballon sich von selbst zum Himmel emporheben muß bis zu dem Augenblick, da die beiderseitigen Luftarten im Gleichgewicht sind, was nur in einer sehr großen Höhe der Fall sein kann...«

Nach einer ausführlichen Beschreibung der beiden erfolgreichen Ballonaufstiege in Annonay und Paris heißt es weiter:

»Man hat sich nun vorgenommen, ähnliche Versuche mit viel größeren Kugeln zu machen. Wer also von jetzt an eine solche Kugel am Himmel erblickt, welche einem verfinsterten Monde ähnlich sieht, lasse sich dies gesagt sein, damit er nicht davor als vor einem furchtbaren Phänomen erschrecke. Denn es ist nicht anderes als eine stets aus Taffet oder leichter Leinwand zusammengesetzte, mit Papier überzogene Maschine, welche kein Übel zufügen kann, und von der man die Erwartung hegen darf, daß sie eines Tages nützliche Anwendungen für die Bedürfnisse der Menschen finden werde.«[36]

Diese Proklamation vom 28. August 1783 mit dem Titel »Nachricht für das Volk über das Aufsteigen von Ballonen oder Kugeln« stellte, wenn man von dem erwähnten portugiesischen Patent von 1709 für das angebliche Luftschiff des Lourenço de Gusmão einmal absieht, die erste offizielle Stellungnahme einer Regierung zur Luftfahrt dar.

Tierversuche in Gegenwart des Königs
(19. September 1783)

In den kommenden Wochen wurden die »aerostatischen Kugeln« zum beliebten Spielzeug reicher Bürger und Adeliger. Nachdem sich ein Pariser Maler auf ihre Herstellung spezialisiert hatte, verging kaum ein Tag, an dem man nicht einige in der Umgebung der Hauptstadt aufsteigen sah. Gleichzeitig amüsierten ausbrechende Prioritätsstreitigkeiten über die Erfindung der Luftfahrt das hauptstädtische Publikum. Im »Journal de Paris« rechneten die Brüder Robert mit Faujas de Saint-Fonds ab, der ihrer Ansicht nach einen zu großen geistigen Anteil an der Verwirklichung der Charlière beanspruchte, was diesen seinerseits zu einem hitzigen Gegenangriff veranlaßte, der die Bedeutung von Professor Charles und den Konstrukteuren, den Gebrüdern Robert, zu minimieren versuchte. Faujas de Saint-Fonds schlug sich infolgedessen auf die Seite der Montgolfiers und wurde zu deren eifrigstem Propagandisten. Auch das Publikum spaltete sich in zwei Parteien, in Montgolfianer und Robertianer, und harrte mit Spannung des kommenden Wettlaufs der Erfinder, der die Debatten weiter anheizte und zu einem von Christoph Martin Wieland spöttisch so genannten »Aerostatischen Bürgerkrieg« führte.

Die Spannung erreichte einen Höhepunkt, nachdem für Freitag, den 19. September 1783, in Versailles die erste Luftfahrt-Vorführung in Anwesenheit des Königs geplant war. Nicht Charles und den Roberts wurde diese Ehre zuteil, sondern den Provinzlern Montgolfier, die damit als eigentliche Meister des Metiers anerkannt wurden. Die Montgolfiers waren sich über die Konkurrenzsituation zu Charles im klaren und trachteten danach, ihren Aerostaten so eindrucksvoll wie nur möglich zu gestalten, was allein schon durch die Formgebung geschah: Die Montgolfière war mit 21 Metern Höhe fast fünfmal so groß wie die schlichte Luftkugel des Professors Charles auf dem Champ de Mars. Außerdem hatte Etienne Montgolfier zu dieser Bewährungsprobe eine besonders prunkvoll bemalte »aerostatische Maschine« hergestellt. Nach einigen Schwierigkeiten – starker Wind zerstörte am 12. September eine Montgolfière, und auch bei der Generalprobe in Anwesenheit von Akademiemitgliedern am 18. September wurde der Ballon stark beschädigt – war es schließlich soweit: Frühmorgens am 19. September wurde der geflickte Aérostat im Schloßhof von Versailles auf einer achteckigen Bühne aufgestellt (wobei »aufgestellt« etwas übertrieben ist, denn ohne Füllung glich die Montgolfière »einer Menge unordentlich übereinandergelegter Teppiche«). Unter der verkleideten Bühne befand sich, den Augen des Hofstaats entzogen, die Feuerstelle für den Heißluftballon. Den Clou des Versailler Ballonaufstiegs bildete die Bereitstellung eines Korbes mit drei Tieren – einem Schaf, einem Hahn und einer Ente –, die die Luftfahrt vor dem ersten bemannten Start in der Art einer Generalprobe mitmachen sollten, ein Testverfahren, das mit dem Hund Laica in der Raumfahrt eine späte Parallele finden sollte. Das Schaf von 1783 trug den vielversprechenden Namen »Montauciel«. Später wurde es in die königliche Ménage gebracht und lebenslänglich versorgt[37].

Um zwölf Uhr mittags war der Schloßplatz von Versailles zum Bersten mit Zuschauern gefüllt. Nach Darstellung Faujas de Saint-Fonds' war »der größte, erhabendste und gelehrteste Teil der Nation« versammelt, »um den Wissenschaften unter den Augen des

Kriegerische Phantasien: Eugenio Lucas i Padilla (1824–1870),
Die Stadt auf dem Felsen. Ölgemälde.
(Abb.-Nr. 9)

Versuchsflug im Schloßhof von Versailles in Gegenwart von König, Adel und Gelehrten:
Aufstieg von Schaf, Hahn und Ente in einer Montgolfière am 19. September 1783.
(Abb.-Nr. 10)

Hofes, der sie aufmuntert und beschützt, ein glänzendes und feyerliches Opfer zu bringen«. Endlich trat der Monarch, der sich kurz zuvor noch von Etienne Montgolfier über den Ablauf hatte informieren lassen, samt königlicher Familie auf. Leutselig und etwas linkisch schritt der König auf die Tribüne zu und besichtigte unter den Augen der Volksmenge die Flugmaschine, allerdings nur kurz, denn die zur Erzeugung des Montgolfierschen Gases ausgebreiteten Materialien – außer altem Stroh und gehackter Schafwolle auch alte Schuhe und verwesende Tierkadaver – verbreiteten einen bestialischen Geruch. Die Hofgesellschaft verschwand wieder im Schloß und postierte sich an den festlich dekorierten Fenstern, um von dort das Spektakel zu beobachten. Ein Handzeichen des Königs gab das Signal zum Beginn. Kurz vor ein Uhr gab dann eine Kanone den Startschuß zum Füllen mit Heißluft. Vor den Augen von Volk und König schwoll der Ballon an, die Falten spannten sich, und innerhalb von elf Minuten entstand ein Aérostat von vollendeter Form. Die Menge bejubelte die unerwartete Mächtigkeit und die prächtige Bemalung auf azurblauer Grundierung. Ein zweites Signal verkündete die Bereitschaft zum Aufstieg. Ein plötzlich aufkommender Wind gefährdete die Vorführung und preßte den Ballon gegen einen der Haltemasten; zwei der geflickten Risse öffneten sich. An einen Abbruch war jedoch nun nicht mehr zu denken, und Etienne Montgolfier gab das Signal zum Durchtrennen der Haltetrossen. Augenblicklich erhob sich die »Maschine« samt der Gondel mit den drei Versuchstieren in die Lüfte, überstand einen kritischen Augenblick, als sie von einer Windbö erfaßt wurde, überstieg rasch das Dach der königlichen Hofkapelle und entschwebte langsam und in gleichmäßiger Höhe über den Nordflügel des Schlosses in Richtung Nanterre.
Der groß angekündigte Ballonaufstieg war weithin sichtbar, allein in Versailles wurde die Zuschauermenge auf über 130 000 Menschen geschätzt. Erstaunen erzeugte der feierliche Stillstand des Ballons nach dem Erreichen der Steighöhe, der dem Ereignis etwas Erhabenes und Feierliches verlieh. Der königliche Astronom Le Gentil, der das Experiment von der Pariser Sternwarte aus beobachtete, schrieb später im ›Journal de Paris‹: »Als die Kugel aufstieg, sah ich sie zuerst mit bloßem Auge, dann auch im Fernrohr,

und also gerade an dem Punkt des Horizontes, wo ich sie erwartete. Sie stieg sehr schnell, denn von dem Augenblicke, da ich sie zuerst sah, bis zu dem Zeitpunkt, da sie nur still zu stehen schien, verflossen nach meiner Uhr 2 Minuten und 20 Sekunden.« Nach Le Gentils Messungen erreichte der »Aerostat« seine maximale Flughöhe in 120 Metern. Nach achtminütigem Flug landete der Ballon im Walde von Baucresson. Die Versuchstiere waren wohlbehalten. Anders als oft vermutet, mußte man also in wolkiger Höhe keineswegs ersticken. Damit war der Weg frei für bemannte Luftschiffe – und die Frage des bemannten Fluges bildete auch den Gegenstand der Diskussionen am folgenden Wochenende: Für die Frommen war es eine Herausforderung Gottes, für die Schüler Voltaires jedoch nur der notwendige nächste Schritt[38].

Der erste bemannte Flug
(21. November 1783)

Als erster Luftfahrer stellte sich der 29jährige Jean-François Pilâtre de Rozier (1754–1785) bereit, ein Physiker, der die naturwissenschaftlichen Kabinette des Bruders König Ludwigs XVI. leitete. In seiner Flugbegeisterung hatte er sich schon am 19. September als Testperson zur Verfügung stellen wollen. Schließlich war man einig geworden, daß erst beim nächsten Ballonaufstieg der Brüder Montgolfier die Premiere für den Menschenflug stattfinden sollte. Dazu bedurfte es jedoch noch einiger Überredungskünste: Der König selbst widersetzte sich dem Plan und schlug vor, zunächst zwei zum Tode verurteilte Verbrecher in die Luft zu befördern. Pilâtre de Rozier soll dagegen argumentiert haben, man dürfe nicht Verbrechern diese Ehre schenken, »nach der die besten Köpfe seit Jahrtausenden streben«. Der Ruhm, den Menschheitstraum verwirklicht zu haben, gebühre niemand anderem als dem Adel der Nation. Über einige Fürsprecher bei Hofe gelang es, den König umzustimmen[39].
Für den ersten bemannten Ballonaufstieg baute Etienne Montgolfier in der Abgeschlossenheit der Reveillonschen Papierfabrik den bisher größten und auch schönsten Ballon, der Bedeutung des Au-

genblicks angemessen. »Le Reveillon« war 22 Meter hoch und
hatte einen Durchmesser von 15 Metern. Sein oberer Teil war mit
einem Kranz von französischen Lilien bemalt, darunter prangten
in Gold die zwölf Tierkreiszeichen, die Mitte des Ballons nahmen
abwechselnd das goldene Sonnensymbol und der Namenszug des
Königs ein, darunter waren Löwenköpfe, Lorbeerkränze und Adler
mit ausgebreiteten Schwingen zu sehen[40]. Nach dem Tierversuch
vom 19. September war man sich im klaren darüber, daß der Aufstieg in die Luft für höhere Lebewesen ungefährlich war. Trotzdem
tastete man sich vor dem ersten freien bemannten Ballonaufstieg
langsam in die Höhe. Nach einigen unbemannten Erprobungen
des »Reveillon« erhob sich Pilâtre de Rozier am 12. Oktober 1783
in einem an Seilen gehaltenen Ballon einige Meter in die Höhe.
Zwei Tage später wollte auch Etienne Montgolfier die luftige Erfahrung machen, und mit dem Erzbischof von Narbonne und dem
Herzog von Chartres schlossen sich Angehörige der französischen
Aristokratie an. Am 15., 17. und 19. Oktober 1783 unternahm der
erste Ballonflieger weitere Testaufstiege am angeseilten Flugkörper, wobei er die Höhe von 25 auf immerhin 108 Meter steigerte[41].
In der Mittagsstunde des 21. November 1783 bestiegen Pilâtre de
Rozier und sein Begleiter Chevalier François-Laurent d'Arlandes
(1742–1809) im Garten des Jagdschlosses von La Muette den
neuen »Aérostaten«. Die Gondel für die Passagiere war ein kreis-
runder Weidenkorb, der mit bemalter Leinwand verkleidet war.
Zwischen Gondel und Öffnung des Ballons hing an Ketten eine
große Kohlenpfanne, die zum Erzeugen heißer Luft während der
Luftfahrt dienen sollte – zusammen mit der Montgolfierschen
Stroh/Wolle-Feuerung keine ganz ungefährliche Angelegenheit!
Zudem wurde der Ballon zunächst in die Bäume einer nahen Allee
getrieben und mußte ausgebessert werden. Schließlich aber hob
die Montgolfière doch vom Boden ab. Die »Berlinischen Nachrichten« schrieben über diesen Augenblick:

»Es war recht majestätisch anzusehen, als diese große Masse von der Erde in die
Höhe fuhr, und als die beyden unerschrocknen Reisenden die Hüthe abnahmen,
schauderte man für ihren kühnen Entschluß und verschiedene Frauenzimmer wurden für Besorgniß ohnmächtig. Nach einer tiefen, ganz der Bewunderung geweih-
ten Stille erfolgte ein allgemeines freudiges Jauchzen...«[42]

Die Ballonfahrt der beiden ersten Luftreisenden dauerte 25 Minuten. Die Beschreibung des Herrn d'Arlandes läßt erkennen, daß
die Fahrt sehr nervenaufreibend war, da wegen der Risse in der
Hülle ständig die Gefahr des Absinkens über der Stadt bestand, die
durch mühevolles Nachheizen gebannt werden mußte. Schließlich
landeten die ersten wirklichen Aeronauten unverletzt am Stadt-
rand von Paris. Inzwischen war die Ballonhülle erschlafft und
drohte, auf die Glutpfanne zu fallen und Feuer zu fangen. Nur mit
Hilfe herbeieilender Soldaten und Bauern konnte der »Reveillon«
vor der Vernichtung bewahrt werden. Das Protokoll der ersten
erfolgreichen bemannten Luftfahrt wurde von einem Komitee
illustrer Zeugen unterzeichnet, darunter dem amerikanischen Erfinder Benjamin Franklin. Pilâtre de Rozier und der Chevalier
d'Arlandes waren die Helden des Tages[43].

Die wissenschaftliche Luftfahrt des Professors César Charles

Bereits am 1. Dezember 1783 erfolgte die zweite bemannte Luftfahrt: Passagiere waren Professor Charles und Noël Robert. Anders als die gefahrvolle Pinonierleistung der Montgolfière wies die
bemannte Pionierfahrt der Charlière in die Zukunft, denn Charles
hatte seine neue Konstruktion gründlich durchdacht. Nach dem
Studium aller verfügbaren Literatur seit Lana hatte er eine neue
Flugmaschine entworfen, die – abgesehen von der bootsartigen
Gondel – fast alle wesentlichen Merkmale der späteren Ballonfahrt
aufwies. Am wichtigsten waren die Klappe zum Ablassen des Gases an der Spitze des Ballons und das Mitführen von Sandsäcken:
Damit konnte die Steighöhe wirksam beeinflußt werden; ein Barometer schließlich diente als Höhenmesser. Die beiden Aeronauten
starteten an einem nebligen Dezembermittag mit höchster Erlaubnis vom Schloßplatz in den Gärten der Tuilerien. Eine beträchtliche Menge von fast 300 000 Zuschauern wohnte dem neuen Ereignis bei, teils gegen Entrichtung beträchtlicher Eintrittsgelder. In
einem theatralischen Auftritt bat Professor Charles den anwesenden Etienne Montgolfier als Erfinder der Luftfahrt, die Leinen der

Konkurrierendes Prinzip: Aufstieg des ersten bemannten Wasserstoffballons
(Charlière) am 1. Dezember 1783.

Charlière zu kappen. Das Publikum war begeistert über die noble Geste. Der mit Wasserstoff gefüllte Ballon erhob sich lautlos in den Himmel, wobei Charles in den nächsten Tagen sein narzißtisches Glücksgefühl im »Journal de Paris« zum besten gab:

»Nichts kann dem Vergnügen gleichen, das in dem Augenblicke, da ich die Erde verließ, sich meines ganzen Daseins bemächtigte; es war nicht bloß Vergnügen, es war Glückseligkeit. Ich fühlte mich allen Mühseligkeiten der Erde ... entflohen; ich fühlte mich mir selbst genug, indem ich mich über alles erhob . . .«[44]

Der Ballonflug währte etwa zwei Stunden und verlief nach Erreichen der Steighöhe fast vollkommen horizontal, da die leichten Gasverluste durch den Abwurf von Sand ausgeglichen wurden. In diesem Zeitraum wurde eine Strecke zurückgelegt, zu deren Bewältigung üblicherweise neun Stunden nötig waren. Unterwegs unterhielten sich die Luftfahrer mit Zuschauern am Erdboden und erfreuten sich an deren Anteilnahme. Nach ihrer Landung bei Nesle, wo Robert ausstieg, erhob sich Charles erneut in die Lüfte. Dieses Erlebnis – und den ersten Nachtflug der Menschheitsgeschichte – hat Charles selbst so beschrieben:

»Bei meinem Abgange von der Wiese war die Sonne den Bewohnern der Ebene bereits untergegangen: bald aber ging sie für mich allein wieder auf und färbte die Kugel und den Wagen [Gondel] mit ihren Strahlen. Ich war der einzige erleuchtete Körper am Horizont und sah die ganze übrige Nation in Schatten versenkt. Bald verschwand auch mir die Sonne wieder, und ich hatte das Vergnügen, sie zweimal an einem Tage untergehen zu sehen. Nunmehr betrachtete ich eine Zeitlang den weiten Luftraum und die Dünste, welche aus dem Schoße der Erde aufstiegen. Die Wolken schienen aus der Erde hervorzukommen... Bloß der Mond erleuchtete sie . . .«[45]

Charles führte Thermometer und Barometer mit sich und stellte sie in die Dienste der »Aeronautik«: Das Thermometer fiel auf minus 9 Grad Celsius, die exakte Flughöhe konnte mit 3500 Metern angegeben werden. Dieser »Höhenrekord« konnte erzielt werden, weil Charles den Ballon durch ein Auslaßventil vor dem Zerplatzen gesichert hatte. Wie alle späteren Ballonfahrer glich Charles den Gasverlust durch das Abwerfen des mitgeführten Ballasts aus. Nicht zuletzt verdient diese zweite bemannte Luftfahrt deshalb Beachtung, weil der Pilot sein Erlebnis in packende Worte zu kleiden verstand:

»Niemals wird etwas dem Augenblicke von Freudigkeit gleich sein, der sich meiner
Existenz bemächtigte, als ich fühlte, daß ich der Erde entfloh. Es war nicht Vergnügen, es war Wonnegefühl … Auf welche Seite wir hinabschauten, war nichts als
Kopf an Kopf; über uns ein Himmel ohne Wolke; in der Ferne die reizendste Aus-
sicht der Welt. O mein Freund, sagte ich zu Herrn Robert, wie glücklich sind
wir … Warum kann ich nicht den letzten unserer Verkleinerer hier haben und ihm
sagen: ›Da, sieh, Unglücklicher, was man verliert, wenn man den Fortgang der Wissenschaften aufhält!‹«[46]

Am nächsten Tag erlebte César Charles einen Triumphzug durch
Paris, gefeiert von der Bevölkerung. Die Fischhändlerinnen
schmückten ihn mit einem Lorbeerkranz, der Herzog von Chartres
empfing ihn im Palais Royal, und der Marquis Marie-Joseph de
Lafayette (1757–1834) machte seine Aufwartung. Als Charles das
Palais verließ, trug ihn die begeisterte Menge auf ihren Schultern
zu seiner Kutsche. Am Abend des 2. Dezember wurde die Charlière mit einer Fackelprozession durch die Straßen von Paris gefahren. Die Charlière, soviel war nun klar, war der Montgolfière
himmelhoch überlegen. Mit der Gasfüllung war es möglich, viel
weiter, viel länger und viel höher zu reisen: Nur zehn Tage nach
der Erstverwirklichung des Menschenfluges war die Technik bereits überholt. Die Charlière hatte neue Maßstäbe gesetzt.

»Fièvre aérostatique« und »Aéropetomanie«

Innerhalb Frankreichs, der Wiege der modernen Luftfahrt, erleb-
ten die Ballonflugpioniere auch im sozialen Leben einen geradezu
märchenhaften Aufstieg. Die Papierfabrikantensöhne Montgolfier
und der Prokuristensohn Charles, beide aus der tiefsten Provinz
und dem »dritten Stand« angehörend, waren nun Gesprächs-
gegenstand der hauptstädtischen Gelehrtenzirkel und als Gäste bei
höchsten Standespersonen gefragt, Audienzen bei der königlichen
Familie eingeschlossen. Im Dezember 1783 gab Ludwig XVI. den
Auftrag, auf Kosten der Staatskasse eine offizielle Medaille zum
Andenken an den 21. November und den 1. Dezember prägen zu
lassen, auf deren beiden Seiten die Montgolfière und die Charlière
abgebildet waren. Zudem sollten die Brüder Montgolfier und
Charles eine lebenslange Staatspension in Höhe von 200 Livres er-

halten – für den Bankrotteur Joseph Montgolfier, der vor noch nicht allzulanger Zeit im Gefängnis gesessen hatte, eine erstaunliche Wende des Schicksals, zumal er noch zum Mitglied der Akademie der Wissenschaften in Lyon und zum Ehrenbürger dieser Stadt ernannt wurde. Außerdem wurden die Montgolfiers, Charles und die ersten Luftfahrer Pilâtre de Rozier und d'Arlandes zu Mitgliedern der Pariser Akademie der Wissenschaften berufen, Etienne Montgolfier erhielt den Orden des hl. Michael. Den Gipfel erreichte die Welle der Ehrungen, als selbst der 83jährige Vater der Brüder Montgolfier in den Adelsstand erhoben wurde, wobei im Adelsdiplom ausdrücklich auf die »aerostatischen Maschinen« der Söhne Bezug genommen wurde. Das Wappen führt im Herzschild einen geflügelten Aérostaten über einer gebirgigen Meeresbucht (Mont-Golfier!) und trägt das Motto: »Sic itur ad astra«[47].

Die Kunde von den erfolgreichen Ballonflugversuchen in Frankreich verbreitete sich rasch in ganz Europa. Der »Hamburgische unpartheyische Correspondent« berichtete beispielsweise in seiner Nr. 143 aus Paris:

»Der neuliche Versuch mit einer Luftmaschine hat hier einen solchen allgemeinen Enthusiasmus hervorgerufen, daß seit dieser Zeit Kleine und Große davon sprechen und sich mit Versuchen beschäftigen. Man hat die aerostatische Maschine auf hundertfache Art in Kupfer gestochen; alle unsere Bilderläden sind voll davon und beständig ist eine Menge Leute in selbigen, sie zu kaufen oder zu besehen. Alle unsere Professoren der Physik lesen jetzt über nichts anderes, als über den aerostatischen Ball und die Mittel, solchen in die Luft zu dirigieren. Besonders eröffnete Herr Charles am Dienstag seine Lehrstunden zur Physik, zu welchen 300 Kutschen mit vornehmen Zuhörern und solche Menge anderer Leute kam, daß der 20. Theil nicht hineinkommen konnte...«[48].

Der Regensburger Baron Friedrich Melchior von Grimm (1723–1807) schrieb in seinem Stimmungsbericht aus Paris nach Anbruch des Ballonzeitalters:

»Nie hat eine Seifenblase Kinder so ernsthaft beschäftigt wie der aérostatische Ballon der Herren Montgolfier Stadt und Hof seit vier Wochen; in allen unseren Zirkeln, bei allen unseren Soupers, an den Toilettentischchen der hübschen Damen wie in unseren akademischen Schulen spricht man nur noch von Experimenten, atmosphärischer Luft, entzündbarem Gas, fliegenden Wagen und Reisen durch die

Lüfte. Würde man alle diese Projekte, Hirngespinste und Überspanntheiten sammeln, die die neue Entdeckung hervorgerufen hat, so ergäbe das ein Buch, toller als von Cyrano de Bergerac.«[49]

Der Schriftsteller Christoph Martin Wieland (1733–1813), neben Lessing Protagonist der Aufklärung in Deutschland, widmete noch 1783 seine kritische Aufmerksamkeit der, wie er es nannte, »Aéropetomanie«. Mit beachtlicher Detailkenntnis schilderte er dem deutschen Publikum die Hintergründe und Intrigen der ersten erfolgreichen Luftfahrten in Frankreich, sein ironiegetränktes Stimmungsbild über den »aérostatischen Bürgerkrieg« zwischen »Montgolfianern« und »Robertanern« gibt letztlich genauere Aufschlüsse als die teilweise apologetischen Berichte der Pariser Beteiligten, allen voran Faujas de Saint-Fonds. Dem Herrn Gudin de la Brenellerie (1738–1812) von der Akademie der Wissenschaften in Marseille antwortete er auf dessen hymnisches Gedicht »Sur le Globe Ascendant«, das den Vers »Cook marche au fond des mers, Montgolfier vole aux cieux...« enthält[50], bissig, seine Einbildungskraft sei vermutlich mit einer Menge brennbarer Luft angefüllt, die die steigende Kugel der Herren Gebrüder Montgolfier weit überflogen habe. Montgolfier sei so wenig zum Himmel geflogen wie der Weltumsegler Cook »auf dem Meeresgrunde lustwandeln gegangen ist«. Die Reaktion auf die ersten Ballonflüge schilderte Wieland so:

»Alle diese Versuche setzten das Publikum so sehr in den Geschmack der neumodischen Luftkugeln, daß jeder Liebhaber, wie billig, seine eigne zu haben wünschte.«[51]

Doch damit nicht genug: Die allgemeine Ballonwut griff in Paris nicht nur auf den privaten Zeitvertrieb über, sondern beeinflußte auch das Theaterprogramm und die Mode. Noch im September waren zwei Stücke am königlichen Ballett getanzt worden, von denen das erste den Titel »Der Schiffbruch des Harlekin-Piloten im fliegenden Boot« trug. Witze jeglicher Art kursierten in der Stadt, darunter die degoutante Geschichte von der Klistierspritze, mit der jemand seinen Onkel mit Wasserstoff angefüllt habe, worauf dieser sofort wie ein Aérostat zum Fenster hinausgeflogen sei. Geschäftstüchtige Kupferstecher bemächtigten sich sofort des Sujets und verkauften im Nu Tausende von Kopien. Lieder wurden gedichtet, Gedenkmünzen geprägt. Über Nacht boten Händler aller Art eine phantastische Palette von Gedenkgegenständen zum Kauf an: Ballons fanden sich auf Tabatièren, Pillendosen, Uhren und Bucheinbänden; Schuhschnallen, Spazierstockgriffe, Degenknäufe, Lampenschirme und selbst Hüte und Röcke nahmen die hochmodische Kugelform an. Haartracht und Kopfschmuck à la Montgolfière – selbst Königin Marie-Antoinette (1755–1793) wurde damit gesehen – wetteiferten mit Accessoires, die mindestens im Montgolfierschen Azur oder Charlesschen Ballonstreifenmuster in Rot-Gelb gehalten waren. Paris war das Zentrum des »fièvre aérostatique«. Nach dem 21. November pilgerten Tag für Tag Tausende von Zuschauern nach St. Antoine, wo der Aérostat stationiert war und wo das himmlische Gefährt sich nun täglich aus dem Garten des Papierfabrikanten Jean-Baptiste Reveillon in die Lüfte erhob, an Bord illustre Mitglieder der Gesellschaft, die sich diesem Nervenkitzel hingeben wollten. Besonders die Damen der Gesellschaft ergriff »eine Art fanatischer Lust, den Himmel aus der Nähe zu betrachten und mittelst der Luftfahrten über alle Gewöhnlichkeiten dieses Lebens für einige Stunden sich zu erheben«. Der Anblick der angeleinten azurblauen Montgolfière prägte den Pariser Spätherbst des Jahres 1783. Als »leuchtendes Zeichen einer neuen Epoche« stand sie in der Luft[52].

Ballonversuche außerhalb Frankreichs

Während in Frankreich im Jahre 1783 alle wesentlichen Erfindungen der Ballonfahrt – abgesehen von der Reißleine – bereits gemacht und vorgeführt worden waren, hinkte der Rest der Welt hinterher. Allerdings trug das europaweite Interesse an den Flugmaschinen zu ihrer raschen Verbreitung bei. Durch Briefe hatte beispielsweise der gut informierte Geheimrat Johann Wolfgang v. Goethe (1749–1832) schon im Herbst 1783 von den geglückten Ballonfahrten gehört. Am Hof von Weimar begann man daraufhin ebenfalls mit Versuchen, sowohl mit Heißluft- wie auch mit wasserstoffgefüllten Blasen. Am 19. Mai 1784 berichtete Goethe an Frau von Stein: »In Weimar haben wir einen Ballon auf Montgolfier'sche Art steigen lassen, 42 Fuß hoch und 20 im größten Durchmesser. Es ist ein schöner Anblick...« Und an Lavater schrieb er zur gleichen Zeit:»Ergötzen Dich nicht auch die Luftfahrer? Ich mag den Menschen gar zu gerne so etwas gönnen. Beiden: den Erfindern und den Zuschauern!«[53] Aber Weimar stand mit diesen Versuchen keineswegs allein. Überall in Europa wurde an den Höfen mit Flugmodellen experimentiert, wie es nun zum standesgemäßen Amüsement gehörte. Bis Ende Februar 1784 wurden 63 solcher Vorführungen registriert, vor König George III. (1738–1820) in Windsor Castle, vor fürstlichen Häuptern in Rom, Wien, Berlin, Turin, Barcelona, Lille und anderswo. In einem Bericht aus England heißt es Ende Februar,»das Luftballfieber« breite sich im ganzen Königreich aus,»fast in jedem kleinen Städtchen spielt man mit vergoldeten Luftbällen zur Belustigung der Weiber und Kinder«[54]. Zur Steigerung der Sensation behängte man die Ballons je nach Größe bald mit Meerschweinchen, Kaninchen, Katzen, Gänsen oder Ziegen. Der Herzog von Chartres offerierte seinen Gästen zum Souper wasserstoffgasgefüllte Würste, die unter großem Gelächter der Gäste nach dem Öffnen der Schüssel in der Luft herumflogen »und bey Punsch und Sorbet zu allerhand Einfällen Anlaß gaben«[55].

Der erste bemannte Flug außerhalb Frankreichs gelang am 25. Februar 1784 Paolo Andreani und den Brüdern Agostino und Carlo Gerli in Milano (Italien) auf einer Montgolfière. Im August und September 1784 folgten in Großbritanien der erste Montgolfiersche Hopser durch James Tytler (1745–1794) im schottischen Edinburgh und die erste weite Ballonfahrt durch Vincenzo Lunardi (1759–1796) in London, dies in Gegenwart König Georges III. und seines konservativen Premierministers William Pitt dem Jüngeren (1759–1806). Überhaupt verlegte sich das Zentrum der frühen Luftschiffahrt nach gut einem Jahr vorübergehend von Paris nach London, unter merklicher Dominanz französischer und italienischer Luftfahrer allerdings: Am Ort des großen Geldes sammelte sich unter der Schirmherrschaft der Herzogin von Devonshire und des Schriftstellers Earl Horace Walpole (1717–1797) die internationale Crème der luftigen Kunst, soweit sie nicht – wie die Montgolfiers und Charles – anderweitig beruflich unabkömmlich war: die

Franzosen Pilâtre de Rozier, Blanchard und Faujas de Saint-Fonds, die Italiener Andreani, Lunardi und Francesco Graf Zambeccari (1752–1812). Dieser Ballon-Club, der sich regelmäßig bei Kerzenschein in Walpoles Landsitz »Strawberry Hill« traf, zählte alle bedeutsamen Berufsluftschiffer der nächsten Jahre zu seinen Mitgliedern[56]. Erster englischer Luftschiffer wurde noch im gleichen Jahr James Sadler (1751–1828); doch sonst wurde die englische Szenerie vollkommen beherrscht durch die spektakulären Ballonflüge Zambeccaris und Lunardis[57].

Die anderen europäischen Nationen brachten zunächst keine eigenen Luftschiffer hervor. Am 3. Oktober 1785 führte der Berufsluftschiffer Jean-Pierre Blanchard (1753–1809) den ersten bemannten Ballonaufstieg in Deutschland (Frankfurt am Main) vor, während zehn Monate später »der erste deutsche Luftsegler« Maximilian Freiherr von Lütgendorf (1750–1829) trotz großmäuliger Vorankündigungen bei dem Versuch scheiterte, sich mit einem Ballon bei Augsburg vom Boden zu erheben. Spötter tauften seinen flugunfähigen Ballon auf den Namen »Erdlieb«[58].

Blanchard bediente nach seinen Flügen in Paris und London nicht nur den ganzen deutschsprachigen Raum mit seinen Vorführungen, sondern auch die Niederlande, Skandinavien und Ostmitteleuropa (Den Haag, Brüssel, Kopenhagen, Berlin, Warschau, Prag, Budapest, Wien). Die Berufsluftschiffer Lunardi und Blanchard beherrschten die Szenerie bis zum Ausbruch der Koalitionskriege der 1790er Jahre. Lunardi wandte sich nach seiner »ersten Luftfahrt Englands« Südeuropa zu. Nach mißglückten Versuchen in seiner Heimatstadt Lucca und in Rom zelebrierte er 1787 in Neapel vor Ferdinand IV., dem »König beider Sizilien«, und dessen Sohn, König Karl III. (1716–1788) von Spanien, einen gelungenen Ballonflug. Obwohl weitere Versuche in Palermo und Milano mißlangen, wurde Lunardi schließlich nach Spanien eingeladen, wobei der Hof Karls IV. (1748–1819) bereit war, sämtliche Kosten zu übernehmen. Im Retiro-Park in Madrid vollführte er 1792 als »fliegender Mensch« den ersten Ballonaufstieg Spaniens. Nach zwei weiteren Aufstiegen in Madrid wich er vor dem kommenden Krieg nach Portugal aus, wo er in Lissabon 1794 erfolgreich startete; dort verstarb er wenig später[59].

Literarische Reaktionen auf den Beginn der Luftfahrt

Die Reaktion der Literaten auf den Beginn der Luftfahrt war naturgemäß ganz enorm, denn hier ließen sich sämtliche Register der literarischen Tradition von Lukian bis Restif de la Bretonne ziehen. Typisch für solche anspielungsgesättigten Texte ist der Gedichtbeginn: »Dort steigt Montgolfier in seidener Gondel zur Luft auf: ihn erblickt der Adler auf seinem Flug zur Sonne, Hah! wo er sonst die Menschen verachtete fürchtete er jetzt sie: denn der Ikarische Luftbesegler gewinnt ein neues Reich den Menschen, die schon dem eignen Erdball entschweben...«[60] Zentrum der künstlerischen Begleitmusik war Paris, wo noch im Laufe des Herbstes 1783 mehrere Theaterstücke zum Thema Ballonfahrt aufgeführt wurden. Die Komödie »Cassandre Mécanicien, ou le Bateau volant« wurde sogar schon im August uraufgeführt. Unter den Dutzenden von Gedichten verdient vielleicht das »Poème sur le Globe« Erwähnung, in dem die Götter gewahr werden, wie sich eine Montgolfière dem Olymp nähert. Den daraufhin ausbrechenden Götterzwist schlichtet Jupiter, indem er den Ballonflug unter der Bedingung zuläßt, daß den Luftschiffen auf immer die Lenkbarkeit versagt bleibt[61].

Die Ballondichtung verbreitete sich unter Integration alter Flugmotive rasch über Europa. Heinrich von Kleist (1777–1811) spricht in einem Brief von den Seelen, die sich »wie zwei fröhliche Luftschiffer über die Welt erheben«, Jean Paul (1763–1825) meinte dagegen: »Nur dieses Wunder fehlt noch unserer wunderreichen, mit der steigenden und fallenden Sucht behafteten Zeit, daß wir uns wie Schmetterlinge entpuppen und folglich beflügelten.«[62] Von Anfang an war die Luftfahrt Metapher und Gegenstand metaphysischer Spekulationen. Johann Wolfgang von Goethe zog einen Vergleich zwischen Poesie und Luftfahrt:

»Die wahre Poesie kündet sich dadurch an, daß sie, als ein weltliches Evangelium, durch innere Heiterkeit, durch äußeres Behagen, uns von den irdischen Lasten zu befreien weiß, die auf uns drücken. Wie ein Luftballon hebt sie uns mit dem Ballast, der uns anhängt, in höhere Regionen, und läßt die verwirrten Irrgänge der Erde in Vogelperspektive vor uns entwickelt daliegen.«[63]

Friedrich Nicolais (1733–1811) Rezensionsorgan »Allgemeine Deutsche Bibliothek« wurde 1786 um eine Rubrik »Luftkugeln« angereichert[64], Freiherr Adolph von Knigge (1752–1796) bezeichnet in seinem Roman »Die Reise nach Braunschweig« den Luftschiffer Blanchard als »Hexenkerl«, wohl wissend um diese Beziehung der Luftfahrt[65]. Gottfried August Bürger (1747–1794) integrierte 1786 die neue Erfindung in das vierte Seeabenteuer seiner Münchhausiaden: Dem Helden begegnet in Konstantinopel ein Luftschiffer, der sich auf der Reise von Cornwall nach Exeter verflogen hat[66] – ein verstecktes Zitat, denn hundert Jahre zuvor hatte Becher in seiner »Närrischen Weisheit« von Burattinis Plan eines Konstantinopel-Fluges geschrieben[67]. Eine originelle Reaktion auf die Ballonaufstiege gelang Carl Ignaz Geiger (1756–1791) mit seiner »Reise eines Erdbewohners in den Mars«, der die »kindischen Spiele« mit den Ballons kritisierte. Als er in seiner Bibliothek nachschlug, schreibt er, verwies ihn Sturms »Collegium Curiosum« auf Lanas »Prodromo«, wo er genaue Anweisungen für den Bau lenkbarer Luftschiffe fand. Nach umfangreicher Gelehrtenkorrespondenz gelang der Luftschiffbau. Da mittlerweile auf der Erde »nicht ein Plätzchen handgroß mehr übrig blieb, das nicht schon hundertmal satirisch, geographisch, historisch, statistisch etc.« beschrieben worden sei, entschloß sich der Autor zur interplanetarischen Reise, wobei zum Atem beträchtliche Luftvorräte benötigt wurden. Jost Hermand bezeichnete Geigers Buch nicht zu Unrecht als »Flugroman«, denn fliegend untersucht der Ich-Erzähler die verschiedenen Gesellschaften des Planeten. Er findet gewissermaßen ein Spiegelbild der Erde, eine Militärdespotie wie in Preußen und eine Pfaffenherrschaft wie in Österreich, wo selbst der aufgeklärte Monarch nichts zu sagen hat. Am Ende aber stößt er auf eine herrschaftsfreie Vernunftgesellschaft, die – in Anlehnung an Reiseberichte aus Tahiti und den jungen USA – nur den Gesetzen der Menschlichkeit und der Natur folgt. Im Himmel hatte der Illuminat Geiger mit Hilfe des Luftschiffs sein Paradies gefunden[68].

Die anhaltenden Ballonaufstiege lösten nicht nur Begeisterung, sondern auch Ernüchterung aus. So schrieb der Aphoristiker Georg Christoph Lichtenberg (1742–1799) 1784 sarkastisch:

»Man sollte denken, sie hätten jedem bei einem brennenden Hause einfallen müssen, wo die alten Lumpen und Briefschaften auf Montgolfierschem Gase dem Himmel oft näher steigen als Pilâtre de Rozier.«[69]

Allerdings war das nicht der Fall gewesen. 1785 erschien ein miesepetriges Spottgedicht im »Musenalmanach«, das den Versuchsflug von Versailles vom September 1783 aufs Korn nahm. Der revolutionäre Anonymus reimte:

»Dort, wo durch Herrscherdruck im Staub sich Menschen schmiegen.
Läßt eurer Dünste Kraft in Lüften Schöpse fliegen.
Bald fliegt nach altem Brauch und mit gewohnter Schmach
Den Schöpsen Galliens der Affe Deutschlands nach.«[70]

Letztlich aber waren die literarischen Reaktionen sehr positiv und dem Charakter der umwälzenden Neuerung angemessen. Zusammenfassend berichtet Krünitz' »Oeconomisch-technologische Encyclopädie« im Jahre 1801 über die ersten beiden Jahrzehnte der Luftfahrt:

»Von dem Schauspiele, welches Maschinen von solcher Große darstellen, wenn sie mit Menschen in die Luft steigen, sprechen alle Augenzeugen desselben mit Entzuecken und Bewunderung. Es hat Hohe und Niedrige, Kenner und Unerfahrne ueberall ohne Ausnahme zur leidenschaftlichsten Theilnehmung hingerissen. Die Großen haben ihren Beyfall durch koenigliche Belohnungen, die mittlern Staende durch Lobsprueche, Gedichte, Monumente, Muenzen, das gemeine Volk durch Jauchzen, Einfuehrung im Triumphe und Unwissende nicht selten durch eine abgoettische Verehrung der Luftfahrer an den Tag gelegt.«[71]

Goethe faßte später in seinen »Maximen und Reflexionen« zusammen:

»Wer die Endeckung der Luftballone miterlebt hat, wird ein Zeugnis geben, welche Weltbewegung daraus entstand, welcher Anteil die Luftschiffe begleitete, welche Sehnsucht in so viel tausend Gemütern hervordrang, an solchen längst vorausgesetzten, vorausgesagten, immer geglaubten und immer unglaublichen, gefahrvollen Wanderungen teilzunehmen, wie frisch und umständlich jeder einzelne glückliche Versuch die Zeitungen füllte, zu Tageheften und Kupfern Anlaß gab, welchen zarten Anteil man an den unglücklichen Opfern solcher Versuche genommen. Dies ist unmöglich, selbst in der Erinnerung wiederherzustellen.«[72]

Die Fliegekunst als Triumph der Aufklärung

Immanuel Kant (1724–1804) beantwortete 1783 die Frage »Was ist
Aufklärung?« mit dem Satz: »Aufklärung ist der Ausgang des
Menschen aus seiner selbstverschuldeten Unmündigkeit... Sapere aude! Habe Mut, dich deines eigenen Verstandes zu bedienen!
ist also der Wahlspruch der Aufklärung.«[73] Die Trägheit, die Kant
unter anderem für die selbstverschuldete Unmündigkeit der Menschen verantwortlich machte, schien ihr physikalisches Gegenstück in jener Schwerkraft zu besitzen, die die Menschheit seit
Jahrtausenden an den Erdboden fesselte. Jean Paul schrieb wenig
später fliegend im »rauschenden Nachtluftmeer«: »Welche lüftende Freiheitsluft gegen den Kerkerbrodem unten!«[74] Schon von
jeher war der Flug auch eine Freiheitsmetapher gewesen, und die
Möglichkeit einer technischen Verwirklichung mußte den enga-
gierten Aufklärern des Jahrhunderts als Symbol von beispielloser
Faszination erscheinen, zumal die Kirche an ihrer ablehnenden
Haltung gegenüber dem »hoffährtigen« menschlichen Flug festhielt[75]. Etienne Montgolfier war Freimaurer und gehörte damit
zum engeren Kreis der damaligen aufgeklärten Geisteselite, genau
wie viele andere Befürworter der raschen technischen Verwirklichung des Menschenfluges. Die Brüder Montgolfier stießen auf
entsprechende Förderer: Den Startplatz für die erste größere Test-
kugel stellte im Frühjahr 1783 ein Herr Bollioud de Brogieux in
Roiffieux, und als Zuschauer war ein ausgewählter Kreis von Gästen geladen, leidenschaftliche Anhänger der Aufklärung, die das
Ereignis von der Terrasse des Schlosses aus beobachteten[76].
Unmittelbar nach der ersten Ballonfahrt schlugen die Wogen der
Begeisterung hoch. Paul-Philippe Gudin de la Brennellerie
(1738–1812) von der Akademie der Wissenschaften in Marseille
verfaßte ein hymnisches Gedicht »Über die aufsteigende Kugel«,
in welchem er die Besonderheit des Montgolfierschen Triumphes
hervorhob: »Nein, dies ist nicht Ikarus, der wagemutig die Erde
verläßt«, schreibt er; kein mythischer Einzelkämpfer hat sich hier
unter größten Gefahren selbst verwirklicht, sondern »es ist die
Natur selbst, die, durch Studien dienstbar gemacht, heute dem Ge-

Ohne Motorengeknatter durch die Lüfte. Paul Klee, »Ballon im Fenster«, 1929.
(Abb.-Nr. 11)

L'Homme aérostatique. Zeitgenössisches Scherzbild 1783 auf die Erfindung der
Aérostaten und das anschließende »Ballonfieber«.
(Abb.-Nr. 12)

nie ihre Flügel leiht. Die Meere sind bezwungen, die Blitze gezügelt, die Berge flach geworden: nun steht der Himmel offen, die Erforschung des ewigen Eises, die Schnelligkeit verkürzt Entfernungen: »... erkundet die letzten Grenzen der Erde. Ferne Völker werden Euch für Götter halten: tut es ihnen in allen Dingen gleich, seid gerecht wie sie...«[77] Angesichts dieses Triumphes hielten es manche Aufklärer für angebracht, die alten klerikalen Widersacher offen herauszufordern: »Ihr, scheue Geister, für die alles Wunder ist, ihr, eifersüchtige Verleumder, die jeder Erfolg betrübt, erzittert, und seht was die Kunst vermag...«[78] In dieser Zeit des Fortschritts war es für die älteren Konservativen schwierig, noch Argumente zu finden, denn sie mußten »gegen die Natur« und gegen die Sehnsüchte der Menschen ankämpfen. So versuchte man es mit Hilfsargumenten. Ein »Pater Albert« reimte 1800 in »Die letzten Seufzer des scheidenden achtzehnten Jahrhunderts« auf »Luftmaschinen« »Guillotinen«, und sein sarkastischer Satz: »Die Demut steigt in Luftmaschinen« zeigt, worum es ihm ging: Natürlich war es nicht Demut, sondern Hochmut, der hier seinen Ausdruck fand, oder, um es in der Sprache des Mittelalters auszudrücken: »Superbia«, die größte aller Sünden, der luziferianische Wunsch, es Gott gleichzutun. Alberts Ausführungen enden mit dem Aufruf: »Ihr treuen Freunde! Seyd standhaft gegen Glaubensfeinde... Bleibt Gott getreu und euren Fürsten, hört auf nach Menschenblut zu dürsten!«[79] Etwas weniger dramatisch heißt es in einem »Lyrischen Aperçu« des gleichen Jahres: »Daß in dem Luftballon Montgolfier den kleinen Gott zum großen Gott hinauf zu fliegen lehrte« sei zwar ganz nett, aber »alles, was mit Luft sich anfängt oder endet, zum Exempel ein Luft-Schloß, oder Hof-Luft, oder Hans-Luft, dem fehlt es am Soliden, das ist – luftig.«[80] Die technische Verwirklichung des Menschheitstraums vom Fliegen wurde allgemein für einen entscheidenden Sieg der Naturwissenschaften über die Religion, für einen »Triumph der Aufklärung« gehalten. Der Schriftsteller Louis-Sébastien Mercier (1740–1814) schrieb 1783:

»Das rastlose Genie meiner Zeitgenossen verlangt freyen Flug, strebt sich zu entwickeln; will, ohnerachtet der Hindernisse frostiger beschränkter Köpfe die Welt modificieren...«[81]

Der anfangs so distanzierte Wieland ließ es sich nicht nehmen, in einer zweiten Schrift: »Die Aeronauten, oder fortgesetzte Nachrichten von den Versuchen mit der aerostatischen Kugel« über die weiteren Ereignisse zu berichten, auf Wunsch seiner Leser, wie er selbst zugibt, die teilweise heftig seine beißende Ironie kritisiert hatten. Innerhalb weniger Wochen sah sich der aufgeklärte Trendsetter genötigt, seine Arroganz gegenüber dem vermeintlichen Modewahn aufzugeben und einen völlig neuen Ton anzuschlagen, nicht ohne ehrliche Selbstkritik zu üben: »Der Titel ›Aéropetomanie‹, den wir den ersten Versuchen der noch in der Wiege liegenden Luftschifferkunst beylegten, . . . war doch in so fern nicht zum glücklichsten gewählt, als er eine an sich sehr ernsthafte Sache lächerlich . . . zu machen schien.«[82] Besonders die Luftfahrt des Professors Charles »in seinem Aerostatischen Wagen« veranlaßte Wieland zu dieser Meinungsänderung. Ausgehend von der Tatsache, daß dieser Erfolg das Ergebnis der Anwendung naturwissenschaftlicher Forschungsergebnisse gewesen sei,

»kann man wohl ohne Vergrößerung behaupten, daß der menschliche Verstand seit Jahrtausenden nichts erfunden und zu Stande gebracht habe, das von dieser Erfindung nicht verdunkelt werde«.

Die Vorteile, die sich daraus ergeben würden, seien jetzt schon absehbar, auch wenn sie sich »erst über die künftigen Jahrhunderte ausbreiten werden«[83]. Der Physikprofessor Joseph Weber (1753–1831), der sich noch in den letzten Hexendiskussionen profiliert hatte, schrieb 1786 in Wilhelm Friedrich Ludwig Wekherlins (1739–1792) »Grauem Ungeheuer« den Aufsatz »Ueber den Werth der Luftmaschinen«, in dem es heißt:

»Die Fabel von Dädalus ist in diesem Jahrhundert zur Geschichte geworden. Nachdenkende Menschen haben durch Kunst und Fleis das zur Thatsache gemacht, was vorher nur süßer Traum der Poeten und frommer Wunsch dichterischer Philosophen war.«[84]

Und Georg Christoph Lichtenberg zog folgende Bilanz des Jahrhunderts der Aufklärung:

»Unser 18. Jahrhundert wird sich sicherlich nicht zu schämen haben, wenn es dereinst sein Inventarium von neu erworbenen Kenntnissen und angeschafften Sachen an das 19. übergeben wird, auch wenn die Überreichung morgen geschehen müßte. Wir wollen einmal einen ganz flüchtigen Blick auf dasjenige werfen, was es seinem

Nachfolger antworten könnte, wenn es morgen von ihm gefragt würde: Es könnte kühn antworten: Ich habe die Gestalt der Erde bestimmt; ich habe dem Donner Trotz bieten gelehrt; ich habe den Blitz wie Champagner auf Bouteillen gezogen ... Aber sieh noch hier ein paar Kleinigkeiten: Hier habe ich einen neuen ungeheuren Staat, hier einen fünften Erdteil, da einen neuen Planeten und ein kleines überzeugendes Beweischen, daß unsere Sonne ein Trabant ist, und sieh, hier endlich habe ich in meinem dreiundachtzigsten Jahr ein Luftschiff gemacht...«[85]

Luftschiffahrt als Beruf

Der erste Berufsluftschiffer war Jean Pierre Blanchard (1750–1809), ein Flugpionier der ersten Stunde, der seine Flugbegeisterung bereits 1781 mit einer völlig unbrauchbaren eigenen Flugmaschine unter Beweis gestellt hatte. Sein erster Ballonaufstieg erfolgte am 2. März 1784 auf dem Pariser Marsfeld, wobei die verärgerten Zuschauer Eintrittsgeld bezahlen mußten: Blanchard übertraf an Geschäftstüchtigkeit von Anfang an alle anderen Ballonflieger. Ein Spottgedicht bemerkte dazu· »Vom Marsfeld stieg er in die Luft empor, die Nachbarschaft zum Abstieg er erkor, viel bares Geld gewann er, Ihr Herren: Sic itur ad astra!«[86] Seinem – angeblich lenkbaren – Wasserstoffballon hängte er immerhin noch ein Flügelwerk zur Verzierung an. Nach weiteren Aufstiegen in Frankreich, die er selbst literarisch verewigte[87], setzte Blanchard nach England über, um seine Kunst in Chelsea und London zur Schau zu stellen. Am 7. Januar 1786 gelang Blanchard der Durchbruch zur internationalen Berühmtheit: Mit einem Fahrgast überflog er als erster Mensch den Ärmelkanal von Dover nach Calais. Diese gezielte Luftfahrt, die ihren Erfolg freilich nur dem konstanten Westwind verdankte, begründete seinen Weltruhm. Tatsächlich war das Wagnis groß gewesen, und die beiden Abenteurer konnten das sichere Ufer des Kontinents nur dadurch erreichen, daß sie sämtlichen Ballast, inklusive der Kleidungsstücke bis zur Unterwäsche, über Bord warfen. Zur Belohnung wurden den Pionieren große Ehren zuteil, die von der Ehrenbürgerschaft von Calais über eine Audienz beim König bis zur lebenslänglichen Rente reichten[88].
Blanchards hoher Bekanntheitsgrad ermöglichte nun einen quali-

tativ neuen Schritt: Er wurde Luftfahrtunternehmer[89]. Die Auswahl der Auftrittsorte wurde nach rein geschäftlichen Überlegungen getroffen, was eine umfangreiche Korrespondenz mit den jeweiligen Auftrittsorten erforderte. Meistens gelang es, vor der Anreise eine beträchtliche Garantiesumme – etwa 2000 Dukaten – auszuhandeln, für den Fall, daß die Eintrittsgelder zu gering blieben. Bereits 1786 unterhielt Blanchard ein perfekt eingespieltes Team – spöttisch »Hofstaat« genannt – zur Durchführung seiner Auftritte, dem neben Frau und Geliebter sein Sekretär, zwei livrierte Diener und ein knappes Dutzend Arbeiter angehörten, die Auf- und Abbau sowie Verladung der drei Ballons mit Gondeln und Zubehör, die Blanchard damals in einem Troß mit sich führte, organisierten.

Die Auftritte Blanchards waren Ereignisse ersten Ranges, die nicht nur das Einerlei des Alltags, sondern auch das der üblichen Großveranstaltungen des Ancien régime – etwa Jahrmärkte, Hinrichtungen oder Krönungsfeiern – weit hinter sich ließen. Bereits die Ankunft von Blanchards Karawane löste regelmäßig Massenaufläufe aus, weil viele Menschen sofort den Helden sehen wollten. Blanchard stieg stets im besten Hotel ab und quartierte sich dort für Wochen ein. Während dieser Zeit wurde die technische Seite der Auftritte organisiert und ein regelrechter Werbefeldzug vorbereitet. Plakate, Handzettel und Zeitungsannoncen kündigten das Ereignis an und versetzten das Publikum mit ihrem Pathos in Spannung. In einem Frankfurter Blatt hieß es:

»Hier bin ich; und wenn der es leidet,
der Sonnenschein und Sturm bereitet,
Denn sollt ihr mich in Frankfurts Höhen
Die Lüfte froh durchstreichen sehen.«[90]

Gelegenheitsschriftsteller bereicherten die Papierflut durch Schriften über Blanchards Lebensweg sowie Technik und Geschichte der Luftschiffahrt, was die Stimmung zusätzlich anheizte. Während der Vorbereitungszeit wurden die Geräte gegen Entgelt in großen Hallen zur Schau gestellt. Die Meinungen über den exotisch kostümierten Fremden mit seiner Truppe waren geteilt. In der Regel drehten sich die Diskussionen um die Themen Freizügigkeit, Verschwendung, Unsolidität, Tapferkeit, also letztlich mehr um mora-

Die erste Überfliegung des Ärmelkanals durch Jean-Pierre Blanchard.
Im Vordergrund der pflügende Landmann,
der an die Daidalos/Ikaros-Darstellungen erinnert. Kupferstich 1785.

lische als um technische Fragen. Blanchard erreichte damit ein
Maximum an Publicity. Während dieser Zeit errichtete der Ar-
beitstrupp Zuschauertribünen und Windschutzwände, die Magi-
strate debattierten über Sicherheitsfragen, Verkehrsregelung und
die logistische Versorgung des Volksfestes. In Nürnberg wurde die
Stadt wie zum Empfang eines Königs geschmückt, 50 polnische
Ochsen und Unmengen von Bier und Geflügel wurden herange-
schafft. Die Damen der Gesellschaft entschlossen sich sogar, ein-
heitlich in blau-weißer Garderobe – den Farben Blanchards – zu
dem großen Ereignis zu erscheinen, auf das sich die ganze Stadt
vorbereitete.
Das Volksfest des Ballonaufstiegs vollzog sich nach einem relativ
einheitlichen Muster. Der Schausteller hatte alles vorbereitet,
ebenso die zahlreichen Gewerbetreibenden und Genußmittelver-
käufer, die von dem Spektakel profitierten; die Bürger waren
durch Propaganda bestens vorbereitet, die ganze Stadt war auf den

Beinen und erwartete die Ankunft des Meisters. Die Betuchteren
hatten »Subskription« bezahlt und durften sich in einem umzäun-
ten Gelände nahe des Ballons aufhalten, die »anderen« standen außerhalb, saßen an Fenstern und auf Dächern, hingen in den Bäumen oder schauten von den Türmen der Stadt. Spätestens wenn
der Ballon aufstieg, konnte jeder teilhaben. Blanchard begann seinen Auftritt mit einer kurzen französischen Ansprache, anschlie-
ßend brachte der Sekretär das Lilienbanner und das jeweilige
Stadtwappen zur Gondel. Kanonenschüsse gaben das Signal zum
Beginn, Blanchard stieg mit einem blau-weißen Federhut in die
Gondel und begann, Anweisungen an seine Mitarbeiter zu geben.
Schließlich erhob er sich unter dem Jubel der vieltausendköpfigen
Menge in die Luft. Tagebuchaufzeichnungen geben darüber Aus-
kunft, wie groß der Eindruck dieses Augenblicks war. Über Blan-
chards 19. Luftreise 1786 in Hamburg schrieb der Pädagoge C. F.
Schumacher:

> »Er gab das Signal, die Seile wurden gelöst, und frei war er, wie der Vogel in der
> Luft. Der Ballon hob sich, erst langsam, dann immer schneller, und das Zujauchzen
> der unendlichen Menge war fast betäubend; von Wagen, Pferden, Fußgängern sah
> man Tausende geschwenkter Hüte der Männer und wehende Tücher der Damen.
> Der Anblick des ganzen war so begeisternd, die Szene hatte so fremd- und großarti-
> ges, daß ich im buchstäblichen Sinn versichern kann, der Atem stockte mir so wie
> der Ball sich hob, und dabei war es mir, als zöge es mich nach . . .«[91]

Um seinem Versprechen der Lenkbarkeit des Ballons nachzukom-
men, spannte sich Blanchard nun in das Gestänge seines Flügel-
apparats und ruderte unter Einsatz aller Kräfte. Nach dieser Demonstration begann er mit dem Abwurf von Tieren an Fallschirmen,
was jeweils zu einem kräftigen Anstieg des Ballons führte. Wenn
dieser über die Hausdächer entschwand, winkte der Luftschiffer
aus seiner Gondel dem Publikum zu, und viele Zuschauer begannen, ihm zu Fuß oder zu Pferd zu folgen. Meist waren bereits
Leute zur Stelle, wenn Blanchard außerhalb der Stadt zur Landung
ansetzte. Blanchards Kunststück bestand nun darin, nicht ganz
aufzusetzen, sondern knapp über dem Boden in der Luft stehenzu-
bleiben und sich von willigen Helfern an einem Seil wieder an den
Ausgangspunkt der Luftfahrt zurückschleppen zu lassen, unter
großem Beifall der Volksmenge. Meist glich diese Einholung des

Aeronauten in die Stadt einem Triumphzug. Der Abend des Festtages schloß nicht selten mit Konzerten oder Theaterveranstaltungen zu Ehren Blanchards, mitunter mit eigens gedichteten Stücken wie in Braunschweig, wo »Die Luftbälle, oder der Liebhaber à la Blanchard« gegeben wurde. Den Abschluß des Abends bildete meist ein großes Feuerwerk, danach folgte in kleinerem Rahmen – ohne Volk – meist ein Festbankett mit Tanz, das entweder vom Magistrat oder einem adligen Haus gegeben wurde[92].

Am 3. Oktober 1785 hatte sich Blanchard als erster Luftfahrer in Deutschland von der Erde erhoben. Schauplatz war Frankfurt am Main. Seine Subskription brachte ihm die ungeheure Gewinnsumme von 1500 Louisdors ein, weitere 700 Louisdors erhielt er in Form von Geschenken. 1788 trat Blanchard in Berlin auf und wurde von König Friedrich Wilhelm II. (1744–1797) empfangen. Alexander von Humboldt (1769–1859) hat das Ereignis, das ihm »die Fortschritte der menschlichen Kultur« bewies, beschrieben. Im Wien des aufgeklärten Kaisers Leopold II. (1747–1792) feierte Blanchard einen seiner letzten großen Triumphe. Mit dem Fortgang der Französischen Revolution verschlechterte sich jedoch seine Situation, da er sich zu ihren Zielen bekannte und an der Gondel statt des Lilienbanners die Trikolore und das Motto »Freiheit, Gleichheit, Brüderlichkeit« anbrachte. Als er in Kufstein »aufrührerische Reden« hielt, setzte ihn die Tiroler Regierung in mehrwöchige Festungshaft. Allerdings konnte er mit seinen vollständigen Gerätschaften nach Deutschland abziehen.

Den Wirren der Revolutionskriege entzog sich Blanchard, indem er im Dezember 1792 eine alte Einladung in die USA annahm. Die Vorführung am 9. Januar 1793 in Philadelphia wurde ein durchschlagender Erfolg: die ersten fünf Präsidenten wohnten ihr bei: George Washington (1789–1797) und seine Nachfolger John Adams (1797–1801), Thomas Jefferson (1801–1809), James Madison (1809–1817) und James Monroe (1817–1825). Auch eine Abordnung von Indianern, darunter die berühmten Häuptlinge Little Elk, Painted Face und Rising Man, war anwesend. In den folgenden fünf Jahren seines Amerikaaufenthalts wurde Blanchard jedoch vom Glück verlassen; 1798 kehrte er nach Frankreich zurück[93].

Das Problem der Lenkbarkeit der Aérostaten

Alles Gerede von der »Aeronautik« konnte nicht lange verbergen, daß es gerade um die »Nautik« schlecht bestellt war: Die Luftballons konnten zwar aufsteigen, blieben aber unlenkbar: Die »Aérostaten« fuhren dorthin, wohin der Wind blies, und Karikaturisten und Spötter fanden in der hehren Kunst der Luftfahrt eine willkommene Angriffsfläche. Die Lenkbarkeit bildete das kardinale Problem der Luftschiffahrt. Bereits 1784 hatte die Akademie der Wissenschaften zu Lyon ein Preisausschreiben »sur la direction des aérostates« ausgeschrieben, zu dem binnen weniger Monate rund hundert Lösungsvorschläge eingesandt wurden. Zu den Einsendungen gehörte der Vorschlag eines »Fliegenden Fisches« aus Weißblech, dessen Form immerhin schon dem Zeppelin nahekam. Ebenfalls 1784 wurde der legendäre Flug des Luftfisches über Placentia publiziert[94]. Immer wieder wurde auch die Möglichkeit erwogen, die Lenkung des Luftballons durch dressierte Vögel zu ermöglichen, eine Idee, die durch die legendäre Luftfahrt Alexanders des Großen präfiguriert worden war. Bereits 1784 wurde diese Möglichkeit propagiert und 1801 in Wien von Jakob Kaiserer zu dem klassischen Vorschlag des »Adler-Luftschiffs« verdichtet: Er wollte vor einen Fesselballon zwei Adler spannen[95].

1784 war ein Jahr ungebremster Erprobung. Berauscht von der ersten technischen Verwirklichung des Menschenfluges, hielt man noch alles für möglich und veranstaltete unzählige Versuche zur Lenkung der Aérostaten. Gelegentlich behauptete einer der Erfinder, durch Ruder- oder Segelvorrichtungen das Problem gelöst zu haben. Besonders spektakulär war die Vision des Riesenballons »Minerve« mit seiner fliegenden Stadt, die von dem Berner Kunstmaler Balthasar Antoine Dunker zu der berühmten »Post-Luft-Kugel« umgestaltet wurde, die fortan durch die Literatur geisterte[96]. Eine Lenkung war jedoch rein physikalisch unmöglich, da alle Zusatzvorrichtungen den gleichen Kräften wie der Ballon selbst ausgeliefert waren und, anders als in der Seeschiffahrt, ein Kreuzen gegen den Wind wegen des fehlenden Widerstands eines zweiten Elementes nicht möglich war. So blieben die Erkenntnisse zur Steuerbarkeit der Luftballons auf dem Punkt stehen, den bereits einer der Brüder Montgolfier angesprochen hatte: »Ich sehe als wirksames Mittel zur Lenkbarkeit nur die Kenntnis der verschiedenen Luftströmungen an, die man studieren muß; sie sind in den verschiedenen Höhen selten gleichartig.«[97] Allerdings hatte es schon früh auch zukunftsweisende Vorschläge gegeben, die allein aus technischen Gründen zunächst nicht zu verwirklichen waren. Der schon erwähnte Jean Baptiste Marie Meusnier entwarf bereits seit dem Dezember 1783 halbstarre Flugkörper mit länglicher Form, die durch ein »sich drehendes Ruder«, also einen Propeller, gesteuert werden sollten. Dieser Propeller sollte durch Muskelkraft bewegt werden, was natürlich ganz aussichtslos war[98]. Die Brüder Robert konstruierten 1784 einen zylinderförmigen Ballon, der allerdings durch Ruder nicht zu steuern war, und auch der Kopenhagener Physiker Christian Gottlieb Kratzenstein erfand 1784 ein starres zylinderförmiges Luftschiff mit einer vierflügeligen Luftschraube[99]. Nicht nur Erfinder und Naturwissenschaftler beschäftigten sich mit solchen Problemen, sondern alle möglichen Personen des »öffentlichen Lebens«: Karl Theodor Freiherr von Dalberg (1744–1817), der spätere Kurfürst von Mainz und Fürstprimas, steuerte 1785 zu Lichtenbergs »Magazin für das Neueste aus der Physik« den Entwurf eines fischähnlichen Starrluftschiffes mit Propellerantrieb bei[100].

Der Rückgang der Ballon-Euphorie in den Jahren der Revolution

Mehrere Gründe führten dazu, daß die anfängliche Balloneuphorie bereits nach drei Jahren deutlich nachließ. Einer dieser Gründe war, daß das Problem der Steuerbarkeit der Ballons nicht gelöst werden konnte. Für die Eingeweihten waren bereits 1785 die Hoffnungen auf einen gezielten Balloneinsatz für Handel und Verkehr zerstoben. Das aufgeklärte Oberhaupt des Reiches, Kaiser Joseph II. (1741–1790, reg. 1764–1790), beschied Blanchard in gewohnter Trockenheit:

»Ich habe Ihren Brief erhalten, Ms. Blanchard. Sie haben die Kuriosität Ihrer Zuschauer durch viele und an verschiedenen Orten gemachte Versuche hinlänglich befriedigt, so daß deshalb wegen ihrer Reussierung kein Zweifel übrig bleibt. Sobald
sie durch ihre Kenntnisse und wiederholten Versuche das Mittel gefunden haben,
die Aerostation einigermaßen nützlich zu machen, soll es mir angenehm seyn, wenn
Sie nach Wien kommen wollen, um mich davon zu unterrichten und zu überzeugen.«[101]

Ein anderer Grund lag in der Desillusionierung durch die erste
Ballonfahrtkatastrophe, die die Symbolik des unaufhaltsamen
Fortschritts in Mitleidenschaft zog. Ausgerechnet der wagemutige
Pilâtre de Rozier, der zwei Jahre zuvor mit einer Montgolfière die
erste bemannte Luftfahrt durchgeführt hatte, wurde das erste
Opfer der neuen Fliegekunst. Er hatte seine Kanalüberquerung
nicht entsprechend der üblichen Windrichtung von West nach Ost
durchführen wollen, dies hatte vor ihm am 7. Januar 1785 schon
Blanchard geschafft, sondern von Frankreich nach England. Grund
des Absturzes war die unsinnige Idee, die beiden bisherigen Bal-
lontypen – Montgolfière und Charlière – zu einem neuen Typ, der
sogenannten »Rozière«, zu kombinieren. Dabei war zwischen der
runden Kugel des Wasserstoffballons und der Gondel ein Heißluft-
zylinder angebracht. Durch ein Heißluftfeuer sollte das Mitneh-
men von Ballast unnötig gemacht werden. Professor Charles hatte
diese Konstruktion bereits vor ihrem Einsatz mit einem »Pulver-
faß« verglichen, da klar war, daß der Wasserstoffbehälter zur
Explosion kommen mußte, sobald die Flammen zu hoch schlugen.
Genau dieser Fall trat bei starkem Fahrtwind ein. Pilâtre und sein
Begleiter Romain stürzten in der Nähe von Boulogne-sur-Mer am
15. Juni 1785 aus großer Höhe ab und wurden zerschmettert[102].
Diesen ersten Ballonabsturz machte 1785 Wilhelm Ludwig
Wekherlin (1739–1792) zum Gegenstand seiner Fabel »Das tragi-
sche Ebentheur der Luftschiffer Rosier und Romain travestiert«.
Der Absturz des Pilâtre de Rozier wurde hier, wie könnte es anders
sein, um Zutaten aus der klassischen Mythologie und eine Liebes-
geschichte bereichert: Der Ballonbau dient dazu, die ferne Geliebte
Betsy zu erreichen; Zeus, über die menschliche Vermessenheit erzürnt, zerschmettert das Zauberfuhrwerk. Die auf ewig einsame
Betsy wird von der Göttin Juno als Stern an den Himmel versetzt[103].

Schließlich gab es die übliche Abnutzungserscheinung von Neuigkeiten: Der Beobachter Wieland schrieb 1797 rückblickend:

»Die Luftballons und die Luftschifferey kamen 1786 unvermerkt aus der Mode; die Pariser hatten sich lange genug damit amüsiert; andere Zeitvertreibe, die Folie Journée, die Folie par amour und eine Menge anderer Folies traten an ihren Platz.«

Bereits 1786 stiegen in Paris nur noch wenige Luftkugeln auf. Zudem wurden immer größere Bevölkerungskreise in den Bann der vorrevolutionären gesellschaftlichen Krise des absolutistischen Frankreich hineingezogen. Und während des Ausbruchs und der Zeit der größten Dynamik der Revolution, also zwischen Bastillesturm und der Herrschaft des Maximilien Robespierre (1758–1794) hatte man auch andere Sorgen, als sich technischen Spielereien hinzugeben:

»Die nothwendigen und zufälligen Folgen der allgemeinen Umwälzung der Dinge verschlangen alles geringere Interesse; und so war nichts natürlicher, als daß in den ersten fünf Jahren der Revoluzion von der Aeronautik im Publikum ebenso wenig die Rede war als von der Kunst, auf dem Wasser zu gehen...«[104]

Die Montgolfiers und Professor Charles, das sei nur am Rande erwähnt, überstanden alle Revolutionswirren wohlbehalten, wozu ihre anhaltende Popularität beitrug. Als am 10. August 1792 bewaffnete Sansculotten das Tuilerienschloß stürmten und im Louvre auf César Charles stießen, ließen sie ihn mit den Rufen: »Vive Charles – vive le ballon« hochleben. Etienne Montgolfier engagierte sich in der republikanischen Provinzverwaltung. Die Luftschiffahrt war jedoch tot, und wer wie Blanchard aus seiner Neigung zu den Ideen der Revolution außerhalb Frankreichs keinen Hehl machte, mußte in die USA ausweichen.

Seit 1793: Aérostaten als Kriegsmaschinen

Für die scheinbar so nutzlosen Aérostaten fand sich jedoch bald eine neue Verwendung, deren Gefährlichkeit bereits während der Flugdiskussion des 17. Jahrhunderts erörtert worden war: der Krieg aus der Luft. Erstmals wurden 1793 in der Schlacht von Valenciennes Aérostaten zur militärischen »Aufklärung« eingesetzt;

nach diesem Versuch schritt man zur Institutionalisierung: Am 2. Juni 1794 wurde in Meudon die erste Luftschifferkompagnie der Geschichte gegründet: die »Aérostatiers militaires«, zu deren Schulung im Oktober 1794 eine »Ecole nationale aérostatique« eingerichtet wurde. Von nun an begleiteten Luftschiffe regelmäßig das Schlachtengeschehen: Der Fesselballon »L'Entreprenant« beobachtete die Belagerung der Festung Maubeuge durch österreichische Truppen und stand über den Schlachten bei Charleroi, Fleurus, Mainz, Worms, Mannheim und Ehrenbreitstein, wohl zum nicht geringen Erstaunen der Gegner. Ein vor Würzburg von den Österreichern eroberter Militärballon landete später im Wiener Heeresmuseum. Vielleicht war die Generalität mit dem psychologischen Effekt zufrieden, denn rasch wuchs die »Luftwaffe« der siegreichen französischen Truppen auf insgesamt 230 »Aérostatiers« an. Zeitgenössische Beobachter sahen die Gefahr einer französischen Luftüberlegenheit – die militärische Konkurrenz um den Luftraum hatte begonnen[105].

Napoleon Bonaparte (1769–1821) nahm 1798 einen »Aérostaten« auf seinem Ägyptenfeldzug mit und ließ im eroberten Kairo einen Aufstieg veranstalten, über dessen Wirkung die Meinungen in zeitgenössischen Berichten allerdings weit auseinandergingen. Nach seiner Rückkehr aus Kairo löste jedenfalls der »Erste Konsul« der Republik im Januar 1799 die »Ecole aérostatique« wieder auf, da deren Kosten in keinem Verhältnis zu ihrem Nutzen standen[106]. Immerhin: Die Zehnjahresfeier der Revolution wurde in Paris – fast möchte man sagen: selbstverständlich – mit dem feierlichen Aufstieg eines Aérostaten begangen. Aber die symbolträchtige Ballonfahrt war vielfältig verwendbar, zur Feier reaktionärer Ereignisse taugte sie ebenso. So gab es Ballonaufstiege bei der Krönung Napoleons 1802 und an deren Jahrestag 1805. Ebenso bei Napoleons Hochzeit mit Prinzessin Marie-Louise von Österreich – und schließlich nach der Niederwerfung der napoleonischen Truppen beim feierlichen Einzug Ludwigs XVIII. (1755–1824) in Paris[107].

Frauen und Luftschiffahrt

Bereits 1716 hatte Johann Andrea Agricola in einem Abschnitt über »die Kunst der Luftschiffahrt« geschrieben, wenn die »verliebten Frauenzimmer« eine solche fliegende Maschine hätten, so würden sie sich »mit ihren lufft-fangenden Reiff-Röcken bald durch die Luft schwingen«, um rasch zu ihren Geliebten zu gelangen[108]. Manche Frauen selbst sahen es wohl genauso. Im September 1783 veröffentlichte Katharina Salome Gugenmussin in Straßburg die Prophezeiung:

»Wenn unser Geliebter fern ist..., dann sind die Gebirge für uns keine Gebirge mehr. Wir schwingen uns in die Lüfte hinauf, sehen nach den Gegenden hin, wo der Liebling unseres Herzens weilt, bestellen ihm, daß er um die nämliche Zeit entweder sich auf eine Luftmaschine setzen oder sich wenigstens auf einen Kirchturm oder Berg begeben solle, damit wir einander sehen und vielleicht gar durch Zeichen reden und uns gegenseitig Küsse zuwerfen können! So schwindet der weiteste Raum uns durch diese vortreffliche Erfindung! O das muß ein herrlicher Mann sein, der Herr Montgolfier...«[109]

Das Thema »Frauen und Luftschiffahrt« stand von Anfang an in einem eigentümlichen Spannungsverhältnis, da das Fliegen auf mehr oder weniger unterschwellige Art entweder allgemein mit weiblichen Freiheitswünschen oder konkret mit weiblicher Sexualität in Verbindung gebracht wurde. In Deutschland verfaßte Christoph Friedrich Bretzner (1748–1807) das Lustspiel: »Die Luftbälle oder der Liebhaber à la Montgolfier«, in Augsburg wurde das »Singspiel« »Der Luftballon« publiziert, in dem ebenfalls der Liebhaber mit der Geliebten im Ballon entschwindet, genauso, wie es bereits der Held Victorin mit seiner Christine in dem 1781 von Restif de la Bretonne (1734–1806) veröffentlichten Roman »La Découverte Australe« getan hatte – vor den Ballonaufstiegen[110].
Jene beiden Themen, Freiheit und Erotik, deren Assoziation mit dem Fliegen nahezu anthropologischen Charakter hatte, waren der europäischen Gesellschaft in Verbindung mit dem weiblichen Geschlecht so problematisch, daß weibliche Luftreisen mitunter direkt von der Polizei verboten wurden. Die Berliner »Vossische Zeitung« meldete 1798 aus Paris:

»Paris, den 4ten Mai. Die Polizei hat dem Bürger Garnerin die Luftreise mit einem Frauenzimmer verboten, weil er nicht erweisen könne, daß diese Gesellschaft etwas zur Vervollkommnung der Kunst beitragen werde, weil die Luftfahrt von zwei Personen verschiedenen Geschlechts unanständig und unmoralisch, und weil es nicht ausgemacht sey, ob nicht der Druck der Luft den zarten Organen eines jungen Mädchens gefährlich werden könne.«[111]

Der angebliche Schutz der Frau vor vermeintlicher Unbill in den Lüften kann jedoch angesichts des Assoziationsfeldes nur als Vorwand betrachtet werden, zumal Aeronautinnen in Frankreich bereits über eine Tradition verfügten, die noch in die vorrevolutionäre Zeit zurückreichte. Madame Blanchard, die zeitweise größere Berühmtheit erlangte als ihr Mann, war beileibe nicht die erste Aeronautin gewesen – Ballon-Pilotinnen haben seit dem Beginn der Luftfahrt eine bedeutende Rolle gespielt. Bereits am 4. Juni 1784 hatte sich Madame Elisabeth Tible, die Ehefrau eines Industriellen aus Lyon, von der Montgolfière »La Gustave« in die Lüfte tragen lassen; ihr Wohlbefinden hatte sie dem gespannten Publikum durch das Absingen einer Arie signalisiert[112]. 1785 war in England eine Miss Letitia Sage ihrem Beispiel gefolgt, 1792 eine Comtesse de Chasot, die Tochter des Stadtkommandanten von Bremen, in der Gondel von Blanchard[113]. Elisa Garnerin wurde die erste Fallschirmspringerin der Welt. Ihres Mutes und ihrer Geschicklichkeit wegen genoß sie die Verehrung des Publikums[114]. Der Anteil der Frauen liegt mit mehr als 10 % – 49 von 471 erfaßten Luftschiffern – im ersten halben Jahrhundert der Luftfahrt erstaunlich hoch[115].

Die erste deutsche Luftschifferin war Frau Wilhelmine Reichard (1788–1848) aus Braunschweig. Wie Madame Blanchard war auch sie die Frau eines bekannten Luftschiffers. Ihre erste Auffahrt fand am 16. April 1811 in Berlin im Beisein etlicher Prinzen statt, und noch im selben Jahr erlitt sie in Dresden einen Absturz, den sie jedoch überlebte. Auf weiteren etwa vierzig Luftfahrten, darunter 1820 zum Münchener Oktoberfest, bewies sie ihre Flugtauglichkeit[116]. Empfanden Frauen das Fliegen anders als die Männer? In dem Gedicht »Der Luftschiffer« von Karoline von Günderrode (1780–1806) wird das kosmische Erlebnis angesprochen, das dem Luftfahrer zuteil werde:

»Gefahren bin ich in schwankendem Kahne,
Auf dem blaulichten Ozeane,
der die leuchtenden Sterne umfließt,
Habe die himmlischen Mächte gegrüßt...«

In einem Programmblatt zum Münchener Ballonaufstieg von 1820
trat auch Frau Reichard literarisch hervor. In ihrem spätromanti-
schen Rührgedicht verbinden sich kosmisches Glücksgefühl mit
Geschäftsgeist, der auf die religiöse und patriotische Gesinnung
des Publikums spekuliert[117]. Ausgeklammert wird in diesen Gedichten das erotische Moment, das seit dem Premierenjahr 1783
oft die assoziative Verknüpfung zum weiblichen Geschlecht geboten hatte. Dies wurde von einem männlichen Schriftsteller nach-
geholt: Eine der ausgefeiltesten literarischen Kritiken weiblicher
Luftfahrt, die alle Implikationen konservativer Kritik zutage för-
dert, lieferte 1840 Adalbert Stifter (1805–1868) in seiner Novelle
»Der Condor«, so benannt nach dem Namen des Ballons. Der Frau
dient der Aufstieg mit dem Luftschiff als Fanal weiblicher Emanzipation. Cornelia, »das schönste, großherzigste, leichtsinnigste
Weib« von guter adeliger Herkunft, möchte den Beweis führen,
»daß auch ein Weib sich frei erklären könne von den willkürlichen
Grenzen, die der harte Mann seit Jahrtausenden um sie gezogen
hatte«, und stellt die Frage, »ob man nicht die Bande der Unter-
drückten sprengen möge«. Doch sie scheitert letztlich mit diesem
Vorhaben: »Das Weib verträgt den Kosmos nicht«, meint der
Dichter durch den Mund seines Helden Richard. Stifter prägte in
seiner Erzählung mit dem »frevelhaften Flugversuch« seiner Heldin einen literarischen Typus, der noch über die Jahrhundertwende hinaus »immer wieder nachgeahmt, fortgeschrieben und
variiert wurde«[118].

Von der Sensation zur Jahrmarktsattraktion

Als Blanchard 1798 aus den USA nach Europa zurückkehrte, fand
er eine völlig veränderte Szenerie vor. Triumphzüge wie in den
Anfangsjahren gab es jetzt für einfache Ballonfahrer nicht mehr.
In Frankreich hatte André-Jacques Garnerin (1769–1823), ein

Eintrittsbillet zu einer Fallschirmabsprung-Vorstellung der Elisa Garnerin von einem Aérostaten über dem Marsfeld in Paris.

Schüler von Professor Charles, das Feld mit völlig neuartigen Darbietungen besetzt: 1797 hatte er die Pariser mit zehn Ballonaufstiegen unterhalten und überdies am 22. Oktober 1797 den ersten Fallschirmabsprung aus dem Ballon unternommen, wenig später durch die Fallschirmsprünge anderer Familienmitglieder unterstützt, darunter solchen der hübschen Elisa Garnerin. Diese Artistentruppe versuchte nicht einmal mehr, den wissenschaftlichen Anstrich zu wahren, wie es Blanchard mit seinem angeblichen Lenkballon noch getan hatte. 1798 verwirklichte zudem der Aeronaut Pierre Téstu-Brissy seine wahnwitzige Idee, auf dem Rücken eines Pferdes sitzend in die Luft aufzusteigen. Blanchard mußte einsehen, daß hier eine neue Luftschiffergeneration das Feld beherrschte, mit deren waghalsigen Darbietungen er nicht mehr mithalten konnte.

Der Weg zur Schaustellerei, den Blanchard selbst bereitet hatte, wurde jetzt von anderen konsequenter beschritten. Nur noch in kleineren französischen Orten waren fortan seine Vorführungen gefragt. Bei seiner 66. Ballonfahrt schließlich erlitt er 1808 in Den Haag einen Schlaganfall, dessen Folgen er erlag[119]. Seine Witwe, Madame Marie Madeleine Sophie Armand Blanchard (1774–1819), betrieb das einträgliche Luftschiffergewerbe auch weiterhin. Ihre Vorliebe galt ausgedehnten Nachtfahrten, bei denen sie mit dem wirkungsvollen Einsatz von Feuerwerkskörpern dem Publikum neue Sensationen darbot, was ihr am 6. Juli 1819 in Paris zum Verhängnis wurde: Der Ballon fing mit einer Stichflamme Feuer und stürzte ab: Madame Blanchard verunglückte tödlich. Mit 67 Flügen übertraf sie die Anzahl der Luftfahrten ihres Mannes, was bedeuten könnte, daß sie zu diesem Zeitpunkt den Weltrekord in der Aeronautik hielt[120].

Nach Pilâtre de Rozier, Blanchard, Lunardi und Garnerin traten immer neue Berufsluftschiffer und Ballonfanatiker auf, von denen Graf Francesco Zambeccari (1752–1812) wegen der Faszination, die er auf die Jugend späterer Fliegergenerationen – darunter Otto Lilienthal – ausübte, zu den interessanteren gehört. Nach 1803 begann seine große Zeit, gekennzeichnet durch spektakuläre Katastrophen. Bei einem Aufstieg von Bologna aus verloren die Besatzungsmitglieder in großer Höhe bei starker Kälte das Bewußtsein und entrannen nach einem Sturzflug in die Adria nur knapp dem Tode. Beim nächsten Aufstieg 1804 fing während des Fluges die Galerie Feuer. Auch weiterhin blieb Zambeccari das Unglück treu. Sein letzter Flug führte ihn 1812 in einen Baum, wo der Ballon abermals Feuer fing. Die Piloten stürzten in den Tod. Zambeccaris Abenteuer fesselten das Publikum, doch entstand dieser Reiz vor allem durch die Vermarktung seiner unfreiwilligen Katastrophen[121].

Ihr Absinken zur Jahrmarktsattraktion zeigt, daß sich die Aeronautik zu Beginn des 19. Jahrhunderts im Zustand der Stagnation befand. Tatsächlich gab es jahrzehntelang keine entscheidenden Fortschritte, da die Frage des Antriebs, der die Lenkbarkeit gewährleisten konnte, technisch nicht lösbar war. Die Zahl der bemannten Ballonaufstiege wurde in den ersten 90 Jahren auf 3700 – also mehr als 40 pro Jahr – geschätzt, doch der technische, wirt-

schaftliche und wissenschaftliche Nutzen war gering. Bis zur
Mitte des 19. Jahrhunderts hatten die »Luftballreisen« überwie-
gend den Charakter artistischer Schaustellungen oder gesellschaftlicher Ereignisse. Die technische Weiterentwicklung der Ballonfahrt, etwa die 1821 durch Charles Green (1785–1870) erprobte
Möglichkeit, Wasserstoffgas als Füllgas durch das billigere Kohlen-
wasserstoffgas (Leuchtgas) zu ersetzen, änderte daran prinzipiell
nichts. In einer anonymen Schrift aus dem Jahr 1851 heißt es anläßlich einer Ballonexplosion:

»Seit langem herrscht die Erkenntnis vor, daß der Ballon eine völlig nutzlose Erfindung ist... Doch nun, da der Kitzel der Gefahr diesem Kunststück wieder inne-
wohnt, ist der Aeronaut wieder eine sichere Programmnummer: kein Vorstadt-
Hippodrom, Lustgarten, Gasthaus oder Bierhaus ohne die Ankündigung eines Ballonaufstiegs.«[122]

Luftschiffahrt in der Literatur
des frühen 19. Jahrhunderts

Dennoch nahm die Luftschiffahrt in der Literatur des 19. Jahrhunderts einen hervorragenden Platz ein. Sicher gab es einige spektakuläre Luftfahrten, wie etwa der Weitflug des Charles Green mit
seiner Riesencharlière »Vauxhall«, die 1836 von London über mehr
als 600 Kilometer bis ins Herzogtum Nassau in Deutschland
fuhr[123] und die Phantasie der Schriftsteller anregte, zumal der un-
vermeidliche Reisebericht nicht ausblieb[124]. Auch die erste Alpen-
überquerung von Marseille nach Turin im Jahre 1849 mag die
Phantasie beflügelt haben[125]. Vielleicht war es einfach die Mischung aus mythischem Hintergrund, der Assoziation von Freiheit
und Erotik, die eine anhaltende Faszination bewirkte, wobei die
unvollkommene technische Verwirklichung die Möglichkeit
schriftstellerischer Kompensation bot. Jedenfalls bemächtigten
sich viele, auch wichtige Schriftsteller dieses Sujets. »Die Band-
breite reicht dabei von der Sehnsucht, sich mit der Hilfe solcher
neuen Himmelskutschen aus der Enge der Verhältnisse in eine
neue, herausfordernde Freiheit emporzuschwingen, hin zur Angst,
aus einer vertrauten Umgebung in eine ganz und gar unbekannte

Dimension entführt zu werden.«[126] Den Anfang machte Jean Paul (1763–1825) im Jahr 1800 mit »Des Luftschiffers Giannozzo Seebuch«, einem satirischen »Luftschiff-Journal«, dessen Kapiteleinteilung sich an den Luftfahrten orientiert (»Erste Fahrt« etc.). Jean Paul setzt die Freiheit der Lüfte in Gegensatz zur kleinstaatlichen Enge und politischen Unterdrückung im Deutschland seiner Zeit, aber auch allgemein zum Leben am Erdboden, dem »großen Kerker«, dem er sich entziehen will. Mögen die Stadttore auch geschlossen sein, Giannozzo fliegt einfach über die Mauern hinweg davon[127]. Die Reinheit der oberen Welt als Gegenstück zur »niederen« Welt des menschlichen Alltags, die auf eine lange sakrale Tradition zurückverweist, gehört zu den bleibenden Topoi der Flugliteratur. Die frühe Luftschiffahrt drang in den metaphorischen Götterhimmel ein, wenn etwa Arthur Schopenhauer (1788–1860) die »ächten Werke« der Literatur 1844 so charakterisiert:

» . . . wie durch ein Wunder sieht man sie endlich aus dem Getümmel sich erheben, gleich einem Aerostaten, der aus dem dicken Dunstkreise dieses Erdenraumes in reinere Regionen emporschwebt, wo er, ein Mal angekommen, stehn bleibt, und keiner mehr ihn herabzuziehen vermag.«[128]

Die Zeit des Vormärz zeigte überhaupt ein ansteigendes Fluginteresse. Es gab noch biedermeierliche Produkte wie Stifters »Condor« und erneute Betrachtungen der Welt von oben wie in Fritz Reuters 1845 publizierter »Ballonfahrt durch Mecklenburg«[129]. Doch wurde mit Edgar Allan Poes (1809–1849) Luftfahrterzählungen ein neuer Ton angeschlagen. Sie erhoben den Anspruch, das fiktive Geschehen durch die Einbeziehung wissenschaftlicher Grundlagen wahrscheinlich zu machen. Diese Forderung wurde von Poe im Nachwort des bereits 1835 veröffentlichten »The Unparalleled Adventure of One Hans Pfaal« (Das unvergleichliche Abenteuer eines gewissen Hans Pfaal) erhoben, das eine Ballonfahrt zum Mond zum Gegenstand hatte[130]. Wenig später nahm Poe in seinem »Ballon-Jux« (1844) die Atlantiküberquerung vorweg, wobei er die ganze jüngere Fluggeschichte nebenbei Revue passieren ließ: den spektakulären Flug der »Vauxhall« von London nach Nassau, die fehlgeschlagenen Lenkballonversuche Hensons und Cayleys mit ausführlicher Diskussion der technischen Details dieser Lösungsversuche. Cayleys richtungweisender Propeller-Vorschlag bot Poe

schließlich den Schlüssel für seinen literarischen Lenkballon, der
die gezielte Luftfahrt von den USA nach England ermöglichte – die
Luft ist damit zum »ganz gewöhnlichen und bequemen Verkehrs-
weg« geworden[131].

Angesichts der beginnenden Bestückung der Ballons mit Maschinen und der zunehmenden Pläne einer wirtschaftlichen Nutzbar-
machung begann sich bereits eine frühe Skepsis gegenüber den
Folgen der neuen Technik abzuzeichnen. Der schwäbische Roman-
tiker Justinus Kerner (1786–1862) befürchtete 1845, daß »das Fliegen, der unselige Traum«, Wirklichkeit werden könnte. In seinem
Gedicht »Unter dem Himmel« besang er die Naturbelassenheit des
Luftraums, dessen ökologisches Gleichgewicht noch nicht ernsthaft durch menschliche Eingriffe gestört worden war und wo noch
nicht »Pferdetoben« und »des Dampfwagens wilder Pfiff« die
»blaue Stille« störten. Wenn das Fliegen allerdings Wirklichkeit
werden sollte, dann würde sich das ändern:

»Dann flieht der Vogel aus den Lüften,
wie aus dem Rhein der Salmen schon,
Und wo einst singend Lerchen schifften,
Schifft grämlich stumm Britannias Sohn.

Schau ich zum Himmel, zu gewahren,
Warum's so plötzlich dunkel sei,
Erblick' ich einen Zug von Waren,
Der an der Sonne schifft vorbei.

Fühl' Regen ich beim Sonnenscheine,
such nach dem Regenbogen keck,
Ist es nicht Wasser, was ich meine,
Wurd' in der Luft ein Ölfaß leck...«

Gegen diese damals sicher ärgerliche Vision verwahrte sich sofort der realistische Züricher Schriftsteller Gottfried Keller
(1819–1890) mit seinem Gedicht »An Justinus Kerner«:

»Was deine alten Pergamente
von tollem Zauber tun dir kund,
Das seh ich durch die Elemente
In Geistes Dienst verwirklicht nun.

Ich seh sie keuchend glühn und sprühen,
Stahlschimmernd bauen Land und Stadt,

Indes das Menschenkind zu blühen
und singen wieder Muße hat.

Und wenn vielleicht in hundert Jahren
Ein Luftschiff hoch mit Griechenwein
Durchs Morgenrot käm hergefahren, –
Wer möchte da nicht Fährmann sein?

Dann bög ich mich, ein sel'ger Zecher,
Wohl über Bord, von Kränzen schwer,
Und gösse langsam meinen Becher
Hinab in das verlaßne Meer.«

Die Luftschiffahrt als Spielfeld
der Projektemacher

An mehr oder minder verrückten Einfällen zur Lenkbarkeit von
Luftschiffen fehlte es das ganze 19. Jahrhundert hindurch nicht.
Insbesondere Frankreich, Deutschland, Italien und England, aber
auch schon die USA, Polen und Rußland waren die hauptsäch-
lichen Schauplätze der aeronautischen Aktivitäten. 1824 versuchte
der Heidelberger Professor August Erb eine »Luftfahrt-Aktienge-
sellschaft« zu gründen, für deren Zweck er zwei Millionen Aktien
zu je fünfzig Gulden ausgeben wollte. Elf Jahre später verfolgte
der Braunschweiger Chemiker Wilhelm Weinholz ein ähnliches
Projekt. In seinem Buch »Luftschiffahrt und Maschinenwesen«
vertrat er nachdrücklich die Idee des »Rückstoßkraftluftschiffes«.
Erwähnenswert schließlich wegen seines Zukunftsoptimismus ist
der französische Graf de Lennox, der 1834 in Paris eine »Europäische Luftschiffahrts-Gesellschaft« gründete. Am 2. Juli 1835
annoncierte er in der Londoner »Times« das »erste Post-Luftschiff
›Der Adler‹, welches im Jahre 1835 von der Aeronautischen Gesellschaft in London öffentlich ausgestellt« werde. Von der Gestalt her sah Lennox' »Adler« bereits einem Zeppelin ähnlich, aber
das Problem des Antriebs war zu diesem Zeitpunkt nicht gelöst,
weil es technisch auch noch gar nicht lösbar war: Zehn Jahre zuvor war in England erstmals Stephensons Dampflokomotive auf
Fahrt gegangen, und in den 1830er Jahren setzte die Revolutio-

nierung des Verkehrswesens durch den Eisenbahnbau gerade erst ein.

Die Anwendung der revolutionären Dampfmaschinen auf die Luftfahrt lag nahe, war aber wegen ihres großen Gewichts nicht zu verwirklichen. Zwar schlug 1837 Sir George Cayley einen »fliegenden Eisenbahnzug« vor, einen dampfkraftgetriebenen Ballon von annähernd 150 Metern Länge, der allerdings ebensowenig zu verwirklichen war wie zahlreiche andere Projekte: Der Nürnberger Mechaniker L. A. Leineberger baute 1843 ein kolossales »Dampfluftschiff«, einen messingnen Ballon, der durch einen gewaltigen Schaufelradpropeller angetrieben werden sollte – aufgestiegen ist er niemals. Mit Versprechungen aber war Leineberger nicht sparsam, er pries die Vorteile für Handel und Gewerbe, die Sicherheit und den Komfort seiner Erfindung. Er reiste mit seinem Schiff über die Lande und lebte offenbar vom Verkauf von Aktien für sein »hochfliegendes« Projekt[132]. Die deutsche Öffentlichkeit verfolgte das Projekt mit Spannung, und auch das berühmte Dichterduell zwischen Justinus Kerner und Gottfried Keller im Jahr 1845 ging auf die Pressemitteilungen über Leinebergers Flugprojekt zurück: Im »Deutschen Familienbuch« wurde 1843 das utopische Bild eines neuen »goldenen Zeitalters« ausgemalt. »Luftpaketboote« transportierten Post und Auswanderer nach Rio de Janeiro, das »elende Verkehrsmittel« der Eisenbahnen hat bereits ebenso ausgedient wie »die sogenannten Eilposten«, niemand mag mehr in solchen »Schneckenwagen« reisen, man reist nur noch in der Luft, Kriege werden in der Luft geführt: »Der Äther wimmelt von Luftfahrzeugen.«[133]

Neuer Aufschwung der Luftfahrt

Neben den Jahrmarktsluftschiffern hatte es auch im zweiten Viertel des 19. Jahrhunderts Berufsluftschiffer gegeben, die sich etwas von dem Pioniergeist der 1780er Jahre bewahrt hatten und das Interesse des Publikums mit immer neuen Weiten- und Höhenrekorden fesselten. Grundlage der spektakulären Leistungen war langjährige Übung in Hunderten von Ballonfahrten. Der erste Be-

rufsluftschiffer Blanchard mit seinen 66 Ballonfahrten war vergleichsweise unerfahren gegenüber dem Vauxhall-Piloten Charles
Green, dem »unerreichten Beherrscher der Lüfte«, der es bis 1852
bereits auf 500 Fahrten gebracht hatte[134]. Auf etwa dieselbe Le-
bensleistung kam der US-amerikanische Pilot John Wise
(1808–1879), der 1838 die Reißbahn beim Ballon einführte und
1859 den ersten Versuch einer Atlantiküberquerung unternahm.
Mit seinem 36 Meter hohen Ballon »Atlantic« startete er in St.
Louis, um nach 19stündigem, unglücklich verlaufenem Flug in der
Nähe von New York abzustürzen. Immerhin hatte er aber die konstante Westdrift der Höhenwinde bewiesen und mit 1300 Kilometern einen Weitflugrekord aufgestellt[135], der erst 1870 bei einem
unfreiwilligen Flug von Paris nach Norwegen (1500 Kilometer)
überboten wurde: Zwei aus der belagerten Hauptstadt aufgestiegene Ballonfahrer waren von einem Orkan erfaßt und bei 32 Grad
Kälte über die Nordsee getrieben worden[136].
Erstmals schaffte es der ehemalige französische Eisenbahnarbeiter
Henri Giffard (1825–1882), einen zigarrenförmigen, von Maschi-
nenkraft getriebenen Propellerballon durch die Luft zu bewegen.
Im Jahr zuvor hatte er ein Patent auf »Die Anwendung des Dampf-
fes in der Luftschiffahrt« erworben und mehrere Monate mit Hilfe
zweier Studenten einen spindelförmigen Ballon mit einer Länge
von 44 Metern gebaut. An der Gondel war eine Dampfmaschine
mit einer Leistung von 3 PS angebracht, die den dreiflügeligen
Propeller betrieb. Bei seinem Aufstieg am 24. September 1852 erreichte Giffard eine Geschwindigkeit von 2–3 Metern pro Sekunde, stieg auf 1800 Meter Höhe und führte über den Dächern
von Paris bei Windstille mehrere Lenkbewegungen aus. Drei Jahre
später wiederholte er den Versuch mit einem größeren Modell,
einem Lenkballon von 70 Metern Länge. Der Versuch mißlang
jedoch, und der Ballon wurde völlig zerstört[137]. Im Jahr 1860
bewirkte die Erfindung einer leistungsfähigen Maschine, des Gas-
motors, durch Etienne Lenoir eine Umwälzung der gesamten Luftfahrttechnik. Die Epoche der »Dampfballone« bzw. Dampfmaschi-
nen-Luftschiffe war damit abgeschlossen. Von nun an rechneten
Luftschiffkonstrukteure mit dem zukunftsträchtigen Explosions-
motor, der für die weitere Entwicklung der Luftfahrt bestimmend

wurde[138]. Lenoirs Motor wurde erstmals 1872 durch den Mainzer
Ingenieur Paul Hänlein eingesetzt, dessen Luftschiff eine Eigen-
geschwindigkeit von 20 km/h erreichte[139].

Die neuen technischen Möglichkeiten, die sich seit etwa 1860 ab-
zeichneten, belebten merklich das Interesse an der Luftschiffahrt.
In Victor Hugos (1802–1885) Gedicht »Klarer Himmel« ist fast
schon eine futuristische Technikbegeisterung zu verspüren, wenn
er schreibt:

»Es schwimmt auf den Wolken wie der Kork auf der Welle; ein Spinnennetz von
Menschenhand, eine riesige Falle aus Tauen und Knoten, ein Durcheinander von
Ventilen, bewegt von einem Kabel, auf dem ein Magnet entlangläuft, eine Falle aus
Seilen, Winden, Flaschenzügen, nimmt während der Fahrt jeden Windhauch auf
und in Dienst; so gleitet das Boot, vollgepackt mit Menschen und Ballastsäcken,
zwischen Regenbogen, Azur und Lichtkreisen, und seiner Fahrt, vergleichbar
einem sich endlos abspulenden Garn, ist die Luft Stütze und die Leere treibende
Kraft...«[140]

Merkwürdigerweise führte die neue Luftfahrteuphorie auch zur
Wiederbelebung eher traditioneller Ballonversuche. In seinem Essay »Vom Nutzen des Ballons« hob der Meteorologe James Glaisher (1809–1903) den Nutzen der Ballonfahrten zur Erforschung
der Atmosphäre hervor, wobei er allerdings hauptsächlich auf die
Erfolge Gay-Lussacs verweisen konnte[141]. Glaisher, von dem die
berühmte Losung: »Wir sind jetzt Bürger des Himmels« stammt,
unternahm am 5. September 1862 zusammen mit Coxwell eine
Ballonfahrt in Höhe von mehr als 9 Kilometern und entging knapp
dem Tode. Seine spannenden Erfahrungsberichte erregten in den
1860er Jahren ebensosehr das Interesse der Öffentlichkeit wie die
des berühmten Wissenschaftsjournalisten Camille Flammarion
(1842–1925), die erst jüngst wieder eine Neuedition erfahren
haben. Das gleiche gilt für die Ende der 1860er Jahre erschienenen Berichte Wilfried de Fonvielles und Gaston Tissandiers
(1843–1899), bei denen dem heutigen Leser der emotionale Gehalt
den wissenschaftlichen weit zu übersteigen scheint[142]. Bei einem
Höhenrekordflug Tissandiers erlitten 1875 zwei Mitfahrer den
Höhentod, Tissandier büßte seine Hörfähigkeit ein[143]. Eine neue
Dimension erhielt die Ballonfahrt immerhin durch die neue Technik der Fotografie, um deren Spezialgebiet Luftbildfotografie sich
vor allem der berühmte Fotograf Gáspard Felix Tournachon

(1820–1910), genannt »Nadar«, verdient machte[144]. Nadars 1863 erbauter Riesenballon »Le Géant« war dagegen bei Überlandflügen kaum mehr kontrollierbar – einmal war der Zusammenstoß mit einem Eisenbahnzug nur durch Notbremsung des Zuges vermieden worden, ein anderes Mal waren die Ballonfahrer kilometerweit in ihrer Gondel über die Felder geschleift worden[145].

Der neue Aufschwung der Luftfahrt manifestierte sich in dauerhaften Verbandsgründungen. In Paris gründete Giffard 1852 eine »Société Aérostatique et Météorologique de France«, auf die 1863 die auf Initiative unter anderem von Nadar hin gegründete »Société d'Aviation« folgte, die sich jedoch in Wirklichkeit ebenfalls der Luftschiffahrt widmete und später ihren Namen entsprechend änderte. In Großbritannien beerbte 1866 die »Aeronautical Society of Great Britain« die glücklose »Aeronautical Association« von 1837, doch nun war der Erfolg nicht mehr aufzuhalten: Bereits nach zwei Jahren wurde in London die erste große internationale Luftfahrt-Ausstellung veranstaltet[146]. Wie in Frankreich avancierte auch im übrigen Europa der Ballonaufstieg wieder zum festen Bestandteil öffentlicher Festakte: Eröffnungen großer Messen und Ausstellungen erforderten den symbolhaften Ballonaufstieg, ob es nun in London oder St. Petersburg war. Bei den Pariser Weltausstellungen von 1867 und 1878 wurden Ballon-Himmelszeichen errichtet, und Giffards angeseilter Riesenballon »Le Captif«, der 52 Passagiere gleichzeitig tragen konnte, beförderte während der Weltausstellung nicht weniger als 35 000 Passagiere in den Himmel[147]. Die Flugkörper wurden nun wieder »zum festen ikonographischen Zeichen für technischen Fortschritt«[148].

Zwischen Traum und Alptraum: Die Luftschlösser der Belle Époque

In den folgenden zehn Jahren wurde zwar viel über Luftfahrt geschrieben und geredet, zu entscheidenden Neuerungen kam es jedoch trotz zahlreicher Versuche nicht. Erst am 8. Oktober 1883, hundert Jahre nach dem Aufstieg des ersten »Aérostaten«, wagten die Brüder Albert und Gaston Tissandier den nächsten interessan-

ten Versuch. Mit einem Siemens-Elektromotor (Leistung 1,5 PS)
als Antrieb und zwei Dutzend galvanischer Elemente als Kraftquelle ließen sie einen zylinderförmigen Ballon (Länge: 28 Meter)
aufsteigen. Dem ersten folgten weitere Flüge, und die zeitgenössischen Presseberichte heben hervor, daß die Tissandiers »völlig
Herren der Richtung ihres Schiffes« gewesen seien. Das Elektro-
Luftschiff »La France« der beiden Offiziere A. C. Krebs und C. Re-
nard konnte am 9. August 1884 nach dreiundzwanzigminütiger
Luftfahrt exakt an den Punkt zurückfliegen, von dem es losgefah-
ren war. Gute Witterungsbedingungen waren dafür die Voraussetzung, aber der Beweis für die Lenkbarkeit von Luftschiffen war
eindeutig erbracht[149]. Es gehörte wenig Phantasie dazu, sich vor-
zustellen, wie eine erhöhte Leistungskraft der Motoren die Leistungsfähigkeit der Luftfahrt sprunghaft erhöhen würde. Dies war
Anfang der 1890er Jahre mit den Daimler-Motoren der Fall. Erste
Versuche in den Jahren 1896 und 1897 durch die Konstrukteure
Wölfert und Baumgarten sowie David Schwarz endeten in Berlin
allerdings mit tödlichen Unfällen. Am 12. Juni 1897 explodierte
ein Luftschiff über dem Tempelhofer Feld in einer Höhe von 600
Metern, die Insassen stürzten zu Tode[150].
Solche Rückschläge beeinträchtigten aber keineswegs die blühende
Phantasie der vor allem für das gehobene Bürgertum glücklichen
Jahrzehnte vor dem Ersten Weltkrieg. Angeregt durch die Romane
von Jules Verne und die Luftfahrten Tissandiers, veröffentlichte der
Zeichner Albert Robida (1848–1926) im Jahr 1883 eine Serie von
Zeichnungen, die in satirischer Form den Blick auf das breite Spek-
trum technischer Utopien der 1880er Jahre freigibt, in Vorschau
auf »Le Vingtième Siècle«! Die Kirchtürme von Notre-Dame sind
dort der Verkehrsknotenpunkt von fischäugigen Luftomnibussen
(»Aéronefs-Omnibus«), Ballon-Aufzüge legen an den Café-Re-
staurants in luftigen Höhen an. Der Arc de Triomphe wird zum
Stützpfeiler eines internationalen Hotelkomplexes, und auch die
Geschäfte befinden sich an den Spitzen der Wolkenkratzer, wo
kleine Individual-Luftschiffe und Luft-Taxis festmachen können.
Polizei-Luftschiffe kontrollieren den dichten Flugverkehr, der
selbst nachts nicht zum Erliegen kommt. Natürlich gibt es auch
negative Begleiterscheinungen wie den Diebstahl aus der Luft,

Luftverkehrsunfälle oder die penetranten Reklame-Luftschiffe, die mit Form und Aufschrift für alles und jedes werben, vom Schuh bis zum Mostrich. Schließlich finden sich wahre Luftschlösser: Ganze Casinos fliegen in der Gegend umher, es gibt fliegende Zweitwohnungen und Krankenhäuser, und man reist mit dem fliegenden Kurhotel ins Gebirge – »Pension Bellevue«. Selbstverständlich – um das schamanistische Gegenstück nicht zu vergessen – bilden die Erfindung des Unterseeboots und die Reise in die Tiefsee das Pendant zur Luftfahrt! Mit Transatlantik-Luftschiffen reist man nach Amerika, und schließlich macht man sich 1953 zur Besiedelung des Mondes auf[151].

Daß der als Begründer der modernen Science fiction geltende Jules Verne (1828–1905) bereits früh das publikumsträchtige Thema aufgriff, verwundert kaum, beruht aber überdies auf biographischen Erfahrungen. Bereits 1851 hatte Verne mit »Un voyage en ballon« eine Kurzgeschichte zu diesem Thema verfaßt. Sein bekanntester Ballonroman, die erstmals 1863 publizierte Erzählung »Cinq semaines en ballon« (Fünf Wochen im Ballon), in der der Held Dr. Ferguson zu einer großen Afrikareise aufsteigt, hat den Ballonabsturz eines engen Freundes zum Hintergrund, dessen Projekt Verne begeistert unterstützt hatte. Die literarische Luftreise, Vernes erfolgreiches Erstlingswerk, ging hingegen glücklich aus. Verne berücksichtigte wie Poe die zahlreichen technischen Details der Vorbereitung, der Ballonkonstruktion und der Luftreise. Auch in zahlreichen späteren Erzählungen, etwa der »Reise um die Erde in 80 Tagen« (Le tour du monde en quatre-vingt jours; 1873) oder dem »Drama in den Lüften«, nahm das Motiv der Ballonfahrt eine wichtige Stellung ein. Spätestens in den 1880er Jahren bewegte sich Verne eindeutig auf dem Boden der technischen Tatsachen, sichtlich beeindruckt von den erfolgreichen Versuchen der Brüder Tissandier von 1883 und Krebs/Renard 1884. So läßt er in dem Roman »Robur le conquérant« (Robur der Sieger; 1886) den Helden erklären, nur eine Maschine »schwerer als Luft« könne die Lenkbarkeit der Luftschiffe gewährleisten. Diese Feststellung deutete zwar noch nicht auf den Flugzeugbau voraus, aber doch immerhin auf die lenkbaren Luftschiffe à la Zeppelin. Zwei Merkmale im Œuvre Jules Vernes schaffen eine interessante Verknüpfung mit Merkmalen der Flugmotivik: zum einen das Motiv des Ausmessens des »Weltraums«, wobei das »schamanistische Doppelerfordernis«, die Reise in den Himmel und unter die Erde (Voyage au centre de la terre; 1864. – De la terre à la lune; 1865. – Vingt mille lieues sous les mers; 1870; Autour de la lune; 1870), berücksichtigt wird. Zum anderen das utopische Moment, das in seinem durch zahlreiche Wiederholungen gekennzeichneten Werk etwa in dem Motiv der Gründung soziologisch ausgeglichener Gesellschaften zum Ausdruck kommt. Auch der handgreifliche Pazifismus des Kapitäns Nemo, dessen Unterseeboot »Nautilus« Kriegsschiffe rammt und der mit einem Teil seines Vermögens Freiheitsbewegungen finanziert, deutet in diese Richtung[152].

Guy de Maupassant (1850–1893) beschrieb in seiner Erzählung »Le Voyage du Horla« die Vorbereitungen des Ballonaufstiegs von »Le Horla« und hielt die sich ihm dabei aufdrängenden Eindrücke fest – eine Atmosphäre des Grauens entsteht, etwa wenn die Ballongondel als »Korb für Menschenfleisch« bezeichnet wird[153]. Bei allem neuen Schrecken über die mögliche Entwicklung der Luftfahrt, der als kulturkonservative Reaktion auf die industrielle Revolution der Gesellschaft und insbesondere die Technik des Eisenbahnbaus zu erkennen ist, bleibt doch das ganze 19. Jahrhundert hindurch eine Faszination für die immer noch dominant luftschiffgeprägten Flugprojekte erhalten, die bis in den metaphorischen Bereich reicht. Friedrich Nietzsche (1844–1900) schrieb in seiner »Morgenröte« (1881):

»Wir Luft-Schiffahrer des Geistes! – Alle diese kühnen Vögel, die ins Weite, Weiteste hinausfliegen – gewiß! Irgendwo werden sie nicht mehr weiter können und sich auf einen Mast oder eine kärgliche Klippe niederhocken – und noch dazu so dankbar für diese erbärmliche Unterkunft! Aber wer dürfte daraus schließen, daß es vor ihnen keine ungeheure freie Bahn mehr gebe, daß sie so weit geflogen sind, als man fliegen könnte! Alle unsere großen Lehrmeister und Vorläufer sind endlich stehen geblieben, und es ist nicht die edelste und anmutigste Gebärde, mit der die Müdigkeit stehen bleibt: auch mir und dir wird es so ergehen! Was geht es aber mich und dich an! Andre Vögel werden weiter fliegen!«[154]

Durchbruch der Luftschiffahrt im Jahr 1900:
Die »Zeppeline«

Ferdinand Adolf Heinrich Graf von Zeppelin (1838–1917) stand mit seinen Luftschiffen am Ende jener langen Entwicklung, die von den »Aérostaten«, den »Spielbällen des Windes«, zu verkehrstüchtigen steuerbaren Luftschiffen mit regelmäßigen Flugverbindungen geführt hatte: Er schuf das seit langem gedachte »Wolkenschiff«, das auf dem Himmelsozean Berge und Meere mühelos überqueren konnte. Der Graf hatte sich seit 1873 mit Luftschiffplänen beschäftigt, angeblich angeregt durch den berühmten Vortrag Heinrich von Stephans über »Weltpost und Luftschiffahrt«[155]. Zu Beginn der 1890er Jahre legte der pensionierte württembergische Offizier einer vom Kaiser berufenen Kommission seine Pläne für ein Großluftschiff vor – sie wurden abgelehnt. 1899 gründete er eine »Gesellschaft zur Förderung der Luftschiffahrt«, die ihm die finanziellen Mittel zum Bau des »L.Z. 1«, des ersten »Zeppelin«, verschaffte. Am 2. Juli 1900 stieg schließlich dieses neuartige Starrluftschiff über dem Bodensee auf. Der erste Flug dauerte 18 Minuten; zwei Daimler-Motoren zu je 15 PS trieben vier Propeller an, die dem 128 Meter langen Schiff eine Geschwindigkeit von 7,8 Metern pro Sekunde verliehen. Sein Gerippe bestand aus Aluminium, der aus Sicherheitsgründen in 17 Zellen unterteilte Gasraum umfaßte 11 300 Kubikmeter. Der Jungfernflug des ersten Zeppelin verlief ohne Komplikationen – mit dem Anbruch des 20. Jahrhunderts war auch das erste lenkbare Luftschiff erfunden worden[156].

Die Erfindung der Zeppeline führte noch einmal zu einem immensen Aufschwung der Luftschiff-Idee, wenn auch die Starrluftschiffe außerhalb Deutschlands weniger populär waren und selbst in Deutschland das halbstarre System des Konstrukteurs August von Parseval (1861–1942) erfolgreich konkurrierte[157]. Trotzdem kann man sagen, daß die Zeppeline den Höchststand der Luftschiffahrt nach dem Prinzip »Leichter-als-Luft« verkörperten; kein anderes Luftschiff wies ähnliche Erfolge auf. 1924 – also drei Jahre vor dem heute berühmteren Atlantikflug Charles Lindberghs – glückte dem Zeppelin »Z. R. III« die erste Überfliegung des Atlantischen Ozeans, und es dauerte nicht mehr lange bis zur Einrichtung regelmäßiger transozeanischer Flugverbindungen, etwa der berühmten Strecke Berlin – New York. Der Komfort an Bord der Luftschiffe Zeppelins war nur mit dem auf großen Ozeandampfern vergleichbar. Selbst der Ozeanflieger Lindbergh vertrat 1928 die Ansicht, die Zukunft im Transatlantikflug könne nur den Starrluftschiffen gehören[158].

Noch eine weitere Premiere war beeindruckend: 1929 umflog die »LZ 127 Graf Zeppelin« mit einer Flugstrecke von 35 000 Kilometern die Erde. Doch während der Zeppelinbau noch seine Triumphe zu feiern schien, wurde die Entwicklung dieses Luftschiffs bereits durch die Entwicklung der Propellerflugzeuge überholt. Zur Steigerung ihrer Leistungskraft wurden die Zeppeline zu immer gigantischeren Größen entwickelt, bis sie am Ende im Vergleich zu ihren kleinen wendigen Konkurrenten wie »diluvianische Ungeheuer« am Himmel wirkten. Die Ära der Zeppeline dauerte das erste Drittel des 20. Jahrhunderts: Sie begann mit dem Jungfernflug des »LZ 1« und endete mit der spektakulären Explosion des »LZ 129« über dem Flughafen von Lakehurst (USA) 1937. Diese Explosion hatte größere Auswirkungen als der Untergang der »Titanic«: Sie setzte einen Schlußpunkt unter ein Kapitel der Luftfahrtgeschichte[159].

Die Luftschiffahrt in der Kunst des 20. Jahrhunderts

Das anachronistische Fluginstrument des Luftschiffs scheint im 20. Jahrhundert die Kunst beinahe mehr beflügelt zu haben als die »eisernen Engel« der zeitgenössischen Luftfahrt. Das Ballon-Signet erscheint in dadaistischen Collagen für Plakate und Prospekte, es durchzieht alle damals modernen Stilrichtungen. Bekannte Künstler wie George Grosz (1893–1959) und Kurt Schwitters (1887–1948) griffen ebenso darauf zurück wie Edouard Manet, Lyonel Feininger, Max Beckmann, Paul Klee, Max Ernst oder René Magritte[160]. Das 20. Jahrhundert stand auch mit literarischen Luftschiffergeschichten nicht zurück. Kurz nach der Jahrhundert-

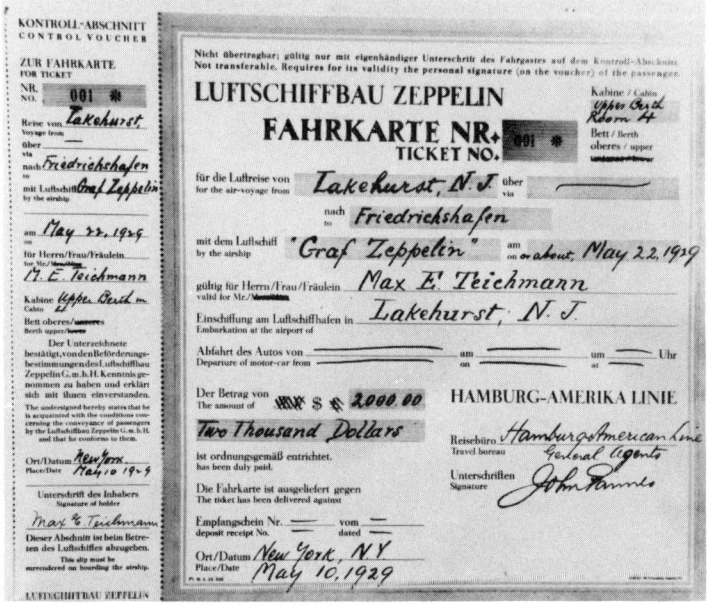

Die erste Fahrkarte für die regelmäßige Transatlantik-Fluglinie New York–
Hamburg, ausgestellt am 10. Mai 1929 für das Luftschiff »Graf Zeppelin«.

wende erschienen Jack Londons (1876–1916) »Abenteuer eines
Ballonfahrers« (1902), der wieder auf die berühmte Nassau-Fahrt
Bezug nimmt, und kurz darauf Paul Heyses (1830–1914) »Ein
Luftschiffer« (1907), in dem sich bereits die Ära der Zeppeline niederschlug. Die Unzahl von Augenzeugen- und Erlebnisberichten
von Zeppelinfahrten kann sich in Deutschland beinahe mit denen
zu Beginn der Luftschiffahrt in Frankreich messen. Der originell-
ste Beitrag stammt von dem Berliner Dadaisten Johannes Baader
(1875–1955), der den Amerikaflug des »Z. R. III« von 1924 als
»Weltfriedensdenkmal« interpretierte, das von der Straße, auf der
er stand, bis in den Himmel hinaufreichte. In seiner versponnenen
Zahlen- und Wortmystik deutete Baader überdies den Namen »Los
Angeles« als »Stadt der Engel«[161]. Allerdings nahm sich der Zeppelin vor allem aus deutscher Warte besonders wichtig aus, was

Karl Kraus (1874–1936) mit ätzendem Wiener Humor so charakterisiert:

»Der Rückschritt von Montogolfier bis Zeppelin dürfte augenfällig schon daran zu beweisen sein, daß den Aufstieg der Montgolfière Jean Paul beschrieben hat, während das Luftschiff ›Sachsen‹ seinen Paul Zifferer findet.«[162]

Später noch beschäftigen sich Robert Walsers (1878–1956) »Ballonfahrt« und Hugo von Hofmannsthals (1874–1929) »Zeppelin«, Alfred Polgars (1875–1955) »Luftballon«, Uwe Nettelbecks (geb. 1940) »Ballonfahrer«, Hans Carl Artmanns (geb. 1921) »Der aeronautische Sindtbart oder Seltsame Luftreisen von Niedercalifornien nach Crain« (1958), Ray Bradburys (geb. 1920) »Ikaros Montgolfier Wright« (1969) oder Ludwig Harigs (geb. 1927) »Zürcher Rede über die Luftkutscherei« (1979) mit der Luftschifffahrt. Bei Harig heißt es:

»Es war meine Großmutter, die zu mir sagte, ich sei ein Luftkutscher. Ich war damals noch ein Kind, aber ich bin ein Luftkutscher geblieben und habe schließlich die Luftkutscherei zu meinem Beruf gemacht: Tag für Tag breche ich auf nach Utopia...«[163]

Vom Hoffnungs- zum Werbeträger:
die Saurier der Lüfte

Ungeachtet der anhaltenden Begeisterung der Kinder und Literaten verloren die Luftschiffe in den ersten Jahrzehnten des 20. Jahrhunderts zunächst unmerklich, dann immer mehr an Bedeutung im Vergleich zu den wendigen motorisierten Vögeln. Auch hierfür waren die Schriftsteller natürlich sensibel. Bereits 1913, als die Flugzeuge sich noch nicht besonders beeindruckend ausnahmen, schrieb Maximilian Harden (1861–1927) anläßlich der sogenannten »Zeppelinspende« mit der ihm eigenen aggressiven Art:

»Zeppelin ward vergöttert, Lilienthal vergessen. Findet Deutschland in die Klarheit zurück? ... Millionen verschleudert. Patriotenbegeisterung ins falsche Faß gepökelt, wo sie ranzig werden muß. Wir haben zu lange am Leim eines Systems geklebt. Aus allen Winkeln schielt Zweifel, kriecht Mißtrauen; aber kein Wille bewaffnet sich mit Bekennermut.«[164]

Spätestens der Erste Weltkrieg hatte die enorme Verwundbarkeit der Luftschiffe gezeigt, schlicht und einfach wegen der Angriffsfläche, die sie feindlichen Fliegern boten: Der Horror des Grafen Lana, der 1670 noch gedacht hatte, Gott würde Luftkriege nicht zulassen, war längst Wirklichkeit geworden. Es war jedoch nicht der neue, der Zweite Weltkrieg, der die Saurier der Lüfte zum Aussterben brachte: Der grandiose Absturz des größten »Luftschiff Zeppelin«, des LZ 129 (»Hindenburg«), nach dem Transatlantikflug kurz vor der Landung in Lakehurst/USA, zeigte 1937 jedermann, daß hier nicht ein, sondern *der* Zeppelin verendet war – und mit ihm die Idee des Luftschiffs. Alle Vermutungen von Sabotage ließen sich nicht halten, der größte aller Zeppeline war von allein abgestürzt, und niemand versuchte nach den kommenden Kriegsjahren und der rasanten Weiterentwicklung des Flugzeuges noch ernsthaft, ihn erneut zum Leben zu erwecken – zumindest was den Linienverkehr betraf. Lindbergh mußte seine erst zehn Jahre alte Prognose über die Zukunft des Transatlantikfluges widerrufen. Nach dem Besuch der Friedrichshafener Werft, wo er 1938 die »Graf Zeppelin«, Schwesterschiff der »Hindenburg«, besuchte, schrieb er:

»This airship represented the result of all the years of development of lighter-than-air. She seemed to me like a last member of a once proud and influential family. I can see no further future for the airship.«[165].

Im Mai 1940 war der letzte Zeppelin Schrott – und niemand trauerte den großen Luftschiffen nach.

Niemand? Fast niemand – die großen Flächen der Luftschiffe, die sich in Krieg und Frieden als hinderlich erwiesen hatten, wurden einer neuen Nutzung zugeführt. Zeppelin-Luftschiffe werden nach wie vor gebaut, wenn auch nicht mehr für den Linienverkehr, und auch die Bauweise wurde vereinfacht: Die berühmte starre Rumpfkonstruktion wurde aufgegeben; heutzutage bewegen sich die »Zeppeline« als aufblasbare »Prall-Luftschiffe« am Himmel, in den USA »blimps« genannt. Die Renaissance der Luftschiffe ist den Interessen der Industrie zu verdanken, denn mit ihren großen Flächen sind sie, wie von Robida vorhergesehen, die idealen Werbeträger. Auch ihre Plazierung ist ideal: Sie stehen am Himmel und sind für jederfrau und -mann sichtbar. Die Umsätze der Zep-

Das Ende der Zeppelin-Ära: Explosion des wasserstoffgefüllten Flugkörpers des
LZ 129 »Hindenburg« beim Anlegemanöver in Lakehurst/USA am 7. Mai 1937.

pelinproduzenten gehen längst in die Millionen, die Miete für eine
Ballonhülle beträgt heute, je nach Anzahl der Aufstiege, einige
zehntausend D-Mark pro Jahr. Und die Branche – nach einem langen Schrumpfungsprozeß – wächst wieder. Gab es 1975 weltweit
nur noch etwa 200 Aerostaten – Heißluftballone plus Zeppeline –,
so gibt es heute so viele allein in Deutschland, und weltweit wird
ihre Zahl auf 4500 geschätzt, unbemannte Flugkörper nicht einge-
rechnet. Wer wirbt für sich? Es sind nicht allein Kodak, Fuji und
Goodyear, also der private Kommerz. Kommunen wie Aachen,
Amsterdam und Baden-Baden preisen sich an, auch Industrie-
standorte wie Stuttgart oder politische Parteien wie die SPD. Um-
weltschutzorganisationen wie Greenpeace schicken Aérostaten in
die Luft, und sogar Luftfahrtgesellschaften werben mit diesem
»sauberen« Vehikel der Lüfte für den Flug mit ihren eigenen Luft-
flotten. Die gutmütigen Himmelsriesen sind im Betrieb kosten-

günstig, verbrauchen wenig Energie, machen kaum Lärm und wirbeln keinen Staub auf. Ein Anbieter von Werbeflächen an Ballonwänden vermutet:

»Die Botschaft lautet: Kommen Sie mit nach oben, unsere Produkte sind top, mit uns im Aufwind... Je durchgeplanter und mechanisierter die Welt wird, desto mehr wirken unsere archaisch anmutenden Luftfahrzeuge mit ihrem Schuß Romantik und Abenteuer. Es ist typisch, daß gerade Computerfirmen besonders gern in diesem Bereich werben, da lassen sich eben Schlips und Kragen und High-Tech mit dem Geruch von Camelboots verbinden.«

Zeitschrifteninserate mit Ballonmotiven sind unübersehbar: Peter Stuyvesant, Warsteiner und Löwenbräu, Volkswagen und Mazda waren mit von der Partie. Wichtige Verhandlungspartner werden statt wie früher zum Geschäftsessen in den firmeneigenen Ballon gebeten. Große Versicherungsunternehmen, Softwarehersteller oder Autofirmen wie Daimler-Benz und BMW sind diesen Weg gegangen. Übrigens war das Luftschiff Zeppelin schon in den »goldenen« zwanziger Jahren Werbeträger für Odol-Mundwasser und Trumpf-Pralinen. Lediglich einem bekannten Präservativ-Hersteller verweigerten sich die Zeppelin-Direktoren[166] – und dies, obwohl sie die Traumanalysen Sigmund Freuds vermutlich nicht gelesen hatten.

Wissenschaft und Ballonflug

Die Beziehung zwischen Luftfahrt und Wissenschaft hatte im Jahr 1783 hoffnungsvoll begonnen. Die technische Realisierung der Ballonflüge gleich nach zwei konkurrierenden Prinzipien – Heißluft und Wasserstoffgas – war Produkt der technischen Anwendung neuester wissenschaftlicher Erkenntnisse im Zeitalter der Aufklärung gewesen, und ebenso selbstverständlich versuchte man sofort, die Flüge in den Dienst der Wissenschaft zu stellen, beginnend mit dem Tierversuch vom 19. September 1783. Es überrascht nicht, daß mit Jacques Alexandre César Charles (1746–1823) ein Professor der Physik als Erfinder und Luftfahrtpionier auftrat, und es war ganz selbstverständlich, daß Charles bereits seine ersten Aufstiege zu Thermometer- und Barometermessungen ein-

setzte; bei seinen Flügen in Höhen bis zu 3000 Metern fand er
nach 1798, aber noch vor Joseph-Louis Gay-Lussac (1778–1850),
das nach diesem benannte Naturgesetz über die Wärmeausdehnung von Gasen. Seit 1804 untersuchte Gay-Lussac mit Hilfe von
Ballonaufstiegen die Wärmeausdehnung von Gasen, teilweise zusammen mit dem in Paris lebenden preußischen Naturforscher
Alexander von Humboldt. Die 1802–1808 formulierten drei Gay-
Lussac-Gesetze beschreiben den Zusammenhang zwischen Gas-
volumen, Druck und Temperatur. Die ersten wissenschaftlichen
Aeronauten fanden jedoch wenige ernsthafte Nachfolger, denn das
Interesse an den immer gleichen Versuchen erkaltete rasch oder
entartete zum Gesellschaftsspiel. Zwar gab es immer wieder Gelehrte, die sich von den großen Höhen der Ballonfahrten angezogen fühlten, doch insgesamt blieben die wissenschaftlichen Erträge
bis in die zweite Hälfte des 19. Jahrhunderts mager.

Erst seit 1850 etwa wurde die Ballonfahrt zunehmend in den
Dienst der Forschung gestellt, wobei immer wieder physikalische,
wissenschaftliche Flüge mit Höhenrekorden zusammenfielen, wie
z. B. die des englischen Berufsluftschiffers H. T. Coxwell. Bei
einer Luftfahrt mit dem Meteorologen J. Glaisher erreichte er am
5. September 1862 die Höhe von 9000, vielleicht sogar 11 000 Metern; Glaisher verlor bereits bei 8000 Metern das Bewußtsein. In
aller Munde waren um 1870 auch die wissenschaftlichen Luftreisen des Pariser Astronomen C. Flammarion (1842–1925) mit dem
bekannten Luftschiffer G. Tissandier. Die größte gemessene Steighöhe vor 1900 erreichte der Berliner Meteorologe Artur Berson,
der am 4. Dezember 1894 auf 9150 Meter stieg, am 31. Juli 1901
sogar auf 10 500 Meter[167]. Zu den Höhenflügen traten die »Wei-
tenflüge«, da sich die Luftfahrt mit zunehmender technischer Vervollkommnung für die Exploration unbekannter Gebiete einsetzen
ließ. Sensationellen Charakter trug die gescheiterte Nordpolballon-
expedition des Schweden Salomon August Andrée (1854–1897). In
Erinnerung ist auch immer noch der denkwürdige Höhenflug des
Forschers Auguste Piccard, der 1932 mit einem Freiballon in 16 200
Meter Höhe aufstieg, derselbe Piccard, der auch einen Tiefseetauch-
rekord aufstellte – das »schamanistische Doppelerfordernis« kehrt
im Gewand der Wissenschaft wieder[168].

Umfangreiche geheime Forschungsprojekte mit Ballonen stellte nach dem Zweiten Weltkrieg die U.S. Navy an. Unbemannte Höhenballone, die in Höhen von bis zu 30 Kilometern die kosmische Strahlung der Erdatmosphäre erforschen sollten, trugen 1947 wesentlich zur Entstehung einer UFO-Hysterie in Teilen der amerikanischen Bevölkerung bei[169]. Durch eine Versuchsreihe der U.S. Navy gelangte seit 1956 sogar die gute alte Montgolfière zu neuen Ehren. In diesem Forschungsprojekt wurde eine Methode entwickelt, Aérostaten aus Polyester oder Nylon mit preiswerten Propangasbrennern zu betreiben, was rasch zu einer weltweiten Verbreitung der Montgolfièren geführt hat, die mit dieser Methode zu neuen Höhen- und Weitenflügen ansetzen konnten. Für wissenschaftliche Zwecke werden allerdings nach wie vor unbemannte Leichtgasballone vorgezogen, die als Radiosonden sowie zu aerologischen und meteorologischen Zwecken eingesetzt werden. Schließlich verbanden sich auch Raumfahrt und Ballonfahrt friedlich, als im Juni 1985 zwei sowjetische Vega-Sonden auf ihrem Weg zum Kometen Halley an dem Planeten Venus zwei ballongetragene Meßbehälter freisetzten, die in einer Höhe von 50 Kilometern über der Venusoberfläche etwa 10 000 Kilometer zurücklegten und Meßdaten zur Erde funkten.

Die Aeronautik – eine Sackgasse?

Der greise Hamburger Pädagoge C. F. Schumacher schrieb 1838 in bewegten Worten über das Erlebnis einer Luftfahrtvorführung, die damals bereits 52 Jahre zurücklag:

»Nur diese eine Luftfahrt habe ich gesehen. Aber um vieles möchte ich die Erinnerung nicht entbehren. Der Charakter dieser Erscheinung war ganz anderer Art, als die jetzigen Fortschritte in der Physik, wo nur das prosaische Nützlichkeitsprinzip herrscht, und wo alles mittels Lokomotiven und Dampfschiffen nur einem Götzen der Zeit im eigentlichen Sinne nachjagt: dem Gewinn. Die Luftfahrt war poetisch, ideal, hoher Jubel über einen gelungenen Versuch, die Natur zu beherrschen, aber nicht um Schätze zu gewinnen, sondern schwelgend in dem Gefühl, die Erde, wenn auch nur für Augenblicke, zu verlassen, und zu schweben in höheren Regionen, die bis dahin dem Menschen versagt waren«.[170]

Wer einmal einer »Ballooning-Weltmeisterschaft« beigewohnt hat,
der kann den eigentümlichen Reiz, den die Ballonfahrt auf eine
eingeschworene Gemeinde von Luftfahrern und einen weit größeren Kreis von Sympathisanten ausübt, auch heute noch verstehen.
Dutzende von bunten Aerostaten erheben sich majestätisch vom
Boden und steigen langsam in die Luft, ohne Schmutz und Lärm
zu verursachen. Sie steigen höher, stehen wie Zeichen in der Luft
und entfernen sich langsam und lautlos. Der ganze Himmel steht
voller solcher archaischer Flugkörper – ein wunderschönes Schauspiel. Zweck des Treffens der nur bedingt lenkbaren Aerostaten ist
ein »Zielfliegen« – die Ballonfahrt ist in die Schablone des Sports
gepreßt worden. Weltmeisterschaften für Heißluftballone werden
seit 1973, für Wasserstoffballone seit 1976 ausgetragen.

Gemessen an den alten Erwartungen an die Aeronautik, wie sie
von Lukian von Samosata über den Grafen Lana de Terzi bis hin zu
den ersten Montgolfièren, vielleicht sogar bis zu den Zeppelinen
genährt worden waren, erwies sich das Fliegen nach dem Prinzip
»leichter als Luft«, auch »Luftschwimmkunst« genannt, also die
»Luftfahrt« im eigentlichen Sinn, als Sackgasse[171]. Der Luftwiderstand der Flugkörper ist zu groß, sie sind zu langsam und stör-
anfällig und weder wirtschaftlich noch militärisch von großem
Interesse. Niemand trauert ihnen nach – oder vielleicht doch? Leistungsfähigkeit im Sinne unserer jetzigen Wirtschaftsordnung war
sicher nicht die einzige Quelle des »Traums vom Fliegen«. Die leistungsfähigen Flugzeuge erzeugen jedenfalls soviel Lärm, daß jeder Träumer erschreckt aus dem Schlaf fährt. So liegt gerade in der
Stille und Langsamkeit der Ballone ihr Gewinn. Krieg gegen die
Natur war selten Gegenstand des Traums, höchstens des Alp-
traums. Und bei den Ballonfahrten ist es möglich, die Poesie der
frühen Flugerlebnisse, über die so zahlreiche Berichte vorliegen,
nachzuempfinden.

6
Von der Utopie zum Linienflug:
die »Aviatik«

»›. . . der Mensch ist kein Vogel. Es wird nie ein Mensch
fliegen‹ Sagte der Bischof vom Schneider. «

Bertolt Brecht[1]

»Man hat Wirklichkeit gewonnen und Traum verloren«

Robert Musil[2]

»Fluglust und Fluges Beginnen«:
Späte Muskelkraftflugversuche

Der daedalische Flug nach Art der Vögel (Aviatik) hat die katholische Kirche immer mißtrauisch gestimmt, wie Bert Brecht in seinem Gedicht über den »Schneider von Ulm« zu Recht festhält, und er hat Menschen mit Erfindungsgeist zumindest in Europa zur Verwirklichung herausgefordert. Bereits aus Spätantike und Mittelalter kennen wir das Phänomen der aviatorischen »Turmspringer«. Seit der Zeit der Renaissance wurde das Fliegen nach dem Prinzip »Schwerer-als-Luft« systematisch durchdacht, allerdings kam man jahrhundertelang mit den Überlegungen nicht weiter als Leonardo da Vinci, und noch im frühen 19. Jahrhundert traten Erfinder auf, deren Wirken eher archaisch wirkt. Der »Schneider von Ulm«, Albrecht Ludwig Berblinger (1770–1829), kann als Beispiel dafür gelten.

Bekannt wurde er durch seinen flügelbewehrten Sprung von der Ulmer Adlerbastei am 31. Mai 1811: In Gegenwart des Königs Friedrich von Württemberg (1754–1816) führte Berblinger ohne vorhergehende Versuche seinen ersten »Flug« mit seinem bekannten tragikomischen Ausgang durch: Der Schneider stürzte in den Fluß. Ein zeitgenössischer Chronist berichtet:

»Wie man geglaubt hat, es gehe wirklich ans Fliegen, so machte er einen Sprung in die Donau, das ist die ganze Kunst des Schneiders gewesen, denn die Schiffsmänner sind schon mit ihren Schiffen parat gewesen, die haben ihn herausgezogen.«[3]

Der »Schneider von Ulm« scheint ein Nachahmer des in Wien lebenden Schweizer Uhrmachers Jacob Degen (1756–1846) gewesen zu sein. In zeitgenössischen Darstellungen sieht sein Fluggerät dem Degens zum Verwechseln ähnlich, allerdings verzichtete Berblinger auf das Antriebsgestänge, das Degens Fluggerät ausgezeichnet hatte.

Jacob Degen hatte sich im Jahre 1807 ein Fluggerät mit einer Flügelspannweite von 6,7 Metern gebastelt, das durch die Kraft der

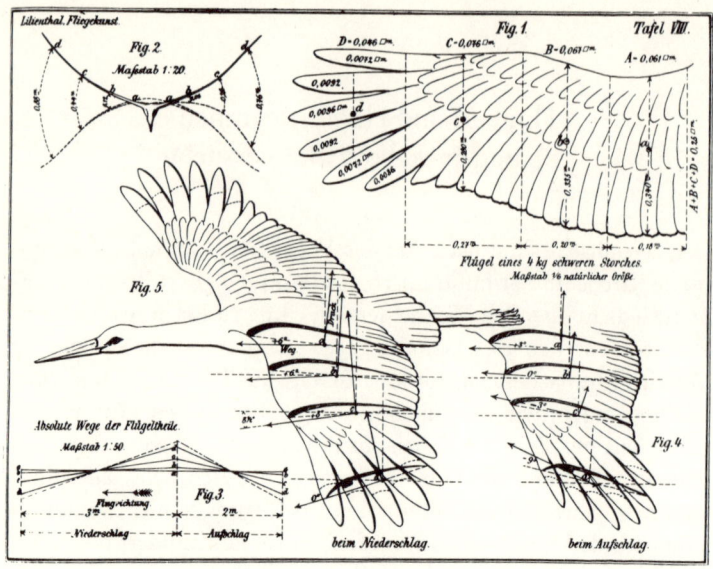

Die Natur als Vorbild: Bildtafel im Anhang von Otto Lilienthals »Der Vogelflug
als Grundlage der Fliegekunst«, Berlin 1889.

menschlichen Armmuskeln bewegt werden sollte. Die Flügelkonstruktion bestand aus Bambusrohr, die Bespannung war mit drei-
einhalbtausend Ventilklappen aus gefirnißtem Papier versehen, die
bewirken sollten, daß beim Flügelschlag der Luftwiderstand nur in
einer Richtung wirksam wurde. Degen konnte sich mit dieser
Flugmaschine immerhin vom Boden erheben und bis zur Decke
des Saales emporflattern – allerdings nur, wenn ihn ein über eine
Rolle gelenktes Gegengewicht mit einer Zugkraft von 20 Kilogramm von einem Teil seines Eigengewichts entlastete. Ein Journalist, der einer Vorführung des Geräts in einem Saal der Universität Wien beiwohnte, konstatierte, daß der freie Flug mit diesem
Apparat nicht zu erreichen sei und daß die menschliche Muskelkraft mindestens noch mit einem Ballon kombiniert werden
müsse, der den nötigen Auftrieb gewährleiste[4]. Tatsächlich gelangen Degen mit dieser Kombination einige Flüge in der freien Na-

tur, und er wurde dafür weithin bekannt – allerdings war aus seinem »Flugzeug« damit wieder eine Art »Lenkballon« geworden, was in den Berichten nicht immer zum Ausdruck kam. Degen führte seine Maschine an vielen Orten vor. Über Berlin reiste er nach Paris, wo er 1812 nach einem mißglückten Versuch fast von der enttäuschten Menge erschlagen worden wäre[5].
Die Öffentlichkeit der Zeit bedachte derartige Flugversuche mit großem Interesse – und einer gehörigen Portion Spott. Jean Paul schrieb 1815 über Degens Flugmaschine:

»Alles oder auch viel ist bis dato nicht aus der Flügelmaschine geworden, und man hätte sowohl Größeres gewünscht, den Erfolg anlangend, als auch Kleineres, die Mittel betreffend. Jetzo erhebt die Flügelvorspann von Luftkugeln den Flugkünstler bloß zu einem Luftfische, welcher Schwimmblase und Floßfedern zugleich zum Steigen vonnöten hat. Aber auch dies erhebt, wenigstens geistig, den Menschen, denn er selber hat sich zuerst die Blase und die Federn bauen müssen.«

Jean Paul beließ es jedoch nicht bei dieser literarisierten Schadenfreude, sondern bemühte sich weiter, die notwendigen politischen Konsequenzen für die Bewältigung solcher technischen Neuerungen in einem Deutschland zu erahnen, das sich soeben der Ordnungsmacht Metternichs unterworfen hatte:

»Das Erste und Wichtigste ist, daß eine Gesetzkommission in jedem Staat niederund von ihr eine vorläufige Flugordnung aufgesetzt wird. Die nötigsten Luftaufseher, Lufträte, und Luftschreiber werden verpflichtet. Sehr verständig ist es, daß sie, wenn ich nicht zu viel hoffe – jedem das Fliegen und Erheben untersagen, der nicht vom Adel ist, oder sonst von einer gewissen Standeserhöhung. Die unteren Stände müssen unten bleiben; der Erdboden ist der goldene Boden ihres Handwerks, indes die höheren mehr von Luft und in Luftschlössern leben ... Es kann im ganzen Luftdepartement nur eine Stimme darüber seyn, daß das Volk, wenn man ihm nicht die Flügel beschneidet ... nichts wird als ein fliegender Drache, aber ohne Schnur und nicht ganz von Papier, der, wie schon längst die Hexen, bloß zur Anbetung des Teufels, durch den Himmel reiset. Denn darf der Pöbel die Luft durchschwärmen, so ist nachts kein Hut mehr auf dem Kopfe und kein Schinken im Rauchfange mehr sicher ...«

Ausnahmen von der »Entflügelung des Volkes« könne man in der »Flugordnung« allenfalls bei der Feuerwehr, der »Flugpost«, bei Spionen, Opernschauspielern und Dichtern machen, die mit dem Leibe steigen sollen, um mit dem Geiste zu schweben[6].
Der Traum des Fliegens allein mit menschlicher Muskelkraft

wurde das ganze 19. Jahrhundert hindurch weitergeträumt, doch
soll hier auf die meisten dieser Ikariden nicht eingegangen werden[7]. Projekte des Vogelflugs wurden beispielsweise in England
von Thomas Walker[8] oder in Deutschland von dem Freiherrn
Friedrich von Drieberg (1780–1856) entwickelt, der 1845 ein Buch
über seine »Muskelkraft-Flugmaschine« veröffentlichte, der er
den vielversprechenden Namen »Daedaleon« verliehen hatte. Wie
bereits Leonardo da Vinci ging Drieberg davon aus, daß man vor
allem die starke Beinmuskulatur zur Bewegung des Flugapparates
einsetzen mußte[9]. Walkers später neugedrucktes Werk »A Treatise
on the Art of Flying« beeinflußte vermutlich die späteren erfolgreichen Flieger Langley und Blériot[10].
Die Popularität der Flugvorstellung im frühen 19. Jahrhundert
manifestierte sich nicht nur in den ungeheuren Zuschauermassen,
die nach wie vor jeden angekündigten Flugversuch säumten, sondern auch in enthusiasmierten Schriften wie denen des Roßlebener
Mathematikers August Wilhelm Zachariae (1769–1823). Neben
der systematischen Beobachtung des Vogelflugs stellte er experimentelle Versuchsreihen über den Luftwiderstand an. Seine Erkenntnisse versuchte er in den Bau drachen- und fallschirmartiger
Modelle umzusetzen; Ziel seiner Forschungen war es, den »Men-
schenkraft-Flugkahn« zu bauen. Zachariae betätigte sich nicht nur
als Chronist der frühen Luftfahrt, die er bezeichnenderweise
»Luftschwimmkunst« nannte[11], sondern legte seine eigenen Un-
tersuchungsergebnisse unter phantasievollen Titeln einer breiten
Öffentlichkeit vor: Auf »Fluglust und Fluges Beginnen« folgte
»Fluglust, Fluges Beginnen und Fluges Fortgang«[12].

George Cayley, der »wahre Erfinder des Flugzeugs«

»Je mehr wir über Cayley entdecken, desto stärker sind wir davon
überzeugt, daß er der wahre Erfinder des Flugzeugs und der Gründer der wissenschaftlichen Aerodynamik war«, schrieb vor wenigen Jahren Gibbs-Smith. Sir George Cayley (1773–1857), der
wichtigste Flugpionier des frühen 19. Jahrhunderts, hatte bereits
1796 ein Helikoptermodell entworfen und baute seit 1804 kleine

flugfähige und stabile Gleitflugmodelle, ohne jedoch »bemannte« Flugversuche zu unternehmen[13]. Cayley versuchte sich immer wieder an der Konstruktion solcher Maschinen, beflügelt nicht zuletzt durch die Nachrichten über die Degenschen Flugversuche, die er für glaubwürdig hielt. Durch experimentelle Modellflugversuche verbesserte Cayley systematisch seine Kenntnisse. Im Jahre 1809 legte er mit der Publikation des Manuskripts »The Art of Flying, or Aerial Navigation« die theoretischen Grundlagen für den dynamischen Flug, wobei er das Verhältnis zwischen Auftrieb und Gewicht, Widerstand und Schubkraft erörterte. Cayley war sich nach dem Schweizer Physiker Daniel Bernoulli (1700–1782) vielleicht als erster im klaren über die durch die Luftzirkulation erzeugte aerodynamische Auftriebskraft gewölbter Tragflügel[14]. Noch 1843 veröffentlichte der mittlerweile greise Erfinder, der bereits 1846 von William Henson als ›Father of Aerial Navigation‹ bezeichnet wurde, das Modell eines solchen »Luftwagens«, wobei er ganz nebenbei das Prinzip des »Doppeldeckers« erfand[15]. In seinen letzten Lebensjahren baute Cayley Gleiter in natürlicher Größe, die für bemannte Flüge geeignet waren, und aus den Jahren 1849 und 1853 werden bemannte Gleitflugversuche berichtet, die über ein kleines Tal führten. Cayley publizierte sein Flugmodell samt Gebrauchsanweisung 1853 im »Mechanics Magazine«, doch blieb diese Veröffentlichung lange unbeachtet[16]. Unter dem Eindruck, daß menschliche Muskelkraft nicht zum Fliegen ausreichen würde, propagierte Cayley als einer der ersten, Dampfmaschinen, Verbrennungsmotoren oder sogar die elektrische Kraft als Antrieb für »Propeller-Flugmaschinen« zu verwenden. Cayleys weitreichende Vorschläge wurden – abgesehen von Henson – erst in den 1870er Jahren wiederentdeckt und fast gleichzeitig in England und Frankreich nachgedruckt[17].

Eine Sackgasse: Der »Dampfflug«

Spätestens seit dem dritten Jahrzehnt des 19. Jahrhunderts begannen die Erfolge der einsetzenden Industrialisierung in Europa auch die Flugvorstellung stärker zu beeinflussen. Erstmals baute 1834 der amerikanische Techniker Martin Mason einen 30 Kilogramm schweren Schraubenflieger, der durch eine 2-PS-Dampfmaschine angetrieben werden sollte. Das Experiment scheiterte[18]. Der Nürnberger Mechaniker Friedrich Matthies wurde durch den erfolgreichen Start der ersten deutschen Eisenbahnlinie (Nürnberg–Fürth) – die Lokomotive trug den Namen »Adler« – im Jahre 1835 zu ausgreifenden Gedanken über die kommende »Aeronautik« angeregt: Ein »Dampfwagen mit spitzen Flügeln« sollte bei einem Eigengewicht von 450 Kilogramm bei einer Geschwindigkeit von 40 Metern pro Sekunde von den Geleisen abheben. Schlecht war die Idee nicht – aber von solchen Geschwindigkeiten war man weit entfernt[19].

»Einer der herausragendsten und einflußreichsten Aeroplane in der Geschichte wurde nie gebaut, und sein Modell konnte nicht fliegen«, schrieb Gibbs-Smith über die 1843 veröffentlichten Konstruktionspläne des englischen Ingenieurs William Samuel Henson (1812–1888)[20]. Im Vorjahr hatte er seine große Flugmaschine »Aerial Steam Carriage«, den »Luft-Dampf-Wagen«, zum Patent angemeldet, einen »fixed-wing airscrew-propelled aeroplane of modern configuration«. 50 Meter lang und von einem 30-PS-Dampfmotor angetrieben, sollte die Maschine »zur Beförderung von Waren, Briefen und Passagieren von Ort zu Ort durch die Luft« dienen. Der »Ariel« genannte Apparat war dem Bau eines Vogels nachgebildet. Vom Rumpf, dem Maschinenraum, spannten sich gewaltige Flügel nach den Seiten, nach hinten ragte ein riesiger Steuerschwanz. Große Luftschrauben hinter den Flügeln sollten zum Antrieb dienen. Unter dem Maschinenraum waren drei Räder angebracht. Die wichtigsten Grundlagen des Motorfluges waren, aufbauend auf den Überlegungen Cayleys, also schon vorhanden, allerdings war die Betriebsmaschine viel zu schwer. Mit eigens eingeholter Erlaubnis des englischen Parlaments gründete Henson eine »Aerial Transit Company«, die den Flugverkehr zwischen China und Indien organisieren sollte. Es verwundert nicht, daß Henson mit diesen nicht zu verwirklichenden Projekten eine Flut bewundernder und spöttischer Zeitungsartikel und Karikaturen auf sich zog. Allerdings waren die Überlegungen zum Dampfflug, die Henson mit seinem Mechaniker John Stringfellow (1799–1883)

anstellte, durchaus bemerkenswert, auch wenn an der Realität eines angeblich 1848 geglückten Flugversuchs – es wäre der erste
Motorflug gewesen – gezweifelt werden darf. Doch Henson und
Stringfellow waren keine bloßen Phantasten: Eine 1868 von
Stringfellow konstruierte Dampfmaschine galt in den USA als Juwel der Maschinenbaukunst. Und die nachfolgenden Flugmaschinenprojekte wurden durch Hensons Plan einer Propellermaschine
mit starren Flügeln nachhaltig beeinflußt: Seit der Mitte der
1840er Jahre fand das Projekt weltweite Verbreitung und wurde
immer wieder nachgedruckt[21].
In der zweiten Jahrhunderthälfte galt die Hauptbemühung der Suche nach einer wirkungsvollen Antriebskraft, doch erschöpfte sich
darin nicht aller Erfindungsgeist. Francis H. Wenham (1824–1908)
hielt auf der ersten Sitzung der 1866 gegründeten »Aeronautical
Society of Great Britain« einen Vortrag über »Aerial Locomotion«,
in welchem er seine experimentelle Erweiterung der aerodynamischen Erkenntnisse Cayleys darlegte – wenig später baute Wenham den ersten Windkanal[22]. Und es fehlte nicht an zahlreichen,
zum Teil finanziell und technisch sehr aufwendigen Flugzeugprojekten, die auf die Nutzung der Dampfkraft spekulierten. Der
deutsche Konstrukteur Joseph M. Kaufmann beschickte 1868 die
große »Aeronautische Ausstellung« in London mit einem gigantischen Dampf-Schwingen-Flugzeug, das er »Taube« genannt hatte.
Nach einem Bericht in der »Leipziger Illustrirten Zeitung« sollte
die »Taube« zweihundert Flügelschläge pro Minute vollbringen
und in sechs Stunden von Europa nach Amerika fliegen[23]. Diese
»First Aeronautical Exhibition« im Londoner »Crystal Palace«
brachte nicht nur Aerostaten zur Anschauung, sondern auch bereits einige »aviatische« Modelle, die durch die Energie von
Dampf, Schießbaumwolle, Gas oder Öl betrieben werden sollten.
Auch John Stringfellow tauchte wieder mit einem Dampfflug-Triplan auf, der zeigte, daß hier die von Cayley und Wenham an Hensons Projekt geübte Kritik verstanden worden war. Wenn auch keines der gezeigten Modelle flugtüchtig war, zeigte die Ausstellung
doch eindrucksvoll, daß nun ein fortlaufender Diskurs über die
Entwicklung brauchbarer Flugmaschinen und ein öffentliches Interesse daran bestand. Wenham, Henson und Stringfellow beein-

flußten maßgeblich auch die späteren US-Flugpioniere Chanute und Wright[24].

In Frankreich erschien seit 1868 die Zeitschrift »L'Aéronaute. Bulletin mensuel de la Navigation aérienne«, die an Nadars kurzlebiges Journal »L'Aéronaute« von 1864 anknüpfte. Noch im gleichen Jahr baute der Kapitän Jean-Marie le Bris (1808–1872) ein berädertes Gleitflugzeug, mit dem er kurz abhob und sich ein Bein brach. Die im deutsch-französischen Krieg von 1870/71 gedemütigte Grande Nation entwickelte in diesem Jahrzehnt einen besonderen fliegerischen Enthusiasmus. Alphonse Pénaud (1850–1880) beherrschte mit seinen Erfindungen die 1870er Jahre. Im August 1871 führte er der Société de Navigation Aérienne in den Gärten der Tuilerien sein flugfähiges Modell »Planophore« vor, dessen Propeller von eingedrehten Gummibändern angetrieben wurde. Seine auf Cayley aufbauenden theoretischen Schriften trugen wesentlich dazu bei, daß man aus Stabilitätsgründen allgemein zum Prinzip der starren Flügel überging, den »Aéroplanen«. Er selbst steuerte 1876 noch Konstruktionspläne für einen Zweisitzer-Monoplan bei, der allerdings nie gebaut wurde[25]. Der Marineleutnant Felix du Temple (1823–1890) konstruierte ein Dampfflugzeug mit riesigem Propeller, doch machte der Eindecker 1874 nur einen 10 Meter weiten unkontrollierten Sprung von einer Rampe. Victor Tatin (1843–1913) entwickelte die Theorien über aerodynamische Grundsätze weiter, derselbe Tatin, dem viel später innerhalb des Aéro-Club de Paris eine Kommission für Aviatik unterstehen sollte, die erstmals 1903 einen Gleitflugwettbewerb plante. In den 1870er Jahren baute er Ornithopter- und Aeroplanmodelle mit Gummiantrieb, die zwar gegenüber Pénaud keine wesentlichen Fortschritte brachten, aber große Publizität erreichten[26]. In England baute der Patentagent und Ballonflieger Thomas Moy ein eindrucksvolles Dampfflugzeug mit Tandem-Propeller. Dieser »Aerial Steamer« erhob sich wenigstens einige Zentimeter aus eigener Kraft vom Boden[27].

Unter den Konstrukteuren dieser Zeit fehlte es nicht an begabten Männern. Aus dem Jahr 1880 besitzen wir die Zeichnung eines sechsflügeligen Schwingflügelgerätes, das von einem Elektromotor angetrieben und von einem hohen Turm gestartet werden sollte. Urheber war der berühmte Erfinder Thomas Alva Edison (1847–1931)[28]. In Rußland baute 1884 der Marineoffizier Alexander F. Mozhaiski (1825–1890) eine Flugmaschine nach Hensons Patent und mit ähnlichen Resultaten – sein in der Sowjetunion propagierter Erstflug gehört in das Reich der Legende. Doch immerhin hob Mozhaiskis Maschine, wie wenige Jahre vorher die von du Temple, einige Zentimeter vom Boden ab. Wie in den 70er fanden sich auch in den 80er und 90er Jahren eine ganze Reihe weiterer Flugpioniere in den späteren Flugnationen, von denen lediglich einige aus der Masse der Erfinder herausragten.[29] So konstruierte in Frankreich der Flugpionier Clément Ader (1841–1925) mehrere dampfgetriebene Flugmaschinen. Mit seiner fledermausflügeligen »Éole« gelang ihm 1890 immerhin das Abheben vom Erdboden – 10 Zentimeter hoch auf eine Länge von 50 Metern. Die Éole wies jedoch so viele Unzulänglichkeiten auf – beispielsweise konnte der Pilot in Flugrichtung nichts sehen, weil er hinter dem Dampfkessel saß –, daß man von einem geglückten Flug nicht sprechen kann. Auch das Nachfolgemodell »Avion«, dessen Bau bereits vom französischen Kriegsministerium unterstützt wurde, war nicht besser[30]. Ein 1893 von Sir Hiram Maxim (1840–1916) konstruierter dampfgetriebener Drachenflieger kostete allein schon wegen seiner aufwendigen Gleisanlage Unmengen von Geld, doch kam er nicht vom Boden hoch und wurde schließlich zertrümmert. Auch der Maler Arnold Böcklin (1827–1901) konstruierte in den 80er und 90er Jahren mehrere Fluggeräte[31]. Die vielen Versuche mit dampfmaschinengetriebenen starrflügeligen Eindeckern führten immer wieder zu demselben Resultat: Die Dampfmaschine war kein geeigneter Antrieb für ein Flugzeug. Wie früher schienen sich auf diesem Feld Künstler und verrückte Erfinder die Hand zu reichen, und warum dies so war, konstatierte 1883 noch einmal der berühmte Kapitalist und Erfinder Werner von Siemens (1816–1892):

»Flugmaschinen sind erst möglich, wenn Kraftmaschinen erfunden sind, welche höchstens ein Fünftel der leichtesten jetzigen Maschinen wiegen, und welche statt 5 % mindestens 30 % des theoretischen Kraftäquivalents der Wärme geben. Bis dahin sind alle Flugmaschinenkonstruktionen Zeitverschwendung.«[32]

Das war gut gesagt – doch bereits 1876 hatte der deutsche Ingenieur Nikolaus A. Otto (1832–1891) den nach ihm benannten Verbrennungsmotor erfunden. Und wenig später, nämlich 1885 und 1886, traten die Herren Carl Benz (1844–1929) und Gottlieb Daimler (1834–1900) genau mit jener Erfindung auf, die zu Beginn des 20. Jahrhunderts zur Verwirklichung der »Aviatik« führen sollte. Nur »Tollkühnheit oder Ignoranz« konnten nach Ansicht Gibbs-Smiths allerdings dazu führen, mit diesen zunächst noch gefährlichen Maschinen sofort Flugversuche anzustellen. Zuerst einmal mußten Flugkörper mit erprobten Flugeigenschaften erfunden werden[33].

Die Gleitflugapparate Otto Lilienthals

Vor diesem Hintergrund sind die archaisch anmutenden Flugversuche der Brüder Gustav und Otto Lilienthal (1848–1896) zu sehen. Wie andere vor ihnen beschäftigten sie sich mit der Beobachtung des Vogelflugs und experimentellen Untersuchungen des Luftwiderstands. In zäher Kleinarbeit machten sie sich daran, durch systematische Flugversuche mit Gleitapparaten das Prinzip des »Flugzeugs« voranzutreiben. Die erfolgreichen Flugversuche Otto Lilienthals haben ihm nicht nur bei den Zeitgenossen, sondern auch bei den Flughistorikern größte Hochschätzung eingetragen. Dollfuß bezeichnete Lilienthal als »Père de l'aviation moderne«, und Gibbs-Smith äußert lapidar: »The past culminated in him, and the future was born in him.«[34]
Die Lilienthals waren seit ihrer Kindheit von der Flugvorstellung wie besessen. Nach eigenen Angaben wurde das Interesse durch die Jugendlektüre über »Die Reisen des Grafen Zambeccary« geweckt, jenes frühen Berufsluftschiffers, der 1785 erstmals in England mit einer Montgolfière aufgestiegen und schließlich 1812 bei einem Ballonunglück ums Leben gekommen war[35]. Die Störche in ihrer Heimatstadt Anklam in Pommern brachten die Knaben jedoch auf eine weitere Idee. Als Dreizehn- und Vierzehnjährige stellten sie erste Versuche mit selbstgebauten Flügelpaaren an, mit denen sie nach dem autobiographischen Bericht Gustav Lilienthals

(1849–1933) beabsichtigten, »wie der Storch gegen den Wind damit aufzufliegen«[36]. Nachdem Otto Lilienthal 1866 bei einer Berliner Lokomotivenfabrik zu arbeiten begonnen hatte, stellte er aufwendigere Experimente mit Flügelschlagapparaten an, deren »Erfolg« an die Versuche Jacob Degens in der Wiener Universität 1807 erinnerte. Von Beruf Konstruktionsingenieur, hielt Lilienthal seit 1873 Vorträge zur Theorie des Vogelflugs, die später in das berühmte Buch

»Der Vogelflug als Grundlage der Fliegekunst. Ein Beitrag zur Systematik der Flugtechnik. Auf Grund zahlreicher von O. und G. Lilienthal ausgeführter Versuche bearbeitet von Otto Lilienthal«

mündeten[37]. Bereits 1873 trat er der »Aeronautical Society of Great Britain« bei, 1886 dem 1881 gegründeten »Deutschen Verein zur Förderung der Luftschiffahrt«. Wenige Wochen nach dem Vereinsbeitritt hielt Otto Lilienthal dort seinen ersten Vortrag über die Verwendung leichter Motoren in der Luftschiffahrt, vornehmlich jedoch der »Aviatik«[38].

Die Lilienthals verstanden sich als »Aviateure«, nicht als Aeronauten – Ballonfahren interessierte sie nicht. Seit ihren Vogeldrachenexperimenten von 1874 setzten sie auf das Prinzip des Gleitflugs als Voraussetzung für den Flugzeugbau. Als Maschinenfabrikbesitzer begannen sie 1889 in Groß-Lichterfelde »Stehübungen« mit einem Flügelpaar von 10 qm Tragfläche, dem Flugapparat »Nr. 1«, Modell »Möwe«. Bereits zu diesem Zeitpunkt bemerkte Gustav Lilienthal in einem Brief selbstbewußt:

»Die Versuche, die wir mit unseren beschränkten Mitteln gemacht haben, scheinen doch ziemlich viel Aufsehen zu machen. Dieselben werden vielleicht die Forschung in ganz andere Bahnen bringen wie es bisher üblich war ... Ich glaube, das Fliegen wird bald erfunden. Sobald das Wetter wärmer wird, machen wir wieder Versuche.«[39]

In den beiden nächsten Jahren folgten Lauf- und Sprungübungen mit den Flugapparaten »Nr. 2« und »Nr. 3«. Im Sommer 1891 schließlich führten die Brüder, unterstützt von Technikern der eigenen Maschinenfabrik, ihre ersten Gleitflüge durch und erreichten bei ihren sonntäglichen Übungen Flugweiten von maximal 25 Metern. 1892 steigerte sich die Leistung auf 80 Meter, 1893 auf 250 Meter. 1894 erlebte Lilienthal seinen ersten Absturz aus 20 Metern Höhe. Im selben Jahr meldete sich der erste Kaufinteressent für Lilienthal-Flugapparate, ein Heinrich Seiler aus Liegnitz in Schlesien. Der Gleitflugapparat-Typ »Nr. 11«, der sogenannte »Normal-Segelapparat« mit einer Tragfläche von 13 qm, wurde seit 1894 gebaut und in größerer Stückzahl verkauft, zu 300 Reichsmark das Stück; in New York wurde mit dem Nachbau von Lilienthal-Flugapparaten begonnen. Lilienthal schützte daraufhin seine Flugapparate durch Patente in Deutschland, in Großbritannien und den USA[40]. Im September 1894 dann startete Lilienthal den ersten Flugversuch eines Schlagflügelapparats mit eingebautem Einzylinder-Kohlensäuremotor[41], 1895 begannen die Versuche mit den Doppeldeckern. Lilienthals Gleitflugapparate wurden mittlerweile in die ganze Welt verschickt. Der amerikanische Physiker Robert W. Wood (1868–1955) berichtete von seinem Eindruck bei einem Besuch in Berlin-Lichterfelde:

»Als der Apparat in hellem Sonnenschein mit seinen großen weißen Flügeln im Grase vor mir lag, hatte ich das Empfinden, als ob das Zeitalter des Fliegens wirklich begonnen hätte. Hier war ein Fluggerät nicht von einem Narren zusammengebastelt, um auf dem Jahrmarkt für zehn Pfennige gezeigt zu werden oder um nur Material für Artikel über das Flugwesen zu liefern. Nein: von einem befähigten Ingenieur konstruiert, verkörperte dieses Fluggerät die Ergebnisse achtjähriger erfolgreicher Experimente. Eine Maschine, die nicht zum Anschauen, sondern zum Fliegen gemacht war.«[42]

Lilienthals Bedeutung in der Geschichte des Fliegens

In Lilienthals Person vereinigten sich noch einmal in interessanter Mischung die Komponenten des experimentierenden Naturwissenschaftlers, erfolgreichen Industriellen und utopischen Sozialreformers. Lilienthal wandte sich gegen die gegenseitige Absperrung der Länder und den Zollzwang, der nur möglich sei, weil der Mensch nicht frei wie der Vogel auch den Luftraum nutzen könne. Der freie Menschenflug könne wie in vielen anderen Fragen eine Änderung herbeiführen:

»Die Landesverteidigung, weil zur Unmöglichkeit geworden, würde aufhören, die besten Kräfte der Staaten zu verschlingen, und das zwingende Bedürfnis, die Streitigkeiten auf andere Weise zu schlichten als dem blutigen Kämpfen um die imaginär gewordenen Grenzen, würde uns den ewigen Frieden verschaffen.«[43]

Lilienthal träumte nicht nur vom Fliegen, sondern von Frieden und Völkerverständigung. Wie sein Bruder Gustav war er inmitten des säbelrasselnden Preußen radikaler Pazifist; mit dem Sozialethiker Moritz von Egidy (1847–1898) korrespondierte Lilienthal über den Weg zu einer freieren Gesellschaft ohne Gewalt und Zwang. Seine Reformideen erstreckten sich auch auf den sozialen Bereich: So befürwortete er eine grundlegende Bodenreform und unterstützte das Genossenschaftswesen, zu dem er 1895 durch die Gründung der Bau- und Konsumgenossenschaft »Freie Scholle« beitrug. Er und sein Bruder Gustav hatten Verständnis für »die allgemein herrschende Unzufriedenheit aller arbeitenden Klassen«. Und er machte mit den Reformideen vor dem eigenen bürgerlichen Besitzstand nicht halt: Die Arbeiter seiner Maschinenfabrik erhielten eine Gewinnbeteiligung und die Gelegenheit zu verbilligtem Theater- oder Konzertbesuch. Doch nicht genug damit: Lilienthal engagierte sich auch für das Volkstheater in einem Berliner Arbeiterviertel, für das er selbst das sozialkritische Bühnenstück »Moderne Raubritter« verfaßte[44].

Lilienthals selbstaufgeschütteter »Fliegeberg« in Lichterfelde wurde bald zum beliebten Ausflugsort, ja, zur Attraktion Berlins. Die allsonntäglichen Flugübungen zogen die sensationshungrige Hauptstadtbevölkerung an, ganze Familien schlugen mit Kind und Kegel ihr Lager am Fuß des Berges auf, um dem »fliegenden Mann« zuzusehen und seine Flugleistungen, je nach Länge des Fluges, zu kritisieren oder zu beklatschen. Doch bald kamen Beobachter und Flugpioniere aus der ganzen Welt an, darunter der spätere Wiener Flugzeugkonstrukteur Igo Etrich (»Etrich-Taube«), die Russen P. W. Preobraschensky und Professor Nikolai J. Shukowski (1847–1921), Professor Samuel Pierpont Langley (1834–1906), Sekretär der Smithsonian Institution in Washington/USA, und der schottische Flugzeugkonstrukteur Percy S. Pilcher (1867–1899), dessen Modell »Hawk«, mit dem er später tödlich abstürzte, über eines der ersten Fahrgestelle verfügte.

Das erfolgreiche Gleitfluggerät mußte bald internatonal gegen Nachbauten geschützt werden. US-Patent Nr. 544.816: Otto Lilienthals »Flying Machine«, 20. August 1895.

Gibbs-Smith hielt ihn neben Lilienthal für den einzigen Mann, der vor den Brüdern Wright den Motorflug hätte verwirklichen können[45].

Seine schriftstellerischen Fähigkeiten bewies Lilienthal in zahlreichen Beiträgen für die 1882 gegründete »Zeitschrift für Luftschifffahrt«, die englisch in den in Boston erscheinenden »Aeronautical Annuals« nachgedruckt wurden[46]. Wegen dieser Veröffentlichungen, wegen der amerikanischen Besucher in Lichterfelde, den exportierten Gleitflugzeugen und diversen Korrespondenzen – wie der mit dem Franko-Amerikaner Octave Chanute (1832–1910) – hat Lilienthal die Luftfahrtentwicklung der USA nachhaltig beeinflußt. Chanute setzte die Gleitflugversuche, wie er selbst sagte, dort fort, wo Lilienthal aufgehört hatte[47]. Die Brüder Wright, die im Jahr 1900 in Kitty Hawk (North Carolina/USA) mit Gleitflugversuchen begannen, wandelten nach eigenen Angaben in den Spuren Lilienthals und Chanutes[48].

»Den Tag, an welchem Lilienthal im Jahre 1891 seine ersten 15 Meter in der Luft durchmessen hat, fasse ich auf als den Augenblick, seit welchem die Menschen fliegen können«,

schrieb Ferdinand Ferber (1862–1909)[49], einer der französischen Flugpioniere.

Für einen Flugpionier erlitt Lilienthal einen standesgemäßen Tod: Am 9. August 1896 ereilte ihn das Schicksal seines mythischen Vorläufers Ikarus, wie der Pfarrer in seiner Leichenrede nicht zu erwähnen vergaß. Bei einem Sturz aus 15 Metern Höhe hatte sich Lilienthal die Halswirbelsäule gebrochen. Seine letzten Worte sollen gewesen sein: »Opfer müssen gebracht werden.« Die ganze Welt nahm an seinem Tode Anteil[50]. Ferber, der 1909 selbst tödlich abstürzen sollte, legte 1902 einen Kranz am Grab Lilienthals nieder, auf dessen Schleife geschrieben stand: »Le Capitaine Ferber à son Maître Otto Lilienthal«[51]. Die »Wiener Luftschiffer-Zeitung« vermeldete seit diesem Jahr in Frankreich eine Zunahme der Anhänger der »Aviatik«, und zwar speziell nach der »Schule Lilienthals«[52]. Wilbur Wright besuchte 1911 die Witwe Lilienthals und legte einen Kranz am Grabmal nieder[53]. In Berlin-Lichterfelde wurde Lilienthal schließlich ein Denkmal gewidmet, auf dem die vierhundert Jahre alte Prophezeiung Leonardo da Vincis eingraviert war, die direkt auf Lilienthal und seinen Fliegeberg gemünzt zu sein schien:

»Es wird seinen ersten Flug nehmen der große Vogel vom Rücken des Hügels aus, das Universum mit Verblüffung, alle Schriften mit seinem Ruhme füllend, und ewige Glorie dem Ort, wo er geboren ward.«[54]

Die »Scientific Romance« von Verne bis Wells

Die Literatur war der technischen Entwicklung einige Schritte voraus. Während Lilienthal noch Vogelversuche anstellte, hatte Jules Verne von den Ballonfahrten schon längst zu den Weltraumreisen gefunden. Das Interesse am Weltraum hatte etwa seit 1860 einen großen Aufschwung erfahren; Guthke meint, aufgrund der Rezeption der Nebularhypothese von Laplace, des Darwinschen Evolutionismus und der Entwicklung der Kirchhoffschen Spektralanalyse, die eine gemeinsame Resultante aufwiesen: Leben auf anderen Sternen schien wahrscheinlich zu werden. Meist war es der »victorianische Eroberertyp«, der in diesen »Scientific Romances« außerirdische Welten bereist, sozusagen die zukünftigen Kolonialgebiete. Verne lieferte die Prototypen, Dutzende von weiteren Büchern schrieben die Thematik aus, ganz zu schweigen von der »grauen Literatur« der Fortsetzungsromane in den Zeitschriften[55]. In »Pluck and Luck. Complete Stories of Adventure« (New York) und ähnlichen Heften erschienen um die Jahrhundertwende laufend Geschichten, in denen mit Elektro-Luftschiffen, Windrad-Raketen oder modifizierten Lilienthal-Gleitern durch die Luft kutschiert wurde. »Jack White and his Electric Schooner«, »The Rocket; or Adventures in the Air« – die bunten Titelblätter zeigten genau, wie es zugeht ...[56]

Die Entwicklung von Verne zu Herbert George Wells (1866–1945) macht vielleicht den Punkt deutlich, wo sich Science fiction von der Scientific Romance trennt. Verne ist noch weitgehend befangen im technizistischen Zukunftsoptimismus des 19. Jahrhunderts, seine kauzigen Helden messen – wie die Schamanen oder Alexander der Große – den Erdkreis aus, wenn auch arbeitsteilig: Ein Team fährt zum Zentrum der Erde (Reise zum Mittelpunkt der Erde; 1864), ein anderes fliegt zum Mond (Von der Erde zum Mond; 1865) und um ihn herum (Reise um den Mond; 1870), und diese Reisen sind nicht mehr Lügenmärchen, geträumte Reisen oder Satiren wie bei Lukian, Kepler oder Cyrano de Bergerac, sondern sie orientieren sich an der zeitgenössischen Technik. Die Kommunikation zwischen den Planeten, insbesondere dem Mars und der Erde, wurde fast schon zum Gemeinplatz. Auch der Flugpionier Camille Flammarion dachte in dieser Richtung. In seinem Roman »La fin du monde« (1894) warnten Marsbewohner, deren Ethik und Technik als fortgeschrittener denn die der Erde galten, die Menschen vor einem drohenden Kometenaufprall und halfen bei der Abwendung der Gefahr[57]. Wells steckte dagegen die Dimensionen eines neuen Genres mit Ideen ab, die seither zum Science-fiction-Standardrepertoire gehören: Zeitreise, Unsichtbarkeit, die Umgestaltung von Lebewesen, die Invasion der Erde durch Wesen aus dem All und kosmische Katastrophen. Alle Themen der alten Mythen und Märchen kehren hier sozusagen im Gewand des neuen Technizismus wieder. Und selbstverständlich spielt die Möglichkeit des technischen Fliegers dabei eine hervorragende Rolle, beispielsweise in der Luftkriegsvision aus »The War in the Air« (1908). Wie die Mythen ist Science-fiction nicht einschmeichelnd, sondern abgründig. Das Weltall, Gegenstand imperialistischer Eroberungswünsche, schlägt zurück: Im »Krieg der Welten« (The War of the Worlds; 1897, als Buch 1898) findet sich nicht nur die beklemmende Antizipation des modernen Krieges, sondern der unverständliche Überfall der Marsbewohner auf England. Die technische Vervollkommnung birgt keine Hoffnung mehr, sondern eröffnet die Möglichkeit neuartiger Katastrophen[58].

Im gleichen Jahr veröffentlichte unabhängig von Wells Kurd Laßwitz (1848–1910) den Roman »Auf zwei Planeten«, in dem Marsbewohner mit ihrer technisch und ethisch überlegenen Kultur die Erde okkupieren. Auch Laßwitz kehrt die bisherige Erobererperspektive um: Die Marsianer wollen Rohstoffquellen der Erde ausbeuten, doch entbrennt unter ihnen eine Debatte darüber, wie man mit den Menschen umgehen habe – sind sie kulturfähig? Nach einer Provokation einigt man sich darauf, die Menschen zwangsweise zu kultivieren, doch erregt dies den Widerstand der Men-

schen gegen die Fremdherrschaft. Sie sehen sich animiert, ihr tief-
stehendes soziales Verhalten zu ändern, was unter anderem die
Abschaffung der militärisch ausgerichteten Nationalstaaten impliziert. Die Marsianer erkennen diese Veränderung an und geben
den Kolonisierungsplan auf. Nun existiert »auf zwei Planeten«
eine gleich hochstehende Kultur. Laßwitz' Roman fand, wie der
von Wells, eine hohe Verbreitung, seine Gesellschaftskritik stieß
auf Zustimmung und Ablehnung: Das NS-Regime ließ den Roman verbieten. Die deutschen Raketenpioniere wurden von diesem Roman in ihrer Kindheit sehr beeindruckt, unter ihnen vor
allem Wernher von Braun[59] (1912–1977). Von daher ist es ein ku-
rioser Zufall, daß gerade Laßwitz' »Auf zwei Welten« einen Blick
von oben auf die Erde bietet, der weit über das seit dem Etana-Epos
verbreitete Schema hinausgeht und an jene Empfindung erinnert,
die die US-amerikanischen Astronauten am 24. Dezember 1968
hatten, die Astronauten jener »Apollo 8«-Rakete, die von Wernher
von Braun maßgeblich mitkonstruiert worden war. Bei Laßwitz
hieß es 1897:

»In der Mitte zu ihren Füßen schwebte die Erde als eine glänzende Scheibe. Sie
hatte die Gestalt des zunehmenden Mondes kurz nach seinem ersten Viertel, doch
erblickte man auch den von der Sonne nicht beleuchteten Teil, da ihn das Licht des
Mondes in einen schwachen Schimmer hüllte. ... Noch niemals war es ihnen so
klar zum Bewußtsein gekommen, was es heißt, im Weltraum auf dem Körnchen
hingewirbelt zu werden, das man Erde nennt; noch niemals hatten sie den Himmel
unter sich erblickt...«[60]

Die Verwirklichung des Motorflugs 1903
durch die Brüder Wright

Zu Beginn des 20. Jahrhunderts war die Zeit reif für die technische
Weiterentwicklung des Traums vom Fliegen. Das Flugprinzip
»leichter als Luft« war im Jahre 1903 seit 120 Jahren Wirklichkeit,
und seit 20 Jahren war auch das Problem der Lenkbarkeit der Aerostaten durch den Einsatz von Motoren der Lösung nahegerückt,
zunächst durch Tissandiers Luftschiff mit dem Siemens-Elektromotor. Seit 1900 hatten die zuverlässigen Daimler-Motoren als
Antrieb der Zeppeline dem Einsatz von künstlichen Kraftquellen

den Weg gewiesen. Die Konstruktion von Flugzeugen »schwerer als Luft« war durch die erfolgreichen Gleitflugversuche Lilienthals seit 1891 vorbereitet worden. Nun war die Zeit reif für die Entwicklung von Flugzeugen mit Verbrennungsmotor – man braucht sozusagen nur zwei und zwei zusammenzuzählen und entsprechend viel Enthusiasmus und Kapital zu investieren. Daß dies gleichzeitig an mehreren Orten probiert wurde, ist nur natürlich.

Obwohl die Verwirklichung der »Aviatik« sich abzuzeichnen schien, waren die ersten vier Jahre des 20. Jahrhunderts nicht frei von entmutigenden Rückschlägen. Einen der spektakulärsten Fehlschläge erzielte der Flugpionier Samuel P. Langley (1834–1906). Langley hatte seit 1887 naturwissenschaftliche Experimente im Windkanal angestellt, seit 1892 auch Dampfflugzeuge gebaut. Nach dem Ausbruch des amerikanisch-spanischen Krieges interessierte sich 1898 der US-Präsident William McKinley (1843–1901; reg. 1897–1901) für Langleys Projekte. Der vom Kriegsministerium vorfinanzierte Flugversuch endete im Oktober 1903 jedoch mit einem Desaster: Langleys »Aerodrome«, ein von einem Benzinmotor getriebenes eindeckiges Propellerflugzeug, das von einem im Potomac River verankerten Hausboot aus starten sollte, ging bei den ersten Flugversuchen gleich zweimal zu Bruch, die US-Presse reagierte mit heftigen Angriffen und Schmähungen – der glücklose Erfinder starb wenig später in geistiger Umnachtung[61]. In einem offiziellen Bericht des Kriegsministeriums heißt es 1903:

»Der Behauptung, daß eine maschinengetriebene, bemannte ›Aerodrome‹ konstruiert worden sei, mangelt jene Beweiskraft, die allein der tatsächliche Flug bieten kann ... In der Zwischenzeit muß, um jedes mögliche Mißverständnis zu vermeiden, festgestellt werden, daß wir selbst bei einem erfolgreichen Test der gegenwärtigen großen Aerodrome ... noch weit von unserem Ziel entfernt wären, und es scheint, daß noch Jahre konstanter Arbeit und Forschungen von Experten – und die Investition von Tausenden von Dollars – nötig wären, bevor wir hoffen können, einen Apparat von praktischer Nützlichkeit auf diesem Weg zu produzieren.«[62]

Victor Silberer, der Herausgeber der »Wiener Luftschiffer-Zeitung«, diagnostizierte im Jahr 1903 für Europa einen bedauerlichen Zustand der Stagnation[63]. Und ein anderer Österreicher, Paul Pacher, veröffentlichte 1903 und 1904 umfängliche Berechnungen,

Vom Drachenflug zum Gleitflugversuch: Diesem Triplan der Brüder Wright aus
dem Jahr 1902 fehlt nur noch die Antriebsquelle. Foto NASM.

in denen er nachzuweisen versuchte, daß die Aviatik überhaupt ein
Irrweg sei, da physikalisch unmöglich[64]. Selbst der Flugpionier Silberer sekundierte:

»Je zuversichtlicher so mancher unverbesserliche Optimist und Phantast das große
Problem ›im Prinzip schon gelöst‹ ansieht und ausposaunt, um so weiter ist offenbar der Mensch auch heute noch von der Verwirklichung seines kühnsten Wunsches und Traumes entfernt: zu fliegen.«[65]

Diese Stellungnahmen erinnern unverkennbar an jene Phase der
Depression vor dem Aufstieg der ersten Montgolfière. Amtlicher
und privater Pessimismus waren jedoch auch diesmal fehl am
Platze, denn das erste flugfähige Flugzeug der Fahrradfabrikanten
Wilbur Wright (1867–1912) und Orville Wright (1871–1948) war
bereits im Bau. Am Donnerstag, dem 17. Dezember 1903, bestieg
Orville Wright vor einer Anzahl von Zeugen den kleinen selbstge-
bauten Doppeldecker namens »Flyer«, der mit einem 12-PS-Ben-

zinmotor ausgestattet war. Der Aufstieg in die Lüfte gelang, wenn er auch nicht sehr spektakulär ausfiel. Er dauerte nicht einmal eine Viertelminute, und die maximale Flughöhe betrug drei Meter! Orville Wright urteilte über seinen Flug folgendermaßen:

»Dieser Flug dauerte nur 12 Sekunden, aber nichtsdestotrotz war es der erste in der Geschichte der Menschheit, bei dem eine Maschine aus eigener Kraft einen Menschen im freien Fluge in die Luft trug und, ohne zu verlangsamen, sich über den Erdboden bewegte und endlich an einem Punkt landete, der ebenso hoch lag wie der Startplatz...«[66]

Nach diesem Erfolg absolvierten die beiden Brüder noch am gleichen Tag drei weitere Flüge, wobei sie sich als Piloten abwechselten. Der längste Flug an diesem Tag dauerte 59 Sekunden, eine Zeit, die in Europa trotz aller Bemühungen erst volle vier Jahre später erreicht wurde. Obwohl gelegentlich andere Erfinder den Wrights das Erstlingsrecht streitig machten, ist es doch heute unter den Luftfahrthistorikern unumstritten, daß dieses Verdienst einzig und allein den Brüdern Wright zukommt[67].
Wie war es zu diesem Erfolg gekommen? Einen gewissen Anteil daran hatte der bereits erwähnte Octave Chanute (1832–1910), ein franko-amerikanischer Ingenieur, der sich bereits seit 1855 für die Flugversuche in Europa interessiert hatte und sich dort bestens auskannte: Von Francis H. Wenham (1824–1908) bis Lilienthal kannte er alle europäischen Flugpioniere. Sein »Progress in Flying Machines« (1894), der auf einer seit 1891 publizierten Artikelserie basierte, wurde neben Lilienthals »Vogelflug« zur zweiten »Bibel des Fliegens«, gelesen von jedem Flugpionier auf der ganzen Welt. Als hochgeschätzter Freund beriet und ermunterte er seit 1900 fortlaufend die Brüder Wright. Sein eigener »two-surface«-Hängegleiter ging auf die Modelle von Stringfellow und Lilienthal zurück und beeinflußte den »Doppeldecker« der Wrights[68]. Doch in der Hauptsache waren die Wrights selbst die Erfinder. Als Söhne eines Bischofs in Dayton/Ohio hatten sie eine Fahrradfabrik aufgemacht, deren Gewinne ihnen die Möglichkeit zu ihren Experimenten eröffneten[69]. Schon als Buben hatten sie sich brennend für das Fliegen interessiert und alles Erhältliche darüber gelesen. Die von den Wrights abonnierte Zeitschrift »McClure's Magazine« brachte 1894 dramatische Photographien von Lilienthals Gleitflügen. Wie

Wilbur Wright schrieb, brachte ihn schließlich die Nachricht von Lilienthals Tod zu dem Entschluß, selbst Flugversuche anzustellen. 1899 wandten sich die Wrights mit der Bitte um Unterstützung an die Smithsonian Institution, von der sie auf die Veröffentlichungen Chanutes aufmerksam gemacht wurden. Noch im August 1899 bauten sie einen großen Doppeldecker-Drachen – ihr erstes Flugmodell, das dem »Flyer« bereits verblüffend ähnelte. Versuche im Windkanal führten sie im Jahre 1902 zu der Ansicht, daß die Höhen- und Seitenstabilität für einen Flugversuch ausreiche, wenn eine geeignete Antriebskraft gefunden sei. Entgegen ihren Erwartungen eignete sich jedoch wegen des Gewichts keiner der angebotenen Automotoren, so daß sie sich zum Bau eines eigenen Flugmotors entschlossen. Auch den Propeller entwarfen sie selbst, bevor sie schließlich im Sommer 1903 zum Bau des ersten »Flyer« schritten[70].

Fast unbemerkt von der amerikanischen Öffentlichkeit, die sie wegen einer mißlungenen Vorführung vor Reportern im Jahr 1904 »die lügenden Brüder« nannte, vervollkommneten sie in den folgenden beiden Jahren ihren Doppeldecker. So setzten sie stärkere Motoren ein, verbesserten den problematischen Start mit einer selbstgebauten Katapultvorrichtung und arbeiteten an der Steuerung ihres Flugzeugs. Ort des Geschehens war die Huffmann-Prärie bei Dayton. 1905 gelangen ihnen dort die ersten Kreisflüge, und in geduldiger Kleinarbeit verbesserten sie die Leistungen: Am 26. September flogen sie 19 Kilometer (18 Minuten), am 3. Oktober 24,5 Kilometer (25 Minuten), am 4. Oktober 33,5 Kilometer (33 Minuten), am 5. Oktober 39 Kilometer (38 Minuten)[71].

Ganz unbemerkt blieben die Flüge der Wrights jedoch von Anfang an nicht, denn sie hatten ja die Öffentlichkeit gesucht. So berichteten bereits am 18. Dezember 1903 einige amerikanische Zeitungen in den Schlagzeilen darüber. Der New Yorker »Herald« brachte ein Bild auf der Titelseite, der Norfolker »Virginian Pilot« und natürlich der lokale »Dayton Evening Herald« brachten die sensationelle Nachricht groß heraus: »Dayton Boys Fly Airship – Problem of Aerial Navigation Solved«[72]. Auch in Europa war das Ereignis durch die Korrespondenz Chanutes schon bekannt. Der französische Flugpionier Ferber bemühte sich sofort um eine Vorführung.

In einem Brief bezifferten die Brüder Wright die Kosten für eine Flugvorführung über 50 Kilometer auf 1 Million Francs, und Ferber bemühte sich um Sponsoren – erfolglos. Zu oft war in vergangenen Jahren behauptet worden, das Flugproblem sei »endgültig gelöst«[73].

1905: Europa fühlt sich herausgefordert

Das erste Jahrzehnt des 20. Jahrhunderts war im fliegerischen Sinne unbestritten das Jahrzehnt der Gebrüder Wright. Mehr noch als in den USA beachtete man in Europa ihre Fortschritte mit großer Bewunderung. Viktor Silberer berichtete bereits 1904 in der »Wiener Luftschiffer-Zeitung« von Auswirkungen der »Gleitflüge« auf die Mode, auf »Kleider, Hüte und Halskrägen«, die er – wohl in Anlehnung an das »Ballonfieber« von 1783 – als »Gleitfieber« bezeichnete[74]. Nachdem die Zeitschrift »L'Auto« am 25. Dezember 1905 erste Zeichnungen des Wrightschen Flugzeugs veröffentlicht hatte, setzte in Europa eine fieberhafte Aktivität ein. Frankreich wies mit Ferber, Blériot, Voisin, Esnault-Pelterie und Archdeacon sofort mehrere Konstrukteure auf, die die Lilienthalsche Gleitflugtechnik weiterentwickelt hatten und jetzt Motoren einsetzten. Der Brasilianer Albert Santos-Dumont vollführte im September 1906 bei Paris den ersten Sieben-Meter-Luftsprung, steigerte die Leistung seines stabilen Doppeldeckers aber noch im selben Jahr auf 220 Meter[75].
Von nun an verbreitete sich die Flugleidenschaft wie ein Lauffeuer in Europa. Im November 1907 konnte sich Henri Farman (1874–1958) bereits über eine Minute in der Luft halten. Den ersten Motorflug in Deutschland vollführte im Juni 1908 der Däne Ellehammer auf seiner Eigenkonstruktion »Ellehammer IV«, in England gelang Alliot Verdon Roe im Juli 1909 mit seinem »Roe Triplane« der Durchbruch. Nachdem verschiedene Flugversuche in Frankreich, Deutschland, England und Dänemark stattgefunden hatten, gaben die Brüder Wright ihre Geheimhaltung auf und begannen mit dem Verkauf ihres Flugmodells. In Frankreich begann 1908 der Bau von Doppeldeckern nach dem Modell der Wrights,

und wieder einmal schien sich Frankreich als das Mutterland des Fliegens zu erweisen. Doch die Amerikaner blieben den Franzosen überlegen, wie ein erster internationaler Leistungsvergleich zeigte: Noch im Jahr 1908 besuchte Wilbur Wright Frankreich und gewann alle Flugwettbewerbe. Im Dezember 1908 gewann er den »Höhenpreis« des Aéroclubs von Frankreich mit einer Flughöhe von 115 Metern (Bedingung 25 Meter). Noch im selben Monat verbesserte er mit 2 Stunden 43 Minuten seinen eigenen Langflugrekord. Neidlos gestand der französische Flugpionier Blériot: »Die Wright-Maschine ist unseren Apparaten weit überlegen.«[76]

Das Schlüsseljahr 1909

1909 gründeten die Brüder Wright in Pau eine Fliegerschule – sie wurden die »Fluglehrer Europas«. Mit Flugvorführungen in Frankreich, England, Deutschland und Italien weckten sie die Flugbegeisterung. Gekrönte Häupter wie die Könige Edward VII. (1841–1910) von England oder Alfons XIII. (1886–1941) von Spanien fuhren nach Pau, um die Flüge zu bewundern oder als Passagiere den Nervenkitzel zu erleben, und die Technische Hochschule München verlieh den Brüdern Wright die Ehrendoktorwürde[77]. Der Wrightsche Doppeldecker war den europäischen Modellen überlegen, weil er wendig und leistungsfähig war. Sein Nachteil war jedoch, daß der Pilot sich in einem ständigen Kampf um die Normalfluglage befand, was äußerste Konzentration und Reaktionsgeschwindigkeit erforderte und die Bedienung gefährlich und ermüdend machte. Die Piloten mußten tatsächlich »Meister der Fliegekunst« sein[78].

Nach der »Starthilfe« durch die Brüder Wright wurde das Jahr 1909 zum Schlüsseljahr der Entwicklung des Motorflugzeugs in Europa. Unabhängig von den Doppeldeckern der Wrights wurden seit 1909 gleichzeitig an mehreren Orten stabile »Eindecker« gebaut, zunächst in Frankreich durch Louis Blériot (1872–1936) und die Brüder Voisin. Ihr Vorteil bestand in ihrer Eigenstabilität, die durch V-förmige Tragflächen, einen verlängerten Rumpf und ein großes Seitenleitwerk erreicht wurde. Ihr Nachteil bestand in der

Doppeldecker überfliegt Bauern bei der Feldarbeit – ein Foto mit Anklängen an
die Ikonographie der Daidalus/Ikaros-Flüge, Milarepas und Blanchards.
Foto NASM ca. 1905.

größeren Trägheit: Die Flügelstellung verminderte die Auftriebs-
kraft, und die aufwendigere Bauweise erhöhte den Luftwiderstand.
Doch diese »Nachteile« sollten sich bald auszahlen: Die Führung im
Flugzeugbau ging wieder auf Europa über[79]. Der englische Erfinder
Hubert Latham versuchte bereits am 13. Juli mit seinem Eigenbau
»Antoinette« die Überquerung des Ärmelkanals. Beim ersten Mal
mußte er wegen stürmischen Wetters umkehren, beim zweiten
Mal stürzte er wegen eines Motorausfalls nach elf Kilometern ins
Meer. Doch bereits am 25. Juli startete Louis Blériot mit seiner
»Blériot Nr. XI«, er flog die 43 Kilometer von Calais nach Dover in
27 Minuten und gewann damit den von der »Daily Mail« ausge-
setzten Preis in Höhe von 1000 Pfund Sterling. Mit seinem erfolgreichen Eindecker heimste er nicht nur triumphale Ehrungen ein,
sondern wurde auch zum Begründer der französischen Flugindu-

strie. H. G. Wells quittierte in der »Daily Mail« den Erfolg Blériots mit der Schlagzeile: »England ist, vom militärischen Standpunkt aus gesprochen, keine unerreichbare Insel mehr.«[80]
»Flugwochen« hieß das Zauberwort des Jahres 1909. Voran ging Ende August (22.–29. August 1909) die nordfranzösische Stadt Reims. Zur »Grande Semaine d'Avion de la Champagne«, so der offizielle Titel, strömten 200 000 Zuschauer zusammen, um das Können der 38 gemeldeten Flugzeuge und ihrer Piloten zu bewundern[81]. Tatsächlich erhoben sich 23 Maschinen in die Lüfte und absolvierten 87 Flüge, die sich im Durchschnitt über 5 Kilometer erstreckten. Höhepunkt war der Dauerflug von Henri Farmans »Henri Farman III«, die in ca. 3 Stunden 180 Kilometer zurücklegte. Latham stellte mit 156 Metern einen neuen Höhenrekord, der Amerikaner Glenn Curtiss (1878–1930) mit 75 km/h einen Geschwindigkeitsrekord auf[82]. Mit der durch den französischen Staatspräsidenten eröffneten Internationalen Luftfahrzeugausstellung in Paris begann einen Monat nach der Flugwoche in Reims quasi eine Leistungsschau der französischen Industrie, die im Flugzeugbau führend war. Der Flugpionier Robert Esnault-Pelterie, Erbauer der R.E.P.-Flugzeuge, war Vorsitzender des Industrieverbands. Die großen Hallen des »Grand Palais« wurden zwar optisch von den riesigen Aérostaten beherrscht, doch das Interesse der Besucher galt eindeutig den Aéroplanen: Direkt gegenüber dem Haupteingang stand bereits die »Blériot XI«, noch ölverschmiert von der triumphalen ersten Kanalüberquerung im Juli. Schon nach drei Tagen zählte die Ausstellung 100 000 Besucher[83].
Das Flugmeeting von Brescia Anfang September wurde nicht nur wegen der anwesenden internationalen Fluggrößen (Blériot, Curtiss, Rougier) ein Erfolg, sondern auch durch seine Überlieferung in der Literatur durch Franz Kafka und Gabriele d'Annunzio. Im Vergleich dazu war die Mitte September (8.–13. September 1909) veranstaltete Berliner Flugwoche wenig erfolgreich, zumal der einzige deutsche Teilnehmer zum Leidwesen der Veranstalter nur kurze Luftsprünge zustande brachte[84]. Der Oktober 1909 sah Flugwochen in Berlin, Doncaster (»First Aviation Meeting in England«) und Blackpool. Einen durchschlagenden Erfolg zeitigte die Internationale Luftfahrt-Ausstellung (ILA) in Frankfurt am Main,

die einen entscheidenden Zeitraum hindurch, nämlich von Juli bis
Oktober 1909, dauerte. Zwar gewannen auch hier Orville Wright
und französische Flieger alle Preise, doch brachte das umfangreiche
Begleitprogramm der Ausstellung dem Luftfahrtgedanken den
Durchbruch[85]. Das ganze Jahr 1910 über jagte eine »internationale
Flugwoche« die nächste: im Januar das »First in America Aviation
Meet« in Los Angeles (USA), im Februar die »Grande Semaine
d'Aviation d'Égypte« in Heliopolis, im April das »Meeting d'Aviation« in Nizza, im Juni die große Flugwoche von Rouen, im Juli
das Fliegertreffen von Brüssel, im August die »Grande Fête
d'Aviation« in Bar-le-Duc, im September das »Harvard-Boston
Aero Meet« in Massachusetts, im Oktober der »Circuito Aereo Internationale« von Mailand[86]. Schließlich war man auch in
Deutschland soweit: Hans Grade (1879–1946) gewann am 30. November 1910 den »Lanz-Preis der Lüfte«, eine mit 50 000 Reichsmark dotierte Ausschreibung, die das Fliegen einer »liegenden
Acht« durch einen deutschen Piloten auf einem in Deutschland
hergestellten Flugzeug zur Auflage machte[87].

Die gutorganisierten großen Flugwettbewerbe waren Publikums-
magneten ersten Ranges. Insgesamt erreichten die Flugzeuge
»schwerer als Luft« 1909/1910 einen Entwicklungsstand, der
zeigte, daß hier die Zukunft der Luftfahrt liegen würde. Die internationalen Flugwettbewerbe erwiesen sich als praktikables Mittel,
durch Auslese alle phantastischen Auswüchse des Flugwunsches
rasch und ein für allemal zu eliminieren. Der englische Flughistoriker Charles H. Gibbs-Smith schloß daher eines seiner berühmten Standardwerke über »The Invention of the Aeroplane« mit
dem Jahre 1909, während technisch orientierte Übersichten gelegentlich mit eben diesem Jahr einsetzen[88].

Die Luftfahrt als
»gesellschaftswissenschaftliches« Problem

Wenn man im nachhinein die Entwicklung der Fliegerei vornehmlich als technische oder kulturgeschichtliche Entwicklung wahr-
nimmt, greift man zu kurz. Der wissenschaftliche Begleitband zur
ILA von 1909 breitet eine erstaunliche Themenfülle vor dem interessierten Fachpublikum aus. In den 19 Vorträgen, gehalten zwischen August und Oktober, kamen natürlich Praktiker wie Graf
Zeppelin oder der Luftschiffkonstrukteur Parseval zu Wort, die
sich vornehmlich mit der historischen und technischen Entwicklung der lenkbaren Luftschiffe beschäftigten. Die 17 übrigen Vorträge zeigen jedoch ein geradezu verblüffend breites Spektrum.
Biologen wie der damals berühmte Ahlborn nahmen zur Aerodynamik von Propellern und zur Entwicklung der Flugfähigkeit
bestimmter Tiere Stellung, Physiker verbreiteten sich über Luft-
elektrizität und Windströmung, Meteorologen unterrichteten über
Schichtbildungen in der Atmosphäre. Doch nicht nur die Naturwissenschaften sollten zur Erhellung der »neuen« Thematik beitragen, sondern auch die Geistes- und Gesellschaftswissenschaften
waren gefragt. Der berühmte Germanist Friedrich Panzer hielt
einen bis heute lesenswerten Vortrag über »Das Flugproblem in
Mythos, Sage und Dichtung«. Ein Redner beschäftigte sich mit
den »technischen und wirtschaftlichen Chancen einer ausgedehnten Kolonialvermessung«, selbstredend wurde versucht, »die militärische Bedeutung der Luftschiffahrt« auszuloten, zwei Redner
erörterten die Möglichkeiten und Probleme der Luftbildphotogra-
phie von Aerostaten und durch Brieftauben. Auch die »Hygiene
der Aeronautik« stieß auf Interesse.
Auffallend ist die Präsenz zweier juristischer Vorträge, in denen
sich der Zürcher Professor Meili mit dem Thema »Ballons, Flugmaschinen, Luftschiffe und die Jurisprudenz« beschäftigte, der
Abschlußvortrag des Bonner Professors Zitelmann schlicht und
einfach mit »Luftschiffahrtsrecht«[89]. Er ließ in seiner Rede die Diskussionen der vergangenen zehn Jahre Revue passieren, und man
muß seiner Schlußfolgerung recht geben: Mit der Eroberung »des

unermeßlichen Reichs der Luft« tat sich der Jurisprudenz ein völlig neuer Rechtsraum auf, das »Luftrecht«, wie Zitelmann es in Anlehnung an das Seerecht nannte. Welche Nationalität sollte künftig ein Kind haben, das an Bord eines Luftschiffs geboren wurde? Ein Franzose macht in einem deutschen Ballon über russischem Territorium sein Testament, welche Form muß es haben, um Gültigkeit zu erlangen? Ein Grundstücksbesitzer verbietet einem Luftschiffer das Betreten seines Grundstücks, unter welchen Umständen kann er eine Landung verhindern? Ein Zeppelin fliegt über den Bodensee hinweg auf Schweizer Territorium, muß sich die Schweiz die Überquerung gefallen lassen? Welches Recht gilt bei Streitigkeiten innerhalb der Luftschiffbesatzung? Hier waren nicht nur Zivil- und Strafrecht gefragt, sondern auch das Staatsrecht, das Verwaltungs- und das Völkerrecht. Eventuell sogar, nach Auffassung Zitelmanns, das Kirchenrecht.

Der Redner wies darauf hin, daß das Luftrecht mit dem Aufstieg der ersten Aerostaten aktuell wurde und erstmals 1793 von dem berühmten Reichsjuristen Stephan Pütter (1725–1807) unter reichsrechtlichen Gesichtspunkten erörtert worden war. Ein Jahrhundert lang standen theoretische völkerrechtliche Fragen im Vordergrund, bevor 1891 der Italiener Manduca mit der Erörterung strafrechtsrelevanter Taten im Luftraum begann. 1901 publizierte der Pariser Jurist Fauchille im Auftrag des »Institut de droit international« eine Studie über »Le domaine aérien et le régime juridique des aérostats«. Doch erst seit 1907 wuchs die juristische Literatur zu diesem Thema schlagartig an, erstmals 1908 zusammengefaßt durch den Zürcher Rechtswissenschaftler Meili[90]. Zitelmann bemängelt die fehlende Systematik in vielen der vorhandenen Beiträge, die die Grenze von geltendem und wünschenswertem Recht verwischten. Er selbst leitet, ausgehend von Hugo Grotius' (1583–1645) »Freiheit der Meere«, eine völkerrechtliche »Freiheit der Luft« ab, die die Grundsätze des Seerechts auf den Luftraum übertragbar machen – von der Taufe bis zum Testament konnten damit die Rechtsgrundsätze der Nation geltend gemacht werden, unter deren Flagge das Luftschiff segelte, oder vereinfacht gesprochen: »Deutschland behält die Hoheit über Deutsche, mögen sie gehen, schwimmen oder fliegen.«[91]

Die Erkenntnisse konnten durchaus schwerwiegend sein: Deutsche konnten sich auf englischen Luftschiffen frei fühlen, den deutschen Kaiser zu beschimpfen, während Engländern in deutschen Luftschiffen eher Zurückhaltung anzuraten war und umgekehrt. Hier stellte sich allerdings auch die Frage nach der Notwendigkeit der verbindlichen Abgrenzung des »Luftraums« über einem Land, der dem »Binnengewässer« in der Schiffahrt entsprach: Hier konnte sehr wohl nationales Recht gelten, das auch Engländer auf englischen Luftschiffen traf, wenn sie in deutschem Luftraum den deutschen Kaiser beleidigten. Wichtige Erkenntnis: Grundstücke und Länder sind nicht zwei-, sondern dreidimensional. Das in Deutschland 1899 neu geschaffene Bürgerliche Gesetzbuch (BGB) berücksichtigte dies bereits in seinem Paragraphen 905: »Das Recht des Eigentümers eines Grundstücks erstreckt sich auch auf den Raum über der Oberfläche.« – Und schon der berühmte Napoleonische *Code Civil* hatte in Paragraph 552 bestimmt: »La propriété du sol emporte la propriété du dessus et du dessous« – ein klares Produkt der Frühgeschichte der Luftfahrt. Zitelmann schloß daraus in messerscharfer Juristenlogik: Der Staat, der Gesetze über Privateigentum an Luftraum erließ, mußte auch die staatliche Hoheit über Luftraum beansprucht haben[92]. Popularisiert wurden die Erkenntnisse in fliegerischen Fachblättern wie beispielsweise den »Illustrierten Aeronautischen Mitteilungen«[93]. Zitelmann schloß jedenfalls seinen ersten Überblick:

»Wie die junge Wissenschaft des Luftschiffahrtrechts schon jetzt einen guten Flug genommen hat, so wollen wir auch der künftigen Rechtsprechung in Luftschiffahrtssachen ein kräftiges ›Glück auf‹ zurufen.«[94]

Gut gesprochen, denn: Praktische Streitfälle hatte es bislang kaum gegeben! Rechtstheoretiker bauten einstweilen an Luftschlössern und stellten künftigen Konflikten den passenden Rahmen bereit[95].

Die Geburt neuer Begriffe:
Aéroplan, Airplane, Flugzeug...

Die rasche Entwicklung der Technik führte im Jahre 1909 zu einer Kulmination und gleichzeitig radikalen Auslese aus der Überfülle von Begriffsneubildungen der letzten Jahrzehnte. Dabei verlief der Prozeß der Begriffsbildung anders als im Fall der »Luftschiffahrt«, deren Begrifflichkeit in einem jahrhundertelangen Vorlauf ausgeprägt worden war[96]. Für »Schwerer-als-Luft«-Fahrzeuge blieb bis 1909/11 eine begriffliche Unsicherheit erhalten. Alte Begriffe wie der schon bei Roger Bacon verwendete des »Fluginstruments« (instrumentum volandi) wurden immer noch verwendet, erschienen aber angesichts der neuen Techniken als immer weniger angemessen. Noch Otto Lilienthal verwandte 1889 den Begriff »Fliege-Kunst«, der bereits 1735 in Zedlers Universallexikon und in einem Vortrag »De arte volandi« von 1628 gebraucht worden war. Auch Krünitz unterscheidet die »Beschiffung« der Luft vom eigentlichen Flug mit »Flügeln«, ohne dafür außer der Baconschen »Flugmaschine« einen Begriff zu nennen[97].

»Airplane« oder ähnliches taucht bei den Flugpionieren Cayley und Henson noch nicht auf. Das Wort »aéroplane« findet sich erstmals 1855 in einem Patentgesuch des Bildhauers Joseph Pline (geb. 1828) für eine lenkbare Ballonflugmaschine mit »une vaste surface horizontale« und wurde bis 1871 in Frankreich nur im Zusammenhang mit Plines Projekt verwendet. Unabhängig davon erscheint 1866 der Begriff »Aeroplane« im Englischen in einem Vortrag des Flugpioniers Francis Herbert Wenham (1824–1908) über »Aerial Locomotion« vor der neu gegründeten »Aeronautical Society«. Das Wort »Aero-plane« bedeutete zunächst einfach »feststehender Flügel« und übertrug sich dann auf das ganze Fluggerät. Da Wenhams Vortrag im ersten Jahresbericht dieser Gesellschaft veröffentlicht wurde, war er zunächst deren Mitgliedern und darüber hinaus überhaupt im englischen Sprachraum geläufig. Von hier aus fand der Begriff seit 1871 Eingang in die drei Jahre zuvor gegründete Zeitschrift »L'aéronaute« und trat seitdem seinen Siegeszug auch in Frankreich an[98]. Daß es trotzdem Vorbehalte gab, zeigen die zahlreichen Schriften der Flugpioniere um die Jahrhundertwende, die den Begriff zwar verwenden, doch wie Octave Chanute weiterhin von »Flying machines« sprechen. Auch die Brüder Wright verwandten »Aeroplane« zunächst nicht. Ihr Begriff »Flyer«, der 1813 bereits von Cayley geprägt worden war, setzte sich jedoch wegen seiner mangelnden Präzision nicht durch. Seit 1905 findet sich eine gehäufte Verwendung des Wortes »Aeroplane« im »Aeronautical Annual«, und ebenfalls in diesem Jahr taucht er in den Schriften Chanutes und der Brüder Wright auf, die ihren »Flyer I« nun als »motor-driven aeroplane« bezeichneten. Von diesem »first free flight through the air with a motor-driven aeroplane« im Jahre 1905 ging der Begriff in die Fachliteratur ein. Der »Scientific American« sprach 1906 von einem »aeroplane type of flying machine«. Den Durchbruch erlebte das Wort mit den Pariser Flugversuchen Santos-Dumonts im November 1906. Der »Aeroplane« hielt nun Einzug in die Weltpresse[99]. Zwischen 1906 und 1909 war »Aeroplan(e)« zu einer international akzeptierten neuen Wortschöpfung geworden, wie ein Blick in die »Bibliography of Aeronautics« von 1910 beweist[100]. Überraschenderweise zerbrach diese Einheit jedoch in den nächsten Jahren wieder zugunsten nationaler Sonderentwicklungen. Nur in wenigen Ländern blieb, wie in England oder Italien (aereoplano), der zuerst gefundene Begriff erhalten.

In Frankreich, der führenden europäischen Flugnation, erfolgte nach einer hektischen Produktion von Neologismen in den Jahren 1907–1909 und einer programmatischen Stellungnahme »A messieurs les linguistes«[101] ein vehementes Plädoyer für den Begriff »avion« (von lat.: avis = Vogel), mit dem der erfolglose Flugpionier Clément Ader (1841–1925) 1890 ein Patent angemeldet hatte. 1909 veröffentlichte er das vielgelesene Buch »L'Aviation militaire«, in dem er ständig sein Wort »avion« benutzte. Der schwärmerische Dichter Guillaume Apollinaire (1880–1918) pries ihn wegen dieser Erfindung 1910 in hymnischen Versen: »Ader devint poète et nomma l'avion ... cette douce parole eut enchanté Villon. «[102] Dennoch gehörte der »aéroplane« zum scheinbar gesicherten terminologischen Bestand. Im Dezember 1911 aber meldete die internationale Presse schließlich, General Roques, Inspecteur

Flugzeugbau als neuer Wirtschaftssektor: Werbeanzeigen in der amerikanischen
Fachzeitschrift »The Aero« vom 8. März 1910.

der militärischen Aeronautik, habe bekanntgegeben, in Zukunft
würden Militärflugzeuge nur noch »avions« genannt. Weil während des Krieges fast alle Flugzeuge Militärflugzeuge waren, verdrängte der Begriff »avion« den älteren »aéroplane«[103]. Frankreichs Begriffsentwicklung gibt eine Art Modell für die anderen
Länder ab. Direkt vom französischen »avion« scheint sich der spanische »avión« abzuleiten.

Nicht uninteressant ist die Frage nach der Herkunft des so selbstverständlich klingenden Wortes »Flugzeug«. Das »Herkunftswörterbuch der deutschen Sprache« ist der Ansicht, es handle sich um
eine Analogiebildung zu »Fahrzeug« vom »Anfang des 20. Jahrhunderts«[104]. Das läßt sich insofern präzisieren, als Lilienthal ein
früher Verwender dieses Begriffs war. Zwar bewegte sich Lilienthal bei seinen Patentanmeldungen durchaus im terminologischen
Rahmen der 1890er Jahre – die Reichspatente von 1893 und 1895
wurden jeweils für »Flugapparate« vergeben, denen 1894/95 die
englischen und amerikanischen Patente für »Flying machines«
entsprachen –, doch verwandte er im März 1891 in seinem Vortrag
»Über Theorie und Praxis des freien Fluges« vor dem »Verein zur
Förderung der Luftschiffahrt« die terminologische Zwischenstufe
»Flugfahrzeug«[105]. In seinem Jahresbericht von 1893 in der Zeitschrift »Prometheus« spricht Lilienthal seinen »Segelapparat« vom
Reichspatent des gleichen Jahres als »mein Flugzeug« an[106]. Lilienthals Begriff setzte sich jedoch nicht durch. Der Flugpionier Herr-
mann W. L. Moedebeck (1857–1910) machte sich im Mai 1907 Ge-
danken zur »Aeronautischen Terminologie« und betrachtete dabei
»Flugapparate (Flugmaschinen)« als Untergruppe der Luftschifffahrt. Die Flugmaschinen unterteilte er in »1. Flügelflieger
(Schwingenflieger), 2. Schraubenflieger (Segelradflieger), 3. Drachenflieger«, die der französischen Dreiteilung in Ornithoptères,
Helicoptères und Aéroplanes entsprach[107]. In seiner Antwort vom
Juli 1907 bestätigte der Wiener Flugpionier Kress im wesentlichen
diese Vorschläge[108]. Der Technikhistoriker Franz Maria Feldhaus
sprach in seinem 1908 veröffentlichten Buch »Luftfahrten einst
und jetzt« selbst in dem Abschnitt über die Erfolge der »fliegenden
Brüder« Wright und die Rekordflüge Henri Farmans ausschließlich von »Flugmaschinen«, »Luftfahrzeugen«, »Motor-Gleitfliegern«

oder »Flugapparaten«[109]. Selbst in den Beiträgen der ILA-Fest-
schrift von 1909 ist nur von »Luftfahrt« und »Flugmaschinen« die
Rede[110], und in einer wissenschaftlichen Erörterung der »Luftfahrten in der deutschen Literatur« durch den Wiener Professor Jacob
Minor wird zwar das Problem erkannt, daß sich »die Eroberung
der Luft ihre neue Sprache schaffen« muß – »man redet von Fliegen bloß bei den Flugapparaten, mit denen sich ein Mensch in die
Luft erhebt«, weiß er zu berichten –, das Wort »Flugzeug« aber
kennt er nicht[111]. Erst Ende 1909 zeichnete sich der Umschwung
ab, als Moedebeck, der Herausgeber der »Illustrierten Aeronautischen Mitteilungen«, vorschlug, die ungenauen Bezeichnungen
»Flugapparat« und »Flieger« durch das präzisere »Flugzeug« zu ersetzen: »Bei der Einführung dieses Wortes in den luftschifferli-
chen Wortschatz sind mit einem Male sämtliche Schwierigkeiten
... überwunden.«[112]
Über den Prozeß der Durchsetzung dieses Begriffs geben die entsprechenden Jahrgänge dieser Zeitschrift Aufschluß: 1909 tauchte
der Begriff »Flugzeug« – außer bei Moedebeck – noch kein einziges Mal auf, favorisiert wurde der Begriff »Drachenflieger«, der
vor der althergebrachten »Flugmaschine« rangierte[113]. Im Jahrgang 1910 tragen dagegen mehrere Aufsätze das »Flugzeug« im
Titel, während die Reklame-Inserate dieses Jahrgangs noch die
älteren Begriffe konservieren. Doch die »Etrich-Taube« wurde im
redaktionellen Teil bereits als »Das Flugzeug-System Etrich« beschrieben. 1911 schließlich war der Durchbruch vollzogen, wie der
hoffnungsvolle Überblicksversuch »Deutsche Flugzeuge 1911« zu
erkennen gibt[114].
Der Wandel in den USA hatte vornehmlich pragmatische Gründe.
Bereits 1896 war in der Zeitschrift »Invention« gefragt worden:
»Why not call it ›airplane‹«, 1911 bemängelte die Zeitschrift
»Flight«, »›aeroplane‹ is but a clumsy compound«, 1915 nahm die
»New York Times« in einem Leitartikel gegen das »almost intoler-
ably awkward« Wort »aeroplane« Stellung, 1916 mengte sich das
Magazin »Aeronautics« in die Debatte. Entscheidend war mög-
licherweise die Propagierung durch das »National Advisory Com-
mittee for Aeronautics« (NACA) im Jahre 1916, denn noch während des Ersten Weltkriegs übernahmen Army und Navy den

neuen Begriff »airplane«. In England wurde diese Begriffsände-
rung in den USA seit 1917 scharf kritisiert[115]. Generell kann man
zusammenfassen, daß – anders als bei der Luftschiffahrt – die Begriffsbildung erst mit dem technischen Durchbruch erfolgte.
Nachdem die Entwicklungsfähigkeit und der potentielle Stellenwert der »Flugmaschinen« erkannt worden waren, setzte auf jeweils nationaler Ebene eine Suche nach populäreren Begriffen ein,
die während des Ersten Weltkriegs unter dem Vorzeichen eines all-
seits grassierenden Nationalismus zum Abschluß kam. Im Zuge
der Aufrüstung während des Ersten Weltkrieges wurden die neu-
gefundenen »nationalen« Begriffe dann administrativ festge-
schrieben: Airplane, Avion und Flugzeug.

Das Flugzeug als Symbol der neuen Zeit

Wie die Ballonaufstiege von 1783 hat die sichtliche Verwirklichung
der Flugzeugidee seit dem Jahre 1909 sämtliche Bereiche der Alltagswelt durchdrungen. Auf allen möglichen und unmöglichen
Gegenständen erscheinen jetzt die Aeroplane: Vasen, Teller, Tas-
sen, Töpfe, Krüge, Zigarrenkisten, Bleistiftdosen, Uhren, Fächer –
nichts war vor ihnen sicher. Schlagerkomponisten von Amerika
bis Rußland fühlten sich herausgefordert (»Fliegerliebe«; »My
little loving Aero Man«; »Come Josephine in my Flying Machine«) wie Musiker aller Stile (»Aero Rag«; »Air King. March
Two Step«, etc.). Der Traum vom Fliegen wurde vermarktet.[116]
Doch all dies war unbedeutend im Vergleich zu dem Symbolgehalt,
der dem Flugzeug zugesprochen werden sollte. Wenn die Flugbegeisterung der Jahre nach 1783 im breiten Strom der Aufklärungs-
philosophie ihre sichere Einbettung gefunden und allenfalls die
Mode einige fliegerische Blüten getrieben hatte, so befand sich Europa zu Beginn des 20. Jahrhunderts in einem beispiellosen kulturellen Umbruch. Das technisch noch ganz unvollkommene Flugzeug wurde zur Chiffre für Ängste und Hoffnungen des neuen
Zeitalters.[117]
Dies kann anhand des literarischen Niederschlags des ersten internationalen Flugmeetings in Italien gezeigt werden. Franz Kafka

(1883–1924) schrieb für eine Prager Tageszeitung über »Die Aeroplane in Brescia«[118], und Gabriele d'Annunzio (1863–1938) baute sie in seinem 1910 erschienenen Erfolgsroman »Forse che sí, forse che no« ein, der noch im gleichen Jahr in Deutsch und Französisch erschien. Brescia lieferte die Kulisse für zwei neue fliegerische »Archetypen« in der Literatur: Wo Kafka den einsamen Kämpfer zeichnet, hilflos der Technik ausgeliefert und dem Publikum entfremdet, sieht d'Annunzio den neuen Übermenschen, der in Verschmelzung mit der Technik den Menschheitstraum im Kampf gegen die Natur verwirklicht[119].

Der Tonfall, der in den ersten literarischen Manifestationen der technischen Neuerungen angeschlagen wurde, läßt aufhorchen. Hatte Robert Musil (1880–1942) bereits einige Jahre zuvor geschrieben, ganz Europa sei von einem »beflügelnden Fieber« befallen[120], so verquickte sich die kulturelle Revolution – sozusagen das künstlerische Ende Alteuropas – untrennbar mit dem fliegerischen Stichjahr 1909. Wie Ingold betont, haben kompetente Literatur- und Kunstwissenschaftler mit den Worten Gottfried Benns (1886–1956) das »Gründungsereignis der modernen Kunst in Europa« auf das Jahr 1909 angesetzt[121]. Futurismus, Kubismus und Expressionismus, die explizit zur revolutionären Umgestaltung bestehender Weltbilder und zur Etablierung einer auf die Alltags- und Arbeitswelt anwendbaren neuen Ästhetik aufriefen, entstanden fast gleichzeitig. Und alle Stilrichtungen in der Kunst und Literatur, die sich 1909 im Aufbruch befanden, einigten sich wie selbstverständlich auf ein gemeinsames Symbol: die Aviatik. Sie verwirklichte alte Mythen und wurde somit zum Inbegriff der wissenschaftlich-technischen Revolution, des neuen Zeitalters schlechthin. Die Fliegerei verband sich dabei gleichermaßen »mit der Vorstellung übermenschlicher Erhebung und Allmacht, mit der Utopie totaler Befreiung, kosmopolitischer Solidarität und universellen Friedens, aber auch mit der Idee unbegrenzter Machbarkeit und unaufhaltsamen Fortschritts«. Dabei verspürte man immer noch die religiöse Dimension der eigenmächtigen Erhebung über die Erde, die bereits die Diskussion der vergangenen Jahrhunderte in Europa fasziniert hatte. Literatur und Kunst spiegelten diesen schillernden Komplex nicht nur wider, sondern unterzogen

sich in Auseinandersetzung damit selbst einem radikalen Paradig-
menwechsel[122]. Johannes R. Becher (1891–1958) thematisierte dies
in seinem formsprengenden expressionistischen Gedicht »Die
neue Syntax«, das folgendermaßen beginnt:

»Die Adjektiv-bengalischen-Schmetterlinge
Sie kreisen dröhnend um des Substantivs erhabenen Quaderbau.
Ein Brückenpartizip muß schwingen! schwingen!!
Derweil das kühne Verb sich klirrend Aeroplan in Höhen schraubt.«[123]

Die Avantgarde war durch das Erlebnis des »neuen Fliegens« geprägt. So veröffentlichte der Pariser »Figaro« im Februar 1909 das
»Manifeste initial du Futurisme« des Filippo Tommaso Marinetti
(1878–1944). Das Programm des Futurismus verschrieb sich
einem Kult der Maschinen, der Geschwindigkeit und Gewalt, der
mechanischen Schönheit und der mechanischen Erhebung. Flugvisionen und Flugzeugmetaphern durchziehen das literarische
Schaffen dieser Stilrichtung. Wurde schon das von maschinellen
Pferdestärken getriebene Automobil zum ›Pegasus‹, so führte der
mechanische Menschenflug zur benzoltrunkenen Euphorie:
»Möge der Puls des Motors seine Schläge verhundertfachen!
Hurra! Kein Bodenkontakt mehr mit der unreinen Erde! ... Endlich reiße ich mich frei und fliege weich über der berauschenden
Fülle der Sterne, die aufs große Himmelbett hinunterrieseln!«. In
der protofaschistischen Diktion der Futuristen wird das Flugzeug
zur Waffe, der Raum zum Feind, der getötet werden muß. »O
mein detonierendes Explosionsherz, wer hindert dich daran, den
Tod zu bodigen?«. Auch das Futuristische Manifest ist von Flugmetaphern durchdrungen, der Triumph der Technik über den Mythos erhebt den Zeitgenossen zum Übermenschen, ja, zum Schöpfer selbst: »Wir werden der Geburt der Kentauren beiwohnen, und
bald werden wir die ersten Engel fliegen sehen...«[124]
Vor solch heroischem Hintergrund störten auch abstürzende Flughelden nicht, im Gegenteil, sie wurden zu Märtyrern der neuen
Religion, wie nach dem Absturz des italienischen Rekordfliegers
Giulio Cambiaso bei dem Flugmeeting in Brescia 1909 sichtbar
wurde. Gabriele d'Annunzio zeichnete folgendes Bild des Übermenschen, der für die Idee des Fortschritts gestorben war:

»Als die Trümmer entfernt, die Drähte entwirrt, die Leinwandfetzen weggezogen
waren, wurde der leblose Körper des Helden sichtbar. Der Hinterkopf klebte am
Motorgehäuse derart, daß die sieben Zylinder mit ihren Kühlrippen eine Art von
schauerlichem Strahlenkranz um sein Gesicht bildeten. Die lichtbraunen Augen
waren starr geöffnet, der Mund ruhig und unverzerrt, im hellen, weichen Bart
glänzten die reinen, weißen Zähne. Die große Schläfenader war von einem gerisse-
nen Spanndraht glatt durchgeschnitten, wie von einem Rasiermesser. Aus der
Wunde strömte ein roter Bach, der sich über das Ohr, den Hals, die Schulter und die
halbgeschlossene Faust ergoß. Ein Arzt, der sich über die Schulter beugte, um das
Herz zu horchen, das längst nicht mehr schlug, spürte an seiner Wange die kühle
Frische eines Rosenblattes.«[125]

Neben solch heldischen Verklärungen des Fliegens, die auf den
kommenden Weltkrieg vorauswiesen, gab es zahlreiche andere
Wege und Nebenwege, auf denen die Flugereignisse schriftstel-
lerisch verarbeitet wurden. Der in Deutschland immer noch starke
Historismus führte nicht nur zur Suche nach geschichtlichen Vorläufern, sondern auch zur Rehabilitierung früherer Flugnarren,
wie etwa des »Schneiders von Ulm«. Auch gab es starke Gegenak-
zente gegen die kriegerische Verwendung des Flugzeugs, abgesehen davon, daß viele Protagonisten der Fliegerei wie beispielsweise
Lilienthal oder Ferber pazifistisch dachten. Der Wiener Literat Karl
Kraus (1874–1936) meinte allerdings bereits 1908 pessimistisch:
»Den Weltuntergang aber datiere ich von der Eröffnung der Luftschiffahrt.«[126]

Die Fliegerei in den letzten vier Friedensjahren

Die vier Jahre vor Beginn des Ersten Weltkriegs sahen eine rasante
Fortentwicklung der Flugtechnik. In Berlin stellte 1910 der Wiener
Ingenieur Igo Etrich in den Rumpler-Werken seine hervorragend
stabile »Taube« her, einen Eindecker, der eine eigenständige Entwicklung darstellte und mit den Erzeugnissen der Wrights und
Blériots konkurrieren konnte. Die »Etrich-Taube« wurde zum »erfolgreichsten Schulflugzeug« der Vorkriegsjahre. Etrich hatte sich
bei der Konstruktion an einem Aufsatz über die Flugeigenschaften
der Samen einer malaiischen Kürbispflanze orientiert, die aus jeder Lage sofort in die ideale Gleitfluglage geriet. Diese Flugeigen-

schaften machte sich Etrich zunutze. Seine Erfindung galt als absolut »narrensicher«, und eine ganze Generation von Fliegern hat auf dieser Maschine das Fliegen erlernt[127].

Hubert Latham (1883–1912) stellte bereits am 7. Januar 1910 mit 1000 Metern einen neuen Höhenrekord für Flugzeuge »schwerer als Luft« auf. Er bereitete damit den Boden für einen weiteren Rekord im Herbst dieses Jahres: Am 23. September überflog der Peruaner Jorge Chavez Dartnell, in Paris als Georges Chavez bekannt, als erster die Alpen, wobei er mit seiner »Blériot XI« eine Maximalhöhe von 2600 Metern erreichte. Nach dem erfolgreichen Flug stürzte er allerdings bei der Landung ab und überlebte nur wenige Tage[128]. Wie bei allen Neuentwicklungen war die euphorische Anfangsphase durch das stetige Aufstellen neuer Rekorde gekennzeichnet: Bekannte Orte wurden um- oder unterflogen: die Tower Bridge, der Eiffelturm, das Weiße Haus in Washington, der Schiefe Turm von Pisa[129]; Kunstfiguren wie der Looping, die gesteuerte Rolle und der rückwärts eingeleitete Sturzflug wurden erfunden[130]. Gewagter, schneller, länger, weiter und höher lautete die Devise. Flugsportbegeisterte Idealisten und geschäftstüchtige Vermarkter heizten diesen Boom durch das gezielte Veranstalten von Flugwettbewerben oder das Aussetzen von Preisen an. Die Londoner Zeitung »Daily Mail«, die bereits einen Preis für die erste Überfliegung des Ärmelkanals ausgezahlt hatte, winkte nun mit einer neuen Prämie: 10 000 Pfund Sterling sollte derjenige erhalten, der als erster den Atlantik mit einem Flugzeug in einem Nonstopflug von weniger als 72 Stunden überquerte[131].

Bereits vor dem Ersten Weltkrieg begann eine bedenkliche Konkurrenz im Flugzeugbau zwischen den kommenden Kriegsgegnern. Während die Berliner Bevölkerung die Erfolge des Franzosen Armand Zipfel bei der Berliner Flugwoche gelassen hingenommen hatte (»Der Zipfel steigt«), grämte sich während der ILA die konservative Presse, daß die Franzosen den Deutschen im Fliegen weit überlegen waren. Nach einer Weltrekordliste des Jahres 1912 wurden alle Rekorde von Franzosen gehalten: Flugdauer (13 Stunden), Flughöhe (5160 Meter), Fluggeschwindigkeit (174 km/h) und Flugweite (1200 Kilometer). Noch im selben Jahr rief Prinz Heinrich von Preußen zu einer »Flugspende des deutschen Volkes« auf

Frauen waren von Anfang an dabei. Drei Pilotinnen aus den Pionierjahren der amerikanischen Luftfahrt, Foto NASM.

und erhob damit die Fliegerei zu einem nationalen Anliegen. Innerhalb weniger Monate kamen mehr als 7 Millionen Reichsmark zusammen, die unter anderem für die Hinterbliebenenfürsorge der bislang abgestürzten 46 deutschen Flugpioniere verwendet wurden, in der Hauptsache aber einen Aufschwung des Flugzeugbaus bewirkten[132]. Bereits 1913 stellte der deutsche Flieger Stoeffler mit 2000 Kilometern einen neuen Weitflugrekord auf. Die französische Zeitschrift »L'Auto« kommentierte: »Es scheint beschlossene Sache zu sein, daß die Flieger von jenseits des Rheins über uns triumphieren... Man kann sich nur verbeugen vor diesem Erfolg einer Industrie, die leider nicht die unsrige ist.« Ein Jahr später befanden sich drei der vier Weltrekorde in deutschen (Flugdauer 24 Stunden, Flughöhe 8150 Meter, Flugweite 2200 Kilometer) und nur noch einer in französischen Händen (Fluggeschwindigkeit 210 km/h)[133]. Frankreich und Deutschland waren plötzlich die

Hauptkonkurrenten – und der Krieg warf seine Schatten voraus. Aber nicht nur Franzosen, Engländer, Deutsche und Amerikaner beteiligten sich an dieser Konkurrenz: Es war der italienische Major Giulio Douhet, der 1909 in einer theoretischen Abhandlung formulierte:

»Wir kennen schon die Wirklichkeit der Seeherrschaft. In der nahen Zukunft wird es nicht weniger wichtig sein, auch die Vorherrschaft in der Luft zu erlangen.«

Und es war das vorfaschistische Italien, das diese Theorie in die Praxis umsetzte: Bei der Eroberung Libyens fand am 23. Oktober 1911 der erste Aufklärungsflug statt, und am 1. November erfolgten die ersten Bombenabwürfe[134].

Militärflieger im Ersten Weltkrieg (1914–1918)

Bereits die Brüder Wright hatten ihren »Flyer« den US-amerikanischen Militärbehörden angeboten, nicht zuletzt, um die immensen Kosten der Vorfinanzierung wieder hereinzubekommen. Das Kriegsministerium lehnte jedoch eine finanzielle Beteiligung ab[135]. Seit etwa 1909 probten jedoch nicht nur die Italiener, sondern auch die anderen späteren Teilnehmer des Ersten Weltkriegs die Kriegstauglichkeit der neuen Flugtechnik; das französische Kriegsministerium begann mit dem Aufbau einer Luftflotte, die bei Kriegsbeginn immerhin schon aus 138 Kampfflugzeugen in 25 Staffeln bestand[136]. Zu Beginn des Ersten Weltkrieges befand sich jedoch die Militärfliegerei noch im Anfangsstadium. Diese Situation änderte sich aber schlagartig und wich »einem beinahe an Besessenheit grenzenden Interesse an Flugzeugen« (Angelucci). Die Konstrukteure und Hersteller von Flugzeugen, eben noch als Spinner belächelt, wurden jetzt von den nationalen Regierungen in jeder Weise unterstützt, was dem Wachstum der Flugzeugindustrie in Europa und den USA in jener Frühzeit des Flugzeugbaus, als eine privatwirtschaftliche Nutzung noch nicht rentabel war, die besten Voraussetzungen bot.[137]
Der Krieg erzeugte auf der Grundlage der Kriegsbudgets, also zu Lasten der Steuerzahler, eine fünfjährige Periode ungehemmten technischen Fortschritts, in der ohne Rücksicht auf die Kosten nach

dem Verfahren »trial and error« experimentiert werden konnte. Die zerbrechlichen Konstruktionen des Jahres 1914 wichen immer stabileren, leistungsfähigeren, wendigeren und schnelleren Erzeugnissen. Im Jahr 1918 war das Flugzeug ein relativ reifes Produkt, das sich in vieler Hinsicht nicht sehr von dem unterschied, was für die heutigen Begriffe ein Flugzeug ausmacht[138]. Mit einem Deflektor-Plattensystem verhinderte der Franzose Roland Garros 1915, daß der Flieger mit dem Maschinengewehr seinen eigenen Propeller zerschoß, doch noch im gleichen Jahr entwickelte die Firma Fokker eine Synchronisation der Schußfolge mit dem Propellerlauf. Die Fortentwicklung der Flugtechnik fand aber vor allem auf dem Gebiet der Antriebsmotoren statt. Es verwundert kaum, daß hier die bekannten Namen der Automobilindustrie auftauchen: in Deutschland Daimler und die Bayerischen Motoren Werke (BMW), in Österreich Austro-Daimler, in Italien Fiat, in England Rolls-Royce, in den USA die Packard Motor Corporation, die mit ihrem »V-12 Liberty« den leistungsstärksten Motor (400 PS) des Ersten Weltkriegs produzierte. Die Leistungsfähigkeit der Motoren erzwang wiederum eine Stabilisierung der Konstruktion: Holz und Stoff mußten den Stahlgerüsten mit Aluminiumbespannung weichen. Das erste Ganzmetallflugzeug wurde 1915 von Hugo Junkers konstruiert. Dieser freitragende Eindecker »J-1« wurde richtungweisend für die Flugzeugformen der Zukunft: ein Leichtmetallrumpf, vorne die Luftschrauben, hinten das Leitwerk[139].

Von den etwa 12 500 Kampfflugzeugen des Ersten Weltkriegs flogen im Frühjahr 1918 ca. 80% auf seiten der Alliierten. Für den Kriegsausgang spielt der Einsatz der Jagdflieger bereits die entscheidende Rolle. Das typische Jagdflugzeug des Jahres 1918 war ein Doppeldecker mit Zugschraube, einem 220-PS-Motor, der eine Spitzengeschwindigkeit von ca. 200 km/h und eine Steighöhe von 6000 Metern erlaubte[140]. Der Luftkrieg hatte die Militärfliegerei zu enormen Größen aufgebläht: Allein Frankreich besaß bei Kriegsende 6000 Militärflugzeuge bei der »Aviation Militaire« und weitere 870 bei der Marinefliegerei – außerdem einige Ballons und Luftschiffe. Insgesamt dienten über 90 000 Mann bei der Militärfliegerei. Noch rasanter verlief die englische Entwicklung: Den

860 Flugsoldaten bei Kriegsbeginn, darunter 105 Piloten, konnte die 1918 als eigene Teilstreitmacht gegründete Royal Air Force bei Kriegsende eine Personalstärke von 291 748 Mann gegenüberstellen, die über mehr als 20 000 Flugzeuge verfügen konnten. Solche Zahlen waren nur mit revolutionären Fertigungsmethoden erreichbar gewesen. Flugzeugindustrien mit serienmäßiger Herstellung wurden geradezu aus dem Boden gestampft. Monatlich wurden am Ende in England mehr als 3000 Flugzeuge produziert, im Jahr also potentiell 36 000 Stück. Auch der Kriegsgegner Deutschland hatte die Flugzeugproduktion in schier unglaublicher Weise forciert:

Die Steigerung der
deutschen Flugzeugproduktion 1912–1918

Jahr	Produktion
1911	24
1912	136
1913	446
1914	1348
1915	4532
1916	8182
1917	19746
1918	14123

Rußland und die USA spielten im Verlauf des Luftkrieges im Ersten Weltkrieg noch eine untergeordnete Rolle, die USA vor allem wegen des relativ späten Kriegseintritts. Trotz der vergleichsweise rückständigen russischen Industrie gelang Igor Sikorsky die Entwicklung eines modernen mehrmotorigen Bombers. Die ungeheuren Ressourcen des Landes deuteten sowohl quantitativ – zuletzt potentiell 21 000 Flugzeuge jährlich – als auch qualitativ bereits jene Überlegenheit der amerikanischen Flugzeugindustrie an, an die im Verlauf des nächsten großen Krieges angeknüpft werden konnte und die seither erhalten blieb[141]. Die österreichische und italienische Flugzeugproduktion hatte mit einiger Verzögerung am Ende des Krieges ein Niveau erreicht, das dem der englischen Produktion vergleichbar war. Insgesamt spiegelte die Leistungsfähig-

keit der Luftfahrtindustrie während des Ersten Weltkriegs sowohl
die Leistungsfähigkeit der Industrien der kriegsbeteiligten Nationen als auch einen der Hintergründe für den Ausgang des Krieges
wider:

Flugzeugproduktion
im Ersten Weltkrieg 1914–1918[142]

Frankreich	67 987
Großbritannien	58 144
Deutschland	48 537
Italien	20 000
USA	15 000
Österreich	5431
Rußland	4700

Die Rückwirkung auf Kunst und Architektur

Wiesen die Gewaltphantasien der Futuristen auf den kommenden
Weltkrieg und den Faschismus voraus, so geriet die Aviatik seit
1916 in ein ganz neues Fahrwasser, nämlich in das der revolutionä-
ren Bewegungen. Wie die ersten Ballonaufstiege während der
Französischen Revolution zur politischen Fortschrittsmetapher geworden waren[143], so wurde nun neuerlich »eine Identifizierung
von Flugzeug und ›neuer Zeit‹« vorgenommen. Fliegen wurde, wie
bei Robert Delaunay (1885–1941)[144] und den Futuristen, zur
Chiffre für »den Traum von der umwälzenden Neuordnung des
Lebens«[145]. Insbesondere das revolutionäre Rußland wurde zum
Zentrum der Flug-Ästhetik. Die Zusammenhänge, die sich in den
Anfangsjahren idealistischer Aufbruchsstimmung ergaben, sind
frappierend genug: 1918 beauftragte der sowjetische Volkskom-
missar Anatolij Lunatscharskij den Künstler Marc Chagall
(1887–1985) mit der Reorganisation der Kunstpolitik im Bezirk
Vitebsk, jenen Chagall, den heute kaum jemand mehr mit der revolutionären Kulturpolitik der Oktoberrevolution in Verbindung
bringen würde. Die zahlreichen archaischen Flugmotive Chagalls

gehören sicher zu den bekanntesten Flugdarstellungen der modernen Kunst. Chassidische Luftmenschen, schwebende Haustiere, Engel und Dämonen, Geiger und Liebende – bereits im Frühwerk des Künstlers sind sie vorhanden, seit dem Epochenjahr 1917 werden sie jedoch konsequent thematisiert, wobei die schwebenden Menschen zunächst wie im »Spaziergang über der Stadt« die geistige Erneuerung, die Freiheit und den Glauben an die Zukunft verkörpern sollten. Allerdings dringt Technik, wie etwa ein Fallschirmspringer, nur vereinzelt in die hermetische Welt Chagalls ein, der in seiner Autobiographie folgendes traumhaftes Flugerlebnis wiedergibt: »Mir war, als stiege ich zum Himmel auf durch die Birken, den Schnee, die Rauchwolken, mit diesen dicken Weibern, diesen bärtigen Bauern, die sich ununterbrochen bekreuzigten.«[146] Chagall berief einige junge Künstler als Dozenten nach Vitebsk, darunter Kasimir Malewitsch (1878–1935) und El Lissitzky. Malewitsch hatte sich bereits mehrere Jahre immer wieder künstlerisch mit dem Fliegen auseinandergesetzt, seine Reihe dynamischer Kompositionen hatte er 1916 auf die künstlerische Formel »Aero-Suprematismus« gebracht. Zugrunde lag dabei die kombinatorische Gruppierung stereotyper Strukturelemente (Tragflächen, Rumpf, Fahrgestell, Propeller), und dieses Verfahren ermöglichte schließlich die freie Anordnung frei schwebender geometrischer Formen (Rechteck, Dreieck, Kreis) vor einem neutralen Hintergrund – das bildgewordene Flugerlebnis. 1924 legte Malewitsch seine künstlerischen Erfahrungen im »Suprematistischen Manifest« nieder, das nach der Schaffung eines Erdenbürgers neuen Typs die Alltagswelt zum Gegenstand ästhetischer Revolution macht[147].
Spätestens hier griff die Kunsttheorie auf einen weiteren Bereich über, die Architektur. Ganz neu war dies nicht, denn bereits der französisch-schweizerische Reformarchitekt Le Corbusier (1887–1965) hatte 1920 geschrieben: »Ein Flugzeug ist ein kleines Haus, das fliegen und dem Sturm widerstehen kann. Die kämpferischen Architekten haben sich entschlossen, in den Flugzeugfabriken ihre Häuser zu bauen; sie beschlossen, dieses Haus wie ein Flugzeug zu bauen; mit den gleichen strukturellen Methoden, mit Rahmenwerk aus leichtem Metall, mit Metallgurten und röhren-

förmigen Trägerstützen.«[148] Malewitsch, der die Ausführungen Le Corbusiers vermutlich nicht kannte, dachte in der gleichen Richtung, wenn er im »Suprematistischen Manifest« schrieb: »Die provisorischen Behausungen der neuen Menschen müssen sowohl im Weltraum als auch auf der Erde den Aeroplanen angepaßt sein.« Diese Wohnstätten, »Planiten« (abgeleitet von aeroplan), sollten in jeder Hinsicht einfach und praktisch sein, von der Begehbarkeit durch die Bewohner bis hin zur Minimierung der Unfallgefahr. Wie frei schwebende Raumschiffe sieht er – im Gegensatz zu den Wolkenkratzern des Westens – horizontale Baukörper vor. Anders als bei der sinnlosen Maschinenbegeisterung der Futuristen sollte hier wenigstens die Technik in den Dienst der Menschen gestellt werden, wenn auch in Form kollektiver Wohnmaschinen. »In meiner ›suprematistischen Architektur‹ erblicke ich den Beginn einer neuen klassischen Baukunst, einer Kunst, die wie seit jeher nur das ›Schöne‹ schafft.« Ingold vermutet, daß die »Planiten«-Theorie auf die frühe Revolutionsarchitektur eingewirkt hat[149].

Vermutlich wirkte der »Aero-Suprematismus« auch auf die architektonischen Entwürfe und »Zukunftsideen« El Lissitzkys (1890–1941) ein, der 1919 die »Proun«-Ästhetik begründete, die ganz im Sinne des Suprematismus schwebende Artifizialität mit technischer Zweckmäßigkeit zu verbinden suchte und den Entwurf eines Hauses mit der Konstruktion eines »Aeroplans« verglich: Der Propeller verbindet höchste technische Effizienz mit größtmöglicher ästhetischer Konstruktivität. »Unkonstruktive Formen bewegen sich nicht, stehen nicht – stürzen, sie sind katastrophal.« Lissitzky erhob die Forderung nach »schwerelosen«, vom Boden abgehobenen oder frei in der Luft schwebenden Bauwerken. Die Überwindung der Erdgebundenheit demonstrierte er an Entwürfen für das Lenin-Institut, eine große turmartige Konstruktion mit einem in die Luft gehobenen Kugelbau, dem Zentralauditorium für viertausend Leser; durch eine Aerobahn sollte der Bau mit der Stadt Moskau zu ihren Füßen verbunden sein. Die beispielhafte Synthese von Künstlerischem und Technischem schwebte auch dem Revolutionskünstler Wladimir Tatlin (1885–1953) vor, der 1920 durch das Projekt eines Turmbaus für die III. Internationale

die Architektur des 20. Jahrhunderts beeinflußte und 1930/32 dem
Entwurf einer Flugmaschine seinen eigenen Namen gab: »Letatlin«
(russ. »letat« = fliegen), gleichsam als Chiffre eines ästhetischen
Konzepts, dem der Traum des freien Menschenfluges das ideale
Leitbild war. Bereits Tatlin war übrigens der Ansicht, daß »das Ge-
fühl vom Fliegen . . . durch das mechanische Fliegen mit dem Flug-
zeug« zerstört worden sei. Wie bei Chagall kündigte sich auch beim
Revolutionär Tatlin eine Rückkehr zum Mythos an[150].

Futurismus, Suprematismus und die religiös inspirierte naive
Kunst Chagalls, in der die Welt des russischen Märchens wieder-
aufzuerstehen scheint, bezeichnen extreme Pole der ästhetischen
Entwicklung des ersten Jahrhundertdrittels, zwischen denen sich
die anderen Kunstrichtungen bewegten. Daß auch dort die neue
Flugästhetik ihren Niederschlag gefunden hat, läßt sich weniger
an der Programmatik als an vielen Einzelfällen belegen, vom Or-
phisten Robert Delaunay und dem Kubisten Lyonel Feininger
(1871–1956) bis hin zu den Abstrakten von Wassily Kandinsky
(1866–1944) bis Paul Klee (1879–1940), der sich trotz seiner Ablehnung des Technischen intensiv mit der Flugthematik beschäftigte[151]. Wie Ingold hervorhebt, ist es weniger die aviatorische
Thematik, die beispielsweise seit 1880 den Maler Arnold Böcklin
beherrschte, als vielmehr eine »aviatorische Optik«, die seit 1910
das »Gesicht der Erde« veränderte und die nachfolgende Kunstent-
wicklung nachhaltig beeinflußte; der horizontale Blick des impres-
sionistischen Malers wird durch die dynamische Vogelperspektive
des »Fliegers« in den nachfolgenden Kunstrichtungen ergänzt[152].
Eine »Ikonographie des Flugzeugs« gab es nur so lange, wie der
Neuigkeitswert der Erfindung vorherrschte. Am ausgeprägtesten
war dies bei den »Flugplakaten« der Fall, mit denen Fluggesellschaften für ihre Dienste warben. Doch selbst hier trat seit den
1930er Jahren das Medium Flugzeug zugunsten der Darstellung
der Flugziele zurück. In den Bildern der Neuen Sachlichkeit blieb
das Flugzeug erhalten, es wurde zum Nebenmotiv, wenn auch mit
signifikanter Bedeutung: »Flugzeug ist in jedem Fall Bezwinger
der Natur, Beherrscher des Luftraums, der Weite des Raumes
überhaupt, Erhöhung und Erhebung über das irdische Mittelmaß,
Befreiung und Freiheit.«[153]

Rekorde, Rekorde: die Zwischenkriegszeit

Unmittelbar nach dem Ende des Ersten Weltkriegs verkündete die
»Daily Mail«, ihre Ausschreibung von 1913 für die erste Überfliegung des Atlantik sei immer noch gültig. Bei aller Rekord-
sucht grenzte diese Mitteilung schon fast an Zynismus, denn bei
der unausgereiften Technik war klar, daß dieses Ziel Menschenleben kosten würde. Trotzdem bewarben sich viele Piloten um diesen Preis, und bereits 1919 glückte einem Team in einem Curtiss-
Wasserflugzeug der Flug von Neufundland über die Azoren nach
Lissabon. Die US-Flotte sicherte den Flug lückenlos ab. Wegen
mehrerer Zwischenlandungen wurde allerdings der »Daily-Mail-
Preis« verfehlt. Am 18. Mai 1919 startete ein zweites Team zu
einem Nonstopflug. Das Flugzeug stürzte 70 Kilometer vor der
irischen Küste ins Meer, und die Piloten wurden nur zufällig durch
einen dänischen Dampfer gerettet. Knapp einen Monat später startete das nächste Team, wieder auf dem Weg von Neufundland
nach Irland. Der umgebaute »Vickers«-Bomber verfügte über
zwei Motoren, aber über keine Blindfluginstrumente. Die Piloten
John Alcock und Arthur Whitten-Brown flogen auf Sicht und
orientierten sich mit Sextant, Kompaß und Uhr. Wie gefährlich
das Unternehmen war, zeigt ein Bericht Alcocks über den Moment, als sein »Fahrtmesser« wegen Vereisung ausfiel und das
Flugzeug von 2500 Höhenmeter fast bis zum Meeresspiegel abstürzte:

>Wir drehten Loopings und gerieten in ein sehr steiles Trudeln. Ich konnte einfach
nicht herausfinden, wo der Horizont war, und die Maschine fiel von einer höchst
sonderbaren Kunstflugfigur in die andere.«[154]

Trotzdem gelang ihnen in 16 Stunden 12 Minuten die Überfliegung des Atlantik, und sie gewannen den »Daily-Mail-Preis«.
Und schon war der nächste Preis in Sicht: Der in New York
lebende französische Hotelier Raymond Orteig stiftete 25 000 Dollar für den ersten Nonstopflug New York–Paris. Und das Spiel mit
den Menschenleben ging weiter: In den elf Jahren 1919–1930 fanden insgesamt 50 Versuche einer Atlantiküberquerung statt, fünf
davon als Etappenflüge über Grönland oder die Azoren, 45 als

Nonstopflüge. Von diesen 45 Flügen scheiterten 30, also genau zwei Drittel. Die Piloten hatten großes Glück, wenn sie sich bereits beim Start überschlugen, gegen Hindernisse rasten oder sofort ins Meer kippten; denn dann war ihre Überlebenschance relativ hoch. Die ersten 50 Atlantikflüge kosteten 25 Todesopfer, 20 davon blieben verschollen. Sturm und Nebel, der Verlust der Orientierung, das Ende der Benzinvorräte oder Motorschaden führten zum Sturz ins offene Meer – der häufigsten Todesursache. 1927 schließlich konnte der Orteig-Preis verliehen werden. Charles Lindbergh (1902–1974) hieß der glückliche Gewinner. Seine einmotorige »Spirit of St. Louis« verfügte über einen Wright-Whirlwind-Motor mit 220 PS Startleistung, der Flug auf der 5800 Kilometer langen Strecke dauerte 33,5 Stunden, die Reisegeschwindigkeit betrug 173 km/h. Weder die amerikanische noch die französische Presse hatte tatsächlich mit seiner Ankunft in Paris gerechnet. Ein Journalist kommentierte: »Seine Chance ist eins zu tausend, mehr nicht! – Natürlich, ohne Navigationsinstrumente kann er es nicht schaffen. – Schade, er ist ein tapferer Junge! – Sie hätten ihn nicht fliegen lassen dürfen! – Ganz allein – das ist Wahnsinn.« Sie – damit waren die Geschäftsleute in St. Louis gemeint, die den Flug finanziert hatten. Doch der Erfolg machte Lindbergh mit einem Schlag weltberühmt[155].

Die 1920er und 1930er Jahre standen ganz im Zeichen der Rekorde und Erstleistungen. Sowjetrussische Flieger erforschten die Arktisroute, französische Nordafrika. 1922 erfolgte die erste etappenweise Überfliegung des Südatlantik, 1923 die erste Nonstopüberquerung der USA, wobei erstmals die Betankung in der Luft aus einem Tankflugzeug erprobt wurde; 1924 dann der erste Flug um die Welt: Von den vier gestarteten einmotorigen Doppeldeckern vom Typ »Douglas DT 2« erreichten immerhin zwei den Ausgangspunkt Washington wieder. Die Strecke führte über Alaska, China und Europa, die reine Flugzeit von 15 Tagen und elf Stunden verteilten die Piloten über sechs Monate. 1926 wurde erstmals der Nordpol überflogen, eine dreimotorige »Fokker F-VIIb-3« trug den erhöhten Sicherheitsanforderungen Rechnung. 1928 gelang auf einer »Junkers W 33« der erste Nonstopflug Europa–USA in der wegen des Gegenwindes schwierigen Ost-West-Richtung. Die

Technische Spitzenleistungen: Das zwölfmotorige Flugschiff »Do-X«
des Herstellers Claude Dornier von 1929 vor den Wolkenkratzern von New York

Presse feierte dieses Ereignis, denn nun rückte der regelmäßige
Transatlantikflug in den Bereich des Möglichen. Der Pressezar
William Randolph Hearst (1863–1951), der bereits zu den frühen
Anhängern Lilienthals gezählt hatte, bezahlte an den Piloten und
Syndikus der »Norddeutschen Lloyd«, Freiherrn von Hünefeld,
25 000 Dollar für einen Flugbericht, die konkurrierende »New
York Times« 20 000 Dollar an den Copiloten Fitzmaurice –
»Scheckbuchjournalismus« im Jahre 1928. Überdies wurden die
Piloten durch den damaligen Präsidenten der USA, Calvin Coolidge
(1872–1933), begrüßt, der ihnen bescheinigte, zum »Fortschritt der
Flugkunst« und dem »Vertrauen in die Zukunft« beigetragen zu
haben[156].
Noch vor dem Beginn des Zweiten Weltkriegs wurden weitere Pre-
mieren geflogen: die erste Pazifiküberquerung mit rund 120 000
Kilometern (Etappenflug) 1928 durch den Australier Kingsford-
Smith, die erste Überfliegung der Anden von Santiago de Chile
nach Buenos Aires durch John Mermoz 1929, die Überfliegung des

Südpols und des Kilimandscharo, schließlich – ebenfalls noch 1929
– der erste Flug mit mehr als hundert Passagieren: Am 23. Oktober startete die »Do X«, ein »Flugboot« des deutschen Konstrukteurs Claude Dornier (1884–1969), das über 12 Motoren verfügte,
gleich mit 169 Passagieren zu einem Flug über den Bodensee. 1933
wurde unbestritten ein fliegerischer Gipfelpunkt erreicht: Die
englische Houston-Expedition unter Stewart Blacker startete auf
das »Dach der Welt« und überflog den höchsten Berg der Erde, den
Mount Everest. Weitere »Bestleistungen« aufzuzählen wäre mü-
ßig. Nur ein symbolisches Datum sei noch erwähnt: Ein Jahr nach
dem folgenschweren Zeppelin-Absturz in Lakehurst/USA wurde
dieselbe Strecke Berlin–New York von einem deutschen Flugteam
mit einer viermotorigen »Focke-Wulf FW 200 ›Condor‹« problemlos hin- und zurückgeflogen. Die Flugdauer auf der Ost-West-
Route betrug knapp 25 Stunden, doch die Besatzung verließ ihr
Flugzeug frisch rasiert und mit Anzug und Krawatte salonfähig
gekleidet. Die Reisegeschwindigkeit hatte auf der Westroute bei
Gegenwind 260 km/h, auf dem Rückflug 335 km/h betragen. Die
abenteuerliche Zeit der Flugpioniere war nun erkennbar vorbei,
die langjährige Konkurrenz zwischen Luftschiffen und Flugzeugen
war entschieden. Die Langstrecken- und Dauerflugrekorde hatten
den Beweis für die Lufttüchtigkeit der vorhandenen Flugzeuge erbracht. Der regelmäßige Transatlantik-Luftverkehr mit motorisierten Flugzeugen konnte beginnen[157].

Die Anfänge des Linienflugverkehrs

Weit wichtiger als das große und anhaltende Interesse an den Flugwettbewerben und -rekorden war der enorme Aufschwung des zivilen Luftverkehrs und speziell des Linienflugverkehrs, der eine
Revolutionierung des Verkehrswesens einleitete. Der riesige industrielle Zweig der militärischen Flugzeugproduktion konnte 1918
nicht einfach abgeschnitten werden. Für Militärflugzeuge bestand
zwar jetzt kaum mehr Bedarf, ihre Produktion kam praktisch zum
Erliegen, in Deutschland war sie durch die Bestimmungen des
Versailler Friedensvertrags überhaupt verboten. Ein Ausweg eröff-

nete sich mittelfristig mit dem Beginn der serienmäßigen Herstellung ziviler Flugzeuge. Fast unbemerkt von der Weltöffentlichkeit, hatte der Unternehmer Thomas Benoist zum 1. Januar 1914 für vier Monate erfolgreich den ersten Linienflugdienst mit Flugzeugen – anstatt mit Luftschiffen – aufgenommen. Die Strecke betrug 34,5 Kilometer und verband durch ein »Benoist XIV«-Flugboot die Orte Tampa und Petersburg in Florida/USA[158]. Hier entstand ein neuer Nachfragesektor für die Flugzeugindustrie. Ausgerechnet in Deutschland, das den Krieg verloren hatte, wurde dann die erste zivile Luftfahrtgesellschaft der Welt gegründet, die »Deutsche Luft-Reederei« (DLR), die am 5. Februar 1919 den täglichen Linienflugverkehr Berlin–Weimar (ca. 200 Kilometer) mit A.E.G.-Doppeldeckern aufnahm, bedingt durch die Furcht des Parlaments der »Weimarer Republik« vor der revolutionären Hauptstadt[159]. Einen Monat später reagierte die Luftfahrtnation Frankreich mit der Einrichtung des ersten internationalen Passagierflugdienstes Paris–Brüssel, im Juli 1919 existierten bereits drei unabhängige französische Fluggesellschaften. Eine englische Gesellschaft richtete im August 1919 eine Fluglinie London–Paris ein, und bereits einen Monat später konkurrierte auf dieser Linie eine zweite Firma. Innerhalb eines halben Jahres wurden 1919 weite Teile Europas von einem dichten Flugstreckennetz überzogen. Dieser rasche Aufschwung der zivilen Luftfahrt war nur möglich durch das immense Potential an Militärflugzeugen, die nun zügig für zivile Zwecke umgerüstet wurden. Doch weil die umgerüsteten Militärmaschinen den Erfordernissen der zivilen Luftfahrt nur bedingt entsprachen, kam es bald zur Konstruktion reiner Verkehrsflugzeuge, allen voran die deutsche »Junkers F-13« und die niederländische »Fokker F II«. Der deutsche Flugzeugkonstrukteur Hugo Junkers machte einmal mehr Geschichte: Die »Junkers F-13« lieferte den Grundtyp des heutigen Verkehrsflugzeugs[160].
Die ersten vier Nachkriegsjahre sahen einen wahren Gründungsboom von Luftfahrtgesellschaften. Die niederländische Luftlinie »Koninklijke Luchtvaart Maatschaapij« (KLM) flog bereits 1920 planmäßig Passagiere nach London und kann damit reklamieren, die älteste heute noch bestehende Fluggesellschaft zu sein. Ihr

Aufstieg ist maßgeblich auf die genialen Flugzeugkonstruktionen Anthony Fokkers (1890–1939) zurückzuführen, jenes Mannes, der sich in seiner Autobiographie selbst als den »Fliegenden Holländer« bezeichnete. Bereits 1923 mündete das mehrjährige Gründungsfieber in einen ersten Konzentrationsprozeß, der bedingt war durch die mangelnde Rentabilität der Fluggesellschaften, die ihre Flugzeuge nur mit staatlichen Subventionen in der Luft halten konnten[161]: die französischen Gesellschaften schlossen sich zur »Air Union« zusammen. Diese Konzentration war jedoch kein Krisensymptom, denn zwischen 1920 und 1925 stieg die Zahl der jährlich durch französische Luftlinien transportierten Passagiere von knapp tausend auf zwanzigtausend. 1933 schließlich fusionierte die Air Union auf Geheiß der Regierung mit drei weiteren französischen Luftlinien zur »Air France«. Gegenüber der Air Union, später auch der Deutschen Lufthansa, gerieten die beiden anderen großen europäischen Luftfahrtnationen, England und Italien, rasch in Rückstand. In England führte deshalb die Regierung 1924 die Fusion mehrerer kleinerer Gesellschaften zur »Imperial Airways« herbei, die mit der 1935 gegründeten »British Airways« bei Beginn des Zweiten Weltkriegs zur »British Overseas Airways Corporation« (BOAC) zusammengeschlossen wurde. In den USA erfolgte erst 1928 mit der »Transcontinental Air Transport« (TAT) die Gründung der ersten bedeutenden zivilen Luftlinie. Ihr erster technischer Direktor wurde Charles Lindbergh[162].

In Deutschland schlossen sich 1923 mehrere Fluglinien zur »Deutschen Aero-Lloyd« zusammen, die sich 1926 mit der »Junkers Luftverkehr« zu einem Unternehmen zusammenschloß, das heute noch – bzw. wieder – besteht: die »Deutsche Luft Hansa AG« (seit 1934 »Lufthansa«). Die Lufthansa, die nun praktisch ein nationales Monopol einnahm und überdies von der Regierung unterstützt wurde, entwickelte sich innerhalb kürzester Zeit zur aktivsten und erfolgreichsten europäischen Luftverkehrsgesellschaft. Im Hintergrund die gute Zusammenarbeit mit den Flugzeugherstellern Junkers, Dornier, Heinkel und Focke-Wulf, dehnte die Lufthansa ihr Streckennetz bald weit über Deutschlands Grenzen aus und machte sich international einen Namen durch ihre Pünktlichkeit und Zuverlässigkeit. Bereits 1927 verfügte sie über eine Flotte von

»Auch im Winter« – Luftverkehrsgesellschaften wie die Lufthansa
erweiterten ständig ihr Angebot. Plakat aus den dreißiger Jahren.

120 Flugzeugen, zu denen einige der damals fortschrittlichsten Maschinen gehörten. Bis zum Beginn der 1930er Jahre hatte die Lufthansa bereits eine halbe Million Passagiere befördert und war zum internationalen Marktführer aufgestiegen, der sie bis zum Beginn des Zweiten Weltkriegs auch blieb.

In seinen ersten zehn Jahren hatte der Linienflugverkehr noch den Charakter des Kurzstreckenluftverkehrs. Geflogen wurde nur tagsüber und bei schönem Wetter, ein regelmäßiger Passagierdienst – Luftfracht gab es außer bei der Post noch nicht – war auf diese Weise kaum zu bewerkstelligen. Die »Verkehrswertigkeit« des Luftverkehrs blieb zunächst gering, auch wenn sich die Anzahl der geflogenen Kilometer rapide erhöhte: Von 5 Millionen im Jahre 1920 auf 21 Millionen 1925 und 113 Millionen 1930[163]. Mit der Einführung des Wetterberichts, der Leuchtsignale und des Funkverkehrs begann dann Mitte der 1920er Jahre der Aufbau einer flächendeckenden Infrastruktur, der auch auf andere Lebensbereiche Auswirkungen hatte[164]. In den 1930er Jahren spielte die Luftpost bereits eine wesentliche Rolle, die Anteile der Luftfracht stiegen allmählich, und erste Nachtflüge wurden angeboten. Während die Zahl der Fluggesellschaften in Europa praktisch konstant blieb, holte die übrige Welt jetzt die Gründung eigener nationaler Firmen nach. Ihre Zahl erhöhte sich (ohne USA) allein zwischen 1927 und 1933 von elf auf 52[165]. Luftfahrtgesellschaften wie die Lufthansa arbeiteten aktiv an einer weltweiten Verdichtung des Flugnetzes, etwa der Anbindung der Sowjetunion an den internationalen Luftverkehr, dem Aufbau des Luftpostverkehrs mit dem Fernen Osten (Eurasia Aviation Company) oder durch die Aufnahme regelmäßiger Flugverbindungen nach Nord- und Südamerika. Führende Luftlinie war 1939 mit ihren damals 150 Flugzeugen und einem Streckennetz von rund 50 000 Kilometern immer noch die Deutsche Lufthansa (jährlich 280 000 Passagiere), gefolgt von der sowjetischen Aeroflot (270 000 Passagiere), der niederländischen KLM (170 000 Passagiere), der 1934 geschaffenen staatlichen italienischen Monopolfluglinie Ala Littoria und der Air France (jeweils 110 000 Passagiere). Alle Fluglinien blieben von staatlichen Zuschüssen abhängig, selbst die Lufthansa konnte den Subventionsanteil von 1926 bis 1939 lediglich von 65 % auf 32 %

senken[166]. Beim Ausbruch des Zweiten Weltkriegs umfaßte das Streckennetz des Weltluftverkehrs 450 000 Kilometer und wurde von 2000 Linienmaschinen versorgt. Ihre Streckenleistung betrug 300 Millionen Kilometer, und jährlich wurden 4,5 Millionen Fluggäste durch die Luft transportiert[167].

Obwohl die Flugzeugentwicklung nach 1918 zunächst stagnierte oder sogar zurückging, gab es doch einige neue Entwicklungen. Berühmte Großflugzeuge dieser Zeit waren das Flugboot »Do-X« des Konstrukteurs Claude Dornier (170 Passagiere), die Junkers »G-38«, die auch in den Tragflächen Fluggasträume besaß, und die sowjetische »ANT-20« des berühmten Konstrukteurs A. N. Tupolew. Anfang der 1930er Jahre begann sich bereits der zukünftige Bedarf der zivilen Luftfahrt abzuzeichnen, und die Flugzeughersteller begannen, speziell für diesen Marktbereich komfortablere Produkte zu entwickeln. Lockheed baute 1931 das erste Verkehrsflugzeug mit einziehbarem Fahrwerk, 1932 konnte die Lufthansa erstmals die robuste Junkers »JU 52« einsetzen, und Boeing stellte 1933 mit einer exklusiv für die United Airlines erbauten stromlinienförmigen »Boeing 247« einen Flugzeugtyp vor, der von der Formgebung her epochemachend war: Es war die Geburt des modernen Verkehrsflugzeugs. In direkter Konkurrenz dazu stellte Douglas noch im gleichen Jahr für TWA den Prototyp seiner »DC«-Serie vor, die »DC-1«, der bald die »DC-2« folgte und 1936 die ausgereifte »DC-3«, die bei einer Reisegeschwindigkeit von 300 km/h 21 Passagiere befördern konnte. TWA wurde damit sofort zum amerikanischen Marktführer; die zwischen den Weltkriegen meistgeflogenen Flugzeugtypen waren die zweimotorige Douglas DC-3 »Dacota« und die dreimotorige Junkers JU-52. Der Aufschwung des zivilen Luftverkehrs hielt bis Ende der 1930er Jahre, bis zum Beginn des Zweiten Weltkriegs, an[168]. Die dreißiger Jahre sind jedoch gekennzeichnet von einem starken Aufholen der amerikanischen Luftfahrtindustrie gegenüber den Europäern. Neben der internationalen Linie »Pan American Airways« (Pan Am) etablierten sich auf dem Inlandsmarkt die »großen Vier«: American Airlines, United Airlines, Eastern Airlines und Transcontinental & Western Airlines (TWA). Zusammengenommen, wurden sie in den 1930er Jahren zu den Marktführern

6 Von der Utopie zum Linienflug

des Weltluftverkehrs, und entsprechend ihrer Nachfrage nach
Flugzeugen nahm die amerikanische Luftfahrtindustrie nun eine
beispiellose Entwicklung[169]. Die »Boeing Co.« mit Sitz in Seattle/
Washington, 1916 gegründet von W. E. Boeing (1881–1956), wurde in der Folgezeit zum größten Flugzeughersteller der Welt. Im
Jahr 1985 hatte sie 98 700 Beschäftigte und erzielte einen Umsatz
von 13,6 Milliarden Dollar[170].

Hubschrauber und Raketen

Systematisch betrachtet, gehören Hubschrauber in die Kategorie
der Flugzeuge »schwerer als Luft«. Als Auftrieb benötigen sie eine
mitgeführte Kraftquelle, der Antriebspropeller rotiert – anders als
bei den übrigen Flugzeugen – an einer vertikalen Achse. Den Prototypen aller Hubschrauber lieferte das in Europa seit dem
14. Jahrhundert bekannte Schraubenflug-Spielzeug[171]. Ein solches
flugtaugliches Spielzeug nach dem Hubschraubenprinzip legten
1784 zwei französische Mechaniker der Pariser Akademie der Wissenschaften vor, doch mußte das Problem des vertikalen Flugs weitere hundert Jahre auf seine Verwirklichung warten, was nicht
heißt, daß sich nicht bedeutende Erfinder, darunter auch Sir
George Cayley, daran versucht hätten. Wie bei den übrigen Flugzeugen konnte jedoch das Problem des Antriebs im Zeitalter der
Dampfmaschinen nicht gelöst werden. Doch kurz nach den ersten
Motorflügen in klapprigen Doppeldeckern erhob sich im flugbe-
geisterten Frankreich am 24. August 1907 zu Douai ein bemannter
Hubschrauber immerhin 60 cm in die Luft: der »Gyroplane No. 1«
der Brüder Bréguet – vier Männer mußten ihn im Gleichgewicht
halten. Noch im gleichen Jahr gelang dem Fahrradfabrikanten
Cornu aus Lisieux die Konstruktion eines frei fliegenden Hubschraubers. Die Premiere fand am 13. November statt, die Flughöhe betrug 30 cm, die Flugdauer 20 Sekunden, Antrieb war ein
24-PS-Antoinette-Motor. Zu dieser Zeit befand sich ein Mann in
Frankreich, der später in der Geschichte des Hubschraubers die
überragende Rolle spielen sollte: Igor Iwanowitsch Sikorsky. Er
erwarb in Frankreich einen 25-PS-Motor und baute zu Hause in

Kiew einen Helikopter, der zu schwer zum Fliegen war. Daraufhin
wandte er sich zunächst der Flugzeugkonstruktion zu. Doch dreißig Jahre später kehrte er zu seiner großen Passion zurück: den
Hubschraubern[172].
Versuche mit Hubschraubern wurden bald auch in England, den
USA und Spanien angestellt, doch bereitete die Stabilität des Flugzeuges ohne Tragflächen Schwierigkeiten. Erste größere Erfolge
mit Hubschraubern wurden in Spanien erzielt: Juan de la Cierva
(1895–1935) kam 1922 auf die Idee, die Rotorblätter nicht starr,
sondern gelenkig am Rotorkopf zu befestigen. Während die ersten
Maschinen stets wegen des höheren Auftriebs des vorderen Rotor-
blattes gekippt waren, erhob sich Ciervas »C-4« am 9. Januar 1924
bei Madrid in die Luft, und der Erfinder konnte einen Rundflug
mit vier Kilometern Länge und einer Geschwindigkeit von 60 km/h
absolvieren. Cierva übersiedelte in der Folge nach England, weil er
dort größere finanzielle Unterstützung fand, und entwickelte sein
Hubschrauberprinzip so intensiv weiter, daß er bereits 1928 mit
seinem »C-8L« von London nach Paris fliegen konnte – die erste
Kanalüberquerung mit einem Hubschrauber. Verschiedene etablierte Flugzeugfirmen – in Deutschland Focke-Wulf – begannen
daraufhin, Cierva-Hubschrauber in Lizenz zu bauen. Cierva starb
– es klingt ironisch – beim Absturz eines Linienflugzeugs in London im Jahre 1935.
Bei den Raketen beschränkte sich der tatsächliche Gebrauch bis
zum Ende des 19. Jahrhunderts auf die ballistische Waffentechnik,
auch wenn in der fiktionalen Literatur – etwa bei Cyrano de Bergerac oder Jules Verne – schon andere Vorschläge gemacht worden
waren[173]. Erst aufgrund der militärisch bedingten Vervollkommnung der Raketentechnik im 19. Jahrhundert konnten ernsthafte
Überlegungen über bemannte Flüge angestellt werden, wobei der
Einfluß der Literatur immerhin interessant ist. Konstantin E. Ziolkowski wurde durch die Lektüre Jules Vernes seit den 1880er
Jahren zu Raumfahrtideen angeregt. Sein 1903 veröffentlichter
Aufsatz »Die Erforschung des Weltraums mit Rückstoßraketen«
lieferte die theoretische Grundlage für die Realisierung von
Raumträgerraketen[174]. Allerdings wurde Ziolkowski selbst in Ruß-
land zunächst kaum rezipiert, und die Entwicklung im Westen er-

folgte ganz unabhängig davon. In den USA nahm Robert H. Goddard (1882–1945) eine Ziolkowski vergleichbare Stellung ein und schrieb – inspiriert durch die Romane H. G. Wells' – als Physiker 1919 »A method of reaching extreme altitudes«. Seit 1926 experimentierte Goddard mit Flüssigkeitsraketen und meldete zahlreiche Patente an, doch zählt auch er letztlich zu den vergessenen Erfindern[175]. Die zentrale Figur der westeuropäischen Raumfahrt wurde Herrmann Oberth – auch er als Kind von den Romanen Jules Vernes begeistert. Oberth verfaßte seine Dissertation über die Thematik des Weltraumflugs und publizierte 1923 das Buch »Die Rakete zu den Planetenräumen«, das die Wirkung einer Initialzündung entfaltete. In Rußland wurde Ziolkowski neu entdeckt, in Frankreich ließ der Raumfahrtpionier Robert Esnault-Pelterie seine Vision über interplanetare Reisen drucken. In Deutschland wurde 1927 der »Verein für Raumschiffahrt« (Vereinszeitschrift: »Die Rakete«) gegründet, in England die »British Interplanetary Society«[176].

Deutschland erlangte seit Ende der 1920er Jahre eine führende Stellung in der Raketentechnik[177]. Der Industrielle Fritz von Opel experimentierte mit raketengetriebenen Automobilen, es gab auch das Projekt eines Raketen-Schienenwagens. Seit 1925 interessierte sich der Flugzeugbauer Hugo Junkers für Raketentriebwerke. Der Gründer des Vereins für Raumschiffahrt, Johannes Winkler (1897–1947), konnte seit 1929 bei Junkers Experimente mit Flüssigkeitsraketen anstellen, 1931 gelang der erste erfolgreiche Raketenstart in Europa[178]. 1932 dann bemächtigte sich das »Heereswaffenamt« der Raketentechnik und stellte Wernher von Braun (1912–1977) in seine Dienste. Dessen Dissertation »Konstruktive, theoretische und experimentelle Beiträge zu dem Problem der Flüssigkeitsrakete« wurde bereits als Staatsgeheimnis behandelt. 1937 wurde er Leiter der Heeresversuchsanstalt in Peenemünde zur Entwicklung jener Flüssigkeitsraketen, die vom NS-Regime als »Wunderwaffen« angekündigt wurden. Das Entwicklungsprogramm in Peenemünde stand ganz im Zeichen der Kriegswaffenproduktion, und da es als einzige Forschungsstelle großzügig subventioniert wurde, konnte Deutschland seinen Vorsprung in der Raketentechnik ausbauen. Zeitweise arbeiteten 20 000 Menschen in Peenemünde. Das Spitzenprodukt der »Heeresversuchsanstalt Peenemünde« war das »Aggregat 4« (A 4), in der NS-Propaganda als »V-2« (Vergeltungswaffe 2) bezeichnet. Diese Rakete war 14 Meter lang und wies ein Startgewicht von immerhin 12,9 Tonnen auf. Im Oktober 1942 wurde eine solche Rakete versuchsweise in 90 Kilometer Höhe geschossen, ein halbes Jahr später wurden die Produkte jedoch ihrer eigentlichen Bedeutung zugeführt: der Bombardierung Englands[179].

Flugliteratur zwischen Militarismus und Nostalgie

Zwischen den Weltkriegen erreichte jene Literaturgattung ihren Höhepunkt, die sich direkt oder indirekt mit dem Fliegen beschäftigt. Die Gründe für diese Entwicklung sind plausibel: Die »Erfindung« des Fliegens war noch frisch, wöchentliche neue Rekordmeldungen hielten das Interesse daran ebenso wach wie nationalistisches Konkurrenzdenken, das versuchte, die Begeisterung der Bevölkerung der europäischen Länder systematisch auf die Stärke der eigenen Luftmacht zu lenken. Die Anwendung und Verbreitung der Flugtechnik im Ersten Weltkrieg hatten naturgemäß die Phantasien über kommende Entwicklungen angestachelt. Das Interesse erstreckte sich auf alle Literaturgattungen. Veröffentlichungen wie »Das Hohe Lied vom Flug. Erste Sammlung deutscher Flugdichtung« des Kriegsfliegers Peter Supf (1886–1961) erfreuten sich größerer Beliebtheit[180] und leiteten nahtlos über zu Erzeugnissen, bei denen naive Flugbegeisterung direkt in nationale Kriegsmotivation umgemünzt werden sollte. Große neue »Flughelden« wurden planmäßig geschaffen, beispielsweise der »rote Baron« Manfred von Richthofen, Ernst Udet oder – Hermann Göring[181]. Die faschistische Propaganda in Deutschland und Italien bemächtigte sich – befördert durch eine nostalgische Verklärung der Militärfliegerei im Ersten Weltkrieg – systematisch der Flugthematik; Mussolini konnte in seinen Reden nahtlos an die gewalttätige Technikbegeisterung der Futuristen anknüpfen[182]. Viele Produkte der zwischenkriegszeitlichen Flugliteratur sind – soweit kriegshetzerisch – inzwischen in die Giftschränke der öffentlichen

Bibliotheken verbannt worden. Andere sind – zu Recht oder zu Unrecht – in die Jugendliteratur geraten, darunter große Autoren wie Jules Verne und Antoine de Saint-Exupéry (1900–1944). Mit dem Mißbrauch der Flugzeuge im Krieg und ihrer zunehmenden Alltäglichkeit im Linienflugverkehr wurde es – wie in der Malerei und der bildenden Kunst – immer schwieriger, die naive Flugzeugbegeisterung beizubehalten[183].

Allerdings hielt sich auch in der Literatur eine nichtmilitärische Begeisterung für das Fliegen, die – wie bei Norman Mailers (geb. 1923) »Raumflug« – durch spektakuläre Ereignisse ausgelöst werden konnte[184], oder schlicht und einfach durch eine anhaltende kindliche Technikbegeisterung. Es ist jedoch nicht zu übersehen, daß auch moderne Autoren sich immer wieder für den alten »Traum vom Fliegen« in seiner metaphorischen Bedeutung begeistern lassen, zumal die »Flugliteratur« durch ihre inzwischen sehr lange Tradition und ihre vielfachen Wurzeln ein Eigengewicht gewonnen hat. Ausgehend von Lukian und Ovid, reicht diese Linie über Kepler und Rousseau bis zu Franz Kafka (1883–1924), Herrmann Hesse (1877–1962), Karl Valentin (1882–1948) oder Bertolt Brecht (1898–1956), der sich wie James Thurber (1894–1961) durch den Transatlantikflug Lindberghs zu literarischen Taten (»Der Ozeanflug«; »Der größte Mann der Welt«) verleitet sah[185]. Neben allen politischen oder zeitgeschichtlichen Implikationen wird aus der Literatur immer wieder die individuelle Lust am Fliegen deutlich, die die Autoren verspürt haben. Dies geht aus Rainer Maria Rilkes (1875–1926) »Sonetten an Orpheus« ebenso hervor wie aus den zahlreichen Fliegergedichten von Joachim Ringelnatz (1883–1934), der in seinem »Gruß an Junkers« reimte:

»Ich bin mit Junkers' Maschinen schon
Oft über die Lande geflogen,
Hab meinen Tages- und Wochenlohn
Darüber weit überzogen,
Sprach immer zu mir zuvor: ›Überleg's
Dir!‹ – Aber flog doch aufgehimmelt
Durch Wetter und Wolken. Und fand unterwegs
Ein Glück, das unten verschimmelt.«[186]

Militärflieger im Zweiten Weltkrieg 1939–1945

Die Entwicklung neuer Militärflugzeuge begann noch in der Friedenszeit. Neben Curtiss und Boeing in den USA und Fiat in Italien tauchen jetzt erstmals Namen wie Mitsubishi und Kawasaki in Japan auf. Doch trotz dieser klingenden Namen veränderte sich am Erscheinungsbild der Militärflugzeuge zehn Jahre lang kaum etwas. Bei den Jägern hielt man am Doppeldecker mit offenem Pilotensitz und den synchronisierten, durch den Propellerkreis schießenden Maschinengewehren fest, die bis 1918 entwickelt worden waren. Trotz dieser scheinbaren Stagnation entwickelte sich unter dem Deckmantel ziviler Luftfahrtindustrie ein leistungsstarker militärisch-industrieller Komplex. Nicht zuletzt daraus erklärt sich das starke Interesse der Regierungen an der »nationalen« Luftfahrtindustrie, vom britischen Empire über das demokratische Frankreich, das an seiner militärischen Niederlage laborierende, dann nationalsozialistische Deutschland, das faschistische Italien bis hin zur Sowjetunion. Am wenigsten bestand noch in den USA ein staatliches Interesse.

Beispielhaft ist wohl Deutschland, dessen Militärpotential durch die Friedensverträge starken Einschränkungen unterworfen gewesen war. Unter dem Deckmantel einer blühenden zivilen Luftfahrtindustrie hatte die seit 1933 herrschende NSDAP innerhalb kürzester Zeit eine Luftstreitkraft aufgebaut, die bei Kriegsbeginn beispiellos dastand. Die leistungsstarken zivilen Maschinen »JU-52« und »FW 200 Condor« konnten nahtlos militärisch eingesetzt werden. Das diktatorische Regime konnte zudem eine rasche Umstellung der Produktion erzwingen. Der deutsche Standardjäger »Messerschmitt ME 109« lief seit 1936 von den Montagebändern, bis Kriegsende wurden davon 35 000 Stück gebaut, die höchste Stückzahl, die je von einem Jagdflugzeug gefertigt worden ist. Die deutsche »Luftwaffe« verfügte nicht nur über modernstes Material, sondern auch über Kampferfahrungen aus dem Spanischen Bürgerkrieg. Als Hitler den Weltkrieg entzündete, konnte er die mit Abstand mächtigste Luftmacht einsetzen – freilich nur deshalb, weil die konkurrierenden Luftfahrtnationen weniger

monomanisch ihr militärisches Potential ausgebaut hatten. Die
»Luftwaffe« verfügte anfangs über 4093 Einsatzflugzeuge, und die
deutsche Industrie war in der Lage, monatlich weitere 800 Maschinen anzufertigen. Allein im ersten Kriegsjahr 1939 wurden 8300
Flugzeuge produziert – das »Nationalsozialistische Fliegerkorps«
und die deutsche »Luftwaffe« waren bestens gerüstet und verfügten über den Vorteil des Angreifers[187].

Weder Frankreich noch England waren in gleicher Weise auf einen
Luftkrieg vorbereitet. Sie verfügten zwar über gleichwertige Flugzeuge, doch die serienmäßige Produktion war zu spät angelaufen.
Italien hinkte, geblendet von der faschistischen Rhetorik, gar der
technischen Entwicklung hinterher. Ihre veralteten Fiat-Doppel-
decker waren zwar in Äthiopien siegreich, aber den feindlichen
Maschinen in Europa hoffnungslos unterlegen. Auch die USA waren nicht auf den Luftkrieg vorbereitet. Anders war die Situation
im Pazifik: Die Leistungskraft der Japaner war schon damals höher
als erwartet, die Kawasaki, Mitsubishi und Nakajima waren den
amerikanischen Flugzeugen überlegen. Auch die UdSSR verfügte
anfangs über keine kriegstauglichen Flugzeuge, konnte sich aber
überraschend schnell umstellen: Bereits der 1940 produzierte stra-
tegische Bomber Iljuschin »IL-4« änderte die Situation[188].

Der Zweite Weltkrieg brachte – ebenso wie der vorherige – einen
großen Entwicklungsschub für die Flugzeugentwicklung; insbesondere bei den Werkstoffen und Antriebsmitteln wurden gewaltige Fortschritte erzielt. Die Kolbenmotor-Jagdflugzeuge erreichten Spitzengeschwindigkeiten von 700 km/h und waren damit
doppelt so schnell wie die alten Doppeldecker. Doch noch während
des Krieges stieß diese Technik an ihre Grenzen. Dies führte zur
Suche nach neuen Antriebsprinzipien, die mit der Strahlturbinen-
technik und dem Raketenantrieb auch gefunden und sofort in die
Praxis umgesetzt wurden. Exemplarisch kann der Einfluß der
Kriegsproduktion am Beispiel der USA gezeigt werden. Erst im
September 1939 ermöglichte eine Gesetzesänderung den Export
von Rüstungsgütern und schuf damit Anreize für die Industrie, die
nun auf ausländische Aufträge spekulieren konnte. Ende 1941 verfügten die USA über 3305 einsatzbereite Flugzeuge, nicht viel
mehr, als das US Army Air Corps (USAAC) bereits 1939 besessen

hatte. Durch Umorganisation war zwar die »Air Force« (USAAF) mit eigenem Generalstab geschaffen worden, doch erst der japanische Überfall auf Pearl Harbour am 7. Dezember 1941 löste in den USA einen nationalen Schock aus und bewirkte die augenblickliche Konzentration der mittlerweile großen Luftfahrtindustrie auf Rüstungsproduktion. Hinsichtlich Qualität und Quantität überholte die amerikanische Flugzeugproduktion rasch alle anderen Kriegsteilnehmer. Die industrielle Infrastruktur der USA war damals der europäischen weit überlegen, und innerhalb relativ kurzer Zeit lagen mit den Bombern Boeing B-17 und Douglas B-18 leistungsfähige Kriegsflugzeuge vor. Ausnahmsweise war für diese Entwicklungen einmal die Zivilluftfahrt richtungweisend, insbesondere die DC-2. Umgekehrt beeinflußte die Entwicklung der Langstreckenbomber, die für Bombenangriffe gegen den pazifischen Kriegsgegner Japan konstruiert wurden, nachhaltig die rasche Aufnahme ziviler Langstreckenflüge nach Kriegsende[189]. Die Zahlen der anlaufenden amerikanischen Rüstungsproduktion sprechen für sich:

Flugzeugproduktion der USA
während des Zweiten Weltkriegs

Jahr	Gesamt-produktion	davon	
		Jäger	Bomber
1940	6028		
1941	19445		
1942	47836	10769	12627
1943	85898	23988	29355
1944	96318	38873	35003
1945	47714	21696	16492

Wenn auch die deutsche Luftfahrtindustrie beeindruckende und trotz des Krieges ständig steigende Produktionszahlen aufwies, mit der Messerschmitt »ME-262« 1944 sogar das erste kriegstüchtige Düsenflugzeug aufzuweisen hatte, konnte sie dem industriellen Potential der Alliierten, insbesondere der USA, seit 1944 jedoch auch der Sowjetunion, nichts Vergleichbares entgegensetzen. Das

Deutsche Reich baute während des Krieges 113 315 Flugzeuge, insgesamt wurden von allen kriegführenden Mächten ca. 800 000 Kriegsflugzeuge gebaut[190].

Was sich im Verlauf des Ersten Weltkriegs schon abgezeichnet hatte, bestätigte sich im Zweiten Weltkrieg von Anbeginn. Nach dem deutschen Überfall auf Polen am 1. September 1939 zerschlug die leistungsstarke »Luftwaffe« innerhalb weniger Stunden das polnische Verteidigungssystem: Der »Blitzkrieg« war geboren. Militärhistoriker sind sich darüber einig, daß der gesamte Kriegsverlauf entscheidend von der jeweiligen Luftüberlegenheit abhängig war, also von Qualität und Quantität der militärischen Flugzeugproduktion. Mithin war der Kriegszustand ein Test auf die wirtschaftliche Leistungsfähigkeit der jeweiligen Länder, die über den Kriegsverlauf entschied. Alle entscheidenden Wendepunkte des Krieges, von der Luftschlacht um England, Pearl Harbour, der Schlacht um die Midway-Inseln, der strategischen Bombardierung deutscher Städte durch die Alliierten, bis zur Landung in der Normandie, hingen von den Luftstreitkräften ab. Beendet wurde der Zweite Weltkrieg bekanntlich durch die Atombombenabwürfe auf die japanischen Städte Hiroshima und Nagasaki am 6. und 9. August 1945 von zwei amerikanischen Bombenflugzeugen[191].

Der »Aufstieg« der Hubschrauber

1936 stellte die deutsche Firma Focke-Wulf mit dem Modell »FW-61« – laut Apostolo – »den ersten wirklich brauchbaren Hubschrauber in der Geschichte der Luftfahrt« vor. Die mit Dreiblatt-Zwillingsrotoren und einem 160-PS-Siemens-Sternmotor ausgestattete Maschine des genialen Bremer Konstrukteurs Henrich Focke (1890–1979) besaß alle Eigenschaften eines modernen Hubschraubers: Sie konnte senkrecht starten und landen und in jede gewünschte Richtung fliegen, was durch die Verstellbarkeit der Rotorblätter erreicht wurde. Die Leistungsfähigkeit reichte für mehrstündige Flüge über mehrere hundert Kilometer aus. Die Fliegerin Hanna Reitsch demonstrierte im Frühjahr 1938 allabendlich durch Schauflüge der Berliner Bevölkerung die technischen

Möglichkeiten Nazi-Deutschlands. Der Beginn des Zweiten Weltkriegs führte allerdings zunächst zur Einstellung aller Hubschrauberprojekte in Europa[192].

Die Kunde von den deutschen Erfolgen mit der »FW-61« war jedoch bis in die USA gedrungen, wo sich der emigrierte Igor Sikorsky erneut mit Hubschraubern zu beschäftigen begann. Bereits 1940 konnte Sikorsky seine erste erfolgreiche Entwicklung »VS-300« einer Kommission der US Army vorstellen, die davon sehr beeindruckt war. In Deutschland hatte man sich mit Kriegsbeginn mittlerweile auf mythologische Dimensionen umgestellt: Die umgebaute »FW-61«, das Modell »FW-223-Drache« wurde von einem 1000-PS-BMW-Fafnir-Motor angetrieben – Fafnir hieß der Drache in der Nibelungensage. Vielleicht war dieser Name nicht sehr glücklich gewählt, denn Fafnir wurde schließlich von Siegfried getötet, und die Nibelungen gehen in einer endzeitlichen Vernichtungsschlacht unter. Von der 1941 geplanten Großserie dieses Lastenhubschraubers konnten bis zur Zerstörung des Werkes 1942 nur drei Maschinen fertiggestellt werden, in einem Ausweichwerk weitere 14 Maschinen. Sie landeten nach dem Krieg in der Sowjetunion, in Frankreich, der Tschechoslowakei und England und dienten dortigen Konstrukteuren als Anschauungsmodelle. Weitere deutsche Entwicklungen waren der »Flettner-282-Kolibri« und die »Focke Achgelis FA-330 Bachstelze«, die wie ein modernes Leichtflugzeug wirkt. Lediglich Sikorsky entwickelte unabhängig davon gleichwertige Produkte. Unter ungleich günstigeren Bedingungen konnten in den USA bis Kriegsende 400 Sikorsky-Helikopter der Serien R-4, R-5 und R-6 produziert werden; daneben begannen sich einige andere Hersteller für Hubschrauber zu interessieren. Auch in der Hubschraubertechnik ging damals die Führung an die Vereinigten Staaten von Amerika über[193].

Nach dem Krieg begann man in der UdSSR, in England und Frankreich, etwas später in Deutschland und Japan wieder mit der Hubschrauberproduktion. Besonders erfolgreich war die UdSSR, wo Hubschrauber hauptsächlich unter militärischen Gesichtspunkten weiterentwickelt und eine der USA vergleichbare Stufe der Technik erreicht wurde. In der Typenpalette des Chefkonstrukteurs Michail L. Mil ist auch der schwerste je gebaute Heli-

kopter enthalten, der 105 Tonnen schwere Transporthubschrauber
»Mi-12«. Hubschrauber haben eine große Leistungskraft erreicht.
Der Entfernungsrekord liegt mittlerweile bei 3562 Kilometern,
der Höhenrekord bei 12 442 Metern, die Höchstgeschwindigkeit
bei 356 km/h[194]. Außer im militärischen Bereich finden Hubschrauber wieder in allen möglichen »zivilen« Funktionen Verwendung, sei es zu Freizeit- oder Vermessungszwecken, für
Transport- oder Filmarbeiten, als Polizei- oder als Rettungshub-
schrauber.

Die Revolution des zivilen Luftverkehrs

Bis zum Zweiten Weltkrieg war das Flugzeug ein reines Luxusver-
kehrsmittel gewesen, das nur von einer relativ kleinen Minderheit
begüterter Personen benutzt werden konnte. Technische Defizite
wie ein ungünstiges Verhältnis zwischen Antriebskraft und Beför-
derungsleistung, auch sicherheitstechnische Mängel ließen es damals als Massenverkehrsmittel ungeeignet erscheinen. Die Eisenbahn erwies sich immer noch sowohl dem Auto als auch dem
Flugzeug überlegen[195]. Die sich abzeichnende neue Bedeutung der
Luftfahrt als Massenverkehrsmittel sowohl im Passagier- als auch
im Frachtdienst ließ Mitte der 1940er Jahre neue internationale
Regelungen erforderlich erscheinen. Nun begann eine Neuorgani-
sation der zivilen Luftfahrt, sowohl in organisatorischer als auch in
technischer Hinsicht. Bereits 1944 wurde als Unterorganisation
der UNO (United Nations) die ICAO (International Civil Aviation
Organisation) gegründet, die internationale Organisation der luft-
fahrttreibenden Staaten. Ziel dieser Organisation ist die Planung
und Entwicklung des internationalen Luftverkehrs auf zwischen-
staatlicher Ebene. Dazu gehört vor allem die Entwicklung von
Normen in der Luftfahrttechnik, beispielsweise beim Bau und Betrieb von Luftfahrzeugen zu friedlichen Zwecken, der Einrichtung
von Luftstraßen, Flughäfen und Luftfahrteinrichtungen. Sitz der
Behörde ist Montreal, bis zum Jahr 1987 ist die Zahl der Mitglieds-
staaten auf 155 angewachsen. Völkerrechtliche Basis der zivilen
Luftfahrt wurde das sogenannte Chicagoer Abkommen vom 7. De-

zember 1944, das das Verhältnis der »Freiheit der Lüfte« zur staatlichen Lufthoheit vertraglich regelte.

Als weiteres Instrument internationaler Zusammenarbeit wurde 1945 die IATA (International Air Transport Association) als Nachfolgerin der 1919–1941 bestehenden International Air Traffic Association gegründet. In der IATA sind nicht Staaten, sondern öffentliche und private Luftverkehrsgesellschaften organisiert. Ziel dieser Organisation mit Sitz ebenfalls in Montreal (Nebensitz: Genf) ist die Förderung eines sicheren, regelmäßigen und wirtschaftlichen Luftverkehrs, die Zusammenarbeit mit der ICAO und anderen internationalen Organisationen. Bis zum Jahr 1987 war die IATA auf 160 Mitglieder angewachsen, darunter 130 Vollmitglieder und 30 Inlandsluftlinien. Die IATA repräsentiert etwa 90 % der planmäßigen Luftverkehrsleistungen auf der Welt. Einige kleinere Fluggesellschaften sind nicht in der IATA vertreten, doch entfällt der Restanteil hauptsächlich auf den Flugverkehr innerhalb der Sowjetunion. Von den wichtigen Fluggesellschaften ist nur die sowjetische Monopolgesellschaft »Aeroflot« nicht Mitglied der IATA[196].

Die Voraussetzungen für den Wiederaufschwung der zivilen Luftfahrt waren 1945 zweifellos gut. Der weltumspannende Krieg hatte, so paradox dies klingen mag, die Welt zusammenrücken lassen, die Industrie hatte ohne Rücksicht auf die Kosten ungeheure Produktionskapazitäten geschaffen, die Flugzeugtechnik hatte sich in den sieben Kriegsjahren rasant entwickelt, und die Regierungen der Siegermächte vermieden diesmal den Fehler der letzten Nachkriegszeit, diese riesigen Kapazitäten ungenutzt zu lassen[197]. Die US-amerikanischen Militärtransportmaschinen »Douglas C-54« und Lockheed »C-69« wurden die Vorläufer einer ganzen Reihe von Zivilpassagierflugzeugen. Die Siegermächte USA, UdSSR und Großbritannien dominierten den westlichen Flugzeugmarkt unbestritten. Abgesehen von der britischen »Vickers Viscount«, einer damals sehr fortschrittlichen Turbopropeller-Maschine, bestimmen die im Krieg groß gewordenen Flugzeugfabriken und ihre Produkte auch heute noch das Bild der internationalen Luftfahrt: In der Sowjetunion wurde seit 1946 die Iljuschin »IL-12« gebaut, in den USA von Douglas die »DC-3« und »DC-4«, denen die entsprechenden Flugzeuge von Lockheed und Boeing gegenüberstanden[198]. In den USA hatte der Aufschwung des zivilen Flugverkehrs bereits Anfang der 1940er Jahre – vor dem Kriegseintritt – begonnen, und dies wäre in Westeuropa ohne den Krieg sicher genauso gewesen.

Die Entwicklung des zivilen Luftverkehrs 1920–1960[199]

Jahr	Flugzeugkilometer (Millionen)	Passagiere (Millionen)	Fracht Mio. tkm
1920	5		
1925	21		
1930	113		
1938	376		
1945	600	8	110
1950	1440	31	770
1955	2300	68	1330
1960	3110	109	2180

In den Jahren um 1940 verließ die Luftfahrt endgültig das Pionierstadium. Hier liegt der eigentliche zeitliche »Take-off« der Zivilluftfahrt. 1941 flogen in den USA 3 Millionen Menchen, doch bereits 1945 beförderten die inneramerikanischen Fluglinien 6 Millionen Passagiere – eine Verdoppelung innerhalb von nur vier Jahren also! 1951 beförderte allein die größte Fluggesellschaft »American Airlines« 4,9 Millionen Fluggäste, gefolgt von der Eastern mit 3,5 Millionen, United mit 3 Millionen und TWA mit 2,2 Millionen. Die Verschiebung des Gewichts im Flugverkehr kommt darin zum Ausdruck, daß mehr als die Hälfte dieses Verkehrs von den amerikanischen Fluggesellschaften abgewickelt wurde, davon 40 % von den »großen fünf«, die also 20 % des Weltflugverkehrs transportierten. Die Zahl der Transatlantikflugpassagiere stieg von 0,3 Millionen im Jahr 1950 auf 1,7 Millionen im Jahr 1960[200]. Bereits 1961 wählten 73 % aller Transatlantikreisenden den Luftweg, während es 1948 erst 27 % gewesen waren[201]. Gleichzeitig stiegen Komfort und Reisegeschwindigkeit der Flugzeuge entscheidend an. Unterschied sich die Dauer der Langstreckenflüge anfangs noch nicht wesentlich von der Dauer der entsprechenden Schiffsreisen, so sank beispielsweise die Flugdauer von London nach Südafrika von sechs Tagen im Jahr 1937 auf 33 Stunden im Jahr 1946 bzw. 15 Stunden im Jahr 1964[202].

Von der Kriegstechnik zur Dynamik des Friedens

Das Kapitel des Rüstungswettlaufs war mit dem Ende des Zweiten Weltkriegs nicht abgeschlossen. Der beginnende »Kalte Krieg« zwischen den neuen Supermächten USA und UdSSR hielt die Entwicklung neuer Waffensyteme in Gang, mit unausbleiblichen Folgen für die Flugzeugtechnik. Der 1950 ausgebrochene Koreakrieg brachte einen technischen Entwicklungsschub, da erneut immense Summen von Steuergeldern über staatliche Subventionen in die Entwicklungsabteilungen der großen Flugzeughersteller investiert wurden. Kampfflugzeuge mit einfacher und doppelter Schallgeschwindigkeit wurden nun konstruiert, was neue Materialien und neue Konstruktions- und Fertigungstechniken erforderte. Entscheidend waren die Entwicklung einer neuen Triebwerkstechnik, der Einsatz einer stark verfeinerten Elektronik und die bessere Berücksichtigung der Aerodynamik. In den USA wurden von Boeing der »B-52«-Bomber entwickelt und von Lockheed die Kampfflugzeuge der F-Serie, zu der auch der unselige »F-104-Starfighter« gehörte. In der UdSSR entwickelten die Konstruktionsbüros von Tupolew und Jakowlew leistungsfähige Bomber, und die Serie der Jagdflugzeuge vom Typ Mikojan-Gurewitsch »MiG« entstand. Der amerikanischen »B-52« stand die Tupolew »TU-22« gegenüber. In der Waffentechnik ging man von den simplen Schußwaffen zum Einsatz von Luft-Luft-Lenkflugkörpern über, also zum Einsatz der neuen Raketentechnik. Es begann die Entwicklung der Mehrzweckkampfflugzeuge[203].

Die durch den Koreakrieg ausgelöste Luftwaffentechnik brachte allenthalben Flugzeugserien hervor, die bis in die unmittelbare Gegenwart bestimmend blieben und die aus den Zeitungsmeldungen der letzten Jahre bekannt sind. Gemeint sind damit nicht nur die MiGs und Starfighter, die Tupolews und Phantoms der Großmächte. Der Koreakrieg stimulierte auch die Luftwaffenentwicklung in England und Frankreich, das mit der Entwicklung der »Mirage«-Serie begann. Auch Großbritannien verfügte mit dem »Avro Vulcan«, dem ersten serienmäßig produzierten Deltaflügler, über einen konkurrenzfähigen Flugzeugtyp, der bis Anfang der 1980er Jahre im Einsatz war. Ganz unerwarteterweise trat mit dem strikt neutralen Schweden ein ganz neuer Anbieter von Kriegstechnik auf den Markt. 1955 wurde der leistungsstarke Prototyp des »Saab 35 Draaken« vorgestellt, ein Mehrzweckflugzeug, das als einer der besten Allwetter-Abfangjäger und Jagdbomber der damaligen Zeit galt[204]. Während des Vietnam-Krieges hielt die Computertechnologie in den Flugzeugbau Einzug – die Flugzeugtechnik wurde immer leistungsfähiger, komplizierter, schneller und tödlicher. Eine Neuigkeit stellte seit den 1960er Jahren die Entwicklung von hochqualifizierten Aufklärungsflugzeugen dar, von denen die »U-2« durch den Abschuß des Piloten Gary Powers über dem Territorium der Sowjetunion Schlagzeilen machte. Die Mehrzweckkampfflugzeuge traten seit den 1970er Jahren ganz in den Vordergrund der Flugzeugentwicklung, da die strategischen Großbomber durch die Entwicklung der ballistischen Interkontinental-Raketen an Bedeutung verloren hatten.

Durch die Entspannungspolitik wurde aber der Zweck der militärischen Hochrüstung mehr und mehr in Frage gestellt. »Abrüstung« wurde nun zum neuen Schlüsselbegriff der internationalen Politik. Die »Strategic Arms Limitation Talks« (SALT) führten 1972 und 1979 zu den Rüstungsbeschränkungen der »SALT 1«- und »SALT 2«-Abkommen[205]. Mit dem Kurztitel »Star Wars« hatte US-Präsident Reagan sein geplantes »Strategisches Verteidigungssystem«, ein in der Entwicklung enorm teures Abwehrsystem für Raketenwaffen, bekanntgemacht, das die Periode der Verschlechterung der Ost-West-Beziehungen zu Beginn der 1980er Jahre symbolisiert. Der Druck einer internationalen Friedensbewegung zeigte jedoch, daß die Regierungen in vielen Ländern bei dieser Politik nicht das Vertrauen der Bevölkerung genossen. Seit der Stockholmer »Konferenz für Vertrauensbildung und Abrüstung in Europa« (KVAE) 1984 traten Abrüstungsbestrebungen wieder in den Vordergrund, die weitere teure staatlich subventionierte Rüstungsprojekte als überflüssig erscheinen lassen. Dementsprechend ging seit Mitte

der 1980er Jahre der Anteil der Rüstungsproduktion zurück. In der
Luft- und Raumfahrtindustrie stieg der Anteil der Beschäftigten in
der zivilen Produktion von 1980 bis 1987 von 32 % auf 43 %, was
in internen Berichten als »Umbruch der Branche« bezeichnet
wird[206]. Inwieweit die politischen Veränderungen in Osteuropa
und der dadurch bewirkte Abbau des Ost-West-Gegensatzes eine
weitere Verringerung des Rüstungsanteils bewirken werden, kann
nur die Zukunft zeigen.

Vom Propeller- zum Düsenflugzeug

Die technische Entwicklung der Strahltriebwerke fiel zusammen
mit dem Beginn des Zweiten Weltkriegs, der Jungfernflug der
Heinkel »HE-178« fiel in das Jahr 1939. Die sehr viel leistungs-
fähigere Messerschmitt »ME-262«, die von den Nazis zur »Wunder-
waffe« hochstilisiert wurde, kam nicht mehr zu großem Einsatz.
1941 wurde die von F. Whittle entwickelte britische »Gloster F. 28/
39« erprobt, und wenig später stand mit der »Gloster Meteor« auf
englischer Seite ein entsprechendes Flugzeug zur Verfügung. Doch
die serienmäßige Produktion wurde durch die Notwendigkeiten
des Krieges verhindert[207]. Erst nach Kriegsende begannen die
neuen Strahltriebwerke den alten Propeller abzulösen, und auch
dies nur zögernd. Zwar kam bereits ab 1952 mit der »de Havilland
›Comet‹« auch im Passagierliniendienst ein Düsenflugzeug zum
Einsatz (London–Johannesburg), die Aeroflot der UdSSR eröffnete 1956 mit einer Tupolew »TU-104« auf der Strecke Moskau–
Irkutsk das Düsenzeitalter, und 1958 folgte »Pan Am« mit der
Boeing 707 auf der Transatlantikroute. Doch machte die Umstellung der zivilen Flugzeugindustrie insgesamt bis Anfang der
1960er Jahre keine großen Fortschritte. Dann allerdings begann
eine weltweite Umstellung der Produktion in der Flugzeugindustrie von geradezu atemberaubender Geschwindigkeit. Für die
Kunden boten die Düsenflugzeuge einen entscheidenden Vorteil:
Der Übergang vom Kolben- zum Düsenflugzeug bewirkte eine
durchschnittliche Erhöhung der Reisegeschwindigkeit von ca.
570 km/h auf ca. 900 km/h. Doch auch die Fluggesellschaften

kamen auf ihre Kosten: Die durchschnittliche Tragkraft der Flugzeuge erhöhte sich von ca. 7,5 auf 25 Tonnen und mehr pro Flugzeug, so daß sich trotz gleichbleibender Reichweite die Transport-
leistung wesentlich erhöhte – nutzbar sowohl im Passagier- als
auch im Frachtbereich. Rasch verderbliche Güter wie Blumen, Ge-
müse oder Zeitungen, die früher nur im Nahbereich gehandelt
werden konnten, wurden nun zur internationalen Handels-
ware[208].

Heftige Konkurrenzkämpfe um den rasch wachsenden Markt, der
hohe Gewinne abwarf, trieben nun die Flugzeugentwicklung
voran. Rasch überrundeten die Amerikaner britische und sowjetische Entwicklungen an Qualität und Quantität. Das Hauptverdienst schreibt Matricardi der Firma Boeing zu, die damals mit der
»Boeing 707« den Prototypen einer Flugzeugfamilie entwickelte,
der heute noch den Luftverkehr der westlichen Welt beherrscht,
der aber schon 1955 in der gleichwertigen Douglas »DC-8« eine
entsprechende Antwort fand. Die Durchschlagskraft dieser beiden
Modelle war so groß, daß andere qualitätvolle Entwicklungen wie
die »Convair« vom Markt abgedrängt wurden. Die seit Anfang der
1960er Jahre produzierten Flugzeugtypen waren enorm erfolgreich und sind heute noch in Gebrauch. Die seit 1963 eingesetzte
»Boeing 727« genießt den Ruf, das meistverkaufte Flugzeug der
Welt zu sein. Ihre Produktion wurde erst 1984, also nach zwanzig
Jahren, eingestellt, insgesamt liefen 1832 Flugzeuge vom Band.
Die konkurrierenden Modelle »McDonnel Douglas DC-9« (seit
1965) und »Boeing 737« (seit 1967) werden in verbesserten Varianten heute noch hergestellt. Außeramerikanische Hersteller
waren mit diesen Erfolgen nicht konkurrenzfähig, vergleichbar ist
lediglich der Erfolg der russischen »TU-134« (seit 1964) und
»TU-154« (seit 1968) der Aeroflot, die den Monopolmarkt des
Ostblocks bedienten[209].

Erst Anfang der 1970er Jahre wurden in Europa Gemeinschafts-
programme für Flugzeugtypen entwickelt, die geeignet waren, das
amerikanische Übergewicht zu mildern. Einen ersten europäischen
Erfolg stellte die Entwicklung des britisch-französischen Über-
schall-Verkehrsflugzeugs »Concorde« dar. Wegen der hohen Entwicklungskosten und des enormen Fluglärms blieb die Concorde

Die erste für die Lufthansa bestimmte Boeing 707-430 startete am 18. Dezember 1959 vom Flughafen der Boeing-Werke in Renton, Washington/USA aus zu ihrem Jungfernflug. Ende Januar 1960 wurde der Jet an die Lufthansa ausgeliefert, womit für die Fluggesellschaft das Zeitalter der Düsenflugzeuge begann.

zwar immer umstritten, doch fliegt sie seit Mitte der 1980er Jahre auf der Transatlantikroute Gewinne ein. Geschäftlich erfolgreicher war das europäische »Airbus«-Projekt, das erstmals den Großkonzernen Boeing, McDonnel Douglas und Lockheed einen großen Marktanteil auf dem Gebiet der Mittelstrecken-Großraumflugzeuge abringen konnte. Die Konkurrenz und die Wachstumsimpulse sind in den beiden letzten Jahrzehnten so groß gewesen, daß man nicht mehr den Krieg als Motor der technischen Entwicklung bezeichnen kann[210]. Trotzdem blieb der auf vielen Wegen (Entwicklungskosten, Flughafenbau, Steuerbegünstigungen etc.) subventionierte Luftverkehr ein besonderer industrieller Bereich, in dem »eine liberale Marktwirtschaft ... nie zur Durchsetzung des Luftverkehrs in seinem heutigen technischen Niveau und seiner heutigen Bedeutung geführt hätte«[211].

Von der Rakete zur »Raumfahrt«

In der führenden Raumfahrtnation, den USA, hatte sich das Interesse an der Raketentechnik eher schleppend entwickelt. Allerdings wußte man sich nach dem Sieg im Zweiten Weltkrieg die fortgeschrittene deutsche Raketentechnik zu sichern. Im August 1945 trat Wernher von Braun mit über hundert Mitarbeitern in die Dienste der USA. Der ehemalige Leiter von Peenemünde war 1959–1972 als leitender Mitarbeiter der NASA (National Aeronautics and Space Administration) tätig, wo er die Entwicklung großer Trägerraketen des amerikanischen Raumfahrtprogramms (Jupiter, Saturn) vorantrieb. Anfang der 1950er Jahre war der bemannte Raumflug in den Bereich des Vorstellbaren gerückt. Frederick C. Durant, Präsident der »International Astronautical Federation« (IAF), erklärte 1954 auf einer Delegiertentagung in Innsbruck, dies sei »nicht mehr Gegenstand akademischer Debatten, sondern nur eine Frage der Zeit, des Geldes und eines Programmes«. Doch in den USA blieben das öffentliche Interesse und die finanzielle Unterstützung solcher Programme relativ gering. Erst durch den Schock der sowjetischen »Sputnik«-Missionen im Jahr 1957 änderte sich dies dramatisch. In der Raumkapsel »Sputnik II« wurde am 23. November 1957 mit der Hündin »Laica« erstmals ein Lebewesen in den Weltraum befördert und damit die Ungefährlichkeit des Raumfluges bewiesen. Amerikanische Wissenschaftler sprechen von einem »Pearl-Harbour-Effekt«. Zunächst beschäftigten sich Air Force und Marine intensiv mit Raketenprojekten, bevor der Ruf nach einer zivilen Raumfahrtbehörde laut wurde, der die wissenschaftlichen Programme zur Erforschung des Weltraums unterstehen sollten. 1958 kam es dann zur Gründung der »National Aeronautics and Space Administration« (NASA)[212].
Weitere Erfolge des Raumfahrtprogramms der Sowjetunion führten um 1960 zu einer verstärkten Konkurrenz der beiden Großmächte auf diesem prestigeträchtigen Gebiet. Im Januar 1959 passierte die sowjetische Rakete »Luna 1« den Mond – der erste Flugkörper, der das Gravitationsfeld der Erde hinter sich ließ.

Am 12. April 1961 schickte die Sowjetunion mit dem Kosmonauten Jurij Gagarin (1934–1968) im Rahmen des Programms »Vostok« den ersten Menschen in den Weltraum. Obwohl die USA mit Alan Shepard am 5. Mai 1961 sofort den ersten Amerikaner hinterhersandten, löste der Beginn der sowjetischen bemannten Raumfahrt einen ähnlichen Schock aus wie vier Jahre zuvor der Satellit »Sputnik I«, zumal die ersten Kosmonauten länger im All ausharrten – zumindest in der Öffentlichkeit mußten die 16 Minuten Raumfahrt Virgil Grissoms mager erscheinen gegenüber den 25 Stunden G. Titovs[213], obwohl das über den Stand der Technologie natürlich wenig aussagte. Der sechste US-Astronaut (Cooper) brachte es schließlich auch auf 34 Stunden im All, aber der sowjetische Rekord lag mittlerweile schon bei fünf Tagen (Bykowski), und der sechste UdSSR-Kosmonaut, mit Valentina Tereshkova die erste Frau im Weltraum, brachte es auf 48 Stunden. Die Erfolge der Sowjetunion wurden in den USA als »Niederlagen« des eigenen »Mercury«-Projektes empfunden und führten zu einer intensiven Ausweitung des Weltraumprogramms. Präsident John F. Kennedy (1917–1963) verlangte am 25. Mai 1961 vom Kongreß die Unterstützung eines Programmes, das die erste menschliche Mondlandung vor Ablauf des Jahrzehnts ermöglichen sollte. Neben der Raumforschung erhielt jetzt der bemannte Raumflug Priorität, genauer gesagt: der bemannte Mondflug[214].
Die unbemannten Mondsonden der Programme »Ranger«, »Lunar Orbiter« und »Surveyor«, die bemannten Raumflüge der Programme »Mercury« und »Gemini« arbeiteten auf das »Apollo«-Programm mit dem Ziel bemannter Mondlandungen hin. Einer der größten Erfolge des »Gemini«-Programms war der zwanzigminütige »Raumspaziergang« des Astronauten Edward H. White im Juni 1965. Die zehn erfolgreichen bemannten »Gemini«-Missionen der Jahre 1965/66 (Gemini 3–12) vermittelten die notwendige Sicherheit mit bemannten Raumflügen für das »Apollo«-Programm. Während die Sowjetunion mit dem »Sojus«-Programm sich seit 1967 auf die Einrichtung einer ständigen bemannten Raumstation konzentrierte, steuerten die USA die Mondlandung an. »Apollo« war sicher eines der bewundernswertesten Projekte in der Geschichte: Wie von Präsident Kennedy prophezeit, gelang

noch in den 1960er Jahren der bemannte Mondflug. Am 21. Juli
1969 setzte Astronaut Neil Armstrong (geb. 1930) als erster
Mensch seinen Fuß auf den Mond. Er gehörte zur dreiköpfigen Be-
satzung der Mission »Apollo 11«, die am 16. Juli vom Kennedy
Space Center auf Cape Canaveral gestartet war. Wie bei den anderen fünf Mondlandungen der Jahre 1969–1972 begab sich die
Rakete zuerst in die Erdumlaufbahn, von dort wurde der Mond an-
gesteuert, aus der Mondumlaufbahn verließ dann die Mondlandefähre die Kommandoeinheit, die in der Umlaufbahn verharrte.
Nach Abschluß des wissenschaftlichen Programms, das live im
Fernsehen übertragen wurde, startete die Landefähre von der
Mondoberfläche zum Rendezvousmanöver mit der Kommandoeinheit. Darauf folgte der Rückflug zur Erde, der nach dem Wie-
dereintauchen in die Erdatmosphäre – etwas archaisch anmutend –
mit dem Abbremsen durch Fallschirme und abschließender Wasse-
rung endete. Wie havarierte Schiffe mußten die erfolgreichen
Raumkapseln dann aus dem Meer geborgen werden[215].

Praktisch gleichzeitig mit den erfolgreichen Mondlandungen der
Amerikaner gelangen der UdSSR im Oktober 1969 spektakuläre
Rendezvousmanöver der Raumschiffe Sojus 6, Sojus 7 und Sojus
8, die als Vorbedingung der Einrichtung einer Raumstation galten.
Im Jahr 1971 wurde schließlich die erste Raumstation »Saljut 1« in
die Erdumlaufbahn befördert, an der wenig später das bemannte
Raumschiff »Sojus 10« andocken konnte. Die Kosmonauten von
»Sojus 11«, Dobrowolski, Wolkow und Pazajew, bestiegen im
Sommer 1971 die Raumstation »Saljut 1« und bewohnten sie 23
Tage lang, bevor sie zur Erde zurückkehrten; infolge zu raschen
Druckabfalls starben sie bei der Rückkehr. Nach dem Tod der
Apollo-Astronauten Grissom, White und Cheffey sowie des »So-
jus 1«-Piloten Komarow im Jahr 1967 war dies der dritte große
Rückschlag der Raumfahrtprogramme. Auch die USA richteten
jetzt eine Raumstation ein, das »Skylab«. 1973/74 fanden drei
Skylab-Missionen statt, im gleichen Zeitraum 15 Sojus-Flüge. Im
September 1973 wurde die neue Raumstation »Saljut 3« erfolg-
reich von den Besatzungen der »Sojus 14« und »Sojus 15« be-
sucht. Inzwischen führte die Entspannungspolitik zwischen den
Großmächten zu einem denkwürdigen Tag im Weltraum: Am

17. Juli 1975 gaben sich der US-Astronaut Tom Stafford und der Sowjet-Kosmonaut Alexi Leonow über dem Himmel von Europa die Hand, ein Ergebnis des 1972 beschlossenen gemeinsamen Raumfahrtprogramms »Sojus-Apollo«[216].

Das »Raumflugzeug«

Mit der Landung der Raumfähre »Columbia« am 14. April 1981 wurde eine neue Epoche der Luft- und Raumfahrt eingeläutet: Erstmals begannen die Grenzen zwischen zwei bisher getrennten Bereichen, der »Aeronautik« und der »Astronautik«, zu verschwimmen. Das neue Fluggerät startet als Rakete mit einem zusätzlichen Starttriebwerk, das dann abgestoßen wird, geht in die Erdumlaufbahn wie ein Satellit und tritt in die Erdatmosphäre ein wie ein Flugzeug – oder, wie Matricardi hervorhebt, eigentlich wie ein Gleiter.

»Seine unglaublich komplizierten modernsten Flugsteuerungs- und Computersysteme ändern nichts daran, daß es im Grunde auf der elementarsten Form des Fliegens beruht, die schon die ersten Pioniere vor 100 Jahren fasziniert hat, dem Gleitflug.«[217]

Das »Space Shuttle« bildete den vorläufigen Höhepunkt einer technischen Entwicklung, der nach jahrzehntelangen Forschungsarbeiten erzielt wurde. Im Hintergrund stand die ganze Reihe der »X-Flugzeuge«, die seit 1942 in den USA im Rahmen des »Experimental Research Aircraft Program« gebaut worden sind, eines in der Geschichte der Luftfahrt einmaligen Programmes. Das erste X-Flugzeug »Bell X-1« erprobte 1947 den ersten Überschallflug; ein anderes den ersten Schwenkflügelflug, wieder ein anderes, die »X-15«, absolvierte den ersten Flug oberhalb 100 000 Meter (= 100 Kilometer), was an der oberen Grenze der Stratosphäre ist, der Grenze zwischen Luft- und Raumfahrt. Zwischen 1959 und 1969 wurden 199 Testflüge durchgeführt, in denen »eine schwindelerregende Anzahl von Rekorden gebrochen« wurde (Matricardi). Darunter der Geschwindigkeitsrekord: Am 9. November 1961 flog der Pilot Bob White eine Geschwindigkeit von 6587 km/h. Der Testpilot Joe Walker erreichte am 22. April 1963 eine Flughöhe von

107 696 Metern. Die schnellste aller X-15-Maschinen erreichte mit
William Knight am 3. Oktober 1967 eine Geschwindigkeit von
7296 km/h – sechsmal schneller als der Schall. Für den jeweiligen
Durchführungszeitraum waren dies fast »märchenhafte« technische Daten; die extremen Anforderungen erforderten umfangreiche Materialerprobungen. Überdies konnte das X-Projekt von den
Forschungen der NASA profitieren. Das aerodynamische Fluggerät »X-24«, dessen Testprogramm 1975 abgeschlossen worden war,
war der unmittelbare Vorläufer des Raumtransporters[218].

Mit dem »Space Shuttle« trat die Raumfahrt in ein Stadium ein, in
dem die Pionierzeit der »Wegwerfraketen« endete und ein geregel-
ter bemannter Raumflugbetrieb aufgenommen werden könnte:
ökonomisch, routiniert und verläßlich. Der »Orbiter«, also die
Raumfähre selbst, hat die Größe eines Verkehrsflugzeugs. Er landet, wie ein normales Flugzeug, nach seiner Rückkehr aus dem All
mit einer Geschwindigkeit von ca. 350 km/h. Nach einem ersten
Testflug des Shuttle im Jahr 1979 erfolgte im April 1981 die Premiere. An Bord waren die erfahrenen Astronauten Robert Crippen
und John Young, der bereits seinen fünften Weltraumflug absolvierte und damit der erfahrenste Raumpilot war, den die NASA
aufzubieten hatte[219].

Weltraumflüge in der Science-fiction

Um 1960, zeitlich zwischen Sputnik und Gagarin, fanden Science-
fiction-Erzählungen in Deutschland ihren Weg von den Groschen-
heften zum Taschenbuch, in den USA war dies etwa zehn Jahre
früher der Fall gewesen. Science-fiction (SF) zählt die »Voyages
extraordinaires« des 17. und 18. Jahrhunderts zu ihren Vorläufern,
ebenso die sogenannten »Scientific Romances« à la Verne und
Wells, deren Glanzzeit bis etwa 1925 dauerte. Wells wird noch am
ehesten als Vater der modernen Science-fiction-Literatur akzeptiert, denn in seinen Romanen hielt jene Fortschrittsskepsis Einzug, die das Genre von der älteren utopischen Literatur unterscheidet. Der Begriff »Science-fiction« wurde 1929 geprägt im
vierten Jahrgang der »Amazing Stories« des amerikanischen Ver-

legers Hugo Gernsback (1884–1967). Seit 1953 werden die besten
SF-Produktionen aller Kategorien mit einem nach Gernsback benannten Preis (»Hugo-Award«) ausgezeichnet[220]. Das Fliegen ist
in der Science-fiction-Literatur zur reinen Selbstverständlichkeit
geworden, zur notwendigen Voraussetzung all der »Space Operas«, wie sie parallel zu den »Soap Operas« und »Horse Operas«
pejorativ genannt werden. Jegliche damit verbundene Hoffnung
ist einer großen Desillusionierung gewichen: Die fliegenden Menschen in ihren Raumschiffen zeigen in ihren ethischen Normen
den Status von Steinzeitmenschen, allenfalls noch den seltsamen
Ehrenkodex mittelalterlicher Ritter. Es ist bekannt, daß die Wellssche Anti-Utopie bei den Menschen, die der Herausforderung des
Numinosen durch die Technik mißtrauten, auf fruchtbaren Boden
gefallen ist: Als Orson Welles am 30. Oktober 1938 das Wellssche
Invasionsszenario in ein Rundfunkhörspiel umsetzte, wurden Tausende von US-Bürgern von einer Panik erfaßt. Etwa sechs Millionen Menschen hörten nachts die Sendung, ca. 15 % von ihnen
hielten die »Science-fiction« für wahr, begannen noch während der
Sendung zu beten und zu weinen, bei den Behörden nachzufragen
oder ihre Nachbarn zu warnen, zu fliehen oder sich von ihren Verwandten zu verabschieden, weil sie meinten, ihre Tötung durch die
Marsbewohner stünde bevor[221].
Eine technische Vervollkommnung bei gleichzeitiger sozialer Regression ist mehr als einmal thematisiert, das Gespenst einer
faschistischen Weltraumdiktatur oft an die Wand gemalt worden;
allenfalls irgendwelche Träumer in fernen Ecken des Universums
können noch Widerstand leisten. Aus Wells' »War of the Worlds«
ist in Hollywood der »Krieg der Sterne« geworden. Der Historiker
Michael Salewski hat darauf hingewiesen, daß der erfolgreiche
Film dem US-Verteidigungskonzept des Präsidenten Ronald
Reagan den Namen (»Star Wars«) gegeben hat, und kommt nach
dem Anführen einiger ähnlicher Beispiele zu dem Schluß:

»Unversehens dringt das SF-Syndrom tentakelgleich in alle gegenwärtigen Lebens-
bezüge des Menschen ein, längst ist es dem bloß literarischen Gehege entkommen
und nistet sich in den Diskotheken und Spielwarenläden, in Kirchen und Werbe-
agenturen, ja, selbst in manchen Nischen ›grüner‹ Politik ein.«[222]

Plangraphik einer Weltraumstation der NASA aus den achtziger Jahren.
Foto NASM.

Andererseits muß man einräumen, daß die SF-Literatur in den
Jahrzehnten nach 1945 durchaus unerwartete Qualität angenommen hat. Autoren wie Isaac Asimov (geb. 1920), der selbst in der
US Naval Air Experimental Station und danach als Professor der
Biochemie in Boston gearbeitet hat, stieg nicht nur zu einem der
populärsten Sachbuchautoren der USA, sondern auch zu einem
der bekanntesten Autoren der zeitgenössischen SF auf, der seit
Wells bekannte Themen wie die Zeitreise oder seit Einstein bekannte Zeitparadoxa unter naturwissenschaftlichen Gesichtspunkten behandelt[223]. Auch Arthur C. Clarke (geb. 1917), im Krieg
Offizier der Royal Air Force und später Chefredakteur von
»Science Abstracts«, versuchte zeitlebens, mit SF-Romanen für die
Naturwissenschaften zu werben. Mit »2001« gelang ihm ein Publi-
kumserfolg, befördert durch Stanley Kubricks Verfilmung, der
nicht zuletzt durch das mythisch-religiöse Interesse an der

menschlichen Evolution bedingt war[224]. Mehr ins Anthropolo-
gisch-Philosophische spielt das Interesse des SF-Autors Stanisław
Lem (geb. 1921), der Mitbegründer der polnischen »Gesellschaft
für Astronautik« war, jedoch später aus ihr austrat. Lems SF-Ro-
mane siedeln irgendwo zwischen Märchen und Groteske. In den
»Sterntagebüchern« spielt Ijon Tichy die Rolle eines kosmischen
Münchhausen, der in den Fernen des Weltalls die Schwächen der
Menschheit wiederentdeckt. Bestandteil dieses Zyklus ist auch
»Der futurologische Kongreß«, in dem sich hinter jeder vermeintlichen Wirklichkeitsebene eine neue Realität auftut, die das frühere Wissen in einem völlig neuen Licht erscheinen läßt[225]. In dem
Roman »Eden« landet eine irdische Raumschiffbesatzung auf
einem fremden Planeten, ohne irgend etwas von den dortigen Vor-
gängen zu verstehen. Erst als ein Flüchtling hinzustößt, gewinnt
die Besatzung in detektivischer Kleinarbeit Einblicke in die fremde
Ethnie, verzichtet jedoch auf jegliche Einmischungsversuche. Der
von Andrej Tarkowski verfilmte Roman »Solaris« hat die brüchi-
gen Übergänge zwischen Realität und Illusion in der menschlichen
Wahrnehmung zum Gegenstand, diesmal auf einer Raumstation,
die einen fremden Planeten beobachten soll[226]. Zur gleichen Generation zählt auch Ray Bradbury (geb. 1920), dessen poetischer Stil
mit zahlreichen nostalgischen Elementen durchsetzt ist, die nicht
selten ins Makabre spielen. Besonders gelungen erscheint Bradburys Kurzgeschichte »Ikarus Montgolfier Wright«, die in einer vollkommen traumhaften Atmosphäre die wichtigsten Stationen der
Luftfahrt einfängt.

»Er lag auf dem Bett, und der Wind blies durch das Fenster über seine Ohren und
seinen halbgeöffneten Mund und flüsterte in seine Träume hinein . . .«

Der assoziative Schwebezustand wird sprachlich durchgehalten
und erzeugt das Gefühl, zwischen Traum und Wirklichkeit zu stehen.

»Denn der Wind erhob sich langsam, und er ließ sich von ihm packen und den Rest
des Weges über die Wüste zum Raumschiff treiben, das wartend dastand.«[227]

Fliegen als Massenverkehrsmittel 1960–1985

Seit einem halben Jahrhundert haben die US-amerikanischen Flugzeughersteller Schrittmacherfunktion in der technischen Entwicklung der militärischen und zivilen Luftfahrt. Marktführer bei den Flugzeugherstellern blieben weltweit die großen amerikanischen Firmen. Zwar sind die Produktions- und Beschäftigtenzahlen der sowjetischen Industrie denen der amerikanischen vergleichbar, doch sind die US-Firmen seit langem technologisch führend[228]. Um 1985 lag die Beschäftigtenzahl der amerikanischen Luft- und Raumfahrtindustrie bei 1,27 Millionen, gegenüber 0,2 Millionen in Großbritannien und 0,13 Millionen in Frankreich. Hinter den großen vier Industrienationen folgt an fünfter Stelle die deutsche Luftfahrtindustrie mit ca. 0,09 Millionen (ca. 93 000) Mitarbeitern. Die westeuropäische Luftfahrtindustrie leidet unter den Wechselkursschwankungen des Dollars, der aufgrund der Bedeutung des US-amerikanischen Marktes die Leitwährung darstellt[229].

Es war der amerikanische Flugzeughersteller Boeing, der Anfang der 1960er Jahre mit einer Revolutionierung des Flugzeugmarktes begann. Ein angekündigtes Großraumflugzeug erhielt bereits drei Jahre vor Fertigstellung des Prototyps Aufträge im Wert von 1,8 Milliarden Dollar! 1969 begann mit dem Erstflug der »Boeing 747«, dem ersten »Jumbo-Jet« mit einer Sitzplatzkapazität von über 400 Sitzen, eine neue Ära der Großraumflugzeuge. Dieser Flugzeugtyp eroberte den Weltmarkt innerhalb kurzer Zeit. Bis 1980 wurden 500 Maschinen gebaut. Die Antwort der Konkurrenz waren bereits 1970 »DC-10« (McDonnel Douglas) und »L-1011 Tristar« (Lockheed), doch wurde keines dieser Flugzeuge so erfolgreich wie die »Boeing 747«. Lediglich auf dem sowjetischen Monopolmarkt errang die Iljuschin »Il-86« eine ähnliche Stellung, wenn auch mit einiger Verspätung: Die Entwicklung begann 1970, 1976 lag der Prototyp vor, und erst zu Weihnachten 1980 konnte die Aeroflot den Linienflug damit beginnen. Eines war jedoch durch die enorme Nachfrage deutlich: Das Fliegen wurde jetzt mehr als je zuvor zum Massenverkehrsmittel[230].

Größenverhältnisse der westlichen Luftfahrtindustrie
im Jahr 1982

	Firma	Nation	Umsatz (in Mio. ECU)	Mitarbeiter
1	Boeing	USA	9222	95700
2	McDonnel-Douglas	USA	7483	72451
3	General Dynamics	USA	6282	85100
4	Lockheed	USA	5729	70200
5	Pratt & Wittney	USA	5398	
6	British Aerospace	Großbritannien	3663	78990
7	Aerospatiale	Frankreich	3331	36450
8	General Electric	USA	3205	
9	Rockwell	USA	2857	29000
10	Rolls-Royce	Großbritannien	2664	48800
11	Northrop	USA	2524	35000
12	MBB	Deutschland	2391	38494
13	Martin Marietta	USA	2356	27962
14	Grumman	USA	2099	27300
15	Dassault-Breguet	Frankreich	1967	15782
16	Snecma	Frankreich	924	12595
17	MTU	Deutschland	884	12607
18	Matra	Frankreich	871	5933
19	Cessna	USA	849	11542
20	Vought	USA	793	10000
21	Dornier	Deutschland	662	8656
22	Mitsubishi	Japan	632	6000
23	Aeritalia	Italien	612	12293
24	Fokker	Niederlande	516	9606
25	Ishikawajima	Japan	515	4870

aus: Todd, D./Humble, R. D. (Hg.), World Aerospace: A Statistical Handbook. London/New York/Sydney 1987, Table 1, p. 133.

Dies zeigt sich auch in den Statistiken der Luftfahrtgesellschaften, wenn man einmal von der 1923 gegründeten sowjetischen Monopolgesellschaft »Aeroflot« absieht, die die größte Luftverkehrsgesellschaft der Erde mit einem Inlandsstreckennetz von mehr als 1 Million Kilometer ist, zusätzlich werden international 96 Staaten auf weiteren 360000 Kilometern angeflogen. Als staatlicher Monopolbetrieb betreibt die Aeroflot nicht nur die eigentliche Fluglinie, sondern das gesamte nichtmilitärische Luftfahrtwesen sowie

Flugsicherung, Flugzeugbau, Personalausbildung, technische und
Verkehrskontrolle und nicht zuletzt die Sportluftfahrt. Eine Liste
der 20 größten Fluggesellschaften der Welt (ohne Aeroflot) im Jahr
1988 nach Anzahl der transportierten Passagiere (in Millionen)
macht die Größenverhältnisse, die zu diesem Zeitpunkt herrsch-
ten, bzw. die absolute Dominanz der privaten US-amerikanischen
Fluglinien deutlich:

Die 20 größten Luftlinien im Jahre 1988 (ohne Aeroflot)[231]

	Airlines	Passagiere (Millionen) 1988	1968	Nation
1	American	64,3	18,3	USA
2	United	56,3	26,9	USA
3	Continental	37,4	3,4	USA
4	Eastern	35,5	20,7	USA
5	TWA	25,3	13,6	USA
6	British Airways	22,5	7,4	Großbritannien
7	JAL	20,0	3,8	Japan
8	Lufthansa	17,8	4,6	Deutschland
9	Pan Am	16,8	8,6	USA
10	Iberia	15,1	3,4	Spanien
11	Air France	14,8	4,4	Frankreich
12	Alitalia	14,5	4,1	Italien
13	SAS	13,3	4,2	Schweden
14	America West	12,7		USA
15	Air Canada	11,3	6,4	Kanada
16	Japan Air System	10,7		Japan
17	Indian Airlines	10,3		Indien
18	Saudia	9,9		Saudi-Arabien
19	Canadian	8,8		Kanada
20	Mexicana	8,1		Mexiko

Die durchschnittliche jährliche Wachstumsrate des Weltluftverkehrs betrug in den 1970er Jahren 8,1 %. Im Jahr 1979 beförderten die 192 Fluggesellschaften, die der ICAO (International Civil
Aviation Organization) angehörten, nicht weniger als 747 Millionen Passagiere auf planmäßigen Flügen sowie 11,2 Millionen Tonnen Fracht. 51 % des inländischen und internationalen Verkehrs

entfielen auf die Fluglinien der USA (37 %) und der UdSSR
(14 %). In der Reihenfolge des Aufkommens am Weltluftverkehr
folgten darauf die Länder Japan, Frankreich, Kanada, die Bundes-
republik Deutschland und Australien[232]. Die Energiekrise Anfang
der 1980er Jahre führte zu einer vorübergehenden Stagnation der
Aufwärtsentwicklung, zu einem Preiskrieg zwischen den Fluglinien und dem Konkurs einiger privater Gesellschaften. Doch seit
1984 wurde diese Depression wieder von einem ungebremsten
Wachstum abgelöst. Auch wenn die jährlichen Zuwachsraten nach
1960 allmählich unter 10 % sanken, hat sich der Flugverkehr bis
heute weiterhin stark ausgeweitet: 1980 wurden nach ICAO-Stati-
stiken bereits 748 Millionen Passagiere befördert, 1987 wurde erstmals die Milliardengrenze überschritten, und die Tendenz ist steigend. Auch bei den Tonnen-Kilometern der Luftfracht wurde
längst die Milliardengrenze überschritten, 1980 lag man bei 28
Milliarden, gegenwärtig werden bereits doppelt so hohe Werte erreicht. Die transportierte Gesamtladung (Passagiere, Gepäck,
Fracht, Post) erreichte 1988 den astronomisch hohen Wert von 210
Milliarden Tonnen-Kilometern[233].

Das neue Unbehagen am Fliegen

Vögel, die natürlichen Vorbilder des Fliegens, sind der technischen
Luftfahrt längst zu einem lästigen Hindernis geworden. Zusammenstöße von Flugzeugen und Vögeln verursachen erhebliche
Schäden an den Maschinen und Gefahren für Besatzung und Passagiere. Nachdem der Tower vor der gefiederten Gefahr gewarnt
hatte, mußte einmal eine Boeing 727 ihren Anflug auf den Flughafen Düsseldorf abbrechen. Nach Angaben der britischen Civil
Aviation Authority ereignen sich weltweit auf zehntausend Flugbewegungen ca. vier Zusammenstöße mit Vögeln. Betroffen sind
davon – entsprechend der Flughöhe – besonders militärische Flüge.
83 % der Unfälle entstehen in Höhen von weniger als 300 Metern.
Allein der US Air Force entstanden 1984 durch Kollisionen mit Vögeln 20 Millionen Dollar Schaden. Es gibt jedoch auch Ausnahmen:
2 % der Unfälle ereignen sich oberhalb 1500 Metern, einer der

spektakulärsten Fälle war sicher die Kollision eines Flugzeugs mit einem Kondor in 11 000 Metern Höhe. Schäden an den Flugzeugen entstehen in der Regel nur beim Aufprall von Großvögeln. Bei einem Zusammenstoß einer Boeing 737 mit zwei Kranichen in 2400 Metern Höhe durchschlugen die Vögel das spezialverstärkte Glas des Cockpits und beschädigten verschiedene Instrumente. Das Flugzeug hatte 530 Stundenkilometer Steiggeschwindigkeit. Trotzdem konnten die Piloten die Maschine sicher landen. Gefürchtet ist der Vogelflug in die Triebwerke von Düsenflugzeugen beim Start, da hier in kritischen Momenten ein Schubverlust auftreten kann. Die US-Luftfahrtbehörde untersuchte zwischen 1972 und 1984 1090 derartiger Fälle, einmal gerieten Vögel in alle vier Motoren einer startenden Boeing 747. Fazit der »Vereinigung Cockpit«: »Vögel sind eine erhebliche Gefahr für Passagierflugzeuge ebenso wie für Militär- und Sportflieger.«[234]

Das Fliegen in Großraumflugzeugen scheint die Freude am Fliegen bei manchen feinnervigen Passagieren erheblich zu mindern. Die amerikanische Schriftstellerin Renate Adler schrieb 1979:

»Dieser Slum der Lüfte, die Boeing 747, wartete auf ihre Landeerlaubnis. Das Essen war grauenvoll gewesen, die Babies hatten gekreischt, zweiundsiebzig Kopfhörer waren kaputtgegangen, als der Film anfing. Das obere Drittel der Leinwand war, wie üblich, von der Decke abgeschnitten. Kleine Luftströme hatten den Passagieren neun Stunden lang ins Gesicht geblasen; kreuz und quer durchs Flugzeug waren die Nieser zu hören gewesen und die ›Salud‹-Rufe. Die Waschkabinetts waren in der Mitte des Fluges ausgefallen, auch wie üblich. Die Stewardeß ging immer noch die Gänge entlang und versprühte Düfte. Die Wartesaal-Musik, zur Beruhigung gedacht in gefährlichen Momenten, hatte während des Starts gespielt und plätscherte jetzt aus den Lautsprechern für die Landung. Wir landeten. Wie immer – nach dem Elend, der Anspannung, dem Ausmaß des Ausgeliefertseins – klatschten die Passagiere Beifall, als das Fahrgestell die Erde berührte.«[235]

»Fliegen ist anders«, so lautete kürzlich die Überschrift einer Kolumne in der Wochenzeitung »Die Zeit«. Der Autor verglich die Realität der Linienflüge mit dem Menschheitstraum vom Fliegen. Die Enge der Sitzreihen, die grauen Anzüge in der Business-Class, die Ministeaks in Plastik zur Verpflegung. Vier mächtige Triebwerke donnern durch die Stille der Nacht über dem Atlantik, Abgase verschmutzen die Natur. Keine gefiederten Schwingen, son-

Die Wiederkehr des Mythischen: Marc Chagall, »Das Rote Haus«, 1955.
(Abb.-Nr. 13)

»Graf von Zeppelins historische Luftfahrten«.
Bilderfolge in Form eines Triptychons, um 1905.
(Abb.-Nr. 14)

»Wie das erste Flugzeug gekommen ist«; Addis Abeba 1929. Die Pferde gehen durch,
Ras Tafari Haile Selassie und sein Gefolge blicken zum Flugzeug empor;
äthiopisches Ölbild.
(Abb.-Nr. 15)

dern stählerne Arme. Der »Stahlkoloß«, er »fliegt – mit Gewalt«.
Der Autor kann dieser Form des Fliegens keine rechte Freude abgewinnen, obwohl er zweifellos die Bequemlichkeit schätzt, in sieben
Stunden von Frankfurt nach New York zu gelangen. Trotzdem
schließt er:

>»Es ist ein Irrglaube, daß wir alle unsere Träume verwirklichen müßten, und das
technische Zeitalter leistet ihm Vorschub in einer Weise, daß die Träume schließlich
von ihrer ›Realisierung‹ aufgesogen und banalisiert werden.«²³⁶

Ein anderer Autor gab zwei Jahre vorher sein Unbehagen über
»unsere Art zu reisen« zu Protokoll. Auch in diesem Essay ging es
um die Banalisierung eines Traumes durch seine Verwirklichung.
Das Fernweh, die Selbstverwirklichung durch Reisen in unbe-
grenzte fremde Regionen, die Entdeckungsfahrten des Kolumbus,
aber auch die ekstatische Erfahrung des Fliegens der Hexen, der
Himmelsreisen gnostischer Heiliger – sie widersprechen unserer
genormten Reiseerfahrung. In überfüllten Abflughallen warten
die neuen Helden in kurzärmeligen bunten Freizeithemden geduld-
dig auf ihren Einsatz, »auf das lautlose Signal der Monitore zum
düsenverstärkten Aufbruch in etwas, das die Reiseprospekte ›Ur-
laub‹ nennen«. Der Anteil der Fernreisenden nimmt immer mehr
zu und damit der Anteil derer, die »fliegend« ihrem Bestimmungs-
ort zustreben. Doch dieses Fliegen ist nicht mehr Bestandteil eines
Abenteuers oder einer Selbsterfahrung. Frühere Reisende waren
vielleicht an der Verwirklichung ihrer Träume gescheitert, doch
dieses Scheitern sieht der Autor positiv:

>»Auch der Zusammenbruch der Abenteueridee hat etwas Abenteuerliches an sich.
Der Held reüssiert nicht, doch immerhin, er hat es versucht. Trotz Schwerkraft versuchte er zu fliegen. Er ist zumindest tragisch, ein tragischer Ikarus, verglüht in der
Hitze seiner Hirngespinste ... Hat er nicht ein gewaltiges Risiko auf sich genommen, indem er versuchte, seine Luftschlösser auf festen Boden zu stellen? Diese
Anstrengung adelt in jedem Fall seinen Aufbruch und seine Rückkehr, macht sie
trotz Niederlage zu etwas Besonderem ...«

Die domestizierte Reiseerfahrung der Touristen sei dagegen weder
aufregend noch tragisch, »auch die Ankunftshallen unserer Flughäfen sind daher verhältnismäßig ruhig. Niemand, dem die Worte
aus dem Mund hervorsprudelten, niemand, dem eine herbe Ent-
täuschung ins Gesicht geschrieben stünde.«²³⁷

Die Suche nach der Individualität

Das Unbehagen an der Fliegerei mit »Stahlkolossen« hat mittlerweile zu einer atemberaubenden Weiterentwicklung der alternativen Flugtechniken geführt. Da ist zunächst einmal das Erlebnis der Individualität, das Hobbypiloten mit kleinen Sportflugzeugen zu kultivieren versuchen. Selbstgesteuerte kleine Cessnas mit Sechszylindermotoren vermitteln ein anderes Fluggefühl als das passive Sitzen in Passagierflugzeugen. Bei den Begründungen für ihr luftiges Tun hört man bekannte Argumentationsfiguren. Ein Arzt äußerte, in seinem Sportflugzeug empfinde er

»eine Freiheit, die mich so frei macht, daß ich von niemandem erreichbar bin, am wenigsten von der eigenen Praxis«.

Allein in Westdeutschland mit seinen ca. 60 Millionen Einwohnern lebten 1989 ca. 30 000 Privatpiloten, die sich ca. 5700 Kleinflugzeuge teilen. Eine Cessna ist zwar mit einem Preis von 150 000 DM nicht billig, doch der Erwerb einer Fluglizenz mit rund 10 000 DM für die Ausbildung (80 Stunden Theorie, 35 Stunden Praxis) in einer Flugschule oder einem Verein erschwinglich, und bei den 150–200 DM Chartergebühr für eine Flugstunde handelt es sich durchaus um einen volksnahen Preis. Über ihr Fluggefühl geben Hobbypiloten an, sie fühlten sich in ihrem Minicockpit »losgelöst von der Erde«. Eine Hobbypilotin analysierte:

»Was uns immer wieder in die Lüfte zieht, ist die Schönheit des Fliegens, die Freiheit der Bewegung an sich, die märchenhaften Wolkengebilde um uns ... und die Erkenntnis, daß manches, was uns dort unten Ärger und Sorgen bereitet, vielleicht doch gar nicht so wichtig ist. In gewissem Sinn schwebt der fliegende Mensch eben doch über den Dingen.«

Standardargumente der Piloten sind, sie fühlten sich »wie ein Vogel« und könnten im weiten Luftraum einmal völlig »ausflippen«. Der Liedermacher Reinhard Mey, Dichter des Fliegerliedes mit dem Vers »Über den Wolken muß die Freiheit wohl grenzenlos sein«, erwarb wenig später die Privatpilotenlizenz. Ein fliegender Pfarrer äußerte die Vermutung: »Im Fliegen ist man dem lieben Gott näher.« Rauschartige Gefühle werden attestiert, Schilderungen von gefährlichen Begegnungen in der Luft und andere Abenteuer gehören zu den Lieblingsthemen jener Sportart, die nachweislich weit ungefährlicher ist als der Straßenverkehr. Daran ändert auch nichts, daß nur acht Prozent der Privatpiloten die Instrumentenflugberechtigung besitzen. Daß die deutschen Hobbypiloten nicht an mangelndem Selbstbewußtsein leiden, sondern hoch hinauswollen, zeigt sich nicht zuletzt in ihrer Wahl des Präsidenten der Pilotenvereinigung: Reinhold Furrer mußte es sein, der erste bundesrepublikanische Astronaut[238].

Fallschirmspringen, Segel- und Drachenfliegen, Paragliding

»Homo Volans« hatte der in Venedig lebende Dalmatiner Verancic (Fausto Veranzio) 1616 einen Turmspringer genannt, der nach Text und Bild eindeutig den Absprung mit einem Fallschirm vorführt[239] und frappierend einer Zeichnung in Leonardos Skizzenbüchern aus der Zeit um 1500 ähnelt. Nach dem ersten sicher nachgewiesenen Fallschirmabsprung durch Lenormand 1783 wurde die Fallschirmspringerei seit 1797 von der Artistenfamilie Garnerin, die von Ballonen absprangen, geschäftsmäßig betrieben. Der seit 1893 entwickelte moderne zusammenlegbare Fallschirm fand nach der kriegsbedingten Weiterentwicklung ein sich verstärkendes Interesse eines »zivilen« Publikums – Fallschirmspringen droht zum Breitensport zu werden. Ziel des leistungssportlich betriebenen Fallschirmspringens aus dem Flugzeug ist das Zielspringen bzw. das Figurenfliegen, bei dem eine Mehrzahl von Springern zur Erzielung regelmäßiger Figuren in der Luft zusammenwirken muß; Weltmeisterschaften werden seit 1951 ausgetragen. Seit 1972 wird auch ein Weltpokal für das Fallschirm-Skispringen vergeben[240]. Das Segelfliegen war im Grunde die erste erfolgreiche nichtmotorisierte Verwirklichung des Prinzips »schwerer als Luft« in der direkten Nachfolge Otto Lilienthals. 1909 wurde in Frankfurt – parallel zur ILA – der erste Gleitflugverein gegründet, der das Bauen und Fliegen von Gleitern zum Ziel hatte. 1916 gelang in der für Segelflüge idealen Rhönlandschaft der erste Steigflug in einer Konstruktion, an der der spätere Flugzeugkonstrukteur Willy

Messerschmitt mitgewirkt hatte. 1920 wurde in der Rhön der erste Segelflugwettbewerb ausgetragen, zu dem 25 Piloten mit ihren Flugzeugen erschienen. Der Wettbewerb fand jährlich bis zum Ausbruch des Zweiten Weltkriegs statt und machte die Rhön zum Zentrum dieser neuen Sportart, die bald in allen europäischen Ländern Verbreitung fand. Hier wurde das Segelfliegen ohne Höhenverlust mit der heute noch gebräuchlichen Taktik des Hangsegelns entdeckt. Bald bildeten sich weitere Zentren des Segelfliegens heraus, und die Entdeckung der Thermik eröffnete um 1930 die Möglichkeit des Langstreckenfluges. Einen denkwürdigen Rekord stellte 1925 der Belgier Massaux mit 10,5stündigem Dauersegeln auf, die russische Segelfliegerin Olga Klepikowa flog 1939 mit 750 Kilometern einen Weitenrekord, und der Deutsche Erich Klöckner stieß 1940 auf seinem »Kranich« erstmals in die Stratosphäre vor: 11,4 Kilometer Höhe, 1952 durch die Amerikaner Edgar und Klieforth auf 13,5 Kilometer verbessert. 1964 überschritt der Amerikaner Alvin H. Parker erstmals die Traumgrenze von tausend Kilometern im Segelweitflug. Seit den 1950er Jahren entwickelte sich auch das Segelfliegen zum Breitensport[241].

Das »Drachenfliegen«, auch »Deltafliegen« oder »Hängegleiten« genannt, wurde um 1960 in den USA entwickelt. Durch seinen Namen versucht es, über die Tradition des Segelfliegens hinaus an die Tradition der Flugdrachen anzuknüpfen, die jedoch nicht für Personenflüge verwendet worden waren[242]. Das Standardfluggerät besteht aus einem deltaförmigen Tragsegel, das in ein Aluminiumgerüst eingespannt ist. Der in Gurten unter dem Drachen hängende Pilot kann über ein Steuertrapez Seitenlage und Anstellwinkel des Fluggeräts verändern. Gestartet wird von Bergkanten oder Abhängen. Wegen zahlreicher zum Teil tödlicher Abstürze ist bei Sprüngen mit mehr als hundert Metern Höhenunterschied ein Fallschirm mitzuführen. Seit 1978 schreibt eine Verordnung des Bundesverkehrsministeriums einen Befähigungsnachweis der Piloten vor, der von den Verbänden des Deutschen Aero Clubs ausgestellt wird. Weltmeisterschaften werden seit 1975 ausgetragen[243].

Noch jüngeren Datums ist das »Paragliding«, das mit einem Gleitschirm betrieben wird, der seit 1964 aus dem Fallschirm entwickelt wurde. Seine rechteckige Form verbesserte die Lenkfähigkeit und nutzte außerdem eine aerodynamisch erzeugte Auftriebskraft, die längeres Verharren in der Luft ermöglicht. Beim Gleitsegeln, Gleitschirmspringen bzw. Paragliding wird hauptsächlich von Berggipfeln aus gestartet; es hat sich in den Alpen innerhalb weniger Jahre weit verbreitet. Nach einem Anlauf bergab entfaltet sich der Gleitschirm, und die »Flieger« werden von der 20–28 qm großen Segelfläche getragen, die durch zwei Steuerleinen links und rechts gesteuert werden kann. 1983 wurde im französischen Mieussy die erste Schule für Paraglider eingerichtet; trotzdem ließ jedes Jahr einer der Pioniere sein Leben. 1985 wurde in der Schweiz mit der industriellen Serienfertigung von Nylon-Paraglidern begonnen, 1987 erreichte die neue Sportart Wettkampfreife, der Jungfernflug vom Matterhorn schuf zusätzliche Publizität, und seit April desselben Jahres wurden die Paraglider in Deutschland amtlich als Luftfahrzeuge anerkannt – mit allen Konsequenzen: In Deutschland geht es seither nicht mehr ohne »Führerschein«, Haftpflichtversicherung, geprüftes Gerät und Kopfschutz, die »Gleitsegel-Bedienungsordnung« des Bundesverkehrsministeriums will es so. Eine Folge war die sofortige Etablierung von Gleitflugschulen, die seither jährlich Tausende von Anfängern heranbilden. Was treibt die Leute in die Luft? Ein 41jähriger Bergführer sagt: »Du segelst wie eine Bergdohle im Aufwind. Du fühlst dich frei. Du bist der König der Lüfte.«[244] 1987 wurde auch das Paragliding in den Alpen durch kräftige Unterstützung der Tourismusindustrie zum Breitensport. Allein Österreich ließ fünf Millionen Werbeplakate kleben, die – »Österreich aktiv erleben und genießen« – den Bergtourismus beleben sollten. Alle Flugschulen waren im Nu bis zum Spätherbst ausgebucht; die vollmundige Versprechung lautete:

»Die echte Erfüllung des alten Menschheitstraumes. Die einfachste und sicherste Art zu fliegen.«

Ungeachtet dieser Versprechungen blieb der neue Sport ungewöhnlich gefährlich. Im Unfallkrankenhaus Salzburg wurden im Sommer 1987 fast täglich Unfallopfer eingeliefert, die von einfachen Knochenbrüchen an den Extremitäten bis zu schweren Wirbelsäulenfrakturen mit anschließender Querschnittlähmung reichten. Aus Frankreich und der Schweiz wurden Unfallquoten von bis zu 30 % gemeldet. Die Gleiter fielen wie Steine vom Himmel, landeten in Baumkronen oder knallten – vom Winde verweht – gegen Hauswände. Ungeachtet weiterer Toter war der neue Sport nicht aufzuhalten: 1989 fanden die ersten Weltmeisterschaften dieser ikarischen Sportart statt[245].

Fliegen und Flugmetaphern in der Werbung

Daß der Prestigewert des Fliegens ungebrochene Attraktivität besitzt, zeigt weniger der Blick auf die Warteschlangen in den Schalterhallen der Flughäfen als derjenige in die weite Wunderwelt der Werbung, die aus dem Aufspüren versteckter Sehnsüchte ihre Daseinsberechtigung zieht. Die Signets von Ballonen, Flugzeugen und Raketen zieren unzählige Textilien, man kann sich mühelos von Kopf bis Fuß mit Flugdesign einkleiden. Zur Fliegermütze die Bomberjacke und das Ballooninghemd, die Hose mit Raketen-Emblem, in den Fallschirmspringerstiefeln stecken – leider unsichtbar – die Socken eines bekannten Strumpfherstellers, der dem Käufer verspricht, damit laufe er »on the wings of fantasy«. Doch es ist festzustellen, daß diese Stilmischung nur bei unbewußten Konsumenten aufgefunden werden kann. Eine neue Dichotomie auf dem Textilsektor ist aufgetreten: Immissionsbehaftete Flugattribute, die an stinkende Raketen und lärmende Tiefflieger erinnern, Militärflugsymbolik samt Springerstiefeln sind zu einer Domäne der proletarischen Subkultur geworden. Der distinguierte Konsument bevorzugt den »reinen« Flug. Mag der Ballon auch verspielte Haltlosigkeit signalisieren, er lärmt und schmutzt wenigstens nicht. Zielgerichteter und sportiver wirken hier bereits die Embleme der leisen Flugsportarten, und tiefgründige Phantasie verrät der Aufdruck diverser Pioniermodelle des motorisierten Fluges.
Fluggesellschaften tun sich da schwer, denn sie befinden sich in einem Zielkonflikt. Nach der Freigabe der Flugpreise durch die IATA im Jahre 1992 steht ein verstärkter Wettbewerb auf der Tagesordnung, und die Werbung um Kunden, vor allem in

Hochglanzzeitschriften, ist seitdem intensiv. Doch ihre Zielgruppe mag gerade nichts wissen von Fluglärm, Luftverschmutzung und Massenfliegerei. Natürlich bestünde die Möglichkeit, sachliche Argumente anzuführen: Flugsicherheit, Schnelligkeit, Komfort, Zielorte sind hier die klassischen Varianten[246]. Aber das befriedigt keineswegs den emotionalen Bereich, hier muß mehr geboten werden. So werden die Flugzeuge zu geräuscharmen Vögeln umstilisiert, zu Adlern, Kranichen, Condoren oder Garudas, Flügeln und fliegenden Blättern. Die Magie der Reisen in ferne Welten wird bemüht, die Erotik der Stewardessen, Freiheit und Abenteuer, Selbstverwirklichung und Individualität werden suggeriert[247].

Daß sich hier Anzeichen einer gemeinsamen Weltkultur herauskristallisieren, ist kürzlich in einer Analyse der Flugmetaphern in der japanischen Werbeindustrie gezeigt worden, wo seit ca. 1977 der Begriff der »fliegenden Frau« auftauchte, also dem Jahr, in dem die japanische Übersetzung von Erica Jongs »Fear of Flying« mit einer halben Million Exemplaren auf den japanischen Markt geworfen wurde. Innerhalb kurzer Zeit tauchten Flugmetaphern in den Kampagnen großer Kaufhäuser auf: Die Slogans sind allgemein gehalten: »Wer fliegen will...« Zu dem Spruch »Wie wär's mit fliegen?« blickt eine europäisch angehauchte junge Frau in selbstbewußter Yoga-Pose dem Betrachter in die Augen. Eine solche Werbung zielt sowohl auf Männer wie auf Frauen; letzteres, weil in der japanischen Literatur die Frau im Haus mit einem Vogel im Käfig verglichen wird und damit ein traditioneller Hintergrund besteht: Die Flugmetapher chiffriert die Sehnsucht nach Freiheit und Selbstverwirklichung im Beruf – dies war die erste Bedeutungsebene der »fliegenden Frauen«. Fliegen als Sinnbild der Freiheit übertrug sich jedoch sofort auf einen anderen Bereich der Selbstverwirklichung, nämlich den der Sexualität. Auch die erotische Konnotation war ja in »Fear of Flying« vorgeprägt. In einem 1980 sehr beliebten japanischen Film mit dem Titel »Das Paar, das flog« geht es um die Liebesbeziehung eines jungen Paares, das sich über gesellschaftliche Konventionen hinwegsetzt – wieder in der typischen Konstellation von freier individueller Selbstverwirklichung in Beruf und Privatleben. Es ist durchaus verständlich, daß die brisante Flugmetapher von konservativen japanischen Kreisen als wertezersetzend angegriffen wurde, und ebenso leicht begreiflich ist die Zuspitzung auf den Komplex »Frauen und Fliegen«, der aus der europäischen Kultur wohlbekannt ist[248].

Dem Mythos nachgeflogen: »Daedalus«

»Daedalus« ist auch der Name eines Flugapparates: Am 22. April 1988 startete vom Flughafen Iraklion auf Kreta ein Muskelkraftflugzeug, das vom Massachusetts Institute of Technology für diesen Zweck seit 1984 geplant und konstruiert worden war. An der Universität Cambridge/Massachusetts steht das Fach »Aeronautical Engineering« seit den Pionierzeiten der Aviatik, seit 1915 im Lehrplan, und seit 1969 beschäftigte man sich mit dem Muskelkraftflug. Aus einem Scherz heraus entstand der Plan, dem Mythos von Daidalos nachzufliegen, und bereits nach fünf Jahren Vorbereitung war es soweit:

»Das Ding sieht furchtbar zerbrechlich aus. Die tropfenförmige Kanzel ist winzig . . . Eine dünne, schwarze Kunststoffröhre führt zum Leitwerk am Heck. Zarte, transparente Flügel . . . Ein Flugapparat, empfindlich wie ein Schmetterling . . . Ganze 32 Kilo Kunststoff, Balsaholz, Klavierdraht und Aluminium sollen einen Menschen fünf, sechs Stunden lang übers Meer tragen?«

Das »Projekt Daidalos« hat seine mythische Leichtigkeit verloren: Unzählige Stunden vor dem Computer, viele Dutzend Testflüge auf einem Salzsee in Kalifornien, allerlei technische Hilfsmittel, ein Team von Technikern und Wissenschaftlern, aber auch eine gute Portion Geduld und Glück – und Sponsoren – waren notwendig, um dem Mythos Realität zu verleihen. Begleitboote sind mit modernstem Gerät ausgestattet, ein elektronisches Display zeigt im Cockpit Flughöhe und -geschwindigkeit an, die Pulsfrequenz wird laufend gemessen.
Eine Standleitung zum Zentralcomputer in Cambridge/Massachusetts soll Daten abgleichen, der neueste Wetterbericht wird vom Telefaxgerät ausgespuckt: Nur bei absoluter Windstille und trockenem warmem Wetter ist das Projekt durchführbar – fünf Tage davon gibt es im Jahr in Iraklion. Auch dem modernen Daidalos

namens Kanellous Kanellopoulos werden Leistungen abverlangt, die man kaum einem Künstler und Erfinder, sondern lediglich einem Spitzensportler zutrauen kann. Mit einer Durchschnittsgeschwindigkeit von 24 km/h flog Kanellopoulos an diesem Apriltag 116,6 km in 3 Stunden, 54 Minuten und 59 Sekunden, nicht nur der Küste von Santorin entgegen, sondern auch einem neuen Weltrekord im Muskelkraftfliegen. Das daidalische Mittelmaß hielt er konstant in drei bis fünf Metern Höhe über dem Wasserspiegel, bis – eine Ironie am Rande – eine Bö aus Westen wenige Meter vor dem Ziel den Piloten mit seinem filigranen Luftfahrzeug in die Ägäis stürzte. So war er Daidalos und Ikaros zugleich. Aber schließlich: was soll das Ganze? Projektleiter John Langford: »Wir wollen die Phantasie anregen. Von Daedalus können wir nicht das Fliegen lernen, sondern eine Art des Denkens . . .«[249].

7
Epilog

»... so kreuzen sich entsprechend in unserer
Phantasie die Flugbahnen indianischer Hexen mit
denen der Jumbo-Jets...«

Hans Peter Duerr, 1978[1]

»Geflügelte Worte« nennt man nach einem Zitat aus der berühmten Voßschen Homer-Übersetzung die Sprichwörter, die durch ihre Tragfähigkeit weiterwirken[2], wobei sich eine weite Assoziationsreihe von den pegasischen Gedankenflügen der Antike bis zur Kunstdiskussion unseres Jahrhunderts spannt. Die Flugmetaphorik hat die Sprache durchdrungen. Wer »flugs« etwas erreicht, verfügt über äußerste Kunstfertigkeit, magische oder übernatürliche Fähigkeiten, besitzt Führungsqualitäten. Durch Askese und Versenkung gelangten buddhistische oder daoistische Heilige zum Fluggefühl, gleichbedeutend mit der höchsten Stufe der Weisheit und der Spiritualität. »Der Verstand ist der schnellste aller Vögel«, heißt es in der Rig Veda, und eine andere altindische Quelle präzisiert: »Der Verstehende hat Flügel.«[3]

Daß das Wagnis des freien Denkens stärker mit der Figur des Ikaros (oder des Prometheus) als mit der des erfolgreichen mythischen Fliegers Daidalos identifiziert worden ist, paßt gut in das semantische Feld frühen »Fliegens«: Philosophen und Künstler wollten »hoch hinaus«[4], »hohes« Wissen war jedoch »verbotenes« Wissen, das Wissen der Götter, die menschliche Himmelsstürmerei nach Ansicht der Priester nicht liebten. Wo der Apostel Paulus in seinem Brief an die Römer (XI, 20) vor Hochmut warnte, übersetzte der Kirchenvater Hieronymus in seiner »Vulgata« unbestritten von nachfolgenden Generationen: »Noli altum sapere.«[5]

Dem Oben und Unten der kosmischen Ordnung entspricht in geschichteten Gesellschaften die soziale Ordnung, und bei dieser doppelten Motivation verwundert es kaum, daß sich die christliche Verdammung der Neugierde in älteren Sprichwortsammlungen niederschlug: Hier dient die Flugthematik meist der Grenzziehung menschlicher oder individueller Möglichkeiten: »Wer nicht Flügel hat, kann nicht fliegen«, hieß es mahnend an jene, die an Luft-

Die Erdgebundenheit des menschlichen Fliegers.
Allegorie aus der Mitte des 17. Jahrhunderts.

schlössern bauten und so ihre biologischen oder sozialen Grenzen
verkannten. Die von Autoritäten unerwünschte Grenzüberschreitung hat es jedoch immer gegeben, verstärkt seit der Renaissance
und dem Beginn der »Neuzeit« in Europa: Giovanni da Fontana
und Leonardo da Vinci definierten die Welt mechanisch und präfi-
gurierten technische Flugapparate[6], Christopher Kolumbus entdeckte
Amerika, Giordano Bruno entgrenzte den Himmel, Francis Bacon
verteidigte die theoretische Neugierde, der Magier Faust »nahm an
sich Adlers Flügel und wollte alle Gründ am Himmel und Erden
erforschen«[7]. Auch das Sprichwort wußte: Wer sich »beschwingt«
oder »beflügelt« genug fühlt, sich über die Dinge zu erheben,
dessen Chancen wachsen, denn: »Im Fluge wachsen die Schwingen.« Daß erkenntnisreiche Höhenflüge nicht immer ungefährlich
waren, zeigten die Inquisitionsprozesse gegen Bruno und Galilei:
ihnen wurden »die Flügel gestutzt«, die Kirche bedrohte »Superbia« mit Gefangenschaft und Feuertod, nicht anders als bei den

Hexen, die sich ebenfalls durch unbefugte Flüge auszeichneten.
»Altum sapere periculosum« betitelte ein niederländischer Emble-
matiker zu Recht seine Ikarus-Allegorie zu Beginn des 17. Jahr-
hunderts[8].
Die Flugvorstellung hat auf einer anthropologischen Ebene mit
Transzendenzerlebnissen zu tun, die das Fliegen in den Bereich des
Sakralen rückten. Mythische Mittlerfiguren oder magisch befähigte Persönlichkeiten vermittelten in allen Kulturen menschliche
Bedürfnisse mit der göttlichen Sphäre. Vom Krähenmenschen
»Wahn« der australischen Aborigines über den nordamerikani-
schen Kulturbringer »Coyote«, der die Sonne vom Himmel holt,
bis hin zum griechischen Halbgott Prometheus, der den Menschen
das Feuer bringt, bildet die Flugfähigkeit ein unabdingbares, wenn
nicht *das* entscheidende Attribut. Die Spannweite der fliegenden
Mittler reicht bis in den Bereich der Hochkulturen hinein. Der aztekische Kulturheros Quetzalcoatl steigt wie Wahn zum Himmel
auf und verwandelt sich in den Morgenstern. Die jüdischen Propheten Elias, Henoch, Habakuk und Bileam fahren in den Himmel,
ebenso die Religionsstifter der Zeitenwende, verhinderte, wie der
»Magier« Simon, oder erfolgreiche, wie sein Gegenspieler Jesus
Christus, wie Mohammed oder Buddha. Alle Kulturen erwarteten
Flugfähigkeiten von ihren spirituellen Führern: Für indianische
»Medizinmänner« traf dies ebenso zu wie für sibirische Schamanen oder keltische Druiden: »Auf der ganzen Erde schreibt man
den Zauberern und medicine-men dieselbe magische Fähigkeit
zu.«[9] Über die universale Bedeutung des Fliegens kann kein Zweifel bestehen: Mythen, Märchen und Erzählungen fast aller Völker
der Welt sind voll von Flugmotiven[10].
Der Flug ist das Medium, mit höheren Kräften an »anderen Orten«, im Himmel oder im Jenseits, in Kontakt zu treten. An den
älteren Beispielen kann man mitunter beobachten, daß dieses Fliegen eine persönliche Eigenschaft darstellt und die verwendeten
Fluginstrumente dagegen sekundär sind. Sie korrespondieren mit
der jeweiligen materiellen Kultur (magischer Ring, Fliegebeutel,
fliegende Trägetiere, Flugwagen, fliegendes Schiff, technische Ap-
paraturen), doch kann man beispielsweise an der nordischen Wielandsage sehen, daß das selbstgefertigte Flügelpaar eine spätere

Ausgestaltung darstellt, hinter der als ältere Motivschichten der Flugring, die elbischen Eigenschaften des Schmieds und die Vogelnatur seiner Schwanenfrau stehen, die seinem Flug zum Vorbild dienen. Frauen verfügten in den meisten Kulturen über ebensolche wunderbare Möglichkeiten wie ihre männlichen Pendants, wobei ihre Dämonisierung zu »Hexen« die Ausnahme bildet. Wie Malinowski am Beispiel des »fliegenden Kanus von Kudayuri«, dem zentralen Mythos einer melanesischen Gesellschaft, gezeigt hat, konnten solche Fähigkeiten kollektiver Natur sein[11]. Meistens wurde die Flugmöglichkeit jedoch als individuelles Merkmal gedacht, wobei in den sogenannten »primitiven Kulturen« das archaische Motiv der physischen Metamorphose noch eine wichtige Rolle spielt. »Wachst, o Federn wachst! Schlag die Schwingen, schlag! Flieg zum Himmel, flieg. Der Vogel schwimmt im Äther, der Vogel neubefiedert, steigt auf der Tane-Vogel« lautet der Zauberspruch zur Vogelverwandlung in einer Maori-Mythe[12].

Der Sakralcharakter des Federschmucks, der die Flugfähigkeit und damit die direkte Verbindung zu den Göttern symbolisiert, diente der Legitimation von Herrschaft, die sich sozusagen mit »fremden Federn schmückte«. Selbstverständlich war dies beim Sakralkönigtum der Fall[13], doch auch dort, wo eine Differenzierung zwischen Adel und Priesterkaste stattgefunden hatte. Federkronen und Federmäntel finden wir bei allen Herrschaftsträgern der nord-, mittel- und südamerikanischen Kulturen. Mexiko und die USA tragen heute noch Adler im Staatswappen, und dieses Symbol wird den amerikanischen Ureinwohnern eingeleuchtet haben, schmückten sich doch auch ihre Häuptlinge und »Medizinmänner« mit Adlerfedern. Azteken und Inkas konnten der Federsymbolik ebensoviel abgewinnen wie die Völker Sibiriens, deren Schamanen Gewänder mit Federapplikationen trugen, die ihre – spirituellen und »realen« – Flugeigenschaften symbolisieren sollten[14]. Die Federsymbolik war nicht nur weltweit verbreitet, sondern sie wirkt bis heute nach: Die Federkrone des ägyptischen Gottes Amun fand ihre Entsprechung in den Aufbauten der Kompositkronen der Pharaonen. Ägypten trägt immer noch den Adler im Staatswappen, ebenso andere arabische Länder wie der Irak, Libyen oder Syrien, wo sich die Flügelsymbolik bis zu den Wurzeln der alten Hochkulturen nach-

»Fly anywhere any time«. Charterangebot der Curtiss Aircraft Company.
Plakat, Mitte der zwanziger Jahre.
(Abb.-Nr. 16)

Den mythischen Adler im Wappen:
Signet der Apollo-11-Mission.
(Abb.-Nr. 17)

Mondlandung: Neil Armstrong, »der erste Mann auf dem Mond«,
fotografiert seinen Kopiloten Edwin E. Aldrin nahe eines Standbeins
der Mondlandefähre. Im Vordergrund Fußspuren der Astronauten.
(Abb.-Nr. 18)

weisen läßt. Der Reichsadler des römisch-deutschen Mittelalters
hatte seinen Vorläufer im Reichssymbol des antiken Römischen
Weltreichs, und dieser Adler wie auch der österreichische Doppeladler lassen sich zurückverfolgen zur Adler-Symbolik des alt-
persischen Großreiches. Die weitere Vorgeschichte dürfte sich in
den schamanistischen Kulturen Mittelasiens verlieren, die mehr
als alle anderen die Intensität früherer Flugvorstellungen bewahrt
haben[15]. Sowohl König Louis XIV. als auch sein habsburgischer Gegenspieler Kaiser Leopold I. beliebten sich als Sonnengötter mythisieren
zu lassen, die mit Sonnenwagen über den Himmel fuhren und der-
gestalt die Untertanen – ihrer Propaganda zufolge – mit Licht
überfluteten. Wohl ohne es zu wissen, rückten sie sich damit in die
Nähe früherer »Sonnenkönige«, die von den Pharaonen Altägyp-
tens bis zu den Sonnenkönigen des Inkareiches anzutreffen sind.
Der Ethnologe Hocart hat auf die weite Verbreitung dieser stellaren Identifikation und ihrer Beziehung zu Flugvorstellungen hingewiesen[16]. Hier ist ganz klar jenes Moment des Hochmuts und
der Hybris gegeben, das die Vertreter des geistlichen Standes stets
an ihren weltlichen Gegenspielern kritisierten. König Nimrod, der
nicht nur in den Himmel flog, sondern Gott auch noch durch einen
Pfeilschuß verletzte, kann als Archetyp für die Sünde der Superbia
gelten, und es ist verständlich, daß das Christentum solchem Treiben durch ein generelles »Flugverbot« vorbeugen wollte: Der legi-
time Himmelsflug des Gottessohnes Jesus Christus wurde kontra-
stiert mit dem »teuflischen« Flugversuch des Magiers Simon, dem
ersten aller Häretiker, der durch den Apostel Petrus mit Gebeten
zum Absturz gebracht wurde und sein frevelhaftes Fliegen mit
dem Tode bezahlen mußte[17].
Nicht nur dieses ideologische Moment, das genauso in vielen
nichtchristlichen Kulturen existierte, sondern mehr noch die
Schwierigkeit, das Wunschdenken in Realität umzusetzen, führte
weitverbreitet zu einer tendenziellen Skepsis gegenüber aktuellen
Fliegern. Die Satiren Lukians reihen Fluggeschichten direkt unter
die Lügenmärchen ein und überantworten sie dem Spott der Intellektuellen. Doch auch südamerikanische Indianermärchen verspot-
ten einen Mann, der sich aus Blättern Flügel bauen wollte, aber es

nur zu einem veritablen Sturzflug brachte. Claude Lévi-Strauss
berichtete von der angeblichen Luftfahrt eines Sabané-Häuptlings,
über deren Realität ein Teil seines Stammes offenen Unglauben
äußerte, was den Ethnologen zu Überlegungen über die Vergäng-
lichkeit politischer Macht in dieser Art von Gesellschaften veranlaßte[18]. Am Ausgang des europäischen Mittelalters, zu einem Zeitpunkt, als intensiv und an verschiedenen Orten des Kontinents
über das Flugproblem nachgedacht worden ist, tauchten in der
sogenannten »Narrenliteratur« besonders prägnante Metaphern
für die Skepsis gegenüber realen Flugmöglichkeiten auf: Der
»Flugnarr« ist ebenso anzutreffen wie das »Narrenluftschiff«,
Fluggläubige werden durch den »Pfaffen vom Kahlenberg« und
Till Eulenspiegel als Narren entlarvt, die weder den Geboten der
Religion noch den Gesetzen der Natur zu folgen bereit waren. Eulenspiegel sagt: »Ich meinte, es war kein Thor oder Narr mer in
der Welt dann ich. So sih ich wol, daz hie schier die gantz Stat vol
Thoren ist.«[19] Die Faszination, die von der Vorstellung des Fliegens ausging, blieb davon unbeeinträchtigt – ihr wurde bereits in
den Psalmen des Alten Testaments Ausdruck verliehen: »O hätte
ich Flügel wie die Taube! Wie wollte ich fliegen, bis ich Ruhe
fände!«[20]

Die Verwirklichung des Fliegens begann damit, daß man sich
spätestens seit Leonardo da Vinci ernsthafte Gedanken über die
technische Problemstellung machte. Wenn auch die Rezeption von
Leonardos Traktat »Sul volo delli uccelli«, der sich in Wirklichkeit
mit dem Bau und der Lenkung von Flugapparaten beschäftigt, umstritten ist, so haben wir doch versucht zu zeigen, daß sich davon
ausgehend in der Frühen Neuzeit eine kohärente »Ars-volandi-
Diskussion« entspann, die bis zu den ersten Ballonaufstiegen der
Brüder Montgolfier nicht mehr abriß und selbst darüber hinaus bis
zur Verwirklichung der »Aviatik« durch die Brüder Lilienthal und
Wright weiterwirkte. Da entscheidende Erfindungen in der Dra-
chenflug- und Raketentechnik in Asien früher als in Europa gemacht wurden, stellt sich die Frage, warum gerade Europa stärker
als alle anderen Kulturkreise auf eine technische Verwirklichung
des Fliegens drängte. Wir sehen hier einen Zusammenhang mit jenem »christlichen Flugverbot«, das magische Flüge für teuflisch

erklärte. So konzentrierten sich die Phantasien der führenden
Köpfe in Europa auf den technischen Aspekt des Fliegens. Die erstaunliche Hartnäckigkeit, mit der man sich von literarischen Fik-
tionen, versponnenen Plänen und theoretisch fundierter Kritik zu
handfesten Versuchen der technischen Verwirklichung antreiben
ließ, führte im Rahmen der seit der Wissenschaftsrevolution des
17. Jahrhunderts systematisch betriebenen Vervollkommnung des
Wissens über die Natur und die Mechanik schließlich zum Erfolg.
Die Verwirlichung der Flugvorstellung war gleichzeitig ein Sieg
über die Religion, der Kants kategorischen Imperativ »Sapere
aude!« zu exemplifizieren schien[21].

Der Antrieb zu neuen Erfindungen lockerte sich nicht nach der
doppelten Erfindung des Ballonflugs im Jahre 1783, sondern zielte
fast unablässig auf die Verwirklichung der Lenkbarkeit der Luftschiffe und des zweiten Prinzips der Luftfahrt, der »Aviatik«. Daß
auch bei diesem seit 1903 verwirklichten motorisierten »Vogelflug« die Traumkomponente erhalten blieb, bestätigt uns die Literatur. 1912 schrieb der frühe Fluggast Hermann Hesse (1877–1962):
»Das sind nicht die Pferdekräfte und nicht die genauen Rechnun-
gen der technischen Wissenschaft, die mich und den Flieger
und Blériot und Latham in die Höhe gerissen haben. Das ist
die alte große Sehnsucht, das ist der aus Schwäche geborene
Trotz, das ist Titanenerbe.«[22] In den ersten Jahren der Aviatik kamen den Kommentatoren jede Menge mythischer Reminiszenzen,
das Flugerlebnis korrespondierte mit den Revolutionen in der
Kunst und Politik, wurde noch einmal zu einem universalen Symbol. Doch Krieg und beginnender Linienflug führten bei aller pio-
nierhaften Rekordmanie zu einer raschen Gewöhnung an die neue
Technik, die nicht einmal dadurch beeinträchtigt war, daß das Fliegen wie in mythischer Zeit auf einen engen Kreis von Piloten und
Passagieren begrenzt war. Maxim Gorki (1868–1936) stellte bereits 1927 fest: »Eines der gewaltigsten Ereignisse des zwanzigsten
Jahrhunderts besteht darin, daß der Mensch, nachdem er über die
Erde zu fliegen gelernt hat, sogleich aufhörte, sich darüber zu
wundern.«[23]

»Träume, in denen man mit Behagen fliegt«, rechnet Sigmund
Freud zu den weitverbreiteten und typischen Träumen. Aus der

Praxis der Psychoanalyse schloß er, daß in den Flugträumen la-
tente Eindrücke aus der Kinderzeit reaktiviert werden, beispielsweise die Flugspiele, die von Kindern immer wieder verlangt werden, wenn man sie einmal mit ihnen gespielt hat, Spiele, bei denen
die kleinen Kinder von Erwachsenen in die Höhe geworfen und
aufgefangen werden[24]. Die von Argelander durchgeführte Psychoanalyse des »Fliegers« hat darüber hinaus gezeigt, daß als früh-
kindliche Erinnerung das Schweben des Embryos im Leib der Mutter in Frage kommen könnte[25]. Die Freude am Losgelassenwerden,
am frei Fliegen scheint eine kulturunabhängige Erscheinung zu
sein. Auf der physiologischen Ebene existiert hier eine Wahrnehmung, die nicht nur Kleinkindern, sondern genauso Jugendlichen
und Erwachsenen Sensationen bereitet, abzulesen am Erfolg jener
Fahrgeschäfte auf kleinen und großen Jahrmärkten, die das Fliegen
simulieren, vom altehrwürdigen Riesenrad bis hin zur Achterbahn
oder noch gewagteren Attraktionen wie dem »Fliegenden Teppich«
oder der Höhenschleuder namens »Ikarus«. Schwebezustände rufen Lust- oder Angstgefühle hervor, je nach psychologischer Ver-
anlagung oder individuellem Entwicklungszustand. Hier besteht
eine unreflektierte Freude am Fliegen fort – doch wie steht es mit
dem vielzitierten Menschheitstraum?
»Wie rasch hat das Fliegen, dieser uralte, kostbare Traum, jeden
Reiz, jeden Sinn, seine Seele verloren. So erfüllen sich die Träume,
einer nach dem andern, zu Tode. Kannst du einen neuen Traum
haben?«[26], schrieb Elias Canetti. Es war zu sehen – und das ist
als symptomatisch zu betrachten –, daß sich angesichts von
Luftkrieg, Fliegerangriff und Tieffluglärm die Interpretation der
Flugträume geändert hat. Canetti war jedoch vielleicht etwas vor-
eilig, denn die alte Flugmetaphorik hat Luftkrieg und Massentou-
rismus überstanden, wie die Erlebnisberichte von Hobbyfliegern
oder die Reklame von Drachenflug- und Paraglidingschulen ahnen
lassen. Wenn Robert Musil schreibt, »man hat Wirklichkeit gewonnen und Traum verloren«[27], so stimmt dies nur teilweise, denn
die Flugvorstellung war nie identisch mit ihrer technischen Umsetzung. Wenn die »Angst vorm Fliegen« im Romantitel erscheint[28], ist nicht die Angst vor der technischen Fliegerei gemeint,
die man in Spezialkursen großer Fluggesellschaften abtrainieren

Die erotische Flugtraumdeutung der Psychoanalyse schien ihre beste Bestätigung
in Gestalt der Zeppeline zu finden. Einfahrt des französischen Militärluftschiffs
»Patrie«.

kann. »Fliegen« steht vielmehr als Chiffre für Lebens- und Liebes-
fähigkeit, den Mut zur ungebundenen Individualität, eine Konnotation, die – wie zu sehen war – in sehr unterschiedlichen Kulturen
existiert[29].
Der kontinuierliche Zusammenhang der Flugsymbolik mit erotischen Erlebnissen ist evident. Man braucht hier gar nicht speziell
auf die angeblich sexuellen Wurzeln der Flugträume, die Freud
festgestellt zu haben glaubte, zurückzugreifen. Es genügt, entlang
der Kulturgeschichte die entsprechenden Passagen zu erinnern:
Von den geflügelten Eroten der Antike an gibt es eine große Zahl
von bildlichen Darstellungen, in denen die Flugsymbolik als
Schlüsselbild einer mehr oder minder mystischen Vereinigung
verwendet wird[30]. Ähnlich sieht es mit den Erzählstoffen in Sagen
und Märchen auf der ganzen Welt aus. Die Entführung der Braut
durch die Lüfte gehört zu den klassischen Themen der Literatur.
Sofort nach der Erfindung der Aerostaten wurde dieser »erotische«
Aspekt des Fliegens auf die Ballonfahrerei appliziert. Daß Erotik

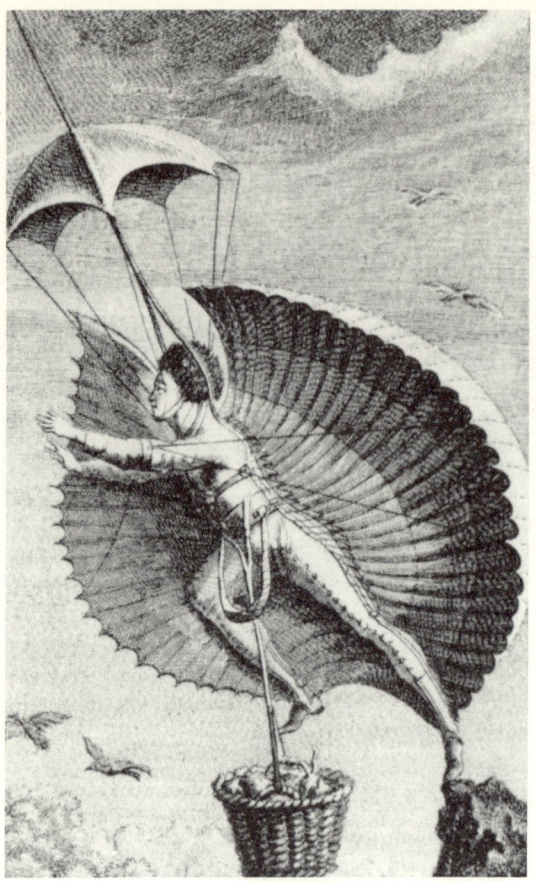

Utopischer Freiheitsdrang als Flugmotiv in der Literatur:
Victorin tritt seinen Flug in das sagenhafte Südland an.

und Sexualität auch auf der physiologischen Ebene etwas mit
Schwebe- und Fluggefühlen zu tun haben können, wird den Lesern, sofern sie es nicht aus eigener Erfahrung wissen, von ein-
schlägigen Zeitgeistzeitschriften bestätigt[31].
Der Schriftsteller Louis-Sébastien Mercier schrieb 1783: »Das
rastlose Genie meiner Zeitgenossen verlangt freyen Flug, strebt

sich zu entwickeln; will, ohnerachtet der Hindernisse frostiger beschränkter Köpfe die Welt modificieren ...«[32] Und Jean Paul schrieb wenig später fliegend im »rauschenden Nachtluftmeer«: »Welche lüftende Freiheitsluft gegen den Kerkerbrodem unten!«[33] Die Utopie der individuellen oder kollektiven Freiheit ist nicht nur in der europäischen Kultur der Neuzeit eng verbunden mit der Vorstellung des Fliegenkönnens[34]. Die Assoziation von Fliegen und Freiheit ist auch zu anderen Zeiten und in vielen Kulturen zu finden, sie sprengt die Grenzen eines einzelnen Kulturkreises oder Zeitalters[35]. Noch Otto Lilienthal war der Ansicht, die private Fliegerei würde jede Form der Staatlichkeit und Unterdrückung beenden, da die durch ihre Flugfähigkeit befreiten Menschen zu mobil seien – gleichsam entgrenzt. Die befreiten Menschen würden nichts mehr tolerieren, was nicht ihren Interessen entspräche. Pazifismus, Friede, Völkerverständigung – eine Utopie, die im Gewande der Aviatik ihrer Vorläufer seit Thomas Morus würdig war[36]. Wie wir wissen, ist es dazu nicht gekommen. Die Luftfahrt ist als neue Technik in unsere Zivilisation integriert worden. Als sehr wirkungskräftige Erfindung hat sie negative wie positive Möglichkeiten verstärkt, sie hat die Möglichkeit der Mobilität sehr stark, die gesellschaftlichen Strukturen aber kaum verändert. Die 1990 eingeweihte Präsidentenmaschine »Air Force Nr. 1«, von Spöttern »fliegendes Taj Mahal« genannt, liegt Welten von den Slumbewohnern Kalkuttas entfernt – sie sind vom Präsidenten der Weltmacht USA so weit entfernt wie ihre Urahnen von Wischnu, der auf seinem Sonnenadler Garuda durch die Lüfte geritten kam.
Nach der ersten erfolgreichen Mondlandung hatten die Amerikaner als Signal ihrer kulturellen Hegemonie am abwerfbaren unteren Teil des Landefahrzeugs eine kleine Edelstahlplatte angebracht, auf der folgende Worte zu lesen sind:
»Here men from the planet earth first set foot upon the moon. July 1969 A. D.«
Das Ergebnis des Mondfluges war damals live auf der ganzen Welt im Fernsehen zu sehen. Nachdem der Astronaut aus dem Landungsfahrzeug ausgestiegen war, eilte ein Inuit im arktischen Norden Kanadas aufgeregt zu seinem Großvater, der am Feuer saß. Der alte Mann zeigte sich von der »sensationellen« Nachricht aus der »anderen Welt« aber nicht sonderlich beeindruckt. Gleich-

mütig fragte er, was denn an einem Mondflug besonderes sei;
seine Vorfahren seien immer dorthin geflogen, wenn es nötig gewesen sei[37]. – Mag diese Geschichte sich genau so zugetragen haben oder nicht, sie wäre in jedem Falle gut erfunden.»Wenn wir
den Inbegriff des Modernen bezeichnen sollten, könnten wir wohl
auf den Astronauten verfallen... Doch was tut er? ... Er umkreist die Erde oder landet auf dem Mond. Damit kommt er dem,
was ein Schamane oder der Angakok der Eskimos tut, erstaunlich
nahe. Seine Mondfahrt unterscheidet sich von der, die wir seit der
Steinzeit kennen, nur durch ihr Wirklichkeitsverständnis«, schrieb
etwas ketzerisch der Biologe Alex Comfort, um auf den archetypi-
schen Charakter der Flugvorstellung hinzuweisen[38].

Die Sonderstellung des Fliegens im menschlichen Gefühlshaus-
halt, so meinen wir, kann nur verstanden werden, wenn man
weiß, welche Sehnsüchte sich mit dieser Vorstellung verbinden.
Die immer wiederkehrende menschliche Imagination von Schwerelosigkeit, das Streben nach einer Befreiung von den beengenden
Raum/Zeit-Strukturen und der Teilhabe am Transzendenten deutete Eliade dahingehend, daß menschliches Freiheitsstreben nicht
historisch, sondern anthropologisch bedingt und existentiell in der
menschlichen Psyche verankert sei[39]. Der Flug symbolisiert demnach das menschliche Streben nach Befreiung in sehr allgemeiner
Form. Die fundamentalste Grenzüberschreitung liegt vielleicht in
der Überwindung der Schwelle des Todes durch die Wiederaufer-
stehung, die wir bereits beim ekstatischen Seelenflug des Schamanen, also in »primitiven« Kulturen, vorgeprägt finden. Die weitere
Ausfächerung der Nutzanwendungen ist jedoch mannigfach und
weder orts- noch zeitgebunden: Die daidalische Flucht aus der
Gefangenschaft zählt als sehr konkrete Befreiung ebenso dazu wie
das Verlangen nach entgrenzter Liebeserfahrung, metaphysischen
Höhenflügen, das Streben nach unbeschränkter Erkenntnis oder
unbegrenzter Selbstverwirklichung – und dies betrifft auch die
technische Fliegerei. Die Sensation des Fliegens ist untrennbar mit
einer Thematik verknüpft, die die Menschen immer beschäftigen
wird: Der Traum vom Fliegen – zwischen Mythos und Technik –
ist eine Chiffre für das Streben nach dem Glück.

Anhang

Abkürzungen

ADB	Allgemeine Deutsche Biographie
AESC	Annales. Economies, Sociétés, Civilisations
Aufl.	Auflage
Bd./Bde.	Band/Bände
BlVSt	Bibliothek des literarischen Vereins, Stuttgart
Cgm	Codex germanicus monacensis (SBM)
Clm	Codex latinus monacensis (SBM)
Cod.	Codex
Ders.	Derselbe
Dies.	Dieselbe
Diss.	Dissertation
EA	Erstausgabe
Ebd.	Ebendort
Ed.	Editor, Éditeur, edit.
engl.	englisch
f., ff.	folgende Seite(n)
FFC	Folklore Fellows Communications
fol.	folio (Blatt)
frz.	französisch
FWG	Fischer Weltgeschichte
geb.	geboren
gest.	gestorben
HDA	Handwörterbuch des deutschen Aberglaubens
Hg./hg.	Herausgeber/herausgegeben
HMAI	Handbook of Middle-American Indians
HNAI	Handbook of North American Indians
Hs.	Handschrift
HSAI	Handbook of South American Indians
HStAM	Hauptstaatsarchiv München
HZ	Historische Zeitschrift
IAM	Illustrierte Aeronautische Mitteilungen (1897 ff.)
Icon.	Iconographicus
IZ	Illustrirte Zeitung, Leipzig (1843 ff.)
Jg./Jge.	Jahrgang/Jahrgänge
KLL	Kindlers Literatur Lexikon
lat.	lateinisch

LSB	Leibniz. Sämtliche Schriften und Briefe
LTK	Lexikon für Theologie und Kirche
MGH	Monumenta Germaniae Historica
Ms.	Manuskript
NASA	National Aeronautics and Space Administration
NASM	National Air and Space Museum, Washington D.C.
ND	Neudruck
NDB	Neue Deutsche Biographie
NF	Neue Folge
Nr.	Nummer
o. J.	ohne Jahresangabe
o. O.	ohne Ortsangabe
o. S.	ohne Seitenangabe
ÖNB	Österreichische Nationalbibliothek, Wien
PG	Patrologiae cursus completus. Series Graeca (Migne)
PL	Patrologiae cursus completus. Series Latina (Migne)
RDK	Reallexikon zur deutschen Kunstgeschichte
reg.	regierte
russ.	russisch
S.	Seite
SBM	Bayerische Staatsbibliothek, München
SF	Science Fiction
Sp.	Spalte
u. a.	und andere
UFO	Unbekanntes Flugobjekt/Unidentified Flying Object
Übs./übs.	Übersetzer/übersetzt von
v.	von
VelKlasMhh.	Velhagen & Klasings Monatshefte
Vol.	Volume
WLZ	Wiener Luftschiffer-Zeitung (1902 ff.)
ZfL	Zeitschrift für Luftschiffahrt (1881 ff.)

493

Anmerkungen

Vorwort

1 Eco, U., Nachschrift zum ›Namen der Rose‹, München/Wien 1984, 21.
2 Hansen (1901) 28 f.
3 Molitor (1489).
4 Behringer (1989) 619–640.
5 Mello e Souza, L., Witchcraft, Sabbath and Popular Reliefs in Colonial Brazil, 1580–1770, São Paolo 1988 (Konferenzpapier Budapest 1988).
6 Parrinder (1958) 42–46, 132 f., 145 ff.
7 Gareis (1987) 255 f., 261 f.
8 Eliade (1959) 1–12.

Einleitung

1 Der Spiegel Jg. 44 (1990), Nr. 18, 180.
2 Bachelard (1987) 27–87
3 Goldstein (1986) 1.

Zur anthropologischen Ebene der Flugvorstellung

1 Federn (1914) 111.
2 Eliade (1961) 153.
3 Fromm (1951) 14 ff.
4 Panzer (1910), 118–134; Luedecke (1936) 11–26; Thyraud (1978) 4.
5 Petrus von Abano (1985) 15–50.

6 Pócs (1990) 14–22, 93 ff.
7 Staudacher (1942).
8 Jensen (1900) 2 ff.
9 Schrader (1903) 488 f.
10 LTK 5, 352 ff.
11 Lévi-Strauss, Mythologica IV, 689–692.
12 Lang/McDannell (1990) 19 ff.
13 Bogoras (1925) 212 ff.
14 Karunovskaia (1935) 160–183.
15 Pettazoni (1924) 151–165; Fauth (1983) 86–109
16 Fauth (1974) 270–295.
17 Hirschberg (1988) 213 f.
18 The Flying Devis of Dunhuang (1980).
19 Pócs (1990) 14.
20 Séjourné (1971) 192–207, 276 ff., 288–302.
21 LTK 5, 487 f.
22 Scholem (1971) 245–249.
23 Margueron (1978) 168 f.
24 LTK 1, 147 f.
25 Physiologus (1981) 16 ff. (Kapitel 6 »Vom Adler«); Bibel, AT: 5. Mose, 32,11.
26 Hocart (1923) 80–82.
27 Eliade (1975) 255–258.
28 Gaerte (1914) 956–979.
29 Borst (1988) 493.
30 Bayerisches Nationalmuseum, München; LTK 5, 362.
31 Fauth (1983) 86–109.
32 Paulus Diaconus (1986) 83 f.; Borst (1988) 478.
33 Woźniakowski (1987) 220 ff.

34 Lévi-Strauss, Mythologica IV,
   409–445, 689–692, zit. 690.
35 Sternberg (1930) 138 f.
36 Paques (1964).
37 Wensinck (1921) 41–44.
38 Zimmer (1986) 76.
39 Ebd. (1984) 12 f. (Völuspa), 25 f.
   (Grimnismal); Golther (1987)
   349 f., 527 ff.
40 Bourdieu (1979) 48–65; vgl. z. B.
   Haase (1987) 241 f.
41 Eliade (1975) 259 ff.
42 Lévi-Strauss, Mythologica IV, 698;
   Lindig/Münzel (1987) I, 169 f.
43 Tudela de la Orden (1946) 71–88.
44 Lindig/Münzel (1987) I, 254.
45 Séjourné (1971) 132.
46 Walleser (1913) 613.
47 Mahony (1987) 349–353.
48 Ott-Koptschalijski/Behringer
   (1989b), 39 f., 87 (Abbildung).
49 Hocart (1923), 80–82.
50 Widengren (1950) und (1955).
51 Narr (1973) 56.
52 Eliade (1961) 144 ff.
53 Boas (1894) 302–303; Firth (1967)
   164; Haase (1987) 223–243.
54 Eliade (1959) 1–12.
55 Rasmussen (1921) 148.
56 Barüske (1969) 330.
57 Ebd. (1969) 183 f.
58 Ebd. (1969) 206–210.
59 Haase (1987) 229 ff.
60 Barüske (1969) 329 f.
61 Ebd. 191 f.
62 Doerfer (1983) 47–49.
63 Lévi-Strauss (1978) 300 ff.
64 Hallpike (1990) 486.
65 Koch-Grünberg (1920) 39 f.
66 Rasmussen (1922) 257.
67 Ginzburg (1980) 19–55.
68 Ginzburg (1990) 91–121.
69 HStAM, Hochstift Augsburg, NA,
   Nr. 6737.
70 Bodin (1581).

71 Hilschers (1702); Meisen (1935).
72 Behringer (1987) 188–191.
73 Bošković-Stulli (1959/60) 275–298.
74 Henningsen (1984) 164–183.
75 HDA 3, 890–893.
76 Parrinder (1958) 42–46, 145–147;
   Rowland (1990) 183 f.
77 Klaniczay (1984) 404–422.
78 Paulus Diaconus (1986) 133 f.
79 Negelein (1901) 357–361, 381–384.
80 Bousset (1901) 136–169, 229–273.
81 Holland (1925) 207–220.
82 Hirschberg (1988) 416–418.
83 Vivelo (1981) 254–272.
84 Shamanism (1989).
85 Vivelo (1981) 254–272.
86 Harner (1973).
87 Lincoln (1970) 326.
88 Eliade (1959) 1–12.
89 Lochner (1970) 129 f.
90 Rasmussen (1922) 37–42.
91 Bastian (1866–71); Streck (1987)
   167 ff.
92 Shamanism (1989), Nr. 1, 73 ff.;
   Nr. 2, Einleitung.
93 Rasmussen (1922) 257 f.
94 Shirokogoroff (1935); Karunovskaia (1935), 160–183.
95 Eliade (1975) 177–207.
96 Lindig (1986) 20 f.
97 Radloff (1884) II, 20–50.
98 Eliade (1975) 185–192.
99 Ohlmarks (1939) 177.
100 Harva (1938) 476.
101 Kirchner (1952) 244–286.
102 Sternberg (1930) 120, 128–135,
    143 f.
103 Lindig/Münzel I (1978) 160 f.;
    HNAI 5, 628 f.
104 Sahagún (1989) 174–181.
105 Zerries (1977) 277–324.
106 Hetmann (1985) 82–85.
107 Zerries (1977) 277–324.
108 Sternberg (1930) 143 ff.
109 Park (1934) 101.

110 Ott-Koptschalijski/Behringer (1989a) 63–66.
111 Narr (1973) 53 ff.
112 Propp (1987) 253 f.
113 Radloff (1872) IV, 495–502.
114 Reed (1981) 261–265.
115 Castrén (1857) 169–172.
116 Radloff (1872) IV, 495–502.
117 Giddings (1959) 27 f.
118 Leskien (1915) 59–66.
119 Ott-Koptschalijski/Behringer (1989a), 14–26.
120 Koch-Grünberg (1920) 180–186.
121 Ramstedt (1909) 121–138.
122 Ovid (1986) 192–194 (= Achtes Buch, 183–272).
123 Pócs (1990) 12–67.
124 Duden (1963) 614.
125 Hambruch (1927) 208–211.
126 Ott-Koptschalijski/Behringer (1989a), 79–90
127 Kemper (1987) 17
128 Ott-Koptschalijski/Behringer (1989a) 135 ff.
129 Mahony (1987) 350.
130 Reed (1981).
131 Ott (1988) 20–26; Ott-Koptschalijski/Behringer (1989a) 127–134; Ott-Koptschalijski/Behringer (1989b), 47–53.
132 Lüders (1961) 31–34.
133 Benfey (1859) II, 48 ff.
134 Karadschitsch (1854) 236–238.
135 Lévi-Strauss, Mythologica III, 143 f.
136 Tegethoff (1923) 84–96.
137 Malinowski (1984) 351–359.
138 Hambruch (1979) 136–139, 139–141
139 Stanley (1878) 381 ff.
140 Röhrich (1984) 191.
141 Beit (1952) I, 345.
142 Golowin (1975).
143 Herold (1927) 1657 ff.
144 Propp (1987) 461 f.

145 Whorf (1956) 57–64.
146 Reed (1981) 1 ff.
147 Duerr (1982) 144 f.
148 Pócs (1990) 12–67.
149 Duerr (1982) 143–150.
150 Bloch (1976) 547–729.
151 Bogoras (1925) 205–266.
152 Nordwest-Australische Mythe, in: Dreecken/Schneider (o. J.) 347–349.
153 Firth (1967) 164.
154 Kalweit (1988) 275 ff.
155 Federn (1914) 127.
156 Grunebaum/Callois (1966) 229–340.
157 Hallowell (1976) 159 f.
158 Lincoln (1970) 41, 104, 129, 247, 258.
159 Benedict (1922) 1–23; Otto (1982) 135 ff.
160 LTK 10, 326–329; Pauly V 929–931
161 Jezower (1985) 56 (Traum des Königs Tse-Hiün im »Buch der Sung«).
162 Bauer (1989) 74 f.
163 Thyraud (1978) 22.
164 Fromm (1980) 94–103.
165 Artemidor von Daldis (1979) 196–199.
166 Achmet ben Sirin (1986) 126 f.
167 Lincoln (1970) 41, 127.
168 Ellis (1911) 132–149.
169 Schmitz (1934) 5–45.
170 Fromm (1980) 101 ff.
171 Beitl (1974) 835.
172 Schmitz (1934) 64.
173 Herold (1927) 1666.
174 Freud (1982) 23 ff.
175 Lang/McDannel (1990) 171 f.
176 Cardano (1563) 651–728.
177 Ebd. 245 f.
178 Ebd. 71.
179 Ebd. 187–194.
180 Burke (1986) 50–66.
181 Ebd. 63.

182 Fromm (1980) 84–111.
183 Ebd. 103 f.
184 Jung (1986) 67.
185 Freud (1961) 448–466.
186 Freud (1982) 324–326, 292.
187 Ellis (1911) 141.
188 Siebenthal (1953) 383 ff.
189 Federn (1914) 91.
190 Ebd. 114 ff.
191 Schmeïng (1938) 541–554.
192 Siebenthal (1953) 383 ff.
193 Ebd. 386; Jung (1990) 30.
194 Benesch (1981) 367.
195 Zurfluh (1987) 55.
196 Musil (1967) 39.
197 Canetti (1973) 10.
198 Argelander (1972) 65.
199 Ebd. 99.
200 Ebd. 55 ff.
201 Federn (1914) 122 ff.
202 Freud/Oppenheim (1971) 65 ff.
203 Federn (1914) 125.
204 Siebenthal (1953) 383 ff.
205 Panofski (1980) 279 ff.
206 Hart (1988) 89–136.
207 Ott (1988) 62–67.
208 Restif de la Bretonne (1781).
209 Nizsche (1978) 89 ff.
210 Eberhard (1989) 89.
211 Cosmopolitan, April 1990.
212 Bharati (1987) 38–57.
213 Ott-Koptschalijski/Behringer
    (1989a) 9–11, 41–49.
214 Ott (1988) 20–26; Ott-Koptscha-
    lijski/Behringer (1989a) 75–78,
    127–134.
215 Ott (1988) 20–26; Ott-Koptscha-
    lijski/Behringer (1989a) 103–126.
216 Lincoln (1970) 41, 104, 129.
217 Dequelor (1975) 1 ff.
218 Goldstein (1986) 2.
219 Freud (1943) 127 ff.; abweichende
    Übersetzung in: Freud (1982) 23;
    dazu: Goldstein (1986) 30 ff.
220 Freud (1961) 325.

221 Jung (1990) 55.
222 Eliade (1959) 1–12.
223 Mahony (1987) 351 f.
224 Lévi-Strauss, Mythologica I–IV.
225 Whorf (1976) 124–133.
226 Duerr (1982) 104 ff.
227 Bogoras (1925) 205–226.

Mythos und Satire:
Die alten Hochkulturen

1 Hennig (1936) I, 5.
2 Lukian (1981) I, 185.
3 Toynbee (1970) I, 20.
4 Erman (1923) 26.
5 Ebd. 28 f.
6 Sethe (1935) 252, Spruch 459 a.
7 Ebd., Spruch 461 a–d, 463 a–d;
  Kees (1926) 102 f.
8 Hornung (1990) 158.
9 Sethe (1935) 121, Spruch 390 a–b.
10 Blok (1928) 257–269.
11 Kees (1926) 105 ff.
12 Blok (1928) 261–264.
13 Ebd. 268.
14 Morenz (1960) 214.
15 Budge (1909).
16 Sethe (1935) 120, Spruch 604 c.
17 Sethe (1935) 290, Spruch 275 f.;
   408, Spruch 531 b.
18 Bonnet (1952) 685.
19 Frankfort (1948) 102.
20 Sethe (1914) 76 f.
21 Ebd. 77.
22 Gressmann (1926) 100.
23 Sethe (1914) 76.
24 Roeder (1960) 200.
25 Morenz (1960) 214.
26 Faulkner (1973–78); Hornung
   (1990).
27 Hornung (1990) 156.
28 Luedecke (1936) 12 ff.
29 Jacobsen (1939) 80; Zimmern
   (1924) 30, Nr. 13.

30 Weber (1920) Abbildung 402–405;
   Boehmer (1965) 122 f.
31 Levin (1966) 2–7.
32 Kinnier Wilson (1985).
33 Gressmann (1926) 235 ff.
34 Soden (1958) 63.
35 Levin (1966) 2.
36 Sternberg (1930) 139.
37 Freydank (1971) 1–13.
38 Haavio (1955).
39 Harper (1892) 15–18.
40 Aarne/Thompson (1964) Nr. 313 B.
41 Jensen (1900) 92–101, Vorbemer-
   kungen XVII f.
42 Ebd. 95.
43 Ebd. 99.
44 Ebd. 97.
45 Jacobsen (1939) 122.
46 Wilcke (1988) 250.
47 Hocart (1923) 80–82.
48 Widengren (1950); Widengren
   (1955) 204 f.
49 Bickermann (1929) 9–13.
50 LTK I, Sp. 767.
51 Wilcke (1988) 250.
52 Schrader (1903) 386.
53 Jeremias (1891) 2.
54 AT: Buch Genesis 10, 8–9.
55 Panzer (1906) 6.
56 Conybeare (1913).
57 Smend (1908) 55–125.
58 Ebd. 98.
59 Ebd. 119.
60 Ebd. 83 f., 111 f.
61 Millet (1923) 111–118.
62 LTK, Sp. 108; Smend (1908) 119.
63 Smend (1908) 115.
64 Schmitt (1973).
65 AT: Buch Numeri 22–24, Buch
   Deuteronomium 23, 5 f.; Sturm-
   Gundal (1928) 24 f.
66 AT: Buch Numeri, 31, 16; NT: 2.
   Petrusbrief 2, 15 f.; Brief des Judas,
   11.; Apokalypse 2, 14.
67 Hennig (1928) 91.

68 Laufer (1928) 16.
69 Chang Shuhong (1980).
70 Needham (1965) IV. 2, 569.
71 Laufer (1928) 15.
72 Ebd. 16.
73 Needham (1965) IV. 2, 570.
74 Hennig (1928) 90.
75 Schück (1917) o. S.
76 Ebd.
77 Blofeld (1988) 40 f.
78 Needham (1984) 113.
79 Robinet (1986) 159–191.
80 Blofeld (1988) 37.
81 Ebd.
82 Robinet (1989) 160.
83 Blofeld (1988) 99.
84 Tylor (1873) II, 412.
85 Tylor (1873) I, 151.
86 Laufer (1928) 29.
87 Akahori (1989).
88 Ebd. 85 f.
89 Cooper (1984).
90 Blofeld (1988) 63.
91 Ott-Koptschalijski/Behringer
   (1989a) 127–134.
92 Akahori (1989) 75.
93 Kaltemark (1953).
94 Akahori (1989) 73.
95 Ebd. 78 f.
96 Cooper (1972) 160.
97 Laufer (1928) Tafel VII.
98 Cooper (1972) 149.
99 Ebd. 146.
100 Wilhelm (1936) 17–19.
101 Laufer (1928) 14.
102 Ebd. 15.
103 Needham (1965) IV. 2, 568–602.
104 Hart (1967) 23; Needham (1965)
    IV. 2, 573 f.
105 Haddon (1898) 237; Needham
    (1965) IV. 2, 577.
106 Plischke (1939); Wieger (1913) 145.
107 Laufer (1928) 34, 36.
108 Schuhmacher (1986) 56–72.
109 Ebd. 13.

110 Needham (1965) IV. 2, 578.
111 Hart (1967) 31–60.
112 Müller (1914).
113 Laufer (1928) 37.
114 Plischke (1922).
115 Laufer (1928) 40.
116 Needham (1965) IV. 2, 574.
117 Schuhmacher (1986) 79.
118 Hocart (1923) 80.
119 Lexikon der östlichen Weisheitslehren (1986) 119 f.
120 Buddhaghosa (1975) 454.
121 Tylor (1873) I, 149.
122 Cowell (1969) IV, 207 f., V, 132.
123 Buddhaghosa (1975) 454 f.
124 Eliade (1961) 154.
125 Cowell (1969) II, 191.
126 Cowell (1969) III, 189.
127 Divyavadana (1959) 32.
128 Strong (1983).
129 Bachhofer (1986) 120.
130 Ramayana (1983) 124.
131 Ebd. 185 f.
132 Ebd. 186.
133 Ebd. 167.
134 Ebd. 170.
135 Ebd. 173.
136 Ebd. 175.
137 Luedecke (1936) 43.
138 Ebd. 41.
139 Ebd. 42.
140 Feldhaus (1910) 280.
141 Homer (1957) 306.
142 Frontisi-Ducroux (1975) 35–44.
143 Holland (1902) 7–21; Hennig
(1928) 87.
144 Holland (1902) 27–33.
145 Beazley (1927) 222 f.; Braun (1845)
Tafel 12; Escher (1978) 36; Furtwängler (1900) Taf. 28, 37, 42, 63;
Helbig (1868) 253, Nr. 1210.
146 Ovidius Naso (1969) 2. Buch,
46–49; Ovidius Naso (1958) 8.
Buch, v. 183–263.
147 Schweitzer (1933) 32.

148 Evans (1921) I., 709.
149 Rumpf (1930) 74–83.
150 Kaulen (1967) 163–169.
151 Frontisi-Ducroux (1975) 20.
152 Ovidius Naso (1958) 8. Buch, v.
189–195.
153 Hallet (1977) 217.
154 Schauenburg (1960) 118 ff.
155 Yalouris (1953) 293–321.
156 Pindaros (1972) 54–58.
157 Yalouris (1986) 18.
158 Hesiod (1978) 285 f.; Hesiod (1965)
98.
159 Hesiod, (1978) 67.
160 Schachermeyr (1950) 182.
161 Ebd. 179.
162 Langbehn (1881) 42.
163 Ebd. 61.
164 Ebd. 52–59, 62 f.
165 Pausanias (1979) I, 274.
166 Euripides (1889) 443–453, 567–572.
167 Homer (1957) 94.
168 Pindaros (1968) I, 189.
169 Schachermeyr (1950) 176.
170 Ebd. 186.
171 Horatius Flaccus (1981) II, 181 f.
172 Platon (1982) I, 136–138; Grassi
(1957) Kap. 2–4.
173 Grassi (1957) Kap. 4.
174 Heidegger (1950) 257.
175 Segeberg (1987) 276.
176 Lukian (1981) III, 150.
177 Palaiphatos (1902) 37–39.
178 MGH (Scriptores Auctores anti-
quissimi) X, 171.
179 Anthologia Palatina (1911) I, 314.
180 Aristophanes (1980) 290–359.
181 Dalfen (1975) 269.
182 Schwinge (1977) 53.
183 Green (1958) 11–21.
184 Lukian (1981) I, 119.
185 Ebd. 119 f.
186 KLL VI, Sp. 4746.
187 Lukian (1981) I, 135.
188 Aristophanes (1980) 241, 320.

189 Dieterich (1966) 179–209; vgl.
auch Merkelbach (1984) 242.
190 Lukian (1981) I, 116 f.
191 Aristoteles (1970) 41 ff.
192 Aristoteles (1987) 30 ff. (Einleitung), 137 f.
193 KLL VI, Sp. 4746.
194 Wissowa (1927) XIII. 2, Sp. 1725–1777.
195 Helm (1906) 108 f.; Hirzel (1895) 449 f.
196 Samburski (1975) 78–81.
197 Lukian (1981) III, 301–325.
198 Ebd. 303.
199 Sinko (1960) 359–373, 436–445.
200 Lukian (1981) III, 306.
201 Ebd. 308.
202 Samburski (1965) 112–143.
203 Balss (1949) 13.
204 Capelle (1953) 76.
205 Demandt (1970).
206 Balss (1949) 27, 29.
207 Samburski (1965) 41.
208 Diels (1879) 356, 358, 361.
209 Wissowa (1973) Supplementband 13, Sp. 455.
210 Diels (1879) 361; Préaux (1970) 178–185.
211 Reyhl (1969) 42.
212 Samburski (1965) 76 f.
213 Görgemanns (1968) 155 f., siehe auch Anhang II.
214 Plutarch (1968) 6.
215 Wissowa (1933) Halbband 31, Sp. 79.
216 Reyhl (1969) 74.
217 Ebd. 34 f., 72 f., 76.
218 Luedecke (1936) 40.
219 Müller/Müller (1841) II, 336 ff.
220 Wissowa (1933) Halbband 31, Sp. 90.
221 Ebner (1906) 69; Platon (1982) I, 800 f.
222 Reyhl (1969) 113.
223 Ebd. 37.
224 Ebd. 38.
225 Ebd. 72.
226 Aulus Gellius (1965) II, 56–58.
227 Platon (1982) III, 738–740.
228 Wissowa (1896) II, Sp. 600.
229 Ziegler/Sontheimer (1979) I, Sp. 520.
230 Needham (1965) IV. 2, 574.
231 Mayr (1974) 21 f., 231.

»Von dem Faren in den Lüften«:
Das europäische Mittelalter

1 MGH (Chronica minora) XIII. 3, 222.
2 Bacon (1542) fol. 42r.
3 Hennig (1918) 103; Funk (1905) I, 320 f.
4 Thorndike (1929) I, 421.
5 Schneemelcher (1971) 217.
6 Ambrosius (1914) 23.
7 Culianu (1981) 56; Strong (1983) 503.
8 Eusebius (1914) 54 f.; PG VII, Sp. 843 f.; Nigg (1986) 30.
9 Schröder (1892) v. 4212–4248.
10 Benz (1984) 432.
11 Thorndike (1929) I, 427.
12 Schneider (1978) 146.
13 Ebd. 52.
14 Ebd. 157.
15 Bardenhewer (1913) I, 33 f., 67 ff.; Iustinus M. (1915) 21/2, 54/7.
16 AT: 2. Buch d. Könige 2, 1–18.
17 AT: Buch Genesis 5, 21–24.
18 AT: Buch Genesis 17, 22; 35, 13.
19 Schlosser (1989) 184–187.
20 Haibach-Reinisch (1962) 158.
21 Schneider (1978) 151.
22 Faller (1946) 69–75.
23 Jugie (1944).
24 Haibach-Reinisch (1962) 4.
25 Ebd. 10, 14.

26 Ebd. 16.
27 Ebd. 177.
28 PL XXXIX, 2130.
29 LTK I, Sp. 1070.
30 PL XXX, 122–142.
31 Benz (1984) 588.
32 Schröder (1931).
33 Haibach-Reinisch (1962) 215ff.
34 Konrad von Heimesfurt (1989) 45.
35 LTK I, Sp. 1070.
36 Ebd. Sp. 364.
37 Ebd. Sp. 1070.
38 Tolstoy (1987) 242.
39 Ebd.
40 Ebd.
41 Dinzelbacher (1981); Lammers
     (1982) 139–162.
42 Thomas von Cantimpré (1597) 275.
43 Betz (1973) 77f.
44 Edda (1962) I, 116–123.
45 Erichsen (1924) 143.
46 Nedoma (1988) 156.
47 Ebd. 159ff.
48 Salzberger (1907) 115ff.
49 Nedoma (1988) 160f.
50 Ebd. 161 ff.; Röhrich (1974) 91.
51 Hauck (1975) 5.
52 Eliade (1975) 434–438.
53 Kalevala (1985) 122.
54 Ebd. 474 (Kommentar).
55 Ebd. 316.
56 Ebd. 473.
57 Betz (1973) 154–160.
58 Werner (1961) 5–7.
59 Birkhan (1970) Anm. 1543; Werner
     (1961) 7.
60 Ebd. 510f.
61 Cassius Dio (1987) V, 163.
62 Thomas von Cantimpré (1597)
     448f.
63 Baluze (1677) I, 235; II, 1131.
64 Legrand (1726) 9.
65 PL CIV, Sp. 147–158.
66 Borst (1979) 373.
67 Pokorny (1959) 695.

68 Borst (1979) 376; Grimm (1875) I,
     532.
69 Bernardinus Senensis Sanctus
     (1745) I, 41.
70 Andrian (1894) 30.
71 Geck (1969).
72 Bradatsch/Schmidt (1986) 86.
73 Steinmeyer (1889) 164.
74 Stokes (1880) 47.
75 Tolstoi (1987) 271.
76 Meyer (1884) 88.
77 Liebrecht (1856) 2.
78 Turba philosophorum (1660) 1ff.
79 Liebrecht (1856) 3.
80 Ebd.
81 Geoffroi de Vigeois (1657) II, 299 f.
82 Brenner (1881) 44; Meyer (1910)
     12f.
83 Meyer (1910) 13.
84 Hansen (1901) 38f.
85 Hansen (1901) 638f.
86 Grimm (1876) II, 875f.
87 Behringer (1988) 24 f.
88 Malleus maleficarum (1982) II, 49.
89 Behringer (1988) 110f., 280f., 290f.
90 Hartlieb (1914).
91 Hansen (1901) 130f.; Behringer
     (1988) 84–85.
92 Hansen (1901) 38f.
93 Meisen (1935).
94 Vomhof (1959).
95 Kugler (1987) 6.
96 Ulrich von Lichtenstein (1974) 387.
97 Wolf/Nyholm (1984) v. 4815ff.;
     Kugler (1990) 129f.
98 Zacher (1867).
99 KLL II, 899–911.
100 Meyer (1886) 44ff.; Loomis (1918)
     136.
101 Pfister (1913) 126.
102 Budge (1896) 777; Settis-Frugoni
     (1973) 168–170.
103 Keller (1850) 199, 35.
104 Kugler (1987) 15, 18.
105 Ebd. 21.

106 Wünsche (1880) 288.
107 Kugler (1987) 24.
108 AT: 1. Buch der Makkabäer 1, 1–8.
109 Cary (1956) 134f., 258f.
110 Hempel (1970) 149.
111 Kugler (1987) 9.
112 KLL X, 8373f.
113 Bayer (1890) I, 403ff.
114 Berthold von Regensburg (1862) 397.
115 Cary (1956) 136; PL CLXXIV, Sp. 1130f.
116 Cary (1956) 134f., 258f.
117 MGH III, 371–373.
118 Ebd. 372.
119 Warburg (1932) I, 247, 387.
120 Gleixner (1961) 124.
121 Schröder (1892) 549.
122 Kugler (1987).
123 Ebd. 14.
124 Ulrich von Eschenbach (1888) v. 24681–24751
125 Saladin von Ascoli (1919).
126 Seifrit (1932) v. 6375–6484.
127 Lechner-Petri (1980) 255–257.
128 Hart (1972) 152; Michael (1974) 16.
129 Panzer (1906) 1–34; Ross (1971).
130 Michael (1974) 10.
131 Brockhaus (1891) 41; Pfister (1952/ 53); Goldschmidt/Weitzmann (1930) Nr. 125d.
132 Haug (1977) 82f.; Settis-Frugoni (1974).
133 Meissner (1882) 185–187.
134 Panzer (1906) 1–12; Poppen (1926), 162ff.
135 SBM, Cgm 5, fol. 180v.
136 Ebd. fol. 108b; Kloster Neresheim 1370/80, Hofbibliothek Thurn und Taxis, Regensburg.
137 Schlosser (1896) 347.
138 Warburg (1932) 243, 247, 387, Abb. 64.
139 RDK III, Sp. 977.

140 Bartsch (1856) 96, v. 25–27.
141 Ebd. 87, v. 20–24.
142 Johanne Diacono (1890) 169.
143 Stackmann (1959) 280–283.
144 Ebd. 282f.
145 Brant (1964) 145f.
146 Bachelard (1959) 26.
147 Duhem (1944) 32–34; Mueller von der Haegen (1987) 68–71.
148 RDK III, Sp 977.
149 Hodgson (1924) 55; Levis (1919).
150 Tatlock (1950) 47.
151 Pits (1619) 64, 988.
152 al-Makkarī (1840) 148; Palencia (1945) 30.
153 Zéki Pacha (1911) 92–101; The Encyclopaedia of Islam II, 495–497.
154 William von Malmesbury (1887) I, 276f.
155 White (1961) 98f.
156 William of Malmesbury (1887) I, 276f.
157 White (1961) 102.
158 Schapiro (1943) 152.
159 Salimbene de Adam (= Salimbene von Parma) (1966) I, 109f.
160 Ebd. 110.
161 Nicetas Choniates (1557) 60; The Cambridge Medieval History (1966) IV. 1, 236; Krüger (1908) 343.
162 Hart (1988) 90–93.
163 Luedecke (1936).
164 Bacon (1542) 42 r.
165 Dijksterhuis (1956) 151.
166 Bacon (1542) 43 r.
167 Lindberg (1987) 518–536.
168 Bacon (1542) 43 r.
169 Dijksterhuis (1956) 151f.
170 Albert von Sachsen (1516) IV, 47 r.
171 Clagett (1964); Heiberg (1913) 329.
172 Stubelius (1958) 63.
173 Oresme (1968) 7.
174 Ebd. 401.

175 Ebd. 401, 403, 405.
176 Clagett (1959) 505–540.
177 Dijksterhuis (1956) 202.
178 Gibbs-Smith (1970) 4.
179 SBM, Clm 197 fol. 83r., 134 r. =
     Kyeser (1967).
180 Feldhaus (1970) Sp. 39f. (Nach-
     trag).
181 Gibbs-Smith (1970) 6.
182 Hart (1967) 64.
183 Walter de Milemete (1913).
184 Gibbs-Smith (1970) 6f.
185 Hart (1967) 65.
186 Kyeser (1967) 78f., (105a).
187 Ebd. 78
188 Feldhaus (1970) Sp. 657–659.
189 Rüst- und Feuerwerksbuch
     (ca. 1490) HS II, 40, fol. 104ʳ.
190 ÖNB, cod. 3064, fol. 6 r; Denk
     (1939) 354–362.
191 Hart (1967) 68f.; Plischke (1939) 6.
192 Duhem (1934) II, 35; Muratov
     (1927) 137.
193 SMB, codex icon. 242, fol. 37 r;
     Battisti/Battisti (1984).
194 Crombie (1977) 214; Romocki
     (1895) I, 114–132.
195 Romocki (1895) I, 95–103.
196 Kyeser (1967) 74f. (102a).
197 Romocki (1895) I, 131.
198 Dante (1987) 131.
199 Hart (1972) 152.
200 Hennig (1928) 94.
201 Crispoli (1648) 360f.; Hennig
     (1928) 94.
202 Vincioli (1740) 454–460; Hennig
     (1928) 94.
203 Ramus (1569) 65.
204 Kramp (1785) II. 2, 288.
205 Gibbs-Smith (1970) 6.
206 Bühel (1707).
207 Burggravius (1612) 52.
208 Flayder (1628); zit. nach Flayder
     (1737) 16.
209 Francisci (1680) 1. Diskurs.

210 Zeidler (1710).
211 Luedecke (1936) 69.
212 KLL IX, 7421–7422.
213 Hammerl (1981) 67.
214 KLL VIII, 6619f.
215 Brant (1980) 186–190.
216 Lindow (1978) 42 f., 269–298; KLL
     VII, 5428–5429.
217 Platter (1989) 15.
218 Brecht (1970) 37.
219 Lindow (1978) 42.

Zwischen Illusion, Utopie und Mechanik: Die Frühe Neuzeit

1   Leonardo da Vinci (1505) rückwär-
    tiges Deckblatt, Innenseite.
2   Fontenelle (1780) 127.
3   Germanisches Nationalmuseum,
    Nürnberg.
4   Kugler (1987) 23.
5   Blumenberg (1973) 142 f.
6   Fraenger (1975) 341 ff.
7   Behringer (1988) 404.
8   Gibbs-Smith (1967) 3; Hart (1985)
    94–115.
9   Freud (1943) 127–211.
10 Meyer Schapiro (1956) 147–178.
11 Gibbs-Smith (1967) 4.
12 Leonardo da Vinci (1505) fol. 15 v.
13 Feldhaus (1913) 144 ff.
14 Leonardo da Vinci (1505) fol. 16 r.
15 Höhler (1988) 65–76.
16 Gibbs-Smith (1967) 30.
17 Hart (1961) 312 f.
18 Gibbs-Smith (1967) 7–31.
19 Ebd. 3, 35.
20 Leonardo da Vinci (1505) fol. 18 v.
21 Hart (1967) 307.
22 Verantius (1616) Nr. 38; zur Be-
    kanntheit von Leonardos Flugver-
    suchen vgl. auch Paschius (1700)
    638.
23 Gibbs-Smith (1978) 11–23.

24 Belon (1555) 40 f.
25 Boaistuau (1558) fol. 20 r; Wilkins (1648) 207 f.
26 Hart (1985) 199.
27 Luedecke (1936) 286.
28 Ebermann (1930) 59–61.
29 Paschius (1700) 637.
30 Herrmann (1986) 36–39.
31 Garzonius (1619) 329.
32 Stubelius (1960) 5 f.
33 Francisci (1680) 647.
34 Zedler (1735) 9, 1353 f.
35 Hart (1985) 198.
36 Biedermann (1986) I, 106.
37 Cardano (1563) 245 f.
38 Cardano (1557) 532.
39 Kramp (1785) 281.
40 Porta (1612) 137 f.
41 Feldhaus (1914) 651 f.
42 Gibbs-Smith (1970) 3.
43 Feldhaus (1908) 3.
44 Porta (1612) 138.
45 Biedermann (1986) I, 216 f.
46 Harner (1973) 125–150.
47 Weyer (1586) 192 f.
48 Biedermann (1986) I, 216 f.
49 Anhorn (1674) 625 ff.
50 Lochner (1970) 72.
51 Crombie (1977) 358, 367.
52 Boffito (1921) 125.
53 Stubelius (1960) 183 ff.
54 Levack (1987) 40–45.
55 Pirckheimer (1983) 43 f.
56 Behringer (1988) 120–123.
57 Levack (1987) 40.
58 Behringer (1988) 174–177.
59 Montaigne (1953) 809–817.
60 Delrio (1633) 728.
61 Theatrum de Veneficis (1586) 230–235.
62 Henningsen (1984) 164–183; Klaniczay (1984) 404–422.
63 Trithemius, J., Epistolae familiares, Hagenau 1536, 312 f.; zit. Mahal (1982) 62–64.
64 Mahal (1982) 256–258.
65 Ebd. 310–312.
66 Ebd. 200.
67 Manlius (1565) 46 f.
68 Völker (1975) 21.
69 Historia (1587) 79–90.
70 Ebd. 125–126.
71 Ebd. 12.
72 Ebd. 44–48.
73 Ebd. 48–52.
74 Ebd. 52–65.
75 Duhem (1943) 76, 80 ff.
76 Vgl. Index: Simon Magus, Konrad Stöckhlin.
77 Bayerisches Nationalmuseum, München.
78 LTK 5, 362 f.
79 RDK, »Federn«.
80 LTK 3, 871 f.
81 Hart (1988) 52–89.
82 RDK, »Fliegen«.
83 Alciati (1535) 57.
84 Schoonhovius (1618) 9.
85 Raggio (1958), 44–62; Alciati (1535) 55 f.
86 Pomponazzi (1557) 262.
87 Ginzburg (1976) 38.
88 Ebd. 28–41.
89 Blumenberg (1973) 191–208.
90 Marciano, M., Pompe funebri dell' universo (. . .), Neapel 1666, S. 102.
91 Boot, A. de, Symbola varia diversorum Principum (. . .), Amsterdam 1686, 292.
92 Leeuwenhoek (1719) Titelseite.
93 Galilei (1982) 193–197; zur Bedeutung Galileis für die Geschichte des Fliegens: Valentini (1714) 35 f.
94 Hart (1985) 127 f.
95 Ebd. 200.
96 Wilhelm (1909) 16.
97 Hart (1988) 199, nach: Gassendi, P., Notitia ecclesiae Diniensis, in:

Opera Omnia, Vol. 5, Lyon 1658, 673.
98 Hart (1985) 202.
99 Luedecke (1936) 289; Hart (1985) 202 f.
100 Luedecke (1936) 129.
101 Hautsch (1955) 545 f.
102 Wagenseil (1822) 485–487.
103 Skalweit (1982) 47 ff., 55 f., 63–69.
104 Frenzel (1983), 622–627.
105 Ebd.
106 Pegelius (1604) 123.
107 Hemleben (1984) 134.
108 Bloch (1976) 548–1031.
109 Guthke (1983) 91.
110 Ebd. 126.
111 KLL 3, 2031 f.
112 Bacon (1981) 79.
113 Bacon (1974) 212.
114 Bacon (1627), Century IX, No. 886; Duhem (1943) 83 f.
115 Bailey (1972) 19 f.
116 Bloch (1976) 915.
117 KLL 11, 9789–9791.
118 Salewski (1986) 84 f.
119 Bruno (1981) 92 f.
120 Guthke (1983) 89, nach: J. Kepler, Dioptrice, 1611, Vorrede.
121 Galilei (1987) 94–144.
122 Kepler (1969) 40–43.
123 Günther (1898) XI.
124 Easlea (1980) 74 f.
125 Levack (1987) 170–175; Behringer (1989) 626 ff.
126 Levack (1987) 170–212.
127 Henningsen (1980) 350.
128 Descartes (1961) 51.
129 Fontenelle (1780) 12 ff.
130 Thomasius (1986) 92–95.
131 Hobbes (1984) 490.
132 Glanvill (1681); Easlea (1980) 204.
133 Thomas (1980) 547, 681–698.
134 Thomasius (1986) 126 f., 179–183.
135 PL 132, 352–353.
136 Hart (1988) 193 ff.

137 LTK 5, 1126.
138 Hart (1988) 196–210.
139 Flayder (1628).
140 Flayder (1737) 19.
141 Ebd. 16 f.
142 Schwenter (1636), 2. Teil, 475 f.
143 Francisci (1680) 370.
144 Mendoza (1631) 292.
145 Mersenne (1634) 1–5; Hart (1985) 129–132.
146 Ebd. 131, nach: Mersenne, Correspondance, Bd. 10, Paris 1967, 87.
147 Schwenter (1636), 1. Teil 472–475; 2. Teil 474 f.; 3. Teil 514 f.
148 Lobkowitz (1670), I, 740–742; Duhem (1943) 106.
149 Hart (1985) 31 ff.
150 Paris, Bibliothèque nationale, MS Latin 11195, fol. 50–61.
151 Hart (1985) 136 f.
152 Ebd.
153 Ebd. 57.
154 Becher (1682) Teil 2, 165 f.
155 Hart (1985) 145.
156 Ebd. 143.
157 Luedecke (1936) 122.
158 Hart (1985) 142.
159 KLL 8, 5985 f.
160 Zedler (1739) Bd. 21, 1100–1103.
161 Bacon (1627), Sylva, Century IX, No. 886.
162 Godwin (1986) 53.
163 Ebd. 73–76.
164 Janssen (1981) 92–113.
165 Godwin (1986) 33–45.
166 McColley (1939) 150–168.
167 McColley (1938) 153–188.
168 Hodgson (1924) 394; Hart (1985) 116–133.
169 Guthke (1983) 137 f.
170 Stubelius (1960) 6, 36–39.
171 Wilkins (1648) II, 199 f.
172 Ebd. 201.
173 Hart (1985) 128 f.
174 Luedecke (1936) 128 f.

175 Glanvill (1665) 134.
176 Easlea (1980) 204.
177 Hobbes (1984) 531 f.
178 Bailey (1972) 19 f.
179 Bergerac (1986) 21 ff.
180 Ebd. 30 ff.
181 Ebd. 37–42.
182 Ebd. 135.
183 Ebd. 160–170.
184 KLL 6, 4466–4467.
185 Cyrano de Bergerac (1986) 254–263.
186 Guthke (1983) 169.
187 Wilhelm (1909) 22 f.
188 Mendoza (1631) 292.
189 Kircher (1645) 826.
190 Wilhelm (1909) 62–67.
191 Schott (1658) III, 268–272.
192 Lobkowitz (1670) I, 740–743.
193 Duhem (1943) 108.
194 Lana (1670) 50 f.
195 Ebd. 51–62.
196 Ebd.
197 Wilhelm (1909) 62–67.
198 Lana (1784) 1–28.
199 Lana (1670) 52–61.
200 Ingold (1978) 19–27.
201 Wilhelm (1909) 32–50.
202 LSB VI, 2, 232 f.; dazu Valentini (1714) 37 f.
203 Sturm (1676) I, 74–99.
204 Lohmeier (1679).
205 Morhof (1714) II, 286–290, 376 ff.
206 Wilhelm (1909) 78 ff.
207 LSB III, 2, 815 f, 878 f.
208 Stubelius (1958) 77.
209 Hodgson (1924) 393.
210 Lana (1686) 291–294.
211 Wilhelm (1909) 68 f.
212 Paschius (1700) 625–635.
213 Wilhelm (1909) 80, 113.
214 Happel (1990) 366 ff.
215 Borelli (1680) I, 322 ff.
216 Becher (1682), Teil 2, 169.

217 Martius (1700) 6–7.
218 Leibniz (1768), Tom. 2, P. 2, 82–86.
219 Hart (1985) 203.
220 Duhem (1944) 131 f.
221 Hooke (1679); nach: Duhem (1944) 132 f.
222 Francisci (1680) 369 f.
223 Fontenelle (1780) 126 f.
224 Duhem (1944) 178 f.
225 Luedecke (1936) 129 f.
226 Becher (1682) 166 f.
227 Hannemann (1709) 15.
228 Wilhelm (1909) 110 f.
229 Ebd. 95–200.
230 Gibbs-Smith (1970) 14 f.
231 Valentini (1714) 34–38, nach: Hallische Zeitung (1709) Nr. 69, S. 176. – Wienerisches Diarium (1709) Nr. 609.
232 Kettel (1937) 1 ff.
233 Klinckowstroem (1911/12) 36–41.
234 Stubelius (1958) 66.
235 Duhem (1944) 136–152.
236 Zeidler (1710), nach: Hart (1985) 204.
237 Duhem (1944) 150 ff.
238 Theatrum Europaeum 18 (1707–1709) 385 f.
239 Wilhelm (1909) 123–132.
240 Hart (1985) 206.
241 Fontenelle (1780) 127.
242 Thorndike, VII, 628, nach: Œuvres Complètes, XX, 308 f., 370–374.
243 Guthke (1983) 186.
244 Lessing (1890) 66.
245 Guthke (1983) 194–201.
246 Ebd. 240–247.
247 Duhem (1944) 158 f.
248 Guthke (1983) 254.
249 Hertel (1758).
250 Luedecke (1936) 160 f.
251 Hart (1985) 205.
252 Ebd. 146–151.
253 Ebd. 146–152.

254 Klinckowstroem (1916); Luedecke (1936) 165 f.
255 Zedler (1735) 9, 1353 f.
256 Zedler (1738) 18, 1048 f.
257 Duhem (1944) 166–171.
258 Rousseau, J.-J., Le Nouveau Dédale, Genf 1910: zit. Luedecke (1936) 169 ff.
259 Guilbert (1965) 31.
260 Hart (1985) 205.
261 Johnson (1964) 17–21.
262 Lana (1784) Vorbericht.
263 Luedecke (1936) 182.
264 Guthke (1983) 258.
265 Lana (1784) 30.
266 Galien (1755).
267 Duhem (1944) 188.
268 Ebd. 190, Abb. S. 193.
269 Ebd. 190 ff.
270 Luedecke (1936) 182.
271 Hart (1985) 177–183.
272 Duhem (1944) 206 ff.
273 Skalweit (1982) 1–7.

Vom Aerostaten zum Zeppelin: Die Luftschiffe

1 Stoffregen-Büller (1983) 78 f.
2 Wieland (1784) 143 ff.
3 Malinowski (1984) 351–354.
4 Meurger (1985) 254–273.
5 Frenzel (1983) 330 f.
6 Stubelius (1958) 63 ff.
7 Kindermann (1744).
8 Zedler 18 (1738) 1048.
9 Krünitz 41 (1801) 583–651.
10 Stubelius (1958) 44 ff., 73 ff., 114 ff.
11 Reinicke (1988) 59.
12 Schwenter (1636) 3. Teil, 504 ff.
13 Seine Experimente zur »Schwere der Luft« wurden von den Brüdern Montgolfier nachvollzogen, vgl.: Wieland (1783), 121 f.
14 Luedecke (1936) 201 f.
15 Hasler (1982) 237.
16 Tartarotti (1748).
17 Behringer (1987) 377–383.
18 Mayr (1770) 94–127.
19 Schneider (1924); Hart (1985) 164–176.
20 Büchner (1766) 453–524, 525–566, 567–648.
21 Luedecke (1936) 186.
22 Wilhelm (1909) 84 f.
23 Stoffregen-Büller (1983) 32 ff.
24 Galien (1755).
25 Stoffregen-Büller (1983) 35.
26 Ebd. 32–40.
27 Faujas de Saint-Fonds (1785) 31 ff.
28 Stoffregen-Büller (1983) 40.
29 Ebd. 41 ff.
30 Wieland (1783) 121 ff.
31 Luedecke (1936) 211 ff.
32 Stoffregen-Büller (1983) 50.
33 Luedecke (1936) 224.
34 Stoffregen-Büller (1983) 56.
35 Simon Magus (1784).
36 Riha (1983) 27 f.
37 Jacobius (1909) 9.
38 Stoffregen-Büller (1983) 66–76.
39 Luedecke (1936) 218 f.
40 Stoffregen-Büller (1983) 81 f.
41 Ebd. 88–95.
42 Berlinische Nachrichten v. 13. Dezember 1783, S. 1137, nach: Stoffregen-Büller (1983) 100.
43 Luedecke (1936) 218 f.
44 Stoffregen-Büller (1983) 115.
45 Luedecke (1936) 221.
46 Ebd. 220.
47 Stoffregen-Büller (1983) 128 ff.
48 Jacobius (1909) 4.
49 Grimm (1977) 438.
50 Jacobius (1909) 17 f.
51 Wieland (1783) 1–39.
52 Stoffregen-Büller (1983) 108.
53 Luedecke (1936) 226.
54 Jacobius (1909) 52.

55 Ebd. 91.
56 Stoffregen-Büller (1983) 153 ff.
57 Ebd. 281–319.
58 Jacobius (1909) 77.
59 Stoffregen-Büller (1983) 206–310.
60 Jenisch (1901) 473–530.
61 Jacobius (1909) 44 f.
62 Ebd. 99.
63 Goethe, J. W. von, Dichtung und Wahrheit, in: Sämtliche Werke, München 1977 (3. Aufl.), Bd. 10. 634.
64 Schinkel (1987) 237.
65 Knigge (1792).
66 Riha (1983) 72–78; Schinkel (1987) 239–244.
67 Becher (1682) Teil 2, 165 f.
68 Geiger (1790) 3 ff.; Nachwort Hermand (1967) 2*.
69 Lichtenberg (1804) 321 ff.
70 Musenalmanach auf das Jahr 1785, Göttingen 1785.
71 Krünitz (1801) 616 f.
72 Riha (1983) 85.
73 Kant, I., Beantwortung der Frage: Was ist Aufklärung? (1783), in: Bahr (1974) 9–17.
74 Jean Paul (1975) 28.
75 Riha (1983) 79 f.
76 Stoffregen-Büller (1983) 38, 59.
77 Gudin de la Brenellerie (1783), in: Riha (1983) 29 f.
78 Ebd.
79 Pater Albert, Die letzten Seufzer des scheidenden achtzehnten Jahrhunderts, in: Riha (1983) 89.
80 Ebd. 90.
81 Reinicke (1988) 78.
82 Wieland (1784) 41.
83 Ebd. 40–130.
84 Reinicke (1988) 131; zu Weber: Behringer (1987) 397 f.
85 Lichtenberg (1804) 321 ff.
86 Jacobius (1909) 43.

87 Blanchard (1784), in: Riha (1983) 64 f.
88 Stoffregen-Büller (1983) 177–190.
89 Riha (1983) 351.
90 Blanchard (1785), in: Riha (1983) 66 f.
91 Stoffregen-Büller (1983) 249.
92 Ebd. 230–256.
93 Ebd. 257–280.
94 Botting (1981) 104.
95 Kaiserer (1801).
96 Jackson (1981) 26 f.
97 Luedecke (1936) 253.
98 Ebd. 254.
99 Kratzenstein (1784).
100 Luedecke (1936) 254 f.
101 Stoffregen-Büller (1983) 250.
102 Luedecke (1936) 235 f.
103 Schinkel (1987) 244.
104 Wieland (1797) 130 ff.
105 Ebd. 132–136.
106 Luedecke (1936) 243 f.
107 Riha (1983) 357.
108 Jacobius (1909) 57.
109 Luedecke (1936) 227.
110 Restif de la Bretonne (1781).
111 Schinkel (1987) 237.
112 Lochner (1970) 12.
113 Luedecke (1936) 234 f.
114 Ebd. 239.
115 Schinkel (1987) 251.
116 Luedecke (1936) 238.
117 Riha (1983) 125.
118 Ebd. 359 f.
119 Stoffregen-Büller (1983) 257–280.
120 Luedecke (1936) 233 ff.
121 Stoffregen-Büller (1983) 310–319.
122 Riha (1983) 189–191.
123 Jackson (1981) 53 ff.
124 Riha (1983) 133–139 (Dokument).
125 Lochner (1970) 14.
126 Riha (1983) 356.
127 Jean Paul (1975) 13 ff.
128 Schopenhauer (1844), XXIX f.
129 Jacobius (1909) 102 f.

130 Alpers (1982) 325 f.
131 Poe (1844), in: Riha (1983)
141–156.
132 Wahl (1910) Heft 5.
133 Deutsches Familienbuch, Bd. 1,
Karlsruhe 1843.
134 Jackson (1981) 53 ff.
135 Ebd. 62.
136 Lochner (1970) 15.
137 Luedecke (1936) 260 f.
138 Ebd. 262.
139 Lochner (1970) 15.
140 Hugo (1862), in: Riha (1983) 207 f.
141 Glaisher, in: Kaiser (1986) 17–20.
142 Ebd. 49–115.
143 Lochner (1970) 15.
144 Riha (1983) 358 f.
145 Jackson (1981) 64 ff.
146 Supf (1953) 163 f.
147 Jackson (1981) 66.
148 Riha (1983) 357 f.
149 Luedecke (1936) 262 f.
150 Ebd. 263.
151 Petry (1979).
152 Alpers (1982) 429–432; Ostwald
(1978).
153 Maupassant (1966) IV, 212.
154 Nietzsche (1960) Bd. 2, 1279.
155 Stephan (1874).
156 Luedecke (1936) 265 f.
157 Supf (1953) 125.
158 Smith (1977) 87.
159 Botting (1981); Riha (1983) 363.
160 Riha (1983) 365 f.
161 Baader Oberdada, J.; Das Geheimnis der Z. R. III, in: Riha (1983)
283–291.
162 Kraus (1913), in: Riha (1983) 267 f.
163 Harig, L., Zürcher Rede über die
Luftkutscherei, in: Harig (1981)
83 ff.
164 Knäusel (1988) 139.
165 Smith (1977) 87.
166 Mülleneder (1987) 28.
167 Luedecke (1936) 241.

168 Piccard (1956).
169 Jackson (1981) 109.
170 Stoffregen-Büller (1983) 249.
171 Smith (1977) 101.

Von der Utopie zum Linien-
flug: die »Aviatik«

1 Brecht (1953) 37.
2 Musil (1952) 39.
3 Luedecke (1936) 270 f.
4 Zeitschrift für die Elegante Welt
Nr. 147, v. 30. Aug. 1808 (Titelseite ff.).
5 Luedecke (1936) 269, nach: Jean
Paul, Herbst-Blumine, Bd. 2, Stutt-
gart/Tübingen 1815.
6 Feldhaus (1908) 52 ff.
7 Gibbs-Smith (1970) 25 ff.
8 Walker (1810).
9 Drieberg (1845); Supf (1956) I,
86 f.
10 Gibbs-Smith (1970) 27.
11 Zachariae (1828).
12 Zachariae (1821); Zachariae (1822);
ADB 44 (1898) 615–617.
13 Gibbs-Smith (1970) 21–31.
14 Ebd. 23 f.
15 Cayley (1843); Lochner (1970)
148–157; Matricardi (1986) 10 f.
16 Gibbs-Smith (1970) 23.
17 Ebd. 25.
18 Feldhaus (1908) 60.
19 Matthies (1835).
20 Gibbs-Smith (1970) 28 f.
21 Ballantyne/Pritchard (1956)
363–400.
22 Gibbs-Smith (1970) 38 ff.
23 IZ Nr. 1314 (1868).
24 Gibbs-Smith (1970) 39 f.
25 Ebd. 43 f.
26 WLZ 2 (1903) 272.
27 Gibbs-Smith (1970) 46.
28 Moolman (1981) 65.

29 Ebd. 43–72.
30 Matricardi (1986) 12.
31 Böcklin, A., Das Schweben der Vögel, in: ZfL (1886) 249 f. (Weitere Beiträge und Projekte Böcklins in dieser Zeitschrift in den folgenden Jahren.)
32 Luedecke (1936) 275.
33 Gibbs-Smith (1970) 72.
34 Ebd.
35 Schwipps (1988) 56.
36 Ebd. 57.
37 Lilienthal (1889).
38 Schwipps (1988) 203.
39 Ebd. 189.
40 Schwipps (1979) 410, 416 ff.
41 Schauer, P., Otto Lilienthal war auch der erste Motorflieger, in: VDI-Nachrichten Nr. 29 (1929).
42 Wood, R. W., Lilienthal's last Flights, in: Boston Evening Transcripts vom 31. 10. 1896.
43 Schwipps (1988) 310.
44 Ebd. 307–316.
45 Ebd. 272–281; Gibbs-Smith (1970) 85.
46 Schwipps (1988) 296.
47 Chanute (1894) 201–211.
48 Schwipps (1988) 305 f.
49 Ferber (1910).
50 Ein moderner Ikarus, in: Berliner Illustrirte Zeitung vom 23. 8. 1896; Wood, R. W., Lilienthal's last Flights, in: Boston Evening Transcripts vom 31. 10. 1896.
51 Schwipps (1988) 233.
52 WLZ (1903) 2, 32.
53 Schwipps (1988) 305 f.
54 Ebd. 9; vgl. Anfang des Kapitels 5.
55 Guthke (1983) 321–337.
56 Moolman (1981) 101 ff.
57 Guthke (1983) 310.
58 Wells (1901).
59 Alpers (1982) 248 f.
60 Guthke (1983) 343.

61 Matricardi (1986) 12.
62 Gibbs-Smith (1970) 67.
63 Silberer (1903) 41–43.
64 Pacher (1903); Pacher (1904) 81–85.
65 Silberer (1904) 81.
66 Wescott/Degen (1983) 118.
67 Gibbs-Smith (1970) 94–104.
68 Chanute (1894); Gibbs-Smith (1970) 82–85.
69 Moolman (1981) 107–112.
70 Gibbs-Smith (1970) 94 f.
71 Lochner (1970) 150 f.; Matricardi (1986) 12.
72 Moolman (1981) 152.
73 Pacher (1903).
74 Silberer (1904) 80.
75 Matricardi (1986) 14.
76 Lochner (1970) 197.
77 Ebd. 151 f., 186–214, 218–221.
78 Ebd. 219 f.
79 Ebd. 219 ff.
80 Gibbs-Smith (1970) 148.
81 Prendergast (1981) 49–71.
82 Lieberg (1974).
83 Prendergast (1981) 72–77.
84 Ingold (1978) 19–49.
85 Lepsius/Wachsmuth (1910), 2 Bde.
86 Prendergast (1981) 78–83.
87 Lochner (1970) 151 ff.
88 Gibbs-Smith (1966); Jane's 1909–1969: 100 Significant Aircraft, London 1969.
89 Zitelmann (1910) 268–293.
90 Meili (1908).
91 Zitelmann (1910) 278.
92 Ebd. 281 ff.
93 Rosenberg (1901) 89–93, 123–126.
94 Zitelmann (1910) 293.
95 Voigt (1965) 750 ff.
96 Vgl. Kapitel 5.
97 Krünitz, 41. Teil (1801) 583–651.
98 Stubelius (1958) 225–234.
99 Ebd. 234–275.
100 Brockett (1910) 20–27.

101 Pasche (1909), 68.
102 Ingold (1978) 194.
103 Stubelius (1960) 83–88.
104 Duden Bd. 7, Mannheim/Wien/ Zürich 1963, 177.
105 Schwipps (1988) 220.
106 Ebd. 256 f.
107 Moedebeck (1907) 162 f.; Moedebeck (1909) 16.
108 Kress (1907) 238.
109 Feldhaus (1908) 65–70.
110 Wachsmuth (1910).
111 Minor (1909/10) 72 f.
112 Moedebeck (1909) 478.
113 Rozendaal (1909); Wellner (1909).
114 IAM 1897–1915.
115 Stubelius (1958) 234–275, 303–312.
116 Prendergast (1981) 136–141.
117 Ebd., 56–347, 418 f.
118 Kafka, F., Die Aeroplane in Brescia, in: ›Bohemia‹ vom 29. 9. 1909, 1–3.
119 Ingold (1978) 19–49.
120 Musil (1970) 55.
121 Ingold (1978) 10 f.
122 Ebd. 14 ff.
123 Becher, J. R., Die neue Syntax, in: Ingold (1978) 395.
124 Ingold (1978) 59–80.
125 Ebd. 46.
126 Ebd. 129.
127 Lochner (1970) 220 f. – Der Aufsatz: F. Ahlborn, Über die Stabilität der Flugapparate, 1897, gab den Anstoß zur Konstruktion der »Taube«.
128 Prendergast (1981) 94 ff.
129 Ebd. 164–171.
130 Ebd. 145.
131 Lochner (1970) 152 f.
132 Nach einem Kommentar der französischen Flugzeitschrift »L'Aero« vom 22. Februar 1914, abgedruckt bei: Lochner (1970) 223.
133 Lochner (1970) 223.
134 Angelucci (1981) 13.
135 Matricardi (1986) 12.
136 Angelucci (1981) 13–17.
137 Voigt (1965) 733.
138 Angelucci (1981) 14 f.
139 Voigt (1965) 733.
140 Angelucci (1981) 15 f.
141 Voigt (1965) 733.
142 Angelucci (1981) 29.
143 Reinicke (1988) 77 ff.
144 Escher (1978) 145–167.
145 Ebd. 417.
146 Chagall (1959) 166.
147 Malewitsch (1962) 283–286.
148 Ingold (1978) 318.
149 Ebd. 322–328.
150 Ebd. 328–333.
151 Escher (1978) 168–199.
152 Ingold (1978) 301 ff.
153 Escher (1978) 415 f.
154 Lochner (1970) 246.
155 Ebd. 153 ff., 246 f.
156 Ebd. 155, 247.
157 Ebd. 155 ff.
158 Angelucci (1982) 19 f.
159 Voigt (1965) 736 f.
160 Matricardi (1986) 36.
161 Voigt (1965) 737.
162 Matricardi (1986) 39–46.
163 Voigt (1965) 740–749.
164 Ebd. 738.
165 Ebd. 759.
166 Ebd. 742 ff.
167 Lochner (1970) 157.
168 Matricardi (1986) 36–70.
169 Ebd. 36–70.
170 Brockhaus (1987) Bd. 3, 479.
171 Gibbs-Smith (1970) 6.
172 Apostolo (1985), 8 ff.
173 Gibbs-Smith (1970) xiii (prologue).
174 Herrmann (1986) 61–68.
175 Ebd. 76–79.
176 Ebd. 69–74.
177 Matricardi (1986) 104.
178 Herrmann (1986) 79–86.
179 Ebd. 95–100.

180 Supf (1928).
181 Kettel (1937) 230–236.
182 Mussolini (1937).
183 Escher (1978) 145–421.
184 Mailer (1969), in: Braunburg
    (1983) 433–443.
185 Texte in: Braunburg (1983); Riha
    (1983).
186 Ringelnatz (1986) s. p.
187 Matricardi (1986) 76 f.; dazu jetzt:
    Braun (1990) 111–135.
188 Matricardi (1986) 80–120.
189 Voigt (1965) 759 f.
190 Ebd. 763.
191 Matricardi (1986) 99–102.
192 Apostolo (1985) 10–17.
193 Ebd. 16–21.
194 Ebd. 22 f.
195 Voigt (1965) 749 f.
196 Mitgliederliste 1989, in: Lufthansa
    Jahrbuch '89, 307.
197 Voigt (1965) 759–764.
198 Matricardi (1986) 122 f.
199 Voigt (1965) 749, 765 (Quelle:
    ICAO-Bulletins).
200 Matricardi (1986) 131.
201 Voigt (1965) 767.
202 Ebd. 766.
203 Matricardi (1986) 133, 146.
204 Ebd. 146, 150.
205 Brockhaus (1986) 1, 61–64.
206 Dörpinghaus (1989) 124.
207 Matricardi (1986) 99–104.
208 Voigt (1965) 776–782.
209 Matricardi (1986) 131.
210 Ebd. 194.
211 Voigt (1965) 781.
212 Hall (1977) 184 f.
213 Voigt (1965) 798 f.
214 Hall (1977) 189 f.
215 Ezell (1977) 213–253; Emme (1977)
    285–291.
216 Ebd.
217 Matricardi (1986) 194.
218 Ebd. 194–197.

219 Herrmann (1986) 156–159.
220 Alpers (1980) 170, 485 ff.
221 Cantril (1940) 198–212.
222 Salewski (1986) 20 ff.
223 Alpers (1982) 20 f.
224 Ebd. 96 f.
225 Lem (1980).
226 Alpers (1982) 258–262.
227 Bradbury (1969/81), in: Riha
    (1983) 340–345.
228 Todd/Humble (1987) 15–26.
229 Dörpinghaus (1989) 125 f.
230 Matricardi (1986) 168.
231 Lufthansa Jahrbuch '89, 284
    (Quelle: IATA).
232 Matricardi (1986) 162.
233 Lufthansa Jahrbuch '89, 294
    (Quelle: ICAO).
234 Schauer (1987) 81.
235 Adler (1979), in: Braunburg (1983)
    417
236 Ahrends (1989) 89.
237 Kerner (1987) 119.
238 Kneissler (1987) 8–18.
239 Verantius (1616) 38.
240 Heller (1986).
241 Lochner (1970) 282–288.
242 Brockhaus (1988) 5, 645 f.
243 Penner (1977).
244 Reuter (1987) 3.
245 Stankiewicz (1987) 40.
246 Krczal (1972).
247 Lindner (1977).
248 Hijiya-Kirschnereit (1990) 44–61.
249 Höhler (1988) 64–78.

Epilog

1 Duerr (1982) 152.
2 Büchmann (1972).
3 Coomaraswamy (1946) 183 ff.
4 Ingold (1987) 269–350.
5 Ginzburg (1976) 28 f.

6 Burke (1984) 180.
7 Blumenberg (1988) 189 ff.
8 Schoonhovius (1618) 9.
9 Eliade (1975) 441.
10 Ott-Koptschalijski/Behringer
   (1989a); Dies. (1989b).
11 Malinowski (1984) 350–359.
12 Henning (1928) 90.
13 Hocart (1923) 80 ff.
14 Sternberg (1930) 125–153.
15 Eliade (1975) 116–249.
16 Hocart (1923) 80 ff.
17 Butler (1948) 66–87.
18 Lévi-Strauss (1978) 302 ff.
19 Dil Ulenspiegel (1515), Die 14.
   Historie (i. e. Lindow, 42 f.).
20 AT: Psalmen 55,6.
21 Kant (1784), in: Bahr (1974) 9–17.
22 Simmen (1988) 12.

23 Gorki (1927).
24 Freud (1961) 230.
25 Argelander (1972) 55 ff.
26 Canetti (1973) 10.
27 Musil (1989) 39.
28 Nizsche (1978) 89–100.
29 Hijiya-Kirschnereit (1990) 44–61.
30 Hart (1988) 89–193.
31 Cosmopolitan, Juli 1990.
32 Reinicke (1988) 78.
33 Jean Paul (1975) 28.
34 Bloch (1976) 395–1089.
35 Mahony (1987) 349–353.
36 Schwipps (1979) 310.
37 Vgl. Butler (1973/74) 154–158.
38 Comfort (1970) 231 f.; Korrektur der
   Übersetzung nach dem Vorschlag
   von Noël (1984) 294.
   Eliade (1961) 154.

Literatur

Bibliographien

Zedler (1735/1738); Bourgeois (1784); Kramp (1784); Krünitz (1801); Grässe (1843); Tissandier (1887); Kuhl (1895); Minor (1909/1910); Liebmann/Wahl (1909/1912); Brockett (1910); Hodgson (1924); Boffito (1929/1937); Pescaro (1975); Niekamp (1980); Hallion (1982); Heidtmann (1987); Pisano/Lewis (1988).

Primär- und Sekundärliteratur

Aarne, A., Verzeichnis der Märchentypen (= FFC 3), Helsinki 1910 (2. überarb. Aufl. 1927).

Aarne, A., Die magische Flucht (= FFC 92), Helsinki 1930.

Aarne, A./Thompson, S., The Types of the Folktale (= FFC 184), Helsinki 1964.

Abate, R., Storia della Aeronautica Italiana, Mailand 1974.

Abbildung eines sonderbahren Lufft-Schiffes, Oder: Kunst zu fliegen (...), Wien 1709.

Abbildung eines sonderbahren Lufft-Schiffes, vermittelst dessen man in 24 Stunden durch die Lufft 200 Meilen fahren (...) könne, Frankfurt/Main 1714.

Abbildungen und Geschichte derer Luft-Maschinen, wovon 1783 und 1784 in Frankreich und Deutschland Versuche angestellet worden, o. O. o. J. [1784].

Achmet ben Sirin, Das Traumbuch, München 1986.

Ackermann, D., On Extended Wings, New York 1985.

Acta sanctorum, 64 Bde., (Ed. J. Bollandus u. a.), Antwerpen 1643–1931.

Adams, H., Flug, Leipzig 1909.

Adelt, L., Anmerkungen zu einer Psychologie des Fliegens, in: Ikarus 2 (1926) Heft 2, 38–40.

Aero (St. Louis, 5 Jge., 1910–1914).

Aeronautical Annual, The (Boston, 3 Jge., 1895–1897).

Aeronautisch-technisches Lexikon über 500 der gebräuchlichsten Worte in deutscher, englischer und französischer Sprache, in: Moedebeck (1895) 170–186.

Afanasiev, A. N. (Hg.), Narodnia rousskiia skazki, 8 Bde., Moskau 1863.

Afanasiev, A. N. (Hg.), Russische Volksmärchen, München 1987.

Agobard von Lyon, Contra insulsam vulgi opinionem de grandine et tonitruis, in: PL 104, Sp. 147–158.

Agricola, G. A., Neu- und nie erhörter, doch in der Natur und Vernunft wohlbegründeter Versuch der Universal-Vermehrung aller Bäume (...), Regensburg 1716/17.

Ahner, H., SOS in Himmelshöhen. Die großen Katastrophen der Luftfahrt, Berlin 1969 (2. Aufl.).

Ahrends, M., Fliegen ist anders, in: Die Zeit Nr. 11 (44. Jg.), 10. März 1989, 89.

Air and Space History, siehe: Pisano/Lewis.

Akahori, A., Drug Taking and Immortality, in: Kohn, L. (Hg.), Taoist Meditation and Longevity Techniques, Michigan 1989, 73–98.

Albert von Sachsen, Questiones (...) in octo libros Physicorum Aristotelis (1360), Paris 1516.

Albertus Magnus, Abhandlung von denen (...) Elementargeistern, Basel 1590.

Albrecht von Scharfenberg, siehe: Wolf.

Alciati, A., Emblematum Liber, Paris 1542 (ND Darmstadt 1967).

Allen, J. L., Aviation and Space Museums of America, New York 1975.

al-Makkarī, siehe Makkarī

Alpers, H.-J./u. a., Reclams Science Fiction Führer, Stuttgart 1982.

Ambrosius, Exameron, in: Des heiligen Kirchenlehrers Ambrosius v. Mailand ausgewählte Schriften, Kempten/München 1914.

American Aeronaute (1908 ff.).

Amiotti, A., Eagles fly over, in: Parabola 1 (1976) 28–41.

Andreae, S., Dissertatio de Simone mago, Marburg 1680.

Andres-Bonn, F., Die Himmelsreise der caraibischen Medizinmänner, in: Zeitschrift für Ethnologie 70 (1939) 331–343.

Andrian, F., Über Wetterzauberei, in: Mittheilungen d. Anthropologischen Gesellschaft in Wien 24 (1894) 1–39.

Angelucci, E., Flugzeuge. Von den Anfängen bis zum Ersten Weltkrieg, Wiesbaden 1976.

Angelucci, E. (Hg.), Weltenzyklopädie der Flugzeuge, Band I: Militärflugzeuge von 1914 bis heute, München 1981 (EA: Atlante enciclopedico degli Aeri Militari del Mondo da 1914 a oggi, Mailand 1980).

Angelucci, E. (Hg.), Weltenzyklopädie der Flugzeuge, Band II: Zivilflugzeuge von den Anfängen bis heute, München 1982 (EA: Atlante enciclopedico degli Aeri Civili del Mondo da Leonardo a oggi, Mailand 1981).

Anhorn, B., Magiologia. Christliche Warnung für dem Aberglauben und Zauberey, Basel 1674.

Ankarloo, B./Henningsen, G. (Ed.), Early Modern European Witchcraft. Centres and Peripheries, Oxford 1990.

Anthologia Palatina. Codex Palatinus et Codex Parisinus phototypice editi, hg. v. K. Preisendanz, 2 Bde., Leyden 1911.

Apostolo, G. (Hg.), Weltenzyklopädie der Flugzeuge, Band III: Hubschrauber von den Anfängen bis heute, München 1985 (EA: Atlante enciclopedico degl Elicotteri Civili e Militari del Mondo da Leonardo a oggi, Mailand 1984).

Argelander, H., Der Flieger. Eine charakteranalytische Fallstudie, Frankfurt/Main 1972.

Aristophanes, Sämtliche Komödien. hg. v. H.-J. Newiger, München 1980.

Aristoteles, Meteorologie, Berlin 1970 (= Aristoteles Werke in deutscher Übersetzung, hg. v. E. Grumach u. H. Flashar 12,1).

Aristoteles, Vom Himmel. Von der Seele. Von der Dichtkunst, übs., hg. v. Olof Gigon, München 1987.

Artemidor von Daldis, Das Traumbuch, München 1979.

Artmann, H. C., Der aeronautische Sindtbart oder Seltsame Luftreisen von Niedercalifornien nach Crain, Salzburg/Wien 1972.

Aubrey, J., Miscellanies upon the following subjects: (...) 14. Transportation in the Air (...), London 1721.

Auerbach, F., Hundert Jahre Luftschiffahrt, Breslau 1883.

Aulus Gellius, Noctium atticarum libri XX, übs. v. F. Weiss (1875/76), Bd. 2, Darmstadt 1965.

Aviatik und Avantgarde, siehe: Simmen.

Aviation (New York, 1916 ff., seit 1960: Aviation Week).

Bachelard, G., L'air et les songes: Essai sur l'imagination du mouvement, Paris 1987 (16. Auflage; EA 1943).

Bachelard, G., Psychoanalyse des Feuers, aus dem Französischen v. Hans Naumann, Stuttgart 1959.

Bächtold-Stäubli, H. (Hg.), Handwörterbuch des deutschen Aberglaubens, 10 Bde., Berlin/Leipzig 1927–1942 (ND 1987).

Bacon F., The New Atlantis, London 1627 (Übs.: Neu-Atlantis, in: Heinisch [1974], 171–215).

Bacon, F., Sylva sylvarum: or A Naturall Historie. In Ten Centuries, London 1627.

Bacon, F., Neues Organ der Wissenschaften, übs. v. A. T. Brück, Leipzig 1830 (ND Darmstadt 1981).

Bacon, R., De mirabili potestate artis et naturae (...) libellus, Paris 1542.

Bacon, R., Epistola de secretis operibus artis et naturae, Hamburg 1608.

Bachhofer, J. (Hg.), Verrückte Weisheit. Leben und Lehre Milarepas, Haldenwang 1986.

Bahr, H. (Hg.), Was ist Aufklärung? Thesen und Definitionen, Stuttgart 1974.

Bailey, J. O., Pilgrims through Space and Time. Trends and Patterns in Scientific and Utopian Fiction, New York 1947 (ND Westport 1972).

Ballantyne, A. M./Pritchard, J. L., The Lives and Work of William Samuel Henson and John Stringfellow, in: Journal of the Royal Aeronautical Society 60 (1956) 363–400.

Balss, H., Antike Astronomie, München 1949.

Baltrusaitis, J., Das phantastische Mittelalter. Antike und exotische Elemente der Kunst der Gotik, Frankfurt/Main u. a. 1985.

Baluze, E., Capitularia regum francorum, 2 Bde., Paris 1677.

Bào, B. X., Aviation et littérature. Naissance d'un héroïsme nouveau dans les lettres françaises de l'Entre-deux-Guerres, Paris 1961.

Bardenhewer, O. u. a. (Hg.), Frühchristliche Apologeten und Märtyrerakten aus dem Griechischen und Lateinischen übersetzt, 2 Bde., München/Kempten 1913.

Barlow, R. G., Infinite Worlds: Robert Burton's Cosmic Voyage, in: Journal of the History of Ideas 34 (1973) 25–100.

Barthes, R., Mythologies, New York 1972 (darin: »The Jet-Man«).

Bartsch, K. (Hg.), Denkmäler der provenzalischen Litteratur, Stuttgart 1856 (= BlVSt 39).

Barüske, H. (Hg.), Eskimo-Märchen, Düsseldorf 1969.

Basile, G. (Hg.), Der Pentamerone oder das Märchen aller Märchen, 2 Bde., Breslau o. J.

Basilov, V. N., Zur Erforschung der Überreste des Schamanismus in Zentralasien, in: Duerr (1983) 207–225.

Bastian, A., Die Völker des östlichen Asien, 6 Bde., 1866–1871.

Battisti, E./Battisti, G. S., Le macchine cifrate di Giovanni Fontana, Mailand 1984.

Bauer, M., Die Flugzeughandschrift des Melchior Bauer (Ed. F. v. Schneider), Rudolstadt 1924.

Bauer, W., China und die Hoffnung auf Glück, München 1989.

Baumann, H., Schöpfung und Urzeit des Menschen im Mythus der afrikanischen Völker, 1936.

Bayer, A. (Hg.), Schachnahme, 3 Bde., Berlin 1890–1895.

Bayle, P., Historisches und critisches Wörterbuch, nach der neuesten Ausgabe von 1740 ins Deutsche übersetzt, 4 Bde., hg. v. J. Ch. Gottsched, Leipzig 1741–1744.

Beazley, J. D., Icarus, in: Journal of Hellenic Studies 47 (1927) 222–233.

Becher, J. J., Theoria et experientia de novis temporis (...), 1680.

Becher, J. J., Närrische Weisheit und Weise Narrheit, Frankfurt 1682.

Becher, J. R., Gedichte (1911–1918), München 1973.

Bechtle, O. W. (Hg.), Flug in die Unendlichkeit. Fliegergeschichten, München 1987.

Becker, B., Dreams and Realities in the Conquest of the Skies, New York 1967.

Behringer, W., Hexenverfolgung in Bayern. Volksmagie, Glaubenseifer und Staatsräson in der Frühen Neuzeit, München 1987.

Behringer, W. (Hg.), Hexen und Hexenprozesse in Deutschland, München 1988 (= dtv-dokumente).

Behringer, W., Freier Flug der Phantasie. Die Wiederkehr der alten Mythen, in: Frankfurter Allgemeine Zeitung Nr. 176, 1. August 1990, N3–N4.

Beit, H. v., Symbolik des Märchens, 3 Bde., Bern 1952–1957.

Beitl, R., Wörterbuch der deutschen Volkskunde, Stuttgart 1974.

Bekker, B., Die bezauberte Welt, 4 Bde., Amsterdam 1693.

Belon, P., L'histoire de la nature des oyseaux, Paris 1555.

Bellamy, E., Ein Rückblick aus dem Jahre 2000 auf 1887. Mit einem Vorwort von Clara Zetkin, 1888.

Bender, H. (Hg.), Sonne, Mond und Sterne. Gedichte, Prosa und Bilder, Frankfurt/ Main 1976.

Benedict, R., The Vision in Plains Culture, in: American Anthropologist 24 (1922), 1–23.

Benesch, H. (Hg.), dtv-Wörterbuch zur Klinischen Psychologie, 2 Bde., München 1981.

Benfey, T. (Hg.), Pantschatantra, 2 Bde., Leipzig 1859.

Benz, R. (Hg.), Die Legenda aurea des Jacobus de Voragine, Kempten 1984.

Bère, R. de la (Ed.), Icarus: An Anthology of the Poetry of Flight, London 1938.

Berefelt, G., A Study on the Winged Angel: The Origin of a Motif, Stockholm 1968.

Berendt, G., Die Entwicklung der Marktstruktur im internationalen Luftverkehr, Berlin 1961.

Bergerac, Cyrano de, Mondstaaten und Sonnenreiche, München 1986 (nach: Œuvres complètes, Paris 1977; EA Paris 1657/1662).

Bergerac, Cyrano de, Die andere Welt oder die Staaten und Reiche des Mondes, in: Ders., Mondstaaten und Sonnenreiche, München 1986, 17–128.

Bergerac, Cyrano de, Die Staaten und Reiche der Sonne, in: Ders., Mondstaaten und Sonnenreiche, München 1986, 129–263.

Bernardinus Senensis Sanctus, Opera Omnia, hg. v. Joannes de la Haye, Bd. 1, Venedig 1745.

Berndt, R. M., Australian Aboriginal Anthropology, Leiden 1974.

Berthold von Regensburg. Vollständige Ausgabe seiner Predigten mit Anmerkungen und Wörterbuch, Bd. 1, hg. v. F. Pfeiffer, Wien 1862.

Besser, R., Technik und Geschichte der Hubschrauber. Von Leonardo da Vinci bis zur Gegenwart, 2 Bde., München 1982.

Betz, E.-M., Wieland der Schmied. Materialien zur Wielandüberlieferung, Erlangen 1973.

Beyerlinck, L., Magnum Theatrum vitae humanae, Köln 1631.

Bharati, A., Mundus vult decipi: Falsche Lamas, ein Märchentibet und vermischte Esoterica, in: Duerr (1987) 38–57.

Bickermann, E., Die römische Kaiserapotheose, in: Archiv für Religionswissenschaft 27 (1929) 1–34.

Biedermann, H., Handlexikon der magischen Künste, 2 Bde., Graz 1986 (3. Aufl.).

Binswanger, L., Wandlungen in der Auffassung und Deutung des Traumes von den Griechen bis zur Gegenwart, Berlin 1928.

Birkhan, H., Germanen und Kelten bis zum Ausgang der Römerzeit. Der Aussagewert von Wörtern und Sachen für die frühesten keltisch-germanischen Kulturbeziehungen, Wien 1970.

Blanchard, J.-P., Bericht vom Flug am 23. Mai 1784, in: Riha (1983), 64–65.

Blanchard, J.-P., An seine Zuschauer in Frankfurt am Main, 1785, in: Riha (1983) 66–67.

Bleibtreu-Ehrenberg, G., Der Schamane als Meister der Imagination oder die hohe Kunst des Fliegenkönnens, in: Duerr (1989) 49–71.

Bley, W., Sie waren die Ersten... Erstleistungen bei der Eroberung des Luftraumes, Leipzig 1940.

Bloch, E., Das Prinzip Hoffnung, Frankfurt/Main 1976 (3. Aufl.; EA 1959).

Blofeld, J., Der Taoismus oder Die Suche nach Unsterblichkeit, München 1988.

Blok, H. P., Zur altägyptischen Vorstellung der Himmelsleiter, in: Acta Orientalia 6 (1928) 257–269.

Blumenberg, H., Die kopernikanische Wende, Frankfurt/Main 1965.

Blumenberg, H., Der Prozeß der theoretischen Neugierde, Frankfurt/Main 1973.

Boaistuau, P., Bref discours de l'excellence et dignité de l'homme, Anhang zu: Le Theatre du Monde, Paris 1558.

Boas, F., Indianische Sagen von der nord-pacifischen Küste Amerikas, Berlin 1895.

Bodin, J., De daemonomania magorum, Straßburg 1581.

Boehmer, R. M., Die Entwicklung der Glyptik während der Akkad-Zeit, Berlin 1965 (= Untersuchungen zur Assyrologie und vorderasiatischen Archäologie 4).

Boffito, G., La posizione di Aristoteli nella storia dell'aeronautica, in: Rivista di filologia e di istruzione classica 48 (1920) 258–266.

Boffito, G., Il volo in Italia. Storia Documentata e anecdotica dell'aeronautica e dell'aviazione in Italia, Florenz 1921.

Boffito, G., Bibliotheca aeronautica Italiana illustrata, Florenz 1929 (Suppl. 2. Aufl. 1937).

Bogoras, W., Chukchee Mythology, Leiden/New York 1910.

Bogoras, W., Ideas of Space and Time in the Conception of Primitive Religion, in: American Anthropologist 27 (1925) 205–266.

Böhme, G./van den Dale, W./Krohn, W., Experimentelle Philosophie. Ursprünge autonomer Wissenschaftsentwicklung, Frankfurt/Main 1977.

Bölsche, W., Drachen. Sage und Naturwissenschaft, Stuttgart 1929.

Bolte, J./Polivka, G., Anmerkungen zu den Kinder- und Hausmärchen der Brüder Grimm, 5 Bde., Leipzig 1913–1932.

Bonnet, H., Reallexikon der ägyptischen Religionsgeschichte, Berlin 1952.

Borelli, A., De motu animalium (. . .), 2 Bde., Rom 1680/81.

Borst, A., Lebensformen im Mittelalter, Frankfurt/Main / Berlin 1979.

Borst, A., Alpine Mentalität und europäischer Horizont im Mittelalter, in: Ders., Barbaren, Ketzer und Artisten. Welten des Mittelalters, München 1988, 471–527.

Boshof, E., Erzbischof Agobard von Lyon. Leben und Werk, Köln/Wien 1969.

Bošković-Stulli, M., Kresnik-krsnik, ein Wesen aus der kroatischen und slovenischen Volksüberlieferung, in: Fabula 3 (1959/60) 275–298.

Botting, D., Die Luftschiffe, Amsterdam 1981.

Bourdieu, P., Das Haus oder die verkehrte Welt, in: Ders., Entwurf einer Theorie der Praxis, Frankfurt/Main 1979, 48–65.

Bourgeois, D., Recherches sur l'art de voler, depuis la plus haute antiquité jusqu'à ces jours, Paris 1784.

Bousset, W., Die Himmelsreise der Seele, in: Archiv für Religionswissenschaft 4 (1901) 136–169, 229–273.

Boyle, R., The General History of the Air, London 1692.

Boyne, W. J., Faszination Flugzeug. Ein Jahrhundert Spitzenleistungen der Luftfahrttechnik, München 1988 (EA: The Leading Edge, New York 1986).

Bradatsch, G./Schmidt, J. (Hg.), Deutsche Volksbücher, Leipzig 1986.

Bradbury, R., Ikaros Montgolfier Wright, in: Ders., Medizin für Melancholie, Zürich 1981, 83–90.

Brant, S., Das Narrenschiff, neu hg. v. H. J. Mähl, Stuttgart 1964.

Brant, S., Das Narrenschiff. Text und Holzschnitte der Erstausgabe von 1494. Zusätze der Ausgaben 1495 und 1499, Frankfurt/Main 1980.

Braun, H.-J., Fertigungsprozesse im deutschen Flugzeugbau 1926–1945, in: Technikgeschichte 57 (1990) 111–135.

Braun, E., Zwölf Basreliefs griechischer Erfindung aus Palazzo Spada, dem capitolinischen Museum und Villa Albani, hg. durch d. Institut für archaeologische Correspondenz, Rom 1845.

Braun, W. v./Ordway, F. I., History of Rocketry and Space Travel, New York 1966.

Braunburg, R., Kranich in der Sonne. Die Geschichte der Lufthansa, München 1978.

Braunburg, R. (Hg.), Auf dem Wind. Die schönsten Geschichten vom Fliegen, München 1983.

Brecht, B., Ulm 1592, in: Ders., Kalendergeschichten, Hamburg 1970, 37.

Brecht, B., Der Ozeanflug, in: Braunburg (1983) 310–326.

Brenner, O. (Hg.), Speculum regale. Ein altnorwegischer Dialog nach Cod. Arnamagn. 243 Fol. B und den ältesten Fragmenten, München 1881.

Bretzner, C. F., Die Luftbälle, oder: Der Liebhaber à la Montgolfier. Eine Posse in zween Akten, Leipzig 1786.

Breysig, K., Geschichte der Seele, Breslau 1931.

Bridges, M. (Ed.), Markings. Aerial Views of Sacred Landscapes, Oxford 1986.

Brischar, J. N. (Hg.), Die katholischen Kanzelredner Deutschlands seit den letzten Jahrhunderten, Bd. 2, Schaffhausen 1867.

Brockett, P. (Hg.), Bibliography of Aeronautics (Smithsonian Miscellaneous Collections Vol. 55), Washington 1910.

Brockhaus Enzyklopädie in 24 Bänden, 19. völlig neu bearbeitete Auflage, Mannheim 1986 ff.

Brockhaus (Hg.), Kathasaritsagara, die Märchensammlung des Somaveda Bhatta aus Kaschmir, 2 Bde., Leipzig 1843.

Brockhaus, H., Die Kunst in den Athosklöstern, Leipzig 1891.

Brown, C. L. M., The Conquest of the Air, an Historical Survey, London 1927.

Bruce, J. D., Human Automata in Classical Tradition and Medieval Romance, in: Modern Philology 10 (1912–1913) 511–526.

Bruel, F. L., Histoire Aéronautique par les Monuments peints, sculptés, dessinés et gravés des Origines à 1830, Paris 1909.

Brunner, H., Die poetische Insel. Inseln und Inselvorstellungen in der deutschen Literatur, Stuttgart 1967.

Bruno, G., Das Aschermittwochsmahl, Frankfurt/Main 1981.

Brütting, G., Die berühmtesten Segelflugzeuge, Stuttgart 1977.

Brütting, G., Das Buch der deutschen Fluggeschichte, Stuttgart 1979.

Buber, M. (Hg.), Chinesische Geister- und Liebesgeschichten, Frankfurt/Main 1911.

Büchmann, G., Geflügelte Worte, 1972 (32. Aufl., EA 1864).

Büchner, G. H., Merkwürdige Beyträge zu dem Weltlauf der Gelehrten III, Langensalza 1766.

Budge, A. T. W., The Book of Opening the Mouth, London 1909.

Budge, E. A. W., The Life and Exploits of Alexander the Great, being a series of Translations of the Ethiopic Histories by the Pseudo-Callisthenes and other Writers, London 1896.

Bühel, J. A./Baier, J. W., De aquila et musca ferrea, quae mechanico artificio apud Norimbergensis quondam volitasse feruntur, Altdorf 1707.

Bürger, G. A., Wunderbare Reisen zu Wasser und zu Lande, Feldzüge und lustige Abenteuer des Freiherren von Münchhausen, Leipzig o. J.

Brunt, S., A Voyage to Cacklogallinia, London 1727.

Buddhaghosa, Visuddhi-Magga, Konstanz 1975.

Buntz, H., Die deutsche Alexanderdichtung des Mittelalters, Stuttgart 1973.

Burggravius, J. E., Achilles Redivivus, seu panoplia physico-vulcania, Amsterdam 1612.

Burgundius, H., De volatu, in: Morei, G. M., Arcadum carmina II, Rom 1756.

Buridan, J., Quaestiones. Super Libris Quattuor de Caelo et Mundo, hg. v. E. A. Moody, Cambridge/Mass. 1942.

Burke, P., Die Renaissance in Italien. Sozialgeschichte einer Kultur zwischen Tradition und Erfindung, Berlin 1984 (EA London 1972).

Burke, P., Für eine Geschichte des Traumes, in: Freibeuter 27 (1986), 50–66.

Butler, E. M., The Myth of Magus, Cambridge 1948.

Butler, K. M., »My Uncle Went to the Moon«, in: Artscanada Nr. 184–187 (Dez. 1973/Jan. 1974) 154–158.

Cailhava d'Estendoux, J. F., Arlequin-Mahomet, ou le cabriolet volant, Paris 1770.

Calder, R., Leonardo and the Age of the Eye, New York 1970.

Cambridge Medieval History, The, planned by J. B. Bury, ed. by H. M. Gwatkin, J. P. Whitney u. a., Bd. 1–8, Cambridge 1975–1980.

Campanella, T., Civitas Solis, Frankfurt/Main 1623 (Übs.: Der Sonnenstaat, in: Heinisch [1960], 111–169).

Campbell, J., The Flight of the Wild Gander: Explorations in the Mythological Dimension, South Bend 1979.

Campe, J. H., Sammlung interessanter ... Reisebeschreibungen, 12 Bde., 1786–1793.

Canetti, E., Die Provinz des Menschen, München 1973.

Cantril, H., The Invasion from Mars, Princeton 1940.

Capelle, W., Die Vorsokratiker. Fragmente und Quellenberichte, Leipzig 1953.

Caramuel Lobkowitz, siehe: Lobkowitz.

Cardanus, H., De subtilitate libri XXI, Nürnberg 1550.

Cardanus, H., Offenbarung der Natur und natürlicher Dingen, auch mancherley subtiler Wirkungen, übs. v. H. Pantaleon, Basel 1554.

Cardanus, H., De rerum varietate, Basel 1557.

Cardanus, H., Traumbuch. Warhafftige, gewüsse und unbetrügliche underweisung, wie allerhandt Träum, Erscheinungen und nächtliche gesicht ... erklärt und ausgeleget werden sollen, Basel 1563 (EA lat. Basel 1562).

Cary, G., The Medieval Alexander, hg. v. J. A. Ross, Cambridge 1956 (RE 1967).

Cassius Dio, Römische Geschichte, 5 Bde., Zürich/München 1985–87.

Castrén, M. A., Ethnologische Vorlesungen über die altaischen Völker, St. Petersburg 1857.

Cavallo, T., The History and Practice of Aerostation, London 1785.

Cavallo, T., Geschichte und Praxis der Aerostatik, Leipzig 1786.

Cayley, G., On Aerial Navigation, in: Nicholson's Philosophical Journal 25 (1810) 81–174.

Cayley, G., On the Principles of Aerial Navigation, in: Mechanics Magazine 38 (1843).

Cayley, G., Practical remarks on aerial navigation, London 1937.

Chagall, M., Mein Leben, Stuttgart 1959.

Chambe, R., Histoire de l'Aviation, Paris 1980.

Chang Shuhong, Li Cheng Xian, The Flying Devis of Dunhuang, hg. v. China Travel and Tourist Press, Peking 1980.

Chanute, O., Progress in Flying Machines, New York 1894.

Chanute, O., Amerikanische Gleitflugversuche, in: IAM 2 (1898) 9–12.

Chanute, O., How to learn to fly, in: American Aeronaut 1 (1908) 199–203.

Charles, R. H., The Ascension of Isaiah, London 1900.

Christ, O., Wie erlangt der mit Schwebeflügeln versehene Mensch die für den Beginn des Fluges erforderliche Geschwindigkeit, in: ZfL 11 (1892) 211–212.

Cianchi, M., Die Maschinen Leonardo da Vincis, Florenz 1988.

Cicero, M. T., Der Traum des Scipio, Leipzig 1793.

Civil, M., The Sumerian Flood Story, in· W. G. Lambert/A. R. Millard, Atra-hasīs. The Babylonian Story of the Flood, Oxford 1969, 138–145.

Clagett, M., The Science of Mechanics in the Middle Ages, Madison 1959.

Clagett, M., Archimedes in the Middle Ages, Bd. I, The Arabo-Latin Tradition, Madison 1964.

Clarke, A. C., 2001 – Odyssee im Weltraum, Düsseldorf 1969.

Clarke, A. C., Fahrstuhl zu den Sternen, Rastatt 1979.

Cohen, R. N., The Men Who Gave Us Wings, New York 1944.

Cohn, N., Europe's Inner Demons, London 1975.

Comfort, A., Natur und menschliche Natur, Reinbek 1970 (EA 1966).

Contzen, A., Methodus civilis doctrinae seu Abissini regis historia, Köln 1628.

Conybeare, F. C./Harris, J. R./Lewis, A. S., The Story of Ahikar from the Aramaic, Syriac, Arabic, Armenian, Ethiopic, Old Turkish, Greek and Slavoniac Versions, Cambridge 1913.

Coomaraswamy, A. K., Figures of Speech and Figures of Thought, London 1946.

Cooper, J. C., Der Weg des Tao. Eine Einführung in die älteste chinesische Weisheitslehre, Bern/München/Wien 1972.

Cooper, J. C., Chinese Alchemy. The Taoist Quest for Immortality, Wellingborough 1984.

Copernicus, N., Über die Kreisbewegungen der Weltkörper, übs. v. C. L. Menzzer, Thorn 1879.

Corn, J. C., The Winged Gospel. America's Romance with Aviation, 1900–1950, New York 1983.

Cowell, E. B. (Ed.), The Jataka or Stories of the Buddha's Former Births, 5 Bde., London 1969.

Coxhead, D./Hiller, S., Dreams. Visions of the Night, London 1976 (ND 1990).

Cranz, D., Historie von Grönland, Frankfurt/M./Leipzig 1780.

Crescenzo, L. de, Sokrates und die Ufos, in: Ders., Oi Dialogoi. Von der Kunst, miteinander zu reden, Zürich 1987, 147–153.

Crispoli, C., Perugia Augusta, Perugia 1648.

Crombie, A. C., Robert Grosseteste and the Origins of Experimental Science 1100–1700, Oxford 1953.

Crombie, A. C., Von Augustinus zu Galilei. Die Emanzipation der Naturwissenschaft, München 1977 (2. dt. Aufl.; EA 1959).

Culianu, I. P., Le vol magique dans l'antiquité tardive, in: Revue de l'Histoire des Religions 198 (1981) 56–66.

Cusanus, N., De docta ignorantia, hg. v. P. Wilpert, Hamburg 1967.

Dalfen, J., Politik und Utopie in den ›Vögeln‹ des Aristophanes, in: Bollettino dell'istituto di Filologia Greca 2 (1975).

Daneau, L., Zwey Gespräch. Das erste von Zauberern, das andere von Hexen und Unholden, Frankfurt 1576 (EA Genf 1564).

Däniken, E. von, Zurück zu den Sternen, Düsseldorf/Wien 1969.

Dante, A., Die Göttliche Komödie, München 1987 (nach der EA 1472).

Darmon, J. E., Dictionnaire des estampes et livres illustrés sur les ballons et machines volants des débuts jusques vers 1880 avec leur prix, Montpellier 1929.

Degen, J., Beschreibung einer Flugmaschine, Wien 1808.

Dégh, L., UFO's and How Folklorists Should Look at Them, in: Fabula 18 (1977) 242–248.

Delrio, M. A., Disquisitionum magicarum libri sex, Löwen 1599/1600 (18. Aufl., Köln 1633).

Demandt, A., Verformungstendenzen in der Überlieferung antiker Sonnen- und Mondfinsternisse, Mainz 1970.

Denk, F., Zwei mittelalterliche Dokumente zur Fluggeschichte und ihre Deutung, Sonderabdruck der Physikalisch-medizinischen Sozietät zu Erlangen, Bd. 71 (1939) 353–368.

Denker, R., Luftfahrt auf montgolfiersche Art in Goethes Dichten und Denken, in: Jahrbuch der Goethe-Gesellschaft 26 (1964) 181–198.

Dequelor, C., Les Oiseaux, messagers des dieux, Paris 1975.

Der aerostatische Zuschauer, oder Beschreibung einer Luftreise nach verschiedenen Weltgegenden, Leipzig 1788.

Der fliegende Wandersmann nach dem Mond (...), Wolfenbüttel 1659.

Deuel, L., Kulturen vor Kolumbus. Das Abenteuer der Archäologie in Lateinamerika. Ein historischer Überblick in Originalberichten, München 1975.

Dick, S. J., Plurality of Worlds. The Origins of the Extraterrestrial Life Debate from Democritus to Kant, Cambridge 1982.

Die geschwinde Reise auf dem Lufft-Schiff, siehe: Kindermann (1744).

Die Kunst zu fliegen, oder Geschichte aller Luftfahrten, von Dädalus bis auf die neuesten Versuche, Wien 1808.

Diels, H., Doxographi Graeci, Berlin 1879.

Diels, H., Himmels- und Höllenfahrten von Homer bis Dante, in: Ilbergs Jahrbücher 49 (1922) 239–253.

Dieterich, A., Eine Mithrasliturgie, hg. v. O. Weinreich, Leipzig/Berlin 1923 (ND Stuttgart 1966).

Dietter, C. L., Der Luftballon (Singspiel), Stuttgart 1789.

Dijksterhuis, E. J., Die Mechanisierung des Weltbildes, Berlin/Göttingen/Heidelberg 1956.

Dimitrokallis, G., L'Ascensione di Alessandro Magno nell'Italia de Medioevo, in: Thesaurismata 4 (1967) 214–222.

Dinzelbacher, P., Die Jenseitsbrücke im Mittelalter, Wien 1973.

Dinzelbacher, P., Vision und Visionsliteratur im Mittelalter, Stuttgart 1981.

Diószegi, V. (Hg.), Glaubenswelt und Folklore der Sibirischen Völker, Budapest 1963.

Dollfus, Ch./Bouché, H. (Ed.), Histoire de l'aéronautique, Paris 1932.

Dollfus, Ch./Beaubois, H./Rougeron, C. (Ed.), L'homme, l'air et l'espace. Aéronautique – Astronautique, Paris 1965.

Doerfer, G. (Hg.), Sibirische Märchen, Bd. 2, Tungusen und Jakuten, Düsseldorf/Köln 1983.

Doppler, A., Der Abgrund. Studien zur Bedeutungsgeschichte eines Motivs, Graz/u. a. 1968.

Dörpinghaus, R., Die deutsche Luft- und Raumfahrtindustrie, in: Lufthansa Jahrbuch '89, 120–131.

Douhet, G., Il Dominio dell'Aria, e altri scritti, Mailand 1932.

Drachenflieger gleitschirm-magazin. Offizielles Organ für Hängegleiter-, Ultraleicht- und Gleitschirm-Piloten, -Verbände und Hersteller (München).

Dreecken, I./Schneider, W. (Hg.), Die schönsten Sagen aus der Neuen Welt, München o. J.

Drieberg, F. von, Das Daedaleon, eine neue Flugmaschine, Berlin 1845.

Drößler, R., Als die Sterne Götter waren. Sonne, Mond und Sterne im Spiegel von Archäologie, Kunst und Kult, Leipzig 1976.

Duden Etymologie. Herkunftswörterbuch der deutschen Sprache (= Duden Band 7), Mannheim/u. a. 1963.

Duerr, H. P., Traumzeit. Über die Grenze zwischen Wildnis und Zivilisation, Frankfurt/Main 1978 (zit. nach der 6. Aufl. 1982).

Duerr, H. P. (Hg.), Der Wissenschaftler und das Irrationale, 2 Bde., Frankfurt/Main 1981.

Duerr, H. P., Über die Grenzen der seriösen Völkerkunde – oder: Können Hexen fliegen?, in: Schmied-Kowarzik/Stagl (1981).

Duerr, H. P. (Hg.), Sehnsucht nach dem Ursprung. Zu Mircea Eliade, Frankfurt/M. 1983.

Duerr, H. P. (Hg.), Die Mitte der Welt. Aufsätze zu Mircea Eliade, Frankfurt/Main 1984.

Duerr, H. P. (Hg.), Authentizität und Betrug in der Ethnologie, Frankfurt/Main 1987.

Duerr, H. P. (Hg.), Alcheringa oder die beginnende Zeit. Studien zu Mythologie, Schamanismus und Religion, Frankfurt/Main 1989.

Duhem, J., Une théorie de la locomotion aérienne, in: Mercure de France Nr. 263, 1. November 1935, 515–545.

Duhem, J., Histoire des idées aéronautiques avant Montgolfier, Paris 1943.

Duhem, J., Musée aéronautique avant Montgolfier, Paris 1944.

Duhem, P., Etudes sur Léonard da Vinci, 3 Bde., Paris 1906–1913.

Duhem, P., Le système du monde. Histoire des doctrines cosmologiques de Platon à Copernic, 10 Bde., Paris 1913–1959 (ND 1977).

Dülmen, R. van (Hg.), Hexenwelten. Magie und Imagination vom 16.–20. Jahrhundert, Frankfurt/Main 1987.

Dülmen, R. van, Imaginationen des Teuflischen. Nächtliche Zusammenkünfte, Hexentänze, Teufelssabbate, in: Ders. (1987) 94–131.

Easley, B., Witch-Hunting, Magic and the New Philosophy. An Introduction to the Debates of the Scientific Revolution, Brighton 1980.

Eastman, M., Out-of-the-Body-Experiences, in: Proceedings of the Society of Psychical Research 53 (1962) 287–309.

Ebner, E., Geographische Hinweise und Anklänge in Plutarchs Schrift: De facie in orbe lunae, München 1906.

Eberhard, W., Lexikon chinesischer Symbole. Die Bildersprache der Chinesen, München 1989.

Ebermann, O., Sagen der Technik, Leipzig 1930.

Eckert, A., Am Himmel ohne Motor. Wie der Mensch in den Himmel kam. Frühgeschichte der Luftfahrt. Ballonflug, Segelflug, Fallschirm, Drachenflug, Augsburg 1975.

Eckhardt, G. W., Montgolfiers Luftball, eine poetische Declamation, Berlin 1784.

Eckhardt, G. W., Der Luftwagen oder die Reise in den Mond. Aus dem Franz. der Freifrau von V. übersetzt, Straßburg 1784.

Edda. Die Lieder des Codex Regius nebst verwandten Denkmälern, 2 Bde., hg. v. Gustav Neckel, Heidelberg 1962.

Ehrmann, F. L., Montgolfiersche Luftkörper oder Aerostatische Maschinen. Nebst einer Beschreibung der zwo ersten Reisen durch die Luft, Straßburg 1784.

Eliade, M., Patterns of Comparative Religion, New York 1958.

Eliade, M., Der magische Flug, in: Antaios 1 (1959) 1–12.

Eliade, M., Mythen, Träume und Mysterien, Salzburg 1961 (EA New York 1960).

Eliade, M., Schamanismus und archaische Ekstasetechnik, Frankfurt/Main 1975 (EA Paris 1951; deutsch Zürich 1957, erweitert New York 1964).

Eliade, M., Geschichte der religiösen Ideen. Quellentexte, übs. und hg. v. G. Lanczkowski, Freiburg/Basel/Wien 1981 (EA New York 1977).

Eliade, M. (Ed.), The Encyclopedia of Religion, 15 Bde., New York 1987.

Eliade, M., Die Religionen und das Heilige, Frankfurt/Main 1989.

Ellinger, J., Hexen-Coppel, Frankfurt/Main 1628.

Ellis, H., Die Welt der Träume, Würzburg 1911 (EA: The World of Dreams, London 1911).

Emblemata, siehe: Henkel/Schöne.

Embler, W., Flight. A Study of Time and Philosophy and the Arts in the Twentieth Century, in: Arts in Society, Madison 1971, 306–323.

Emme, E. M. (Ed.), Two Hundred Years of Flight in America, San Diego/Calif. 1977.

Endter, A., Die Sage vom wilden Jäger und von der Wilden Jagd, Frankfurt/Main 1933.

Engmann, E., Dissertatio astronomico-physica de luna non habitabili, 1740.

Encyclopaedia of Islam, The, ed. by H. A. R. Gibb u. a., 6 Bde., London/Leiden 1960–1989.

Enzyklopädie des Märchens. Handwörterbuch zur historischen und vergleichenden Märchenforschung, hg. v. Kurt Ranke u. a., Berlin/New York 1975 ff.

Erasmus von Rotterdam, Die Heiligsprechung des Reuchlin (1519), in: Colloquia familiaria (Vertraute Gespräche), Essen o. J. (ND der Ausgabe Köln 1947)

Erichsen, F. (Übertr.), Die Geschichte Thidreks von Bern, Jena 1924.

Erman, A., Die Sonnensöhne, in: Archiv für die wissenschaftliche Kunde von Rußland 12 (1853) 54–61.

Erman, A., Die Literatur der Ägypter. Gedichte, Erzählungen und Lehrbücher aus dem dritten und zweiten Jahrtausend vor Christus, Leipzig 1923.

Ersch, J. S./Gruber, J. S. (Hg.), Allgemeine Encyclopädie der Wissenschaften und Künste (. . .), Leipzig 1818–1890.

Escher, G., Im Zeichen der vierten Dimension. Das Flugzeug aus kunsthistorischer Sicht 1903–1930, Köln 1978.

Essen, G.-W./Tsering Tashi Thinbo, Die Götter des Himalaya. Buddhistische Kunst Tibets, München 1989.

Euripides, Bellerophontis, in: Tragicorum Graecorum Fragmenta, hg. v. A. Nauck, Leipzig 1889, 443–453.

Euripides, Stheneboia, in: Tragicorum Graecorum Fragmenta, hg. v. A. Nauck, Leipzig 1889, 567–572.

Eusebius, Kirchengeschichte, hg. v. E. Schwartz, Leipzig 1914.

Evans, A., The Palace of Minos: A Comparative Account of the Successive Stages of the Early Cretan Civilization as illustrated by the discoveries at Knossos, Bd. 1, London 1921.

Evans-Pritchard, E. E., Hexerei, Orakel und Magie bei den Azande, Frankfurt/Main 1978 (EA London 1937).

Exner, S., Die Physiologie des Fliegens und Schwebens in den bildenden Künsten, Wien 1882.

Ezell, E. C., The Heroic Era of Manned Space Flight, in: Emme (1977) 213–253.

Faller, O., De priorum saeculorum silentio circa assumptionem B. M. V., Rom 1946.

Farmer, J. H., Celluloid Wings, 1984.

Faujas de Saint Fond, B., Description des Expériences de la Machine Aérostatique de MM. de Montgolfier, Paris 1783.

Faujas de Saint Fond, B., Beschreibung der Versuche mit den aerostatischen Maschinen, Leipzig 1784.

Faujas de Saint Fond, B., Beschreibung der Versuche mit der Luftkugel, welche sowohl die Herren Montgolfier, als andere gemacht haben, Wien 1785.

Faulkner, R. O., The Ancient Egyptian Coffin Texts, I–III, Warminster 1973–1978.

Fauth, W., Catena aurea. Zu den Bedeutungsvarianten eines kosmischen Sinnbildes, in: Archiv für Kulturgeschichte 56 (1974) 270–295.

Fauth, W., Narrative Spielarten in den Erzählungen von Himmelsseil, Himmelsleiter und kosmischer Kette, in: Fabula 24 (1983) 86–109.

Federn, P., Über zwei typische Traumsensationen, in: Jahrbuch für Psychoanalyse 6 (1914) 89–134.

Fehr, J., Der Aberglaube und die katholische Kirche des Mittelalters, Stuttgart 1857.

Feldhaus, F. M., Luftfahrten einst und jetzt, Berlin 1908.

Feldhaus, F. M., Die Darstellung einer Luftfahrt von 1320, in: IAM 13 (1909) 134–135.

Feldhaus, F. M., Ruhmesblätter der Technik, Leipzig 1910.

Feldhaus, F. M., Leonardo, der Techniker und Erfinder, Jena 1913.

Feldhaus, F. M., Die Technik. Ein Lexikon der Vorzeit, der geschichtlichen Zeit und der Naturvölker, Wiesbaden 1970 (EA 1914).

Feldhaus, F. M., Altmeister des Segelfluges, Sangershausen 1927.

Feldhaus, F. M., »Die Flieger« von Goya, in: Ikarus 4 (1928), Heft 4, 13–14.

Feldhaus, F. M., Luftfahrt-Sagen, in: Ikarus 4 (1928), Heft 10, 37–44.

Feldhaus, F. M., Kulturgeschichte der Technik, 2 Bde., Berlin 1928.

Fellmann, F., Scholastik und kosmologische Reform, Münster 1971.

Fellner, A., Fluggedanke und Luftschiff im Spiegel der schwäbischen Literatur, Diss. Wien 1910.

Ferber, F., Die Kunst zu fliegen, ihre Anfänge – ihre Entwicklung, Berlin 1910.

Findeisen, H./Gehrts, H., Die Schamanen, Jagdhelfer und Ratgeber, Seelenfahrer, Künder und Heiler, München 1989 (2. Aufl.).

Firth, R., The Meaning of Dreams, in: Tikopia Ritual and Belief, Boston 1967, 162–173.

Fischer, H. A., Bellerophon. Eine mythologische Abhandlung, Leipzig 1851.

Fischer, P., Fliegende Mönche. Katholische Priester und Luftfahrt, Oberammergau 1955.

Flammarion, C., Voyages en ballon, Paris 1881.

Flayder, F. H., De arte volandi, Tübingen 1628.

Flayder, F. H./Oswald, J./Brenizer, J.-U., Curieuse Gedanken von der Kunst zu Fliegen (. . .), Frankfurt/Main/u. a. 1737.

Flugsicherungsbericht der Bundesregierung, in: Lufthansa Jahrbuch '89, 190–195.

Folie, L. G. de la, Der Philosoph ohne Anspruch oder der seltene Mann, Frankfurt/Main 1781 (EA Paris 1775).

Folklore Fellows Communications (= FFC), Helsinki 1907 ff.

Fontana, siehe: Battisti.

Fontenelle, B. le Bovier de, Dialogen über die Mehrheit der Welten, übs. v. J. E. Bode, Berlin 1780 (EA: Entretien sur la pluralité des Mondes, Paris 1686).

Förster, T., Kunst in Afrika, Köln 1988.

Fraenger, W., Hieronymus Bosch, Dresden 1975.

Francisci, E., Der Wunder-reiche Überzug unserer Nider-Welt, oder Erd-umgebende Lufft-Kreys, Nürnberg 1680.

Frankfort, H., Kingship and Gods, Chicago 1948.

Frenzel, E., Stoffe der Weltliteratur, Stuttgart 1983 (6. Aufl.).

Frescheur, siehe: Lohmeier.

Frazer, J. G., The Golden Bough. A Study in Magic and Religion, 3 Bde., London 1900 (2. Aufl.).

Freud, S., Die Traumdeutung (1900), Frankfurt/Main 1961.

Freud, S., Eine Kindheitserinnerung des Leonardo da Vinci (1910), in: Gesammelte Werke, London 1943, Bd. VIII, 127–211 (ND Frankfurt/Main 1982).

Freud, S./Oppenheim, D. E., Träume in Folklore (ca. 1910), in: Freud, S., Über Träume und Traumdeutungen, Frankfurt/Main 1971, 53–75 (EA in: Dreams in Folklore, Teil 2, New York 1958, 69–111).

Freud, S., Studienausgabe, 11 Bde., Frankfurt/Main 1972–1976.

Freund, E., Eine mehr als tausendjährige Illusion des menschlichen Geistes und ihre Folgen, Wien 1899.

Freydank, H., Die Tierfabel im Etana-Mythus, in: Mitteilungen des Instituts für Orientforschung 17 (1971) 1–13.

Friedrich II. von Hohenstaufen, De arte venandi cum avibus (Ms. nach 1258), Graz 1969.

Fries, L., Antike Himmelfahrten, in: Ikarus 3 (1927), Heft 7, 18.

Frobenius, L. (Hg.), Atlantis: Volksdichtung und Volksmärchen Afrikas, 12 Bde., Jena 1921–1928.

Fromm, E., Die Furcht vor der Freiheit, Frankfurt/Main 1966 (EA: Escape from Freedom, London 1942).

Fromm, E., Märchen, Mythen, Träume. Eine Einführung in das Verständnis einer vergessenen Sprache, Reinbek 1988 (EA: The Forgotten Language. An Introduction to the Understanding of Dreams, Fairy Tales, and Myths, New York 1951).

Frontisi-Ducroux, F., Dédale, Mythologie de l'artisan en Grèce ancienne, Paris 1975.

Früh, S. (Hg.), Märchen von Schwanenfrauen und verzauberten Jünglingen, Frankfurt/Main 1988.

Funk, F. X., Didascalia et Constitutiones Apostolorum, Bd. 1, Paderborn 1905.

Furtwängler, A., Antike Gemmen, Leipzig/Berlin 1900.

Gadamer, H. G./Vogler, P. (Hg.), Neue Anthropologie, Bd. 4, Kulturanthropologie, Stuttgart/München 1973.

Gaerte, W., Kosmische Vorstellungen im Bilde prähistorischer Zeit: Erdberg, Himmelsberg, Weltnabel und Weltströme, in: Anthropos 9 (1914) 956–979.

Galien, J., L'art de naviguer dans les airs. Amusement physique et géometrique, Avignon 1755.

Galilei, G., Sternenbotschaft. Sidereus Nuncius (1610), in: Schriften. Briefe. Dokumente, 2 Bde., hg. v. A. Mudry, Berlin 1987, Bd. 1, 95–144.

Galilei, G., Dialog über die beiden hauptsächlichsten Weltsysteme. Das Ptolemäische und das Kopernikanische (1632), übs. v. E. Strauss. Mit einem Beitrag von Albert Einstein, Darmstadt 1982.

Gareis, I., Religiöse Spezialisten des zentralen Andengebiets zur Zeit der Inka und während der Zeit der spanischen Kolonialherrschaft, Hohenschäftlarn 1987.

Gary, G., The medieval Alexander, Cambridge 1956.

Garzoni, G., Piazza universale, das ist: Allgemeiner Schauplatz (...), Frankfurt/ Main 1619.

Gassendi, P., De volatu animalium, in: Opera Omnia, 6 Bde., Lyon 1658 (ND Stuttgart 1964).

Gaster, M., Hebrew Visions of Hell and Paradise, in: The Journal of the Royal Asiatic Society of Great Britain and Ireland (1893) 571–611.

Geck, E. (Hg.), Sankt Brandans Seefahrt. Faksimile-Druck der Original-Ausgabe um 1476, Wiesbaden 1969.

Gedanken über die Luftschiffahrt anno 1717, in: IAM 12 (1908) 381.

Geertz, C., Religion als kulturelles System (1966), in: Ders., Dichte Beschreibung. Beiträge zum Verstehen kultureller Systeme, Frankfurt/Main 1987, 44–95.

Geiger, C. I., Hexen- und Gespensterpredigt, 1788.

Geiger, C. I., Reise eines Erdbewohners in den Mars, Philadelphia (Frankfurt/Main) 1790 (ND Stuttgart 1967, Nachwort v. J. Hermand).

Geoffroi de Vigeois, Chronica Gaufredi coenobitae XL, in: P. Labbe (Hg.), Novae bibliothecae manuscript. librorum II, Paris 1657.

Georg, E., Flugmärchen der Chinesen, in: Ikarus 3 (1927), Heft 10, 12 f.

Gérard, L. G., Essai sur l'Art du Vol Aérien, o. O. 1784.

Gervasius von Tilbury, Otia Imperialia (um 1211), siehe: Liebrecht.

Gesta Romanorum, hg. v. A. Keller, Stuttgart 1842.

Gibbs-Smith, C. H., The Wright Brothers, London 1963.

Gibbs-Smith, C. H., The Invention of the Aeroplane 1799–1909, New York 1965.

Gibbs-Smith, C. H., A Brief History of Flying. From Myth to Space Travel, London 1967.

Gibbs-Smith, C. H., Aviation. An Historical Survey from Its Origins to the End of World War II, London 1970.

Gibbs-Smith, C. H., Flight through the Ages, New York 1974.

Gibbs-Smith, C. H., Die Erfindungen von Leonardo da Vinci, Stuttgart 1978.

Giddings, R. J., Yaqui Myths and Legends, Tucson 1959.

Giles, H. A., Adversaria Sinica, Shanghai 1910.

Giles, H. A., Spuren der Luftfahrt im alten China, übs. u. m. Erläuterungen versehen v. A. Schück, in: Astronomische Zeitschrift, Jg. 11 (1917), Nr. 9, o. S.

Gillespie, C. C., The Montgolfier Brothers and the Invention of Aviation, Princeton 1983.

Ginzburg, C., High and Low. The Theme of Forbidden Knowledge in the Sixteenth and Seventeenth Centuries, in: Past & Present Nr. 73 (1976) 28–41.

Ginzburg, C., Die Benandanti, Frankfurt/Main 1980 (EA Turin 1964).

Ginzburg, C., Nächtliche Zusammenkünfte. Die lange Geschichte des Hexensabbats, in: Freibeuter Nr. 25 (1985) 20–37.

Ginzburg, C., Hexensabbat. Die Entzifferung einer nächtlichen Geschichte, Berlin 1990 (EA Turin 1989).

Glaisher, J./Flammarion, C./Fonvielle, W. v./Tissandier, G., Luftreisen, Leipzig 1872 (EA: Voyages aériens, Paris 1871).

Glanvill, J., The Vanity of Dogmatizing, London 1661.

Glanvill, J., Scepsis Scientifica: Or Confest Ignorance, the Way to Science, London 1665.

Glanvill, J., Saducismus Triumphatus: or, Full and Plain Evidence Concerning Witches and Apparitions, London 1681.

Gleixner, H. J., Das Alexanderbild der Byzantiner, München 1961.

Godwin, G., The Man in the Moone: or a Discourse of a Voyage thither. By Domingo Gonsales The speedy Messenger, Perth 1638.

Godwin, F., The strange Voyage and Adventures of Domingo Gonsales to the World in the Moon, London 1768.

Godwin, F., Der fliegende Wandersmann nach dem Mond: Oder eine gar kurtzweilige und seltzame Beschreibung der neuen Welt des Monds, wie solche von D. Gonsales beschrieben ist. Gedruckt bei den Sternen, [Wolfenbüttel] 1659.

Godwin, F., Der Mann im Mond, oder der Bericht der Reise dorthin von Domingo Gonsales, dem rasenden Botschafter, Berlin 1986 (EA London 1638).

Goethe, J. W. v., Diverses zum Luftballon, in: Riha (1986) 84–86.

Goldschmidt, A./Weitzmann, K., Byzantinische Elfenbeinskulpturen I, Berlin 1930.

Goldstein, L., The Flying Machine and Modern Literature, Bloomington/Ind. 1986.

Golther, W., Handbuch der Germanischen Mythologie, Stuttgart 1987.

Gombrich, E. H., The Form of Movement in Water and Air, in: O'Malley, C. D. (Hg.), Leonardo's Legacy: An International Symposium, Berkeley/Los Angeles 1969, 171–204.

Gordon, A., Die Fliegerei. Illustrierte Geschichte von den Anfängen bis zur Raumfahrt, Gütersloh 1964 (EA 1962).

Görgemanns, H., Untersuchungen zu Plutarchs Dialog ›De facie in orbe lunae‹, Heidelberg 1968.

Gossen, G. H. (Ed.), Symbol and Meaning Beyond the Closed Community: Essays in Mesoamerican Ideas, New York 1986.

Gosztonyi, A., Der Raum. Geschichte seiner Probleme in Philosophie und Wissenschaften, Bd. 1, Freiburg/München 1976.

Gottschalk, H., Die Wissenschaft vom Traum. Forschung und Deutung, München 1981 (EA Gütersloh 1963).

Gougaud, L., L'aéroneuf dans les légendes du Moyen-Age, in: Revue Celtique 14 (1924), 354–358.

Goupil, A., La Locomotion Aérienne, Paris 1885.

Gove, P. B., The Imaginary Voyage in Prose Fiction, New York 1941.

Gräff, S., Tod im Luftangriff. Ergebnisse pathologisch-anatomischer Untersuchungen der Angriffe auf Hamburg in den Jahren 1943–45, Hamburg 1948.

Gräße, I. G. T., Bibliotheca magica et pneumatica (...), Leipzig 1843 (ND 1986).

Grammel, E., Studien über den Wandel des Alexanderbildes in der deutschen Dichtung des 12. und 13. Jahrhunderts, Limburg a. d. Lahn 1931.

Grand-Carteret, J./Delteil, L., La conquète de l'air. Vue par l'image (1495–1909). Ascensions célèbres, inventions et projets, portraits (...), Paris 1910.

Grande, M., Die wachsende Bedeutung des Tourismus im Linienflugverkehr, in: Lufthansa Jahrbuch '89, 70–79.

Grant, E., A Source Book in Medieval Science, Cambridge/Mass. 1974.

Grassi, E., Kunst und Mythos, Hamburg 1957.

Green, R. L., Into Other Worlds. Space-Flight in Fiction, from Lucian to Lewis, London 1958.

Gressmann, H. (Hg.), Altorientalische Texte zum Alten Testament, Berlin/Leipzig 1926 (2. Aufl.).

Griewank, K., Der neuzeitliche Revolutionsbegriff, Frankfurt/Main 1973.

Grimm, F. M. von, Paris zündet die Lichter an, hg. v. K. Schnelle, München 1977.

Grimm, J., Deutsche Mythologie, 3 Bde., Berlin 1875–1878.

Grimmelshausen, H. J. C. von, Simplizianische Schriften, Nürnberg 1684.

Gross, L., The UFO Wave of 1896, Fremont/Calif. 1974.

Grunebaum, G. E. v./Callois, R. (Hg.), The Dream and Human Societies, Berkeley/ Los Angeles 1966.

Günther, L., Keplers Traum vom Mond, Leipzig 1898.

Guericke, O. v., Neue (sogenannte) Magdeburger Versuche über den leeren Raum, übs. v. K. Schimank, Düsseldorf 1968 (EA lat. Amsterdam 1672).

Guilbert, L., La formation du vocabulaire de l'aviation, Paris 1965.

Gurjewitsch, A., Mittelalterliche Volkskultur, München 1987.

Guthke, K. S., Der Mythos der Neuzeit. Das Thema der Mehrheit der Welten in der Literatur- und Geistesgeschichte von der kopernikanischen Wende bis zur Science Fiction, Bern 1983.

Haase, E., Der Schamanismus der Eskimos, Aachen 1987.

Haavio, M., Der Etanamythos in Finnland (= FFC 154), Helsinki 1955.

Habich (Hg.), Tausend und eine Nacht, 12 Bde., Breslau 1825–1842.

Haddon, A. C., The Study of Man, London 1898.

Haibach-Reinisch, M., Ein neuer »Transitus Mariae« des Pseudo-Melito, Rom 1962.

Halifax, J., Shaman. The Wounded Healer, London 1982.

Hall, R. C., Instrumented Exploration and Utilization of Space: The American Experience, in: Emme (1977) 183–212.

Hallett, G., A Companion to Wittgenstein's »Philosophical Investigations«, Ithaka/ London 1977.

Hallowell, A. I., Ontologie, Verhalten und Weltbild der Ojibwa, in: Tedlock/Tedlock (1976) 134–167.

Hallpike, C. R., Die Grundlagen primitiven Denkens, München 1990 (EA Oxford 1979).

Hambruch, P., Südseemärchen, Köln 1979.

Hammerl, S., Das Kahlenbergerbuch. Geschichte eines schelmischen Pfaffen am Hofe Herzog Ottos des Fröhlichen, Wien-Kahlenbergerdorf 1981.

Hammil, C. E., The Celestial Journey and the Harmony of the Spheres in English Literature 1300–1700, Texas Christian University 1972.

Handbook of North American Indians, ed. by W. C. Sturtevant, 20 Bde., Washington 1978 ff. (= HNAI).

Handbook of South American Indians, ed. by J. H. Steward, 7 Bde., Washington 1963 (2. Auf.) (= HSAI).

Handwörterbuch des deutschen Aberglaubens (HDA), siehe: Bächtold-Stäubli.

Hanfmann, M. A., Daidalos in Etruria, in: American Journal of Archeology 39 (1935) 189–195.

Hannemann, J. L., Icarus in mare icarium praecipitatus seu dissertatio qua hominem ad volandum esse ineptum ostenditur, Kiel 1709.

Hansen, J., Zauberwahn, Inquisition und Hexenprozeß im Mittelalter und die Entstehung der großen Hexenverfolgung, Leipzig 1900.

Hansen, J. (Hg.), Quellen und Untersuchungen zur Geschichte des Hexenwahns und der Hexenverfolgung im Mittelalter, Bonn 1901.

Happel, E. W., Groeßte Denkwuerdigkeiten der Welt, oder sogenannte Relationes Curiosae (...), 5 Bde., Leipzig 1683–1691 (ND Berlin 1990).

Harig, L., Logbuch eines Luftkutschers, Stuttgart 1981.

Harmening, D., Superstitio, Berlin 1979.

Harner, M. J. (Hg.), Hallucinogens and Shamanism, New York 1973.

Harper, E. J., Die babylonischen Legenden von Etana, Zu, Adapa und Dibbarra, Leipzig 1892.

Harsdörffer, G. P., Delitiae Mathematicae et Physicae. Der Mathematischen und Philosophischen Erquickstunden Zweiter Teil, Nürnberg 1651.

Hart, C., Kites. An Historical Survey, London 1967.

Hart, C., The Dream of Flight. Aeronautics from Classical Times to the Renaissance, London 1972.

Hart, C., The Prehistory of Flight, Berkeley 1985.

Hart, C., Images of Flight, Berkeley /u. a. 1988.

Hart, I. B., The World of Leonardo da Vinci. Man of Science, Engineer and Dreamer of Flight, London 1961.

Harter, J. (Ed.), Transportation. A Pictorial Archive from Nintheenth Century Sources, New York 1984.

Hartlieb, J., Alexander, Nachwort u. Bibliographie v. H. Friedertshäuser, Olms 1975.

Hartlieb, J., Buch aller verbotenen Kunst (1456), hg. v. D. Ulm, Halle 1914.

Harva, U., Die religiösen Vorstellungen der altaischen Völker, Helsinki 1938.

Hastrup, K., The Challenge of the Unreal, in: Culture and History 1 (1986) 50–62.

Hauck, K., Wielands Hort. Die sozialgeschichtliche Stellung des Schmiedes im frühen Bildprogramm nach und vor dem Religionswechsel, in: Antikvariskt arkiv 64 (1975) 5–31.

Haug, W., Das Mosaik von Otranto. Darstellung, Deutung und Bilddokumentation, Wiesbaden 1977.

Hautsch, E., Der Nürnberger Zirkelschmied Johann Hautsch (1595–1670) und seine Erfindungen, in: Mitteilungen des Vereins f. d. Geschichte d. Stadt Nürnberg 46 (1955) 533–556.

Heggen, A., Die ›ars volandi‹ in der Literatur des 17. und 18. Jahrhunderts, in: Technikgeschichte 42 (1975) 327–337.

Heiberg, J. L. (Hg.), Archimedis opera omnia, Bd. 2, De corporibus fluitantibus I, Leipzig 1913.

Heidegger, M., Holzwege, Frankfurt/Main 1950.

Heidtmann, F., Wie finde ich Literatur zur Luft- und Raumfahrt, Berlin 1987.

Heinisch, K. J. (Hg.), Der utopische Staat, Reinbek 1974 (9. Aufl.).

Helbig, W., Wandgemälde der vom Vesuv verschütteten Städte Campaniens nebst einer Abhandlung über die antiken Wandmalereien in technischer Beziehung von O. Donner, Leipzig 1868.

Heller, A., Himmelszeichen. Flying Sculptures, München 1986.

Heller, K., Fallschirmspringen für Anfänger und Fortgeschrittene, 1986 (2. Aufl.).

Helm, R., Lucian und Menipp, Leipzig, Berlin 1906.

Hemleben, J., Johannes Kepler, mit Selbstzeugnissen und Bilddokumenten, Reinbek 1984.

Hempel, W., Übermuot diu alte... Der Superbia-Gedanke und seine Rolle in der deutschen Literatur des Mittelalters, in: A. Arnold (Hg.), Studien zur Germanistik, Anglistik und Komparatistik, Bd. 1, Bonn 1970.

Henkel, A./Schöne, A. (Hg.), Emblemata: Handbuch der Sinnbildkunst des 16. und 17. Jahrhunderts, Stuttgart 1976 (2. Aufl.).

Henkel, M. D., Illustrierte Ausgaben von Ovids Metamorphosen im 15., 16. und 17. Jahrhundert, in: Vorträge der Bibliothek Warburg 6 (1930) 58–144.

Hennig, R., Beiträge zur Frühgeschichte der Aeronautik, in: Beiträge zur Geschichte der Technik und Industrie 8 (1918) 100–116.

Hennig, R., Zur Vorgeschichte der Luftfahrt, in: Beiträge zur Geschichte der Technik und Industrie, Bd. 18 (1928) 89–94.

Hennig, R., Weltluftverkehr und Weltluftpolitik, Berlin 1930.

Hennig, R. (Hg.), Terrae Incognitae, 4 Bde., Leiden 1936–1939.

Henningsen, G., Die ›Frauen von außerhalb‹. Der Zusammenhang von Feenkult, Hexenwahn und Armut im 16. und 17. Jahrhundert auf Sizilien, in: Duerr (1984) 164–183.

Hermand, J., Orte. Irgendwo. Formen utopischen Denkens, Königstein 1981.

Herold, L., Flug, in: HDA 2 (1927), Sp. 1657–1677.

Herrmann, D. B., Eroberer des Himmels. Meilensteine der Raumfahrt, Leipzig / u. a. 1986.

Herrmann, F., Symbolik in den Religionen der Naturvölker, Stuttgart 1961.

Hertel, J. J., Jonas Lostwaters Reise nach Mikroskopeuropien, Glückstadt 1758.

Hesiod, Theogonie, hg. v. K. Albert, Kastellaun 1978 (= Texte zur Philosophie 1).

Hesiod, Sämtliche Werke, hg. v. E. Schmidt, Bremen 1965.

Heß, J. L. von, Durchflüge durch Deutschland, die Niederlande und Frankreich, Hamburg 1793.

Hess, W., Himmels- und Naturerscheinungen in Einblattdrucken des 15. bis 18. Jahrhunderts, Leipzig 1911.

Hesse, H., Spazierfahrt in der Luft, in: Ders., Die Kunst des Müßiggangs. Kurze Prosa aus dem Nachlaß, Frankfurt/Main 1976, 128–132.

Hesse, H., Im Flugzeug, in: Braunburg (1983) 257–265.

Hetmann, F., Die Reise in die Anderswelt. Feengeschichten und Feenglaube in Irland, Frankfurt/Main 1984.

Hetmann, F., Der Tanz der gefiederten Schlange. Märchen und Mythen der Navaho-, Hopi- und Pueblo-Indianer, Frankfurt/Main 1985.

Heyden, D., Metaphors, Nahualtocaitl, and Other »Disguised« Terms Among the Aztecs, in: Gossen (1986) 35–43.

Heyse, P., Ein Luftschiffer, in: Riha (1983) 252–256.

Hijiya-Kirschnereit, I., Flugmetapher und Frauenemanzipation, in: Dies., Das Ende der Exotik. Zur japanischen Kultur und Gesellschaft, Frankfurt/Main 1990, 44–61.

Hildebrandt, A., Die neuesten Versuche und Projecte mit Flugmaschinen, in: ZfL 16 (1897), 130–152.

Hildebrandt, A., Die Luftschiffahrt nach ihrer geschichtlichen und jetzigen Entwicklung, München 1907.

Hildreth, C. H./Nalty, B. C., 1001 Questions Answered about Aviation History, New York 1969.

Hiller, S., Bellerophon. Ein griechischer Mythos in der römischen Kunst, München 1970.

Hilschers, P. C., Curieuse Gedanken vom wüthenden Heere, Dresden/Leipzig 1702 (EA lat. Leipzig 1688).

Hirschberg, W. (Hg.), Neues Wörterbuch der Völkerkunde, Berlin 1988.

Hirth, F., Luftschiffpoesie, in: Wiener deutsches Volksblatt 1908, Nr. 7433.

Hirzel, R., Der Dialog. Ein literarhistorischer Versuch, Bd. 1, Leipzig 1895.

Historia von D. Johann Fausten, Frankfurt/Main 1587.

Hobbes, T., Leviathan, oder Stoff, Form und Gewalt eines kirchlichen und bürgerlichen Staates, übs. v. W. Euchner, Frankfurt/Main 1984.

Hocart, A. M., Flying through the Air, in: Indian Antiquary 52 (1923) 80–82.

Hodapp-Hammer, E., Die Geschichte des Menschenfluges im Spiegel der deutschen Presse bis zum Beginn des 20. Jahrhunderts, München 1952.

Hodgson, J. E., The History of Aeronautics in Great Britain from the Earliest Times to the Latter Half of the Nineteenth Century, London 1924.

Hodgson, J. E., Aeronautical and Miscellaneos Note-Book (ca. 1799–1826) of Sir Georg Cayley. With an Appendix comprising a list of the Cayley papers, Cambridge 1933.

Hoernes, H., Die Luftschiffahrt der Gegenwart, Wien 1903.

Hoernes, H. (Hg.), Buch des Fluges, 3 Bde., Wien 1911/12.

Hoffmann, H., Symbolik der Tibetischen Religion und des Schamanismus, Stuttgart 1967.

Hofmann, W. (Hg.), Zauber der Medusa. Europäische Manierismen, Wien 1987.

Hofmannsthal, H. von, Zeppelin, in: Riha (1983) 261–263.

Hogg, I. V., Anti-Aircraft. A History of Air Defence, London 1978.

Höhler, G., Daedalus im Cockpit. Fliegen mit Muskelkraft, in: Geo 12 (1988) 64–78.

Holland, R., Die Sage von Daidalos und Ikaros, Leipzig 1902.

Holland, R., Zur Typik der Himmelfahrt, in: Archiv für Religionswissenschaft 23 (1925) 207–220.

Homer, Ilias, übers. v. J. H. Voss, Stuttgart 1957.

Hönn, C., Studien zur Geschichte der Himmelfahrt im klassischen Altertum, Mannheim 1910.

Hooke, R., Micrographia, London 1667 (EA 1665).

Hooke, R., An Account of the Sieur Bernier's Way of Flying, in: Philosophical Collections Nr. 1, London 1679, 14–29.

Hooke, R., The Posthumous Works, 2 Bde., London 1705.

Hoppál, M. (Hg.), Shamanism in Eurasia, Göttingen 1984.

Horatius, F. Q., Oden und Epoden, Zürich/München 1981.

Hornung, E. (Hg.), Das Totenbuch der Ägypter, Zürich/München 1990.

Hugo, V., Klarer Himmel, in: Riha (1983) 207–209.

Huygens, C., Œuvres Complètes, 23 Bde., Den Haag 1888–1950.

Illustrirte Zeitung, siehe: Leipziger Illustrirte Zeitung.

Illustrierte Aeronautische Mitteilungen (= IAM). Deutsche Zeitschrift für Luftschiffahrt 1 (1897) ff.

Ingold, F. P., Literatur und Aviatik. Europäische Flugdichtung 1909–1927, Basel/Stuttgart 1978.

Ingold, F. P., Ikarus Novus. Zum Selbstverständnis des Autors in der Moderne, in: Segeberg (1987) 269–351.

International Handbook of Aerospace Awards and Trophies, hg. von National Air and Space Museum Library, Smithsonian Institution Libraries, Washington D. C. 1978.

Iohanne Diacono, Chronicon Venetum (11. Jhdt.), in: Monticulo, G. (Ed.), Fonti, Cronache Veneziane antichissime, Bd. 1, Rom 1890, 59–171.

Irinaeus, Contra Haeresis Libri Quinque, in: PG 7, Sp. 433–1224.

Jvstinus Martyr, Apologia, in: Goodspeed, E. J. (Hg.), Die ältesten Apologeten. Text mit kurzen Einleitungen, Göttingen 1915, 24–77.

Jackson, D. D., Die Ballonfahrer, Amsterdam 1981.

Jacobius, H., Luftschiff und Pegasus. Der Widerhall der Erfindung des Luftballons in der zeitgenössischen französischen Literatur, Halle 1909.

Jacobsen, T., The Sumerian King List (= Assyriological Studies, 11), Chicago 1939.

Jacobus de Voragine, siehe Benz.

Jammer, M., Das Problem des Raumes. Die Entwicklung der Raumtheorien, Darmstadt 1960 (EA engl. Cambridge/Mass. 1954).

Jane's All the World's Aircraft, London 1909 ff.

Jansen Enikels Weltchronik, in: Jansen Enikels Werke, hg. v. Ph. Strauch, MGH Deutsche Chroniken, Bd. 3, Hannover/Leipzig 1900, 371–373.

Janssen, A., Francis Godwins ›The Man in the Moone‹, Frankfurt am Main/Bern 1981.

Jaritz, K. (Hg.), Utopischer Mond. Mondreisen aus drei Jahrhunderten, Wien 1965.

Jean Paul, Des Luftschiffers Giannozzo Seebuch. Almanach für Matrosen, wie sie sein sollten (1800), Frankfurt/Main 1975.

Jean Paul, Werke in 12 Bänden, München 1976.

Jenisch, D., Das 18. Jahrhundert; eine Satyre, in: Sauer, A. (Hg.), Deutsche Literaturdenkmäler des 18. Jahrhunderts, Berlin 1901, 473–530.

Jensen, P., Assyrisch-babylonische Mythen und Epen, in: Schrader, E. (Hg.), Keilinschriftliche Bibliothek. Sammlung von assyrischen und babylonischen Texten in Umschrift und Übersetzung, Bd. 6. 1, Berlin 1900.

Jeremias, A., Izdubar-Nimrod. Eine altbabylonische Heldensage, Leipzig 1891.

Jezower, I., Das Buch der Träume, Frankfurt/Main/Berlin/Wien 1985 (EA 1928).

Jochelson, W., Religion and Myth of the Koryak, Leiden/New York 1905.

Jocosio Hilario [Pseudonym], siehe: Simon Magus.

John, L., History of Scotland, Edinburgh 1830.

Johnson, S., Eine Abhandlung über die Kunst des Fliegens, in: Die Geschichte von Rasselas, Prinzen von Abessinien. Eine morgenländische Erzählung, übers. v. J. Uhlmann, Frankfurt/Main 1964 (EA: The History of Rasselas, Prince of Abissinia, London 1759), 17–21.

Jolas, E. (Ed.), Vertical: A Yearbook for Romantic-Mystic Ascensions, New York 1941.

Jong, E., Angst vorm Fliegen, Frankfurt/M. 1979 (EA New York 1973).

Jung, C. G., Ein moderner Mythus. Von Dingen, die am Himmel gesehen werden, Zürich/Stuttgart 1958.

Jung, C. G., Traum und Traumdeutung, München 1990 (i. e. Gesammelte Schriften zum Traum 1916–1961).

Jung, C. G., Der Mensch und seine Symbole, Olten/Freiburg 1986 (9. Aufl. EA London 1964).

Jung, G., Sie treiben im Wind. Der Ballonsport erlebt eine neue touristische Blüte, in: Süddeutsche Zeitung, 23. Juni 1987, 40.

Junker, C., Das Weltraumbild in der deutschen Lyrik von Opitz bis Klopstock, Berlin 1932.

Jugie, M., La mort et l'assomption de la Sainte Vierge, in: Studi e Testi 114, Città del Vaticano 1944.

Just, K. G., Aspekte der Zukunft. Über Luftfahrt und Literatur, in: Antaios 11 (1970) 393–411.

Kafka, F., Die Aeroplane in Brescia, in: Braunburg (1983) 250–257.

Kaiser, R. (Hg.), Wir sind jetzt Bürger des Himmels. Bilder und Berichte von den Ballonfahrten der Herren Glaisher, Flammarion, Fonvielle & Tissandier im mitteleuropäischen Luftmeer, Nördlingen 1986.

Kaiser, R., Schiffer im Luftmeer, Grenzüberschreitungen im Mittelalter, in: Frankfurter Allgemeine Zeitung Nr. 110, 11. Mai 1988, 35.

Kaiserer, J., Über meine Erfindung, einen Luftballon durch Adler zu regieren, Wien 1801.

Kalevala. Das finnische Epos des Elias Lönnrot, Stuttgart 1985.

Kaltenmark, M., Le Lie-sien tchouan, Peking 1953.

Kalweit, H., Die Welt der Schamanen. Traumzeit und innerer Raum, Frankfurt/Main 1988.

Karadschitsch, W. S. (Hg.), Volksmärchen der Serben, Berlin 1854.

Karlinger, F., Zauberschlaf und Entrückung. Zur Problematik des Motivs der Jenseitsreise in der Volkserzählung, Wien 1986.

Karst, J., Eusebius Werke 5. Die Chronik (Corpus Berolinense, 20), Leipzig 1911.

Karunovskaia, L. E., Predstavleniia altaitsev o vselennoi, in: Sovetskaia etnografia 1935, Nr. 4–5, 160–183.

Katalog der ballonhistorischen Sammlung Oberst von Brug, hg. v. Deutsches Museum, E. Niedhard-Jensen, E. H. Berninger, München 1985.

Kathasaritsagara, siehe: Brockhaus.

Kaulen, G., Daidalika. Werkstätten griechischer Kleinplastik des 7. Jahrhunderts v. Chr., München 1967.

Kees, H., Totenglauben und Jenseitsvorstellungen der alten Ägypter, Leipzig 1926.

Keller, A., Kepler, the Art of Flight and the Vision of Interplanetary Travel as the Next Great Invention, in: Actes du XIIIe congrès international d'histoire des sciences, 1974, 70–79.

Keller A. (Hg.), Meister Alswert, Stuttgart 1850 (= BlVSt 21).

Keller, G., An Justinus Kerner, in: Riha (1983) 174–176.

Kemper, W. W., Der Traum und seine Deutung. Mit einem Beitrag von H. Bach über den neuesten Stand der experimentellen Traum- und Schlafforschung, Frankfurt/Main 1987 (EA 1977).

Kepler, J., Somnium, Sagan/Frankfurt/Oder 1634.

Kepler, J., Gesammelte Werke, hg. v. W. v. Dyck, M. Caspar u. a., München 1937 ff.

Kern, H., Labyrinthe. Erscheinungsformen und Deutungen. 5000 Jahre Gegenwart eines Urbilds, München 1982.

Kern, L., Drachenfliegen schützt vor Torheit nicht, in: Drachenflieger 6 (1990) 28–29.

Kerner, J., Unter dem Himmel, in: Riha (1983) 172–174.

Kerner, T., Das Ende aller Abenteuer. Über unsere Art zu reisen, in: Süddeutsche Zeitung, 8./9. August 1987, 119.

Kettel, P., Kampf um das Luftmeer. Geschichte der Luftfahrt von den Anfängen bis zur Gegenwart in zeigenössischen Berichten und Dokumenten, Ebenhausen 1937.

Khuon, E. v. (Hg.), Waren die Götter Astronauten?, Düsseldorf/Wien 1970.

Kiaulehn, W., Die eisernen Engel, Berlin 1935.

Kieckhefer, R., Magic in the Middle Ages, Cambridge 1990.

Killermann, S., Die Vogelkunde des Albertus Magnus (1207–1280), Regensburg 1910.

Kimpel, H. (Hg.), Himmelsschreiber. Dimensionen eines flüchtigen Mediums, Marburg 1986.

Kindermann, E. C., Reise in Gedanken durch die neu eröffneten allgemeinen Himmelskugeln (...), Rudolstadt 1739.

Kindermann, E. C., Die geschwinde Reise auf dem Lufft-Schiff nach der obern Welt, welche jüngsthin fünff Personen angestellet (...), o. O. 1744.

Kindlers Literatur Lexikon (= KLL), 14 Bde., ND München 1986.

Kinnier, siehe: Wilson

Kippenberg, H. G./Luchesi, B., (Hg.), Magie. Die sozialwissenschaftliche Kontroverse über das Verstehen fremden Denkens, Frankfurt/Main 1987 (EA 1978).

Kircher, A., Ars magna lucis et umbrae, Rom 1645.

Kircher, A., Iter ecstaticum coeleste, Würzburg 1671.

Kirchmaier, G. C., De draconibus volantibus, Wittenberg 1675.

Kirchner, H., Ein archäologischer Beitrag zur Urgeschichte des Schamanismus, in: Anthropos 47 (1952) 244–286.

Kiš, D., Simon der Wundertäter, in: Ders., Enzyklopädie der Toten. Erzählungen, Frankfurt/Main 1988, 7–32.

Klániczay, G., Shamanistic Elements in Central European Witchcraft, in: Hoppál (1984) 404–422.

Klinckowstroem, C. von, Tito Livio Burattini, ein Flugtechniker des 17. Jahrhunderts, in: Prometheus Nr. 1100 (1910) 117–119.

Klinckowstroem, C. von, Die Gusmao-Flugblätter von 1709, in: Zeitschrift für Bücherfreunde, N. F. 3 (1911/12) 36–41.

Klinckowstroem, C. von, Luftfahrten in der Literatur, in: Zeitschrift für Bücherfreunde, N. F. 3 (1911/12) 250–264.

Klinckowstroem, C. von, Emanuel Swedenborg und das Flugproblem, Berlin 1916.

Kneissler, M., Die himmlische Lust. Deutsche Privatpiloten und ihre Flucht in die Höhe, in: Zeit magazin, 27. März 1987, 8–19, 78.

Knäusel, H. G , ›Still staunend steht der Spotter dreiste Schar‹. Das deutsche Zerrbild vom Grafen Zeppelin, in: Süddeutsche Zeitung, 2./3. Juli 1988, 139.

Kneifel, J. L., Fluggesellschaften und Luftverkehrssysteme der sozialistischen Staaten (...), Nördlingen 1980.

Knigge, A. v., Die Reise nach Braunschweig, Hannover 1792.

Knobloch, E., Mariano di Jacopo detto Taccolas »De machinis«. Ein Werk der italienischen Frührenaissance, in: Technikgeschichte 48 (1981) 1–27.

Koch, G., Der freie menschliche Flug als Vorbedingung dynamischer Luftschifffahrt, in: ZfL 10 (1891) 9–15, 42–49.

Koch-Grünberg, T. v. (Hg.), Indianermärchen aus Südamerika, Jena 1920.

Koch-Grünberg, T. v. (Hg.), Vom Roroima zum Orinoco. Ergebnisse einer Reise in Nordbrasilien und Venezuela in den Jahren 1911–1913, Bd. 2, Mythen und Legenden der Taulipang- und Arekuna-Indianer, Stuttgart 1924.

Koerner, J. L., Die Suche nach dem Labyrinth. Der Mythus von Dädalus und Ikarus, Frankfurt/Main 1983.

Kolb, G. J., Johnson's ›Dissertation on Flying‹ und John Wilkin's ›Mathematicall Magick‹, in: Modern Philology 47 (1949) 24–31.

Konrad von Heimesfurt, Unser vrouwen hinvart, hg. v. K. Gärtner u. W. J. Hoffmann, Tübingen 1989.

Kornmann, H., De monte veneris, d. i. (...) Beschreibung der (...) Meynung von der Göttin Venus (. .) mit deren Gesellschaft, wie auch von den Wasser-, Erde-, Luft- und Feuer-Menschen. Frankfurt/Main 1614.

Korzus, B./Leismann, B. (Hg.), Leichter als Luft. Zur Geschichte der Ballonfahrt, Münster 1978.

Koyré, A., Von der geschlossenen Welt zum unendlichen Universum, Frankfurt/ Main 1969 (EA engl. Baltimore 1957).

Kramer, H., siehe Mallens.

Kramp, C., Geschichte der Aerostatik, 3 Bde., Straßburg 1784/1785 (Eigenständig erweiterte Übers. v. D. Bourgeois, Recherches sur l'art de voler, Paris 1784).

Kratzenstein, C. G., Abhandlung von dem Aufsteigen der Dünste und Dämpfe, Halle 1744 (ND 1977).

Kratzenstein, L. G., L'art de naviguer dans l'air, Kopenhagen 1784.

Kraus, K., Drei Glossen, in: Riha (1983) 266–269.

Krczal, S., Die Werbung im funktionalen Bereich des Marketing. Dargestellt am Beispiel einer internationalen Fluggesellschaft, Wien 1972.

Kress, W., Der persönliche Kunstflug, in: ZfL 12 (1893) 105–113.

Kress, W., Aviatik. Wie der Vogel fliegt und wie der Mensch fliegen wird, Wien 1905.

Kress, W., Aeronautische Terminologie, in: IAM 9 (1907) 238.

Krohn, W., Die ›Neue Wissenschaft‹ der Renaissance, in: Böhme/van den Dale/ Krohn (1977) 13–129.

Krüger, C., Der fliegende Vogel in der antiken Kunst bis zur klassischen Zeit, Quakenbrück 1940.

Krüger, H., Ein Flugversuch in Byzanz (im Jahre 1161), in: IAM 12 (1908) 343.

Krünitz, J. G., Oekonomisch-technologische Enzyklopädie, oder allgemeines System der Staats-, Stadt-, Haus- und Landwirtschaft und der Kunst-Geschichte (. . .), 41. Teil, Berlin 1801, 583–651 (Artikel Luftschiffkunst).

Krylow, W., Die Geschichte der Luftfahrt, Berlin 1953.

Kugler, H., Alexanders Greifenflug. Eine Episode des Alexanderromans im deutschen Mittelalter, in: Internationales Archiv für die Sozialgeschichte der deutschen Literatur 12 (1987) 1–25.

Kugler, H., Zur literarischen Geographie des fernen Ostens im »Parzival« und dem »Jüngeren Titurel«, in: Ja muz ich sunder riuwe sin, Festschrift für Karl Stackmann zum 15. Februar 1990, Göttingen 1990, 107–147.

Kuhl, H. H., Aeronautische Bibliographie, in: Moedebeck (1895), Anhang, 1–50.

Kuhn, T. S., Die Struktur wissenschaftlicher Revolutionen, Frankfurt/Main 1978 (3. Aufl.; EA engl. Chicago 1962).

Kurzus, B. (Hg.), Leichter als Luft. Zur Geschichte der Ballonfahrt (Ausstellungskatalog) Münster 1978.

Kyeser, C., Bellifortis, Übersetzung v. G. Quarg, 2 Bde., Düsseldorf 1967.

Laczynski, C. J. M., Theorie der Aeronautik, Mohrungen 1833.

Lafolie, siehe: Folie

Lahmer, K., Utopie als typologische Merkmalstruktur. Literaturwissenschaftliche und literarfunktionale Untersuchungen zur utopischen Methode und Denkweise bei Aristophanes, Isokrates, Platon, Salzburg 1980.

Laicharding, J. N. v., Beytrag zur Luftschiffahrt, Kempten 1785.

Lambertz, M. (Hg.), Die geflügelte Schwester. Albanische Volksmärchen, Eisenach 1952.

Lamprecht, H. (Hg.), Vom Fliegen. Gedichte. Prosa. Bilder, Frankfurt/Main 1990.

Lammers, W., Gottschalks Wanderung im Jenseits. Zur Volksfrömmigkeit im 12. Jahrhundert nördlich der Elbe, in: Sitzungsberichte der wissenschaftlichen Gesellschaft an der Johann Wolfgang Goethe-Universität Frankfurt am Main, 19, Nr. 2 (1982) 139–162.

Lana di Terzi, F., Prodromo overo saggio di alcune inventioni nuove premesso all' arte maestra (...), Brescia 1670.

Lana di Terzi, F., Magisterium naturae et artis, Bde. II/III, Brescia/Parma 1686/ 1692.

Lana und Lohmeier von der Luftschiffkunst, Tübingen 1784.

Lanczkowski, G., Götter und Menschen im alten Mexiko, Olten 1984.

Lanczkowski, J. (Hg.), Erhebe dich, meine Seele. Mystische Texte des Mittelalters, Stuttgart 1988.

Landsman, G., Science Fiction: The Rebirth of Mythology, in: Journal of Popular Culture 5 (1972), 989–996.

Lang, B./McDannell, C., Der Himmel. Eine Kulturgeschichte des ewigen Lebens, Frankfurt/Main 1990.

Langbehn, J., Flügelgestalten der ältesten griechischen Kunst, München 1881.

Läng, H., Kulturgeschichte der Indianer Nordamerikas, Göttingen 1989.

Laßwitz, K., Auf zwei Planeten, 1897.

Laufer, B., The Prehistory of Aviation, in: Studies in Culture History. Anthropological Series 18 (1928/31) 1–97.

Layard, J., Shamanism. An analysis based on comparison with the flying tricksters of Malekula, in: Journal of the Royal Anthropological Institute 60 (1930) 525–550.

Lear, J. (Hg.), Kepler's »Dream«, Berkeley/Los Angeles 1965.

Lechner-Petri, R., Johann Hartliebs Alexanderroman. Edition des Cgm 581, Hildesheim/New York 1980.

Lecouteux, C., Geschichte der Gespenster und Wiedergänger im Mittelalter. Mit einem Vorwort von Lutz Röhrich, Köln/Wien 1987.

Lecornu, J., La navigation aérienne. Histoire documentaire et anecdotique, Paris 1903.

Legrand, M.-A., Les avantures du voyageur aérien. Histoire espagnole (...) Comédie, Paris 1724.

Leher, M., ›Die Kunst zu fliegen‹ in historischer Beleuchtung, in: IAM 8 (1904) 269–302.

Leibniz, G. W., Hypothesis physica nova, Mainz 1671 (zit. nach: LSB, 6. Reihe, 2. Band, Berlin 1966, 219–258.

Leibniz, G. W., Sämtliche Schriften und Briefe (=LSB).

Leibniz, G. W., De elevatione vaporum, in: Opera Omnia, II,2, Genf 1768, 82–86.

Leismann, B., Zum Motiv des Ballons in der Literatur, in: Korzus (1978) 135–154.

Leeuwenhoek, A. van, Epistolae ad Societatem Regiam Anglicam, Leiden 1719.

Lem, S., Sterntagebücher, Frankfurt/Main 1980.

Lenz, S., Schwejk als Raumfahrer, in: W. Berthel (Hg.), Über Stanisław Lem, Frankfurt/Main, 188–192.

Leonardo da Vinci, Codice sul volo degli uccelli. Traktat über den Flug der Vögel (1505), übers. v. S. Braunfels, Würzburg 1978.

Leppmann, F., Der Menschenflug in der Dichtung von Goethe bis Keller, in: Neue Zürcher Zeitung 1922, Nr. 1180.

Lepsius, B./Wachsmuth, R. (Hg.), Denkschrift der ersten Internationalen Luftschiffahrts-Ausstellung (ILA) zu Frankfurt am Main, 2 Bde., Berlin 1910.

Leroy, O., Levitation: An Examination of the Evidence and Explanations, London 1928.

Lessing, G. E., Sämtliche Schriften (hg. v. K. Lachmann u. F. Muncker), V, Stuttgart 1890.

Lévi-Strauss, C., Das Wilde Denken, Frankfurt 1968 (EA Paris 1966).

Lévi-Strauss, C., Strukturale Anthropologie, Frankfurt/Main 1971 (EA Paris 1958).

Lévi-Strauss, C., Mythologica I-IV, Frankfurt/Main 1970–1975.

Lévi-Strauss. C., Traurige Tropen, Frankfurt/Main 1978 (EA Paris 1955).

Lévi-Strauss, C., Eingelöste Versprechen. Wortmeldungen aus dreißig Jahren, München 1985 (EA Paris 1984).

Levin, I., Etana. Die keilschriftlichen Belege einer Erzählung, in: Fabula 8 (1966), 1–63.

Levis, H. C., The British King Who Tried to Fly, London 1919.

Lévy-Bruhl, L., Die geistige Welt der Primitiven, München 1927 (EA Paris 1922).

Lévi-Bruhl, L., Das Denken der Naturvölker, Wien/Leipzig 1926.

Lewis, R. S., siehe: Pisano/Lewis.

Lewis, R. S., From Vinland to Mars, New York 1976.

Lewis, R. S., Space in the 21st Century, New York 1990.

Lexicon Iconographicum Mythologiae Classicae (hg. v. L. Kahl u. a.), Zürich/München 1981 ff.

Lexikon der östlichen Weisheitslehren: Buddhismus, Hinduismus, Taoismus, Zen, Bern/München/Wien 1986.

Lichtenberg, G. C., Vermischte Nachrichten über die aerostatischen Maschinen, in: Ders./F. Kries (Hg.), Physikalische und mathematische Schriften, Göttingen 1804, Bd. 3.

Lieberg, O. S., The First Air Race: The International Competition at Reims 1909, New York 1974.

Liebmann, L./Wahl, G. (Hg.), Katalog der Historischen Abteilung der Ersten Internationalen Luftschiffahrts-Ausstellung (ILA) zu Frankfurt a. M. 1909, Frankfurt/Main 1912.

Liebrecht, F. (Hg.), Des Gervasius von Tilbury ›Otia Imperialia‹, Hannover 1856.

Lilienthal, O., Der Vogelflug als Grundlage der Fliegekunst, Berlin 1889.

Lilienthal, O., Über Theorie und Praxis des freien Fluges, in: ZfL 10 (1891) 153–164.

Lilienthal, O., Über meine diesjährigen Flugversuche, in: ZfL 10 (1891) 286–291.

Lilienthal, O., Die Tragfähigkeit gewölbter Flächen beim praktischen Segelfluge, in: ZfL 12 (1893) 259–272.

Lilienthal, O., Weshalb ist es so schwierig, das Fliegen zu erfinden?, in: Prometheus 6 (1894), Heft 1, 7–10.

Lilienthal, O., Der Kunstflug, in: Moedebeck (1895) 101–110.

Lincoln, J. S., The Dream in Primitive Cultures, New York/London 1970 (2. Aufl.).

Lindberg, D. L., Science as Handmaiden. Roger Bacon and the Patristic Tradition, in: Isis 78 (1987) 518–536.

Lindig, W./Münzel, M., Die Indianer. Kulturen und Geschichte. Bd. I: Nordamerika (Lindig) / Bd. II: Mittel- und Südamerika (Münzel), München 1978

Lindig, W. (Hg.), Lexikon der Völker, München 1986.

Lindner, R., ›Das Gefühl von Freiheit und Abenteuer‹. Ideologie und Praxis der Werbung, Frankfurt/Main/New York 1977.

Lindow, W. (Hg.), Ein kurtzweilig Lesen von Dil Ulenspiegel. Nach dem Druck von 1515, Stuttgart 1978.

Linke, F., Die Luftschiffahrt von Montgolfier bis Zeppelin, Berlin 1910.

Lippert, W., Natürliche Fliege-Systeme, deren wissenschaftliche Enträthselung und praktischer Ausbau, Wien 1884.

Lobkowitz, J. C., Mathesis Biceps I, Campaniae 1670.

Lochner, W., Fliegen. Das große Abenteuer der Menschheit, München 1970.

Lochner, W., Weltgeschichte der Luftschiffahrt. Vom Heißluftballon zum Überschallflugzeug. Das Abenteuer des Fliegens, Würzburg 1970.

Loewig, R., Ein Vogel bin ich ohne Flügel. Gedichte und Zeichnungen, Hamburg 1980.

Lohfink, G., Die Himmelfahrt Jesu. Untersuchungen zu den Himmelfahrts- und Erhöhungstexten bei Lukas, München 1971.

Lohmeier, P., Exercitatio physica de artificio navigandi per aeram, Rinteln 1676 (Resp.: F. D. Frescheur) (ND 1679).

Lohmeier, P., Exercitatio physica de artificio navigandi per aeram, Rinteln 1676 (Resp.: F. D. Prescheur) (sic!).

Lohmeier, P., Exercitationum physicarum de paradoxis gravitatis et levitatis prima, Rinteln 1678 (Resp.: J. Pestel).

London, J., Abenteuer eines Ballonfahrers, München 1979.

Loomis, R. S., Alexander the Great's Celestial Journey, in: The Burlington Magazine 32 (1918) 136–140, 177–185.

Luck, G., Zur Geschichte des Begriffs ›sapientia‹, in: Archiv für Begriffsgeschichte 9 (1964) 203–215.

Luedecke, H., Vom Zaubervogel zum Zeppelin. Eine Geschichte der Luftfahrt und des Fluggedankens, Berlin 1936.

Lüders, E., (Hg.), Buddhistische Märchen aus dem alten Indien, Düsseldorf/Köln 1961,

Luftfahrttechnik aktuell, in: Lufthansa Jahrbuch '89, 196–205.

Lufthansa Jahrbuch '89. Köln 1989.

Lufthansa AG (Hg.), siehe: Simmen (1988).

Lufthansa AG (Hg.). siehe: Ott-Koptschalijski/Behringer (1989).

Luftkugel-Almanach auf das Jahr 1784, Wien 1784.

Luftschiffkunst, siehe: Krünitz (1801).

Lukian von Samosata, Warhafftige Geschichte (...), Was gedachtem Scribenten auff seiner Schiffahrt zugestoßen, was Landschaften er beydes in der Lufft und auff der Unterwelt besehen (...), Rinteln 1642.

Lukian von Samosata, Sämtliche Werke. Aus dem Griechischen übers. und hg. v. Christoph Martin Wieland, 6 Bde., Leipzig 1788/89.

Lukian von Samosata, Werke in drei Bänden, hg. v. J. Werner u. H. Greiner-Mai, 3 Bde., Berlin/Weimar 1981.

Lunardi, V., An account of the aerial voyages in Scotland in a series of letters, London 1786.

Lurker, M., Adler und Schlange, 1983.

Mackensen, L. (Hg.), Handwörterbuch des deutschen Märchens, Berlin 1930–1940.

Magnus, O., Historia de gentibus septentrionalibus, Rom 1555.

Mahal, G., Faust. Die Spuren eines geheimnisvollen Lebens, Zürich 1982.

Mahony, W. K., Flight, in: The Encyclopedia of Religion (Ed. M. Eliade), 15 Bde., New York/London 1987, Bd. 5, 349–353.

Mailer, N., Raumflug, in: Braunburg (1983) 433–443.

Major, J. D., See-Farth nach der neuen Welt, ohne Schiff und Segel, Kiel 1670.

Makkari, The History of the Mohammedan Dynasties in Spain, Bd. I, London 1840.

Malewitsch, K., Suprematismus, Köln 1962.

Malinowski, B., Argonauten des westlichen Pazifik, Frankfurt/Main 1984 (EA London 1922).

Malinowski, B., Magie, Wissenschaft und Religion. Und andere Schriften, Frankfurt/Main 1983 (EA engl. 1948).

Malleus maleficarum (1487), Der Hexenhammer, Berlin 1906 (übs. J. W. R. Schmidt), ND München 1982.

Manlius, J., Locorum communium. Schöne ordentliche gattierung allerley alten und neuen exempel, Frankfurt 1565.

Mandeville, siehe: Morrall.

Markowski, M. M., Ultralight Aircraft, Hummelstown/PA 1981.

Maron, M., Flugasche (Roman), Frankfurt/Main 1981.

Martelli, P., Del Volo, in: Ders., Versi e prose, Rom 1710, 136–233.

Martius, J. N., Dissertatio (...) de magia naturali, Erfurt 1700.

Massingham, H. J., Poems about Birds: From the Middle Ages to the Present Day, New York 1923.

Matricardi, P., Bilderlexikon der Flugzeuge. Geschichte der Luftfahrt. Deutsche Bearbeitung von H. Schliephake, München 1986 (EA: Storia dell'Aviazione, Mailand 1984).

Matthies, F., Die Aeronautik in ihrer höchsten Vollkommenheit, Nürnberg 1835.

Maupassant, G. de, Die Reise des Horla, in: Ders., Das erzählerische Werk, Hamburg 1966, IV.

Mau-Tsai, Liu, Die Traumdeutung im alten China, in: Asiatische Studien 16 (1963) 35–65.

Maxim, H., Artificial and Natural Flight, London 1908.

Mayr, B., Johann Kehrwischens Reise in den Mond, in: H. Braun (Hg.), Ein Päckchen Satiren aus Oberdeutschland, München 1770, 94–127.

Mayr, O., Automatenlegenden in der Spätrenaissance, in: Technikgeschichte 41 (1974), Nr. 1, 20–32.

McColley, G., The seventeenth century doctrine of a plurality of worlds, in: Annals of Science 1 (1936) 285–430.

McColley, G., The Ross-Wilkins Controversy, in: Annals of Science 3 (1938) 153–188.

McColley, G., The Debt of Bishop John Wilkins to the ›Apologia pro Galileo‹ of Tommaso Campanella, in: Annals of Science 4 (1939) 150–168.

Means, J. (Ed.), Epitome of the Aeronautica Annual, Boston/Mass. 1910.

Meer, A., Völkerrechtlicher Schutz der friedlichen Personen und Sachen gegen Luftangriffe. Das geltende Kriegsrecht, Königsberg/Berlin 1935.

Meerwein, C. F., Der Mensch, sollte der nicht auch zum Flügen gebohren sein, in: Oberrheinische Mannigfaltigkeiten Nr. 8 (1783) 541–544; Nr. 9 (1783) 545–555; Nr. 10 (1783) 574–576. (Januar 1783!).

Meerwein, C. F., Die Kunst zu fliegen nach Art der Vögel, Frankfurt/Basel 1784.

Meili, F., Das Luftschiff im internen Recht und im Völkerrecht, Zürich 1908.

Meisen, K., Die Sagen vom Wütenden Heer und wilden Jäger, Münster 1935.

Meissner, A., Bildliche Darstellungen der Alexandersage in Kirchen des Mittelalters, in: L. Herrig (Hg.), Archiv für das Studium der neueren Sprachen und Litteraturen, Bd. 68, Jg. 36 (1882) 177–190.

Meissner, B., Luftfahrten im alten Orient, in: Mitteilungen der schlesischen Gesellschaft für Volkskunde 12, Heft 1, 40–47.

Mendoza, F. de, Viridarium sacrae ac profanae eruditionis, Köln 1633 (EA Lyon 1631).

Merkelbacher, R., Mithras, Hain 1984.

Mersenne, M., Questions inouyes, ou récréation des scavans, Paris 1634.

Messac, R., Voyages modernes au centre de la terre, in: Revue de littérature comparée 9 (1929) 74–104.

Meurger, M., Zur Diskussion des Begriffs ›modern legend‹ am Beispiel der ›Airship‹ von 1896–97, in: Fabula 26 (1985) 254–273.

Meyer, C., Der Aberglaube des Mittelalters und der nächstfolgenden Jahrhunderte, Essen 1884.

Meyer, K., The Irish Mirabilia in the Norse ›Speculum regale‹, in: Ériu 4 (1910) 1–16.

Meyer, P., Alexandre le Grand, Bd. 2, Paris 1886.

Meyer, W., Von Wright bis Junkers. Das erste Vierteljahrhundert Menschenflug 1903–1928, Berlin 1928.

Meyer Schapiro, siehe: Schapiro.

Michael, I., Alexander's Flying Machine. The History of a Legend, Southampton 1974.

Michelet, J., The Bird, London 1876.

Migne, J.-P. (Hg.), Patrologiae cursus completus. Series Latina (= PL), 217 Bde. und 4 Registerbände, Paris 1844–1864.

Migne, J.-P. (Hg.), Patrologiae cursus completus. Series Graeca (= PG), Bd. 1–167, Paris 1857–76.

Miller, F. T., The World in the Air: The Story of Flying in Pictures, 2 Bde., New York 1930.

Millet, G., L'Ascension d'Alexandre, in: Syria 4 (1923) 85–133.

Minor, J., Die Luftfahrten in der deutschen Literatur. Ein bibliographischer Versuch, in: Zeitschrift für Bücherfreunde, N.F. 1 (1909/10) 64–73.

Mode, H., Fabeltiere und Dämonen in der Kunst, Leipzig 1974.

Model, J. M., Beantwortete Frage: Ob man die Ausfahrt der Hexen zulassen könne?, München 1769.

Moedebeck, H. W. L., Handbuch der Luftschiffahrt, Leipzig 1886.

Moedebeck, H. W. L., Die aeronautische Spezialausstellung in Köln, in: ZfL 8 (1889), Heft 8, 166–170.

Moedebeck, H. W. L. (Hg.), Taschenbuch zum praktischen Gebrauch für Flugtechniker und Luftschiffer, Berlin 1895.

Moedebeck, H. W. L., 25 Jahre Geschichte des Berliner Vereins für Luftschiffahrt, in: IAM 10 (1906) 329–380.

Moedebeck, H. W. L., Aeronautische Terminologie, in: IAM 9 (1907) 162–163.

Moedebeck, H. W. L., Neue Flugversuche, in: IAM 12 (1908) 456–463.

Moedebeck, H. W. L., Die deutsche Sprache und die Luftschiffahrt, in: IAM 13 (1909) 477–478.

Moedebeck, H. W. L., Fliegende Menschen. Das Ringen um die Beherrschung der Luft mittels Flugmaschinen, Berlin 1909.

Moers, D., Der Traum in vergleichender Beziehung zu Geisteskrankheiten und Märchen, Bonn 1949.

Molitor, U., De laniis et phitonicis mulieribus Teutonice Unholden vel hexen, o. O. 1489.

Molitor, U., De laniis et phitonicis mulieribus Teutonice Unholden vel hexen, Straßburg 1544 (1. deutsche Ausgabe).

Molland, A. G., Roger Bacon as Magician, in: Traditio 30 (1974) 445–460.

Monday, D., Illustrierte Geschichte der Luftfahrt, München 1980.

Mongés, J. A., Mémoire sur l' imitation du vol des oiseaux, in: Observations sur la physique, sur l'histoire naturelle et sur les arts II (Juli 1773) 140–144.

Montagne, J. de la, Le Monde dans la Lune, Rouen 1655/56.

Montaigne, M. de, Essais. Auswahl und Übersetzung durch H. Lüthy, Zürich 1953.

Moolman, V., Der Weg nach Kitty Hawk, Amsterdam 1981.

Morenz, S., Ägyptische Religion, Stuttgart 1960.

Morhof, D., Polyhistor literarius, philosophicus et practicus, 2 Bde., Lübeck 1688–1692 (Bd. 2 = Polyhistor physicus) (ND Lübeck 1708; ND Lübeck 1714).

Morrall, E. J. (Hg.), Sir John Mandevilles Reisebeschreibung, übs. v. M. Velser, Berlin 1974.

Morris, R. A., A narrative of the life and astonishing adventures of John Daniel (. . .). Also a description of a most surprising engine, invented by his son Jacob, on which he flew to the moon (. . .), London 1751.

Morus, T., De optimo rei publicae statu sive de nova insula utopia, 1516 (Übers.: Utopia, in: Heinisch [1960] 7–110).

Moulton, R., Das Drachenbuch. Geschichte, Flugtechnik und Selbstbau von Drachen, 1986 (2. Aufl.).

Mras, K., Lucian, Der Traum oder Lucians Lebensgang und Ikaromenipp oder die Himmelsreise, Wien/Leipzig 1904.

Mülleneder, B., Tollkühne Männer in fliegenden Litfaßsäulen. Zeppeline und Ballons sind nicht nur in der Werbung ein gutes Geschäft, in: Die Zeit, 1. Mai 1987, 28.

Müller, C./Müller, T. (Hg.), Fragmenta Historicorum Graecorum, Paris 1841 ff.

Müller, K., Unternehmungsporträt McDonnel Douglas Corporation, in: Lufthansa Jahrbuch '89, 132–145.

Müller, O., Der Himmel über den Menschen der Steinzeit, Heidelberg 1970.

Müller, R., Sonne, Mond und Sterne über dem Reich der Inka, Berlin/u. a. 1972.

Müller, W., Der Papierdrache in Japan, Stuttgart 1914.

Mueller von der Haegen, A., Dädalus – Erfinder und Künstler in einer Darstellung am Campanile des Giotto, in: Nill (1987) 68–71.

Münzel, M., siehe: Lindig.

Muratov, P., Les icones russes, Paris 1927.

Muschg, W., Der fliegende Mensch in der Dichtung, in: Neue Schweizer Rundschau, N.F. 7 (1939) 311–320, 384–392, 446–453.

Musil, R., Der Mann ohne Eigenschaften, Reinbek 1989.

Mussolini, B., L'Aviazione negli scritti e nella parola del Duce. A cura del Ministerio dell'Aeronautica, Mailand 1937.

Mylius, W. C. S., Der fliegende Mensch, ein Halbroman, Dresden/Leipzig 1784.

Nadar (F. Tournachon), Le Droit au Vol, Paris 1865.

Nagl, M., Science Fiction in Deutschland. Untersuchungen zur Genese, Soziographie und Ideologie der phantastischen Massenliteratur, Tübingen 1972.

Narr, H. J., Beiträge der Urgeschichte zur Kenntnis der Menschennatur, in: Gadamer/Vogler (1973) 3–62.

Narr, K. J., Felsbild und Weltbild. Zu Magie und Schamanismus im jungpaläolithischen Jägertum, in: Duerr (1983) 118–136.

Nedoma, R., Die bildlichen und schriftlichen Denkmäler der Wielandsage, Göppingen 1988.

Needham, J., Sience and Civilization in China, 6 Bde., Cambridge 1954–86.

Needham, J., Wissenschaft und Zivilisation in China, Bd. 1, Frankfurt/Main 1984.

Negelein, J. von, Die Seele als Vogel, in: Globus 74 (1901) 357–361, 381–384.

Newton, I., Mathematische Prinzipien der Naturlehre, übs. v. J. P. Wolters, Berlin 1872 (ND Hamburg 1988; EA lat. London 1687).

Nicetas Choniates, Nicetae Acominati Choniatae LXXXVI annorum historia..., Basel 1557.

Nicolson, M. H., A World in the Moon. A Study of the Changing Attitude toward the Moon in the 17th and 18th Centuries, Northampton/Mass. 1936.

Nicolson, M. H., Swift's ›Flying Island‹ in the ›Voyage to Laputa‹, in: Annals of Science 2 (1937) 413–419.

Nicolson, M. H., Voyages to the Moon, New York 1960 (EA 1948).

Nicolson, M. H., The Scientific Background of Swift's Voyage to Laputa, in: Science and Imagination (Hamden, Conn.) 1976, 110–154.

Niekamp, D. (Ed.), Women and Flight, 1910–1978. An Annotated Bibliography, Oklahoma City 1980.

Nietzsche, F., Werke, München 1960.

Nigg, W., Das Buch der Ketzer, Zürich 1986 (2. Aufl.)

Nill, P. (Hg.), Der Traum vom Fliegen – Faszination zwischen Kunst und Technik, Berlin 1987.

Nioradze, G., Der Schamanismus bei den sibirischen Völkern, Stuttgart 1925.

Nissen, C., Die illustrierten Vogelbücher: ihre Geschichte und Bibliographie, Stuttgart 1953.

Nizsche, J. C., Isadora Icarus: The Mythic Unity of Erica Jong's ›Fear of Flying‹, in: Rice University Studies 64 (Winter 1978), 89–100.

Noel, D. C., Der sakrale Raum im Raumfahrtzeitalter beim Wort genommen. Der Fall Arthur C. Clarke und die »Quellen des Paradieses«, in: Duerr (1984) 280–295.

O'Flaherty, W. D., Die Wolkenstadt im Himmel, in: Duerr (1983) 406–421.

Ohlmarks, A., Studien zum Problem des Schamanismus, Lund/Kopenhagen 1939.

O'Neill, G. K., The High Frontier: Human Colonies in the Space, New York 1977.

Oresme, N., Le Livre du Ciel et du Monde (ca. 1377), hg. v. A. D. Menut u. A. J. Denomy, Madison/Milw, London 1968 (EA lat., übs. engl./frz.)

Ostwald, T., Jules Verne. Leben und Werk, 1978.

Ott, C. (Hg.), Märchen vom Fliegen, Wien/München 1988.

Ott-Koptschalijski, C./Behringer, W. (Hg.), Märchen und Mythen vom Fliegen, Frankfurt/Main 1989. (=1989a)

Ott-Koptschalijski, C./Behringer, W., (Hg.), Mythen und Märchen vom Fliegen, (Lufthansa-Edition) Frankfurt/Main 1989 (=1989b)

Otto, I. A., Der Traum als religiöse Erfahrung. Untersucht und dargestellt am Beispiel der Irokesen, Wiesbaden 1982.

Ovidius Naso, P., Metamorphosen/Metamorphoseon, Zürich 1958.

Ovidius Naso, P., Die Liebeskunst, München 1979.

Ovidius Naso, P., Metamorphosen. Mit den Radierungen von Pablo Picasso, Leipzig 1986.

Owen, R., The Scribleriad, London 1751.

Pacher, P., Das Flugproblem wieder einmal ›endgültig gelöst‹, Salzburg 1903.

Pacher, P., Die Unmöglichkeit der Aviatik. Ein neuer, der erste analytisch durchgeführte Beweis, in: WLZ 3 (1904) 81–85.

Palaiphatos, Palaiphaton Peri Apiston, hg. v. N. Festa (= Mythographi Graeci Bd. 3.2), Leipzig 1902, 1–72.

Palencia, A. G., Moros y Cristianos en España medieval, Madrid 1945.

Paltock, R., The Life and Adventures of Peter Wilkins (. . .), his extraordinary Conveyance to the Country of (. . .) Men and Women that fly (. . .), London 1751 (ND 1973; 1. franz. Übers. 1763, 1. deutsche Übers. 1767).

Panamarenko, Flugobjekte und Zeichnungen. Arnold Böcklin, Leonardo da Vinci,

Wladimir Tatlin. Flugmodelle, Pläne und Fotos, Basel 1977.

Pancritius, M., Die magische Flucht, ein Nachhall uralter Jenseitsvorstellungen, in: Anthropos 8 (1913) 854–897, 929–943.

Panofski, E., Studien zur Ikonologie, Köln 1980.

Panzer, F., Der romanische Bilderfries am südlichen Choreingang des Freiburger Münsters und seine Deutung, in: Münsterbau-Verein (Hg.), Freiburger Münsterblätter, Halbjahresschrift für die Geschichte und Kunst des Freiburger Münsters, Bd. 1, 2. Jg., Freiburg i. Br. 1906, 1–34

Panzer, F., Das Flugproblem in Mythus, Sage und Dichtung, in: Wachsmuth (1910) 118–134.

Paques, V., L'arbre cosmique dans le pensée populaire et dans la vie quotidienne du nord-ouest africain, Paris 1964.

Paracelsus (T. B. von Hohenheim), Liber de nymphis, sylphis, pygmaeis et salamandris et de caeteris spiritibus (ca. 1530), in: Paracelsus, Bücher und Schriften, 9. Teil, Basel 1590, 45–78

Park, W. Z., Paviotso Shamanism, in: American Anthropologist 36 (1934) 98–113.

Parker, H. (Hg.), Village Folk Tales of Ceylon, 3 Bde., London 1910–1914.

Parrinder, G., Witchcraft: European and African, London 1958.

Parseval, A. von, Ueber Aéroplane, in: ZfL 15 (1896) 140–145.

Pasche, F., A messieurs les linguistes, in: L'Aéronaute 7 (1909) 68.

Paschius, G., De novis inventis (. . .) tractatus, Leipzig 1700.

Patuzzi, G. L., L'aerostatica nella fiaba e nella poesia. Framento, Verona 1902.

Paulus Diaconus, Historia Langobardorum. Geschichte der Langobarden, übs. v. O. Abel, hg. v. A. Heines, Essen/Stuttgart 1986.

Pauly, Der Kleine, siehe: Ziegler/Sontheimer.

Pauly/Wissowa, siehe: Wissowa.

Pausanias, Beschreibung Griechenlands, 2 Bde., München 1979.

Pegelius, M., Thesaurus rerum selectarum (. . .), Rostock 1604.

Pendo, S., Aviation in the Cinema, Metuchen/N.J. 1985.

Penrose, H., British Aviation. The Pioneer Years 1903–1914, London 1967.

Penner, H., Der Drachenflieger, 1977.

Peppermüller, R., Die Bellerophontessage. Ihre Herkunft und Geschichte, Tübingen 1961.

Perry, W. J., The Children of the Sun, London 1926 (2. Aufl.).

Pescaro, L., Raritá bibliografiche aeronautiche dei secoli XVII – XVIII – XIX con reproduzioni integrale dei testi originali, Mantua 1975.

Pestel, siehe: Lohmeier.

Petit, E., Histoire mondiale de l'aviation, Paris 1967.

Petry, W. (Hg.), Albert Robida. Luftschlösser der Belle Époque (1833), Dortmund 1979.

Pettazoni, R., The Chain of Arrows: The Diffusion of a Mythical Motive, in: Folk-Lore 35 (1924) 151–165.

Peuckert, W. -E., Gabalia. Ein Versuch zur Geschichte der magia naturalis im 16. bis 18. Jahrhundert, Berlin 1967.

Peyrey, F., Les Oiseaux Artificiels, avec une Préface de Santos-Dumont, Paris 1909.

Pfister, F., Alexander der Große und die Würzburger Kiliansfahne II, in: Herbipolis jubilans = Würzburger Diözesangeschichtsblätter 14/15 (1952/53) 286–297.

Pfister, F. (Hg.), Der Alexanderroman des Archipresbyters Leo, Heidelberg 1913.

Pfister, G., Fliegen – ihr Leben. Die ersten Pilotinnen, Berlin 1989.

Pfyffer, F. X., Wundersame Himmelfahrt Dr. Martin Luthers, in: Ders., Christliche, Apostolisch-Catholische Wahrheiten (...), Augsburg/Innsbruck 1752.

Physiologus, hg. v. U. Treu, Berlin 1981.

Pickands, M., The Hero Myth in Maya Folklore, in: Gossen (1986) 101–123.

Piccard, A., In Balloon and Bathyscaphe, übers. v. C. Stead, London 1956.

Picchioni, S. A., Il Poemetto di Adapa, Budapest 1981.

Pindaros, Pindars Olympische Oden, übers. u. hg. v. W. Schadewaldt, Frankfurt/ Main 1972.

Pindaros, Pindar. Die isthmischen Gedichte, hg. v. E. Thummer, 2 Bde., Heidelberg 1968/69.

Pirckheimer, W., Eckius dedolatus, hg. v. N. Holzberg, Stuttgart 1983.

Pisano, D. A./Lewis, C. S. (National Air and Space Museum, Smithsonian Institution) (Hg.), Air and Space History. An Annotated Bibliography, New York/London 1988.

Pits, J., Relationes historiae de rebus Anglicis, Bd. 1, Paris 1619.

Platon, Sämtliche Werke, 3 Bde., Heidelberg 1982. (8. durchgesehene Aufl. der Berliner Ausgabe von 1940).

Platter, T., Hirtenknabe, Handwerker, Humanist. Die Selbstbiographie 1499–1582, Nördlingen 1989.

Pletschacher, P., Luftfahrttechnologie im Alltag, in: Lufthansa Jahrbuch '89, 100–109.

Plischke, H., Der Fischdrachen, Leipzig 1922 (= Veröffentlichungen des städtischen Museums für Völkerkunde zu Leipzig 6).

Plischke, H., Alter und Herkunft des europäischen Flächendrachens, in: Nachrichten von der Gesellschaft der Wissenschaften zu Göttingen, Phil.-Hist. Klasse, N.F., Fachgr. 2, Bd. 2, Nr. 1 (1939) 1–18.

Plummer, C., Vitae Sanctorum Hiberniae, 2 Bde., Oxford 1910.

Plummer, C., Bethada náem nErenn: Lives of Irish Saints, Oxford 1922.

Plutarch, Das Mondgesicht. De facie quae in orbe lunae, hg. v. H. Görgemanns, Zürich 1968.

Pócs, E., Fairies and Witches at the Boundary of South-Eastern and Central Europe (=FFC 243), Helsinki 1989.

Poe, E. A., Der Ballon-Jux (1844), in: Ders., Gesamte Werke, Freiburg 1966, Bd. 2, 556 ff.

Pokorny, J., Indogermanisches etymologisches Wörterbuch, Bd. 1, Bern/München 1959.

Pomponazzi, P., Libri quinque de fato, de libero arbitrio et de praedestinatione, Lyon 1557.

Popp, H., Der fliegende Mensch in der Kunst, in: Die Umschau 13 (1909) 583–586, 608–612.

Poppen, H., Alexanders Greifenfahrt am Straßburger Münster und die mittelalterlichen Kunsttypen der Alexanderfahrt, Cimbria 1926.

Porta, J. B., Magia naturalis in libri IV, Neapel 1558.

Porta, J. B., Magia naturalis in libri XX, Neapel 1589.

Porta, J. B., Natürliche Magie, Magdeburg 1612.

Prätorius, J., Blockes-Berges Verrichtung, Leipzig 1660.

Prätorius, J., Antropodemus Plutonicus, 2 Bde., Magdeburg 1668.

Préaux, C., La lune dans la pensée grecque, Brüssel 1970.

Preiter, W. (Hg.), Take Off. Handbuch des Fliegens, München 1984.

Prendergast, C., Pioniere der Luftfahrt, Amsterdam 1981.

Prescheur, siehe: Lohmeier.

Propp, V., Die historischen Wurzeln des Zaubermärchens, München/Wien 1987 (EA Leningrad 1946).

Rabanus Marcus, De magicis artibus, in: PL 110, 1095–1110.

Radin, P./Kerényi, K./Jung, C. G., Der göttliche Schelm. Ein indianischer Mythenzyklus, Zürich 1956 (ND Hildesheim 1979).

Radin, P., Primitive Man as Philosopher, New York 1957.

Radloff, W., Proben der Volkslitteratur der türkischen Stämme Süd-Sibiriens, 10 Bde., St. Petersburg 1866 ff.

Radloff, W., Aus Sibirien, 2 Bde., St. Petersburg 1884.

Rae, J. B., Climb to Greatness: The American Aircraft Industry, 1920–1960, Cambridge/Mass. 1968.

Rätsch, C. (Hg.), Chactun. Die Götter der Maya. Quellentexte, Darstellung und Wörterbuch, München 1986.

Raff, T., Die Ikonographie der mittelalterlichen Windpersonifikationen, in: Aachener Kunstblätter 48 (1978/79) 71–218.

Raggio, O., The Myth of Prometheus: Its Survival and Metamorphoses up to the Eighteenth Century, in: Journal of the Warburg and Courtauld Institutes 21 (1958) 44–62.

Ramayana. Die Geschichte vom Prinzen Rama, der schönen Sita und dem großen Affen Hanuman, Köln 1983.

Ramstedt, J. G., Kalmückische Sprachproben, 2 Bde., Helsingfors 1909/1919.

Ramus, P., Scholarum mathematicarum libri unus et triginta, lib. II, Basel 1569.

Rasmussen, K. (Hg.), Eskimo Folk Tales, London/Kopenhagen 1921.

Rasmussen, K. (Hg.), Grönlandsagen, Berlin 1922.

Rasmussen, K., Die Gabe des Adlers, Frankfurt/Main 1937.

Rathje, W., The Ancient Astronaut Myth: An Archeologist Analyses the Impact of von Däniken, in: Archeology 31 (1978) 4–7.

Rathjen, W., Luftverkehr, München 1984.

Reallexikon zur deutschen Kunstgeschichte (= RDK), hg. v. O. Schmitt u. a., 8 Bde., Stuttgart 1937–1987.

Reay, D., The History of Man-powered Flight, Oxford 1977.

Reclams Science-Fiction-Führer, hg. v. Hans Joachim Alpers, W. Fuchs und R. M. Hahn, Stuttgart 1982.

Reed, A. W., Am Anfang war die Traumzeit. Legenden und Mythen der Aborigines, Köln 1981 (EA: Aboriginal Myths – Tales of the Dreamtime, Sydney).

Reilly, C., Athanasius Kircher, S. J., Master of a Hundred Arts, 1602–1680, Wiesbaden/Rom 1974.

Reinicke, H., Aufstieg und Revolution. Über die Beförderung irdischer Freiheitsneigungen durch Ballonfahrt und Luft-Schwimmkunst, Berlin 1988.

Rémy, N., Daemonolatria, Lyon 1595 (deutsch Frankfurt 1598).

Restif de la Bretonne, La Découverte australe par un Homme-volant, ou Le Dédale français (. . .), 4 Bde., Paris 1781.

Reuss, T. T. (Hg.), Jahrbuch der Luft- und Raumfahrt. Information – Dokumentation – Adressen, Mannheim 1988.

Reuter, F., Vorschläge zu einer vorläufigen Luftordnung, in: Riha (1983) 158–161.

Reuter, S., Eine neue Art von Bergdohlen: Fliegen mit Gleitschirm, in: Süddeutsche Zeitung, 14. Mai 1987, S. 3.

Reyher, S., Dissertatio de aere, Kiel 1670.

Reyhl, K., Antonios Diogenes. Untersuchungen zu den Roman-Fragmenten der »Wunder jenseits von Thule« und zu den »Wahren Geschichten« des Lukian, Tübingen 1969.

Richardson, E. C., Faust and the Clementine Recognitions, in: Papers of the American Society of Church History 6 (1894) 133–145.

Ridgely, B. S., The Cosmic Voyage in French Sixteenth-Century Learned Poetry, in: Studies in the Renaissance 10 (1963) 136–162.

Riha, K. (Hg.), Reisen im Luftmeer. Ein Lesebuch zur Geschichte der Ballonfahrt von 1783 bis zur Gegenwart, München 1983.

Ringelnatz, J., Flugzeuggedanken. Aus dem Gesamtwerk ausgewählt von N. V. Iljine, o. O. o. J.

Rinne, O. (Hg.), Wie Aua den Geistern geweiht wurde. Geschichten, Märchen und Mythen der Schamanen, Darmstadt 1983.

Robbins, R. H., The Encyclopedia of Witchcraft and Demonology, London 1959.

Roberts, J. B./Briand, P. L. (Eds.), The Sound of Wings: Readings for the Air Age, New York 1957.

Robida (1883), siehe: Petry.

Robinet, I., The Taoist Immortal: Jester of Light and Shadow, Heaven and Earth, in: Journal of Chinese Religions 13/14 (1985–86) 87–106.

Robinet, I., Visualization and Ecstatic Flight in Shangqing Taoism, in: Kohn, L. (Ed.), Taoist Meditation and Longevity Techniques, Michigan 1989, Kap. 5, 159–191.

Rodnich, A. A., Geschichte der Luftschiffahrt und der Flugtechnik in Rußland, St. Petersburg 1911.

Roeder, G., Kulte und Orakel im alten Ägypten. Die ägyptische Religion in Texten und Bildern III, Zürich/Stuttgart 1960.

Röhrich, L., Märchen und Wirklichkeit, 1974 (3. Aufl.).

Rollenhagen, G., Vier Bücher wunderbarlicher, bis dahin unerhörter und ungleublicher Indianischer Reysen, durch die Lufft (. . .), Magdeburg 1603.

Romocki, S. J. von, Geschichte der Explosivstoffe, Bd. 1 (Geschichte der Sprengstoffchemie, der Sprengtechnik und des Torpedowesens bis zum Beginn der neuesten Zeit), Berlin 1895.

Roscoe, S. N. (Ed.), Aviation Psychology, Ames/Iowa 1980.

Rosenberg, A., Engel und Dämonen, München 1967.

Rosenberg, Die zivil- und strafrechtliche Haftung des Luftschiffers, in: IAM 5 (1901) 89–93, 123–126, 126–135.

Roskoff, G., Geschichte des Teufels, 2 Bde., Leipzig 1869.

Ross, D. J. A., Alexander historiatus. A Guide to Medieval Illustrated Alexander Literature, London 1963.

Ross, D. J. A., Illustrated Medieval Alexander Books in Germany and the Netherlands. A Study in Comparative Iconography, Cambridge 1971.

Rotch, L., Benjamin Franklin and The First Balloons, Worcester/Mass. 1907.

Rousseau, J. J., Le nouveau Dédale. Manuscrit original, daté de l'année 1742, Paris 1801 (ND Pasadena 1950).

Rowland, B., Birds with Human Souls: A Guide to Bird Symbolism, Knoxville/Tennessee 1978.

Rowland, R., ›Fantasticall and Devilishe Persons‹: European Witch Beliefs in Comparative Perspective, in: Ankarloo/Henningsen (1990) 161–190.

Ruben, W., Schamanismus im alten Indien, in: Acta Orientalia 17 (1939) 164–205.

Rumpf, A., Daidalos, in: Bonner Jahrbücher 85 (1930) 74–83.

Rüppel, G., Vogelflug, München 1975.

Russell, J. B., The Devil: Perceptions of Evil from Antiquitiy to Primitive Christianity, Ithaca/London 1977.

Rüst- und Feuerwerksbuch (ca. 1490), Stadt- und Universitätsbibliothek Frankfurt/Main.

Sahagún, B. de, Aus der Welt der Azteken. Die Chronik des Fray Bernardino de Sahagún (1558–80). Mit einem Vorwort von Juan Rulfo, Frankfurt/Main 1989.

Saladin von Ascoli, Compendium aromatariorum, hg. u. übers. v. L. Zimmermann, 1919.

Salewski, M., Zeitgeist und Zeitmaschine. Science Fiction und Geschichte, München 1986.

Salimbene, A. de Adam (= Salimbene von Parma), Cronica (13. Jh.), 2 Bde., hg. v. G. Scalia, Bari 1966.

Salzberger, G., Die Salomonsage in der semitischen Literatur, Heidelberg 1907.

Samburski, S., Das physikalische Weltbild der Antike, Zürich/Stuttgart 1965.

Samburski, S. (Hg.), Der Weg der Physik. 2500 Jahre physikalischen Denkens. Texte von Anaximander bis Pauli, Zürich/München 1975.

Samjatin, J., Wir. Ein klassischer Science-Fiction-Roman, München 1975 (russ. »My«, 1920, EA engl. »We«, 1925).

Schachermeyr, F., Poseidon und die Entstehung des griechischen Götterglaubens, Salzburg 1950.

Schade, S., Kunsthexen – Hexenkünste. Hexen in der bildenden Kunst des 16. bis 20. Jahrhunderts, in: van Dülmen (1987) 170–218.

Schadewaldt, W. (Hg.), Sternsagen, Frankfurt/Main 1976.

Schafer, E. H., Pacing the Void, Berkeley/Los Angeles/London 1977.

Schapiro, M., Leonardo and Freud: An Art-Historical Study, in: Journal of the History of Ideas 17 (1956) 147–178.

Schapiro, M., The image of the disappearing Christ: the Ascension in English art around the year 1000, in: Gazette des beaux-arts 23 (1934) 135–152.

Schauenburg, K., Perseus in der Kunst des Altertums, Bonn 1960.

Schauer, R., Wenn Vögel in die Quere kommen, in: Die Zeit, 8. Mai 1987, 81.

Schenda, R., Die deutschen Prodigiensammlungen des 16. und 17. Jahrhunderts, in: Archiv für Geschichte des Buchwesens 4 (1962) 637–710.

Schicha, R., Angst vor Freiheit und Risiko. Über den Zusammenhang von Persönlichkeit, Kognition und Autorität, Frankfurt/Main/New York 1982.

Schikaneder, E., Der Luftballon (Singspiel), Salzburg 1786.

Schinkel, E., ›Süßer Traum der Poeten‹: Der Freiballon. Zu den Möglichkeiten und Grenzen der Motivuntersuchung, Frankfurt/Main 1985.

Schinkel, E., Der Freiballon in der Literatur. Aspekte der Darstellung und Deutung, in: Segeberg (1987) 233–269.

Schlesier, K. H., Die Wölfe des Himmels. Welterfahrung der Cheyenne, übers. v. S. Dömpke, Köln 1985 (EA 1983).

Schlosser, H. D. (Hg.), Althochdeutsche Literatur. Mit Proben aus dem Altniederdeutschen, Texte und Übertragungen, Frankfurt/Main 1989 (EA 1970).

Schlosser, J., Quellenbuch zur Kunstgeschichte des Abendländischen Mittelalters, N. F., Bd. 7, Wien 1896.

Schmeïng, K., Flugträume und »Exkursionen des Ich«, in: Archiv für die gesamte Psychologie 100 (1938) 541–554.

Schmied-Kowarzik, W./Stagl, J. (Hg.), Grundfragen der Ethnologie. Beiträge zur gegenwärtigen Theoriediskussion, Berlin 1981.

Schmitt, A., Entrückung – Aufnahme – Himmelfahrt. Untersuchungen zu einem Vorstellungsbereich im Alten Testament, Stuttgart 1973.

Schmitthenner, H., Die Luftfahrer. Geschichte, Lust und Abenteuer des Ballonfluges nach zeitgenössischen Berichten und Dokumenten zusammengestellt, Bergen 1956.

Schmitz, W., Traum und Vision in der erzählenden Dichtung des deutschen Mittelalters, Münster 1934.

Schneemelcher, W., Neutestamentliche Apokryphen in deutscher Übersetzung, 2 Bde., Tübingen 1971.

Schneider, C., Geistesgeschichte der christlichen Antike, München 1978.

Schneider, F. (Hg.), Die Flugzeughandschrift des Melchior Bauer von 1764 (=Faksimile-Drucke des Thüringischen Staatsarchivs 1), Rudolstadt 1924.

Scholem, G., Lilith, in: Encyclopaedia Judaica, Jerusalem 1971, Bd. 11, Sp. 245–249.

Schoonhovius, F., Emblemata... partim moralia partim etiam civilia, Gouda 1618.

Schopenhauer, A., Die Welt als Wille und Vorstellung, Vorrede zur 2. Auflage (1844), in: Ders., Sämtliche Werke, Bd. 2, Wiesbaden 1966.

Schott, C., Magia Universalis naturae et artis (...), 4 Bde., Würzburg 1657–1659.

Schott, C., Mechanica hydraulico-pneumatica (...), Frankfurt/Main 1658.

Schrader, E., Die Keilinschriften und das Alte Testament, neu bearb. v. H. Zimmern u. H. Winckler, Berlin 1903.

Schröder, D., Zur Struktur des Schamanismus, in: Anthropos 50 (1955), 848–881.

Schröder, E., Die Giessener Hs. 876 und die rheinfränkische Himmelfahrt Mariae, in: Nachrichten der Göttinger Gesellschaft der Wissenschaften, phil.-hist. Klasse, Göttingen 1931, 1–20.

Schröder, E. (Hg.), Die Kaiserchronik eines Regensburger Geistlichen, MGH, Deutsche Chroniken I, 1, Hannover 1892.

Schück, siehe: Giles.

Schuhmacher, Y., Kunst am Himmel. Drachen über China, Wien/München 1986.

Schulz, W., Metaphysik des Schwebens. Untersuchungen zur Geschichte der Ästhetik, Pfullingen 1985.

Schulze, H. G./Stiasny, W., Flug durch Muskelkraft, Leipzig 1936.

Schulze, P., Mittelalterliche Anschauungen über das Flugzeug, in: Ikarus 3 (1927), Heft 7, 15–18.

Schumann, H. W., Buddhistische Bilderwelt. Ein ikonographisches Handbuch des Mahayana- und Tantrayana-Buddhismus, Köln 1986.

Schweitzer, B., Xenocrates von Athen: Beiträge zur Geschichte der antiken Kunstforschung und Kunstanschauung, in: Schriften der Königsberger Gelehrten Gesellschaft: Geisteswissenschaftliche Klasse 9 (1933).

Schweizer, W. R., Münchhausen und Münchhausiaden, o. O. 1969.

Schwenter, D., Deliciae Physico-mathematicae oder Mathematische und philosophische Erquickstunden, drei Teile, Nürnberg 1636.

Schwinge, E.-R., Aristophanes und die Utopie, in: Würzburger Jahrbücher für die Altertumswissenschaft, N. F. 3 (1977) 43–67.

Schwipps, W., Lilienthal, Berlin 1979.

Schwipps, W., Schwerer als Luft. Die Frühzeit der Flugtechnik in Deutschland, Koblenz 1984.

Schwipps, W., Lilienthal und die Amerikaner. Beiträge zur Entwicklung der Flugtechnik, München 1986.

Schwipps, W., Der Mensch fliegt – Lilienthals Flugversuche in historischen Aufnahmen, Koblenz 1988.

Segeberg, H. (Hg.), Technik in der Literatur. Ein Forschungsüberblick und zwölf Aufsätze, Frankfurt/Main 1987.

Seguin, D., La sorcellerie au Québec du XVIIe au XIXe siècle, Lemeac 1971.

Seidenspinner, W., Germanische Sternwarten und prähistorische Astronauten. Von der wissenschaftlichen Spekulation zur Sage, in: Fabula 30 (1969) 26–42.

Seifrits Alexander. Aus der Straßburger Handschrift hg. v. P. Gereke, Berlin 1932.

Séjourné, L., Altamerikanische Kulturen (= FWG 21), Frankfurt/Main 1971.

Sethe, K., Urkunden der 18. Dynastie, Leipzig 1914 (Urkunden des aegyptischen Altertums IV/1).

Sethe, K., Übersetzung und Kommentar zu den Altägyptischen Pyramidentexten, Glückstadt/Hamburg 1935.

Settis-Frugoni, C., An ›Ascent of Alexander‹, in: Journal of the Warburg and Courtauld Institutes 33 (1970) 305 ff.

Settis-Frugoni, C., Historia Alexandri elevati per griphos ad aeram. Origine, iconografia e fortuna di un tema, Rom 1973.

Settis-Frugoni, C., La mala pianta, in: Storiografia e storia, Studi in onore di Eugenio Dupré Theseider, Rom 1974.

Shamanism. New Data from Central Asia and Siberia. Soviet Anthropology and Archeology 28 (1989), Nr. 1 (Summer).

Shamanism. Historical and Structural Perspectives. Soviet Anthropology and Archeology 28 (1989), Nr. 2 (Fall).

Sharon, D., Wizard of the Four Winds, New York/London 1978.

Sharpe, M. R., Living in Space, New York 1969.

Sherwood, M., Magic and Mechanics in Medieval Fiction, in: Studies in Philology 44 (1947) 567–592.

Shirokogoroff, S. M., Psychomental Complex of The Tungus, London 1935.

Siebenthal, W. v., Die Wissenschaft vom Traum. Ergebnisse und Probleme, Berlin/u. a. 1953.

Silberer, H., Das Fliegen, in: WLZ 17 (1909) 289–291.

Silberer, V., An die Leser, in: WLZ 1 (1902) 1–2.

Silberer, V., Der Stand der Flugtechnik, in: WLZ 2 (1903) 41–43.

Silberer, V., Das Gleitfieber, in: WLZ 3 (1904) 80–81.

Simmen, J., Aviatik und Avantgarde (Lufthansa-Sonderedition) Frankfurt/Main 1988.

Simmen, J./Drepper, U., Der Fahrstuhl. Die Geschichte der vertikalen Eroberung, München 1984.

Simon, H., Arabische Utopien im Mittelalter, in: Wissenschaftliche Zeitschrift der Humboldt-Universität Berlin 12 (1963) 245–252.

Simon Magus mit der Blase, oder: eine feine lustige Historia, wie die Menschenkinder auf Erden getrieben haben große Zauberei mit einer Blase, darauf sie haben wollen von dannen ziehen, o. O. 1784.

Sinko, T., Ovid Lucianus remissionis causa inter studia severiora legere commendaverit, in: Meander 15 (1960) 359–373, 436–445.

Skalweit, S., Der Beginn der Neuzeit, Darmstadt 1982.

Skogsberg, B., Wings on the Screen. A Pictorial History of Air Movies, San Diego/Calif. 1981.

Smend, R., Alter und Herkunft des Achikar-Romans und sein Verhältnis zu Aesop, Gießen 1908 (= Beihefte zur Zeitschrift für die alttestamentliche Wissenschaft, 13).

Smith, O., A New Way of Learning to Fly, in: The Aero (1909) 547.

Smith, R. K., The Airship, 1904–1976, in: Emme (1977) 69–101.

Soden, W. von (Hg.), Das Gilgamesch-Epos, Stuttgart 1958.

Sokoll, A. H. (Hg.), Deutschsprachiges Schrifttum zur Aero- und Astronautik, München 1967.

Sombart, W., Die Technik im Zeitalter des Frühkapitalismus, in: Archiv für Sozialwissenschaft und Sozialpolitik 34 (1908) 721 f.

Spargo, J. W., Virgil the Necromancer: Studies in Virgilian Legends, Cambridge/Mass. 1934.

Stackmann, K. (Hg.), Die kleineren Dichtungen Heinrichs von Mügeln, Berlin 1959.

Stankiewitz, K., Sie fallen wie Steine vom Himmel . . . Alpines Gleitschirmfliegen, in: Süddeutsche Zeitung, 3. September 1987, 40.

Stanley, H. M., Durch den dunklen Welttheil, London/Leipzig 1878.

Staudacher, W., Die Trennung von Himmel und Erde. Ein vorgriechischer Schöpfungsmythus bei Hesiod und den Orphikern, Tübingen 1942 (ND Darmstadt 1968).

Stephan, H. v., Weltpost und Luftschiffahrt, Berlin 1874.

Steinhoff, E. A. (Hg.), The Eagle has Returned, 2 Bde., San Diego 1976/1977.

Steinmeyer, E. (Hg.), Brendans meerfahrt in lichte irischer schiffersagen, in: Zeitschrift für deutsches Alterthum und deutsche Litteratur, Bd. 33, N. F. 21, Berlin 1889, 144–165.

Sterly, J., Kumo. Hexer und Hexen in Neuguinea, München 1987.

Sternberg, L., Der Adlerkult bei den Völkern Sibiriens, in: Archiv für Religionswissenschaft 28 (1930), 125–153.

Sterzinger, F., Akademische Rede von dem gemeinen Vorurtheile der wirkenden und thätigen Hexerey, München 1766.

Stifter, A., Der Condor (1840), in: Ders., Werke und Briefe, Bd. 1, Stuttgart/u a , 1978, 11 ff.

Stoffregen-Büller, M., Himmelfahrten. Die Anfänge der Aeronautik, Weinheim 1983.

Stokes, W. (Hg.), On the Calendar of Oengus (= Transactions of the Royal Irish Academy, Irish Manuscript Series I), Dublin 1880.

Streck, B. (Hg.), Wörterbuch der Ethnologie, Köln 1987.

Stricker, Fabeln und Märchen von dem Stricker, hg. v. H. Mettke, Halle 1959.

Strong, J. S., Wenn der magische Flug mißlingt. Zu einigen indischen Legenden über den Buddha und seine Schüler, in: Duerr (1983) 503–518.

Stubelius, S., Airships, Aeroplanes, Aircraft: Studies in the History of Terms for Aircraft in English, Göteborg 1958.

Stubelius, S., Balloon, Flying Machine, Helicopter, Göteborg 1960.

Sturm, J. C., Collegium experimentale sive curiosum (. . .), 2 Bde., Nürnberg 1676/1685.

Sturm-Gundal, Der Flug im Mythos. Die Flugmaschine in der altjüdischen Sage, in: Ikarus 4 (1928), H. 1, 24 f.

Supf, P. (Hg.), Das Hohe Lied vom Flug. Erste Sammlung deutscher Flugdichtung, Berlin u. a., 1928.

Supf, P., Das Buch der deutschen Fluggeschichte – Vorzeit, Wendezeit, Werdezeit, Berlin 1935 (Neuaufl. Stuttgart 1956, 2 Bde.).

Supf, P., Die Eroberung des Luftreichs, Frankfurt 1957.

Swedenborg, E., Daedalus hyperboraeus, o. O. 1716.

Sweetman, B., High Speed Flight, London 1983.

Swift, J., Reisen in verschiedene ferne Länder der Welt von Lemuel Gulliver (...), übers. v. K. H. Hansen, München 1958 (EA engl. London 1726).

Swoboda, H. (Hg.), Dichter reisen zum Mond. Utopische Reiseberichte aus zwei Jahrtausenden, Frankfurt/Main 1969.

Tartarotti, G., Del congresso notturno delle lamie, Verona 1748.

Tatic-Djuric, M., Das Bild der Engel, Recklinghausen 1962.

Tatlock, J. S. P., The Legendary History of Britain, Berkeley 1950.

Tedlock, D./Tedlock, B. (Hg.), Über den Rand des tiefen Canyon. Lehren indianischer Schamanen, Köln 1976 (5. Aufl.; EA Teachings from the American Earth, 1975).

Tedlock, D., Creation in the Popol Vuh: A Hermeneutical Approach, in: Gossen (1986) 77–82.

Tegethoff, E. (Hg.), Französische Volksmärchen, Bd. 1, Jena 1923.

Teichmann, J., Wandel des Weltbildes. Astronomie, Physik und Meßtechnik in der Kulturgeschichte, Reinbek 1989.

Teutenberg, A., Goethe und die Luftschiffahrt, in: IAM 12 (1908), Heft 18.

Theatrum de Veneficis, Frankfurt/Main 1586.

Theatrum Europaeum, 21 Bde., Frankfurt/Main 1636–1738.

The Encyclopedia of Religion, hg. v. M. Eliade, 15 Bde., New York/London 1987.

Thoene, P., Die Eroberung des Himmels. Geschichte des Fluggedankens, Leipzig/ Wien 1937.

Thomas v. Cantimpré, Miraculorum & exemplorum memorabilium sui temporis, libri duo II (13. Jh.), Douay 1597.

Thomas, K., Religion and the Decline of Magic. Studies in Popular Beliefs in Sixteenth and Seventeenth Century England, London 1980 (EA London 1971).

Thomasius, C., De crimine magiae, Halle 1701 (deutsch: hg. v. R. Lieberwirth, Weimar 1967).

Thompson, M. S., The Asiatic or Winged Artemis, in: The Journal of Hellenic Studies 29 (1909) 286–307.

Thompson, S., Motif-Index of Folk-Literature, 6 Bde., Kopenhagen 1955–1958.

Thorndike, L., A History of Magic and Experimental Science, 8 Bde., New York 1923–1958.

Thyraud, J., Der fliegende Mensch, Bern 1978 (EA frz., Lausanne 1977).

Tissandier, G., Les Ballons Dirigeables. Expériences de Henri Giffard et Dupu de Lomé, Paris 1872.

Tissandier, G., Bibliographie Aéronautique, Paris 1887.

Todd, D./Humble, R. D. (Hg.), World Aerospace: A Statistical Handbook, London/ New York/Sydney 1987.

Tolstoy, N., Auf der Suche nach Merlin. Mythos und geschichtliche Wahrheit, Köln 1987 (EA London 1985).

Toynbee, A. J., Der Gang der Weltgeschichte. Bd. 1: Aufstieg und Verfall der Kulturen; Bd. 2: Kulturen im Übergang, München 1970 (EA: A Study of History, Oxford 1946).

Treichlinger, W., Aus der Urzeit des Luftschiffes, Zürich 1951.

Trithemius, J., Antwort Herrn Johann Abts von Sponheim, auff acht fragstück, ime von weylandt Herrn Maximilian, Roem. Kayser (...), fürgehalten, Ingolstadt 1556.

Tubach, F. C. (Hg.), Index Exemplorum. A Handbook of Medieval Religious Tales (= FFC 204), Helsinki 1969.

Tudela de la Orden, J., El »volador« mejicano, in: Revista de Indias (Madrid) Nr. 23 (1946) 71–88.

Turba philosophorum, in: Theatrum chemicum praecipuos selectorum auctorum tractatus ... continens, Bd. 5, Straßburg 1660.

Turnor, C. H., Astra Castra. Experiments and Adventures in the Atmosphere, London 1865.

Taylor, E. B., Primitive Culture: Researches into the Development of Mythology, Religion, Art und Custom, 2 Bde., London 1871.

Tylor, E. B., Die Anfänge der Cultur, 2 Bde., Leipzig 1873.

Ugolini, L., Fliegen wie Ikarus. Der Roman des Leonardo da Vinci, Graz 1975.

Ulrich von Eschenbach (Etzenbach), Alexander, hg. v. W. Toischer, BlVSt. 183, Tübingen 1888.

Ulrich von Lichtenstein, Vrouwen dienest, hg. v. K. Lachmann, Hildesheim/New York 1977 (EA Berlin 1841).

Vaidaya, P. L. (Ed.), Divyadana, Darbhanga 1959.

Vajda, L., Zur phaseologischen Stellung des Schamanismus, in: Ural-Altaische Jahrbücher 31 (1959) 456–485.

Valentin, K., Luftballonkatastrophe, in: Ders., Sturzflüge im Zuschauerraum, München/Zürich 1969, 289.

Valentini, M. B., Museum Museorum, 3 Bde., Frankfurt/Main 1704–1714.

Valli, F./Froschini, A. (Hg.), Il volo in Italia, Rom 1939.

Venator, B., Kurtze und kurtzweilige Reise-Beschreibung nach der oberen neuen Monds-Welt, in: Swoboda (1969) 66–68.

Venturini, G., Da Icaro a Montgolfier, 2 Bde., Rom 1928.

Verantius, F., Machinae novae, o. O. o. J. (vermutlich Venedig 1616).

Vincioli, C., Lettere concernante tre curiosi fatti, in: Ders., Miscellani de varie operette, Venedig 1740, 454–460.

Vivelo, F. R., Handbuch der Kulturanthropologie. Eine grundlegende Einführung, Stuttgart 1981 (EA: Cultural Anthropology Handbook, 1978).

Voigt, F., Verkehr, 2 Bde. – Bd. 1: Die Theorie der Verkehrswirtschaft, Berlin 1973; Bd. 2: Die Entwicklung des Verkehrssystems, Berlin 1965.

Völker, K., Faust. Ein deutscher Mann. Die Geburt einer Legende und ihr Fortleben in den Köpfen, Berlin 1975.

Völker, K., Nachwort (zu: F. Godwin, Der Mann im Mond, Berlin 1986), in: Ebd., 81–94.

Völker, K., Nachwort (zu: Restif de la Bretonne, Der fliegende Mensch, Berlin 1986), in: Ebd., 237–250.

Vomhof, F., Der »Renner« Hugos von Trimberg. Beiträge zum Verständnis der nachhöfischen deutschen Didaktik, Köln 1959.

Vorderstemann, J. (Hg.), Johann Hartliebs Alexanderbuch. Eine unbekannte illustrierte Handschrift von 1461 in der hessischen Landes- und Hochschulbibliothek Darmstadt (Hs. 4256), Göppingen 1976.

Vossius, I., De motu marium et ventorum liber, Den Haag 1663.

Wachsmuth, R. (Hg.), Wissenschaftliche Vorträge, gehalten auf der ersten Internationalen Luftschiffahrts-Ausstellung (ILA) zu Frankfurt am Main 1909, Berlin 1910.

Wagenseil, C. I., Versuch einer Geschichte der Stadt Augsburg, Bd. IV.2, Augsburg 1822.

Wahl, G., Zur Geschichte des Leinebergerschen Luftschiffes, in: Archiv für die Geschichte der Naturwissenschaften und der Technik 2 (1910), Heft 5.

Walleser, N., Religiöse Anschauungen und Gebräuche der Völker von Jap, Deutsche Südsee, in: Anthropos 8 (1913) 607–629.

Walker, T., A Treatise on the Art of Flying by Mechanical Means, London 1810.

Walser, R., Ballonfahrt, in: Riha (1983) 257–261.

Walter de Milemete, De nobilitatibus, sapientiis, et prudentiis regum, hg. v. R. James, London 1913.

Wander, K. F. W., Deutsches Sprichwörter-Lexikon. Ein Hausschatz für das deutsche Volk, Bd. 1, Leipzig 1867, Sp. 1069–1071.

Warburg, A., Gesammelte Schriften 1, Leipzig 1932.

Waschnitius, V., Perht, Holda und verwandte Gestalten. Ein Beitrag zur deutschen Religionsgeschichte, Wien 1914.

Watson, B. (Hg.), The Complete Works of Chuang-tzu, London 1968.

Weber, O., Altorientalische Siegelbilder, Leipzig 1920.

Wecker, J. J., Vel Goetia vel Theurgia. Entdeckungen oder Erklärungen fürnehmer Articul der Zauberey, Leipzig 1631.

Weicker, G., Der Seelenvogel in der alten Literatur und Kunst, Leipzig 1902.

Wells, H. G., The First Men in the Moon, 1901.

Wensinck, A., Tree and Bird as Cosmological Symbols in Western Asia, Amsterdam 1921.

Werner, J., Frühkarolingische Schwanenfibel von Boltersen, Kreis Lüneburg, in: Lüneburger Blätter 11/12 (1961) 5–7 (+ Tafel 1).

Wescott, L./Degen, P., Wind and Sand: The Story of the Wright Brothers at Kitty Hawk, o. O. 1983.

Weyer, J., De praestigiis daemonum, Basel 1563 (deutsch Frankfurt/Main 1586).

White, L., Eilmer of Malmesbury, An Eleventh Century Aviator. A case study of technological innovation, its context and tradition, in: Technology and Culture 2 (1961) 97–111.

White, L., The Invention of the Parachute, in: Technology and Culture 9 (1968) 462–467.

White, L., Medieval Uses of Air, in: Scientific American Nr. 223 (August 1970) 92–100.

Whorf, B. L., Ein indianisches Modell des Universums, in: Tedlock/Tedlock (1976) 124–133, nach: Whorf, B. L., Language, Thought and Reality, New York 1956, 57–64.

Widengren, G., The Ascension of the Apostle of God and the Heavenly Book, Uppsala, Leipzig 1950.

Widengren, G., Muhammed, the Apostle of God, and his Ascension, Uppsala/Wiesbaden 1955.

Widmann, W., Aeronautische Bühnendichtung, in: Vossische Zeitung 1909, Nr. 403.

Wieger, L., Taoïsme, Bd. 2, Mokienfu 1911–1913.

Wieland, C. M., Sämtliche Werke, Leipzig 1794–1811 (ND 1984).

Wieland, C. M., Die Aeropetomanie (1783), in: Ders., Werke, Bd. 30, 1–39.

Wieland, C. M., Die Aeronauten oder Fortgesetzte Nachrichten von den Versuchen mit der Aerostatischen Kugel (1784), in: Ebd., 40–130.

Wieland, C. M., Zusatz (zu: Die Aeronauten, 1797), in: Ebd., 130–136.

Wiener Luftschiffer-Zeitung (= WLZ). Unabhängiges Fachblatt für Luftschiffahrt und Fliegekunst, hg. v. H. Silberer, 1902 ff.

Wilcke, C., König Šulgis Himmelfahrt, in: Münchener Beiträge zur Völkerkunde 1 (1988) 245–255.

Wilford, J. N., Der Mensch verläßt die Erde. Das größte Abenteuer des Jahrhunderts, Zürich 1969 (EA New York 1969).

Wilhelm, B., Die Anfänge der Luftfahrt. Lana-Gusmao. Zur Erinnerung an den 200. Gedenktag des ersten Ballonaufstiegs, Hamm 1909.

Wilhelm, R. (Hg.), Chinesische Volksmärchen, Jena 1914.

Wilhelm, R., Der Affe Sun Wu Kung, München 1936.

Wilkins, J., The Discovery of a World in the Moone, London 1638.

Wilkins, J., Mathematicall Magick or, The Wonders that may be performed by Mechanicall Geometry, In Two Books. Book II: Daedalus or Treatise on mechanical motions, London 1648.

William of Malmesbury, De gestis regum Anglorum, Bd. 1, hg. v. W. Stubbs, London 1887.

Wilson, J., Vertheidigter Copernicus, Leipzig 1713.

Wilson, J. V. Kinnier, The Legend of Etana. A new edition, Warminster 1985.

Wissmann, G., Geschichte der Luftfahrt von Ikarus bis zur Gegenwart, Berlin 1979 (5. Aufl.).

Wissowa, G. (Hg.), Paulys Real-Encyclopädie der classischen Altertumswissenschaften. Neue Bearbeitung, Stuttgart 1893 ff.

Wohlberuffener und vielbeschreyter Aero Nauta oder Lufftschiffer, o. O. o. J. (1714) (ND Leipzig 1916).

Wolf, M., Geschichte der Impetustheorie, Frankfurt/Main 1978.

Wolf, W./Nyholm, K. (Hg.), Albrechts Jüngerer Titurel, Bd. 3,1 (= Deutsche Texte des Mittelalters 73), Berlin 1984.

Woźniakowski, J., Die Wildnis. Zur Deutungsgeschichte des Berges in der europäischen Neuzeit, Frankfurt/Main 1987 (EA Warschau 1974).

Wright, W., Some Classical Aeronautical Experiments. A Paper read before the Western Society of Engineers (USA) in 1901. (Reprinted from »Flying«, March 1902), in: The Aero, 25. Mai 1909, 3–4, 23–24.

Wünsche, A., Der Jerusalemische Talmud in seinen haggadischen Bestandtheilen, Zürich 1880.

Yalouris, N., Pegasus. Ein Mythos in der Kunst, Mainz 1986.

Yalouris, N., Pteróenta Pédila, in: Bulletin de Correspondance Hellénique 77 (1953) 293–321.

Zacharasiewicz, W., Die ›Cosmic Voyage‹ und die ›Excursion‹ in der englischen Dichtung des 17. und 18. Jahrhunderts, Graz 1966.

Zachariae, A. W., Die Elemente der Luftschwimmkunst, Wittenberg 1807.

Zachariae, A. W., Fluglust und Fluges Beginnen, Leipzig 1821.

Zachariae, A. W., Fluglust, Fluges Beginnen und Fluges Fortgang, Leipzig 1822.

Zachariae, A. W., Geschichte der Luftschwimmkunst von 1783 bis zu den Wendelsteiner Fallversuchen, Leipzig 1828.

Zachariae, J. F. W., Die fliegenden Menschen oder wunderbare Begebenheiten Peter Wilkin's, 2 Teile, Braunschweig 1767.

Zacher, J., Pseudocallistenes. Forschungen zur Kritik und Geschichte der ältesten Aufzeichnungen der Alexandersage, Halle 1867.

Zamagna, B., Navis aeria et elegiarum monobiblos, Rom 1768.

Zambeccari, F., Saggio sopra la Teoria e Practica delle Macchine Aerostatiche (...), Bologna 1800.

Zastrow, D., Entstehung und Ausbildung des französischen Vokabulars der Luftfahrt mit Fahrzeugen ›leichter als Luft‹ (Ballon, Luftschiff) von den Anfängen bis 1910, Tübingen 1963.

Zedler, J. J., Grosses vollständiges Universal-Lexicon, 63 Bde. und 4 Erg.-Bde., Leipzig/Halle 1732–1754 (ND Graz 1961–1964).

Zeidler, J. G., Fliegender Wandersmann oder Philosophische Untersuchung der Fliegekunst, Halle 1710.

Zeitschrift für Luftschiffahrt (1881 ff.) (=ZfL).

Zéki Pacha, A., L'Aviation chez les Arabes, in: Bulletin de l'Institut Égyptien 5 (1911) 92–101.

Zerries, O., Die Bedeutung des Federschmuckes der südamerikanischen Schamanen und dessen Beziehung zur Vogelwelt, in: Paideuma 23 (1977) 277–324.

Ziegler, K./Sontheimer, W. (Hg.), Der Kleine Pauly. Lexikon der Antike, 5 Bde., München 1979.

Zimmer, H., Abenteuer und Fahrten der Seele. Der König mit dem Leichnam und andere Mythen und Sagen aus keltischen und östlichen Kulturbereichen, Zürich 1961.

Zimmer, H., Indische Mythen und Symbole. Schlüssel zur Formenwelt des Göttlichen, Köln 1986 (3. Aufl.).

Zimmermann, F., Der Dichter und das Flugproblem, in: Dresdner Anzeiger 1909, Nr. 165.

Zimmern, H., Die altbabylonischen vor- (und nach-) sintflutlichen Könige nach neuen Quellen, in: Zeitschrift der deutschen Morgenländischen Gesellschaft 78, N. F. 3 (1924), 19–35.

Zitelmann, E., Luftschiffahrtsrecht, in: Wachsmuth (1910), 268–293.

Zobeltitz, F. von, Pegasus im Weltenraum, in: VelKlasMhh. 25 (1910), 391–395.

Zurfluh, W., Außerkörperlich durch die Löcher des Netzes fliegen, in: Duerr (1981) 473–504.

Zurfluh, W., Quellen der Nacht. Luzides Träumen und Reisen außerhalb des Körpers, Interlaken 1987.

Quellen

Göttingen, Niedersächsische Staats- und Universitätsbibliothek:
  Cod. philos 63 (Conrad Kyeser, Bellifortis, um 1405)
München, HStAM:
  Hochstift Augsburg, NA Nr. 6737 (Oberstdorfer Hexenprozesse)
München, SBM:
  Cgm. 5 (Rudolf von Ems, Weltchronik, um 1380)
  Cgm 250 (Jans Enikels Weltchronik, frühes 15. Jh.)
  Cgm 581 (Johann Hartliebs Alexanderroman)
  Clm 197 (Conrad Kyeser, Bellifortis, um 1405)
  Cod. icon. 242, fol. 37^r (Giovanni da Fontana, Bellicorum instrumentorum liber,
    ca. 1440)
Regensburg, Hofbibliothek Thurn und Taxis:
  Ms. Perg. III, Jans Enikels Weltchronik (um 1375)
  Nachlaß Lütgendorf
Wien, ÖNB:
  Cod. 122, fol. 168^r (Seneca Tragödien, um 1460)
  Cod. 3064, fol. 6^r (Drachen-Handschrift, ca. 1430)
  Cod. 5278, fol. 173^r (Windmühle, 1428)
Frankfurt/Main, Stadt- und Universitätsbibliothek:
  HS II, 40, fol. 104^r (Rüst- und Feuerwerksbuch, ca. 1490)

Bildnachweis

Farbbilder

Bayerisches Nationalmuseum, München   Abb.-Nr. 5
British Museum, London   Abb.-Nr. 1
Deutsches Museum, München   Abb.-Nr. 12, 14
Frobenius-Institut, Frankfurt am Main   Abb.-Nr. 15
Galerie Beyeler, Basel   Abb.-Nr. 11
Mode, H., Fabeltiere und Dämonen in der Kunst, Stuttgart 1974   Abb.-Nr. 4
Metropolitan Museum of Art, New York, N. Y.   Abb.-Nr. 9
Musée Carnavalet, Paris (Collection Nadar)   Abb.-Nr. 10
National Aeronautics and Space Administration (NASA), Washington, D. C.
  Abb.-Nr. 17, 18

Schwarzweißbilder

Personen- und Sachregister

(* = Schwarzweiß-Bild, Nr. = Farbbild)